뇌처럼 현명하게

신경철학 연구

패트리샤 처칠랜드 지음

박제윤 · 김두환 옮김

뇌처럼 현명하게

신경철학 연구

패트리샤 처칠랜드　지음

박제윤 · 김두환　옮김

철학과현실사

Patricia S. Churchland

Brain-Wise

Studies in Neurophilosophy

한국 독자들에게

내 책, *Brain-Wise* 가 한국어로 번역된 것에 대해 대단히 영광스럽고 기쁘며, 특별히 나와 친분이 있는 박제윤 교수가 이 번역을 맡아주어 고맙게 생각한다. 한국 사람들은 과학과 교육에서 매우 수준이 높으며, 따라서 이 책이 한국 독자들에게 유용할 것이란 기대에서 더욱 기쁘다. 나의 [자연철학적] 접근은 신경과학과 심리학뿐만 아니라, 아시아 고대 철학의 지혜와도 잘 어울릴 수 있다.

2014. 5. 8
패트리샤 처칠랜드

역자 서문

이 책의 저자 패트리샤 처칠랜드(Patricia S. Churchland)는 남편 폴 처칠랜드(Paul M. Churchland)와 함께 신경철학(neurophilosophy)이란 영역을 개척한 창시자이다. 이들 부부는 이 분야의 연구에서 서로 분업적으로 협업하기도 한다. 패트리샤는 주로 인지신경과학(cognitive neuroscience)에, 그리고 폴은 주로 연결주의 인공지능(connectionist AI)에 각각 집중한다. 혹시라도 그들 부부의 입장에 서로 어떤 차이가 있다고 보는 시각은 적절하지 않을 것이다. 그들은 함께 살며 언제나 서로의 정보를 공유하고 통합하기 때문이다. 다만 패트리샤가 최신 신경과학 연구에 대한 실증적 자료를 모으는 반면에, 폴은 그 자료의 도움을 받아 과학철학과 인식론의 가설을 구상하는 편이다. 물론 이런 각각의 연구 성과는 서로에게 가설이면서 동시에 근거가 되기도 한다.

신경철학은 전통 철학의 여러 문제들에 대해서, 현대에 발전하는 신경과학 관련 연구들에 근거하여 대답하려는 목표를 갖는다. 이 책이 그러한 목표에 충실한 시도임은 이 책의 목차에서 알아볼 수 있다. 일반적으로 철학의 큰 주제를 나누자면 (학자에 따라서 다를 수 있겠지만) 형이상학(존재론), 인식론, 그리고 윤리학 등이다. 이 책의 저자는 I부 형이상학, II부 인식론, III부 종교 등으로 구분하고, 윤리학의 주제들을 I부와 III부 내에서 다루고 있다. 이 책은 2002년 출판되었지만,

역자가 번역을 시작한 것은 2011년이다. 다소 늦었다는 아쉬움이 있으나 이제라도 한국에 소개하게 된 것을 무척 다행스럽게 생각한다. 독자들은 이 책의 내용과 관련하여 이후에 나온 최신 뇌과학 관련 연구를 저자의 새로운 책, 『신경 건드려보기(*Touching a Nerve*)』(2013)에서 참고할 수 있다.

역자가 보기에, 이 책 『뇌처럼 현명하게(*Brain-Wise*)』를 읽어야 할 일차적 독자는 아마도 뇌과학을 전문으로 연구하는 국내 학자들이 될 듯싶다. 그들의 연구가 철학적으로 어떤 큰 그림에서 연구되고 있는지 그 현주소를 안내하는 측면이 있기 때문이다. 다시 말해서, 그들의 연구가 어떤 철학적 의미를 가지며, 철학적 관점에서 그들 연구에 어떤 주의가 필요한지도 알려준다. 나아가서 다른 각도에서 뇌과학에 접근하는 동료들의 연구가 어떤 의미를 갖는지도 알려준다.

그리고 이차적으로 이 책이 철학 저술인 만큼, 한국의 철학자 혹은 철학에 관심을 갖는 연구자들에게 관심의 대상이 될 것이다. 물론 이 책을 들기 위해서는 뇌과학에 대한 기초 소양이 있어야 하며, 어쩌면 그런 부담감에 이 책이 다소 초보자들을 주눅 들게 할 수도 있을 것이다. 만약 그렇다면 앞서 2006년 역자가 번역한 『뇌과학과 철학(*Neuro-philosophy*)』(1986)의 1부를 먼저 접하는 것도 한 방법이겠다.

나아가서, 이 책은 전문 연구자가 아니면서 뇌과학에 관심을 갖는 일반 독자들에게도 도전하고 싶은 욕구를 적지 않게 자극할 것으로 기대된다. 만약 쉽게 페이지를 넘기기 어려운 독자라면, 빠른 걸음보다 한 발씩 신중히 옮기는 발걸음이 도움이 된다고 조언하고 싶다. 안내자 없이 성급하게 철학의 숲과 신경과학의 늪에 발을 옮기다가 길을 잃고 헤매지 않는 것이 더 유리해 보이기 때문이다. 혹시라도 발걸음이 무겁다고 느껴지더라도 서두르지 말고 느린 걸음으로 정직한 땀을 흘리는 것이 결국은 정상에 도달하는 길임을 조언하고 싶다. 대가의 철학자가 통섭적으로 복잡하게 쌓아놓은 언덕과 계곡을 오르는 길은 쉽지 않을 것이다. 한 번에 한 걸음씩 나아가면서 조심스럽게 발을 옮길 필요가 있다. 일반 독자로서 이것이 너무 부담스럽다면, 앞서 번역된 『신경 건드려보기』에 만족하는 것도 좋겠다.

　적지 않게 무게가 느껴질 이 책을 애써 탐색해보려면, 처칠랜드 부부의 기본 입장에 대한 우호적 이해가 필요할 것이다. 그들 부부의 기본 입장에 대해서 국내에 아직 이해가 부족해 보인다. 그들의 철학적 견해에 대해서 가장 커다란 저항은 아마도 다음 두 가지일 것이다. 첫째는, 그들이 철학을 자연주의(naturalism) 입장에서 접근한다는 것에 대한 저항이며, 둘째는, 그들이 환원주의(reductionism)를 붙들고 있다는 태도에 대한 저항이다. 이런 두 저항을 조금 더 구체적으로 아래와 같이 정리해볼 수 있다.

　첫째, 처칠랜드 부부는 전통 철학의 문제들을 경험과학의 결과, 즉 뇌과학 연구의 결과에 기반하여 대답하려 한다. 이러한 철학 연구 태도는 전통 철학이 해온 연구 방법과 목표와 상반된다. 전통 철학의 입장에서 보면, 철학은 본래적으로 혹은 본성적으로 경험적 연구에 의존하지 않는다.

　둘째, 그들 부부는, 근대의 환원주의 정신이 무너졌다고 하는 지금의 시대에, 여전히 환원주의를 붙들고 있다. 그리고 그들은 환원주의와 함께 제거주의를 동시에 주장한다. 그러한 그들의 철학적 태도는 자기모순적으로 비쳐진다. 데카르트 이래로 서구 문명이 추구해온 환원주의는 이제 누구도 인정하지 않는 입장이다. 그 점을 명확히 지적한 철학자가 바로 콰인(Quine)이며, 그들 부부는 콰인의 자연주의 철학의 정신을 계승한다. 나아가서 그들 부부는 심리적 용어와 개념을 신경학적 용어와 개념에 의해서 환원적으로 설명할 수 있을 것이라고 환원주의 입장에서 기대하면서, 동시에 그렇게 설명되지 않을 경우에 통속심리학 용어를 제거시켜야 한다는 입장을 유지한다. 이러한 그들의 태도는 적어도 스스로 일관성을 유지하지 못하는 것처럼 비쳐진다.

　이러한 비판적 견해에 대해서 역자는 먼저 번역한 『신경 건드려보기』의 역자 서문에서 환원주의 쟁점과 관련한 논의가 역사적으로 어떻게 전개되었는지 간략히 밝혔다. 전통적으로 철학자들은 수학과 기하학에서 (칸트는 뉴턴 역학도 포함하여) 진리의 참모습을 보았고, 그와 같이 철학도 체계화 혹은 형식화되어야 한다는 신념을 가졌다. 그러나 현대에 와서 괴델(1930, 1931)은 수학 체계의 불완전성을 증명하였고, 비-유클리드 기하학이 출현하였으며, 그러한 공간이 실제적 공간임을 아인슈타인(1905)이 밝혔다. 이러한 현대 과학의 배경에서 보면, 칸트가 『순수이성비판』에서 밝혀내려 했던 "선험적 종합판단"에 대한 정당성은 이제 무의미한 일로 드러난다. 이렇게 과학과 함께 발전해온 서양철학의 기초는 크게 흔들리고 말았다. 이런 배경에서 콰인은 "어떤 제1철학도 없다"고 말한다. 다시 말해서, (분석철학을 포함하여) 철학이 경험에서 벗어나 순수함을 추구해야 한다는, 즉 선험적으로 연구해야 한다는 과거의 신념을 버려야 하는 시기가 이미 오래전에 도래하였다. 한마디로, 철학이 오랜 동안 의지해온 과거의 낡은 과학의 옷을 벗어 던지고 현대 과학을 수용한다면, 이제 철학이 과학과 다른 (독립적) 방법과 목표를 갖는다고 외칠 수만은 없게 되어버렸다.

처칠랜드 부부가 환원주의와 제거주의를 동시적으로 주장하는 이유를 여기 역자 서문에서 논할 필요는 없어 보인다. 『뇌과학과 철학』의 7장에 소상히 패트리샤가 설명해주고 있기 때문이다. 자신들이 비록 "환원(reduction)"이란 용어를 사용하긴 하지만, 그들의 입장은 데카르트식의 환원주의가 아니며, 콰인의 전체론(holism)에서 나오는 "이론간 환원주의(intertheoretical reductionism)"이다. 또한 『신경 건드려보기』의 역자 서문에서 언급했듯이, 그들은 콰인 이외에, 쿤(Kuhn)이 말한 패러다임들(paradigms) 사이의 공약 불가능성(incommensurability) 측면에서 제거주의를 주장한다. 물론 이 책에서도 저자는 여러 곳에서 이 쟁점과 관련한 자신의 입장을 밝히고 있기도 하다.

이 주제와 관련하여, 아마도 독자들은 이 책의 표지에 쓰인 에드워드 윌슨(Edward O. Wilson)의 추천사에 대해서 궁금해할 수 있다. 다시 말해서, 윌슨이 『통섭(Consilience)』(1998)에서 주장하는 환원주의 입장과 처칠랜드가 주장하는 이론간 환원의 입장을 어떻게 이해해야 할 것인지 궁금해할 수 있다. 윌슨은 그 저서에서 여러 학문 분야들 사이에 설명의 대통합을 주장한다. 즉, 여러 분야의 지식들 사이에 통합적 설명이 이루어져야 하며, 그렇게 시도하라고 주문한다. 그러한 시도를 통해서 학문 분야들 사이에 공진화(coevolution), 즉 상호 발전이 일어날 수 있기 때문이다. 패트리샤 역시 *Neurophilosophy* (1986)에서 학문 분야들 사이의 '이론간 환원'을 통해서 상호 발전을 기대해볼 수 있다고 말한다. 그리고 이 책, *Brain-Wise* (2002)에서 그녀는 "이론간 환원"이란 용어 대신에 "부합(consilience)"이란 용어를 사용한다. 아마도 윌슨과 마찬가지로 패트리샤 역시 오해가 많은 "환원주의"란 용어를 피하고 싶었던 것처럼 보인다. 패트리샤 역시, 철학이 신경과학과 부합을 시도함으로써, 그리고 신경과학이 철학과 부합을 시도함으로써 서로 '공진화'를 기대한다고 말한다. 이러한 측면에서 이 용어에 관한 세밀한 논의가 필요하긴 하겠지만, 대략적으로 패트리샤가 말하는 '이론간 환원'의 개념과 윌슨이 말하는 '부합'의 개념은 매우 근접해 있다. 이런 측면에서 적지 않게 정확한 이해에 어려움이 있어 보이는 윌슨의 "부합"에 대한 세밀한 철학적 논의와 정당성을 패트리샤의 "이론간 환원"의 개념에서 찾아보는 것도 무방해 보인다. 윌슨이 전문 철학자가 아니라는 측면에서이다. 아무튼 패트리샤는 이제 철학과 뇌과학 관련 학문들 사이에 "부합"이 어떻게 가능한지, 그리고 그러한 통섭적 연구가 어떻게 가능한지를 보여준다.

끝으로 이 책의 번역과 관련하여 감사의 말을 전해야 할 분들이 있다. 이 책의 번역에 직접 도움을 주고 교정에도 참여한 김두환(인천대 물리학) 교수, 초고를 읽어주고 교정에 도움을 준 강문석 철학박사, 한정규(서울대 대학원생), 이일권(전북대 대학원생), 최승규(단국대 학생) 등에게 감사한다. 또한 철학과현실사의, 꼼꼼한 원고 교정과 편집을 도와준 편집인들의 노고와, 교정 원고를 여러 번 직접 배달하는 수고로움을 마다하지 않으신 전춘호 사장님께도 감사한다.

2014년 12월 인천 송도에서
박제윤

번역서의 기호들

※ ( )의 사용 : 독해를 돕기 위해 수식어 구를 괄호로 묶었다.

※ [ ]의 사용 : 독자의 이해를 돕기 위해 역자가 저자의 문장을 풀어서 해설하
는 경우에 사용하였다.

※ [역자:] : 독자의 이해를 돕기 위해 필요한 곳에 역자 해설을 달았다.

서 문

　『신경철학(*Neurophilosophy*)』(1986)을 출간한 이후로 신경과학 관련 분야에서 적지 않은 발전이 있었다. [이 책은 역자 박제윤에 의해서『뇌과학과 철학』이란 제목으로 2006년 번역되었다.] 특히 '계산적 방법', '신경과학 기술', 그리고 '여러 분야들 사이의 연결' 등에서 선구적 진전이 이루어졌다. 예를 들어, 분자생물학과 신경과학 사이에, 그리고 실험심리학과 신경과학 사이에 풍성한 상호활동이 있었다. 신경과학이 자신들 고유의 문제에 적절하지 않다고 자의적으로 염려했던 철학자들도 '신경철학의 발상에 차츰 관심을 가지게 되었다. 만약 20년 전에 누군가 대학 학부과목으로 신경철학을 개설하자고 제안했더라면 농담으로 들렸을 것이다. 그러나 이제 그러한 과목들이, 심지어 당당히 "뇌를 반대했던(antibrain)" 학과들에서조차, 연이어 개설되고 있다. 철학과 학생들뿐 아니라 과학 분야의 학생들도 철학의 큰 문제들, 즉 의식, 자유의지, 자아 등의 본성에 대해 갑론을박하고 있으며, 그들은 모두 그 논의의 진전을 위해 신경과학의 증거들을 필수적으로 알아야 한다고 인식하고 있다. 다양한 분야의 사람들이 이제 철학적 동향이 바뀌었음을 감지하고서, 그 소개서가 없다고, 즉 단일 저자에 의한 신경철학 교과서가 없다고 내 옆구리를 찔러댔다. 이 책은 그러한 요구에 대한 응답이다.

하나의 소개서로서, 이 책은 뇌과학(즉, 신경과학과 인지과학)이 철학의 전통 주제들에 어떻게 다가설 수 있을지를 기초적이며 체계적으로 설명할 수 있어야 한다. 이 책이 기초적이어야 하는 만큼, 그 목적에 걸맞게 교육적으로 쓸모 있으면서도, 간결하며, 정갈해야 한다. 그러므로 불가피하게, 이 책이 추천하는 도서목록의 숫자를 줄여야만 했다. 그로 인해 불가피하게, 어느 분야의 연구가 가장 핵심이며, 어느 논의가 다룰 만한 가치가 있는지 등에 대해 다분히 의도적으로 선택할 수밖에 없었다. 비록 그 선택이 내가 바라보는 세계의 그림을 더욱 투명하게 보여줄 목적을 달성할지라도, 그에 대한 대가도 따르기 마련이다. 그 선택된 연구서들이 함축하는 내용들을 말하지 않고 뭉뚱그려버림으로써, 혹시라도 일부 학자들의 신경을 곤두서게 만들거나, 심지어 격렬히 분노하게 만드는 측면이 있을 것이다. 그렇지만 결국 여기 선택된 목록들은 분명히 그것들이 쓰일 목적에 적절히 활용될 것이다. 왜냐하면 이 책에서 나의 일차적 목적은 철학적 문제들을 뇌과학으로 바라보는 것이 도움이 된다고 기대하는 사람들에게 **유용하게 쓰이는** 것이기 때문이다. 나는 이 책을 백과사전처럼 만들기는 어렵겠지만, 일관성이 있고 압축적으로 만들려고 하였다.

어느 책이라도 소개서로 유용하려면 다루려는 주제에 관해 많은 배경지식을 요구(전제)하지 말아야 한다. 나는 그러한 규칙을 지키려 노력했다. 그렇지만 부득이 신경과학 또는 인지과학 지식이 전무한 초보자라면 필요에 따라서 짧지만 좋은 소개서를 읽어볼 필요도 있을 것이다. 그러한 선택을 돕기 위해 나는 각 장의 서두마다 독서목록들에 대한 일반적 조언을 하였으며, 이어서 특정 주제에 대해 조언을 남겼다. 초보자들을 위해서 배경지식을 제공하는 것으로, 학술지, 웹사이트, 백과사전 등이 있다. 따라서 나는 그러한 좋은 리뷰 논문들이 실리거나 또는 뇌과학 발달을 따라잡기 위해 필수적이라고 널리 인정되는 학술지 목록도 열거하였다.

이 책은, 다른 철학 책에서 전형적으로 보여주는 내용보다, 많은 신경생물학의 구체적 내용들을 담고 있다. 그렇게 해야만 했던 근본적인 이유가 있다. 만약 당신이 '의식의 본성' 또는 '학습의 본성'과 같은 철학적 문제들을 더욱 잘 다루고 싶다면, 신경과학의 구체적인 내용을 이해하는 것이 (단지 우쭐대기 위해서가 아니라도) 필수적임을 사례로 보여주기 위해서이다. 지속적으로 철학자들이 마주치는 어려움은, 스스로 기초 신경과학에 충분히 정통하여, 어느 보고된 실험 연구 결과가 무엇을 의미하는지, 그리고 그 의미가 어떤 철학적 의미를 제공하는지 등을 말할 수 있어야 하는 문제이다. 비록 내가 그 모든 어려움을 이 책에서 해소시켜주지는 못하겠지만, 어느 정도 줄여줄 수는 있을 것이다. 그렇게 하기 위해 나는 이 책에서 선별된 실험의 구체적 내용들을 설명할 것이며, 그럼으로써 그 실험 기획이 무엇이고, 그 실험 대조군의 본성은 무엇인지, 그 실험에서 (가능한) 해석의 결함은 무엇인지 등을 이해시켜줄 수 있을 것이다.

비록 선별된 실험의 구체적인 내용이 결정적으로 중요하다고 하더라도, 이 책이 독자의 인지작용(cognitive operations)을 질식시키지 않는 것 또한 중요하다. 그 인지작용을 위해 시간적이며 공간적인 문제들이 고려될 필요가 있다. 철학자이며 컴퓨터 과학자인 브라이언 스미스(Brian Smith)가 한때 생각에 잠겨 말했듯이, 뇌가 아주 잘하는 것들을, 그 인지작용은 매우 느리게, 시간을 길게 늘어뜨려, 반추하는 방식으로 이루어진다. 전형적으로 그러한 인지작용은 (현존하는 컴퓨터들이 결코 할 수 없는) 문제풀이(problem-solving)이며, 창의적 활동이다. 같은 맥락에서 프랜시스 크릭(Francis Crick)이 주목했듯이, 너무 서두르면 아마도 오히려 시간 낭비가 될 수 있다. [즉, 만약 신경과학과 철학적 내용에 낯선 독자라면, 시간을 들여 천천히 읽어서, 뇌에 새로운 도식이 형성되도록 느린 독서가 도움이 될 것이다.] 이러한 생각을 명심하고, 나는 참고도서 목록을 무수히 추천하고픈 충동을 자제하겠다. 내가 추천하는 도서 목록들은 나의 개별적 편견을 반영하므로, 호기심 어린 독자라면 다른 관점에서 그 범위를 넘어서는 것도 무방하다.

반복해서 말하지만, 나는 과학의 역사를 돌아보는 것이 지금 내 입장을 돌아보는 데에 매우 도움이 된다고 여긴다. 사실상 신경과학은,

뇌 기능을 지배하는 기초적 설명 원리들을 여전히 더듬고 있다는 의미에서, 아직 미성숙한 과학이다. 이러한 측면에서 신경과학은 분자생물학과 대비된다. 예를 들어, 분자생물학은 유전자의 화학적 구조에 대한 기초 원리가 무엇인지, 즉 유전자가 어떻게 발현되고, 단백질이 어떻게 만들어지는지 등을 필수적으로 다룬다. 반면 신경과학은 아직 풋내기 수준이므로 우리는 아마도 기껏해야 탐구될 것이 무엇인지 아주 희미하게 아른아른 볼 수 있을 뿐이며, 게다가 그 발견이 마음의 본성에 대한 우리의 확고한 확신을 앞으로 어떻게 변화시킬지 장담할 수도 없다. 우리가 어쩔 수 없이 가지는 것이긴 하지만, 우리의 진심 어린 확신들이란 때로는 지적 탐구에 방해물일 수도 있다. 그런 확신들은 마치 **타협의 여지가 없는 확신**처럼, **영원한 진리**처럼, 혹은 마치 **형이상학적 진리**처럼 보이곤 한다. 진심 어린 확신이 비록 신뢰를 제공하긴 하겠지만, 그것은 사실상 **관습적** 지혜의 한 조각에 불과하다. 과학의 역사는 관습적 지혜에서 나온 이야기를 지지하는 태도가 진보의 방해물, 상상의 실패자 또는 도그마(독단)임을 보여주었다. 또한 역사가 보여주는바, **이따금** 터무니없는 생각이 옳은 것으로 변화되기도 하지만, 그런 생각이 **결코** 옳은 것이 될 수는 없다.

그러한 역사적 교훈이 다른 분야들에도 유용하다는 희망에서, 나는 과학 이야기, 즉 '현안의 문제들에 유용한 미끄럼틀을 제공하는' 이야기를 하려고 한다. 그것은 과학적 오만과 과학적 망각에 관한 이야기들과 마찬가지로, 과학적 오류와 과학적 발견에 관한, 그리고 과학적 고집과 겸손 등에 관한 이야기들이다. 또한, 많은 것들이 돌연 엉터리로 밝혀지는 관습적 지혜에 근거한 이야기들이다. 그것들은 특별히 (해당 주제와 상관없는) 가장 넓은 의미에서 지식을 위한 탐구에 해당된다. 그러한 이야기들은 우리의 '지식'과 우리가 느끼는 '확신'을 구별하게 만들며, 우리에게 생각할 여지를 제공한다. 기이하게도 과학의 역사는 과학 분야의 학생들에게 거의 가르침이 되지 못하지만, 그럼에도 불구하고 올바른 질문을 어떻게 물어야 하며, 힘겨운 문제들을 어떻게 다루어야 하는지 등을 이해시켜주는 것은 바로 그것이다.

당연히 나는 현재 철학적 정설을 마주함에 있어 철학의 역사를 소중하게 여긴다. 내가 그렇게 여기는 것은 철학 분야의 위인들이 나보다 많이 안다고 여기고, 그들의 얼빠진 이론에 동조하기 때문에서가 아니다. 사실 그들은 나보다 더 많이 알지 못했다. 강조하건대 나는 다른 이유에서 그 역사를 소중하게 여긴다. 일부 위대한 사상가들은 많은 오늘날 주류 철학자들보다도 그들의 관심사가 대단히 넓었으며 일반적으로 자연에 관해 훨씬 많은 호기심을 가졌기 때문이다. 이것은 내가 여전히 좋아하는 옛 분들, 아리스토텔레스(Aristotle), 흄(Hume), 그리고 퍼스(Peirce)에 대해 분명히 옳다. 내가 그들을 좋아하는 것은 그들이 명료하고, 사려 분별이 있었으며, 논리적이고, 대담했다는 그럴 만한 이유에서이다. 그렇다고 이러한 특징들이 숭배에 필요한 미덕은 아니지만, 누구라도 사물들의 본성을 이해하고 싶다면 미덕으로 여기게 될 것이다.

내 의견에 따르면, **꽤 주류 철학이 아니라고 여겨지는 상당 부분에서 (철학적으로) 학술적 수준의 흥미로운 활동이 이제 막 발견되고 있다. 그러한 연구는 학문간 경계를 무너뜨리는(cross-disciplinary) 탐구를 열정적으로 해온 성과이다. 그러한 성과를 통해서 이제는 학술 분야들 사이에 단지 행정적 편리를 위한 경계가 남아 있을 뿐이다. 철학과 학생들은 개방적인 실험실에 드나들고 있으며, 반면에 신경과학, 인지과학, 컴퓨터과학 등의 학생들은 마음에 관한 철학적 질문들이 근본적으로 단지 마음에 관한 개괄적 질문일 뿐이며, 그것들이 실험적 기술에 의해 해명될 것이라고 깨닫기 시작했다. 또한 그들은 철학이 논리적 지뢰밭이 있는 곳을 발견하기에 종종 유용하다는 것을 배우고 있다. 이러한 경향은 철학에도 거꾸로 확산되고 있어서, 철학을 훨씬 더 왕성하고 확장적인 학문으로 (아주 오랜 역사 대부분에서 철학이 그러하긴 했지만) 만들고 있다. 또한 이러한 경향은 거대한 질문을 가지고 신경과학에 들어섰지만, 언제까지나 '단백질에 표식을 달고(tagging proteins)' 있을 뿐이라고 생각하는 학생들을 격려한다. [역자: 거대한 질문에 대답을 찾을 것이라 기대하고서 과학 실험실에 입문한 학생들은 흔히, 예를 들어, 실험 준비를 위해 단백질에 표식을 다는 등, 자신의 미시적 실험 조작에 자괴감을 가지기 쉽다. 그러나 그들이 자신의 연구에 대한 넓은 철학적 시각을 갖게 된다면, 그들의 역할에 격려가 될 것이다.]

수년간 많은 사람들이 나에게 '뇌'와 '과학을 어떻게 탐구하는지' 등에 관해서 가르쳐주었다. 나는 그들 모두에게 그 점에 대해 진심으로 감사한다. 우선적으로 프랜시스 크릭은 마르지 않는 생각의 원천이었다. 독창적 생각을 이끌어내고, 때로는 (결함이 있지만) 확신을 주는 생각을 만들어내었다. 문제점이 있으면 가차 없이 지적해주어, 내 자신이 스스로의 이론에 빠져드는 오류를 범하지 않도록 해주면서도, 주저하는 문제에 과감히 뛰어들도록 용기를 주기도 하였다. 더구나 크릭은 나의 지속적인 열정과 어설픈 회의주의 모두에 지속적으로 공정하게 비평해주었다. 과학사에 대한 그의 지식과 특별히 분자생물학사에 대한 그의 개인적이고 상세한 지식은 나에게 신경과학을 (다른 방식으로는 결코 생각하지 못했을) **하나의 학문으로서** 전망하도록 해주었다.

안토니오와 한나 다마지오(Antonio and Hannah Damasio) 부부는 나에게 시스템 수준의 신경과학에 관해 어떻게 생각해야 하는지를 인내하며 가르쳐주었으며, 임상적 연구에서 수집된 자신들의 통찰을 은혜롭게 제공하였다. 또한 그들은 내가 틀에 박힌 생각에 안주할 경우 단호하면서도 친절하게 지적해주어, 내가 그곳에서 빠져나오게 도와주었다. 특별히 그들은 내가 의식을 (뇌의 지각 기능에서처럼) "통일하는(coherencing)" 뇌의 기초적 기능이라는 관점에서 바라보게 해주었다. 반면에 이러한 나의 생각은 그들로 하여금 피질하 뇌구조(subcortical brain structures), 특별히 뇌간구조(brainstem structures)를 통일적 행동(coherent behavior)을 위한 닻으로 생각하게 했으며, 따라서 자아-표상(self-representational) 능력을 위한 곳으로 생각하게 하였다.

이 책, 『뇌처럼 현명하게(*Brain-Wise*)』 역시 모든 면에서 가족들의 도움으로 가능했다. 언제나처럼 폴 처칠랜드(Paul Churchland)는 그의 모든 직감과 통찰을 나와 함께 공유했으며, 내 실수에 미소를 지었고, 그의 넓은 어깨는 나의 버팀목이었다. [나의 아이들] 마크 처칠랜드(Mark Churchland)와 앤 처칠랜드(Anne Churchland)는 철학을 가정의 일상사 문제로 그리고 신경과학을 전문적 훈련 과정으로 받아들였으며, 초고 번안 [인쇄물]을 오두막으로 날라주었다. 그들은 어떤 요구에 대해서도 묵묵히 그리고 반복적으로 모든 일을 도와주었으며, 힘든 요구에도 다시 생각하고 수정해주었다. 마리안 처칠랜드(Marian Churchland)는 그녀의 끼를 발휘하여 그린 책 표지의 만화에 내가 영광스럽게 조금 손보도록 허락해주었으며, 캐롤린 처칠랜드(Carolyn Churchland)는 이 책에 종교에 관한 장을 추가하도록 현명한 조언을 주었다. 나는 모두에 대해서 깊이 감사한다.

더할 수 없을 정도로, 로드릭 코리뷰(Roderick Corriveau)는 나에게 신경 발달에 대해 가르쳐주었으며, 표상과 지식을 다루는 장에 깊이를 더해주었다. 캘리포니아 주립대학 샌디에이고(UCSD)의 동료 릭 구르쉬(Rick Grush)는 몇 가지 프로젝트에서 협력자이면서, 모의실행기(emulator)에 관한 그의 생각은 신경계가 스스로를 어떻게 표상할 수 있는지에 대한 나의 생각에 핵심 요소가 되었다. 나는 내 친구이자 동료인 클라크 글리모어(Clark Glymour)에게 특별히 감사해야만 하는데, 그는 엄격하면서도 솔직담백한 태도로 인과성(causation)에 관해 많이 가르쳐주었으며 내가 실제로 무엇을 생각하는지 말하도록 자극을 주었다. 데이비드 몰페스(David Molfese)는 지속적으로 원고를 한 페이지씩 들고 와서 표현이나 편집의 측면에서 아주 훌륭한 수정을 제안했다. 아마도 이 책이 아무리 개선된다고 하더라도 데이브의 방법론적 도움은 변화되지 않을 것이다. 일리야 파버(Ilya Farber) 또한 비판적으로 그리고 과학 영역들의 통합에 대한 그의 관점에서 훌륭한 조언을 주었다. 스티브 쿼츠(Steve Quartz)는 내가 뇌의 진화를 고려하게 하고, 일반적으로 모듈(modules)과 뇌 조직에 대한 내 생각을 바로잡도록 도와주었다. 나의 오랜 철학자 동료인 마이클 스택(Michael Stack)은 나의 논증들을 치밀하게 만들도록 도와주었고 과장된 표현들을 콕콕 지적해주었다. 테리 세흐노브스키(Terry Sejnowski)는 친절하게 원고 일부를 읽어주고, 특별히 학습과 기억 그리고 공간표상에 관해서 조언과 의견을 주었다. MIT 출판사 편집자인 앨런 트웨이츠(Alan Thwaits)는 최상의 편집자에게서나 얻을 형언할 수 없는 조언을 주었다. 나는 그에게 큰 빚을 졌으며 감사한다.

원고를 읽고 나에게 더 좋은 개선이 이루어지도록 부담과 용기를 주었던 분들로, 빌 케이스비어(Bill Casebeer), 카르멘 카릴로(Carmen Carrillo), 로우 고블(Lou Goble), 미치 군즐러(Mitch Gunzler), 앤드류 해밀턴(Andrew Hamilton), 존 제이콥슨(John Jacobson), 돈 크루거(Don Crueger), 에드 맥아미스(Ed McAmis), 클라리사 웨이츠(Clarissa Waites) 등이 있다. 설크 재단(Salk Institution)의 세호노브스키 실험실은 나의 두 번째 집이며, 그곳에서 나는 최근 발달된 내용에 관해 많이 배웠으며 생각을 키울 수 있었다. 나는 그 실험실의 연구원들 모두에게 감사한다. 그들은 시간을 내어 내가 그들의 실험을 쉽게 이해하도록 도와주었고, 자신들의 사고와 의문 그리고 착상을 나와 함께 공유하였다. 나는 UCSD에 학부 과정 두 학급에서 강의하면서 초고를 검토할 기회를 가졌다. 그들의 반응과 생각은 내가 많은 수정을 하도록 촉발하였다. 특히, 강조해야 할 주제를 선정하는 데에 도움이 되었다. 헤아릴 수 없을 정도로 많이, 나는 그들의 조언과 불평에 대하여 늘 감사 인사를 해야 했다. "버블(bubbles, 거품)"이라 불렸던, 피핀 쉬프바흐(Pippin Schupbach)는 많은 성가신 일에도 유쾌하게 나를 도와주었다.

UCSD는 나에게 18년 동안 가정과 같았으면서도 가장 가슴 뛰게 하는 곳이었으며, 나에게 그들이 알고 있던 것들을 가르쳐준 많은 친절한 동료들에게 깊이 감사한다. 특별히 리즈 베이츠(Liz Bates), 길레스 파우코니어(Gilles Fauconnier), "라마(Rama)"라 불리는 라마찬드란(Ramachandran), 마티 세레노(Marty Sereno), 래리 스퀴어(Larry Squire) 등에게도 감사한다. 끝으로, 주류 철학자들에 의해 나의 연구가 진정한 철학이 아니라고 인정받지 못한 초기에도, UCSD의 학장이신 딕 앳킨슨(Dick Atkinson)이 특별히 용기를 주었던 것을, 나는 각별히 고맙게 지적하고 싶다. 대학의 총책임자로서 그는 지속적으로 "자신의" 학자들이 무엇을 생각하고 연구하는지에 대해 깊은 관심을 가지고 있었으며, 우리에게 조언을 주었다. 그는 시대를 읽는 분으로서, 나는 그 점에 대해서 대단히 감사한다.

2002년, 캘리포니아 라호야(La Jolla)에서

차 례

역자 서문 / 7
서문 / 13

1장 서론 / 25

I부 형이상학

2장 형이상학 소개 / 75
3장 자아와 자신에 대한 앎 / 107
4장 의식 / 203
5장 자유의지 / 311

II부 인식론

6장 인식론 소개 / 367
7장 뇌는 어떻게 표상하는가? / 411
8장 뇌는 어떻게 학습하는가? / 477

III부 종교

9장 종교와 뇌 / 549

주(註) / 593
참고문헌 / 611
찾아보기 / 647

1장 서론

과학의 목표는 영원한 지혜를 밝히는 것이 아니라, 영원한 오류에서 벗어나는 것이다.

_갈릴레오(베르톨트 브레히트(Bertolt Brecht), 『갈릴레오(*Galileo*)』 중에서)

1. 여러 핵심 문제들

실험에 의해 조금씩 앞으로 나아감으로써, 신경과학은 '우리가 누구인지'에 대한 우리 자신의 개념을 형성해가고 있다. 오늘날 그 증거의 무게가 알려주는바, 느끼고 생각하고 결정하는 것은 비-물리적인 무엇이 아니라, 바로 뇌(brain)이다. 이 말은 사랑에 빠지는 영혼 같은 것이 결코 존재하지 않는다는 것을 의미한다. 분명히, 그리고 여전히, 우리는 사랑에 빠지며, 사랑의 열정이란 그 무엇보다도 실제적이다. 그럼에도 우리는 이제 사랑에 대해 과거와 다른 방식으로 이해한다. 그러한 중요한 느낌들은 물리적인 뇌 안에서 일어나는 사건들이다. 이 말이 의미하는바, 사후에 천국에서 영원한 행복을 누리거나 지옥에서 비천함을 겪을, 그 어떤 영혼도 존재하지 않는다. 여전히 어색하게 들릴지 모르지만, 사색적 내심, 즉 자신의 주관성 자체가 바로 뇌-기반이 '신경 사건들에 의미를 부여하는' 방식이다. 심지어 '그러하다'는 뇌의 지식 역시 뇌-기반 작용이다.

지금까지 뇌에 관해 밝혀진 것을 알기만 해도, 특별히 비-물리적 모듈인 의지가 존재한다는 생각을 상당히 의심하게 된다. 즉 (의도적 선택을 하도록) 인과적 장치 내에서 작동하는 의지, 예를 들어서 위험에 직면해서 용기를 낼 것인지, 아니면 그저 도망칠 것인지, 또는 도망하되 훗날을 도모할 것인지 등을 선택하게 하는 '의지가 존재한다'고 이제 우리는 믿기 어렵게 되었다. 모든 가능성을 고려해볼 때, 우리의 선택과 계획, 자기억제와 자기관용, 나아가서 고유한 개인성향의 기질, 분위기, 성깔 등등이 모두 일반적인 뇌의 인과적[즉, 물리적으로 작용하는] 조직이 갖는 특징들이다. 사람들이 '스스로 주도한다'고 여기는 자기통제는 신경경로(neural pathways)와 신경화학물질(neurochemicals)에 의해 가능한 일이다. 우리가 '물질을 지배한다'고 확신하는 마음이란 (사실 다른 뇌 패턴과 상호작용하고 다른 뇌 패턴에 의해 해석되는) 특정한 뇌 패턴이다. 더구나 내성적으로 분명히 인식되고 끊임없이 표상되는 **자아**란, 뇌 변화에 따라서 민감하게 변화되는, 뇌-기반 구성물이며, 뇌가 죽게 되면 그에 따라서 함께 사라진다.

의식이란, 거의 분명히 말하건대, 영혼에서 방출되거나 또는 유령 물질을 퍼뜨리는 어떤 마술 같은 불꽃이 아니다. 확신을 가지고 말하건대, 의식은 다양한 생물학적 기능을 지원하는 신경활동의 조절 패턴이다. 이 말은 '의식이 실재적이 아니다'라고 주장하는 것이 아니다. 단지 '의식의 실재성이 신경생물학에 근거한다'는 것을 주장할 뿐이다. 뇌가 그와 같은 것들을 알 수 있으며, 특별히 '뇌가 자신에 대해서 연구할 수 있다'는 것이, 인간 뇌가 갖는, 진정으로 대단한 능력들 중에 하나이다.

이러한 목록은, 우리 자신에 대한 이해를 혁명적으로 바꿔줄, 여러 과학적 발견들 중에 단지 일부만을 언급해줄 뿐이며, "우리가 해볼 것은 거의 다 해보았다"라고 가정하는 것은 소박한 생각일 듯싶다. [즉, 뇌에 관해 앞으로 엄청난 것들이 밝혀질 것이며, 그에 따라서 우리의 많은 생각들이 바뀔 전망이다.] 일반적으로 말해서, 마음-육체 문제는 정말로 풀기 어려운 (과거에 그랬던) 수수께끼에서 벗어나게 되었다. 지난 30여 년 동안 신경과학은 많은 놀라운 발견을 일궈냈다. 뇌 연구는 모든 수준에서, 즉 가장 기초적으로는 신경화학물질에서 세포로, 나아가서 신경회로와 시스템 수준에 이르기까지 마음의 본성에 관련된 결과들을 산출해내고 있다(그림 1.1, 그림 1.2). 신경과학과 공진화(coevolving, 즉 상호발달)하는 인지과학(cognitive science)은, 성체(adult)와 발달 중인 유아(infant) 모두의 경우에서, 큰 규모의 기능들, 즉 주의집중(attention), 기억(memory), 지각(perception), 추론(reasoning) 등을 입증해주고 있다. 그뿐만 아니라, 큰 규모의 **인지** 현상들을 작은 규모의 **신경** 현상들로 설명하려는, 계산적 생각은, 신경과학, 인지과학, 철학 등을 하나의 포괄적 이론 체계로 **통합**하는 문을 이미 열었다.

많은 문제들이 여전히 남아 있으며, 그러한 문제들 중 일부에 대한 해답은 분명히 우리가 놀라 자빠질 정도로 엄청난 개념적, 이론적 '혁명'을 불러일으킬 것이다. 주목해야 할 것으로, 중요한 진보를 성취한다는 것이 단지 그 모든 것들에 대한 소탕을 의미하지는 **않는**다. 그보다, 그 진보는 '마음에 대해 무제한적이며 고압적인 철학적 사색의 전성기가 왕의 신성한 권리의 노정에서 사라졌음'을 의미한다. 그 진보는, 철학자 왕의 망토를 걸친 자들 중, 일부 불평불만이 있는 자들을 선동하기도 한다. 그 진보가 의미하는바, 무지한 철학이, 경험적으로 무장한 이론화와 창의력이 풍부한 실험 연구에 의해, 그 기반을 상실하고 있다.

만약 앞서 언급한 변화들이 다양한 신경과학 분야들, 즉 신경해부학, 신경생리학, 신경약리학, 인지과학 등의 발견에서 나온 것들이라면, 철학은 어떻게 변화되었는가? **신경철학**(neurophilosophy)이 무엇이며, 신경철학의 역할이 무엇인가? 우선 간단히 대답하자면 이렇다. 기억과 학습, 의식, 자유의지 등의 본성을 포함하여, 마음의 본성에 관한 문제는 전통적으로 철학의 범위 내에 있었던 주제들이다. 전통적으로 철학자들은 이러한 주제들과 씨름하고 지속적으로 연구해왔다. 오랜 세월이 지나서 결국 뇌과학과 그 주변 기술들이 충분히 발전하였으며, 마음-뇌를 이해하는 실질적 진전이 이루어졌다는 인식에서, 신경철학이 나오게 되었다. 듣기에 다소 거슬리겠지만, 뉴런과 뇌에 관해 어떤 이해도 갖지 못한 상태에서 진행되어온, 심리철학(philosophy of mind)은 빈약한 것으로 드러날 것이다. 그 결과 신경철학은, 푸릇푸릇한 신경과

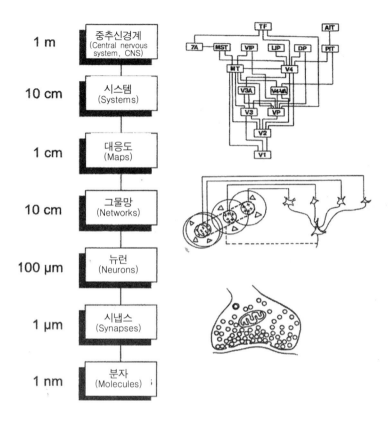

그림 1.1 여러 [수준의] 조직 구조들이 신경계의 다양한 공간적 규모에서 발견된다. 기능적 수준들은 더욱 세분화될 것이다. 따라서 수상돌기(dendrites)는 뉴런(neurons)보다 더 작은 계산적 단위이며, 그물망(network)은, 국소(local) 그물망과 광역(long-range) 그물망을 포함하여, 다양한 크기를 가진 것으로 드러날 것이다. 그물망들은, 명확히 구분되는 여러 동역학적(dynamical) 속성들에 따라서, 역시 다양하게 분류될 수 있다. 오른쪽의 도해들은 시각 시스템(visual systems)에서 명확히 구분되는 여러 영역들(위), 그물망(중간), 그리고 시냅스(아래) 등을 보여준다. (Churchland and Sejnowski 1988에 근거하여)

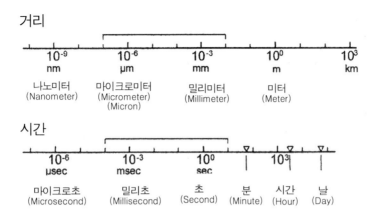

그림 1.2 공간적, 시간적 크기에 따른 대수학적 크기(Logarithmic scales). 눈금 위 표식은 특별히 시냅스 신호 처리(synaptic processing)에 관련한 크기를 가리킨다. (Shepherd 1979에 근거하여)

학과 쇠약해지는 철학이 만나는 교차로에서 여러 문제들을 조명하고 있다.

다른 측면에서, 더 나은 대답은 이렇다. 전통적으로 그리고 지금에도 철학이란 본질적으로 여러 분야들의 성과들을 종합하고, 그 이론들을 통합하는 분야이다. 철학은 광범위한 범위를 조망하면서 모든 영역들을 포괄한다. 철학은 여러 벅찬 문제들을 과감히 건드린다. 철학은 어느 가설이라도, 그것이 뒤집어지거나 경멸될 수 있는 한, 비판의 대상이 될 수 있다고 여겨왔다. 철학은, 모든 지배적 패러다임의 바퀴들을 검사해보고, 모든 신성한 것들을 조사해보고, 모든 마술 쇼의 커튼 뒤를 들춰보는 등의 일을 당연한 의무로 여겨왔다.

이렇게 철학을 바라볼 때, 우리 모두는 이따금 철학자인 셈이다. 과학자들이 실험대에서 물러나 '커다란 문제들에 대해 고심할' 때에, 혹은 그들이 '관습적 지혜를 탓하여 독창성을 발휘하려 할' 때에, 분명히 그들은 자신만의 철학적 사고를 한다. 그러한 철학적 사고는 새로운 생각과 새로운 실험 기술을 싹트게 할 기반을 제공한다.

정중히 말해서 철학은 실험 과학에 대한 이론적 동반자이겠지만, 가볍게 말해서 철학은 단지 허황된 공상과 자유논평일 듯싶다. 분명히 말해서 일부 철학은 단지 떠들어대는 소란에 **불과하다**. 그렇더라도 그것이 결코 나쁜 것만은 아닌데, 특별히 어느 과학의 초기 단계에선 더욱 그렇다. 신경과학은 초기의 과학이며, 그리고 그 넓은 상위 분야 아래 모든 하부 영역에서 이론적 혁신이 요구된다. 물론 가장 이론적인 생각이란 틀릴 가능성이 높지만, 만약 우리가 새로운 생각을 아주 많이 길러낼 용기를 발휘하지 않는다면, 그에 합당한 승리자의 등장 또한 보지 못할 것이다.

철학에 대한 이러한 묘사는 철학함에 대해 긍정적 측면을 조명하지만, 어느 분야라도 그러하듯이 흉물스러운 측면 또한 있다. 그러한 측면은 다음의 경우에 드러난다. 어느 철학자가 아직 확인되지 않은 자신의 이론적 환상을 사실처럼 간주하여 기만하려는 경우, 단지 **보기 좋은** 이론을 **참인** 이론으로 여기려는 경우, 비-정통의 생각을 단지 정통이 아니라는 **이유에서** 이단으로 취급하려는 경우, 단지 친숙한 모임이라고 그곳을 똑똑한 생각을 주는 곳으로 가정하려는 경우 등등에서이다. 이러한 측면들은 과학, 정부, 재정, 전쟁 등에서와 마찬가지로, 철학에서도 그대로 적용된다.

이 책은 신경철학을 다룬다. 신경과학과 인지과학의 최근 풍성한 발달에 힘입어, 신경철학은 마음의 본성과 관련하여 다양한 줄기의 철학적 문제들을 다루려는 목적을 갖는다. 나는 관련된 신경과학 연구와 발견들의 숲을 헤치고 앞으로 나아갈 통로를 모색하기 위해, 다음 두 고전적 범주들, 즉 형이상학(metaphysics)과 인식론(epistemology)을 조명하는 자료들을 찾아내어야 했다. 주로 그러한 두 분야에 집중할 것이며, 윤리학(ethics)은 자유의지와 책임성에 대해서 간단히 살펴보기만 할 것이다. 마지막 마무리 장에서 종교를 주제로 다루었으며, 그 주제는 형이상학과 인식론의 두 영역에 관련된 주제이다.

본격적으로 이야기를 시작하기 전에, 우선적으로 **환원주의**(reductionism)에 대해 몇 가지 간단한 역사적 조명과 짧은 논의가 필요하겠다. 우리가 현재 분리되어 있는 여러 영역들의 통합을 모색하려는 입장에 있는 만큼, "환원주의"는 아무리 명확히 하려 해도 결코 지나치다 말할 수 없을 만큼 핵심 개념이기 때문이다.[1]

2. 자연철학

기원전 600년에서 기원후 200년까지 그리스 사상은, 현대 과학은 물론, 일반적으로 서양 철학의 원천이다. 이러한 시기에 글자 그대로 **철학**(philosophy)이란 "지혜에 대한 사랑(love of wisdom)"을 의미했으며, 당시의 고대 그리스인들에게 철학은 다음과 같은 넓은 범위의 물음에 대한 탐구였다. 예를 들어, 물이 얼거나 나무가 탈 수 있는 것과 같은, 변화의 본성이 무엇인가? 달과 별의 본성은 무엇이며, 지구는 어디에서 왔는가? 모든 사물들을 구성하는 근원적 미립자(물질)가 있는가? 살아 있는 것들은 어떻게 번식하는가? 물론 그들은 자신들에 대한 질문도 했다. 예를 들어, 무엇이 인간을 인간답게 하는가? 그리고 생각하고 지각하는 것, 추론하고 느끼는 것, 계획을 세우고 결정하는 것, 좋은 생활을 하는 것, 조화롭고 생산적인 정치 국가를 만드는 것 등등이 무엇인가?

자연 세계에 대한 이론의 탐구는 **자연철학**(natural philosophy)의 목표로 여겨졌다. 반면에 윤리학과 정치학의 이론과 실천적 생활은 **도덕철학**(moral philosophy)의 목표로 여겨졌다. 얼핏 보기에 이러한 분류법은 '사물들이 **어떻게 있는가**'에 관한 질문과 '우리가 **어떻게 해야 하는가**'의 질문을 구분한다. 그렇게 명확히 구분됨에도 불구하고, 이러한 두 영역은 '개념'과 '이론'을 공유한다. 특별히, '마음'에 관한 질문은 이따금 이러한 두 영역 각각에 발을 한쪽씩 담근다.

철학이 독립적 학문으로 여겨진 것은 언제부터인가? 19세기 끝 무렵 자연철학의 일부 영역들에서 탁월한 발전이 이루어졌으며, 그 결과 구분된 하부 영역들, 즉 물리학, 화학, 천문학, 생물학 등등 개별 과학들로 세분되었다. 그 발전과 전문화에 따라서 "자연**과학**"이란 표현이 유행되었고, 반면에 비교적 오래된 용어, "자연철학"은 사용되지 않는 고풍 언어가 되어버렸다. 그럼에도 불구하고, 그 넓은 의미의 제목은 여전히 영국의 케임브리지(Cambridge)와 스코틀랜드의 세인트 앤드류(St. Andrews) 등과 같은 유서 깊은 대학의 과학관(science buildings)과 출입구에 걸려 있다. 금세기 중반까지 세인트 앤드류 대학의 물리학과 학위는 공식적으로 자연철학 학위였다. 박사학위(Ph.D., **철학박사**, 또는 철학선생)의 자격은 단지 철학자들에게만 수여되는 것이 아니며, 모든 종류의 과학자들에게도 수여된다. 이것이 자연철학의 한 부분으로서 모든 분야의 과학을 포괄했던 옛 분류법의 흔적이다.

별, 심장, 그리고 물질적 기초 요소 등이 어느 개별 학문을 정당화할 정도로 잘 이해되었다면, 마음은 어떠한가? 의사 히포크라테스(Hippocrates, 460-377 B.C.)와 같은 고대 사상가들은 사고, 느낌, 지각 등이 뇌의 활동이라고 확신했다. 그는 갑작스러운 마비(paralysis) 또는 서서히 진행되는 치매(dementia)와 같은 사건이 뇌 손상 때문이라고 믿었다. 이러한 그의 관점에 따르면, 정상 동작이나 정상 언어는 잘-숙성된 뇌에 의한 작용이다. 반면에 비-자연적 체계를 선호했던 철학자 플라톤(Plato, 427-347 B.C.)과 특별히 성 토마스 아퀴나스(St. Tomas Aquinas, 1225-1274), 성 아우구스티누스(St. Augustine, 345-430) 등과 같은 후기 기독교 사상사들은 영혼(soul)을 신체와 구분하며, 본래적으로 성스러운 것으로 믿었다. 아마도 플라톤이 영혼을 최초로 체계적으로 이론화했을 것인데, 그는 영혼이 (감각을 결정하는) 감각적 부분, (우리가 명예감, 공포감, 용기 등을 갖게 하는) 정서적 부분, 이성적 부분 등을 갖는다고 가정했다. 그리고 그는 그 마지막 이성적 부분이 인간에게만 유일하며, 이성이 우리가 추론하고, 생각하며, 사물을 분별할 수 있게 한다고 믿었다. 목적론적 경향의 철학자들은 마음(또는 다르게 불러서, 영혼)이 자연과학에 유용한 것과 다른 방식으로 탐구해야 할 주제라고 결론지었다. 만약 영혼에 대해 초자연주의가 옳다면, 영혼의 본성이 자연과학에 의해 밝혀질 가능성은 없을 것이며, 아마도 성찰, 내성, 이성 등과 같은 다른 방법들이 유용할 듯싶다.

데카르트(Descartes, 1595-1650)는 마음이 비-물리적이라는 생각의 현대판 해석을 내놓았고, 그런 생각을 체계적으로 확실히 방어했다. 그의 두 실체 관점은 **이원론**(dualism)으로 알려져 있다. 데카르트의 관점에 따르면, '이성'과 '판단'은, 정신적이며 **비-물질적인**, 마음의 본래적 기능이다. 그의 추정에 따르면, '마음'과 '신체'는 오직, 감각 입력과 근육으로 나가는 출력, [즉 감각운동 조절] 두 지점에서만 서로 연결될 뿐이다. 이러한 두 기능과 별개로, 데카르트 이원론은 다음과 같이 추정한다. 사고, 언어, 기억 회상, 반성, 의식적 앎 등등의 '마음의 작용'은 '뇌의 작용'과 무관하다. [그러나] 뇌손상 환자들에 대한 임상 연구에서, 뇌와 '**모든** 그러한 (겉으로 보기에) 뇌-독립적 기능들 사이에 명확한 연관성이 밝혀지자, 고전 이원론은 '뇌와 영혼의 상호작용은 다만 감각과 운동의 기능에 제한되지 않는다'고 입장을 바꿔야만 했다. 영혼을 충분히 설명할 수 없는 이러한 수정은 후기-데카르트 이원론 자체에 독이 되었다.

데카르트가 이원론을 호소한 근거는 무엇이었던가? **첫째**로, 그는, '추론'하고 '언어'를 사용하는 인간의 능력에, 그리고 언어 사용이 ([물리적인] 인과적 작용보다) 이성에 의해 지배되는 것처럼 보이는 차별성에, 특별히 감흥되었다. 더 정확히 말해서, 그는 기계 장치가 어떻게 고안되어야 그것이 적절히 창조적으로 추론하고 언어를 사용할 수 있는지 완전히 상상되지 않는다고 고백했다.

어떤 종류의 기계 장치가 데카르트의 상상을 유도하였는가? 기껏해야 시계 같은 기계 장치, 펌프, 분수대 등이었다. 비록 그러한 것들이 나름 훌륭하긴 하지만, 17세기의 가장 정교한 시계 장치조차 단지 **기계적** 장치에 불과하였다. 그렇지만 17세기 상상을 넘어서는 현대 컴퓨터는 크루즈(순항) 미사일의 궤도를 안내하고, 화성으로 보내는 우주선의 활동을 통제한다. 분명히 데카르트의 상상력은 자신이 알았던 과학과 기술에 한정되었다. 만약 그가 컴퓨터의 등장을 사색할 수 있었다면, 그리고 만약 그가 전자기기를 어렴풋이 눈치 챘더라면, 그의 상상력은 날개를 달았을 것이다. 반면에 데카르트 논증의 핵심은 1970년대에 재현되었는데, 촘스키(Chomsky)2)와 포더(Fodor)3)는 자신들의 확신을 다음과 같이 방어하였다. 우리가 뇌에 관해서 이해하게 될 그 어떤 것도 우리의 언어 산출과 사용을 매우 잘 설명해주지는 못할 것이다.

이원론이 호소력을 주었던, **둘째** 이유는 첫 번째 이유와 긴밀히 관련되어 있다. 데카르트는 자유의지(free will)의 발현은 인과성(causality) [즉, 물리적 작용]과 별개의 문제라고 확신했다. 또한 그는 인간은 정말로 자유의지를 가지며, 반면에 물리적 사건들은 모두 인과적이라고 확신했다. 따라서 신체가 단지 기계적 장치일지라도, 마음은 그러한 것일 수 없다. 그의 믿음에 따르면, 마음은 **비-인과적** 선택을 할 수 있다. 우리는 어떤 이유에서 행동하며, 이유와 선택 사이의 관계는 인과적이지 않다. 반대로, 그는 동물들에 대해서는 이성이나 자유를 선택할 능력을 갖지 못하는, 단지 자동장치 같은 것이라고 믿었다. 이러한 논증적 사고는, 구체적으로는 아니겠지만 핵심적으로, 오늘날에도 살아 있으며, 여전히 잘 버티고 있다. 이러한 이야기는 더 일반적인 자유의지 주제와 관련하여 5장에서 구체적으로 다시 언급될 것이다.

[역자: 현대의 기능주의(functionalism) 또는 현대 이원론을 주장하는 학자들에 따르면, 심리적 기능(psychological function)이 물리적 사건(physical events)으로 환원될 수 없는 이유가 전자와 달리 후자는 **인과성, 즉 물리적 필연의 관계**를 갖기 때문이라고 말한다. 그럼에도 불구하고 자유의지 혹은 이성이 신체작용을 일으킬 경우에는 인과성이 있다고 (일관성 없이) 말한다. 또한 그들의 기초 가정에 따르면, (연역) 논리적 추론으로 얻어진 지식은 필연적으로 참일 수 있지만, 물리적 사건을 통해 얻는 **경험적 지식은 우연으로만 참**일 수 있다고 말한다. 이러한 측면에서도 그들은 일관성이 없다.]

셋째로, 데카르트는 사람들이 단지 자신의 생각을 **의식해보고 자각하는** 것만으로도 자신의 의식을 알 수 있는 것 같다는 사실에 감명 받았다. 반면에, 내가 **당신의** 경험을 알려면 당신의 행동으로부터 추론해야만 한다. 나는 자신이 단순히 어떤 통증(pain)을 느끼므로 '그러하다는 것을 아는 까닭에, 내 신체 어디에 상처가 있다는 것을 추론으로 알게 된다. '내가 의식을 갖는다'는 것은 의식하는 스스로가 아는 것이라서 틀릴 수 없다. 그렇지만 '내가 **당신이** 의식을 갖는다는 것을 안다'는 것은 틀릴 수도 있다. 어쩌면 "당신"이 나의 환영에 불과할 수 있으므로, 심지어 '당신이 내 앞에 지금 존재한다'는 것조차 틀릴 수 있다. 데카르트의 논증에 따르면, '우리가 **아는 방식들** 사이의 다름'은 지식을 갖는 주체, 즉 '마음이 근본적으로 신체와 다르다'는 것을 함축한다. 그의 결론에 따르면, 마음은 본질적으로 비-물질적이며, 신체가 분해된 후에도 존재할 수 있다. 이원론의 다른 두 논증처럼, 이러한 논증 역시 여러 세기를 넘어 강력하게 살아남아 있다. 그 논증은 마치 새로운 것인 양 좋아 보이도록, 치켜세워지고, 현대적 옷을 입고 나타나며, 일반적으로 다시 가공되지만, 지식을 심적 상태로 여기는 데카르트의 통찰은 '의식의 환원 불가능성'을 주장하는 (실질적인) 모든 최근 연구들에서도 핵심을 이룬다.4) 그것이 계속해서 나름대로 설득력을 갖는 것처럼 보이므로, 그러한 논증은 우리가 자기-지식(self-knowledge)과 의식을 논의할 때 구체적으로 다시 언급되고 분석될 것이다. (특별히 3장을, 그리고 4장과 6장을 보라.)

데카르트의 관점에서, 내가 뜨거운 난로를 건드려 통증을 느낄 때에, 신체가 마음에 어떻게 인과적 영향을 미치는가? 내가 자신의 머리를 긁기로 결정하여, '내 신체가 그래야 한다'는 내 의도를 실행하도록, 내 마음이 어떻게 내 신체에 영향을 주는가? 비록 데카르트가 상호작용을 감각입력(sensory input)과 운동출력(motor output)으로 제한한다고 보더라도, (어느 상호작용이라도) 그 상호작용의 작동은 (그 상호작용을 우리가 어떻게 제한하든 또는 얼마나 활발하다고 믿든 상관없이) 이원론으로서 대답하기 어려운 힘겨운 문제로 드러난다. 더구나 그 상호작용 문제는 처음부터 곤혹스러운 문제로 인식되었다. 도대체 어떤 인과적 상호작용이 어떻게 가능하다는 것인가? 이러한 질문은 다른 철학자들에 의해서 제기되었으며, 데카르트 시대에 네덜란드의 엘리자베스 (Elizabeth) 공주는 1643년 6월 10/20의 편지에서 다음과 같이 통명스럽게 반박했다. "그러므로, '영혼이 물질적 외연을 갖는다'고 [즉, 영혼이 공간을 지닌 물질적 존재라고] 인정하는 것이, 그 비-물질적인 것이 육체를 움직인다거나 그것이 육체에 의해 움직여지는 능력을 갖는다고 인정하기보다, 차라리 나로서는 더 쉽게 이해됩니다."(*Oeuvres de Descartes*, ed. C. Adam and P. Tannery, vol. III, p.685) 엘리자베스 공주가 인식했듯이, 마음이란 정신적 실체로서 소위 어떤 물리적 속성도 갖지 않으며, 반면에 뇌는 물리적 실체로서 소위 어떤 정신적 속성도 갖지 않는다. 데카르트에 대한 그녀의 의문을 약간 현대적으로 표현하자면 이러하다. 그 두 개의 근본적으로 다른 실체들이 어떻게 상호작용할 수 있는가? 마음이란 소위 어떤 외연[즉 물리적 공간]도 갖지 않으며, 어떤 질량도 어떤 힘의 장(force field)도 갖지 않는다. 즉, **어떤 물리적 속성도 결코 갖지 못한다.** 그것은 심지어 공간적 범위나 위치조차도 갖지 않는다. 비-물리적인 것이 어떻게 물리적인 변화의 원인이 될 수 있으며, 그 반대가 가능하겠는가? 그 상호작용을 위한 인과적 기반이 무엇인가? 조금 훗날에 라이프니츠(Leibniz, 1646-1716)는 그 문제를 '상호작용 가능성(interactable)'으로 묘사했다.5) "내가 영혼과 육체의 통합에 관해 성찰해보니, 나는 마치 내가 대양에 던져진 것처럼 느껴졌다. 어떻게 육체가 영혼에 작용을 할 수 있을지, 또는 그 반대에 대해서도, 혹은 한 실체가 다르게 창조된 실체와 소통 가능한지 등을 설명할 어떤 방법도 찾을 수 없기 때문이다. 우리가 그의 저작으로부터 판단할 수 있는 한 데카르트는 이 점에서 게임을 포기해버렸다."(『자연의 새로운 체계(*A New System of Nature*)』, trans. R. Ariew and Daniel Garber, p.142)

데카르트는 거의 확실히 인식하고 있었다. 마음-육체 상호작용이 몹시 어려운 문제이며, 정말로 이원론에 매우 껄끄러운 문제를 남겼다고. (추가적인 논의를 2장에서 보라.)

긍정적 설명을 내놓을 수 없는 이러한 어려움은 여러 철학자들을 자극하여 그들이 (라이프니츠가 그 첫 번째로) 다음과 같이 주장하게 하였다. 비-물리적 마음의 사건은 단지 뇌의 사건에 병행하여 일어나는 분리된 현상일 뿐이다. 마음은 뇌에 아무런 원인[즉 물리적 효과]를 일으키지 못하며, 뇌는 마음에 아무런 원인을 일으키지 못한다. 심리학적 병행론(psychological parallelism)[또는 부수현상론(epiphenomenalism)]으로 알려진 이러한 생각에 따르면, 심적 사건(mental events)과 뇌 사건(brain events) 사이의 병렬적 발생이, 실제로는 그 양자 사이에 어떤 인과관계가 발생하지 않음에도 불구하고, 우리로 하여금 인과적 상호작용이 있는 것처럼 착각하게 만든다. 무엇이 그 두 사건들의 흐름을 지속시키는가? 니콜라스 말브랑슈(Nicolas Malebranche, 1638-1715) 같은 병행론자들의 생각에 따르면, 이것은 신이 모든 의식적 주체인 우리가 잠에서 깨어날 때마다 규칙적이며 영원히 수행하는 일이다. 라이프니츠는 신이 그 두 흐름을 깨워주기만 하고, 그 후로는 그것들을 놓아둔다는 생각을 좋아하였다. 때문에, "데카르트 문하생들의 판단에 따르면, 물질이 움직일 때마다 신이 영혼에 사고를 일으켜 우리가 신체의 느낌을 갖도록 하며, 그 다음 우리의 영혼이 신체를 움직이고 싶어 할 때마다 신체를 움직이는 것도 바로 신이다"(p.143)라고 말하는 말브랑슈와 같은 "기회원인론자들(occasionalists)"을 라이프니츠는 낮춰 보았다.6)

데카르트는, 마음과 육체 사이의 상호작용을 설명하려는 최선의 설명으로 다음을 제안하였다. 어떤 눈에 보이지 않는 아주 작은 물질, 즉 뇌의 송과선(pineal gland)에 있는 물질이 비-물리적 마음과 물질적 뇌 사이의 상호작용을 중재한다. 그러므로 라이프니츠에 대해서처럼 데카르트에 대해서도 동일하게 비평하는 것이 잘못은 아니다.

분명히 데카르트가 멍청했기 때문에 그러했을 리는 만무하다. 일부 역사학자들의 주장에 따르면, 마음과 육체 사이의 근본적 차이에 대한 데카르트의 방어는 실제로 지성적 측면에서가 아닌 정치적 고려에 의해 촉발되었다.7) 데카르트가 천재적 과학자이며 수학자였다는 것은 말할 필요도 없다. 그러한 데카르트를 데카르트주의 좌표 시스템(Cartesian coordinate system)에서 볼 수 있으며, 그것은 그에게 명성을 가져다준 멋진 수학적 혁명이었다. 또한 그는 과학의 발달에 대한 교회의 끔찍한 반대를 아주 잘 이해하고 있었으며, 그러한 정치적 곤란을 회피하기 위해서 프랑스를 떠나 네덜란드에서 살았다. 추정컨대 데카르트가 염려했던 것은, 자신이 만약 "영혼"이란 범접할 수 없는 영역이라고 교회에 재확인해주지 않았다가는, 천문학, 물리학, 생물학 등에서의 성취도 함께 매몰될 수 있다는 가능성이다. 그렇게 그는 사안을 분리하여, '과학이 신체만을 그 자체의 영역으로 다룬다'고 말해야 했다. 물론 이러한 해석이 정당화되는 진실일지 여부는 여전히 논란거리이긴 하다.

마음/육체 분리만큼이나 신의 존재에 대한 데카르트의 일부 논증은 (그 논증들이 명확히 자체의 결함을 드러내는 만큼) 확실히 결함이 있다. 천재 데카르트는 그 가설이 논리적으로 잘 구성되어 있어서 분별력 있는 독자라면 그 오류의 단서를 잘 발견하도록 그 결함을 심어두었을 것이다. 그리고 분명히 데카르트에게는 교회의 무력이 과학적 탐구를 훼방하고 과학자를 처벌할 것을 염려할 적절한 이유가 있었다. 당시에 공식적으로 교회 교리를 넘어서는 것을 탐구하는 자들에게 불로 지지고, 고문하고, 추방하는 것이 드문 일은 아니었다. 예를 들어, 갈릴레오는 "고문의 도구를 보게 하여", 관찰과 추리에 근거한 주장, 즉 '지구가 태양의 주위를 돈다'는 자신의 주장을 철회하도록 강압되었다. 그는 자신의 주장을 철회하였다기보다 고문대와 단두대에 굴복했던 것이다. 그럼에도 불구하고 그는 교회의 권위에 의해 여생을 집에 억류되어야 했다. 데카르트는 아마도 마음/육체 구분을 강력히 전제함으로써 자기 최고의 과학적 판단을 거슬렀지만, 반면에 그 밖의 과학이 전진하도록 우리에게 큰 도움을 (일시적이지만) 주었던 것 같다.

그리고 실제로 과학은 전진하였다. 19세기 말쯤에 물리학, 화학, 천문학, 지질학, 생리학 등이 성숙한 과학 분야로 확립되었다. 그렇지만 신경계에 대한 과학은 훨씬 느리게 연구되었다. 비록 일부 화려한 해부학적 연구, 특별히 19세기 말에 카밀로 골지(Camillo Golgi, 1843-1926)와 산티아고 라몬 이 카할(Santiago Ramón y Cajal, 1852-1934) 등이 신경계에 대한 연구에 성과를 이루었지만, 뇌의 기능적 조직에 관해서는 거의 알려진 것이 없었으며, 뉴런이 어떻게 작동하는지에 대해서는 전혀 이해되지 못했다. 당시에는 뉴런이 서로 신호를 보낸다는 것이 하나의 가설일 뿐이었으며, 어떻게 그리고 어떤 목적으로 그러하는지는 수수께끼였다.

신경과학의 발전이 천문학이나 물리학 또는 화학 등의 발전보다 왜 한참 뒤처졌는가? 실제로 신경과학의 개화기가 왜 20세기 후반에서야 나타나는가? 이러한 질문이 특별히 예리한 이유는, 주목했던 바와 같이, 히포크라테스가 기원전 400년 무렵에 사고, 정서, 지각, 선택 등의 기관이 뇌라고 이미 인식했기 때문이다.

이러한 문제의 핵심은 뇌를 연구하기가 극도로 어려웠다는 상황에 있다. 검투사들이 검에 의해 머리에 상처 난 채 죽어가는 것을 히포크라테스가 관찰한다고 상상해보자. 그 전사는 그 상처로 인해서 유창하게 언어를 사용하지 못하게 되지만, 끝까지 의식을 유지한다. 부검에서 히포크라테스는, 유창한 언어의 상실과 해골 아래 보이는 핑크색 조직의 상처 사이의 관계만큼, 아주 복잡한 무엇을 어떤 이론적 수단으로 이해하려 했겠는가? 우리가 유념해야 할 것으로, 기원전 400년경에는, 뇌를 구성하는 세포의 특별한 본성은 놔두고서라도, 신체를 구성하는 세포에 관한 본성조차 전혀 이해되지 않았다. 세포가 신체의 기초 구성 조각이라는 것은 17세기까지 실제로 인식되지 않았으며, 푸르키니에(Purkynê)가 현미경을 이용하여 처음 뇌 조직 단면에서 세포체(sell bodies)를 보았던 1837년까지 뉴런은 보이지 않았다(그림 1.3).[8] 뉴런, 즉 뇌세포를 분리하여 그 세포체의 긴 꼬리와 나뭇가지 모양을 보여주는 기술은, 세포를 채우는 염료가 다이터스(Deiters, 카민 염색(carmine stain))와 그 후에 골지(Golgi, 질산은 염색(silver nitrate stain))에 의해서 발명되는 19세기 후반까지 가능할 수 없었다(그림 1.4). 뉴런은 아주 작으며, 근육 세포와 달리, 각 뉴런은 긴 가지, 즉 축삭과 수상돌기를 갖는다. 밀리미터 입방체의 피질 조직에 약 10^5개의 뉴런이 있으며, 약 10^9개의 시냅스가 있다. (대략적으로 1synapse/μm^{3}이다.) 살아 있는 뉴런의 기능을 탐색하기 위해서 그것을 분리해내는 기술은 20세기까지 나타나지 않았다.[9]

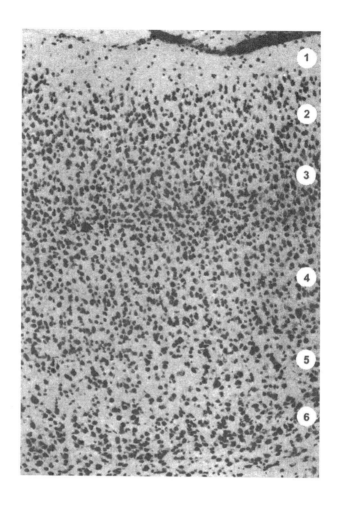

그림 1.3 밍크(mink)의 시각피질에서 모든 세포체(sell bodies)를 크리실 보라색 (cresyl violet)으로 염색한 단면. 피질층은 오른쪽에 번호로 표시되었다. (McConnel and S. LeVay의 양해를 얻어)

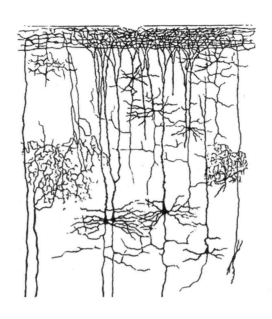

그림 1.4 쥐 피질(rat cortex)의 골지 염색된(Golgi-stained) 뉴런 그림. 약 12개 정도의 피라미드 뉴런(pyramidal neurons)이 염색되었으며, 단면에 집중된 작은 부분이 보인다. 묘사된 단면의 높이는 약 1mm이다. (Eccles 1953에 근거하여)

반면에 코페르니쿠스(Copernicus, 1473-1543)와 갈릴레오(Galileo, 1564-1642), 뉴턴(Newton, 1643-1727) 등은 고도의 복잡한 기술 없이도 천문학에서 상당한 발견을 이룰 수 있었다. 코페르니쿠스는 전통의 천문학적 측정치들을 영리하게 재해석함으로써, 지구가 우주의 중심이 아니라는 것을 밝혀낼 수 있었으며, 따라서 천동설(geocentrism)에 도전하였다. 갈릴레오는 낮은 기술 수준의 망원경으로 최초로 목성(Jupiter)의 위성과 우리 달의 분화구를 볼 수 있었으며, 천체(Heavens)가 절대적으로 완벽하며 지구가 유일하다는 전통적 지혜를 무너뜨릴 수 있었다.

뉴런이 어떻게 작용하는지를 밝혀내는 일은 매우 높은 수준의 기술을 요구한다. 말할 것도 없이, 그러한 기술은 거대한 과학적 하부 조직, 즉 세포생물학, 고급 물리학, 20세기 화학, 1953년 이후의 분자생물학 등에 의존한다. 그것은 분자나 단백질과 같은 복잡한 현대 개념어, 광학현미경이나 전자현미경과 같은 현대적 도구 등을 요구하며, 더구나 그러한 도구는 1950년대까지 발명되지도 않았다. 많은 기초적 생각들이 지금은 쉽게 납득될 수 있지만, 그러한 생각들을 발견하려면 고도로 발달된 과학의 단상을 딛고 올라서야만 했다.

신경계를 이해할 수 있으려면, 필수적으로 뉴런이 어떻게 작동하는지를 이해해야 하며, 따라서 그것은 기술적으로 커다란 도전이었다. 신경계에서 초기의 진보를 이루기 위해 요구되는 가장 중요한 **개념적 도구**는 전기 이론이었다. 뇌세포를 특별한 것으로 만들어주는 것은, 서로 다른 세포들의 전기 상태에 빠른 미시적 변화를 일으켜서, 다른 세포에 신호를 발생시키는 능력이다. 나트륨 이온(Na^+)과 같이, 세포막을 통과하는 이온의 운동은 뉴런의 신호 발생에서 핵심 요소이며, 따라서 신경의 기능적 측면에서도 그렇다. 우리가 오늘날 전기의 세계에서 살아가지만, 진지하게 돌아봐야 할 것으로, 1800년대 후반만 하더라도 전기는 전형적으로 아주 신비스럽고 극히 초자연적 현상이었다. 19세기 초에 앙페르(Ampere, 1775-1836)와 패러데이(Faraday, 1791-1867)의 발견이 이루어진 후에서야 전기는, 잘 정의된 법칙에 따라 움직이는, 그리고 실용적 목적으로 이용될 수 있는, 물리적 현상으로 이해되었다. 하물며 뉴런의 막과 이온 그리고 신호 발생에서 그것들의 역할 등을 이해하는 데는 오랜 시간이 걸렸다(그림 1.5와 1.6).

일단 뉴런이 어떻게 신호를 발생하는지를 설명하는 초보적 발전이 이루어지고 난 후에야, 신경이 어떤 신호를 발생하는지, 다시 말해서 신호가 무엇을 의미하는지의 의문을 학자들이 가질 수 있었다. 이 의문 역시 다음과 같은 발전에도 불구하고 해명되기 극히 어려운 것이었다. 1960년대에 (움직이는 불빛 같은) 특정 자극 유형에 대한 시각 시스템(visual system) 뉴런의 반응과 관련된 발전으로, 감각 시스템(sensory system)과 운동 시스템(motor system)에 대한 신경생리학적 탐구의 문이 열렸으며,[10] 그리고 특성화된 [기능적] 대응 영역들(specialized, mapped areas)에 대한 탐구의 문도 열렸다. [역자: 뇌의

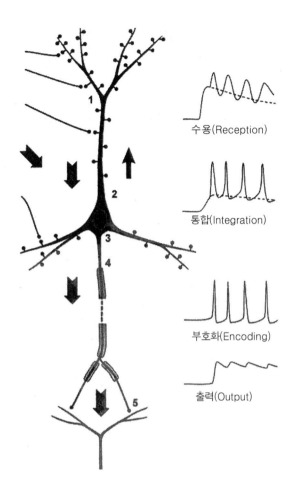

수용(Reception)

통합(Integration)

부호화(Encoding)

출력(Output)

그림 1.5 뉴런은 네 부분의 중요 구조 영역을 가지며, 다섯 가지 중요 전기 생리학적 기능을 갖는다. 수상돌기(2)에는 그곳에서 뻗은 작은 가시모양 돌기들 (spines)(1)이 있다. 이 부분은 다른 뉴런들로부터 유입 신호(in-coming signal)를 받는 중요 자리이다. 세포체(soma)(3)는, 세포호흡(cell respiration)과 폴리펩티드 (polypeptide) 생산에 관련된, 다른 소기관들(organelles)을 갖는다. 신호들의 통합은 수상돌기와 세포체를 따라 일어난다. 만약 신호 통합이 세포막(membrane)을 가로질러 충분히 강하게 탈분극(depolarization)하게 된다면, 축삭(axon)이 시작되는 세포막(4)에서 극파(spike)가 발생되어 축삭을 따라 전파될 것이다. 극파가 축삭 종말 (axon terminal)에 도달하면, 신경전달물질(neurotransmitter)이 시냅스 간극(synaptic cleft)(5)으로 방출될 것이다. 신경전달물질 분자들이 간극에 퍼지고, 그 일부는 그것을 수용하는 뉴런의 수용기 자리(receptor sites)에 결합한다. (Zigmond et al. 1999 참조)

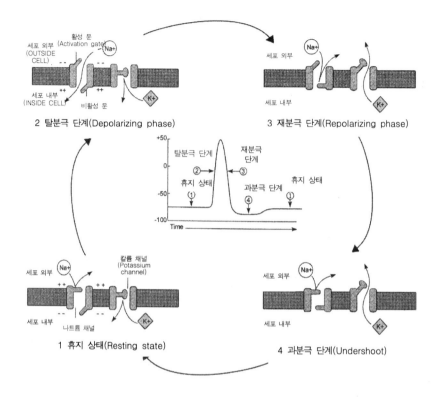

그림 1.6 뉴런의 휴지 상태(resting state)(1)에서, 나트륨(Sodium, Na⁺)과 칼륨
(Potassium, K⁺) 채널은 모두 닫히고, 세포막 외부는 내부에 비해서 양극(positive)
으로 대전된다. 따라서 세포막을 넘어 전압 차이(voltage drop)가 발생한다. 만약 세
포막이 탈분극되면(depolarized)(2), 나트륨 이온(ions)은 세포의 분극이 역전될 때까
지 세포 내부로 들어간다. 즉, 세포의 내부는 외부에 비해서 양극(positive)으로 대
전된다. 그리고 나면, 재분극 단계(repolarizing phase)(3)에서 칼륨 채널이 개방되어
칼륨 이온을 방출시키고, 나트륨 채널이 닫히며, 칼륨 이온이 세포 외부로 활발히
퍼내어진다. 모든 이러한 활동은 세포막을 휴지 전위로 돌려놓는다. 칼륨 채널이
휴지 전위에 도달되자마자 닫히기 때문에(4), 세포막에 형성되는 전압 차이는 휴지
전위 아래로 약간 더 내려간다. 일단 휴지 전위가 복구되면, 평형 상태가 된다.
(Campbell 1996에 근거하여)

대뇌피질은 물론 뇌의 거의 전 영역이 특정 기능을 위해 전문화 혹은 특성화되어 있는, topographic maps, 즉 국소 기능 대응도로 구성되어 있다.]

1950년대 초 학습(learning)과 기억(memory)이 시스템 수준에서 설명되는 발전이 있었다. 1970년대 후반에는, 학습과 기억이, 시스템의 가소성(plasticity)에 관여하는 신경 변화의 데이터를 탐색함으로써, 생리학적으로 연구되었다. 이어서 특정 여러 신경화학물질들이 신경계의 신호 발생과 신경 기능 조절에 관련된다는 것이 밝혀지기 시작했으며, 또한 어떤 특정 신경전달물질들은 수면으로 유도하는 변화와 같은 큰 효과를 일으키거나, 기억 수행, 통증 조절, 그리고 파킨슨병(Parkinson's disease)과 망상-강박 장애(obsessive-compulsive disorder) 등과 같은 병리학적 조건들과도 관련이 있다는 것이 드러나기 시작했다. 1980년대 무렵 주의집중 기능이 신경과학의 영역에서 탐구될 수 있어서, 신경세포 수준의 변화가 주의집중의 양태 변화와 관련된다는 것이 드러났다. 모든 그러한 인지기능에 대한 연구 진행은, 예를 들어, 환영 윤곽선의 검출과 같은, 인간의 심리학적 실험을, 원숭이나 고양이와 같은 동물 실험에 적용하여야 했다(그림 1.7). 그러한 동물에 대한 실험에서, 즉 특정 자극(stimulus)이나 과제(task)에 대한 민감도를 알아보는 실험에서, (매우 제한된 조건에서) 개별 뉴런의 반응이 달라진다는 것이 확인되었다(그림 1.8). 그리고 그물망과 신경 수준의 인지기능이 탐구되는 중에, 드러난 그 구체적 데이터는 (시냅스, 수상돌기, 핵 내부 유전자 표현형 등) 뉴런의 초-구조(ultrastructure, 극미시구조)에 대해서, 그리고 인지기능이 다양한 초-구조 작용에 어떻게 관련되는지에 대해서, 지속적으로 설명을 갱신하였다.

그럼에도 불구하고, 신경계가 어떻게 작용하는지에 관한 많은 기초적 질문들이 여전히 대답되지 못하고 있다. 특히 개별 뉴런의 활동과 뉴런의 그물망 활동 사이의 연관성을 밝히는 일이 어려웠다. 거시적 수준의 작용은 많은 뉴런들로 구성된 그물망의 조직적 활동에 의존하며, 아마도 개별 뉴런들은 '시각 운동의 재인(recognition, 알아봄)' 또

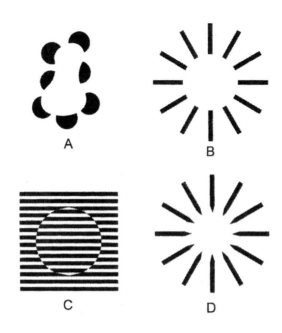

그림 1.7 주관적 윤곽선(subjective contours)의 특징을 보여주는 사례들. A부터 C 까지 사례 각각은 아무것도 존재하지 않는 (명도 대비) 경계가 있는 것처럼 보인 다. 그 경계는 폐쇄하는 특징이 있는 것처럼 보이는 선 구획으로 유도된다. 따라서 D의 경감된 끝은 주관적 윤곽선을 유발하지 않는다. (Palmer 1999)

는 '안구를 특정 위치로 움직이는 명령' 등과 같은 특정 출력을 성취하 는 그물망을 위해서 어느 정도 서로 다른 기여를 할 것이다. 더구나 '여러 신경망들 내에서' 그리고 '많은 그물망들 사이에' 이루어지는, 활 동 패턴의 동역학에 대한 이해는 뇌 내부의 통합과 정합성이 어떻게 성취되는지를 이해하기 위해 분명히 필수적이다. 예를 들어, 싸울 것인 지 아니면 도망칠 것인지, 그리고 만약 달아날 것이라면, 이쪽 방향 아 니면 저쪽 방향으로 달아날 것인지 등등의 최종 결정이 내려질 때까지, 마치 그물망들 사이에 "경쟁"을 벌이는 것처럼 보인다. 우리는 정합성 (coherence)을 이룬다는 것이 무엇인지를 생각하기에 도움이 될 만한 개념을 향해 이제 막 첫발을 떼고 있다.[11]

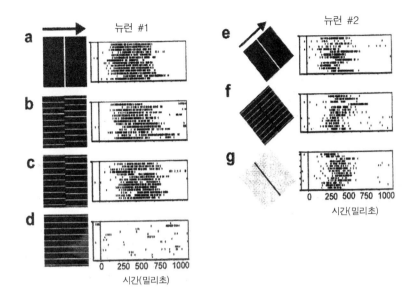

그림 1.8 올빼미 시각 전뇌 영역(owl visual forebrain areas)의 뉴런들은 실제 윤곽선과 마찬가지로 주관적 윤곽선(subjective contours)에 반응한다. a부터 d까지 네 개의 윤곽선들은 (각각 15회 보이도록) 올빼미에게 무작위로 제시되었다. 왼쪽 부분들은 자극들을 보여주며, 오른쪽 부분들은 몇 번의 제시에 따라 반응하는 점-주사선(dot-raster)을 보여준다. 검은 점들은 극파(spike) 발생을 보여준다. 화살표는 그 윤곽선 (0ms에서 운동 시작) 운동의 방향을 가리킨다. 뉴런들이 d에서 빈약하게 반응하는 것에 주목해보라. 여기에는 어떤 주관적 윤곽선도 없다. 그렇지만 실제 윤곽선 a와 마찬가지로 b와 c에서는 잘 반응한다. (Nieder and Wagner 1999의 허락을 받아. copyright, American Association for the Advancement of Science)

아주 최근까지 우리는 뉴런의 반응을 한 번에 오직 하나의 뉴런만을 통해 실험적으로 확인할 수 있을 뿐이었다. 그러나 만약 우리가 그물망 내의 많은 뉴런들에 접근할 수 없다면, 어느 임의 뉴런이 다양한 그물망 기능에 어떻게 기여하는지 알아낼 수 없을 것이며, 그러므로 그물망이 어떻게 작동하는지 정확히 이해하기 어려울 것이다. 중요한 실험적 기술의 진보는 하나 이상의 많은 뉴런의 활동을 동시에 기록할수 있게 하였으며, 강력한 컴퓨터의 출현은 자료 분석의 문제를 어느 정도 다룰 수 있게 하였다. 그럼에도 불구하고, 그 연구는 시스템 수준의 데이터를 미시적 수준에서 실제로 실험할 수 있게 해줄 혁신적 기술에 달려 있다. 또한 우리가 확신하지 못하는 문제는, 수십억 개의 뉴런들 중에서 **하나의 특정 그물망을 구성하는** 것을 어떻게 규정할 것인가이다. [다시 말해서, 어느 영역의 범위를 하나의 그물망으로 규정할 것인가의 문제이다.] 특히 어느 임의 뉴런이라도 분명히 많은 그물망과 연결되며, 그물망들은 공간적으로 분산된 것으로 보이기 때문이다. 그 문제가 더욱 관심을 끄는 이유는 다음과 같다. 그물망을 구성하는 뉴런이, 아마도 시간에 따라서, 발달 과정 중에, 심지어 몇 초 정도의 아주 짧은 시간 내에도, 과제 요청에 따라서, 변화될 것이다. 분명히 이러한 문제들은 부분적으로는 기술적(technical)이지만, 부분적으로는 개념적(conceptual)이다. 이것은 그러한 문제들이, 신경생물학적 실험을 위한 올바른 기술적 혁신을 이끌어줄, (가까운 미래에) 어떤 혁명적 개념을 요구한다는 의미에서이다.

인간의 뇌 활동을 측정할 새롭고 안전한 기술의 출현은 인지과학자들과 신경과학자들 사이에 (풍부한 결실을 가져다줄) 다양한 협력을 가능하게 하였다. 기능적 자기공명영상(functional magnetic resonance imaging, fMRI)[12]과 양자방출단층촬영(positron emission tomography, PET)[13] 같은 기술의 발달이 기초 신경생물학에서 나온 연구 결실과 만남으로 인해서, 우리는 통합된 마음-뇌 과학에 더 가까이 다가설 수 있게 되었다(그림 1.9). 이러한 기술은, 시간에 따른 영역 수준의 활동성 변화를 보여주며, 그리고 만약 그 장치를 주의 깊게 다루면, 그 변화들에서 우리는 인지기능의 변화를 추적할 수 있다. 물론 어떤 영상 기술도 신경활동을 직접 측정하지 못한다는 것을 이해할 필요가 있다. 그러한 측정 기술들은 다만 혈류(blood flow, 혈액동역학(hemodynamics))의 변화를 추적할 뿐이다. (더 많은 활동성 뉴런이 더 많은 산소와 글루코오스를 요구하므로) 그 증거는 국지적 혈류의 증가가 국지적 신경활동의 증가를 측정한다는 것을 시사해주고, 국지적 신경 집단의 활동성 정도의 변화를 간접적으로 가리킨다고 사람들은 믿게 되었다.

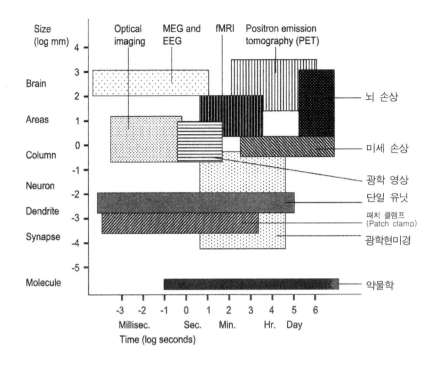

그림 1.9 다양한 뇌-매핑(brain-mapping) 기술의 시간적 공간적 해상도의 비교.
[약어] MEG: 뇌자기영상(magnetoencephalography), ERP: 자극반응 전위(evoked res-
ponse potential), EROS: 사건관련 광학신호(event-related optical signal), MRI: 자기
공명영상(magnetic resonance imaging), fMRI: 기능적 자기공명영상, PET: 양전자
단층촬영(positron emission tomography), 2-DG: 2-deoxy-glucose. [역자: 패치 클램프
는 세포막의 이온 채널에서 전기 흐름을 측정하는 방법]

또한 다음을 주목할 필요가 있다. 그 기록된 변화는 한 영역 내의 개별
뉴런들이 무엇을 하는지 보여주지 못한다. PET의 가장 최고의 공간적
해상도는 약 5mm이며, fMRI에서 해상도는 약 2mm이다. 물론 이러한
해상도는 개선될 여지가 있다. 이러한 기술의 공간적 해상도는, 피질
1mm³에 약 100,000개의 뉴런들이 포함된다는 점에서, 단일 뉴런의 활
동을 볼 수 있을 정도에 이르지 못하고 있다.[14] [역자: 한국에서 2004
년 설립된 가천의과대학 뇌과학연구소는 이 두 영상 장비의 장점을 살

리기 위해, 최신의 뇌-전용 연구용 PET인 HRRT-PET(해상도 2.5mm)와 최신의 7.0T MRI를 융합하여 개선된 영상물을 얻어내고 있다. http://nri.gachon.ac.kr/kr 참조.]

만약 그러한 여러 스캐닝 기술(scanning techniques)로부터 얻은 영상이 시간에 따른 변화를 반영한다면, 여기에서 한 가지 개념적 문제는 그 변화를 어떻게 해석해야 하는가와 관련된다. 그리고 이 문제에 대답하려면 임의 실험에서 무엇을 그 [실험의] 기준 활동으로 여겨야 하는지 찾아내야만 한다. 한 피검자가 깨어 있고 각성되어 있으며, 움직이는 자신의 손을 상상하는 것과 같은, 과제를 수행할 경우를 가정해 보자. 그 과제를 시작하기 이전의 상태를 우리는 어떻게 규정해야 할까? 물론 우리는 그 피검자에게 단지 쉬고 있으라고 요구할 수 있다. 그러나 그의 뇌는 쉬지 않을 것이다. 그의 뇌는 많은 일, 즉 눈 동작하기, 글루코오스(glucose) 수준 감시하기, 아마도 아침을 못 먹은 것을 생각하기, 두피의 간지러움 느끼기, 자세 유지하기 등등을 하고 있을 것이다. 그 피검자는 모든 인지기능들을 중지할 수 없으며, 분명히 모든 뇌 기능을 멈추게 할 수 없다.

그러한 [영상의 신뢰도] 한계의 문제는 처음부터 제대로 인식되었으며, 따라서 혼란을 감소시키기 위한 다양한 전략들이 특별히 마이클 포스너(Michael Posner)와 그 연구원들에 의해서 개발되었다.15) 이러한 전략은 (아마도 그 과제에 의해 이루어질 차이점을 드러내기 위해서) 과제 조건의 활동 수준에서 휴지 조건의 활동 수준을 빼는 것을 포함한다. 영상 자료의 의미 있는 해석을 얻기 위한 다른 문제들이 있다. 예를 들어, 만약 한 영역이 인지 과제 중에 활동성을 증가시킨다면, 그 영역이 그 과제를 위해 **전문화된** 것을 의미하는가? 기껏해야 그것은 그 영역이 그 과제를 수행하는 어떤 역할을 갖는다는 것을 보여줄 것 같다. 그러나 이것은 아주 빈약한 결론이다. 그 과제 수행은 아마도 꽤 넓게 분산된 그물망에 의해 이루어질 것이며, 그 주목되는 변화는 아마도, 집단적으로 다른 저밀도 영역들이 그 기능 수행에서 더욱 중요할 수 있음에도 불구하고, 특정 그물망 부분이 (관여된) 고밀도 뉴런을 어쩌다 가져서 나타나는, 지엽적 잡음을 반영할지도 모른다. [즉, 의미 없는 활동에 불과할 수도 있다.] 우리가 뉴런 수준과 그물망 수준의 뇌 조직에 관해 더 많이 알 때까지, 이러한 일부 해석의 문제들은 여전히 남을 것이다.

물론, 영상 자료들의 해석 측면에서 이러한 주의 깊은 이야기가, 그러한 새로운 영상 기술들이 너무 문제가 많아서 유용하지 못함을 함축한다고 여기지 **않아야** 한다. 그러한 기술들은 실제로 **매우** 유용하기 때문이다. 다만 우리는 그 실험들을 주의 깊게 조절하여 혼란을 줄여야 하며, 그 결론들이 과장된 주장을 포함하지 않도록 주의하여 언급해야 한다. 영상 자료를 얻는 일은 상대적으로 쉽지만, 그 자료가 뇌 기능과 조직에 관한 무엇을 드러낼 것인지 알아내기란 매우 어렵다. 핵심은 이렇다. 영상 기술들은 정말로 훌륭하며 참으로 유용하다. 그러나 모든 영상 연구들이 의미 있는 결과를 제공하지는 않는다. 단지 약한 결론 정도만 인정되거나 또는 어떤 결론도 보증되지 못하는 경우임에도 불구하고, 기능 국소화(localization of function)[즉, 특정 영역이 일정 기능을 담당한다는 가설]를 '강하게' 결론 내리는 것만은 피해야 한다.

3. 과학 영역 내에서 환원과 공진화

여러 심적 현상들이 신경과학의 체계 내에서 이해될 수 있을 가능성은 과학에서 일반적으로 **환원적 설명**과 관련된다. 하나의 현상이 다른 현상으로 성공적으로 환원되는 예로 '열'이 '분자운동에너지'로 환원된 경우가 있다. 이 경우에 환원 이전의 과학(prereductive science)은 열과 운동에너지를 각기 다른 두 종류의 현상으로 다루었으며, 우리는 각각을 명확히 관찰할 수 있었다. 처음에 열은 운동과 어떤 관련도 없는 것처럼 보였으며, 운동은 열과 완전히 다르며 관련 없는 현상으로 보였다. 그러나 훗날 밝혀졌듯이, 그것들은, 보기와 다르게, 서로 상당히 관련이 있다.

기억, 통증, 꿈꾸기, 추론 등의 심적 현상들은 신경생물학적 현상으로 이해될 환원의 후보들이다. 왜냐하면 그러한 현상들이 뇌의 기능이라고 전망하는 것이 합리적으로 보이기 때문이다. "환원(reduction)"이란 말은 (좋은 의미로도 또는 나쁜 의미로도) 다양한 방식으로 사용되므로, 나는 내가 의미하는 "환원"16)이 어떤 의미로 사용되는지 미리 개략적으로 밝혀둔다.

과학적 환원의 성격을 규정하기 위해 과학사의 실제 사례를 살펴보자. 아주 간단히 말하자면, 거시 현상의 인과적 힘이 물리적 구조의 기능과 미시 현상의 인과적 힘으로 설명되는 경우에 환원이 성취된다. 즉, 거시 속성이 (미시 수준의 동역학과 상호작용에 의해서) 미시 수준의 요소 본성에 의한 자연적 결과임이 밝혀진다. 예를 들어, 기체의 온도는 **평균분자운동에너지**로 환원된다.17)

거시 이론이 미시 이론으로 환원되려면 거시 이론의 핵심 단어가 미시 속성들을 가리키는 단어들과 동일한 것을 의미해야 하는가? 전혀 그렇지 않다. 특별히 철학자들 사이에 흔히 발생하는 오해는 이렇다. 만약 α에 관한 거시 이론이 β, γ, δ 등의 미시 특징들로 환원된다면, α는 β, γ, δ 등과 동일한 것을 의미해야 한다. 절대로 이러한 의미론적 동일성이 필요치 않으며, 지금까지 과학에서 필요했던 적도 없다. 실제로 의미 동일성은 거의 일어나지 않으며, 만약 일어난다고 해도 과학적 동일성이 보존될 뿐이다. 기체 온도는 실제로 평균분자운동에너지이지만, "기체 온도"라는 말이 "평균분자운동에너지"라는 말과 동의어는 아니다. 요리사들 대부분은 분자 운동에 관해 어느 것도 알지 못하지만 자신의 오븐 온도에 관해 말할 수 있다. 나아가서 거시 이론과 미시 이론이 공진화(coevolution, 상호진화)하듯이, 그 용어의 의미는 (새롭게 발견된 사실들에 의한) 더 좋은 그물망으로 변화된다. 최초에 "원자(atom)"란 단어는 "나눌 수 없는 근본적 소립자"를 의미했다. 현재 우리는 원자가 나눠질 수 있으며, "원자"란 말이 "전자가 주위를 회전하는, 양자와 중성자의 핵으로 구성된 현존하는 가장 작은 원소"18)를 의미한다는 것을 안다. 보통은 그 의미의 변화가, 관련 과학학회 내에서 처음 채택되며, 그 이후에 그 변화된 의미가 널리 활용될 것이다.

[역자: 유력한 현대 의미론의 관점에 따르면, 단어는 그 자체로 명증적 의미를 갖지 못하며, 많은 이론들 또는 개념들과 그물망으로 얽인다. 따라서 특정 단어의 의미 변화는 그 자체의 변화라기보다 다른 개념들과 얽인 그물망의 변화인 셈이다. (이러한 사고를 콰인과 울리안 (Quine and Ullian 1978)의 『인식론: 믿음의 거미줄』에서 참조.) 이러한 관점에 처칠랜드 부부가 거의 동의한다고 볼 수 있지만, 그렇다고 콰인의 관점에 온전히 동의하는 것은 아니다. 그들 부부는, 콰인의 '개념적 그물망이 문장 같은 (언어적) 믿음들로 구성된다'는 생각에 반대하며, 신경세포 집단이 조성하는 대응도(maps)의 (비언어적) 원형들로 구성된다고 본다(2011년 2월 처칠랜드 부부와 대화 중에서).]

'심리학이 신경과학으로 환원된다'는 것이 무엇을 함축하는지 이해시켜줄 환원적 설명에 대해 과학사가 무엇을 보여주었는가? 인지와 뇌 사이의 연결에 관련된 성가신 문제는 이렇다. 우리는 언젠가 실제 '동일성'을 이루는 '환원'을 이루어 단순한 **상호관계**로 그것들을 설명할 수 있을까? 만약 그럴 수 있다면, 어떻게 그럴 수 있을까? 이 질문에 대한 대답으로 다음 세 경우를 간단히 논의할 필요가 있다. 첫 번째의 경우는 다음과 같은 발견에서 나온다. 기체 온도를 그 구성 분자들의 평균분자에너지와 동일화시킴으로써 우리는 '전도(conduction)', '온도와 압력의 관계', '가열된 물체의 팽창' 등과 같은 여러 열 현상들에 대해 정합적, 통일적 **설명**을 이룰 수 있었다. 여러 열 현상들을 기체와 관련시킨 처음의 설명은 동일한 설명 체계 내에서 액체와 고체를 포괄하여 설명하는 확장을 이루었으며, 마침내 플라즈마(plasmas)와 진공마저 포괄적으로 설명할 수 있게 되었다. 하나의 이론으로써 통계역학은 19세기에 수락된 열 이론, 즉 칼로리 이론(caloric theory)보다 훨씬 더 성공적이었다. 온도가 실제로 분자운동이라는 것을 사람들이 어떻게 인식하게 되었는지 더 자세히 살펴보자.

열을 뜨거운 것에서 차가운 것으로 이동하는 일종의 물질로 생각하는 것이 과거에는 매우 자연스러웠다. 자연철학자들이 온도 변화의 본성을 탐구하였을 때, 뜨거운 것을 그렇게 만들어주는 물질에 "칼로리(caloric)"란 명칭을 붙였다. 칼로리는 진정한 유동체, 즉 원자와 함께 원자들 사이에 존재하는, 우주의 기본 물질로 생각되었다. 돌턴(Dalton, 1766-1844)이 자신의 원자 이론을 제안할 당시에, 그는 작은 원자에 대한 밑그림을 그리면서, 그것이 작은 칼로리 유동체 대기에 둘러싸인 것으로 묘사하였다. 이러한 체계 내에서 뜨거운 포탄은 차가운 포탄보다 칼로리를 더 가진 것으로, 그리고 눈(snow)은 증기(steam)보다 칼로리를 덜 가진 것으로 이해되었다.

칼로리가 일종의 유동체라면, 이 말은 다음을 함의한다(entail). [즉, 필연적으로 다음 내용으로 추론된다.] 사물들은 차가울 때보다 뜨거울 때 더 많은 무게를 가질 것이다. 그러므로 포탄을 가열하기 전과 가열 후에 그 무게를 측정하는 실험을 통해서 칼로리 이론이 시험될 수 있다. [그런데] 그 실험 결과에 따르면, 아무리 뜨거운 포탄이라도 그 무게는 항상 동일하다. 매우 유력해 보였던 이론에 대해 논박이 가능해지자 (열은 **다른** 무엇일지?) 일부 과학자들은 칼로리 유동체가 어떤 무게도 갖지 않아서 **매우 특별하다는** 가설에 이끌렸다.

열이 마찰에 의해서도 발생한다는 것 또한, 칼로리 유동체 재원(resource)에 대한 어떤 증거도 없기 때문에, 수수께끼였다. 관습적 지혜가 내놓은 생각에 따르면, 물체들을 문질러 원자들 사이의 공간에 숨겨진 칼로리 유동체가 방출된다. 문지름이 원자들을 서로 밀치게 하여 칼로리가 방출하게 만든다. 마찰의 수수께끼에 대한 그 해답을 검증하기 위해 룸포드(Count Rumford Benjamin Thompson, 1753-1814)는 영국에서 [독일 남부 지방] 바바리아(Bavaria)의 (철 포탄에 구멍을 뚫는) 한 공장으로 갔다. 물론 구멍 내는 일은 마찰에 의해 지속적으로 엄청난 열을 발생시키므로, 그 포탄은 만드는 도중에 지속적으로 물로 냉각되어야 했다. 룸포드의 추론에 따르면, 만약 구멍을 내는 도중에 마찰에 의해서 칼로리 유동체가 방출된다면, 그 칼로리는 마침내 소모되어 사라져야 한다. 그렇게 되고 난 후에 계속적인 구멍 내기와 문지름에 의해서 어떤 추가적인 열도 발생하지 않아야 했다. 말할 것도 없이 그가 관찰한 바에 따르면, 그 포탄의 축을 따라 지속적으로 구멍을 내는 도중에 열은 그치지 않고 발생했다. 그 철 포탄 내부의 칼로리 유동체가 고갈될 것이라는 어떤 미미한 징후조차 보이지 않았다.

그렇다면 그 철 포탄 내부의 (소위 무게 없는) 유동체는 무한한 양으로 있거나, 아니면 칼로리에 대한 전체 생각에 근본적인 잘못이 있었다. 룸포드는 그 첫째 선택이 진지하게 믿을 만하지 않다고 생각했다. 만약 그 생각이 참이라면, 우리의 손 역시 무한한 양의 칼로리를 포함해야 할 것이다. 당신은 열 생산을 줄이지 않으면서도 손을 계속 문지를 수 있기 때문이다. 룸포드는 칼로리 유동체가 **기본** 물질이 아니며, **어떤** 종류의 물질도 아니라고 결론 내렸다. 그러므로 그는 열에 대해 전적으로 다른 종류의 설명이 필요했다. 그의 제안에 따르면, 열은 단지 미시-기계적 운동(micromechanical motion)**이다.**[19]

모든 물체들이 실제로 무한한 양의 (질량 없는) 칼로리 유동체를 가지고 있다는 주장을 긍정하고 싶어 하는, 확고한 칼로리주의자가 룸포드 실험을 보고도 실제로 주장을 굽히지 않을 경우를 고려해보자. 그리고 일부 그 신봉자들은 룸포드의 발표 후에도 고집스러운 주장을 확실히 가진다고 가정해보자. 그런 고집스러운 주장을 할 가능성은 경험적 이론에 대한 반박이 수학적 억측에 대한 반박처럼 그리 간단치 않다는 것을 단지 보여줄 뿐이다. 열에 대한 칼로리-유동체 이론은 결국 다음과 같은 이유로 거절될 것이다. 그 이론이 다른 과학 분야들에 적합하지 않아서 점점 좋아 보이기보다 더 나빠 보일 것이며, **더구나,** 실험적으로 그 이론은 (열이 분자운동의 문제라는 이론에 의해서) 설명력과 예측력을 상당히 상실할 것이기 때문이다. 그뿐만 아니라, 다른 과학 부분에서 새로운 이론의 적절성은 (나빠지기보다) 더 **좋아 보일** 것이다. 이러한 이론의 발달은 또한 (온도 차이에 의한 에너지 전달인) '열'과 (분자운동인) '온도'를 구분 짓게 하였다.

빛의 본성에 대한 설명은 과학적 환원의 다른 성공 사례로 비쳐질 수 있다. 이 사례에서 눈으로 볼 수 있는 빛이란, 복사열, X-선, 적외선, 라디오파 등과 같은 전자기방사선(electromagnetic radiation, EMR)으로 밝혀졌다(플레이트 1). 또한 주목되는바, 다른 대부분의 경우들과 마찬가지로, 이 사례에서도 환원적 성취가 공표되었음에도 불구하고, 여전히 추가적인 의문들이 대답되지 않은 채 남아 있다. 따라서 어떤 의미에서 환원은 언제나 불완전하다. 그럼에도 불구하고, 만약 그 **핵심** 의문들이 해소된다면, 과학자들은 대체적으로 하나의 설명, 즉 환원이 잘 성취되었으며, 따라서 그 성취를 '다른 연구를 위한 기반'으로 수락해도 좋겠다.

환원이 깔끔하게 이루어질 가능성은 거의 없다. 미시 속성으로부터 거시 속성까지의 대응은, 이상적인 **일대일**보다는, **일 대 다수** 또는 **다수 대 다수**로 대응될 수 있기 때문이다. 빛이 전자기방사선(EMR)으로 환원되는 것은 상대적으로 깔끔한 편이지만, 표현형 특성(phenotypic traits)과 유전자(genes)의 경우는 훨씬 깔끔하지 못하다. 이제 우리가 아는 바와 같이, 유전자는 '하나의 DNA 줄기'가 아니며, '많은 분절된 DNA 단편들'을 포함한다. 비-부호화 DNA의 조절 초구조물(regulatory superstructure)은, 하나의 부호화 DNA 줄기를 하나의 "유전자에 해당하는" 것으로 일치시키려는 것이 터무니없는 단순화라고, 가르쳐준다. 더구나 임의의 DNA 단편은, 세포 발달 단계와 세포 외부 환경(extracellular milieu) 등과 같은, 일종의 기능으로서 서로 다른 거대 속성에 참여할 수 있다. 이러한 복잡성에도 불구하고, 분자생물학자들은 전형적으로 자신들의 설명 체계를 본질적으로 환원에 어울리는 것으로 바라본다. 그 이유는 주로, DNA의 염기쌍 연쇄(base-pair sequences)로부터 머리/신체의 체절(segmentation)과 같은 거대 속성(macrotraits)에 이르는 인과적 경로가 추적될 수 있기 때문이다. [역자: 이것을 이 책의 그림 6.4, 6.5에서 보여준다.] 깔끔하진 않지만, 그 구체적 내용은 (앞으로 이루어질 실험적 성과에 따라서) 적어도 일반적으로 이해될 수준으로 설명될 것이다.

이러한 이야기는 우리로 하여금 두 번째 핵심 쟁점으로 들어갈 수 있게 해준다. 환원적 설명은 전형적으로 상위 수준과 하위 수준의 과학 영역들 사이에 길고 복잡한 구애[즉, 상호 접촉]의 후기 단계에서 출현한다. 초기 단계에서는, 각 과학의 하부 영역들 간에 **공진화**(coevolution)가 일어난다. 그 이유는 이렇다. 그 하부 영역들은 서로 상대 영역의 이론을 고무하거나 실험적으로 도전하기도 하며, 따라서 그 실험적 결과가 상대 영역의 이론을 수정(modifications), 개정(revisions), 제약(constraints)하도록 만든다(그림 1.10). 여러 영역의 이론들이 서로 공진화함에 따라서, 점차 자신을 다른 이론에 짜 맞추게 되며, 따라서 환원적 접촉의 지점들이 만들어지고 정교화된다. 초기에 상위 수준 과학과 하위 수준 과학 사이의 접촉은 여러 발생되는 현상들 사이에 단지 암시적 관련성이 있다는 것에서 시작될 것이다. [나중에] 일부 그러한 암시적 연결은 진짜로 입증될 수 있으며, 일부는 우연적인 것으로 밝혀질 수도 있다.

어떤 수준의 메커니즘이 다른 수준의 현상들을 설명하고 예측하기 시작하면, 환원적 연결이 강화되기 시작한다. 환원적 설명은 양쪽 수준에서 합리적으로 잘 발달된 이론들이 등장할 때까지 나타나지 않는다. 만약 열(heat)에 대한 거시 수준 현상들에 관해 이모저모를 알지 못하는 상태라면, 우리는 그것을 좀 더 심도 있고 가시적인 물질의 특성으로 설명하려 그리 애쓰지 않을 것이다. 이따금 공진화는 과학을 규정하는 기초 관념에 대한 중요한 수정을 일으키며, 과학사는 심도 있는 수정을 광범위하게 보여준다. 우리가 앞서 보았듯이, 열역학과 통계역학을 서로 연관시켜 생각함에 따라서 칼로리 유동체는 버려졌다. 갈릴레오와 뉴턴이 **운동량**(momentum)에 대한 책을 다시 씀에 따라서, "추진력(impetus)"이라는 중세의 개념은 팽개쳐졌다. 당시까지 인정되어온 의견에 반대하여, 패러데이(Michael Faraday)는 다음을 논증했다. 배터리, 전자기 발전기, 전기뱀장어, 뜨거운 금속 조각 두 개를 접촉시키기, 고양이털에 손을 문지르기 등등에 의해 만들어지는 모두가 근본적으로 동일한 현상, 즉 전기이다. 실제로 다양한 전기 현상들이란 본질적으로 한 가지, 즉 전기이다.

환원적 성취에서 한 이론이 다른 이론으로 완전히 환원되어 설명되

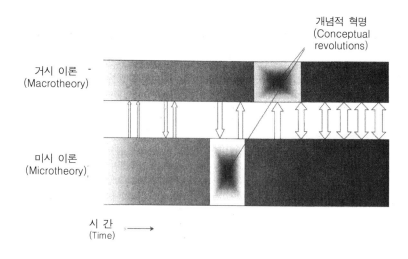

그림 1.10 거시수준 이론과 미시수준 이론은 시간적으로 공진화한다(coevolve). 처음에는 거시-미시 수준 이론들 사이에 연결이 빈약하고 단지 시사적이겠지만, 여러 실험적 결과들이 거시-미시 현상들 사이에 상호관계를 드러냄에 따라서, 그것들 사이의 상호작용이 증가할 것이다. 실험적이며 이론적인 상호작용이 증가함에 따라서, 양쪽 이론들은 점차 서로를 단단히 엮을 것이다. 거시 현상과 미시 현상을 구분하는 중심 개념이 불가피하게 교정될 것이며, 만약 개념적 교정이 아주 극적이라면, 그것이 과학혁명이라고 묘사되어도 좋을 것이다. 과학혁명은 검게 칠한 부분들 사이에 있는 공백으로 대충 표시되었다.

지 못하는 것은 이따금 그것을 설명할 충분한 수학이 마련되지 못했기 때문이다. 그러한 이유에서 양자역학(quantum mechanics)은 구리(cooper)의 전도율이나 납(lead)의 용융점과 같은 원소들의 거시 속성들을 설명할 수 있지만, 특정 단백질이 왜 정확히 접혀지는지를 설명하지는 못한다. 이러한 것들에 대해서 더 좋은 설명이 이루어질지 여부는 수학의 발달에 달려 있다. 양자역학에서 수학적 미비로 인하여, 복잡한 분자(예를 들어, 세로토닌(serotonin))의 거시적 속성이 어느 정도 신기해 보인다는 것이, 반드시 창발적(emergent)임을 의미하지 않으며, 단지 우리가 지금은 그러한 것들을 충분히 설명할 수 없음을 의미할 뿐이다.

지금 활동하고 있는 대다수 철학자들은 환원주의자가 아니며, 그들은 놀랍게도 뇌에 대한 이해가 본질적으로 마음에 대한 이해라는 가설에 그다지 이끌리지 않는다. 그러한 철학자들은 전형적으로 신경과학의 세부적 내용이 마음의 본성을 이해하는 일에 부적절하다고 여긴다.[20] 신경과학의 역할에 대해 그들이 회의적인 이유는 실체이원론(substance dualism)에 근거해서가 아니다. 그보다 마음이 컴퓨터에서 작동되는 소프트웨어의 비유된다는 관점에서이다. 예를 들어, 어도비 포토샵(Adobe Photoshop)과 같은 인지 프로그램이 매우 다른 하드웨어로 제작된 컴퓨터에서 구동될 수 있다. 그러므로 비록 마음이라는 소프트웨어가 뇌 내부에 구동될 수 있다고 하더라도, 그것이 실리콘 칩(silicon chip)이나 목성의 띠(Jupiter goo)로 만들어진 장치에서도 구동될 수 있다. 따라서 다음과 같은 결론이 나온다. 우리가 뇌를 들여다봄으로써 인지 자체에 관해 배울 수 있는 것은 그리 많지 않다.

기능주의(functionalism)로 알려진 이러한 견해가 주장하는바, 어느 유형의 인지작용의 본성은 전적으로 [그 인지하는] 사람이 인지적으로 담당하는 '역할에 달려 있다.[21] 따라서 어도비 포토샵의 그림 그리기 실행은 유일하게 그리고 완전히 어도비 포토샵의 '역할 덕분에 그럴 수 있다. 말하자면, 그 본성은 포토샵이 구동되는 중에 그 상호작용에 대한 묘사로 상세히 규명된다. 따라서 명백히 포토샵의 그림 그리기 작동에 대한 이해는 어느 컴퓨터 용량과 트랜지스터 그리고 회로 등을 이해하는 것과는 거의 상관이 없다.[22] 마찬가지로 어떤 사람이 바나나를 먹고 싶어 하거나 황소가 날 수 있다고 '믿는다'는 등이 무엇인지를 이해하는 것은, 뉴런과 신경회로 또는 뇌가 어떻게 작동하는지 등을 이해하는 것과는[23] 거의 상관이 없다.

이러한 종류의 생각에서 포더(Jerry Fodor)는 실험심리학(experimental psychology)의 중요성을 강조하긴 하였지만, 반면에 신경과학의 관련성을 분명히 거부하였다. 그는 "심리학의 독립성"이라 불리는 논제를 지지한다. 그것은 방법론적 주장이다. 이러한 호칭이 다음과 같은 그의 확신을 담고 있다. 하나의 과학으로서 심리학은 (그 개념과 일반화에서) 신경과학의 개념과 일반화에 의존하지 않는다. 간단히 말해서, 그 주장의 핵심은 이렇다. 인지는 신경과학 용어로 설명될 수 없으며, 신경과학의 기술에 의해 유용하게 탐구될 수 없다. 이러한 주장은 (반응시간(reaction times) 같은) **행동** 측정에 의한 인지 탐구를 지지하며, '행동'과 '내성적 실험'에서 가정적으로 드러나는, 인지 기관을 반영하는 모델을 구성할 이론을 발달시켜야 한다고 주장한다. 소위 신경과학 데이터는 단지 특정 물리적 배치 내에 인지 프로그램이 어떻게 수행되는지를 보여줄 뿐이며, 인지기능의 실제적 본성에 대해서는 거의 말해주는 바가 없다. 이러한 전망에서 신경과학은 임상적 관심을 끌 수는 있겠지만, 인지과학을 위한 중요한 어떤 의미도 갖지 못한다.

심리학의 독립성 논제에 대한 (잘 알려진) 비판이 있다.[24] 소프트웨어 유비를 인정하는 학자들에 의해 전혀 대답된 적이 없어 계속해서 제기되는 하나의 강력한 반박은 이렇다. 그 반박에 따르면, 하드웨어와 소프트웨어의 개념적 구분이 신경계 내의 어느 실제적 구분과도 대응하지 않는다.[25] 뇌 조직에는 많은 수준, 즉 세포막의 단백질 채널에서부터, 뉴런, 미시 신경회로, 거시 신경회로, 하부 시스템, 시스템 등이 존재한다(그림 1.1과 그림 1.2를 다시 보라). 많은 여러 뇌 수준들마다 계산적으로 묘사되는 작동들이 있으며, 이러한 수준들의 **어느** 것도 바로 그 하드웨어 수준처럼 보이는 것은 없다. 예를 들어, 계산은, 전체 뉴런에 의한 것만큼, 그리고 뉴런들의 그물망에 의한 것만큼, 수상돌기 부분에 의해서도 수행될 수 있다. 예를 들어, 학습과 기억은 많은 수준의 구조적 조직 내의 계산 작동을 포함한다.[26] (이것은 8장에서 더 상세히 다루어질 것이다.) 사실인 즉, 신경계 내에 **그러한** 소프트웨어 수준 또는 **그러한** 하드웨어 수준과 같이 구분될 만한 **어떤** 수준의 뇌 조직도 존재하지 않는다. 결론적으로 말해서, 그 핵심 유비(마음/뇌 = 소프트웨어/하드웨어)는 '마음이 불같다'거나 혹은 '마음이 풍성한 주단 같다'고 말하는 것처럼 대략적으로만 정교하다. 시적 맥락에서 보면, 그러한 은유가 아마도 충분히 매력적이겠지만, 그것들이 실제 현상과 너무 연결되지 않아서 인지를 이해하려는 과학적 기획을 발전시키기에 매우 곤란하다.

다른 중요한 관심은 실천적 문제와 깊이 관련된다. 우리는 결코 자신들의 연구에 크게 도움이 될 수 있을 거대한 실험 데이터에 대해서 등을 돌릴 이유가 없다. 그렇게 하는 것은 왜곡된 역효과를 낳는다. 심리학을 신경과학의 얼룩으로부터 순결하게 지키려는 것은 납득하기 어려운 순결주의일 듯싶다. 우리는 어찌하여 모든 전략, 모든 기술, 모든 잘 통제되고 잘 운영된 실험 등등의 유리함을 외면해야 하는가? 유용한 실험 데이터를 보고도 우리는 왜 그것에서 눈을 돌려야 한단 말인가?

그런데도 포더는 소프트웨어/하드웨어 유비를 붙들어, 신경과학의 실험 데이터가 유용하지 않을 것이라고 확신한다. 주목했듯이, 그 유비의 규정에 따르면, 신경과학의 실험 데이터는 소프트웨어보다 그 **실행**(implementation)에 더 어울리는 것이다. 불행하게도, 그리고 명백히, 이러한 대답은 허용될 수 없다. 그런 유비부터가 허용되지 않기 때문이다. 실험심리학이 유용한 신경생물학 실험 데이터를 스스로 포기한다고 주장함으로써, 그러한 이론 이원론(theory dualism)은 미래로 나아가기보다 확고히 과거로 돌아가려 한다. 뇌-반대 기능주의는 (묘한 방식으로) 방법론적으로 데카르트주의에 가깝다. 기능주의는 데카르트의 **비-물리적인 심적 실체**(nonphysical mental substance)의 자리에 "소프트웨어"를 대체하였다. [그래서 결국 그 이원론은 이런 식으로 주장한다.] 인지기능의 메커니즘에 어떤 관심이나 탐구도 필요치 않으며, 뇌가 어떻게 작동하는지를 이해함으로써, 우리가 마음에 대해 근본적으로 이해할 가능성에 어떤 신뢰도 주어지기 어렵다.

기능주의가 그렇게 고집을 부리지만, 그럼에도 불구하고 신경과학과 인지과학이 공진화하고 있다는 것은 (그럴듯해 보이든 아니든) 사실이다. 이러한 공진화는 이데올로기에 의해 촉발된다기보다, 그 상호작용에 의해 제공되는 과학적 설명의 보상에 의해 촉발된다. 점차적으로 이러한 경향이 의미하는 것은 이렇다. 신경과학의 실험 데이터는 마음에 관해서 우리가 어떤 질문을 해야 하는지, 그리고 심리학적 현상 자체를 잘 규정하려면 우리가 어떻게 재고해보아야 하는지 등에 큰 영향을 미치고 있다. 우리는 그러한 발달 사례들을 이 책 뒤의 장에서 살펴볼 것이지만, 그러한 사례들은, 천동설의 "진리성"이 교정될 필요가 있었듯이, 일부 통속심리학(folk-psychological)의 "진리성" 역시 그렇게 될지 우리에게 호기심을 갖게 한다. 인지과학과 신경과학이 서로 얽혀서 다른 무엇으로 어떻게 바뀔지, 그리고 [그 두 분야가] 공진화하여 **양쪽**이 서로를 어떻게 변화시킬지 등을 예측하는 일은 쉽지 않다.

그럼에도 불구하고, 우리는 일반적으로 심적 현상들이 신경생물학적 현상들로 (여기에서 사용하는 "환원"의 제한된 의미에서) 환원될 것이라고 예측할 수 있다. 물론 그러한 환원의 성취가 곧 이루어지기는 어려워 보이며, [앞으로 밝혀질] 뇌의 실재(reality)에 의해 좌절될 가능성은 있다. 지금 우리는 이렇게 확신할 수 있다. 만약 어떤 환원이 이루어진다면, 우리가 성취하게 될 최선의 것은 영역들 사이의 통합이다. 상세한 설명 메커니즘들을 [결국] 우리가 알아내지 못할 수도 있으며, 어쩌면 고작 우리가 그 메커니즘들의 이야기를 알려줄 일반적 설명 원리들을 제시하는 수준에 머물 수도 있다. 물론, 그렇지 않을 수도 있다. 과학은 종종 불가능하다고 생각했던 진보를 이루어 우리를 놀라게 한다.27)

우리가 환원을 장담하면서, 미래의 발전 전망으로 안심하기엔 아직 몇 가지 (매우 일반적인) 염려가 있으며, 나는 이제 그중에 세 가지에 초점을 맞춰 논의하려 한다.28)

3.1. 만약 우리가 심적 생활을 뇌 활동에 의해서 환원적으로 설명할 수 있게 된다면, 우리의 심적인 삶이 사라질 것으로 기대해야 할 것인가?

이러한 걱정은 과학에서 환원이 무엇을 함의하고, 함의하지 않는지와 관련한 오해에서 비롯되었다. 따라서 이러한 의문에 대한 간단한 대답은 "아니요"이다. 우리가 통증(pain)을 신경생물학적으로 이해한다고, 바로 통증이 실제에서 사라지는 것은 아니다. 다시 말해서, 거시 현상을 미시 구조 특징의 역학으로 환원적으로 설명한다는 것이 거시 현상이 실제적이지 않다거나 또는 과학적으로 거부된다거나 또는 어떻게든 설명할 가치가 없다거나 불필요하다는 것을 의미하지는 않는다. 빛(light)을 전자기방사선(EMR)으로 설명한 후에 고전 광학이론은, 심지어 새로운 발견에도 불구하고, 지속적으로 유용하다. 맥스웰의 설명 방정식(Maxwell's explanatory equations)에 따라서 빛이 실재하지 않는다고 누구도 생각하지 않는다. 그보다 우리는 1873년 이전에 이해하던 것보다 빛의 실제 본성에 관해 더 많이 이해한다고 생각한다. 의심할 바 없이, 빛은 실재한다. 그러나 우리는 이제 가시광선에 대해서, X-선, 적외선, 여러 라디오파들 등을 포함하는 넓은 스펙트럼의 한 부분으로 바라본다(표 1). 우리는 이전에 설명할 수 없었던 거시 수준의 많은 것들, 예를 들어 빛이 왜 분광되는지, 그리고 빛이 렌즈에서 왜 굴절되는지 등을 이제 설명할 수 있다.

그러나 이따금 지금까지 인정받아온 속성들과 실체들이 실재하지 않는 것으로 드러나기도 한다. 앞에서 언급되었듯이, 열의 칼로리 이론은 과학의 엄격함에 견뎌내지 못했으며, 따라서 칼로리 유동체는 실재하지 않는 것으로 드러났다. 신경과학이 발전함에 따라서, 예를 들어, 현재 우리의 의식이란 개념의 운명은, 현재 거시 수준의 여러 개념들에 대한 문제와 그 개념들에 대한 장기간의 통합 여부에 따라서, 결정지어질 것이다.29) [역자: 이 문장은 다음과 같이 이해된다. "전통적으로 그리고 현재에 비-물질적 현상으로 이해되어온, 여러 의식 현상들이 신경생물학에 의해 환원적으로 설명되는 일이 있더라도, 과연 그것이 유용한 개념으로 지속적으로 존속될지 여부는, 여러 의식 현상들에 대한 우리의 개념들이 실제로 어떻게 개편되고 통일될지에 따라서 결정될 것이다." 저자는 의식의 개념이 무용할 것이라고 전망하는 제거적 유물론(eliminative materialism)의 입장을 지금까지 유지하고 있다.]

3.2. 행동 영역이 신경 영역과 직접 통합될(One-Step Integration) 것을, 우리가 기대해야 하는가?

신경계는 공간적 크기의 측면에서, 세로토닌 같은 분자 수준에서부터, 수상돌기, 뉴런, 작은 그물망, 큰 그물망, 영역, 시스템 등 많은 수준의 조직들을 갖는다. 그중에 정확히 무엇이 기능적으로 의미 있는 수준일지는 아직 경험적으로 연구해보아야 알겠지만, 지각하는 동작 (perceiving motion) 같은 거시 효과에 대한 설명은 가장 하위의 미시 수준에 의해 직접 설명될 것 같지 않다. 그것보다는 여러 단계로 설명될 것이다. 상위 수준의 그물망 효과는 상호작용하는 하부 그물망의 결과로 나타날 것이며, 그 하부 그물망 효과는 참여하는 뉴런과 그 상호 연결의 결과로 나타날 것이며, 그 뉴런의 효과는, 단백질 채널 (protein channels), 신경변조(neuromodulators), 신경전달물질 등의 결과로 나타날 것이다. [최상위 수준의 효과가 최하위 수준의 효과로 단번에 환원될 것이라 기대하는] 통합주의자 전략이 갖는 오해는, 최상위 수준과 최하위 수준 사이에 '직접 설명'을 위한, 교량을 찾는 데에 있다. "한 묶음의 설명"에 대한 관념은 우리의 귀를 솔깃하게 만들며, 신경과학자들은 그 유혹을 떨쳐내기 쉽지 않다. 나의 접근법이 전망하는 바, 통합적 설명은 최상위 수준에서 최하위 수준으로 순차적으로 진행될 것이며, 그 탐구는 모든 수준에서 동시적으로 진행되어야 한다.30)

3.3. 만약 당신이 단지 한 조각의 고깃덩어리에 불과하다고 생각하게 된다면, 당신은 자신에 대해 어떻게 평가할 것인가?

이러한 질문에 대한 첫 번째 대답은 이렇다. 뇌는 단지 한 조각의 고깃덩어리가 아니다. 인간의 뇌는, 시스티나 성당(Sistine Chapel, 미켈란젤로의 벽화로 유명한 성당)에 벽화를 그리게 하며, 비행기와 트랜지스터를 고안하고, 스케이트를 타며, 독서하고, 쇼팽을 연주할 수 있게 하는 무엇이다. 철학자 데넷(Dennett)이 농담으로 말했듯이, 뇌는 참으로 놀라 자빠질 만한 "불가사의한 조직"이다.31) 우리 인류의 성취에 의해 그 어떠한 평가가 내려지더라도, 그 평가가 그러할 수 있는 것도 (그 평가 자체 때문이 아니라) 바로 뇌 때문이다.

둘째, 만약 우리가 자신들에 대해 영광스러운 피조물이라고 (뇌 때문에 그렇다는 것을 알기 이전에) 생각했다면, 그러한 발견 후에 지속적으로 그렇게 느끼지 말아야 할 이유가 있는가? 그러한 지식이 우리를 더욱 흥미롭고 놀라운 존재로 만들지 않을 이유가 있는가? 화산이 무엇인지, 그리고 새끼가 어떻게 태어나며, 뼈가 어떻게 치유되는지 등에 대해서 이해하기 이전에, 우리는 화산 폭발의 장관, 송아지의 출생, 뼈의 [자발적] 치유 등에 대해 감동될 수 있다. 그러나 우리가 그러한 피조물이듯이, 일상적으로 우리는 화산, 출생, 뼈 등에 대한 지식을 가지고도 여전히 그리고 더욱더 그것들에 감동될 수 있다. 우리가 왜 잠을 자며 꿈을 꾸는지 또는 우리가 그렇게 많은 냄새들을 어떻게 구분할 수 있는지 등을 이해하는 것은 우리를 (형편없는 무엇으로 만들기보다) 그만큼 더욱 영광스럽게 만든다. 동시에 어떤 사람이 왜 손을 씻는 강박에 집착하고 벗어나지 못하는지, 또는 절단된 후에 환상지(phantom arm)로 시달리는지 등을 이해하는 것은 동정심의 미신과 이유 없는 공황(panic)을 대체시켜준다.

셋째, 우리 모두가 알듯이, 자부심은, 어린 시기에 일어난 것과 그렇지 않은 것들, 그리고 특정한 종류의 사회적 재인 등을 포함하여, 많은 복잡한 요소들에 의존한다. 결단코 그러한 자부심이 한 사람의 느낌이 뇌 활동에 의한 것으로 인식되더라도 수정되지는 않는다. 만약 내가 뾰족한 가시를 맨발로 밟는다면, 느끼게 되는 통증이 실제로는 뉴런의 활동이라고 내가 알든 모르든, 나는 동일한 방식으로 여전히 아플 것이다. 어느 교사가 학생의 보고서에 대해, 그것이 통찰력이 있으며 잘 조사되었고, 명확히 표현되었다고 진지하게 칭찬한다면, 그 선생은 학생의 성취를 칭찬하는 것이다. 결론적으로, 그 학생은 자부심을 가질 만하며, "그렇지만 이 과제가 너의 뇌의 산물이니, 안되었다"라고 평가절하하여 말하는 것은 단연코 적절치 않다.

4. 결론으로 한마디

이 책은 아래 세 가설에 의해 지지된다.

가설 1 심적 활동(mental activity)은 뇌 활동(brain activity)이다. 그러므로 심적 활동은 과학 탐구방법에 의해 설명될 수 있다. [즉, 마음에 대한 연구는 과학 탐구방법에 의존해야 한다.]

가설 2 신경과학이 어떤 현상들을 설명해야 하는지를 알려면 인지과학의 도움이 필요하다. 수면(sleep), 온도 차이, 기술 학습(skill learning) 등 당신이 설명하려는 능력의 범위를 이해하기 위해서, 단순히 통속적 지혜와 성찰에만 의존하는 것은 충분치 않다. 심리물리학(psychophysics), 그리고 대체로 실험심리학은 반드시, 유기체의 행동 목록들을 세밀히 규정하고, 다양한 심적 능력의 구성, 범위, 한계 등을 밝혀내야 한다.

가설 3 마음의 본성을 이해하려면 뇌를 이해할 필요가 있으며, 그것도 여러 수준의 조직적 측면에서 이해할 필요가 있다.

가설 1은 이 책 전체의 일차적이며 중심적인 주제이다. 따라서 우리가 자아, 의식, 자유의지, 지식 등의 본성을 이야기할 때, 이 주제는 거듭해서 해부되고, 시험되고, 방어될 것이다. 궁극적으로 그 논의의 건전성은, 마음/뇌 과학이 지속적으로 발전하여, 실제로 무슨 일이 일어나는지에 따라서 정착될 것이다. 짐작건대, 생각하고, 느끼는 등이 비-물리적 영혼 덩어리에 의해 실제로 성취된다고 밝혀질 것처럼 비쳐지기도 한다. 그러나 지금의 과학 단계에서 그러한 데카르트주의 결과는 나타날 것 같지 않다. 앞서 언급한 바와 같이, 가설 3은 "마음/소프트웨어" 접근법32)을 열광하는 심리학자들과 철학자들에 의해 열띤 논쟁거리가 되어왔다. 반면에 가설 2는, 비록 그것이 신경과학자들에 의해서 원리적으로 지지된다고 하더라도, 실천적으로는 이따금 무시되곤 했었다. 예를 들어, 아마도 분자-수준[을 연구하는] 신경과학자들은, 원숭이에서 여러 심리학적 가설들을 시험할 방법을 모색하는, 시스템 수준[을 연구하는] 신경과학자들에게 코웃음을 보낼 듯싶다.

그러나 더욱 심각한 문제는 다음과 같다. 뇌-반대 철학자들과 심리학자들은 가설 3을 믿는 학자들이 가설 2를 믿지 않게 되거나 믿지 **않**을 수밖에 없다고 추정하는 경향이 있다.[33] 물론 **결코 그러한 결론이 도출되지 않는다.** 그 핵심적 이유는 이렇다. 심리학과 신경과학은 공진화하고 있으며, 지속적으로 그러할 것이다. 두 분야는 상호 배타적이지 않으며, **상호의존적**이다. 일시적으로 한 수준의 조직에 초점을 맞춰 연구하는 것은 흔히 실천적 실험 방편이지만, 그것과 그러한 연구를 하나의 탐구 전략의 원리로 삼는 것은 아주 다른 문제이다.

우리가 좀 더 자신에 대해 돌아본다면, 우리의 철학적 관념을 포함한, 우리 자신에 대한 우리의 관념은 변모한다. 우리 뇌의 주된 업무는 우리를 변화하는 환경에 적응하게 하고, 음식 자원과 위험을 예측하게 하고, 짝과 거처를 재인하게 하며, 일반적으로 말해서, 우리를 생존하고 복제하게 도와주는 일이다. 그렇게 인간의 뇌는, 변화와 재난을 방어하는 멋진 장치이기도 하지만, 소위 **이론**이라 불리는, 이야기를 지어낸다. 그럼으로써 어떤 일이 **왜** 일어나는지 설명해주고, 그로 인해서 어떤 일이 일어날지를 예측하게 해준다.

어떤 이론은 다른 이론보다 더 좋다. 페스트(bubonic plague, 흑사병)가 '신의 징벌'이라는 이론은, 그것이 '쥐-발생 박테리아 감염'이라는 이론보다 성공적이지 못하다. 앞선 이론은 예방을 위해 기도를 권고하지만, 나중의 이론은 손을 깨끗이 씻고, 쥐를 잡아 죽이고, 물을 끓여 먹는 것이 더욱 효과적임을 예측하게 한다. 실제로 그랬다. 그리스 신화 속의 제우스(Zeus)가 빛을 내는 번개를 던져 천둥소리를 만든다는 이론은, 번개가 갑자기 주변 공기에 충격을 주며 그로 인해서 급팽창되기 때문이라는 이론만큼 성공적이지 못하다. 이렇게 우리는 많은 이론들에 대해 어느 것이 더 우월한지를 말할 수 있다.

우리 자신, 즉 **우리의** 본성에 관한 이론은 어떠할까? 사람들이 어떤 일을 하는 이유에 관한, 그리고 정말로 누군가 자신을 위해 무언가를 하는 이유에 관한, 우리의 여러 관념들은 (어떤 문화적 다양성과 어떤 공통성을 가진) 넓은 이야기 구조 그물망의 부분들이다. 우리는 태도, 의지력, 믿음, 욕망, 초자아(superegos), 자아(egos), 자기(selves) 등에 관한 이야기에 의존하여 상대방의 행동을 설명하고 예측한다. 예를 들어, 우리는 어떤 농구 선수에게 집중하라는 요구를 그의 큰 자아에 비추어 설명하며, 금연에 실패한 사람에게 의지력이 없기 때문이라고 묘사하고, 어떤 연기자에게는 변덕스럽다거나 인기에 영합한다거나 또는 자기애적인 성격장애를 갖는다는 등등으로 설명하려 한다. 프로이트(Freud, 1856-1939)는 강박 행동(compulsive behavior)이 초자아의 기능장애(superego dysfunction, 초자아 역기능) 때문이라고 주장한다. 그러나 의지력, 기분, 개성, 자아, 초자아 등과 같은 상태들을 신경생물학의 용어로 무엇이라고 **말해야** 할까? 이러한 범주들 중에 일부는, "추진력(impetus)"과 "본래적 위치(nature place)"처럼, 지금도 "명확한" 용어로 사용되지만, 현재에는 소멸된 아리스토텔레스 물리학의 범주처럼 될 것인가? [역자: 화살이 (무엇이 붙들고 움직여주지 않는데도) 계속 혼자서 날아갈 수 있는 것에 대해서, 아리스토텔레스는 화살이 "추진력"을 얻었기 때문이며, 마침내 그것이 추락하는 것은 "본래적 위치"로 돌아가려는 본성 때문이라고 설명했다. 그러나 뉴턴 역학의 체계에서 보면 추진력은 존재하지 않으며, 화살은 관성 때문에 계속 날아가고 중력 때문에 떨어진다. 이렇게 현대과학이 존재하지 않는 것으로 밝혀냈음에도 불구하고 사람들은 일상적으로 "추진력"과 "본래적 위치"란 개념을 명확한 의미로 여전히 사용하고 있다. 그와 같이 프로이트가 가정했던, 혹은 우리가 지금까지 상식적으로 인정해온, 여러 심리학적 상태들도 같은 운명을 겪을 것인가?]

일반적으로 과학적 발달이 이루어지면, 우리가 공유하는 관습적 이야기의 구조는, 뇌에 관해 그리고 뇌가 어떻게 작동하는지에 관해 특정한 증거가 늘어감에 따라서, 그리고 그 증거들이 실험적으로 확인된 이론들보다 덜 성공적임을 보여줌에 따라서 아마도 수정될 것이다.

최근 50년 동안, 우리는 간질(epilepsy)을 신성에 의존하지 않고서도 신경생물학 용어로 아주 잘 이해할 수 있게 되었다. 히스테리성 발작 (hysterical paralysis)은 자궁(uterus)의 기능장애로 설명하기보다, 뇌의 기능장애로 더 잘 설명된다. 강박적으로 손을 씻는 환자에 대해서, 영혼에 사로잡혀 있기 때문이거나 초자아 기능장애로 설명하는 것은 신경조절 수준(neuromodulator levels)으로 설명하는 것보다 훨씬 좋지 않은 설명과 예측을 제공한다. 높은 중독성 피검자(highly addictable subjects)가 도파민 보상 시스템(dopamine reward system)에서 이상을 일으키는 유전자를 갖는다는 발견은, 의지력을 가지고 있거나 가지지 못한다는 것이 정확히 무엇인지를 재고하도록 만드는 계기를 주었다. [역자: 심지어 고도 비만증 환자 역시 유전자와 관련된다는 연구 보고도 있으며, 이것은 음식을 절제할 의지력이 있는 사람과 그렇지 않은 사람에 대한 구분을 다시 생각하게 만들었다.] 이러한 것들은 전혀 놀라운 일이 아니다. 과학사가 보여주는 바에 따르면, 천문학, 물리학, 생물학 등에서든 또는 우리 마음의 본성에 대한 것이든 그 탐구 영역과 상관없이, 어느 정도 이론 수정이 전형적으로 그리고 매우 불가피하게 일어난다. 전통 철학의 탐구 모습을 결정하는 이야기 구조가 스스로 진화하며, 따라서 그러한 사실은 심지어 과학으로부터 철학을 구분하고 싶어 하는 사람들에게 (아마도 매우 심각한) 강한 도전일 것이다. [역자: "철학을 어떻게 탐구해야 하는지 자체도 과학의 발달과 함께 변화, 즉 진화하고 있는 중에 있으며, 따라서 이러한 사실은 과학과 철학을 엄격히 구분해왔던 생각 자체도 다시 생각하게 만들고 있다. 다시 말해서 철학 자체의 모습이 무엇인지도 새롭게 생각하게 만들고 있다." 이것이 바로 처칠랜드 부부가 철학을 자연적 태도로, 즉 자연과학의 연구 성과에 의해 접근하려는 이유이기도 하다.]

이 책 전체에 걸친 커다란 주제는 이렇다. 만약 우리가 신경과학과 인지과학에서의 발견으로 낡은 철학적 문제를 덮어버리게 만든다면, 아주 놀라운 일이 벌어질 것이다. 진보가 불가능해 보이는 곳에서도 우리는 진정한 발전을 전망할 수 있다. 예를 들어, 우리는 직관 (intuition)이 틀릴 수 있음을 볼 수 있을 것이며, 여러 독단들(dogmas) 을 회피할 수 있다는 것을 알게 될 것이다. 우리는 앞으로 심적 현상들 을 신경생물학 용어로 이해할 수 있을 것이며, 반면에 일부 고전적 수 수께끼들이 전-신경과학적 오해(preneuroscientific misconceptions)임을 [즉, 신경과학이 발달되기 이전에 나온, 틀린 개념임을] 밝혀낼 것이다. 신경과학은 철학적 문제에 이제 막 충격을 주기 시작했을 뿐이다. 앞 으로 수십 년 후에는 [새로운] 신경생물학 기술이 고안됨에 따라서 그 리고 뇌 기능에 대한 이론들이 정교화됨에 따라서, 마음/뇌 현상을 이 해할 범례의 형식(paradigmatic forms)이 변화되고 또 변화될 것이다. 오늘날은 아직 신경과학의 초기 단계이다. 물리학이나 분자생물학과 달리, 신경과학은 아직 그 표적 현상들을 설명해줄 [즉, 설명되어야 할 현상이 무엇인지 결정해줄] 기본 원리조차 확고히 갖지 못했다. 그러한 원리들이 포착되기만 하면, 실제 개념적 혁명이 우리에게 닥쳐올 것이 다. 그때 세계가 어떤 모습으로 보일지는 누구도 장담할 수 없다.

[선별된 독서목록]

기초 소개서

Allman, J. M. 1999. *Evolving Brains*. New York: Scientific American Library.

Bechtel, W., and G. Graham, eds. 1998. *A Companion to Cognitive Science*. Oxford: Blackwells

Osherson, D., ed. 1990. *Invitation to Cognitive Science*. Vols. 1-3. Cambridge: MIT Press.

Palmer, S. E. 1999. *Vision Science: Photons to Phenomenology*. Cambridge: MIT Press.

Sekuler, R., and R. Blake. 1994. *Perception*. 3rd ed. New York: McGraw Hill.

Wilson, R. A., and F. Keil eds. 1999. *The MIT Encyclopedia of the Cognitive Sciences*. Cambridge: MIT Press.

Zigmond, M. J., F. E. Bloom, S. C. Landis, J. L. Roberts, L. R. Squire. 1999. *Fundamental Neuroscience*. San Diego: Academic Press.

보충 선별도서

Bechtel, W., P. Mandik, J. Mundale, and R. S. Stufflebeam, eds. 2001. *Philosophy and the Neurosciences: A Reader*. Oxford: Oxford University Press.

Bechtel, W., and R. C. Richardson. 1993. *Discovering Complexity*. Princeton: Princeton University Press.

Churchland, P. M. 1988. *Matter and Consciousness*. 2nd ed. Cambridge: MIT Press.

Churchland, P. S. 1986. *Neurophilosophy: Towards a Unified Understanding of the Mind-Brain*. Cambridge: MIT Press.

Crick, F. 1994. *The Astonishing Hypothesis*. New York: Scribners.

Damasio, A. R. 1994. *Descartes' Error*. New York: Grossett/Putnam.

Kandel, E. R., J. H. Schwartz, T. M. Jessell, eds. 2000. *Principles of Neural Science*. 4th ed. New York: McGraw-Hill.

Moser, P. K., and J. D. Trout, eds. 1995. *Contemporary Materialism: A Reader*. London: Routledge.

역사

Brazier, M. A. B. 1984. *A History of Neurophysiology in the 19th and 18th Centuries: From Concept to Experiment*. New York: Raven Press.

Finger, S. 1994. *Origins of Neuroscience: A History of Explorations into Brain Function*. New York: Oxford University Press.

Gross, C. G. 1999. *Brain, Vision, Memory: Tales in the History of Neuroscience*. Cambridge: MIT Press.

Young, R. M. 1970. *Mind, Brain, and Adaptation in the Nineteenth Century*. New York: Oxford University Press.

리뷰 논문을 담은 학술지

Annals of Neurology

Cognition

Current Issues in Biology

Nature Review: Neuroscience

Psychological Bulletin

Trends in Cognitive Sciences

Trends in Neurosciences

웹사이트

BioMedNet Magazine: http://news.bmn.com/magazine

Encyclopedia of Life Sciences: http://www.els.net

The MIT Encyclopedia of the Cognitive Sciences: http://cognet.mit.edu/
   MITECS

Neuroanatomy: http://thalamus.wust1.edu/course

Science: http://scienceonline.org

The Whole Brain Atlas: http://www.med.harvard.edu/AANLIB/Home.html

I부　형이상학

2장 형이상학 소개

1. 머리말

["형이상학"이란 말의 영어] "메타피직스(metaphysics)"란 용어는 주제의 호칭만큼이나 특이한 기원을 갖는다. 그러므로 그 용어의 기원을 이야기할 필요가 있겠다. [왜냐하면] 그 기원에 관한 이야기가 그 용어와 관련된 잡다한 주제들을 이해하는 데 도움이 되기 때문이다. 그 용어는, 대략 기원전 100년 아리스토텔레스 저작물을 편집하던, (아마도) 로도스(Rhodes) 섬의 안드로니코스(Andronicos)에 의해 처음 사용되었다. 아리스토텔레스의 유작들은 광범위한 주제들을 다루고 있었으며, 그것은 그가 논리학, 자연학, 윤리학, 날씨, 천체, 동물의 복제과정 등등을 포함하여 실질적으로 모든 분야를 관통하고 있었기 때문이었다. 편집인으로서 안드로니코스에게 문제가 생겼는데, 그것은 『자연학(Physica)』, 즉 아리스토텔레스의 자연에 대한 저작물 다음으로 다루어져야 할 (편집인 자신이 보기에) 저작물에 아리스토텔레스가 제목을 달지 않았던 것이다. 그 문제를 해결하기 위해 편집인은 그 저작물에 (무심코) "자연학 다음의 책(The Book after the Physics)", 즉 『메타피지카(Metaphysica)』라고 제목을 달았다. 그렇게 하여 메타피직스가 탄생되었다.[1] [역자: 이 용어는 동양에서, 주역에 나오는 말, 현상들을 다루는

분야를 가리키는 "형이하학(形而下學)"에 대비하여, 현상 너머를 다루는 분야를 가리키는 "형이상학(形而上學)"이라 번역되었다.] 그렇다면 메타피직스, 즉 『형이상학』이 어떻게 하나의 학문 분야로서 마땅한 자격을 얻었는가? 그것은 아리스토텔레스가 『형이상학』에서 논의한 주제들을 보면 알 수 있다.

"피지카(physica)"는 자연을 의미하며, 『자연학』에서 아리스토텔레스는 사물들의 본성에 관한 문제를 언급한다. 그는 돌과 같은 사물들이 왜 떨어지며, 연기와 같은 다른 것들은 왜 그렇지 않은지 묻는다. 그는 구르는 공이 마침내 왜 멈추게 되는지, 행성들이 왜 움직이는지, 불은 왜 뜨거운지 등을 묻는다. 반면에 『형이상학』에서 그는 더 넓은 일반적인 문제들, 예를 들어 어떤 기본 물질들이 존재하는지, 궁극적으로 다른 종류의 기본 물질들이 존재하는지, 그리고 그러하다면 그 차이를 어떻게 설명해야 하는지 등을 묻는다. 그는 흙, 공기, 불, 물 등이 기본 물질이라는 관점, 원자가 기본 물질이라는 데모크리토스(Democritus)의 대비되는 관점, 모든 것들이 궁극적으로 수로 이루진다는 피타고라스(Pythagoras)의 기이한 관점 등등을 소개하고 논의한다. 플라톤은 수학적 대상의 초월적 존재와 논리적 진리를 주장했으므로, 아리스토텔레스 또한 그러한 관점에 비판적으로 접근한다. 그뿐만 아니라, 그는 인과성(causality)을 이론적으로 탐구하였다. 즉, 인과성에 어떤 다양한 종류가 있으며, 각기 다른 그 인과성들의 본성은 무엇인지[역자: 아리스토텔레스는 존재하는 것들에 변화를 일으키는 원인으로 형상인(eidos), 질료인(hyle), 목적인(telos), 작용(운동)인(kinoun) 등에 주목했다. 예를 들어, 카멜레온은 나무의 가지에서 잎으로 이동함(작용인)에 따라서, 자신의 피부(질료인)에서, 색깔을 변화시키는데(형상인), 그것은 자신의 천적으로부터 보호하기(목적인) 위해서이다.], 우주 기원 혹은 탄생의 인과적 원인이 있는지 없는지, 그리고 서로 다른 여러 과학들이 관심 현상들에 대해 서로 다른 인과적 설명을 내놓는다는 사실 등등에 대해서 그는 체계적으로 탐구하였다. 그는 또한 실재(reality)의 기본 물질이 무엇인지 논하는 중에, 실제로(actually) 존재하는 어떤 것에 대해 우리가 말할 경우에, 그 말이 무엇을 **의미하는지**에 관해 몇 가지 암시를 던져주었다.

아리스토텔레스의 『형이상학』에서 다뤄지는 주제들이 다소 뒤범벅이지만, 그는 그 주제들이 모든 과학 분야에 관련되며, 따라서 (그러한 측면에서) 서로 관련성이 있다고 간주한다. 그러한 일반적 관련성에 비추어, 아리스토텔레스는 『형이상학』에서 논의된 주제들의 '일반성'을 표현하기 위해 제1철학(first philosophy)이라는 표현을 사용했다. 물론 그 여러 논의 주제들이 공통적으로 일반성을 갖는다고 해서, 그것이 반드시 어느 통합되는 자연 현상들의 범위가 설정될 수 있다는 의미는 아니다. 분명히 아리스토텔레스는 그러한 어떤 환상도 갖지는 않았다.

더구나 아리스토텔레스는 『형이상학』에서의 논의 주제들이 과학적 방법을 넘어선다거나, 또는 특정 과학의 질문들과 근본적으로 다른 종류라고 가정하지도 않았다. 그러나 후대 철학자들은 대부분 그 양자가 다르다고 생각했다. [즉, 후대의 철학자들은 형이상학 또는 철학이 과학과 근본적으로 다른 주제를 다루며, 따라서 양자의 방법론도 전혀 다르다고 생각했다. 그러므로 그들의 생각에 따르면,] 형이상학은 그 특징적 주제, 즉 실재의 근본적 본성에 관한 주제를 다루며, 또한 참인 대답을 얻기 위한 나름의 독특한 방법을 갖는다. 이것이 철학의 교설이 되어버렸지만, 그렇게 된 일이 아리스토텔레스로부터 어떤 보증을 받았기 때문은 아니다.

나는, 편의상, 형이상학적 대답이 '과학적 방법'과 '과학적 발견'을 넘어서며, 형이상학의 과제가 모든 과학에 대한 절대적 기초를 놓는 것이라고 짐작하는, 사상적 학파를 가리켜 "순수" 형이상학이란 표현을 사용하겠다. 그러한 전망에서 볼 때, 아마도 내성(introspection)과 성찰(meditation)을 포함하여, 순수이성(pure reason)과 반성(reflection)은 형이상학적 질문들에서 진전을 이룰 적절한 방법으로 보였다. 그 관점에 따르면, 과학 그 자체의 자격은 (궁극적으로 그럴듯하든, 아니면 틀린 것이든) 형이상학의 초월적 과학 방법(beyond-science methods)에 의존한다고 여겨진다. 더구나 아리스토텔레스의 꽤 순수한 표현, "제1철학"

은, 초월적 과학 방법과 원리들을 만나면서, 더욱 자존적(우쭐대는) 의미를 가지게 되었다.

현재 형이상학의 지위는 무엇인가? 한마디로, 형이상학의 영역은 다양한 과학 분야의 성숙과 더불어 위축되었다. 현대 물리학과 화학의 발달로 인하여, 원자(atoms), 아원자 입자(subatomic particles), 힘의 장(force fields) 등에 대한 이론들은 기본적 실재의 본성에 대한 중요한 논의를 주도하게 되었다. 17세기 뉴턴이 운동 법칙들의 발견과 행성 운동에 대한 설명을 제공한 이후로, 공간과 시간의 본성은 물리학자들에 의해서 (실험적으로는 물론 이론적으로도) 가장 생산적으로 탐구되어 왔다.2) 특별히 지난 세기에 우주론을 탐구해온 물리학자들은 별, 행성, 은하계 등의 본성, 즉 우주의 나이와 시간에 따른 우주의 변화 등과 기원 같은 쟁점들에서 놀라운 과학적 진보를 이루었다. 지질학자들은 지구의 기원과 역사에 관해 엄청난 것을 알아냈으며, 생물학자들은 종의 기원과 역사에 관해 엄청난 것을 밝혀냈다. 일반적으로 말해서, 다양한 과학 분야들은 아리스토텔레스의 형이상학적 질문에 대해 장대한 진보를 이루어냈다.

다양한 고전 형이상학의 질문들에 대한 이런 과학 발달을 바라보는 관점에서, 일부 철학자들은 순수주의자들에 의해 구성되는 형이상학이란 아마도 그릇된 것이라고 인식했다. 퍼스(Charles Sanders Peirce, 1839-1914)로 시작되는 미국 실용주의자들(pragmatists)은 모든 과학에 궁극적 기초가 있으며, 형이상학적 반성이 그러한 기초를 놓을 유일한 방법이라는 생각을 피하도록 주의를 주었다. 퍼스에 따르면, 인정하든 안 하든 간에, 관찰, 실험, 가설 구성, 비판적 분석 등등의 과학적 방법 그 자체보다 더 충분하고 기초적인 것은 없다. 누구라도 인정할 것으로, 그것이 바로 인간이 가진 상황이다. 우리는 이성과 과학을 이용하여 우리의 초기 가설들을 재검토하고 (필요시) 재수정한다. 그리하여 결국 우리는 세계를 점점 더 잘 이해하는 길을 스스로 모색해낸다. 클라크 글리모어(Clark Glymour)가 말했듯이, 우리는 그 무엇이든 스스로 안다고 **생각하는** 것에서 출발해야 하며, 그것을 개선하기 위해 우리는,

위는 물론, 옆과 뒤도 돌아보아야만 한다.[3]

20세기 후반 형이상학의 순수하고 선험적인 개념을 공격했던 핵심 인물은 콰인(W. V. O. Quine, 1908-2000)이다. 그는, 퍼스의 관점에서, **어떤** 제1철학도 없다(there is *no* first philosophy)는 (심지어 1960년대 철학자들도 수치스럽게 여겼던) 생각을 지지하였다. 과학 그 자체보다 더 굳건하고 더 기초적인 것은 없다.[4] 그가 의미했던 생각은 이렇다. 우리는 과학을 이용하여 세계를 점점 더 잘 이해하는 길을 찾아 나아간다. 넓은 관점에서, 과학의 방법을 넘어서 실재의 본성을 발견하게 해줄 어떤 독립적인 방법도 없다. 콰인은 상식의 역할을 부정하지는 않았다. 왜냐하면, 그는 과학과 상식 모두에 대해서, **동일한** 기획, 즉 실험하고, 이론화하고, 검토하는 등에서처럼, 세계를 이해하는 요소로 여겼기 때문이다. 콰인의 관점에 따르면, 문화진화(culture evolution)의 맥락에서, 과학은 실제로 엄격하며 체계적인 상식이다.

만약 우리가 그러한 실용주의 관점에 이끌리지 않을 수 없다면, 우리는 형이상학에 대해 오해가 있었던 것으로 보고, 그 주제들을 이제 더 이상 논의할 필요가 없다고 여기거나, 아니면 그 주제들에 대해서 순수주의를 버리고 과거 우리 자신들의 규정을 새롭게 개선하도록 해야 할 것이다. 만약 우리가 후자를 선택한다면, 형이상학에 대해서 이렇게 재규정할 필요가 있다. 형이상학의 문제들이란 과학과 실험의 과정이 풍부한 설명 패러다임을 찾기에 아직 충분하지 않은 문제들이다. 이러한 말은 다음을 의미한다. "형이상학적"이란 말은 우리가 어떤 단계, 즉 이론의 과학적 발달에서 (명확한 방법과 명확한 연구 주제를 갖지 못한) 미성숙 단계에 적용되는 표식이다. 예를 들어, 자아, 의식, 자유의지 등에 대한 이론들은 매우 미성숙 단계인데, 그것은 신경과학과 인지과학이 아직 충분히 발달하지 못해서, 이러한 문제들을 실험적으로 설명하기에 아직 멀기 때문이다. 이렇게 상대적으로 미성숙되었기에, 그러한 주제들은 여전히 형이상학적으로 여겨질 것이지만, 과학이 발달하게 된다면 그러한 주제의 지위는 결국 무가치하고 불필요한 것으로 내팽개쳐질 것이다.

형이상학적 질문들을 전-과학 단계(prescientific phase)의 문제로 재규정함으로써, 그러한 질문들은 선험철학에 의해 선호되는 것과는 전혀 다른 길을 걷게 될 것이다. [역자: 토머스 쿤의 『과학혁명의 구조』에 따르면, 아직 성숙된 정상과학(normal science)이 되지 못한 상태는 전-과학 단계(prescienctific stage)이다. 예를 들어, 뉴턴 역학이 정상과학이라면, 프톨레마이오스, 코페르니쿠스 등의 연구 성과는 미성숙한 전-과학 단계이다.] 그것은 다음을 의미한다. 예를 들어, 실체 이원론(substance dualism)이 옳은지 그른지는 근본적으로 **경험적** 쟁점이며, (과학적 탐구와 무관한) 순수이성과 반성에 의해서 해결될 쟁점이 아니다. 그것은 또한 다음을 의미한다. 의식적 결정이 뇌의 모든 인과적 선행을 갖지 않는지 어떤지[즉, 우리가 뇌의 작용에 앞서 의식적 결정을 하는지 아닌지]는 근본적으로 (과학적 설명 너머에서 어떻게 설명해볼 수 없는) 경험적 사실의 문제이다.

뇌와 뇌의 진화론적 발달, 그리고 뇌가 세계에 대해서 어떻게 배우는지 등에 관해서 우리가 더 많이 알면 알수록, 형이상학의 범위와 한계와 관련하여 실용주의자들이 올바른 관점을 선택했다는 주장이 더 설득력을 얻을 것이다. 그 이유를 다음과 같이 간단히 설명할 수 있다. 우리는 스스로의 뇌로 추론하고 생각하지만, 우리의 뇌는 생물학적 진화에 의해서 그렇게 된 것이다. 다시 말해서, 우리의 여러 인지적 능력은 그러한 뇌의 능력인 것이다. 우리의 인지적 능력은 진화의 압력에 의해서 생겨난 것이며, 따라서 우리의 긴 진화 역사의 흔적을 담고 있다. 비록 인간, 오직 인간만이 특별하게 초월적 과학의 "형이상학"적 재능을 가졌다고 하더라도, 그 재능의 기원과 존재는 진화생물학과 신경 발달의 사실들과 일관성을 가져야만 한다. [즉, 진화생물학과 신경 발달의 측면에서 해명되어야 한다.] 그렇지만 그러한 재능은 진화생물학과 신경 발달의 사실들과 **일관성이 없는** 것처럼 보인다. 그 문제를 조금 더 자세히 들여다보자.

명백해 보이는 것으로, 만약 신경계의 주된 업무가 유기체로 하여금 먹이를 잘 취하고, 포식자를 회피하며, 따라서 (일반적으로 말해서) 복제할 정도로 오래 생존하기 위해 운동을 가능하게 하는 일이라면, 인지의 중요한 과제는 의사결정을 안내해줄 **예측하기**이다. **동등한 조건 하에서**, 어느 유기체가 더 좋은 예측 능력을 가질수록, 그 유기체는 더 잘 생존할 것이다. 어느 유기체의 집단 내에서, 어느 것이, 동등한 조건 하에서, 서툴게 예측하는 것보다는 더 솜씨 있게 예측하는 것이 더 잘 생존할 것이다.

어느 유기체가 복제할 정도로 오래 생존한다면, 그 자손은 그 유기체의 유전자를 계승할 것이며, 따라서 그러한 유전자에 의존하는 기관의 구조적 능력도 계승할 것이다. 경우에 따라서는 어느 자손이 그 유전자의 미소한 변화, 즉 **변이**(mutation)를 가질 것이며, 그 변이는 유기체로 하여금 자신의 부모와 다소 다른 구조를 갖게 할 것이다. 대체적으로 그러한 변이는 불리함이 된다. 그렇지만 드물게는 어떤 변이가 그 자손에게 뇌와 신체 구조에 (그 유기체의 환경에 관련된) 변화를 주어, 결국 생존경쟁에서 약간의 비범함을 제공하게 된다. 만약 유리한 변이를 지닌 어느 유기체가 생존하여 복제할 수 있게 된다면, 그 자손은 그 수정된 능력을 계승할 것이다. 이것은 변이의 계승이다.

마음에 대해 순수한 형이상학적 접근법을 지지하는 관점에서, 변이의 계승은 쉽게 납득되기 어려울 것이다. 예를 들어, 그것은 다음을 함축하기 때문이다. 훌륭한 시각 시스템은, 훌륭한 지각을 지닐, (단지) 순수한 재능만을 위해 출현되지는 않을 것이다. 시각 능력의 개선으로, 뇌의 그물망이 그 유기체의 전체 능력을 생존에 유리하게 만들지 못한다면, 그러한 개선은 그 유기체와 함께 사라질 것이다. 어떤 자손이 우연히 유전자에 변이를 가지게 되어, 그 유전자가 신경계에 구조적 변화를 일으키고, 그 유전자를 지닌 유기체에게 지각 능력을 부여하여, 경쟁자들보다 더욱 잘 예측할 수 있게 된다면, 그 유기체는 더욱 잘 생존하여 자손에게 유전자를 남길 것이다. 그렇지만 중요하게 생각해야 할 것으로, 만약 변이로 인하여 그 유기체가 어떤 [불필요한] 비용을 지불해야 한다면, 예를 들어, 계산처리의 속도와 지각 이미지의 복잡함 사이에 거래가 이루어진다면 [즉, 정교한 지각 이미지를 얻는 대신에 그 계산처리 속도가 느려진다면] 비록 더욱 정교한 지각이 예측에 유용하다고 짐작되긴 하지만, 그 획득된 변이는 생존하지 못하여, 그런 뇌 그물망도 상실될 것이다.

그러므로 다윈주의 진화의 전망에서 볼 때, 어느 초월적 과학의 형이상학이라도 다음과 같은 힘든 문제에 직면하게 된다. 형이상학적 절대 진리에 유일하게 도달할, 특별한 재능을 출현시켜주는 어느 진화의 압력이라도 있었을까? [즉, 인간이 형이상학적 절대 진리를 어떻게 가질 수 있는지, 진화론의 입장에서, 설명이 되겠는가? 어떤 자연선택의 문제가 인간이 형이상학적 진리를 갖도록 만들었겠는가?] 그러한 압력의 본성이 무엇일 수 있는가? 자연선택과 일관성을 가지면서, 어떻게 인간이 그러한 능력을 가지게 되었는지 설명해줄, 납득될 만한 설명이 있기라도 할까? 혹시 누군가 그러한 능력이 무엇일지 전망한다고 할지라도, 지금까지 알려진 바에 따르면, 그러한 설명이 가능하기나 할지 의심스럽다. 결론적으로 말해서, 우리는 가장 최고의 확신을 담아서 이렇게 말할 수 있다. 우주에 대해서 절대적이며, 오류 없는, 과학을 넘어선 진리를 산출할 어떠한 특별한 능력도 결코 존재할 수 없다. 그러므로 우리가 분명히 중요하게 인식하고 또 명심해야 할 것은 이것이다. 가장 가용한, 즉 최신의 유력한 과학이 우리에게 무엇을 알려주는지 배우고, 과학은 크든 작든 간에 실수를 담고 있으므로, 그 과학에 대하여 비판해보고, 교정하여, 지금까지 사물들을 실험하고, 이론화하고, 생각해온 것보다 더욱 확장시켜나가야 한다(6장 3절 참조).[5]

그럼에도 불구하고 여전히 다음과 같이 주장될 수 있다. 초과학적 형이상학에 진보가 이루어졌다는 누군가의 느낌은 무언가 분명히 유의미하며, 그러한 진보가 이루어졌다는 누군가의 확신이 정말로 존재한다. 더욱 엄밀히 말해서, 그러한 확신의 느낌은 초월적 과학의 형이상학적 진리를 발견해온 기준으로 제시되곤 한다. 예를 들어, 우리의 흔들리지 않는 확신 또는 절대적 신념에 대한 느낌은, 마음이 비-물리적 실체라는 가설에 동의하게 만든다. 우리가 1장에서 살펴보았듯이, 데카르트는 그러한 신념에 차 있었던 것 같으며, 그것이 특정한 결론을 보증한다고 믿었던 것 같다.

그렇지만 확신에 대한 느낌은 어떤 진리도 보증하지 못한다. 물론 그러한 느낌은 어느 가설이 진리일지 **시험하게** 촉발할 수 있다. 그러한 느낌은 조롱거리가 되는 연구 프로젝트도 지속하도록 자극할 수 있다. 그러나 안타깝게도 어느 가설이 참이라는 확신에 찬 느낌은 그 가설이 거짓이란 느낌을 막지는 못한다. 모든 사람들은 자신의 일생 동안에 '확신'과 '거짓 느낌'이 교차되었던 경우들에 대해 알고 있다. 더구나 그러한 역사 기록은 지금의 쟁점에 대해서 매우 명확히 해명한다. 다양한 시기에 사람들이 전적으로 확신했던 것들이 있었다. 지구는 움직이지 않으며, 공간은 유클리드 식이며, 원자는 더 이상 분리되지 않으며, 광기는 악마가 깃들어 그러한 것이고, 악마는 미래를 내다볼 줄 알며, 악마는 죽은 자와도 대화할 수 있다. 그렇지만, 이 모든 명제들은 필시 거짓이다. 거짓 느낌과 확신이 공존할 수 있다는 것은 놀라운 일이 아니다. 결국, 확신이란 단지 뇌의 어떤 인지-정서 상태에 불과하며, 그러한 상태는 뇌의 많은 다른 인지-정서 상태들 중 하나일 뿐이다.

우주에 절대공간 또는 행운의 여신(Lady Luck)이나 수호천사(Guardian Angels)와 같은 어떤 것도 존재하지 않는다는 것에 실망했던 일과 매우 동일한 이유에서, 형이상학에 대한 실용주의 개념에 누군가는 다소 실망할 수도 있겠다. 글리모어처럼, 최선을 다함에도 불구하고 대수롭지 않은 결과를 얻는다는 것이 어쩌면 과학을 초월한 형이상학적 진리를 탐구하는 것보다 훨씬 덜 낭만적일 수 있다. 그럼에도 불구하고, 과학이 진보를 이루어 그러한 낭만적 개념들이 쓸모없어지면, 우리는 그것들을 버리게 된다.

우리가 여전히 대답하지 못하는 형이상학적 질문들은 무엇인가? 인과성의 주제에 대하여, 상당한 정도로 수학적이며 과학적인 진보가 정말로 이루어졌다. 우리는 다음 절에서 그것을 조금 더 자세히 알아볼 것이다. 실재(reality)의 본성에 관한 근본적 쟁점이 아주 생생하게 살아 있는, 물리학 내의 하부 영역은 양자역학이다. 양자역학의 의미와 해석에 대하여, 물리학과 물리철학(philosophy of physics) 사이에 활발한 교

류가 이루어지고 있다.6)

　이러한 문제들 너머, 전통적으로 형이상학적 질문으로 분류되어 남아 있는 것은 **마음**에 관한 문제이다. '의식', '자아', '자유의지' 등의 본성이 무엇인가? 비-물리적 '마음'이 어쩌면 그것들의 근본적 실재인가? 혹은 **유일한** 근본적 실재인가? 만약 우리가 마음을 이해하기 위하여 그러한 말들을 사용해야만 한다면, 어떻게 마음을 이해할 수 있을 것인가? 의식, 자아, 그리고 자유의지 등, 세 주제는 이 책의 형이상학 단원 내에 세 장으로 구성되었다. 실용주의 전망에서, 우리는 앞으로 의식, 자유의지, 자아 등에 관한 문제를 마음/뇌의 문제로 탐구할 것이며, 그리하여 우리가 지금까지 반성과 내성(성찰)만에 의해서 발견하지 못했던, 마음/뇌의 본성에 대해 젊은 과학이 발견한 것이 무엇인지를 알게 될 것이다. 이러한 주제들이 순수한 형이상학자를 위하여 유일하게 형이상학적 탐구로 남겨질지, 아니면 그러한 주제들의 문제가 지구의 기원과 생명의 본성에 관한 문제들처럼 사라지게 될지 여부가 이 책의 목표이며, 우리는 이 점을 재확인할 필요가 있다.

　이러한 논의를 위한 기초 배경으로, 1장에서 다루어진 심신의 문제(mind-body problem)를 다시 들여다보자. 마음은 비-물리적이며, 육체는 물리적이라고 가정될 경우에만 심신의 문제가 발생한다는 점을 명심해야 한다. 그 문제의 요체는, 그 두 실체들이 어떤 공통된 속성도 지니지 않으면서도, 어떻게 상호작용할 수 있으며, 어떻게 서로에게 영향을 미칠 수 있는가이다. 예를 들어, 심적 의사결정이 어떻게 뉴런에 영향을 미치는가, 또는 전극으로 [다리의 감각을 수용하는 부분의] 피질(cortex)에 직접 자극을 하면 어떻게 피검자는 자신의 다리가 만져지는 느낌을 갖게 되는가? 반면에, 만약 마음이 뇌 내부의 활동이라면, 적어도 **그러한** 특별한 문제는 더 이상 문제가 되지 않는다. 대신에 다른 문제들이 나타나게 될 것이며, 그것은 분명히 영혼이란 것과 뇌란 것의 상호작용 문제는 아니다.

2. 형이상학과 마음

영혼이란 것이 존재하는지에 관한 의문에 대해서, 우리가 어떻게 세련된 의견을 갖게 될까? 실용주의자 관점에 따르면, 여러 경쟁하는 가설들이 얼마나 치밀한지 아니면 허술한지를 비교하기 위해서, 그 가설들에 대한 좋은 실험을 고안하기 위해서, 그리고 그 가설들을 실제로 시험하기 위해서도, 우리는 과학을 사용해야 한다. 만약 영혼과 두뇌의 상호작용이 있어야 한다면, 분명히 그 상호작용에 대한 **어떤** 증거가 있어야 한다. 그러나 그러한 증거가 확인된 사례가 지금까지 없다. 우리가 현재 이해하는 한에서, 물리학 법칙들은 질량-에너지 보존 법칙을 포함한다. 그런데 비-물리적 사건들이, 뉴런 행동을 변화시키는 것과 같은, 어떤 물리적 효과를 일으키는 상호작용이 가능하다면, 그것은 질량-에너지 보존 법칙을 위반할 것이다. 지금까지 신경계에서 그러한 위반이 발견된 적은 없었다. 이 말은 그러한 위반이 가능하지 않다고 확신한다는 말이 아니며, 단지 그러한 위반이 가능하다고 믿을 이유가 없다는 말이다. 영혼은 실험적 검증에서 자신의 모습을 감추는 본성을 갖는다는 수줍음 효과(shyness effect)를 원리로 내세우면서, 그런 비판을 피해가는 것으로는, (두말할 필요도 없이) 누구도 설득하지 못할 것이다. 수줍음 효과에 대한 어떤 독립적 증거도 없기 때문에, 수줍음을 원리로 내세우는 것은 긍정적 증거가 없다는 것을 감추기 위한 뻔한 속임수일 뿐이다. [역자: 어린아이들이 마술사 유리 겔라(Uri Geller)의 쇼를 보고 자신도 초능력으로 숟가락을 휘게 할 수 있다고 믿을 수 있다. 그 경우에 주위 사람들이 그러한 초자연적 능력이 어떻게 가능할지 직접 보여달라고 하면, 그 아이는 남들이 보지 않을 경우에만 그렇게 할 수 있다고 대답한다. 그래서 아무도 보지 않는 곳에서 해보라고 요청하였더니, 그 능력을 보여주었다. 그런데 그곳에 몰래 카메라를 설치해보았더니, 두 손으로 혹은 발로 밟아 휘게 하고 그것을 보여주었던 것으로 드러났다. 사실 유리 겔라가 보여주는 숟가락은 마술처럼 보이기 위해서 특수 금속으로 제작된 것이다.]

실체 이원론을 의심하게 만드는 강력한 근거들이 축적되고 있다. 뇌 구조와 여러 심적 현상들 사이에 관련성을 드러내는 구체적 증거들이 늘어나기 때문이다. 알츠하이머병과 같은 다양한 치매에서 인지적 기능이 저하되는 것은 뉴런의 퇴화와 긴밀히 관련된다. 두려움을 느끼거나 시각 동작을 보는 능력[즉, 상대가 어디를 주목하는지를 파악하는 능력]과 같은 특별한 기능의 손실은 동물과 인간 모두에서 뇌의 아주 특정한 구조의 결핍과 밀접하게 관련된다. 깨어 있다가 잠에 빠져드는 변화는 뇌의 상호 연결 영역에서 뉴런 활동 패턴의 매우 특별한 변화로 규정된다. 거꾸로 보이는 안경을 썼을 때에도 안구 동작이 적응하는 것은, 소뇌(cerebellum)와 뇌간(brainstem) 내에 매우 특별히 조율되는 영역에서, 상당히 예측 가능한 [뉴런 활동 패턴의] 수정에 의한 것으로 설명된다. 그리고 이러한 사례들은 계속적으로 축적되고 있다.

금세기에 형이상학적으로 가장 심오한 발견들 중 하나는 이렇다. 어떤 사람의 뇌에서 두 반구(hemisphere) 연결이 단절된다면, 그의 심적 생활 역시 단절된다. 1960년대에, 어떤 간질병 환자들 무리는 너무 증세가 심각해서 약물로 통제할 수 없다고 판단되어, 두 대뇌 반구를 연결하는 신경 다발을 절단하는 외과 수술이 시행되었다. 그 수술의 목적은 한쪽 반구로부터 발작 신호가 다른 쪽 반구로 전파되는 것을 막기 위한 것이며, 그 목적은 성취되었다(그림 2.1). 수술 후에 그러한 "분리-뇌(split-brain)" 환자들의 능력에 대한 주의 깊은 연구가 이루어졌는데, 로저 스페리(Roger Sperry), 조셉 보겐(Joseph Bogen), 그리고 연구원들은 각 반구가 다른 반구와 독립적으로 지각을 경험할 수 있으며, 독자적으로 운동을 결정할 수 있다는 것을 발견했다.[7]

그러한 단절 효과를 확인하기 위해서 다음과 같은 실험이 고려되었다. 실험자들은 피검자의 오른쪽 반구에 눈이 내린 풍경 사진을 보여주었고, 왼쪽 반구에 닭발 사진을 보여주었다(그림 2.2).[8] 그런 후에 그들은 환자 앞에 여러 다른 사진들을 보여주면서, 그 환자가 앞서 보았던 사진과 잘 어울리는 것이 무엇인지를 각기 다른 쪽 손으로 가리키게 하였다. 이 실험에서 그 분리-뇌 환자는 다음과 같은 실행을 보여

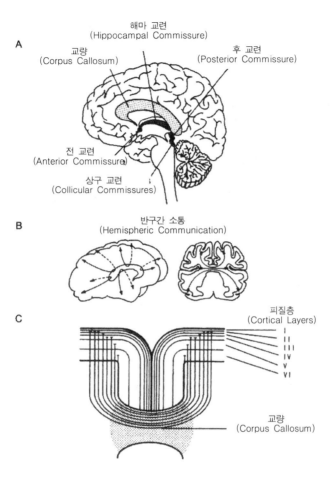

그림 2.1 A. 앞뒤 수직 방향 단면(sagittal section)으로 보여준, 인간 뇌의 주요 반구간 연결(hiterhemispheric connection) 지점들. B. 반구간 섬유들(interhemispheric fibers)이 두 개의 반쪽 뇌에서 동일 상응(homologous) 영역으로 상당히 연결된다. C. 그뿐만 아니라, 그 섬유들은 대부분 반대쪽 반구의 같은 피질층에 연결된다. (Gazzaniga and LeDoux, *The Integrated Mind*, New York: Plenum, 1978)

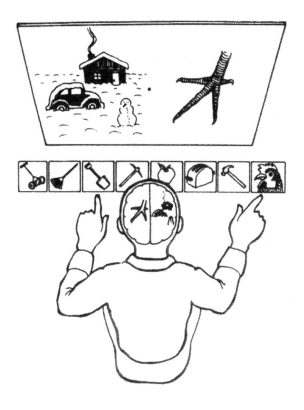

그림 2.2 서로 다른 반구에 각기 다른 인지 과제를 동시에 제시하는 방법. 왼쪽 반구에 보여준 것(닭발)과 어울리는 것을 왼쪽 반구가 선택하도록 요청했으며, 또한 오른쪽 반구에 보여준 것(눈이 내린 풍경)과 어울리는 것을 오른쪽 반구가 선택하도록 요청했다. 각 반구가 반응한 것에 대하여, 피검자가 자신의 행동을 설명해 보도록 요청하였다. (Gazzaniga and LeDoux, *The Integrated Mind*, New York: Plenum, 1978)

주었다. (오른쪽 반구에 의해 통제되는) 왼손은 눈이 내린 장면에 어울리는 삽을 지적하였으며, (왼쪽 반구에 의해 통제되는) 오른손은 닭발에 어울리는 닭머리를 선택하였다. 이것은 **분리효과**(dissection effect)로 묘사되었다. 각각의 분리된 반구들이 마치 각기 다른 사람이 하듯이 지각 기능과 선택에서 다르게 할 수 있어 보였기 때문이다. 다른 사례에서 조셉 보겐은 한 분리-뇌 환자를 편안한 의자에 앉게 하고서 그의 행동을 관찰하는 실험을 하였다. 그는 오른손으로 신문을 집어 들고 읽기 시작했다. 그러던 그가 왼손으로 신문을 집어 들었을 경우에는 읽지 않고 바닥에 내던져버렸다. 다시 오른손으로 그것을 집어 들었을 경우에 그는 다시 읽었지만, 그의 왼손만은 그 신문을 밀어 바닥에 떨어지게 하였다. 이러한 행동에 비추어볼 때, 우리는 다음과 같은 가설을 내놓게 된다. 각각의 반구는 자신만의 통합되고 일관성 있는 앎을 갖는다.[9]

이러한 놀라운 실험 결과들은 심적 생활이 뇌 자체 내의 해부학적 연결에 의존하고 있음을 증명한다. 그 결과들은 심적 생활은 곧 뇌의 활동이라는 가설을 충분히 지지할 듯싶다. 두 반구들이 서로 단절된다면, 두 반구의 심적 기능을 뒷받침하는 활동이 단절된다. 반면에 만약 심적 생활이 그 어떤 물리적 속성도 갖지 않는 비-물리적 실체의 활동이라면, 뇌를 분리할 경우 마음도 분리되는 까닭은 무엇인가? 어쩌면 혹자가 어찌어찌하여 끼워 맞추는 이야기를 지어낼지 모르지만, 그것이 심적 현상들과 신경 현상들에 관해 알려진 것들을 통합하는 이야기, 적어도 조금이라도 그럴싸한 이야기가 되기란 극히 어려울 것이다. 지금까지 누구도 그러한 과학적 기반을 버릴 수 없었기 때문이다.[10]

일반적으로, 마음의 본성에 관한 하나의 가설인, 실체 이원론이 물리주의(physicalism)에 어떻게 대적할 수 있을까? 간단한 대답은 이렇다. 실체 이원론은 언제나 심적 실체의 본성에 대해 전혀 **긍정적으로** 묘사하지 못하며, 물리적인 것과 비-물리적인 것 사이의 관계에 대해서도 전혀 **긍정적으로** 묘사하지 못하는 문제를 드러낸다. 그 가설의 내용은 주로 '영혼이 무엇과 같지 **않다**'라고 부정적으로 말하는 특징을 보인다.

다시 말해서 영혼은 물리적이지 **않으며**, 전자기 현상으로 보이지 **않고**, 인과적이지도 **않다**는 등등이다. 무엇을 부정적으로 규정하는 일이 때로는 효과적일 경우도 있으며, 어떤 이야기의 시작으로 무방할 수도 있다. 그렇지만, **어느 정도** 긍정적으로 정교한 묘사를 하지 못한다면, 그러한 가설에 대한 평가가 나아지기 어렵다. 예를 들어, 우리가 듣고 싶은 것은 다음과 같은 구체적 질문에 대한 대답이다. 실체 이원론이 제안하는 마음과 육체의 상호작용이 **어떠한** 것이며, 그 상호작용이 **어디**에서 일어나는지, 그리고 **어떤** 일반적 조건에서 그 작용이 일어난다는 것인지 등이다. 혹시 누군가가 만약에 '빛이 전자기 방사선이 **아니다**'라고 말함으로써 새로운 이론을 공언하더라도, 그 이론을 어떻게 실험할 것인지 가늠하기 어렵다. 영혼-뇌 가설이 실체적이며, 긍정적인 규정을 하지 못하므로, 심각히 그리고 특별히, 지금 단계의 과학 수준에서 인정되기란 매우 어려울 듯싶다.

말하자면, 얼굴 재인(face recognition) 또는 강박성 충동장애(obsessive-compulsive disorder) 또는 치매(dementia) 등에 대한 뇌-기반 설명과 비교해서, 이원론은 일부 긍정적 주장들, 심지어 그 골격만이라도 내놓아야만 했다. 예를 들어, 알츠하이머 환자에게서 일반적으로 보이는, 기억과 인지기능의 저하는 진행성 뇌 피질 뉴런의 상실 때문이라고 현재 신경과학 내에서 설명된다. 뇌-기반 설명이 그러하듯이, 영혼-기반 이야기는 어떠한 설명을 내놓을 수 있을까? 우리는 어떤 구체적 설명도 듣지 못했다.

더욱 일반적으로 말해서, 영혼-뇌 상호작용이 있기는 한 것인지, 그리고 그 속성이 무엇인지, 어떠한 진보도 보이지 않으며, 심지어 진보를 이룰 어떤 유의미한 실험적 노력조차 없다. 신경과학자 존 에클스(John Eccles)는 간결한 억측을 내놓았는데, 그의 억측에 따르면 영혼-뇌 상호작용은 그가 "사이콘(psychons)"이라 부르는 특별한 존재에 의해 중재된다. 그의 믿음에 따르면, 사이콘은 뇌-영혼 상호작용의 중개자이다.11) 그는 아마도 사이콘이 특정 시냅스에 작용할 것이라고 추정한다. 그러나 그 사이콘은 어떤 속성을 갖는가? 시냅스에서 사이콘이 어떤 효과를 내는가? 그렇게 주장된 효과가 화학적으로 작용되는가? 아니면 전자적으로 작용되는가? 사이콘 자체는 물질적 존재인가, 아닌 가? 신경과학에 합치되는 대답은커녕, 그 어떠한 대답도 없다. 그래서 [신경과학 내에] 사이콘을 탐색하려는 어떠한 연구 기획도 시작된 적 이 없다.

반면에 경쟁하는 가설, 즉 '심적 현상이 곧 뇌 현상이다'라는 가설은 (완전히 다르게) 증거를 제시할 조건을 보여준다. 이원론과 달리, 그 가 설은 풍부하고 발전하는 긍정적 해명을 가지며, 인지과학과 분자생물 학처럼, 전적으로 신경과학의 범위 내에서 제안되는 해명을 내놓는다. 이 책은 이러한 긍정적 설명의 선택적 특징들을 '의식', '자아', '자유의 지' 등을 다루는 여러 장에 걸쳐서 보여줄 것이며, '표상'과 '학습'에 관 한 뒤의 장에서도 보여줄 것이다.

뒤의 논의에 대한 예비 논의로 다음과 같은 데카르트의 주장을 검토 해보자. 특별히 그의 이원론의 관점은 마음을 의식적 마음으로 동일시 한다. 그러므로 만약 실제로 '무의식의' 심적 상태가 존재한다면, 그 동 일시는 틀렸음이 드러난다. 주목되는바, 만약 시각 패턴 재인(visual-pattern recognition)과 같은 일부 심적 사건들이 무의식적으로 이루어진 다면, 우리가 그러한 재인 중에 그 자체를 알지 못하는 것처럼, 우리는 자신들의 심적 상태를 (그 관점이 주장하는) "직접 파악"한다고 주장하 기 어렵게 된다.

무의식 인지(nonconscious cognition)가 '기억의 회상', '믿음 굳히기', '판단', '추론', '지각', '언어 사용' 등등에 중요한 역할을 담당한다는 확 실한 증거가 있다. 그러한 증거들을 알아보기 위해서, 우리는 지금 (환 자 피검자들의 무의식 인지가 아닌) 정상 피검자들의 무의식 인지에 대한 여러 사례들을 살펴볼 필요가 있다.[12]

첫째 사례는 우리들이 이미 잘 알고 있는 것이다. 우리는 말하면서 자신이 무엇을 말하는지 알 수 있지만, 대부분 다음에 무슨 말을 할지 (실제로 말을 하기 전까지) 구체적으로 정확히 알지는 못한다. 글을 쓸 경우에도 마찬가지다. 많은 작가들은 자신들이 쓰고 있는 글을 보면서 흔히 그러한 자신에 대해서 스스로 놀라곤 한다고 말한다. 우리가 여러 단어들 중에 특정 단어를 선택하거나 어떤 맥락에서 특정 단어를 선택하는 등, 뇌의 결정은 전형적으로 의식적이지 않다.

무의식 인지에 관한 둘째 사례 역시 잘 알려져 있다. 우리가 특정인에 대해서 다만 그 모습이나 용모만으로, 그 사람의 친근성 혹은 관심도에 대해 판단할 경우에, 우리는 상대방의 동공이 확장된 정도를 활용한다. 만약 동공의 직경이 작다면, 동공이 확장된 경우에 비해서, 그의 얼굴은 덜 친근하게 느껴질 수 있으며 덜 매력적이라고 판단된다. 놀랍게도 우리들 대부분은 그러한 요소가 우리의 판단에 어떤 역할을 하는지 알아채지 못하며, 상대방 동공의 크기를 파악한다는 것도 알아채지 못한다. 이러한 사례는, 우리가 평가적 판단을 할 경우에 그 기반을 의식하지 못한다는, 여러 사례들 중에 단지 하나일 뿐이다.

또 다른 사례로 다음과 같은 실험이 있다. 피검자들은 말초 시야(peripheral visual field)에 보이는 두 선 중에 어느 것이 더 길이가 긴지를 말하게 하는 과제가 부여된다. 과제 수행 중에 이따금 단어 하나가 그 시야의 중앙에 제시된다(그림 2.3). (예를 들어 FLAKE라는) 한 단어가 피검자의 감각/지각 역치(sensory/perceptual threshold)를 넘어서는 데에도 [즉, 망막 세포가 활성화되었음에도] 불구하고, 피검자들 중에 약 90퍼센트가 처음 제시된 선 이외에 어느 것도 보지 못했다고 대답한다. 그렇지만 의식적으로 보지 못했음에도 불구하고, 그 단어를 보여준 것이 인지 효과를 준 것으로 드러났다. 그 이유는 이렇다. 선의 길이를 판단하는 실험에 참여한 피검자와 그 실험에 참여하지 않은 피검자 모두 다섯 철자 중에 두 철자만 보고 나머지 빈칸을 채우는, 즉 (FL _ _ _) 과제에 참여한다. 그것을 보지 못한 피검자들은 오직 4퍼센트만이 옳은 답을 말하였지만, 앞의 실험에서 단어 FLAKE가 제시되었던 피검자들은 [대부분 의식하지 못했음에도 불구하고] 40퍼센트가 옳은 답을 말하였다. 이 실험이 보여주는바, 비록 그 글자가 피검자들에게 의식되지 못하더라도, 그들에게 그 단어는 상당한 정도로 인지 처리가 이루어졌던 것이다.13)

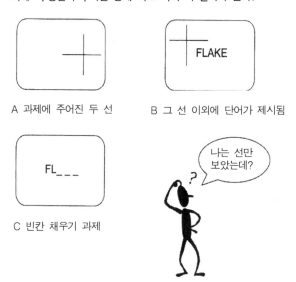

과제: 수평선과 수직선 중에 어느 쪽이 더 길이가 긴가?

A 과제에 주어진 두 선

B 그 선 이외에 단어가 제시됨

C 빈칸 채우기 과제

그림 2.3 무관심 실험 사례에 나타난 잠재의식 효과. 피검자에게 교차하는 두 선 중에 어느 것이 더 길이가 긴지에 대해서 말해보라는 과제가 부여된다(A). 그러한 선들 이외에 부차적으로 스크린 중앙에 글자를 피검자들에게 보여준다(B). 거의 대부분 피검자들은 과제에만 집중하여, 무관심 조건에서 순간적으로 보이는 그 단어에 대해 그들은 의식하지 못했다고 보고한다. 빈칸을 채우는 과제가 주어지면(C), 완성된 글자를 보았던 피검자들이 그것을 의식하지 못했음에도 불구하고, 그러한 단어를 보여준 적이 없는 대조군 피검자들에 비해서, 먼저 보여주었던 단어(예를 들어, FLAKE)를 더 잘 말할 수 있다. (Palmer 1999)

다음으로 역치 이하의 자극을 포함하는 사례의 경우를 생각해보자. 대부분의 경우에, 중국 표의문자와 같은 두 임의의 시각 패턴 중에 어느 것을 좋아하는지 선택해보라고 요청받을 경우, 사람들은 앞서 보았던 패턴을 선택하는 경향을 보인다. 심리학자 로버트 지운세(Robert Zajonc(Zy-unse로 발음됨))는 피검자들에게 단지 1밀리초 정도로 짧은 순간 노출한 경우에 이러한 노출 효과(exposure effect)가 나타나는지 실험하였다. 어떤 대상의 그림을 컴퓨터 모니터에 단 1밀리초 동안만 보여준다면, 아마 여러분은 검은 스크린만을 의식적으로 볼 수 있을 뿐이다. 그럼에도 불구하고 뇌는 무엇인가를 감지하며, 어떤 기초 패턴 재인 작용을 수행한다. 이것은 다음과 같이 확인된다. 두 임의의 시각 패턴이 제시되면, 사람들은 정말로 노출 효과를 보여주며, 앞서 노출된 이미지를 선호하는 것을 보여준다. 간단히 말해서, 이것은 단순한 노출 편향적 선택을 보여준다. (이런 경향의 선택이 왜 일어나는지는 다른 문제이다.) 이러한 실험을 반복하여 실시하면, 선호도와 같은 평가적 반응이 무의식 노출에 의해 발생될 수 있다는 것이 명확히 드러난다.14)

끝으로 가장 지적인 진행성 행동(ongoing behaviors) 중에 하나가 안구 동작이다. 사람의 안구운동 대부분은 (움직이는 사물 추적하기, 대략 1초에 3회 일어나는 단속운동(saccades) 등을 포함하여) 의식적 결정이나 선택과 무관하게 일어나며, 대부분 우리는 자신의 눈이 움직이고 있다는 것조차 알지 못한다(그림 2.4). 그럼에도 반복해서 추적해보면, 안구단속운동은 식별할 수 있는 목표물 주변으로 조직화되는 것을 보여주며, 주의집중 요청과 과제 복잡성에 따라서, 시각의 불명료 문제를 해결하는 방향으로 조율된다.

예를 들어, 주변 상황을 살펴보는 중에 안구는 극히 관심되는 영역들을 스캔 중에 결정하며, 자주 다시 그곳에 시선을 맞춘다. 걸어가면서 전형적으로 몇 걸음 앞서 시선이 이동되며, 다양하게 휘어진 길에서 자동차 핸들을 조종할 경우에 적절한 시간에 앞서, 내부 곡선에 접하여 각을 이루는 곡선 지점으로 시선이 이동하고, 그 결과 각 분절이 일정한 곡선을 유지하게 된다(그림 2.5).15) 이러한 사례들은, 만약 우리가 마음을 (지각하고, 재인하고, 문제를 해결하는 등과 같이) 지적인 것으로 생각한다면, (비록 의식 경험이 마음의 일부일지라도) 그런 마음이 의식 경험과 동일한 것일 수 없다는 것을 보여주는, 많은 것들 중에 단지 몇 가지에 불과하다. [즉, 우리의 마음은 무수한 무의식적 기능을 갖는다는 점에서, 마음이 반드시 의식적이어야 한다고 생각할 근거가 사라진다.]

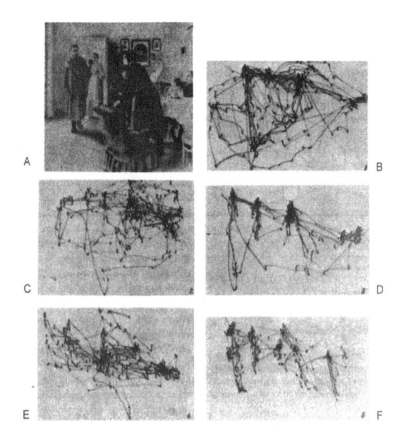

그림 2.4 안구운동에 대한 과제 효과. 피검자는 그림을 바라보고(A), 그러는 동안 실험자는 피검자의 안구운동과 시선 방향을 모니터한다. 다섯 가지 경우로 피검자는 다른 지침을 받았다. 그림을 자유롭게 보도록(B), 그림 속의 사람들의 경제적 수준을 가늠해보도록(C), 그 사람들의 나이를 추정해보도록(D), 방문객이 도착하기 전에 다른 사람들이 무엇을 하고 있었을지 추정하도록(E), 사람들이 입고 있는 옷을 기억하도록(F) 등등. 안구의 단속운동(saccadic movement)은 선으로 표현되었으며, 잠깐 멈추는 지점은 작은 점으로 표현되었다. (Yarbus 1967)

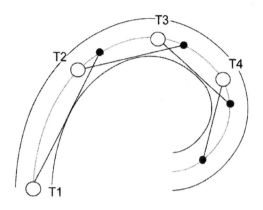

그림 2.5 일정하지 않은 곡선을 따라가는 자동차 핸들 조종. (열린 곡선에서) 운전자는 적절한 시점마다(T1-T4) 다른 지점들(검은 원)에 시선을 맞추어 궤적 단편에 몰입할 수 있으며, 그의 시각의 방향은 곡선 내부와 접선을 이룬다. 각 궤적 단편들은 모두 서로 다른 일정한 곡률을 이루지만, 궤적 전체는 연속된 곡률 변화로 통합된다. (Wann and Land 2000)

게다가, 유사한 결론에 이르게 하는 많은 임상적 연구들이 있다. 이러한 주제들을 언급하기에 앞서서, 인과(causation)[즉, 원인과 결과의 관계성]에 관한, (간략하나마 예비적 설명으로) 여기 형이상학 소개 단원을 마무리하겠다.

3. 인과성

전통적 형이상학의 주제들 중에 가장 중요한 쟁점으로 대부분의 철학자들은 인과관계를 꼽을 것이다. '형이상학의 주제인 인과성(causality)'과 '신경과학 관련 주제로서 인과성' 사이에 명확한 관련은 없다. 그렇지만 적어도 다음의 두 공통 영역이 서로 관련된다. (1) 신경과학이, 여러 인과적 가설들을 확증하도록, 여러 사건들의 단순한 상관성을 어떻게 넘어설 수 있을까? 다시 말해서, '의식'이나 '의사결정

(decision-making)'과 같은 여러 기능들 사이에 실재적 인과성이 있다는 것이 드러나려면, 어떤 조건이 충족되어야 하는가? (2) 우리 인간을 포함하여, 모든 유기체들이 각자의 거주 환경에 대한 체계적 인과 대응도(systematic causal map)를 획득할 수 있는 신경생물학적 메커니즘은 무엇일까? 이것은 난해한 문제이다. 왜냐하면 만약 우리가 '단순 관련성'과 '인과적 연결'을 구분하려면, 배경지식이 필수적이기 때문이다. 신경계는 특정 사건들을 인과적 연결로 표상하며(represent), 그것이 단지 우연적 관계가 아니라는 가정에서, 다음과 같은 두 번째 의문이 이어지기 때문이다. 신경계가 세계에 대한 예측에서 강력한 인과적 대응(causal mapping)을 이뤄내도록, 현재의 관찰, 조작, 간섭 등은 물론, 관련 배경지식들을 실제로 어떻게 채용하는가?

첫째 의문은 기본적으로 **방법론적** 질문, 즉 어느 분야의 과학에서도 사용될, 신뢰되는 분석적 혹은 통계적 도구에 관한 질문이다. 그러한 도구를 가지고 우리는 어떤 가설에 대한 데이터의 의미를 평가하고, 나아가서 여러 현상들에 대한 충분한 설명을 형식화할 수 있다. 그러한 도구들을 통해서 우리는, 조절, 혼합, 표준 편차, 측정 오류, 여러 변수들 사이의 종속성과 독립성, 표본-선택 편향 등등과 같은 여러 문제들의 중요성을 이해할 것이다. 그러한 도구들 덕분에 우리는 더욱 유의미한 여러 실험 결과들을 얻어내기 위해 정교한 실험을 고안할 수 있다. 철학자, 통계학자, 그리고 그 밖에 모든 분야 학자들의 연구 결과물들은 지금까지 (신경과학을 포함하여) 모든 과학에 도움이 될 중요하고 풍성한 연구 결실들을 산출해왔다.[16)

둘째 의문은 아주 다르다. 그것은 인과적 이해를 도와줄 인지신경과학(cognitive neuroscience)과 관련된다. 다시 말해서, 그것은 뇌가 세계에 대해서 인과적으로 대응함에 기반하는 실체 처리과정(processes)과 작동(operations)의 본성을 묻는 질문이다. 이러한 질문이 '학습'과 '지식'에 대한 근본적 질문이라는 측면에서, 이 주제는 8장에 아주 적절하며, 따라서 그곳에서 **일반적으로** '학습'이란 더 넓은 맥락에서 더욱 풍부하게 다뤄질 것이다.

체계적으로 분류되듯이, 이러한 두 종류의 질문이 있다는 것은 명확하다. 그럼에도 불구하고, "형이상학"을 '과학 너머'의 의미로 바라보는, 그러한 형이상학적인 문제들에 대한 하나의 번안[즉, 해석적 관점]이 있으며, 그 번안은 인과성의 근본적 실재가 무엇인지에 관한 더욱 심오한 여러 문제들을 명확히 드러낸다. 비록 앞서 밝힌 두 종류의 문제들이 다른 형이상학적 문제들과 쉽게 구분된다고 하더라도, 인과성에 대한 논란은 형이상학적 영역으로 어쩔 수 없이 귀속되는 경향이 있다. 그러므로 불필요한 혼란을 막기 위해 나는 인과성에 대한 형이상학의 근본 문제가 무엇인지 대략적 윤곽을 그려볼 것이며, 그리고 방법론적 도구들 내지 인과적 추론에 대한 '신경 메커니즘'과 관련된 여러 문제들에 대해서 신경과학자들이 설명하려 할 경우 [그 논의가 형이상학적 쟁점으로 순환적으로 돌아갈] 위험성에서 어떻게 벗어날 수 있을지 제안하려 한다.

인과적 설명은 어떤 일이 어떻게 일어날 수 있는지, 혹은 일어나게 되어 있는지를 다룬다. 일부 사람들에게 위궤양(gastric ulcers)이 왜 발생하는지, 호수의 산성도(acidity)가 물고기 수를 왜 감소시키는지, 또는 자동차 타이어가 왜 펑크 나는지 등에 대해서, 우리는 알고 싶어 한다. 또한 거위가 [계절에 따라서] 남쪽으로 이동하게 되는 원인이 무엇인지, 또는 거위가 왜 털갈이를 하는지, 그것들이 알에서 깨어나 처음 움직이는 큰 물체에 대해서 왜 각인하는지 등을 알고 싶어 한다. 지금은 물론 지난 과거 2천 년 동안, 형이상학은 인과성을 하나의 커다란 주제로 다뤄왔다. 그것은 분명히 (우연히 따라서 발생되는 일과 대비되는) [필연적] 원인을 일으키는 것이 무엇인지, 또는 어떤 연결이 엄밀히 **인과적** 연결을 일으키는지 등이 우리에게 명확히 파악되기 어렵기 때문이다.

'원인'은 우주의 일부분이지만, 토끼와 파도 그리고 전자 등이 우주의 일부분인 것과는 다른 방식이다. 토끼는 진흙에 발자국을 남기는 것과 같은 어떤 것의 원인일 수 있으며, 다른 토끼와 같은 다른 무엇에 의한 결과일 수도 있다. 그렇지만 우주의 모든 존재들이 열거된다고 하더라도, "원인"은 그 목록에 들지 못한다. 그렇다고 원인이 유령과 같다는 뜻은 아니다. 오히려 인과성이란 어느 것처럼 실재적이다. 만약 치과의사가 치근관 조치(root-canal procedure)를 하려는 경우, 우리는 그 치과의사에게 어떤 인과적인 조치, 즉 치아를 자극하는 신경이 자극에 반응하지 않도록 무엇을 요구할 것이다.

원인이란 어떤 특정한 역할을 담당한다는 의미이며, 우리는 일반적으로 세 역할의 원인들을 구분한다. (1) **발생원인**(precipitating cause, 번개가 산불을 일으킨다), (2) **성향원인**(predisposing cause, 고혈압은 뇌졸중을 일으킬 성향이 있다), (3) **유지원인**(sustaining cause, 대양에 가깝고 남쪽에 위치한 것이 샌디에이고의 온화한 날씨를 유지시킨다). 이러한 세 역할의 원인들은 어느 것이든 **생산적**(productive, 번개는 산불을 일으킨다)이거나 **방지적**(preventative, 비는 산불을 막는다)이다. (조작 또는 간섭의 유효한 가능성에서처럼) 우리가 이미 알거나 알지 못하는 것에 대한 관심에 따라서, 위의 세 역할들 중 어떤 원인 혹은 다른 원인이 논의에서 조명될 듯싶으며, 따라서 하나의 사건 혹은 하나의 변수가 "원인"으로 지목될 수 있다.

원인이란 여러 독립적 요소들의 상관적 발생과 명확히 구분되는가? 전혀 그렇지 않다. 어떤 조건이 원인이 되며 어떤 것들은 무관한지 명확히 결론 내리기가 매우 혼란스러울 수 있다. 과학사는 그러한 사례를 많이 보여주며, 그중에 단지 한 사례만 들어도 그 어려움이 명확히 드러난다. 수십 년 동안 확고하게 믿어졌던 것으로, 위궤양은 스트레스에 의해 발생되며, 커피와 맥주는 그 증세를 더욱 악화시킨다. 1980년대에 오스트리아 내과의사 로빈 워렌과 배리 마샬(Robin Warren and Barry Marshall)은, 유문에 궤양(pyloric ulcers)이 발생한 환자의 위벽에서, 훗날 **헬리코박터 플리오리**(Helicobacter plyori)라 불리게 된, 새로운 종류의 박테리아를 발견하였다. (유문은 위와, 작은창자의 첫째 마디인, 십이지장 사이의 연결지점이다.) 위는 대단히 높은 산성을 유지하고 있으므로, 내과 의사들은 당연히 박테리아가 기생하기 어려운 환경이라고 짐작해왔기 때문에, 이것은 놀라운 발견이었다. 심지어 그 발견이 이루어진 후에도 대부분 내과의사들은 위염에 걸린 환자에게 헬리코박터 플리오리가 있다는 것이 전적으로 우연적이며, 다시 말해서 그 박테리아는 위염과 비인과적으로 관련되며, 따라서 그 질병과 무관하다고 짐작하였다.

헬리코박터 플리오리가 유문에 궤양을 일으키는 인과적 역할을 입증함에 있어, 마샬은 다음을 보여주었다. 만약 유문 궤양에 걸린 환자에게 항생제(antibiotics)를 투여하면 그러한 궤양이 곧 사라질 것이다.17) 그리하여 그는 스스로 실험 대상(guinea pig, 모르모트)이 되었다. 자신의 신체가 헬리코박터 플리오리 검사에서 음성인 것을 확인한 후에, 자신을 그 박테리아에 감염시켰다. 그러자 자신의 유문에 궤양이 즉시 발생하였다. 그러자 그는 자신에게 항생제를 투여하여 회복하였다. 이러한 조치가 보여주는바, 헬리코박터 플리오리가 아마도 유문 궤양의 인과적 요소이다. 비록 궤양으로 인한 불편함이 불안증을 인과하며, 그래서 그 불편함이 지속적으로 발생되더라도, 불안증과 스트레스는 아마도 인과적 역할을 담당하지 않는다. 중이염(ear infections)에 자주 걸리는 사람들은 위염에 덜 걸리는데, 그것은 그들이 자신의 중이염을 치료하기 위해 항생제를 자주 복용하며, 따라서 우연히 그 항생제가 감염된 헬리코박터 플리오리를 제거했기 때문이다. 주목되는바, 비록 중이염에 자주 걸리는 것이 위궤양 방어를 **인과적으로** 일으키지는 않지만, 중이염 감염이 (공통의 원인-항생제에 의한) 궤양 보호와 관련은 있다. 비록 지나치게 단순화하는 측면이 있지만, 이런 종류의 사례는 우리에게 다음을 일깨워준다. 인과와 우연적 관계 사이에 명확한 구분은 항상 분명하진 않다.

이러한 사례들과 그 밖에 다른 관련 사례들을 살펴보고 혹자는 아래와 같은 질문을 할 수도 있다. 사건들 사이에 혹은 조건들 사이의 관계들에 대해서 그것들을 **인과적 관계**로 만들어주는 것은 무엇인가? 일반적으로, 우리가 인과적 사건 또는 과정을 단지 우연적으로 연결된 사건들로부터 구별하게 해주는 것은 무엇인가? 처음부터 인정했듯이, 일반적으로 인정되는바, 원인과 결과란 **필연적으로** 연결된 관계이지만,

반면에 우연적 사건들은 **우연적으로** 연결될 뿐이다. 다시 말해서 우리는 원인을 결과가 일어나게 만드는, 또는 결과를 **산출하는**, 또는 특별한 종류의 힘(인과적 힘)을 가진 것으로 생각한다.

이런 식의 대답이 과거엔 거의 문제가 없어 보였지만, 18세기 데이비드 흄(David Hume)은 다음과 같이 지적하였다. 인과성을 설명해준다고 가정된 **필연성** 혹은 **산출력**이란 그 자체는, 그것이 설명하려는 인과적 연결만큼이나, 알기 어렵다. 어느 종류의 속성이 그러한 필연성을 가질 수 있을까? 만약 필연성이 단지 인과적으로 결정된 속성이라고 말해준다면, 그 대답은 우리를 앞으로 나아가게 해주기보다 단지 제자리에서 맴돌게 만들 뿐이다. 더구나 흄은 이렇게 말한다. 필연성이란 우리가 세계에서 관찰 가능한 사건의 속성이 아닌 것 같다. 필연성이란 "무엇보다 더 무거운" 또는 "무엇 다음에" 등과 같이 세계에 관계하는 방식이 아니다. 관찰 가능하여, 우리가 결정할 수 있는 것이란 첫번째 사건이 일어나고 난 후에 그 다음 사건이 발생했다는 것, 즉 우선적으로 위장에 헬리코박터 플리오리가 발생했고, 다음에 유문에서 위궤양이 형성되기 시작했다는 순서뿐이다. 흄의 의견에 따르면, 세계 내에서 필연성 혹은 인과적 힘이 무엇인지 설명할 수 없다면, 우리는 다음과 같은 결론을 내려야 한다. 필연성과 인과적 힘을 **세계의 특징**으로 호소하려는 것은 단지 형이상학적 어리석음일 뿐이다.

흄이 최초로 그 문제의 형식화에 도전한 이래로 수많은 철학자들이 그를 극복하려 노력하였다. 인과적 설명은 과학의 핵심 주제이므로, 흄의 도전은 농담이나 하찮은 문제로 여겨질 수 없었다. 이 세상에 무엇이 '인과적 연결'과 '우연적 연결'을 구분 지어주는지 우리가 알지 못한다는 것이 문제이다. [즉, 철학자들은 인과적 필연성과 비인과적 우연성을 구분 지을 어떤 실질적 기준도 제시하지 못한다.] 만약 인과성이 세계의 객관적 특징이 아니라면, 인과적 설명이 실재적 설명이기는 한 것일까? 그것이 다른 사건들을 예측하고 조작하도록 어떻게 활용될 수 있는가?

대략적으로 말해서, 많은 영리한 철학자들로 하여금 흄의 문제에 대답하는 두 가지 전략이 채용되었지만, 궁극적으로 불만족스러우며, 그것들은 서로 꼬이고 말았다. 첫째 전략은 필연성이 세계에 어떻게 실제로 존재하는지를 보여주려는 어떤 그럴듯한 방식을 찾는 것이다. 그리고 그렇게 하려는 한 가지 방식은 사건 A가 사건 B의 원인이 된다고 여기는 것이다. 만약 존(John)의 유문에 있는 헬리코박터 플리오리가 실제로 위궤양의 원인이라면, 일반적으로 말해서 '헬리코박터 플리오리가 어떤 사람의 위로 들어간다면 위궤양이 발생한다는 것처럼, 헬리코박터 플리오리와 위궤양 사이에 본성적 규칙성이 있어야만 한다. 더구나 이러한 법칙 같은 규칙성은 다음과 같은 반사실적 진술(counter-factual statement)을 함축한다. "존의 위에 헬리코박터 플리오리가 없다면, 그는 위궤양에 걸리지 않는다." 만약 우리가 독립 변수로 스트레스를 받는다면, 다음과 같은 반사실적 진술은 따라나오지 **않는다는** 것을 주목할 필요가 있다. "존이 스트레스를 받지 않으면, 그는 위궤양에 걸리지 않는다." 따라서 우리가 인과적 연결에 관습적으로 부여하는 **필연성**이란 자연의 객관적 규칙성이라는 사실이 드러난다. 진정으로 인과적 연결이란 "박테리아가 위궤양을 일으킨다", "못이 타이어에 펑크낸다", "철은 산소와 쉽게 결합하여 산화철을 만든다", "구리가 가열되면 팽창한다" 등과 같은 자연법칙들에 의해 포착된다. 말하자면, 원인은 자연법칙에 지배받지만, 우연적 연결은 그렇지 못하다.

이러한 관점을 비판적으로 검토해보면, 자연의 규칙성이란, 못이 펑크 낼 가능성처럼, 사물들의 인과적 힘 **때문에** 가능할 듯싶다. 그러므로 자연-법칙 전략은, 지금 논의의 방향을 거꾸로 되돌려, 인과성이 법칙 같은 규칙성에서 나온다고 말하는 것처럼 보인다. 더구나 자연법칙에 대한 (비-순환적이며 과학적으로 일관된) 설명은, 무엇이 어떤 사건을 원인으로 만드는지 설명해야 할 경우와 결국 동일한 의문점을 남긴다. [즉, 인과적 필연성이 '자연법칙'에 의해 가려진다고 말한다면, 그 대답에 우리는 무엇이 자연법칙을 법칙으로 만드는지 다시 묻지 않을 수 없으며, 이 질문은 결국 무엇이 필연적 관계성을 만드는지 순환적으로 다시 묻게 만든다. 결국 이런 식의 대답은 순환의 고리에서 벗어나지 못한다.] "구리가 가열되면 팽창한다"는 진술은 자연법칙으로 인정되지만, "우주의 모든 금궤는 각 모서리가 1,000마일보다 짧다"는 진술은 자연법칙이 아닌 것으로 인정되는 것은 왜인가? (추정되는바) 두 진술 모두 참이며, 모두 일반화이고, 모두 시험 가능하며, 모두 반-사실 진술문을 함축한다.

그 차이점을 규명하기 위한 다른 노력으로 우리는 다음과 같은 형식으로 말할 수 있다. "구리를 가열하는 것은 실제로 구리 팽창의 **원인**이 되지만, 어느 금궤의 모서리도 1,000마일보다 짧게 만들 **필연적인 것**은 존재하지 않는다." 딱하게도 이런 식으로 대답하지는 말았어야 했다. 왜냐하면 순환 논의로는 앞으로 나아가지 못하기 때문이다. 그리고 필연성이 암시하는 것이 무엇이었던가? 자연법칙이 아니면서 필연적으로 참인 진리를 표현하는 문장을 말할 수 있을까? 간단히 이렇게 말할 수 있다. "우주에 모든 순수 우라늄238의 입방체는 모서리가 10피트보다 짧다"는 필연적으로 **참이다**. 왜냐하면 우리가 아는 한, 우라늄238은 위험한 물질이라서, 각 모서리가 10인치 × 10인치 × 10인치 입방체로 만들기 전에 폭발하기 때문이다. 그렇다면 그러한 문장은 자연법칙을 표현하는가? 분명히 그렇지는 않다.

여러 자연법칙들이 있지만, 그것들에 대해 지금까지 만족스러운(비-**순환적**) 설명을 내놓기 극히 어렵다는 것을 의심하는 이는 거의 없다. 긍정되는 자연법칙들의 여러 사례들을 제시하기만 해도, 학생들은 충분히 원인과 우연적 일치 사이의 차이점을 배운다. 왜냐하면, 그렇게 하기만 해도 학생들은 알고 있는 원형들(prototypes)에 기반하여 그 사례들을 일반화할 수 있기 때문이다. 그러나 형이상학자들이 알고 싶어 하는 것은, 학생들이 일반화할 수 있게끔 그 원형들이 무엇을 공통으로 갖는가이다. 다른 식으로 말해서, 그들은 자연의 적법한 연결이 설명해주는 바가 무엇인지를 알고 싶은 것이다.

다소 절망에서 벗어나, 일부 철학자들은 두 번째 선택으로, '**필연성은 실제로 세계에 존재하지 않으며, 마음에 존재한다**'는 가정에 대해서 탐색할 가치가 있을 것으로 판단했다. 말할 것도 없이, 거의 선택하기 어려운 이러한 이야기를 수용하기는 어렵다. 왜냐하면, 왜 공룡이 갑자기 사라졌는지, 왜 어떤 별이 폭발하는지, 왜 행성의 평균 온도가 증가하는지 등등에 대한 인과적 설명은 분명히 세계에 관한 것이며, 마음에 관한 것이 아니기 때문이다. 더구나 그러한 인과적 설명들이란 인간이 인과성에 관해 생각하기 이전의 세계에 관한 것일 듯싶다. 아주 간단히 말해서, 이러한 접근에 대한 반박은 이렇다. 인과적 진술은 **우리**에 관한 진술이 아니라, **세계가 존재하는** 방식에 관한 진술이다.

칸트(Kant, 1724-1804)는 인과성이 마음 내부에 있다는 접근법과 세계에 있다는 접근법 모두를 혼합한 분수령이었다. 그는 인과성을 전적으로 주관적 문제로 만드는 명백한 반박을 잘 알고 그것을 피하고 싶어 했으며, 그러면서도 또한 그는 흄의 논증이 갖는 힘[역자: 결과는 원인을 함축하지 않으며, 인과율은 우리의 심리적 습관일 뿐이라는 논증]도 알고 있었다. 대략적으로 말해서, 칸트는 어떻게 필연성이 사건에 대한 실제적 특징일 수 있으면서도, 우리가 세계를 내다보는 "안경" 같은, 주관 **내**에 있을지도 알아내려 하였다. 그는 인과적 필연성이 어찌하여 **단지** 주관적이 아닐 수 있을지를 설명해야 하는 교묘한 문제점을 안고 있었다. 비록 칸트는 그러한 문제에 오랫동안 놀라울 정도로 고군분투하였지만, 그의 기획은 처음부터 실패할 운명에 처해 있었다.

진화생물학에 뿌리를 내린, 준-칸트주의(semi-Kantian) 전략은 아마도 다음과 같은 가설에서 나올 것이다. 뇌는 경험적으로 관찰된 어떤 규칙성 패턴으로부터 인과성을 추론할 능력을 진화시켜왔다. 우리의 뇌가 음식 자원, 포식자, 기타 등등에 대한 좋은 예측을 해야 할 필요성에 비추어 이러한 가설은 설득력이 있으며, 또한 그러한 가설이 실험적으로 탐구될 수도 있다. 그러한 가설이 경험적으로 탐구될 수 있다는 이유에서, 일부 철학자들은 그러한 접근법이 앞서 알아보았던 진정한 형이상학적 문제와는 근본적으로 다르다고 여겼다. 그들은 여전히 뇌가 감지하는 **세계 내**에 그러한 속성이 무엇일지 알려고 한다.

종합해보건대, 흄의 문제에 대답하려는 어떤 전략들도 보편적으로 수용될 만한 결과물을 내놓지 못해왔다. 비록 일부 진전이 있기는 했지만, **형이상학**의 쟁점으로서 '인과'는 미해결의 문제로 남아 있다. 앞서 지적했듯이, 반면에 '인과'를 다루는 특정 비-형이상학의 쟁점은 상당한 진전을 이뤄오고 있다. 그러한 연구는 다음을 논증해 보임으로써 인과적 추론을 명확히 규명하고 있다. 임의의 결과에 대해 왜 다중 원인이 있을 수 있는지, 여러 사건들은 독립적이지만 왜 공통 원인을 가질 수 있는지, 인과적으로 관련된 요소들이 무엇인지 밝히려면 왜 통계적 분석이 필수적인지, 특정 실험 기술들이 어떻게 우리의 혼란을 제거해왔는지 등등.

이러한 종류의 진보를 가치 있게 바라보는 관점에서, 실용주의 접근법은 흄의 문제를 (적어도 지금만이라도) 옆으로 제쳐두라고 조언한다. 실용주의 조언에 따르면, 우리는 과학의 연구 가설로 '인과법칙들이 진실로 있다'는 [실재론의] 관점을 갖는 것이 바람직하며, 우리가 자연의 사건 발생 과정을 [추상적으로가 아니라 실질적으로] 알게 되면 자연을 더 잘 예측할 수 있게 된다. 그러한 가설을 지지하는 가운데, 우리는 스스로의 힘을 재조정하여, 여러 인과적 요소들을 규명할 수 있는 기술을 발전시킬 수 있을 것이며, 임의 사건이 특정 조건에 상대적으로 어떻게 발생하는지에 관한 객관적 가능성을 판단할 수 있게 될 것이며, 그리고 뇌가 실제로 합리적인 인과적 추론을 어떻게 하는지 등을 밝혀낼 수 있을 것이다. 만약에 행운이 따른다면, 그러한 일부 연구 결과들은 어쩌면 인과성에 대한 형이상학적 쟁점도 제거시킬 수도 있다. 적어도 그러한 연구 결과들은 어쩌면 우리로 하여금 형이상학의 의문들에 우리가 이끌리는 이유가 무엇일지, 그리고 그 의문들이 어떻게 재해석될 수 있을지 등을 이해하게 해줄지도 모른다.

[선별된 독서목록]

Bechtel, W. and G. Graham, eds. 1998. "Methodologies of cognitive science." Part III of *A Companion to Cognitive Science*, pp.339-462. Malden, Mass.: Blackwells.

Churchland, P. M. 1988. *Matter and Consciousness*. 2nd ed. Cambridge: MIT Press.

Churchland, P. S. 1986 *Neurophilosophy: Towards a Unified Understanding of the Mind-Brain*. Cambridge: MIT Press.

Hacking, I. 2001. *An Introduction to Probability and Inductive Logic*. Cambridge: Cambridge University Press.

Rennie, J. 1999. *Revolutions in Science*. New York: Scientific American.

Skyrms, B. 1966. *Choice and Chance: An Introduction to Inductive Logic*. Belmont, Calif.: Dickenson.

Williams, G. C. 1996. *Plan and Purpose in Nature*. London: Weidenfeld and Nicolson.

Wilson, E. O. 1998. *Consilience*. New York: Knopf.

웹사이트

BioMedNet Magazine: http://news.bmn.com/magazine

Encyclopedia of Life Sciences: http://www.els.net

The MIT Encyclopedia of the Cognitive Sciences: http://cognet.mit.edu/MITECS

3장 자아와 자기에 대한 앎

1. 문제와 내적-모델의 해법

1.1. 무엇이 문제인가?

자기공명영상장치(MRI)의 원통 속에서 미끄러져 빠져나오면서, 나는 한나 다마지오(Hanna Damasio) 박사를 올려다보았다. 다마지오 박사는 나의 뇌 영상을 보여주는 (실험실의) 화면을 유심히 바라보고 있었다. 나는 그녀 곁으로 가서, 그 화면 영상을 함께 바라보며 이렇게 물었다. "저게 **나인가요?**"(그림 3.1) "글쎄, 어떤 의미에서, 어느 정도는 그렇다고 할 수 있지요." 그때 내가 보고 있는 것은 나를 나로 만들어주는 뇌의 영상이었다. 여하튼, 나의 뇌는 유아기 때부터 자신의 육체, 자신의 역사, 자신의 현재, 그리고 자신의 세계 등에 관한 여러 이야기들을 써 왔다. 내심 나는 그러한 이야기들이 무엇인지 안다. 아니, 어쩌면 이렇게 말해야 할 듯싶다. "나는 그러한 여러 이야기들 중의 하나임에 **틀림없다.**" 그렇지만 분명히 말하건대, 나는 단지 내가 지어낸 한 조각의 허구적 이야기에 불과하지는 않다. 나의 세계에 포착되는 사물만큼 나 또한 실재적이다. [즉, 내가 세계의 사물들을 실재적인 것으로 파악하는 한에서, 나 또한 실재적 존재이다.] 그렇다면 나는 이 모든

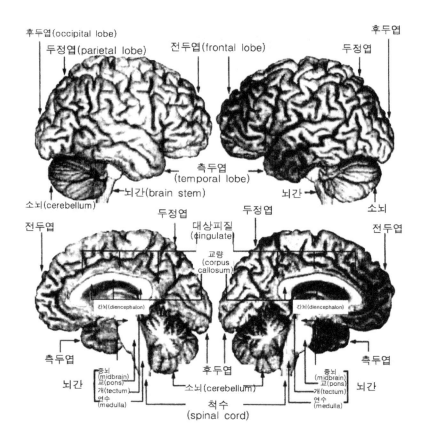

그림 3.1 인간 뇌를 3차원으로 재구성하여 보여주는, 중추신경계(central nervous system)의 주요 구분과 중요 구성요소들. 이 재구성 그림은 자기공명영상 자료와 뇌영상 전환(BRAINVOX) 기술에 의해 이루어졌다. 시상(thalamus)과 시상하부 (hypothalamus)를 포함하는, 간뇌(diencephalon)와 뇌간(brainstem)의 네 주요 엽 (lobes)의 상대적 위치를 주목해서 보라. 또한 (양쪽 반구 중심선을 가로질러 연결 하는) 교량(corpus callosum)과 각 반구의 대상피질(cingulate cortex) 등의 상대적 위 치를 주목하라. 이랑(gyri, ridges)과 고랑(sulci, gullies)의 패턴이 아주 유사하지만 좌측과 우측의 대뇌반구가 동일하지는 않다. 또한 그 패턴이 정상 개인들 사이에 매우 유사하나 동일하지는 않다. (H. Damasio의 양해를 얻어)

것들을 어떻게 이해해야 할까? 뇌가 나로 하여금 내 자신을 생각할 수 있게 만든다는 것은 정확히 어떤 의미인가?

데카르트의 제안에 따르면, 자아(self)란 자신의 신체와 동일하지 않으며, 또한 진실로 어느 물리적인 것과도 동일할 수 없다. 오히려 그의 결론에 따르면, 본질적 자아, 즉 자신이 "나는 존재한다"라고 생각할 때 스스로 파악하는 자아란 명백히 **비-물리적인** 의식적 존재이다. 반면에 18세기 스코틀랜드 철학자, 데이비드 흄의 입장에서 보면, 그러한 데카르트의 대답은 그다지 명확하지 못하다. 흄은 신체와 분리된 자아가 있다고 확인시켜줄 증거가 무엇일지 면밀히 살펴보았다. 그 결과 그는 다음과 같은 생각에 이르렀다. 우리가 비록 자신의 경험을 스스로 모니터(감시)하기는 하지만, 그렇다고 하더라도 반드시 지각하는 자로서 어떤 자아가 있어야만 할 것 같지는 않아 보인다. 자신이 스스로를 돌아볼 수 있는 내용은, 시각, 청각, 후각, 정서, 기억, 사고 등등의 (지속적으로 변화하는) 여러 지각들의 **흐름**뿐이다.

그렇지만, 그러한 모든 경험 내용들 중에서, "그것이 바로 자아이다"라고 말할 수 있을 어떤 단일하고 지속적인 느낌의 경험 내용은 없다. 마치 우리가 어떤 느낌을 경험하면서 "그것이 바로 두통이다"라고 말할 수 있듯이, 우리가 명확히 말할 자아의 경험 내용은 없다. 우리는 자신의 과거 여러 사건들을 기억하지만, 그럼에도 그런 것들에 대한 생생한 회상이란 (비록 대명사 "나"가 명확히 상징하는 경험일지라도) 훨씬 더 현재의 경험에 가깝다. 또한 우리가 자신의 신체에 대해서 "저것이 내 목(neck)이다"라고 말하듯이, "'저것이' 바로 나 자신이다"라고 말하며 경험하는, 어떤 단일하고 지속적인 공간적 대상도 존재하지 않는다. '나'라는 것이 신체 이상의 무엇일 것처럼 보인다는 측면에서, 우리는 '나의 신체에 대한 관찰'과 '나의 자아에 대한 관찰'을 단순히 같은 관점에서 보지 말아야 한다. 따라서 흄은 이렇게 결론을 내린다. 자아라는 **무엇**이 존재할 것 같지 않아 보인다. 적어도 그것이 우리가 '자아가 있다'고 무비판적으로 가정하는 방식으로 존재할 것 같지는 않다.

물론 흄은 "나는 존재한다"는 진술이 매우 명확할 듯싶어 보이는 것을 잘 인식하고 있었다. 돌아보면, "나임(me-ness)"이란 한 오라기 실이 자신의 많은 경험들 전체 직조물을 꿰고 있다는 생각을 우리는 당연하게 받아들인다. 만약 벽돌 한 장이 내 발등에 떨어진다면, 나는 그로 인한 통증이 **나의 것**임을 안다. 만약 내가 교통신호를 어긴 자신을 꾸짖는 경우에, 나는 **자신**을 꾸짖는 것이 바로 **나임**을 안다. 비록 우리가 자신이 언제 어디에 있는지에 대해서 혼란스러워하는 경우가 종종 있기는 하지만, 깊은 잠에서 깨어나면서도 우리는 일반적으로 자신이 누구인지를 안다. 우리는 (조금도 주저하지 않고) "이 신체는 내 것이다", 그리고 "이 손과 발은 모두 내 신체의 일부이다"라고 인지한다. 또한 만약 우리가 미래에 벌어질 사건들에 대한 대비를 잘 세우지 못한다면, 우리의 미래 자체가 고통스럽게 될 것 역시도 매우 잘 알기 때문에, 미래의 자신에 대해서 지금 대비한다. 흄은 모든 그러한 것들에 대해서도 잘 알고 있었다. 그러나 그는 또한 이러한 온당한 믿음들이 "자아가 무엇인가?"라는 자신의 의문에 결코 **대답**하지 못한다고 생각했다.

따라서 흄의 수수께끼는 이러했다. 나는 내가 **무엇**이라고 스스로 생각하지만, 나 자신은 내가 실제로 관찰할 수 있는 어느 것도 아니다. 적어도 자아란, 통증과 피로감 혹은 내 손과 나의 심장을 관찰할 수 있는 방식으로, 내가 알 수 있는 것이 아니다. 그렇다면 만약 나 자신이 (무엇이라고 확인할 수 있는) 경험과 같지 않다면, 그리고 만약 나 자신이 내가 관찰할 수 있는 무엇이 아니라면, 도대체 그것이 무엇이란 말인가? 만약 "자아"가 심적 구성물(해석), 즉 자신의 경험에 대해서 생각하는 한 양태(mode)라면, 그러한 심적 구성물의 속성은 무엇이며, 어디에서 생겨나는 것일까?

금세기에 들어와서, 우리는 그러한 흄의 질문에 대해서 신경과학 개념 체계로 대답할 수 있게 되었다. 확신을 가지고 동의하는바, 사고(thinking)란 뇌의 활동이다. 따라서 시간적으로 지속되는 무엇을 자신이라고 생각하는 것 역시 뇌가 하는 어떤 활동이다.

그렇다면, 적어도 아주 일반적으로, 우리는 "자아"가 어디에서 생겨나는지와 관련한 흄의 의문에 대답할 수 있다. 바로 뇌에서이다. 나 자신을 **하나의 자아**로 개념화할 때의 통일성과 일관성은, 그 무엇보다도, 다음과 같은 여러 신경생물학적 사실들에 의존한다. (1) 나의 신체가 하나의 뇌를 가지며, (2) 신체와 뇌는 서로 긴밀히 정보를 주고받으며, (3) 여러 다양한 부분의 뇌 활동은 일정 범위의 시간, 즉 수 밀리초에서 수 시간 범위 내에서 조율된다.

더구나 진화생물학은, 뇌가 **왜** 자기-개념을 구성하게 되었는지의 의문에 **매우** 일반적인 대답을 제시한다. 자기-개념은, 신경 조직으로 하여금, 욕구, 지각, 기억 등으로 운동 조절을 할 수 있도록 도와주는 역할을 수행한다. 동물에게 운동 조절은 생존과 안녕을 위해 필수적이다. 여러 기능들을 조절함으로써, 동물들은 먹이활동과 도망이란 상반된 여러 행동들을 동시적으로 작동하지 않을 수 있다. 또한 그러한 조절은 배고픈 동물이 자기 자신을 먹지 않도록 해준다. 고차원 인지기능을 지닌 동물에게, (운동조절보다 더 근본적 기반에서 조성된) 자아-표상능력은 미래를 생각하게 해주고, 유용한 계획을 세우게 해주며, 지식을 체계화할 수 있게 해준다. (앞의 1.3을 보라.)

아직 이러한 설명은 매우 일반적이라서, 훨씬 더 세밀한 설명이 필요하다. 뇌가 어떻게 작동하여, 어떻게 나는 내 행동의 동기를 반성할 수 있으며, 수영하는 나 자신을 상상할 수 있고, 자전거 타던 자신을 기억하며, 깊은 잠에 들면서 의식적 자기 존재감이 흐려지며, 하늘을 나는 꿈을 꾸고, 내가 누구인지 알면서 잠에서 깨어나는 등등을 할 수 있는가? 그 이상의 상당히 많은 구체적 해명들이 앞으로 밝혀져야 한다. 그렇지만, 지금껏 밝혀진 것만으로도 우리는 몇 가지 납득할 만한 대답의 기초 개념 체계를 그려볼 수는 있다. 또한 우리는 그것만으로도 뇌가 어떻게 나를 이러한 **나**로 만드는지에 관한 의문에 구체적으로 대답해줄 실험을 어쩌면 기획해볼 수도 있다.

신경생물학에 의해 해명되는 자아현상(self phenomena)[즉, 자아-표상]의 범위를 규정하기에 앞서, 먼저 일상적으로 우리가 자아를 어떻게 개념화하는지를 생각해볼 필요가 있다. 우리 탐구의 시작 단계에서, 우리가 자아에 관해 **말하는** 것이 무엇인지를 검토함으로써, 우리가 자아에 관해 믿는 것이 무엇인지를 알아보는 일은, 자아의 개념이 자신의 내적 삶을 "일관성 있게 해준다는" 것을 입증해주기도 한다. 물론 우리가 믿는 것이 얼마나 **참**일지는 **경험**으로 밝혀질 문제이다.

"나는 나 자신의 손을 베었다", "나는 나 자신의 무게를 측정했다"라고 말하는 중에, 우리는 흔히 "자신"이란 말로 스스로의 **신체**를 의미하곤 한다. 반면에 "스스로 자신에게 물어보라"는 말로 충고받을 경우엔, 우리는 자신을 신체와 구분되는 것으로 말한다. 이렇게 "자신"이라는 말이 애매하게 사용되지만, 그것이 우리를 혼란스럽게 만드는 경우는 거의 없다. 왜냐하면 우리는 "자신"이란 말이 언제 신체를 가리키고 언제는 아닌지에 대하여 풍부한 배경지식을 공유하기 때문이다.

자신에 대해 말할 때 우리는 여러 은유를 활용한다. 이따금 우리는 자신에 대해 **대상** 은유를 사용한다. 예를 들어, 흔히 '일을 마치도록 자기가 자신을 뒤에서 재촉했다거나 앞에서 이끌었다'고 말할 때, 그리고 '자신을 나락으로 떨어뜨렸다거나 혹은 자신을 압박했다고 말할 때, 우리는 자신을 마치 사물의 대상처럼 은유적으로 표현한다. 반면에 "내가 자신을 괴롭혔다" 혹은 "내가 자신을 속였다" 혹은 "내가 나 자신에게 말했다" 등으로 말할 때에는 **사람** 은유를 사용한다.[1]

사람 은유로 자아를 표현하면서, 사람들은 일반적으로 자신을 어떤 집합체의 일부로 묘사하기도 한다. 예를 들어, 자신을 좋은 자신과 나쁜 자신, 부끄럼 타는 자신과 외향적인 자신, 혹은 사회적 자신과 개인적 자신 등으로 묘사하곤 한다. 이러한 모든 종류의 자신이란 사실상 "나"의 일부이다. 이따금 우리는 나의 좋은 자신과 나의 나쁜 자신을 하나의 나 자신 중에 **일부**로 인식한다. 이것은 우리가 이따금 많은 사람들의 무리 중에 두 사람만을 전부로 인식하는 것과 같다. 어떤 이는 자신을 통제할 수 없다고 한탄하거나, 자신이 초자아(superego)에 의해서 통제되는 것을 슬퍼하기도 한다. [역자: 프로이트의 관점에 따르면, 사람들은 세 종류의 자신을 갖는다. 무의식적이어서 스스로 자신을 통제할 수 없는 열정과 같은 이드(id), 의식적으로 자신을 통제할 수 있는 에고(ego, 자아), 규범적으로 자신을 통제하는 슈퍼에고(superego, 초자

아) 등이 그것이다. 만약 열정이 강한 사람의 경우에 초자아가 자신을 지나치게 통제하게 된다면, 그것이 정신적 질환의 원인이 될 수 있다. 여러 종류의 강박증을 보이는 사람들이 대체적으로 자신을 지나치게 엄격히 통제하려는 경향을 보인다는 점에서 그러하다.]

성격적 기질을 묘사하면서, 사람들은 자기에 대해서 실재의 자신을 언급할 경우도 있다. 그럴 경우에 실재의 자신은 감춰져 있거나, 혹은 드러나야 할 것으로, 혹은 변형되거나, 혹은 [본래적으로] 접근 불가능한 것으로 여겨지기도 한다. 그러한 경우에 자신이 그 실재의 자신을 무엇으로 여기는지는 적지 않게 (혹은 조금이라도) 문화적이며 관습적인 문제이다. 우리는 보통 "비실재적 자신(unreal self)"에 대해서 말하지는 않는다. 그럼에도 우리는 '참된 자신을 감추거나 드러낸다'고 표현하곤 한다. 이따금 그러한 자신은 일종의 기획처럼 인식되기도 한다. 예를 들어, 우리가 '자기-개선에 착수했다'고, 혹은 '자기-훈육을 시작했다'고 말할 때에 그렇다. 이따금 사람들은 자신을 어떤 과정에 비유하기도 한다. 예를 들어, '자신이 성장하고 있다'고, 혹은 '자신이 현명해지고 있다'고 말할 경우에 그렇다.

이렇게 자신에 대한 규정과 표현들을 늘어놓고 살펴보면, 그 상투적인 여러 은유들이 엄청나게 다양하다. 만약 어떤 외계인이 '자아'란 말을 처음 듣게 된다면, 분명히 그는 그러한 은유들로부터 (정합적이고 일관된) 자신에 관한 원형이론(prototheory)을 추출해내지 못할 것이다. 이렇게 은유의 '체계성 없는' 언어는 다음을 암시한다. 자아란 (철저히 정합적이고, 단일하며, 통일된) 표상 도식(representational scheme)이 아니지만, 우리는 그러한 도식에 대해서 철저히 정합적이고, 통일된 믿음을 갖는다. 자아란 느슨한 형식으로 날아다니는 여러 능력들로 구성된 비행편대 같은 무엇이다.[2] 맥락에 따라서, 그 편대는 그러한 능력들의 이것 또는 저것이거나, 혹은 그러한 능력들의 발휘를 가리키며, 그런 것들을 우리는 자아라고 부른다. 이러한 일부 능력들은 명시적 기억을 포함하며, 일부는 글루코오스(glucose, 포도당) 혹은 이산화탄소(CO_2) 농도의 변화 검출을 포함하고[역자: 행복한 느낌 같은 정서는 글루코오스와 이산화탄소의 혈중 농도와 관련된다], 다른 일부는 다양한 양태의 심상을 포함하거나 혹은 다양하게 결합된 정서들을 포함한다. 그렇지만 분명히 [자아를 표상하는] 그 기초 능력은, 여러 욕구, 목표, 지각, 기억 등등에 의해서, 운동조절을 조율해내기 위한 것이다.

1.2. 여러 자아-표상능력들

이러한 고려는 여러 **자아-표상능력들**과 관련하여 흄의 문제를 다시 생각하게 만든다. 그러한 고려는, '자아가 무엇이다'라고, 혹은 '만약 자아가 표상이라면, 그것은 **단일** 표상이다'라고, 우리가 잘못 가정하게 만드는 유혹을 뿌리치게 해준다. 여러 자아-표상들은 아마도 뇌피질 전체에 걸쳐 폭넓게 퍼져 있을 것이며, 어떤 "필요"에 따라서 경우마다 달라질 것이며, 느슨한 계층적 구조로 배열되어 있을 것이다. 우리는 이러한 모든 표상들이 어떻게 작동하는지 아직 정확히 이해하지 못한다. 그러나 상당히 부족한 지식에도 불구하고, 우리는 여러 표상능력들에 대한 용어들을 채용하여, 일부 특정 자아-표상능력 혹은 다른 표상능력들을 발휘하게 해주는, 여러 신경요소들에 대해서 몇 가지 의문을 아래와 같이 체계적으로 살펴볼 수 있다.

표상이란 무엇인가?

"자아"란 실제로 느슨하게 연결된 여러 표상능력들의 집합이라는 가정 아래에서, 자아가 무엇인지 설명해야 할 문제의 핵심은 **표상** (representations)에 있다. 따라서 우리가 알아야 할 것은, 신경해부학과 신경생리학 용어로, '표상이 무엇인가'이다. 일반적으로 뇌는 어떻게 표상하는가? (신경 상태는 그것이 표상하는 것을 넘어선다는 점에서) 어떻게 신경 상태(neural states)가 무엇에 **관한** 표상일 수 있는가? 이러한 쟁점은 7장에서 훨씬 상세히 설명될 것이다. 그러므로 여기에서는 지금의 질문에 대답할 정도로 간략한 개요만을 그려보려 한다.

대략적으로 말해서, 표상이란 뇌의 상태, 즉 뉴런 집단의 (정보 전달) **활동 패턴**이다. 뉴런 활동 패턴은, 예를 들어, 뜨거운 무엇이 왼손에 닿았다, 혹은 머리가 오른 쪽으로 움직였다, 혹은 음식이 필요하다 등등의 정보를 담는다. 우리는 다음과 같은 **표상 모델**을 생각해볼 수 있다. 조율된 표상 조직이, 서로 연관된 사물들 집단에 관한, 그리고 그 사물들이 시간 경과에 따라서 어떻게 될지에 관한, 정보를 담아낸다. 그러므로 뇌는 신체와 자신의 사냥 영역 혹은 자신의 씨족과 그 씨족 내의 사회적 관계 패턴 등에 대한 표상 모델을 지녀야만 한다. 또한 뇌는 자신의 여러 행동과정들에 대한 모델도 가져야 한다. 만약 일부 뉴런 활동이 사과를 집으라는 운동명령을 표상한다면, 다른 뉴런 활동은 특정 명령이 실행되고 있다는 사실을 표상할 것이다. 만약 일부 뉴런 활동이 왼쪽 귀에 가벼운 접촉을 표상한다면, 그보다 상위 표상활동은 아마도 (왼쪽 귀에 가벼운 접촉 **그리고** 왼쪽에 붕붕거리는 소리, 이것은 그곳에 모기와 같은 것이 있음을 의미하는) 많은 하위 표상들에 대한 **통합**을 표상할 것이다.

뇌는 자신의 팔에 대한 감각을 표상할 뿐만 아니라, 특별히 시각과 팔의 어떤 느낌을 자신에 속한 것으로, 즉 '모기가 나의 왼쪽 귀에 있다고 표상한다. 다른 신경활동은 아마도 **바로 그** 표상을 '내 왼쪽 귀에 모기가 있다고 느낀다는 것을 나는 **안다**는 식의 심적 표상으로 표상할 것이다. 또한 자신의 뇌는, '양배추보다 홍당무를 좋아한다는 것을 나는 안다는 자신의 선호, '나는 트럭의 나사를 어떻게 조이는지 알지만, 스쿼시를 어떻게 하는지를 알지는 못한다는 자신의 여러 기술들, '나는 내 육촌들의 이름을 알지 못한다는 자신의 여러 기억들 등에 대한 모델을 가질 것이다. 심지어 자신이 지금 그러한 선호를 취하지 않고, 그러한 기술을 발휘하지 않을 경우라도, 자신의 뇌는 그러한 모델들을 가진다.

분명히 말해서, 자아-표상은 전부 아니면 아무것도 없다는 식의, 실무율로 일어나지 않는다. 그것은 당신이 찬사를 받거나 아니면 전혀 언급되지 않는 양자택일의 방식이 아니다. 그보다 자아-표상이란 여러 등급, 다양한 정도, 다양한 명암, 여러 층으로 나타난다. 그 다양한 자아-표상능력은 분명히, 과제에 따라서, 그리고 맥락에 따라서, 다르게 촉발될 것이다. 예를 들어, 사무적 협상 테이블에 앉아 있을 경우와 가족과 함께 있는 경우에, 대부분의 사람들은 자신을 아주 다르게 표현한다. 특정 자아-표상능력은, 신경화학물질 그리고 내분비물의 조건(예를 들어, 비정상으로 세로토닌이 낮은 상태에서 우울해지는), (깨어 있거나, 깊은 수면 중이거나, 꿈을 꾸는 등의) 행동 상태, (휴식하는 중과 대비하여 경쟁 중일 경우의) 직무 요구, 그리고 직접적 이력 등등에 따라서 증감될 수 있다.

여러 가지 일상적인 은유를 통해 앞서 잠깐 살펴본 자아-표상의 다차원적 특성은 신경생리학적이고 인지적인 여러 실험 결과들에 의해서 잘 설명된다. 그러므로 그러한 신경학적 설명을 펼쳐 보여주기에 앞서, 그러한 실험 결과들을 조금 더 자세히 살펴봄으로써, 다중적인 여러 표상능력들이 어떻게 해리(분리)되고, 오작동되며, 저하될 수 있는지 등을 조금 더 잘 이해하는 것이 유용할 듯싶다.

자서전과 자아

자신이 보고 느끼고 행했던 기억들은 자기 삶의 이야기이며, 자기 자서전의 일부이기도 하다. 우리 각자에게, 자신의 삶의 이야기는 지금 자신이 누구인지를 말할 수 있는 중요한 부분이다. 우리가 아래에서 보게 될 것으로, 신체표상을 위해 자서전적 기억이 필수적이지 않다. 그러나 (마치 행위자가 인간 존재이기 위해 욕망과 목적을 갖는 것이 필수적이듯이) 자서전적 기억은, 행위자가 자아를 의식적으로 표상하기 위해 필수적이지 않을까? 생물학이 항상 그러하듯이, 복잡한 설명이 있어야 하겠지만, 이 질문에 대한 대답은 일단 "아니요"이다. 이러한 결론은 모든 자서전적 기억을 완전히 상실한 환자에 대한 연구에 근거한 주장이다.

아이오와 시(Iowa City)에 있는 다마지오(Damasio) 실험실에서 연구된 환자 R.B. 씨는 심각한 기억상실증(amnesia)에 걸렸다.[3] 단순포진뇌염(herpes simplex encephalitis)에 감염되어, R.B. 씨는 양 측두엽에(그리고 그 관련 영역까지) 상당한 손상을 입었으며, 편도체(amygdala)와 해마(hippocampus)를 포함하는 뇌의 심층구조에도 큰 손상을 입었다. 그는, 아이오와에 살아오면서 겪은 한두 가지 사실을 제외하고는, 자신의 과거를 전혀 회상해내지 못한다. 그의 질병 상태는 "퇴행성 기억상실증(retrograde amnesia)"으로 알려져 있다. 자신이 결혼을 했는지, 아이들이 있는지, 군대에 복무한 적이 있는지, 혹은 자기 집을 가지고 있는지 등등 모든 것들에 대해서, 그는 깜깜하였다.

또한, 그는 새로운 것들을 배울 능력도 상실하였다. (그래서 그는 선행성 기억상실(anterograde amnesia)도 가지고 있었다.) 그가 덜 산만해지는 경우에, 그는 약 40초 정도의 단기기억만을 할 수 있을 뿐이다. 의심할 바 없이, 그가 갖는 자신에 대한 의미는 발병하기 전후로 차이가 나며, 적어도 그가 그 자신에 대해서 혹은 자신의 삶에 대해서 아무 것도 회상하지 못한다는 측면에서는 그렇다고 말할 수 있다. [자신의 삶의 역사를 기억하지 못한다는 측면에서 그가 현재 아는 자신은 이전의 자신이 아니다.] 그럼에도 불구하고 놀라운 것으로, R.B. 씨는 자신을 (여러 자아들 중에) 하나의 자아로 표상하는 능력, 즉 자아-표상능력을 지녔다. 일부 자아-표상능력을 계속 지닌다는 것이, 그가 특별한 노력이 없이, 대명사 "나(I)"로 자신을 지칭할 수 있다는 점에서 분명하다. 예를 들어, 그는 "나는 지금 커피를 마시고 싶어요"라고 말하곤 했으며, 또는 날씨를 묻는 질문에 "나는 아직 눈이 내린다고 생각해요"라고 대답하곤 했다. 이미 있었던 일부 능력은 잃었지만, 다른 능력들이 건재하다는 것은, 자아-표상이 **다차원** 현상이며, **실무율**(전부 아니면 전무) 현상이 아니라는 관점을 확인시켜준다.

비록 어느 정도 습성화된 경향이 있다손 치더라도, R.B. 씨는 자신의 의도와 감정들이 그와 다른 무엇 때문이라고 말할 수 있다. 또한 그러한 의도와 감정들은 긍정적 정서로 편향된다. 이것은 아마도, 우울증 같은 부정적 감정 역할을 담당하는 것으로 알려진 전전두피질(prefrontal cortex) 부위가 손상되었기 때문일 것이다. 생일날의 행복한 가족사진을 보고, 그는 그것을 올바르게 설명할 수 있다. 남자에게 매를 맞고 몸을 사리는 여자 사진을 보여주면, 그는 그 남자가 여자를 매우 사랑해서, 그녀를 일으키려는 중이라고 설명한다. 비록 여러 특정 느낌들에 대해서 잘못 판단하기는 하지만, 그는 그 느낌들이 [자신이 판단한] 무엇 때문이라고 본다. 그리고 R.B. 씨는 어떤 부정적 느낌들이 자신 때문이라고 보지는 않는다. 그는 슬프지도, 외롭지도, 실망스럽거나, 화나지도 않으며, 언제나 기분이 매우 좋을 뿐이라고 말한다. 아주 **좋아요!** 이러한 폴리야나(Pollyanna, 대낙천가) 편향[역자: 명랑한 고아 소녀 폴리야나 이름에서 유래된 원리로서, 타인을 대체로 좋게 평가하려는 경향]은 자신의 자아-표상능력이 어느 정도 감소되었다는 것을 보여준다. 이것은, 위의 증거들과 다른 관련된 실험 데이터들이 그가 그러한 [부정적] 느낌을 갖는 능력을 상실했다는 것을 보여주는 한에서 그러하다. 적어도 그가 그러한 손상을 입었다는 측면에서, 한 사람으로서 자아에 대한 자신의 의미 또한 손상되었다고 말하는 것은 설득력이 있다.

R.B. 씨는 주목할 만한 환자인데, 이것은, 자서전적 기억을 완벽히 상실했지만, (아무리 가정적으로 불가능해 보일지라도) 그가 자아의 기본 의미를 가질 수 있다는 것을 보여주기 때문이다. 그렇지만, 확신하건대, 그의 자아-표상능력 상실은 정말로 심각한 **정도이다.** 그는 자신의 과거를 반성할 수 없을 뿐만 아니라, 자신의 어떤 선택이 유감스러운 것이었는지, 스스로 무엇에 대해서 자기기만을 했었는지, 또는 자아실현을 위한 기회를 낭비했는지 등도 반성할 수 없다. 그는 자신의 자녀들에 대해서, 심지어 자신의 어린 시절 추억도 회상해내지 못한다. 그는 잃어버린 시간을 찾으려고도 하지 않고, 좋은 과거를 나쁘게 생각하지도 않는다. 더구나, 그는 자신의 결함을 의식하지도 못한다. 추억하기, 자기반성하기, 자신이 겪는 것들을 알기 등의 능력들은 자아의 아주 중요한 국면들이며, R.B. 씨는 그 모든 것들을 상실했다. 그는 정상적인 사람들이 갖는 자아의 의미를 이해하지 **못하지만,** (삶의 모든

기억들을 잃었음에도 불구하고) 놀랍게도 자아-표상의 기본 능력만은 계속 유지하고 있다.

이인증 현상

상반된 현상이 특정 정신분열증 환자에게서 나타날 수 있다. 어떤 환자는 좋은 자서전적 기억을 가지고 있음에도 불구하고, 화려했던 과거 이야기를 듣는 동안 소위 **이인증** 효과(depersonalization effect, 자아 상실증)라고 불리는 증세로 고충을 겪을 수 있다. 그런 경우에 그 환자는 자아/비자아 경계를 혼동한다. 한 여성 컴퓨터 과학자는, 화려했던 과거 이야기를 (집중하여) 회상하는 중에, 자신의 혼돈을 이렇게 묘사하였다. "내가 어디에 서 있으며 그리고 세상이 어디에서 시작되는지를 알지 못했고, **내가**, 물리적으로 또는 정신적으로, 누구인지 알지 못하는 상태였다." 이인증으로 고생하는 정신분열증 환자는, 촉각 자극에 반응할 때에, 자신의 감각이 타인의 것이라거나, 자신의 감각이 자기 바깥 무엇의 것이라는 등을 주장한다.

환청(auditory hallucination)은 종종 정신분열증의 진단에 고려되며, 이것은 자아-표상능력의 통합기능이 고장 난 대표적 사례이다. 이 가설에 따르면, 정신분열증으로 인해 들리는 "소리"는 사실 환자 자신의 내면적 '발화행위(speech)'이거나 혹은 심지어 자신에게 속삭여 말하는 (그러나 그렇다고 인지하지 못하는) 행위이다.[4] 정신분열증에 속하는 환자들은 분명, 자신의 정체성에 관해서, 즉 실제 자신이 누구인지에 관해서, 상당히 왜곡된다. 예를 들어, 어떤 환자는 자신이 예수라고 단호히 확신한다. 그래서 그는 습관적으로 자신이 생각하는 예수의 행실, 의상, 행동 등을 보여준다. 아리스토텔레스는 이런 현상에 대해서 곰곰이 생각한 후에, 그러한 사람을 자기가 누구인지를 모르는 사람으로 정확히 묘사하였다.

특정 의약품들 또한 이인증 현상을 일으킬 수 있다.[5] 예를 들어, 마취약 케타민(ketamine)이 투여된 외과 수술 환자들은 쉽게 이인화 현상을 보일 수 있다. 그 환자는 케타민 마취에서 깨어난 후에, 자신이 '죽었었다'거나, '홀려 있었다'거나, '신체에서 이탈되었다'거나, '자신의 느낌에서 해리되었다'고 확신하곤 한다. 또한, 이와 유사한 이인화 효과는 펜시클리딘(phencyclidine, PCP) 또는 LSD[lysergic acid diethylamide, 환각 증상을 일으키는 마약물질]를 투여한 피검자들에게도 나타난다. 이러한 효과는 일부 연구자들로 하여금, (그렇지 않을 경우에 아무런 증상을 보이지 않는) 환자들에게도 "유체이탈" 또는 "임사(near death)" 체험이라 불리는 것들이 (케타민 또는 LSD에 의한 교란으로) 근본적으로 동일한 신경생리학적 원인으로 나타날 수 있는지를, 연구하게 만들었다(9장 참조).

두정엽피질의 손상

우반구 두정엽피질 영역에 뇌졸중이 발생된 환자들은, 그로 인해서 신체 왼편에 감각과 운동 기능이 상실되며, 매우 색다른 종류의 자아-표상능력 장애를 가진다. 그러한 환자들은 자신의 팔다리가 실제로 자기 것이 아니라고 완강히 부정하며, 자신의 팔다리가 남의 것이라고 우긴다. 이는 "사지거부증(limb denial)"으로 알려져 있다. 그 증상만 아니라면 다른 정상 뇌졸중 환자와 다름없었을, 그 여성 환자는 자신의 팔에 대해서 이렇게 말한다. "나는 이것이 누구의 팔인지 알지 못하겠어요. 아마도, 내 남동생의 팔인 것 같아요. 왜냐하면 털이 많잖아요." 가끔, 그렇게 사지를 부정하는 어떤 환자는 자신의 팔 혹은 다리를 침대 밖으로 내밀며, 그것을 마치 남의 것처럼 생각하기도 한다는 것이 보고되었다.

어느 정도 다른 측면에서, 우측 두정엽피질 손상 환자는 자신의 왼팔을 자신의 것으로는 인지하기는 하지만, 그 팔이 마비되었다는 것을 부정한다. 이런 질환은 "질병거부증(anosognosia, 질병을 자각하지 못하여 발생되는 증세)"이라고 불린다. 라마찬드란(Ramachandran)은 한 여성 환자를 연구했는데, 그 환자는 다른 점에서 매우 정상적이었지만,

자신의 운동 기능이 완전히 정상이며, 특히 자신의 마비된 왼팔과 다리를 움직일 수 있다고 믿는 점에서, 이상 증세를 보였다.[6] 그녀는 자신이 지금 병원에 입원한 것은 아주 사소한 문제 때문이라고 태연하게 설명했다. 그녀에게 왼팔을 움직여보라고 요구하면, 그녀는 움직일 것에 기꺼이 동의하며, 잠시 후에 왜 움직이지 않았는지 물어보면, 그녀는 방금 왼팔을 **움직였다고** 대답하곤 했다. 라마찬드란이 자기 코를 [그녀의 왼팔로] 가리켜보라고 요구하면, 그녀는 그렇게 하겠다고 동의한 후, 조금 있다가 그렇게 했다고 대답하며, [그렇게 가리키는 자기 왼손을 보았냐고 물으면] 그녀는 라마찬드란의 코를 똑바로 가리키는 자기 손을 볼 수 있었다고 대답했다.

이런 증세는 전통적인 관점의 정신과 질환에 의한 효과는 아니며, [뇌 전체 기능이] 우측 두정엽 기능과 절충하여 발생되는 현상이다. 놀랍게도, 일부 환자의 경우에, 우측 전정 시스템(vestibular system) 활동을 증가시키는 단순한 개입만으로, 그 질병거부증이 잠깐 동안 사라지기도 한다. 에두아르도 비시아크(Eduardo Bisiach)에 의해 개발된 기법을 사용하여, 라마찬드란은 환자의 좌측 내이(귓속)에 차가운 물을 넣는 방식으로, 우측 전정 신경핵을 자극시켰다. 이런 조건하에서, 우리가 이해하지 못하는 여러 이유들로 인해서, 환자의 질병거부증이 사라졌다. 이 짧은 시간동안, 그녀는 자기가 뇌졸중으로 병원에 입원해 있으며, 좌측 사지가 마비되어 있고, 왼팔을 움직일 수 없다는 등을 인정했다. 그렇지만, 찬물 세정 효과가 사라진 후에, 질병거부증이 다시 나타난다. 게다가, 그러한 조치가 취해지는 동안에 일어났던 일, 즉 자신이 명료하게 설명했던 것을 그녀는 기억하지 못했다.

중요하게도, 사지거부증과 질병거부증은 **좌측** 두정엽 영역의 손상에 의해 일어나는 경우는 거의 없었으며, 심지어 그 뇌졸중으로 인해서 우측 신체의 운동과 감각 기능이 상당히 상실되었을 경우라도 그러하다. 또한, 척수 손상(Spinal Cord Injury)에 의해서 전신에 감각과 운동 기능이 상실된 경우일지라도, 그러한 증세는 나타나지 않는다. 예를 들어, 크리스토퍼 리브(Christopher Reeve)는 사지마비이지만, 자신의 팔이 자기 것임을 충분히 알며, 그것을 움직이거나 느낄 수 없다는 것도 잘 안다.

우반구 두정엽피질의 통합기능이 이러한 자아-표상의 여러 국면들을 위해서 필수적인 이유가 무엇일까? 비록 신경과학이 아직 이 질문에 정확히 대답할 수는 없지만, 수렴되는 증거는 다음 가설을 지지한다. 그 가설에 따르면, **통합된** 신체표상은 분명히 통합된 공간표상과 근본적으로 (더 일반적으로) 연결된다. 운동과 감각의 상실로 인하여, 그리고 공간 통합기능의 고장으로 인하여, 환자의 뇌는 침대에 놓여 있는 팔을 자기 것으로 알아보는 기반을 전혀 갖지 못한다. 공간표상과 이러한 [신체표상 기능의] 연결을 지지하는 증거들은, 분리-뇌 피검자들에 대한 독립적 연구를 포함하여, 여러 연구 결과들로부터 나타나고 있다. 이러한 실험 결과들이 보여주는 바에 따르면, 특히 우측 두정엽피질은, 공간기억, 공간적 형태 인식, 공간적 문제풀이 등을 포함하는, 여러 공간적 능력들에서 중요한 역할을 담당한다. 정상적인 신체/자아 표상능력과 공간적 표상 사이의 이러한 연결의 본성이 무엇인지는 아직 밝혀지지 않았지만, 앞의 1.3절에서 살펴보았듯이, (동물들이 공간 속에서 물체를 가로챌 수 있도록) 적절히 운동하는 문제에 대한 뇌의 해결 방책이라는 것이 그리 놀랄 일은 아니다.

치매

치매(Dementia, 라틴어 *de* + *mens*: **마음의 분리**)는 지성의 후천적 상실이다. 치매는 그 징후의 폭이 너무 넓으며, 그러하다는 것은 그 증세가 뇌의 넓은 영역들과 관련된다는 것을 의미한다. 따라서 많은 형태의 치매들이 있으며, 그것의 원인(예를 들어, 감염성 인자, 뇌 충격, 마취제(intoxicants)), 초기 손상 영역, 시간적 경과, 치료 가능성 등에 따라서 다르다.

지금의 논의와 특별히 관련되는 것은 진행성 치매의 형태이다. 이러한 질병에는 알츠하이머병(Alzheimer's), 피크 치매(Pick's, 주변 상황을 배려하지 않는 지나친 행동을 하거나, 갑작스러운 절도 행위를 하고도 기억을 하지 못하는 증상), 크로이츠펠트-야콥 병(Creuztfeldt-Jakob, 인간광우병), 쿠루 병(kuru, 동뉴기니 원주민에게 나타나는 치명적인 뇌신경병), HIV 치매, 코르사코프 병(Korsakoff's, 과도한 알코올 섭취로 인한 기억상실증) 등이 속한다. 이러한 여러 종류의 치매 증세들에서, 환자들은 자아-표상능력을 포함하여, 모든 능력들이 퇴화된다. 기억상실증이 전형적으로 나타나며, 더 최근의 자서전적 기억이 아주 오래된 기억들보다 먼저 사라진다. 환자들은 체력이 떨어지고, 추가적인 장애를 가지게 되고, 언어 능력도 감소하는 경향을 보인다. 질병이 진전됨에 따라서, 환자들은 평생 자신이 좋아하던 것들에 대한 기억은 물론, 자서전적 기억도 희미해진다. 성격 변화는 당연하며, 그 변화 방향은 예측될 수 없다. (목수 일, 요리와 같은) 전문가 기술, 사회적 기술과 아주 평범한 일상의 기술들(예를 들어, 셔츠 단추 끼우기, 구두끈 매기)이 가차 없이 상실된다. 종국으로 갈수록, 환자들은, 자신들이 언제 그리고 어디에 있었는지는 물론, 누구인지조차 심하게 혼동한다. 알츠하이머 환자를 여러 해에 걸쳐서 오랫동안 살펴보면, 다양한 자아-표상능력이 붕괴되는 것을 볼 수 있으며, 그러한 측면에서 "자아"가 점차 사라진다고 결론 내리는 것도 무방하겠다.

신경성 무식욕증

한 가지 매우 납득하기 어려운 신체표상 오류는 심각한 무식욕증(anorexia) 환자에게서 전형적으로 나타난다. 어느 수척한 여자가 자신이 통통하게 보이므로, 호감 가는 모습을 위해 좀 더 체중을 줄여야 한다고 고집을 부리는 경우가 있다. 그러나 어떤 이유와 설명으로도 그녀에게 그렇지 않다는 것을 설득시킬 수가 없다. 만약 당신이 그녀에게 거울에 비친 그녀 자신의 모습을 보게 하고, 스스로 뚱뚱한지를 판단해보라고 하면 어떤 일이 벌어지는가? 수척해 보일지라도, 그런 환자들은 자신이 토실토실하고, 통통하고, 뚱뚱하다는 등등으로 정직하고(?) 솔직하게(?) 평가한다. 애매하지 않은 관찰 단서를 가지고 있는 만큼, 그런 평가는 우리에게 납득되지 않는다. 종합해보건대, 그러한 정보들은, 그 질병이 신체표상능력에 중대한 영향을 미친다는 것을 말해준다. 무식욕증, 과식욕증, (신체 이미지를 병적으로 왜곡하는) 신체착시증(body dysmorphias) 등의 병인이 아직까지 확실히 밝혀지지는 않았지만, 계속해서 활발히 연구되고 있는 중이다.[7] 유전자적 성향이 있는 것처럼 보지만, 다른 요인들이 무식욕증의 계기를 촉발시킨다. 논란의 여지가 있기는 하지만, 그 원인에 대한 한 가지 가능성은 이렇다. 무식욕증 환자의 신경계가 많은 내적 상황들을 모니터하는 능력에 손상을 입었으며(다음 페이지 참조), 그 결과로, 근심을 줄이려는 뇌의 표준 전략이 효과적이지 못하게 되는 경우에, 자아통합 기능을 상실하게 만들어, 환자가 과도한 근심을 가지게 한다. 그렇지만, 이것이 신경성 무식욕증(anorexia nervosa)의 원인인지, 혹은 결과인지, 혹은 그 증세의 일관성 있는 특징이라 할 수 있는지조차 아직 정립되지 않았다.

지금의 논의는 '자아-표상이 다차원적이다'라는 제안과 관련된 여러 실험 증거들을 다루고 있다. 여기에서 언급하지 않은 많은 다른 종류의 사례들이 있다. 어떤 뇌 손상 환자는 얼굴 인식 능력을 상실하거나, 거울이나 사진 속에 자신의 얼굴을 인식하지 못하기도 하며, 극소(focal, 극히 좁은) 뇌 영역에 손상을 입은 어떤 환자는 자기의 어느 손가락이 집게손가락인지 혹은 새끼손가락인지를 전혀 말하지 못하기도 하고(손가락 실인증(finger agnosia)), 운동성 함묵증(akinetic mutism)을 지닌 어떤 환자는 말하거나 행동하려는 모든 성향을 상실하기도 한다. 지금까지 나의 목표는, 자아-표상이 단편화되고 분리되는 여러 사례들을 통해서, 자아-표상능력이 다중 차원적임을 보여주려는 것이었다. 다음에 내가 언급하려는 것은 자아-표상능력을 지원하는 신경생물학적 메커니즘에 관한 이야기이다.

1.3. 행위자로서 자아

뇌가 "나"에 대한 표상을 어떻게 만드는지를 파악할 핵심은 다른 무엇보다도 동물들이 움직이는 활동을 한다는 사실에 있다. 동물은 (신체적으로 필요한) 자신의 신체 일부를 움직임으로써, 먹고, 달아나고, 싸우며, 번식한다. 그러한 **생활방식**은 (주어진 그대로 살아가는) 식물들의 방식과 현저하게 다르다. 만약 동물의 행동이 우연히 이유 없이 이루어진다면, 동물들은 번식할 수 있을 정도로 오래 살지 못할 수도 있다. 결론적으로, 어떤 신경계라도 그 전체적 요청은 적절히 신체를 조절하는 데에 있다. 즉, 신체의 움직이는 부분들, 신체적 욕구, 신체에 저장된 정보, 신체로 들어오는 신호들을 적절히 조절해야만 한다.[8] 이러한 요청은 신경조직의 진화에 강력한 제약이다.

수영하든 또는 뛰어가든, 음식물을 삼키든 또는 둥지를 짓든, 먹이를 뒤쫓든 또는 포식자로부터 자신을 숨기든, 모든 이러한 활동들을 원만히 수행하려면, 뇌는 공간적으로 분산된 여러 근육세포들을 시기적으로 치밀하게 조절할 수 있어야 한다. 때때로 그 조절은, 뒤쫓기와 숨기에서처럼, 장기간에 걸쳐서 확장되어야 한다. [즉, 오랜 시간 동안에 걸쳐서 경험적으로 개선되어야 한다.] 때때로 그것은, 어떤 발사물이 머리로 날아올 때 머리를 숙여야 하는 것처럼, 반사작용으로 처리할 수 있어야만 한다. 여러 개별 근육들이 운동 뉴런의 지시에 따라 움직이므로, 운동 뉴런의 활동은 적절히 조화를 이루어야만 한다. 그러나 생존하려면, 행동은 그 동물의 여러 욕구들에 상대적으로 정합적이어야 하며(즉, 만약 달아나야 한다면, 먹지는 못한다), 현재 주어진 여러 감각신호들에 적합해야 하며(예를 들어, 그 딸기는 너무 파래서 아직 먹을 수 없다), 그리고 과거 관련 경험에 비추어 적절해야 한다(예를 들어, 고슴도치를 만나면 피하고, 벌침에 쏘이면 진흙을 발라야 한다)(그림 3.2).

조절은 오직 뉴런에 의해서만 수행된다. 왜냐하면, 모든 것들을 통합하는 자의 내부에, 어느 "작은 나"라는 어떠한 지성도 존재하지 않기

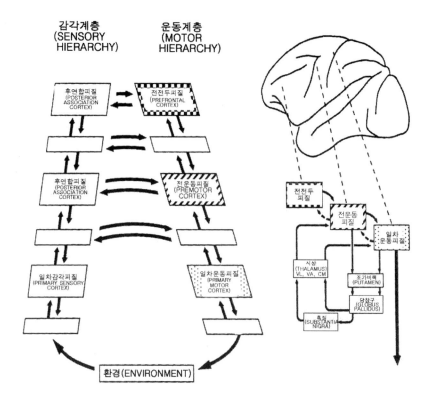

그림 3.2 지각-행동 순환의 도식적 그림: 대뇌피질 수준의 기초 신경경로 조직. 다음을 주목해서 보라. 감각피질과 운동피질 영역 **양쪽**에 전방위 투사(forward projections)와 되먹임 투사(back projection)가 있으며, 일차감각영역을 넘어선 감각 영역과 운동영역 사이가 연결되어 있다. 오른쪽 그림: 피질의 운동연결 기초 기관 과 그 피질하 연결 루프(loop) 구조. 피질과 피질 사이의 연결경로와 피질과 피질하 사이의 연결경로 모두를 포함하여, 복잡한 루프식 연결은, 모듈(modularity)과 엄격 하고 단계적으로 전방위먹임 처리과정(feedforward processing)을 가정하는, [고전적 인 컴퓨터 은유의] 단순한 생각을 무너뜨린다. 그리고 그것은 신경계의 기초구조 가 계층적(hierarchies)이라기보다 실제로는 매우 교차적(heterarchical)임을 시사한다. (Fuster 1995)

때문이다. 신경계의 지성은 뉴런의 연결 **패턴**, 특별한 여러 종류의 뉴런들의 **반응 속성**, 뉴런의 활동의존 **수정 가능성**(학습), 그리고 (뉴런 활동이 잘 진행되면 뉴런 연결성이 강화되고, 실패하면 약화되는) 뉴런의 **보상 시스템**(reward system) 등으로부터 나온다. 매우 광범위한 조절 구조물이 주어질 경우에, (누구라도 인정할 것으로) 이러한 [조절의] 문제는, 바로 뇌가 어떻게 작동하는지를 밝힘으로써, 대답될 문제이다. 이것은 분명히 참이다. 그럼에도 불구하고, 자아-표상능력의 본성을 밝히려면, (제공된 독서목록들에서 밝혀지는, 거대하고 풍부한, 구체적인 관련 내용들을 내려놓고) 우리는 단지 조절의 총체적 국면만을 더욱 겸허한 자세로 규정하는 목표에 집중할 필요가 있다.

가장 기초적인 여러 국면들의 문제를 깊이 탐색하려면, 우리는 다음을 고려해야만 한다. 뇌는 동물들이 기초 목표를 어떻게 설정하게 해주며, 그런 후에 뇌는 동물의 기초 감각운동 조절의 문제를 어떻게 해결하여, 그러한 목적을 이룰 수 있게 하는가?

내적 상황, 욕구, 그리고 목표

19세기 프랑스 생리학자 클로드 베르나르(Claude Bernard)는 동물의 외부 환경과 내부 환경 사이의 사소해 보이는 구분에 흥미로워했다. 그는 외부 환경이 크게 출렁거리는 변화를 가지더라도, **내부** 조건들은 상대적으로 거의 변하지 않는다는 매우 **중대한** 사실에 주목하였다. 예를 들어, 인간의 체온은 약 37°C로 유지되며, 단지 5°C가 높거나 낮기만 해도 그것이 우리를 죽게 할 수도 있다. 항상성(homeostasis)[즉, 내적 상황이 거의 변하지 않는 상태 유지]은, 환경 변동에 대한 완충작용이다. 뇌는 동물의 건강을 위협하는 내적 상황의 요동을 감지하기 위하여, 혈당, 혈중산소, 혈중이산화탄소뿐만 아니라, 혈압, 심박동수, 체온 등의 정도를 추적한다. 만약 정상 설정 값에서 이탈하는 일이 발생하면, 조화된 뉴런의 반응을 일으켜서, 궁극적으로 그 동물이 음식, 물, 따뜻한 곳, 은신처 또는 비슷한 것을 찾게 만들며, 그렇게 함으로써 이

탈된 값을 정상 값으로 되돌려놓는다.

여러 항상성 기능들(그리고, 특별히, **휴식과 소화**를 위해 필요한 내적 상태로부터, **싸움과 도망**을 위한 다른 내적 상태로 전환하는 능력)을 동물들이 가지려면, 내부 연결된 기관으로 심장, 허파, 내장, 간, 부신수질(adrenal medulla) 등을 조절하는 제어가 필수적이다. 모든 척추동물에서, 뇌간(brainstem)은 내장과 신체감각 시스템으로부터 구심성(입력 뉴런)으로 정보가 수렴되는 영역이며, 또한 그것은 생체기능을 통제하는 여러 신경핵들(nuclei)을 포함한다. 게다가 뇌간은, 주의집중과 각성 기능을 매개해주는 구조뿐만 아니라, 수면, 깨어 있음, 꿈꾸기 등을 통제하는 신경세포 구조물들을 포함한다(그림 3.3). 안토니오 다마지오(1999)의 강조에 따르면, 이렇게 여러 구조물들이 해부학적으로 근접하여 있다는 것은, 뇌간의 조정 역할과 자아-표상능력의 중추적 역할에서, [서로 밀접한 관련이 있다는] 중요한 단서이다(표 3.1).

일정한 내적 상태를 유지한다는 것은, 어떤 의미에서, 신경계가 내부 설정 값이 어떠**해야만** 하는지를 "안다(know)"는 것을 의미한다. 여기에서 흔치 않은(?) 의미로 "안다"라는 말은, 신경계가 (동요되면) 복귀되도록 장치된 뉴런 활동 패턴에 의해서 처리될 수 있음을 의미한다. (그런 활동 패턴에 대한 더 구체적인 설명은 7장에서 논의된다.) 게다가, 신경계는, (임계값이 변한 후에) 신체가 정상 값으로 되돌아가기 위해서, 어떤 운동행태가 효과적인지를 "알아"야만 한다. 다시 말해서, 신경계는 이미 조정되어 있어서, 만약 저혈당이 감지되는 경우에 (예를 들어, 도망하는 것이 현재 생존에 필수적이 아닐 경우라면) 그 동물의 신경계는 뉴런 활동 패턴을 자극하여, 도망하기보다 먹이를 즉각적으로 찾도록 해준다. 통증 신호는, [그 동물로 하여금 그것을 유발한 물체에] 접근하기보다, 물러서도록 조절되어야 한다. 차가운 공기의 신호는 잠을 자기보다, [각성됨으로써] 은신처를 찾도록 조정되어야 한다. 신체 상태의 신호는 통합되어야 하고, 선택 사항들은 평가되어야 하며, 마침내 하나의 선택이 이루어져야만 한다. 왜냐하면, 유기체는 **총체적 정합성**으로 작동해야 하며, 한 집합체 내에 여러 독자적 시스템들이

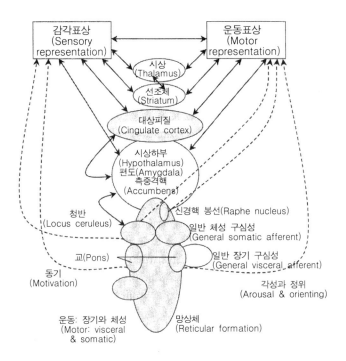

그림 3.3 동기(motivation), 각성(arousal), 정위(orientation), 신체 내부 신호, 근육골격계통 신호, 그리고 여러 지각신호들 등에 대한 평가 조절에 개입되는 주요 구조의 도식적 그림. 뇌간(brainstem), 시상하부(hypothalamus), 대상피질(singulate cortex) 등을 따라 내려가는 축은 기초 조절의 기반이다. **시상하부**는 성욕, 배고픔, 갈증 등과 같은 기초적 욕구를 담당하며, **편도**(amygdala)는 공포에 대한 평가와 반응을 처리하는 역할을 담당하고, **측중격핵**(nucleus accumbens)은 즐거움을 느끼기 위해 중요한 부위이다. 뇌간구조로부터 감각과 운동 피질로 뻗은 점선은 **매우 넓게 분산된** 변조성 신경연결(modulating projection)이다. 그림의 단순화를 위해서 단지 일부 경로만을 표시했다.

표 3.1 중뇌(mesencephalon)의 주요 세포 집단

세포 집단	연결		가능한 기능 조합
	구심성	원심성	
개(Tectum) 시각개(Tectum opticum: 포유류에서 "상구(superior colliculus)"라 불리는)	2차 신경핵(II), 인대, 안구, 시각피질(V) 감각핵, 협부(isthmus), 융기반규관 혹은 하구(inferior colliculus), 개앞쪽(pretectum), 시상, 종뇌(telencephalon)	힘줄, 안구, 뇌수도관 회색질(periaqueductal gray), 망상체, 핵협부(nucleus isthmi), 시상(특히 조류와 포유류), 망막(경골어류, 양서류)	시각, 청각, 체성 등의 상호관계; 특징 축출; 상위 반사 명령의 자극 형성 국소화; 눈과 머리 움직임 (특히 방향에서)
피개(Tegmentum) 융기반규관(Torus semicircularis: 포유류에서 "하구(inferior colliculus)"라 불리는)	측선핵(물고기), 달팽이핵(사지동물), 전정핵(상위 집단일수록 더 적음), 힘줄, 시각피질 감각핵	개, 시상, 망상체	평형과 인근 수생전위(aquatic displacements) (그리고 전기장)에 대한 정보 상관; 소리재원; 국소화
3차, 4차 신경핵 (일반 체성과 일반 내장 원심성)	전정핵, 소뇌, 개(간접적으로), 망상체	외안근, 홍체(iris), 모양체근(ciliary muscle) (부교감)	안구운동; 수정체 조절; 동공수축
뇌수도관회색질 (Periaqueductal gray matter), 피개핵(tegmental nuclei), 다리사이핵 (interpeduncular nuclei)	개, 시상하부, 고삐(habenula), 힘줄, 종뇌 등을 포함하는 복합체	3차, 4차, 6차 신경핵, 교(pons), 시상, 시상하부 등을 포함하는 복합체	변연계; 구심성, 내장 조절
협부-광학 핵 (Isthmo-optic nucleus)	개	망막(조류에만)	수평세포반응 (Horizontal cell response)
신경핵협부(Nucleus isthmi, 비포유류 형태에서)	개, 아마도 융기반규관	개, 융기반규관 피개(tegmentum), 시상	광학, 평형, 소리 등의 영향 상관
피개 망상핵을 포함하여, 망상체	피질, 담창구(pallidum), 다른 수준의 망상체, 소뇌, 전정핵, 달팽이핵, 개, 힘줄	다른 수준의 망상체, 시상, 힘줄	운동 조절; 동공; 다른 많은 기능들; 망상활동 시스템 (reticular activating system)

여러 관심 사항들을 두고서 서로 경쟁하도록 작동하지 않아야 하기 때문이다.

(유쾌하든 그렇지 않든) 어떤 결과를 산출함으로써, 신경계는 동물들이 어떤 선택을 할 수 있도록 안내한다. 정서는, 우리가 무엇을 하거나 주의집중하게 만드는, 뇌의 방식이다. 말하자면, 정서는 다른 방식보다 우리를 한 길로 안내하는 지침 값이며, 따라서 정서는 자아-표상의 모든 국면들에서 중요한 역할을 담당하는 것으로 보이며, 물론 신체표상에서도 그러할 것 같다. 단시간의 산소 박탈은 공기 흡입 욕구를 심하게 느끼도록 한다. 극한의 갈증과 배고픔은 우리로 하여금 절박함을 느끼게 하여, 물과 음식 외에는 아무 생각도 갖지 못하게 만든다. 만족감은 식사, 짝짓기, 그리고 포식자로부터 성공적인 도망 후에 찾아오는 느낌이다. 더욱 일반적으로 말해서, 강력한 느낌은 [그 자체가] 자아보존을 위한 버팀목이다.9)

여러 신경과학자들이 주장하는 바에 따르면, 신경계의 이러한 [정서] 부분은 아마도 돌발적 상황에서 중요한 역할을 담당할 뿐만 아니라, 더 단조로운 여러 범주들에 대해서 쾌락 값을 할당하는 경우에도, 예를 들어 물체와 사건들이 바람직한지, 불쾌한지, 친숙한지, 참신한지, 안전한지, 위험한지, 당신이 가진 것인지 등으로 분류할 때에도 중요한 역할을 담당한다.10) 만약 당신이 어떤 오두막에 들어서면서 악취를 맡게 된다면, 우선적으로 그리고 기본적으로 위험하다고 인지할 것이다. 이런 기초적 두려움 회로의 반응은 인지적 미묘함이 전개되기 이전에 작동되며, "춥다는" 이유가 맥박을 조절하게 만들기보다 훨씬 이전에 작동된다.

운동, 원인, 생존

만약 뇌가 여러 욕구들을 효과적이며 정확하게 감지해낸다고 하더라도, 그런 욕구들을 만족하게 해줄 신체를 조절해낼 수 없다면, 그러한 뇌는 다른 생물체에게 한 끼 식사거리가 될 뿐이다. 그렇다면, 뇌는 어떻게 사지와 신체를 성공적으로 움직이게 할 수 있는가? 어떻게 뉴런에 의해 (단기적, 장기적 행동 모두의) 감각운동 조절이 성취될 수 있는가? 개략적인 이야기는 알려져 있지만, 많은 구체적 사항들은 아직 알려져 있지 않았기에, 불가피하게 지금까지 알려진 것들을 단순화할 필요가 있겠다.

만약 당신이 마치 애벌레처럼 단순한 원통형 몸체를 가지고 있어서, 단지 원통형과 종 방향의 몇 개의 근육과 몇 개의 감각 뉴런만을 가진다면, 어떻게 움직일 수 있을지의 의문은 꽤 직관적으로 대답될 수 있다. 즉, 음식을 얻기 위해서 좋은 냄새가 나는 정도에 따라서 움직이고, 다치지 않기 위해서 유해한 환경을 벗어나면 된다. 그것의 행태 목록과 장치는 매우 제한적이다. 그렇지만 만약 그런 이야기가 포유류와 조류 같은 동물들에 관해서라면 엄청나게 복잡해지는데, 신경계에 의해 조율되는 요소들의 범위와 많은 신체 관절들이 (정확한 방식으로, 정확한 시점에, 그리고 올바른 시간 동안에) 움직이도록 조절해야 하는 복잡성이 있기 때문이다.

여러 공학적 이유들로 인하여, 신경계는 신체의 내적 표상을 가져야만 하며, 그 표상은 여러 신체운동 부위들, 그 부위들 사이의 관계, 그 부위와 감각 입력정보 사이의 관계, 그리고 운동 목표 등등의 여러 관련 국면들에 대한 **일종의 시뮬레이션**을 포함해야 한다. 이런 맥락에서, 우리는 내적 **표상**보다 내적 **모델**에 관해 논의하는 것이 더 적절한데, 우리가 모델에 관한 이야기를 통해서 조절에 대한 연구에 접근할 수 있기 때문이다. 이러한 공학적 세부 분야는 복잡계(complex system)를 어떻게 조직화할 수 있을지의 문제와 관련된다. 예를 들어, 에어버스 (비행기)의 이착륙 장치는 자동으로 조작되는데, 그렇게 하기 위해서 그 비행기 시스템은 가변적 매개변수(parameters, 지표)를 마땅히 가져야 하며, 그럴 경우에 그 시스템은 목표를 확실히 성취할 수 있다.

아주 대략적으로 말해서, 대니얼 월퍼트(Daniel Wolpert)에 의해 소개된 개념은 이렇다. 신체의 조율과 조절의 문제를 해결하기 위해 뇌가 사용하는 하나의 전략은 **뉴런 시뮬레이션**(neural simulations)(즉, 신체의 내적 모델)을 포함하는 것이다.11) 릭 그루쉬(Rick Grush)는 이 모델을 **모의실행기**(emulators)라고 부른다.12) 뉴런 모의실행기의 공학적 가치는 다음 세 가지 주요 요인들에서 나온다. 첫째, 가장 기본적인 가치 요인은 다음 사실에서 나온다. (시각 시스템 같은) 입력 뉴런이 (망막 같은) 감각 구조물에 의해서 세계와 대응을 이루며(mapping), 운동 시스템은 (관절각도, 근육형태 등과 같은) 신체 운동 장치들에 의해서 세계와 대응을 이룬다. [둘째로] 모의실행기는 감각-운동 전환(sensory-to-motor transition)을 할 수 있게 해준다. 또한 모의실행기는 당신이 더 이상 볼 수 없는 대상을 낚아챌 수 있게 해주며, 당신이 어떤 문제에 대한 가능한 해답을 상상할 수 있게 해준다. 끝으로, 모의실행기로부터 피드백되는 정보는 감각 시스템을 통해서 피드백되는 것보다 수백 밀리초 더 빠를 수 있어서, 시간이 절박한 순간에 그것은 은덕이 될 수 있다. [즉, 간발의 차이로 먹이를 낚아챌 수 있게 해준다.]

　감각운동 조절 문제를 생각해보자. 당신은 나무 위에 있는 자두를 보았으며, 배가 고팠고, 자기 손으로 자두를 따고 싶어 한다. 간략히 말해서, 신경계가 해결해야 할 문제는 이렇다. 당신의 시각 시스템은 자두가 있는 장소에 관해서 **망막에 근거한 정보를** 가지며, 운동 시스템은 자두가 있는 장소에 관해서 **관절각도 정보를** 가져야만 한다. 왜냐하면, 팔이 뻗어져야만 하고, 손가락이 자두를 움켜쥐어야만 하기 때문이다. 따라서 운동 시스템은, 관절각도 조합이 그 목적을 달성하기 위해서 무엇을 해야 하는지를 알아야만 한다. 의식적으로, 우리가 이것을 걱정할 필요는 결코 없다. 왜냐하면, 뇌는 그것만으로, 우리의 의식적 주의집중 없이, 그 문제를 해결하기 때문이다.

　이러한 문제를 생각하는 가장 쉬운 방법은, 시각 시스템이 망막의 좌표 내에 자두의 공간적 위치를 표상해내고, 또한 운동 시스템은 관절각도 좌표 내에 자두의 위치를 표상해낸다는, 것이다(그림 3.4, 3.5). 이 문제를 이해해보자면, 뇌가 해야 할 과제는, 망막좌표 내의 자두 위치를 관절각도 좌표 내의 자두 위치로 변환하여, 운동 시스템이 눈으로 본 것을 손으로 움켜쥘 수 있도록, 명령을 내려 보내는 일이다.13)

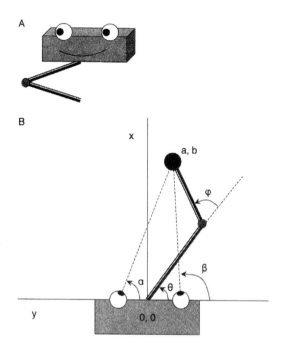

그림 3.4 감각운동 좌표의 문제를 과도하게 단순화시켜 만화로 표현한 그림. A. 두 개의 회전할 수 있는 "눈"과 하나의 관절로 뻗을 수 있는 팔을 갖춘 장치로 생각해보라. B. 두 눈이 각도(α, β)로 조절되어 (점선으로 표시된) 표적에 맞추면, 그에 따라서 팔은 각도(θ, φ)로 조절되어, 표적에 닿게 된다.

　　더욱 간결하면서도 일반적으로 말하자면, 신체가 올바로 조절되어 원하는 것을 얻어내려면, 뇌는 좌표 변환(coordinate-transformation)을 수행할 수 있어야만 한다. 이러한 좌표 변환 문제는 **정역학적** (kinematic) 문제로 간주되며, 여기에서는 단지 팔과 손이 움직이는 경로만 관련시키고, 팔의 운동량, 관절의 마찰, 그리고 손목에 매달린 가방 같은, 팔의 추가적인 하중이 있을지 없을지 등과 같은 문제들을 고려하지 않기 때문이다. 그런 문제들을 고려하려면 **동역학**(dynamics)이라 불리는 부분들을 설명해야 하지만, 여기에서는 오직 정역학적 문제

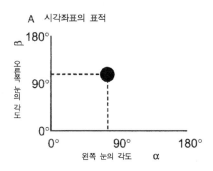

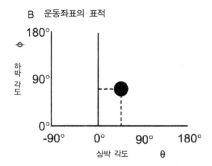

그림 3.5 감각 시스템과 운동 시스템을 좌표공간에 의해 표현한 그림이다. 두 눈의 좌표는 A의 좌표공간의 한 지점으로, 팔의 두 각도는 B의 한 지점으로 표현되었다. 시각공간에서 표적의 위치는 운동공간 내의 위치와 동일하지 않다. 결국, 올바른 위치로 팔을 옮겨가려면, 시각공간이 운동공간으로 좌표 변환되어야 한다.

에만 초점을 맞춤에 따라서, 지금 우리는 그 이외의 부분들을 제외시킬 것이다.

정역학적 문제의 일반적 형태는 공학자들에게 이미 잘 알려져 있다. 그 문제를 해결하기 위해서 그들은 **역모델**(inverse model)을 고안해냈다. 한 시스템의 내적 모델은 다음 질문에서 나온다. 예를 들어, (목표 g를 얻기 위해서) "만약 내가 g를 얻어냈다고 친다면, 그것을 얻어내기 위해서 내가 어떤 명령 y를 내려야 했을까?" 좋은 역모델은 y를 규정할 것이며, 그것이 바로 그 순간의 운동명령이 된다. 그리고 만약 운동

명령들이 계획된다면, 그 시스템은 성공적으로 자두를 획득할 수 있다. 그러므로 우리가 해결해야 할 문제는 이렇다. 뇌가 어떻게 성공적인 역모델을 만들어냄으로써, 자두를 잡는 것을 포함하여, 일련의 여러 다른 행동들을 위한 운동명령을 만들어낼 수 있겠는가?

계산적으로 직접 알려주는 해답은 아마도, 모든 좌표 변환을 완벽히 규정하는, 신경 열람표(neuronal look-up table)에 의해서 얻어질 수 있다. 우리와 같은 동물들이 그러한 해답을 얻으려면 엄청난 분량의 신경회로를 갖추어야 하며, 따라서 머리가 엄청 커져야만 한다. 왜냐하면, 팔은 수많은 다른 출발점에서 움직일 수 있어야 하며, 그러한 임의의 출발점에서 팔이 출발하여 원하는 것을 얻어내기 위한 수많은 서로 다른 적절한 경로를 선택할 수 있어야 하고, 게다가 목표물에 이르려면 신체 전체를 움직일 수 있어야 하는데, 그러면 다리도 적절히 움직일 수 있어야 하고 몸 전체의 자세도 조정할 수 있어야만 한다. [아마도 뇌는 이 모든 것을 직접 알려줄 신경 열람표로 모두 갖춰야만 할 듯싶다.]

이 모든 것들에 더해서, 삶을 영위하려면 단지 과일을 얻는 정도가 아니라, 엄청 많은 일들을 할 수 있어야 한다. 우리는 이따금 공놀이 또는 낚시를 하고 싶어 하며, 손에 닿지 않는 높은 곳의 자두를 따기 위해서 나무에도 기어올라야 한다. 그리고 우리는 이따금 다만 [멈춰서서] 바라보는 물체를 움켜쥐는 것을 넘어, 어쩌면 울퉁불퉁한 들판을 달리면서 그렇게 해야 할 경우도 있다. 우리는 달리는 중에, 사슴과 같이 움직이는 물체를 향해서, 창과 같은 무거운 물체를 던져야 할 경우도 있다. 더구나, 신체는 성장하면서 혹은 사고로, 혹은 칼이나 스키와 같은 도구를 사용함으로써, 크기와 모양에서 변화되기도 한다. 따라서 그 신경 열람표는 그 자체만으로 거대한 동물만큼이나 커야 할지도 모른다. 따라서 신경회로의 효율성과 행동에 따른 가변성을 위해서 작고, 수정 가능하며, 정교한 역모델이 요구된다. 뇌는 그렇게 요구되는 장치를 어떻게 가질 수 있었을까?

하나의 우아한 공학적 해결책은 이렇다. 다소 엉성한 역모델에다가 오류-예측 **전방위먹임**(forward) 모델을 결합시켜서, 좋은 해답을 얻어내도록 두 명령정보를 수렴시키는 방법이다.[14] 예를 들어, 만약 목표가 자두에 다가가는 것이라면, 역모델은 다음 질문, 즉 "내 팔이 그 과일에 접촉하도록 어떤 운동명령을 내려야 하는가?"라는 첫 관문의 대답만을 제공한다. 전방위먹임 모델은 다음과 같이 오류를 계산해낸다. 신경 모의실행기가 처음 제안된 명령을 받아들여서, 그 명령을 실행해보아 오류를 계산하여 내보내면, 역모델은 그 오류 신호에 따른 개선된 명령을 만들어낸다. 그러므로 역모델이 처음 제공하는 명령은 단지 손이 목표물에 아주 가까이 이르도록 한 후에, 최종으로 온라인 피드백(feedback) 정보가 남은 짧은 거리의 세부 조정을 담당한다. 만약 전방위먹임 모델이 학습도 할 수 있게 된다면, 이 전체 구성은 다양한 종류의 여러 감각운동 기술들을 효과적으로 습득하게 해줄 수 있다(그림 3.6).

뇌 회로는, 역모델에 따라 작동하도록 조직된, 전방위먹임 모델이며, 그루쉬의 의미에서 다양한 모의실행기인 셈이다. [이러한 모의실행기의 장점은, 우선적으로, 당신의 행동을 예측하게 해준다는 점이다.] 만약 모의실행기가 배경지식, 목표 우선순위, 현재의 감각정보 등에 충실히 접근할 수 있다면, 당신이 다양한 종류의 적절한 예측을 하게 해줄 수 있다. 그러한 모의실행기는, 예를 들어, 명령 y로는 당신의 손이 과일을 얻지 못할 것이라고 예측해줄 뿐만 아니라, 당신이 넘어질 수 있다거나, 또는 당신의 손이 쐐기풀에 닿을 것이다, 또는 당신이 자두를 집으려면 앞으로 한 발 더 나아가야 한다는 등등을 예측하게 해줄 수 있다. 분명히 이와 같은 멋진 예측은, 예를 들어, 거머리의 신경계에서는 보여줄 수 없지만, 장담하건대, 포유류와 조류, 그리고 다른 동물들의 뇌에서 보여준다.

그러한 모의실행기가 보여주는 두 번째 가치는 다음과 같다. 그러한 모의실행기가 있어서, 동물들은 더 이상 표적을 볼 수 없는 경우라도, 표적을 향해 적절히 동작할 수 있다. 예를 들어, 당신이 움직이던 중에, 갑자기 전등이 꺼져 앞을 볼 수 없는 경우에, 또는 계획된 동작을 위해

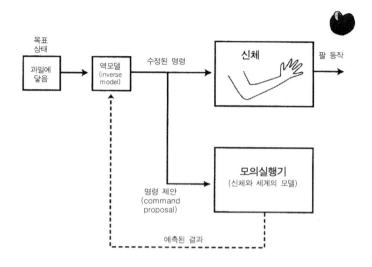

그림 3.6 역모델이 전방위먹임 모델(모의실행기)과 연결되어 있다. 역모델은, "내 팔이 그 자두를 얻기 위해서 어떤 운동명령을 내려야 하는가?"라는 질문에, 처음 제안된 대답을 내놓는다. 역모델이 어떤 대답을 제안하여, 그 명령 제안을 전방위 먹임 모델로 내보내면, 이 전방위먹임 모델이 그 명령을 신경 모의실행기 (Emulator)에 실행시켜 오류를 계산한다. 그 오류 신호를 받아 역모델은 개선된 명령으로 응답한다.

서 처음 몸 전체를 움직일 경우에, 당신은 일시적으로 표적을 바라보지 못할 수도 있다. 이런 일은 동물들의 경우에서도 흔히 일어난다. 예를 들어, 어떤 동물이 구멍 속 새 알을 확인하고, 또는 굴속의 들쥐를 확인한 후에, 보이지 않는 그것을 앞발로 더듬어야 할 경우가 있다. 더 일반적으로 말해서, 이런 일은 당신이, 현재 표적을 볼 수 없는, 미래를 위한 어떤 계획을 세우는 경우마다 발생된다.

모의실행기의 세 번째 중요한 이득은 이렇다. 모의실행기는 [우리로 하여금] 매우 추상적인 여러 행동 선택지들, 예를 들어, 빠른 여울을 [카누를 타고서] 쏜살같이 내려갈지, 아니면 그 빠른 여울을 돌아 [느린 여울까지 카누를 들고] 내려갈지 등에 대해서, "오프라인(off-line)"으로 평가하게 해준다. 그러한 오프라인 상상하기는, 신중한 행동의 결과와 같은, 고급 피크(advanced peek, 컴퓨터 용어, 고급 정보 읽어오기)를 제공하고, 숙고된 행위의 (바람직하지 않은) 결과를 전망하고 피하도록 우리에게 알려준다.15) 그러므로, 예를 들어, 우리는 거친 물살에 카누가 뒤집히는 위기를 마주할지, 아니면 반대로 급경사와 울창한 숲을 헤치며 몇 시간이나 무거운 짐과 카누를 운반해야 할지 등을 상상할 수 있다. 결국에 우리가 어느 한쪽으로 결정을 내릴 경우에, 더 구체적인 여러 행동들, 예를 들어, 카누를 끌어내어 어깨에 둘러메는 등등을 계획하게 만든다. 그러한 계획하기 단계에서, 역모델에 의해서 이루어진 운동신호들은 단지 "만일의(what-if)" 운동명령일 뿐이며, 행동이 이루어지도록 '실제 내려진' 명령은 아니다.16) 또한 오프라인 계획하기는 동물들이, 현재 존재하진 않지만, 미래 어느 순간에 기대되는, 표적을 쟁취할 준비를 하게 해준다. 그런 까닭에 어떤 새는 둥지를 지을 수 있으며, 늑대 무리는, 매년 앨섹 강(Alsek River)의 특정 지점을 가로지르는 순록의 이동경로를 차단할 계획을 세울 수 있다.

분명히, 사람들은, 자신들의 (매우 추상적이고 어느 정도 구체적인) 여러 문제들에 대한 뇌의 해답을 실제 세계에 적용하기 전에, 그 해답을 작동시켜보는, '감각운동 상상하기'를 규칙적으로 이용한다. 가파르고 빙판인 스키 슬로프를 고려하면서, 우리의 모의실행기는, 스스로 통제해내지 못할 것 같다는, 운동예측을 해낸다. 둥지를 지으려는 새는, 둥지를 짓기 전에, 어떤 위치가 적절할지, 어떤 재료를 사용할 수 있는지, 비바람에 견디려면 어떤 구조로 지어야 하는지 등등을 상상한다. 그루쉬가 강조하였듯이, 이런 식의 문제 해결은 본질적으로 뇌의 신체 이미지 상상에서 나온 것이다.17) 인터뷰 질문에 어떻게 대답할지를 상상하는 것이 이것과는 다소 다르겠지만, 아마도 많은 동일 작용들을 통해서 나올 것이다.

끝으로, 모의실행기가 제공하는 유익함은 속도와 관련된다. 경쟁하는 세계에서 속도는 중요한 문제이다. 이것이 유일한 문제라고 말하기는 어렵지만, 중요한 요소임엔 틀림없다. 어떤 계획을 실천한 결과와 관련된 되먹임(feedback) 신호가, 신체 자체로부터 나올 경우보다, 모의 실행기로부터 나오는 경우가 더 빠르다. 왜냐하면, 운동명령 신호가 다양한 근육으로 전달되는 데 시간이 걸리기 때문이다. 예를 들어, [감각으로부터 뇌가 신호를 받으려면] 근육이 변화를 일으킨 후에, 그 근육, 힘줄, 관절 등에서 나온 되먹임 신호가 뇌로 전달되어야 하기 때문이다. 만약 시각(visual) 되먹임 신호가 이용되는 경우라도, 그 신호가 시각 시스템에서 처리되어야 하며, 그 처리 속도는 상대적으로 느린 편이다. 왜냐하면, 망막에서 신호처리 시간은 대략 25밀리초가 소요되기 때문이다. 특별히 동물이 덩치가 크고 팔다리에서 뇌까지 거리가 (사람, 고래, 코끼리 등에서) 수 미터에 달하는 경우라면, 지각 경로를 통해서 되먹임 신호를 활용하기보다 더 빠른 신호가 요구된다. [그런 경우에 모의실행기로부터 되먹임 신호를 받는] 지름길은 뇌가 200-300밀리초를 절약할 수 있게 해주며, 그러한 시간 걸림이 중요한 경우에, 그 수백 밀리초는 성공과 실패를 가르는 경계가 될 수 있다.

지금까지 모의실행기의 공학적 미덕에 대해서 논의해왔다.[18] 그렇지만 실제로 뇌가 모의실행기를 이용한다는 증거가 있는가? 단일 뉴런과 그물망의 수준에 대한 다양한 신경생물학적 연구를 통해서 드러나는 바, 후두정피질(posterior parietal cortex)과 복내측두정(ventral intraparietal, VIP) 영역은 시각좌표를 운동좌표로 변환하는 일을 실제로 수행한다.[19] 더 정확히 말해서, 이 영역은 시각, 청각, 전정(vestibular), 체성감각(somatic sensory, 신체감각) 등의 여러 감각 시스템들로부터 정보를 받아들이며, 그 정보를 (처음 신체운동 상태와 뇌의 목표 등에 따라서) 안구-중심 좌표, 머리-중심 좌표, 신체-중심 좌표, 세계-중심 좌표 등으로 변환시키는 것처럼 보인다(그림 3.7과 3.8을 참조). 포겟과 세흐노브스키(Pouget and Sejnowski)는 이것이 어떻게 작동될 수 있는지를 정확히 보여주는, (설득력 있는) 인공신경망(artificial neural network)을 만들었다.[20] 그들의 제안에 따르면, 그 영역의 실제 신경망들은, 명확한 생리학적 증거가 보여주는바, (타자-중심 공간 내에 어디에 있는

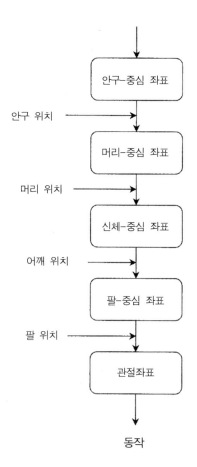

그림 3.7 시각 표적(visual target)에 대한 팔동작을 규정하기 위해서 요구되는 좌표 변환을 보여주는 도식적 그림. 망막 표적 상의 표적 위치는 망막국소좌표 (retinotopic coordinates) 내에 규정된다. [뇌가] 이 위치에 상응하는 공간 위치로 팔을 움직이려면, 망막국소 위치좌표가 관절좌표 내에 재규정되어야 한다. 이러한 좌표 변환은 일련의 여러 하부 변환으로 분해될 수 있어서, 표적 위치는 다양한 중간 체계의 관계로 다시 부호화된다. (Pouget and Sejnowski 1997)

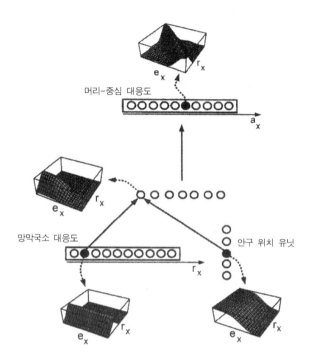

그림 3.8 망막국소 대응도(retiotopic map)를 머리-중심 대응도(head-centered map)로 변환시키는 신경망(neural network)의 도식적 그림. 입력 유닛들은 시각 입력의 망막국소 대응도를 담아내며, 출력 유닛들은 머리-중심 대응도를 담아낸다. 안구 위치 유닛들은 안구 위치에 대한 굴곡 조율을 수행하고, 일정 범위의 역치들 (thresholds)을 갖는다. 출력 층 유닛들에 형성된 변수 r_x와 e_x에 의한 응답이 명확히 곡선으로 나타나듯이, 그물망에 의해 표현된 함수는 비선형적(nonlinear)이다. 이러한 대응(mapping)은 중간-수준 유닛들에 의해서 수행되며, 그 층 유닛들은 r_x 가우스 곡선과 e_x 곡선에 의한 결과물을 계산해낸다. 그러한 유닛들이 여러 입력변수들에 대해서 기본 함수를 제공하고, (두정피질 내에 발견되는) 이율-변조(gain-modulated) 뉴런들처럼 반응할 듯싶다.

지는 물론) "지각된 물체들이 내-신체(자아-중심의) 공간 내에 어디에 있는지"를 표상하는 경향을 갖는다.21) (이 책 7장 10절 참조.)

추가적으로 말하건대, 이러한 영역 내에 그리고 또한 (후두정엽 영역에 서로 신호를 주고받는) 전두피질의 배측(등쪽) 영역에, 모의실행기 가설이 예측했던 그대로, 표적이 사라진 후에도, 온라인으로 표적의 위치를 계속 기억하는 뉴런이 있다.22) 더구나, 두정피질에서의 손상은 손이 표적에 이르지 못하게 만들거나, 표적의 모양을 손으로 왜곡하는 식으로, 시각적으로 모습을 잘못 안내하는 다른 장애를 일으키기도 한다. 모의실행기 기능을 그대로 포함하는 다른 구조물로, 소뇌(cerebellum)와 기저핵(basal ganglia) 등이 있다.

뇌에 모의실행기가 있다는 추가적인 증거들이, 안구운동과 관련된 여러 심리학적 실험에서 확인되고 있다. 그런 심리학적 실험 이야기가 무엇인지 구체적으로 알아보자. 우리의 안구는, 의식적 명령이 없더라도, 주변 환경을 지속적으로 스캔하는데(scan), 과제-관련 시각정보를 극대화하는 경로를 따라서 1초에 약 3회 정도 움직인다. 이러한 안구운동은 단속운동(saccades)으로 알려져 있다. 다른 안구운동은, 사물이 움직이거나 혹은 [사물을 바라보는] 주체가 움직이거나, 또는 양쪽 모두 움직일 경우에, 사물을 추적하는 활동을 한다. 그러한 추적은 매끄러운 수행(smooth pursuit)으로 알려져 있다. 이러한 모든 안구운동으로 인하여, 망막에는 상당히 이동하는 빛 패턴이 등록되겠지만, [그럼에도, 우리는 바라보는] 시각 장면 내의 사물들을 안정된 것으로 본다. [즉, 어느 쪽이 움직이든, 대상으로부터 오는 움직이는 빛을 망막이 받아들이더라도, 우리는 그것을 안정된 것으로 온전히 인식할 수 있다.] 다시 말해서, 뇌는 망막에서 감지된 움직임을, 세계의 움직임이 아니라, 우리 안구의 움직임으로 해석해낸다. 더구나, 만약 세계의 사물들이 움직인다고 하더라도, 뇌는 (대상의 운동에 의한) 움직임과 (안구운동에 의한) 움직임을 구별해낸다. 그렇게 내가 [바라보는] 장면 주변에 안구를 움직임으로써, 나는 개(dog)의 움직임과 내 안구의 움직임 사이의 차이를 말할 수 있게 된다. 이러한 결과에 비추어볼 때, 그러한 뇌의 계산이 엄청 복잡할 것이 명확해 보이지만, 그러한 성취는 의식적 노력 없이 (손쉽게) 그냥 이루어진다. 뇌는 그렇게 아주 중요한 구별을 어떻게 해내는가?

뇌는 명백히 모의실행기를 사용한다. 모의실행기는 안구운동 명령의 복사(원심성 복사(efference copy))로부터 정보를 받아, 그것을 다른 장소에 있는 전방위먹임 모델로 보냄으로써, 안구가 움직이도록 명령이 내려졌는지 아닌지, 그리고 어느 방향으로 지시되었는지 등을 알게 해준다. 이러한 가설에 대한 단편적 증거는 다음과 같다. 안구가 움직였는지 아닌지를 알기 위해서, 뇌는 오직 안구 근육으로부터 들어오는 되먹임 정보만을 이용한다고 가정해보자. 이러한 가정에 대해서 헬름홀츠(Helmholtz, 1867-1925)가 올바르게 추론했듯이, 만약 당신이 한쪽 눈을 감고, 살며시 다른 뜬 눈을 눌러 그 안구가 수동적으로 움직이게 만들더라도, 당신은 여전히 정지된 사물을 정지된 것으로 보아야 하며, 안구운동에 의한 움직임을 보아야만 한다. 그렇지만 이런 일은 실제 벌어지지 않는다. 당신 스스로 실험해볼 수 있다. 당신이 살며시 뜬 눈의 안구를 누르면, 정지된 사물이 실제로 움직이는 것을 보게 된다. 이러한 단순한 실험은 원심성 복사를 확인시켜준다. 즉, 수동적 움직임 조건에서, 망막에 나타난 자극 움직임을 "설명해줄" (뇌로부터 나오는) 어떤 안구운동 명령도 존재하지 못하므로, 당신의 뇌는 세상이 움직이는 것으로 지각하는 것이다. [역자: 조금 더 쉽게 설명해보자. 평소 내가 안구나 머리를 움직여서 안구로 들어오는 사물의 움직임 정보는 (내 뇌 속에 존재하는) 원심성 복사, 즉 내 뇌가 머리와 안구를 움직이라는 명령을 목근육과 안구 근육으로 내보내면서, 동시적으로 그 정보를 스스로 되먹임하여, 망막으로 들어오는 사물의 움직임 입력정보에도 불구하고, 뇌는 그것이 움직이지 않은 것으로 인지한다. 그렇지만 안구를 눌러 인위적으로 망막에 들어오는 움직임 정보를 만들어낼 경우, 원심성 정보 자체가 없으므로, 뇌는 망막에 들어오는 움직임 정보를 외부 움직임으로 인지한다.]

더욱 결정적인 증거로, 물론 비교적 침습적(invasive) 실험을 통해, 존

스티븐스(John Stevens)와 연구원들은 1976년 다음과 같이 보고하였다. 그들은 안구 근육을 마비시키는 약물을 이용하였다. 이 실험은, 헬름홀츠의 수동적-움직임 조건과 대조되는 상황으로, [피검자의 뇌에는] 안구를 움직이라는 의도가 존재하지만, 안구 근육은 움직일 수 없게 만들었다. 세 피검자들(스티븐스와 두 연구원들)은 의자에 앉아서 어떤 사물, 예를 들어, 커피 잔을 바라본다. 어떤 임의의 시기에, 피검자는 오른쪽을 보려 한다, 혹은 그보다, 오른쪽을 보려 **의도해본다**. 그러나 피검자의 안구 근육 마비로 인하여, 안구 근육이 [뇌가 내리는] 그 명령을 수행하지 못하므로, 따라서 안구는 움직이지 못한다. 결국 그는 계속해서 커피 잔만을 바라보게 된다. 그렇지만, 각 피검자들의 보고에 따르면, 뭔가 흥미로운 일이 벌어졌다. 즉, 피검자들은 **장면 전체가 오른쪽으로 펄쩍 움직이는 것을 시각적으로 경험한다**. 왜 그런가?

이러한 (우리를 어리둥절하게 만드는) 지각 효과는 적어도 원심성 복사 가설에 의해서 부분적으로 설명되며, 따라서 모의실행기 가설에 의해 설명된다고 할 수 있다. 대략적으로 말해서, 뇌는 다음과 같이 생각한다. "나는 안구에게 오른쪽으로 움직이라고 명령 내렸지만, 여전히 커피 잔의 온전한 모습을 보고 있다. 이것은 오직, 안구가 움직였을 때, (커피 잔을 포함하는) 전체 장면이 동시적으로 움직였을 때에만 가능하다." 간단히 말해서, 뇌는 안구운동 **명령**에 근거하여 (지금까지 그 명령에 따라서 실제 안구가 움직였듯이) 장면의 변화를 예측한다. 그런데 그러한 예측이 어긋나자, 뇌는 나름 그러한 "최선의 설명"을 만들어내었다. [즉, 뇌의 예측과 달리, 자신의 명령에 따라 장면이 움직이지 않게 되자, 순간적으로 뇌는 "장면도 동시에 움직였기 때문에 여전히 커피 잔이 보이는 것이다"라고 가정했다. 피검자는 뇌가 그렇게 가정한 가설대로 경험했다.] 따라서 스티븐스의 실험은 원심성 복사의 역할에 대한 증거일 뿐만 아니라, 어떻게 뇌의 안구운동 모의실행기가 감각경험 자체에 강력한 효과를 발휘하는지 중요하게 보여주는 사례이기도 하다. 부차적으로 말하자면, 만약 감각 시스템이 본질적으로 실재를 (어떤 하향식 채색 효과(top-down coloration) 없이) 반영한다고 [즉, 관찰 중에 우리의 감각 시스템이 실제 세계에서 들어오는 정보를 그대로 지각한다고] 누군가 가정한다면, 스티븐스의 실험 결과는 그런 가정이 틀렸음을 매우 명확히 보여준다.

모의실행기가 오프라인(off-line) 문제 해결에 활용된다는 증거가 있는가? 분명히 신체 이미지를 오프라인으로 조작하여 문제를 해결한다는 충격적인 사례를 갈까마귀(raven)에서 찾아볼 수 있다. 생태학자 베른트 하인리히(Bernd Heinrich)는 일정 길이(약 3피트)의 노끈 한쪽 끝에 [먹이가 될] 살점을 단단히 묶고, 다른 쪽 끝은 그네에 묶었다.23) 한 번 실험에 한 번만 배고픈 갈까마귀를 그 방에 풀어놓았다. [즉, 실험용 새는 다른 새의 행동을 보고 따라할 수 없었다.] 그 새가 고기를 먹을 수 있는 유일한 전략은 이렇다. 그 새는 솟대에 앉아서, 부리로 노끈을 조금씩 당겨 올리면서, 발로 밟기를 대략 일곱 번 정도 반복하여, 살점을 솟대까지 끌어올려야 한다. 다시 말해서 이 문제는 한 단계만에 해결될 수 없으며, 따라서 일곱 단계를 마칠 때까지 어떤 보상도 주어지지 않는다. 그러므로 단순한 응답-보상 학습장치(response-reward learning device)가 문제를 해결하도록 하지 않았다. 이 문제는 그 새가 자연에서 경험할 수 없으며, 따라서 이 문제는 새로운 것이다.

하인리히가 이 실험을 까마귀(crow)로 하였더니, 까마귀는 항시 [공중에 매달린] 살점으로 바로 날아들어 낚아채려 하였다. 이 전략은 희망이 없으며, 까마귀는 [날아가면서 먹이를 낚아채려다] 목이 젖히는 불편함을 겪었다. 하인리히는 열두 마리 까마귀를 한 마리씩 실험적으로 관찰하였는데, 그놈들은, 살점을 어떻게 먹을지에 관한 방법을 결코 찾아내지 못하는, 희망 없는 전략에만 매달렸다. 그러므로 그 해답은 까마귀 정도로 똑똑한 새들에게도 결코 해결하지 못할 것처럼 보였다.

갈까마귀는 영리하기로 정평이 있으며, 따라서 실제로 아주 다른 방식의 반응을 보여주었다. 여섯 마리 갈까마귀 중에, 한 마리는 줄을 두려워하여 어떤 상황에서도 줄에 다가서려 하지 않았다. (많은 지적인 동물들처럼, 갈까마귀도 분명히 납득하기 어려운 두려움과 공포심을 가진다.) 다섯 마리 갈까마귀는 그 문제를 (허용된 시간인) 5분 내에 해결하였으며, 그 문제 해결 전략을 얻기까지 아래와 같은 꽤 동일한 절차를 거쳤다. 첫 단계에서, 그놈들은 잠시 동안 설치된 장치를 그저 바라보았다. 둘째 단계에서, 그놈들은 줄을 부리로 쪼았는데, 그것은 마치 그네에 매달린 그 줄을 끊고 싶어 하는 것처럼 보였다. 그렇지만, 어떤 놈도 먹이가 매달리지 않은 줄에 대해서 그런 행동을 하지는 않았다. 셋째 단계에서, 그놈들은 그 줄의 꼭대기를 움켜쥐고, (마치 그네 막대를 줄에서 떼어내려는 듯) 좌우로 격렬히 흔들어대었다. 넷째 단계에서, 그놈들은 고개를 내려 그 줄을 물고 끌어올린 다음, 그 줄을 발로 밟았으며, [줄 끝에 매달린] 살점이 자신의 발 아래로 올라올 때까지 그 과정을 반복하였다. 이 네 번째 단계에서 10-20초가 걸렸다. 하인리히가, 그놈들이 끌어올리는 일을 마쳤을 때, "쉬이!" 하고 소리 내어 그네로부터 쫓아내면, 그놈들은 살점을 떨어뜨리고, 근처에 내려앉았다. 안전하다고 파악하자마자, 그놈들은 돌아와서 곧바로 줄을 끌어올리는 절차를 다시 하였다. 그리고 그놈들이 보지 않을 때에, 하인리히가 도르래에 줄을 걸어서, 갈까마귀가 살점을 **얻으려면** 줄을 끌어내려야만 하도록 설치하자, 그놈들은 그 방식에도 쉽게 적응하였다. 또한, 줄과 살점을 그네에 묶지 않고, 그네 위에 그냥 놓아둘 경우, 그 새는 살점을 직접 낚아채어 날아갔다.

어느 갈까마귀도, 날아가며 매달린 살점을 물어 목이 졎히는 경우는 없었는데, 그것은 다음을 시사한다. 그놈들의 뇌는 자신들이 그렇게 하면 어떤 일이 벌어질 것인지를 예측했으며, 따라서 그렇게 하지 않기로 결정하였다. 갈까마귀들은 몇 분 내에 줄을 끌어올리기 전략으로 전환하였고, 살점을 끌어올리는 일에서 **단 한 번의 시도로도** 성공했는데, 이것은 그 갈까마귀들이 인과적 문제 해결을 위해 신체-이미지 조작(body-image manipulation)을 이용한다는 것을 보여준다. 하인리히는 이렇게 주장하였다. "가장 단순한 … 가설에 따르면, 그 새들은 적어도 명확히 행동에 옮기기 전에 자신들의 행동에 의한 결과를 예측한다."[24] 모의실행기 가설은 이렇게 놀라운 문제-해결 행동을 매우 설득력 있게 설명해주며, 특히 '신체 신경 모의실행기(neural emulator of body)'가 있다는 독립적 증거를 보여준다는 측면에서 그러하다.

또한, 오프라인 모의실행기가 기술 습득(skill acquisition)에서 중요한 효과를 가지는 것으로 보인다. 예를 들어, 은밀히(?) 골프 스윙 연습하기, 즉 상상으로 동작해보기는 아무것도 하지 않는 것보다 상당한 정도로 스윙을 개선시켜주며, 그것도 실제 연습 못지않게 개선시켜준다.

모의실행기가 존재한다는 (약간) 다른 심리학적 증거가 있다. 우리는 자신 스스로 간지럼 타도록 하기 어렵다. 남에 의해서 간질여지는 느낌과 자신에 의해서 간질여지는 느낌은 매우 다르다. 마비된 안구 근육에 대한 실험과 마찬가지로, 자신의 운동-의도인 뇌의 내적 표상이 접촉 느낌 자체에 영향을 미치기 때문이다. 더구나, [자신을 간질이도록 고안된 장치를 사용하더라도] 그 촉감 장치가 당신의 손이 아니지만 역시 자신을 간지럼 타게 하지 못한다. 당신의 감각 되먹임 시스템은 감각정보를 뇌로 돌려보내 [뇌가 그 정보를 알게 되겠지만] 당신이 작동하는 그 장치 레버에선 그렇게 하지 못한다. 그럼에도, 당신이 그 레버를 움직일 경우와 다른 사람이 작동시킬 경우 사이에, 간질여지는 촉감은 여전히 다르다. 심지어 당신이 동일한 자극을 받는다고 하더라고 그 느낌은 다르게 느껴진다.

그렇지만 자신의 뇌를 속일 방법은 있다. 새러 블랙모어(Sarah Blakemore)와 연구원들은 자신을 접촉하는 한 장치를 고안하였는데, 그 실험에서 피검자가 레버를 작동한 시간과 그 장치가 피검자에 접촉하는 시간 사이에 시간지연을 두었다.25) 또한 실험자는 레버 작동의 경로를 교란시킬 수 있었다. 그 실험 규칙으로 자기-간질이기와 타인-간질이기 사이에 시간적 변화를 부여하였다. 그렇게 실험자가 시간지연을 부여하고 레버 작동경로를 교란시키거나, 혹은 둘 중 하나를 부여할 경우에, 피검자는, 간질이는 원인이 자신임에도 불구하고, 마치 다른 사람이 자신을 만진 것처럼 느낄 수 있었다.

우리는 왜 이러한 조건에서 [자기가 일으킨 자극을] 마치 타인-접촉 자극처럼 느낄 수 있는가? 가장 설득력 있는 가설은 이렇다. 개략적으로 말해서, 정상 조건에서 뇌의 행동 모의실행기는 이렇게 말한다. "내 왼쪽 발을 건드리라는 나의 의도가 복사되었으므로, 왼쪽 발의 촉감은 내가 한 것이다." 그런데 장치를 이용하여 시간지연을 두거나 시간적 교란을 부여하면, 뇌는 이렇게 생각한다. "글쎄, 이 촉감은 내 것일 수 없어, 왜냐하면 내 명령은 이보다 앞서 실행되었어야 했어." [간지럼 태우기 위해 내 손을 움직이라는 명령] 의도의 표상은, 그 의도를 실행할 정상 시간의 표상에 의하여, 실제 자극 느낌에 영향을 미친다. 이것은 상당히 중요한 이야기이다. 왜냐하면, 뇌의 신체 모델이 시간 매개변수를 포함한다는 것을 보여주기 때문이다. [즉, 뇌가 신체 동작 명령을 수행하는 데에 시간 요소를 고려한다는 것을 보여주기 때문이다.] 또한 이러한 효과가 다음을 증명해준다는 점에 주목할 필요가 있다. 경험 자체가 어떤 의도의 인지적 표상에 의해서 수정될 수 있다.26) [즉, 자신의 어떤 의도에 따라서, 세계로부터 나에게 전달되는 정보를 뇌가 왜곡한다.]

더 직접적으로 뇌를 연구한 다른 실험은 다음을 보여준다. 일반적으로, 움직이라는 여러 의도들이, 뇌의 자아/신체 모델이 실행되는 중에, 통합된다. 당신이 자신의 왼쪽 손을 올리는 경우를 가정해보자. 그 효과를 이루기 위해서, 많은 뇌 영역들이 기여한다. 그러한 영역들로, 보조운동영역(supplementary motor area, SMA), 전운동피질(premotor cortex, PMC), 일차운동영역(primary motor area), 일부 소뇌(cerebellum), 체성감각피질(somatosensory cortex) 등이 포함된다(그림 3.9 참조). 활동-감응 기능적 자기공명영상(fMRI)을 활용한 연구는 다음을 보여준다. 당신이 동일한 행동을 단지 **상상만 하여도**, 그 동일 운동영역들(보조운동영역(SMA)과 전운동피질(PMC))이 활성화된다. [즉, 실제 행동을 하지 않는다고 하더라도, 당신이 상상하는 것만으로 뇌는 이미 행동명령을 내린다.]

당연히 이후로 **체성감각피질**의 활동이 상당히 감소하게 되는데, 그것은 근육, 관절, 힘줄 등의 변화를 알려주는 (말단에서 오는) 구심성(afferent) 신호가 전혀 없기 때문이다. 덧붙여 말하자면, 다른 영역들, 예를 들어, 시각 이미지를 가지는 동안에 활동을 강화하는, 여러 부분

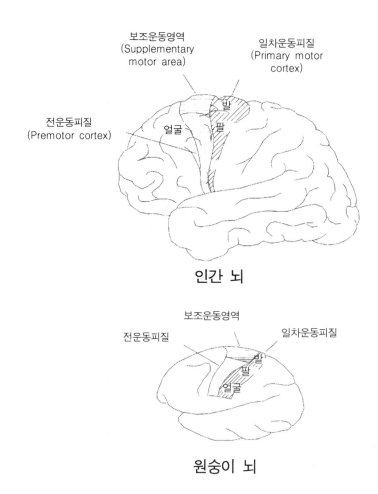

보조운동영역
(Supplementary
motor area)

일차운동피질
(Primary motor
cortex)

전운동피질
(Premotor cortex)

발
얼굴 팔

인간 뇌

보조운동영역

전운동피질

일차운동피질

발
팔
얼굴

원숭이 뇌

그림 3.9 원숭이와 인간의 뇌 내부에서, 대뇌피질 내의 일차운동영역(PMA)과 보조운동영역(SMA), 그리고 후두정피질(posterior parietal cortex) 등의 위치를 보여주는 그림.

의 시각피질의 활동은 **운동** 이미지 과제에서 기준선 이하이다. [즉, 운동을 상상하는 동안에 신체운동을 명령하는 영역이 활동하더라도, 시각 이미지를 떠올리는 시각영역의 활동은 미약하다.] [상상만으로 운동효과를 강화시키는] 무운동효과(nonmotor effects)를 조절하기 위해서, 피검자들[즉, 운동선수들]은 자신들의 여러 동작들을 상상하는 중에, 모든 시각 이미지들을 회피하고, (팔-동작 느낌과 같은) 오직 운동감각 이미지에만 집중하도록 훈련받는다. 또한 근육을 활성화시키는 실제 운동신호를 조절하기 위해서, 피검자들은 손동작을 상상하는 중에, 여러 다른 근육들을 이완하도록 훈련받는다.27)

이런 다양한 관찰정보들은 다음 가설과 잘 어울린다. 뇌는, 신체구조, 여러 동작 결정들, 그리고 (시간 감응적인) 의도된 동작에 따른 기대치 결과 등을 통합하는 모델을 지닌다. 다르게 표현하자면, 그러한 관찰정보들은 다음 가설을 지지한다. 앞서 논의된 의미에서, 신경 모의실행기가 뇌 내부에 존재하며, 일반적으로 그것은 자아-표상능력을 가능하게 하는 분수령이다. 이 말은 모의실행기가 곧 **자아**이며, 우리가 재미로 상상해보는, 머리 내부의 작은 개인이라는 것을 의미하지는 않는다. 그보다 모의실행기는 우리의 자아-표상능력을 가능하게 해주는 하나의 요소이다.

사람처럼 큰 뇌를 가진 동물들은 설치류보다 광범위한 조정을 이뤄낸다. 매우 복잡한 여러 조정 기능들은, 충동조절, 장기 계획 세우기, 풍부하고 세심한 자전적 이야기, 그리고 (여러 정서를 유발시키는) 상상 유랑(imaginative exploration) 등과 같은 여러 환상적 효과를 발휘하게 해준다. 이런 차원, 즉 어떤 표상에 대한 표상, 그리고 그 표상에 대한 표상, 그리고 다시 그 표상에 대한 표상 등등으로 표상할 수 있다는 점에서, 전형적으로 우리가 언급해온 인간의 자아-표상능력에 우리는 다가서게 되었다. 이러한 고차원의 그물망은 자신의 장기 계획, 자신의 선호는 물론, 여러 기술, 태도, 기질 등등을 내재화한다. 그렇지만, 근본적으로, 자아-표상능력을 가지게 해주는 [그물망]은, 소위, "삶을 영위하는" 중에 조정과 정합성을 지원하는, 신경조직이다.

이번 절에서, 나는 동작-의도의 역할을 강조하였으며, 동시에 다음 가설을 제안하게 되었다. 내 가설에 따르면, 모의실행기는 체성(soma, 라틴어로 신체) 관련 신호, 예를 들어, 신체구조, 다른 사물 대비 자신의 위치, 신체의 감각과 지각 등을 잘 활용할 수 있도록 풍부하게 제공해준다. 분명히 말해서, 이러한 여러 신호들은 [나의 생존에] 매우 중요하다. 만약 내가 도망해야 한다면, 나의 운동 시스템이 나의 현재 신체구조가 어떠한지 알아야만 한다. 왜냐하면, 내가 어떤 자세로부터, 즉 앉아 있거나, 서 있거나, 웅크리고 있는 자세 등에서 [도망하려는 동작을] 시작해야 하는지 아닌지에 따라서, 운동명령을 달리 내려야 하기 때문이다. 만약 내가 나무를 기어오르거나 돌을 던지는 등의 기술을 배우려면, 나의 뇌는 관절, 힘줄, 근육 등으로부터 신호를 되먹임받아야 한다. 만약 내가 신체에 상해를 입고 싶지 않다면, 언제 어느 곳에서 상처를 입을 수 있으며, 어느 곳에서 날씨가 더운지 아니면 추운지 알아야만 한다. 모든 이러한 것들을 위해, 나의 감각 시스템은 신체와 관련하여 무슨 일이 일어날지 뇌에 알려주어야만 한다. 이제 우리는, 뇌가 신체에 관하여 얻는, 감각정보의 본성에 대해서 더 구체적으로 알아볼 필요가 있다.

2. 신체, 자아, 그리고 타자 등에 대한 내적 모델

2.1. 신체를 표상하는 감각 시스템

일반적으로 신경계는 신체를 표상하는 기능의 두 주요 시스템을 갖는다고 알려져 있다. 근육, 관절, 힘줄, 피부 등의 수용기를 가지는, **체성감각 시스템**(somatic sensory system, 신체감각 시스템)이 하나이고, 다른 하나는 **자율신경계**(autonomic system, 자율 시스템)이다. 자율 시스템은 심장혈관계 구조물, 그리고 기관지, 폐, 식도, 위 등, 그리고 장, 신장, 부신 연수, 간, 췌장 등, 그리고 비뇨기 구조물, 피부의 땀샘 등을 자극한다. 생식기는 양쪽 시스템 모두로부터 자극받지만, 그 역할은 분리되어 있다. 예를 들어, 자율신경계는 생식기의 발기와 사정을 촉발하지만, 체성감각 시스템은 접촉, 압력 등등의 신호를 전달한다.

이 두 시스템은 말단으로부터 뇌까지 서로 다른 경로에 의해 작동하며, 의식적 자각 효과 면에서 서로 다르게 나타난다. 예를 들어, 혀와 위는 모두 동작 수용기를 가지지만, 우리는 자신의 혀 움직임을 의식할 수 있으나, 위의 연동 움직임을 의식할 수는 없다. 내장 시스템(visceral system)은, 예를 들어, 땀을 흘리고, 눈물을 흘리고, 심장박동에 변화를 주는 등의 운동 하부 시스템(motor subsystem)을 가진다. 반면에, 골격근육의 운동조절 시스템은 체성감각 시스템과 구분된다. 물론 이 양자는 척수에서 대뇌피질에 이르기까지 다양한 수준으로 통합된다.

다음 두 절에서, 우리는 체성감각 시스템과 내장 시스템[즉, 자율신경계] 모두를 생각해보면서, 그 두 시스템이 우리의 자아감각에 어떻게 기여하는지에 관하여, 지금까지 무엇이 밝혀졌는지 조금 더 자세히 살펴볼 것이다.

체성감각 시스템

우측 두정피질에 손상을 입은 환자들을 통해서, 우리는 다음을 알게 되었다. 정상의 경우에 '이 팔이 나의 것이다'라는 것이 그 무엇보다도 명확함에도 불구하고, 그것은 뇌가 구성해야만 하는 판단이다. 내 뇌가 나의 신체 위치를 어떻게 알 수 있는가? 무엇이 나의 신체를 접촉하는지, 아니면 나의 신체가 자신에 접촉한 것인지를 나의 뇌는 어떻게 아는가? 이런 질문에 대한 대략적인 대답은 다음과 같다. 신경계는 신호를 감지하고 전달하는 데에 고도로 전문화된 구조를 가진다. 즉, 신경계는, 신체에서 뇌로 그리고 뇌에서 신체로 연결하는 신경회로를 고도로 조직화하였다. 신체에서 뇌로 신경연결을 이룸으로써, 신체에서 발생되는 정보가 뇌로 전달될 수 있으며, 반면에 뇌에서 신체로 신경연결을 이룸으로써, 뇌가 신체를 조절할 수 있다. 그 연결 패턴은, 신체

구조, 신체접촉, 신체욕구 등의 변화에 따라서, 운동명령의 지침을 수행하는, 신체표상 모델을 만들어낸다.

체성감각 시스템은, '신체가 어떤 구조를 이루며', '신체가 손상을 입었는지', '신체가 다른 사물에 접촉하는지', '어떤 특징이 접촉된 사물의 것인지' 등을 뇌에 알려주는 신경계의 일차적 장치이다. 그렇지만 그것은 실제로 그 네 가지 하부 양식들(submodalities)로 구성된 다양한 시스템이라 할 수 있으며, 그 각각의 시스템들은 서로 다른 신호 양식을 검출하도록 전문화되어 있다. 그 기초 하부 구분은, 빛 접촉과 압력, 온도, (관절, 근육, 힘줄 등으로부터 오는) 자기자극감응(proprioception), 통증(즉, 통각(nociception)) 등이며, 그 각각은 자체의 하부 시스템을 가진다.

그 각각의 하부 양식들은 자극의 강도, 자극의 지속시간, 신체 표면의 자극위치 등에 대한 신호를 알려준다. 복합 자극 속성들, 예를 들어, '감촉'(예를 들어, 거칠거나 혹은 부드러운), '공간형태'(예를 들어, 굴곡지거나 혹은 곧은), '접촉재인'(예를 들어, 종이 클립에 대한 촉감) 등은 여러 신경반응의 조합으로 가능하다. 여러 신호들의 특별한 어느 조합은 '내 발목으로 기어오르는 뭔가가 있다'는 것을 표시해줄 것이다. 다른 조합은 '차갑고 단단한 무언가가 내 왼쪽 발목을 누르고 있다'는 것을 표시해줄 것이다.

각각의 하부 양식들은, 신체수용기 위치로부터 척수로 연결하는, 자신만의 경로를 가진다. 척수 뉴런은, 그러한 각기의 하부 양식 특이적 경로를 유지하면서, 뇌간, 시상, 대뇌피질 등의 여러 영역들로 뻗어 연결된다(그림 3.10). 시상 내부 각각의 하부 양식들은, 시냅스 접촉을 이루는, 여러 고유 영역들을 포함한다. 그 다음 단계의 신경연결은 시상에서 대뇌피질로 축삭을 뻗어 연결되는데, 각각의 하부 양식들 여럿이 다발을 이루어 전형적 경로를 형성한다.

여러 신체지표들에 관한 신호들을 전달하는 서로 다른 여러 경로들이, 질서정연한 통로를 만들어, 척수, 뇌간, 시상하부, 시상, 그리고 여러 피질 영역들(뇌섬엽(insula), S2, S1, 대상피질) 내에 대응연결을 이

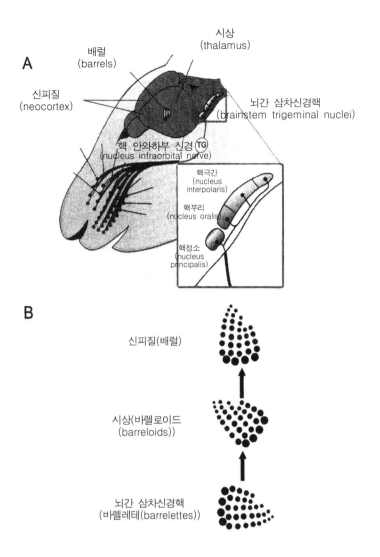

그림 3.10 설치류의 콧수염은 신경계 내에 여러 단계로 표상된다. A. 콧수염에서 뇌간(brainstem)으로, 그리고 시상(thalamus)으로, 그리고 다시 신피질(neocortex)로 연결되는 구심성 경로. (소뇌는 다른 구조물들을 살펴볼 수 있도록 제거되었다.) B. 각 단계마다, 안면 위 콧수염의 순서와 배열은 신경의 순서와 배열에 표상된다. 뇌간 내에서 개별 콧수염을 표현하는 신경 집단은 바렐레테(barrelettes)라고 불리며, 시상 내의 신경 집단은 바렐로이드(barreloids)라고 불리고, 대뇌피질 내의 신경 집단은 바렐(barrels)이라 불린다. [약어] TG: 삼차신경(trigeminal nerve) (Gerhardt and Kirschner 1997에서 가져왔다.)

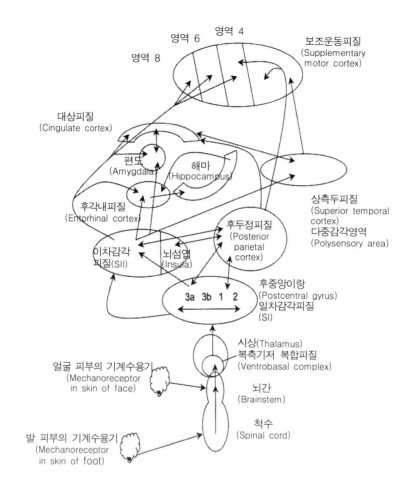

그림 3.11 체성감각신호에서 운동 시스템으로 신호를 보내는 경로의 도식적 표현. 입력신호는 시상 내의 복측기저 복합피질 내에 시냅스 연결을 이루며, 여기에서 다시 체성감각 일차감각피질 영역 SI의 여러 영역들로 위상학적 대응 연결을 형성한다. 여기에서 여러 신호들은 체성감각영역 SII와 후두정영역으로 대응된다. 다음 단계는 (1) 변연계 구조(후각 피질과 해마)로 연결이며, 여기에서 여러 신호들은 기억기능에 관여한다. 다음 단계는 (2) 변연계 구조들(편도, 대상피질, 시상하부)로 연결이며, 이곳은 평가적/인지적 역할을 담당한다. 다음 단계는 (3) 상측두이랑의 다중감각피질이며, 그 다음은 (4) 운동 시스템(일차운동영역과 보조운동영역)이고, 여기에서 운동 시스템으로 지속적인 감각 되먹임(feedback)이 일어난다.

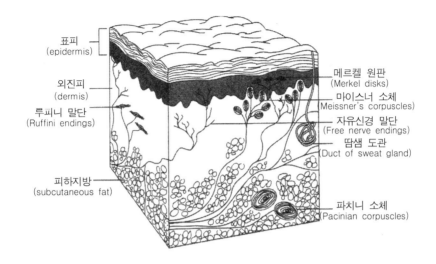

표피
(epidermis)

외진피
(dermis)

루피니 말단
(Ruffini endings)

피하지방
(subcutaneous fat)

메르켈 원판
(Merkel disks)

마이스너 소체
(Meissner's corpuscles)

자유신경 말단
(Free nerve endings)

땀샘 도관
(Duct of sweat gland)

파치니 소체
(Pacinian corpuscles)

그림 3.12   인간 손의 털 없는(glabrous) 피부에 있는, 기계수용기(mechanorecep-tors)의 위치와 형태를 보여주는 그림. 여러 수용기들이 얇은 피부 내에 있으며, 외진피(dermis)와 표피(epidermis)가 겹쳐지는 부분에, 그리고 더 깊게는 외진피와 피하조직(subcutaneous tissue) 내에 있다. 이런 수용기들은 마이스너 소체(Meissner's corpuscles), 메르켈 원판(Merkel disks), 그리고 평범한 신경말단이다. 피하 수용기에는 파치니 소체(Pacinian corpuscles)과 루피니 말단(Ruffini endings)이 포함된다. 피부의 피하조직층에 연결된 신경섬유들은 신경 말단으로 가지를 뻗어, 근처 여러 수용기 기관과 연결된다. 반면에 피하조직층의 신경섬유들은 각기 단일 수용기 기관에 연결된다. 그러한 수용기 기관의 구조는 자체의 생리학적 기능을 결정한다. (Goldstein 1999에 근거하여)

룬다. 감각 말단의 가까운 이웃들은 인근 신경세포들로 대응연결된다. 예를 들어, 팔의 표상 영역은 손의 표상영역 가까이 있으며, 장지(가운뎃손가락)의 표상영역은 검지와 약지의 표상영역 사이에 있는 식이다. 이러한 의미에서, 뇌간 내에 신체의 대응도(말 그대로 지도)가 있으며, 이것은 일련의 여러 상위 수준의 피질구조에 연속적으로 다시 대응된다(그림 3.11).

피부의 전문화된 여러 수용기들은 서로 다르게 작용하여, 서로 다른 여러 감각신호들을 발생시킨다. 손등과 같은 부위의 털 난 피부는 모낭 주변을 둘러싼 수용기를 가지고 있어, 털의 움직임에 반응한다. 이것이 바로 털 난 피부에 아주 미약한 접촉이 이뤄지면, 그것을 신호로 바꿔주는 기초 장치이다. 일부 동물의 경우에, 주둥이 콧수염은 고도로 민감하며, 굴 직경의 크기와 같은 중요한 정보를 제공한다. 또한 설치류와 같은 일부 동물들은 콧수염을 움직여 추가적인 정보를 능동적으로 얻어낼 수 있다.

손바닥과 같이, 매끈한(털 없는) 피부는 털이 없이 접촉에 반응하는 두 종류의 수용기, 마이스너 소체(Meissner's corpuscles)와 메르켈 원판(Merkel disks)을 가진다(그림 3.12). 이 둘은 다른 반응 양태를 가진다. 마이스너 소체는 빠른 적응을 보여준다. 이것은 마이스너 소체가 갑작스럽게 자극에 반응하고 (그 자극이 지속되더라도) 이내 멈춘다는 것을 의미한다. 반면에, 메르켈 원판은 느린 적응을 보여주며, 이것은 그것이 연장된 자극에 대해 반응하며 (비록 격발주파수가 감소하더라도) 지속된 자극에 지속적으로 반응한다는 것을 의미한다.

피부 아래 추가로 두 종류의 수용기가 더 있으며, 그것들은 기계적 변형에 반응하며, 압박감 같은 촉감을 일으킨다. 이 수용기들은 (빠르게 적응하는) 파치니 소체와 (느리게 적응하는) 루피니 말단이다. 이런 다양한 수용기들의 밀집 정도는 영역에 따라 다르다. 예를 들어, 팔뚝에 비해서 손끝 감각이 더 예민한 것은 마이스너와 메르켈 수용기가 더 밀집해 있기 때문이다. 이 모든 수용기들 역시 자극의 강도에 따라 다르게 반응한다(그림 3.13).

온도 감각은 명확히 구분되는 두 부류의 수용기, 즉 따뜻한 자극을 위한 수용기와 차가운 자극을 위한 수용기에 의해 일어난다. 선험적 논리로 생각해보면, [온도감각은] 뜨거움에서 차가움에 이르는 전체 영역이 부호화 변조에 의해서 그 신호가 발생될 것이므로, 단 하나만의 수용기로도 충분하다고 상상될 수도 있겠다. 그러나 그러한 생각은 진화가 문제를 해결하는 방식이 아니다.

피부 안의 차가움 수용기(cold receptors)는 온도의 작은 감소에 아주 민감하며, 따라서 정상 기준선(34°C)에서 조금이라도 온도가 내려가면 그것에 비례하여 방전(격발)한다. 그 수용기의 표준감응 범위는 정상 기준선 아래 1°C에서 20°C 사이이다. 그 이하 낮은 온도에 대한 그 수용기 반응은 급격히 감소한다. 자극이 약 32°C에서 45°C 사이에 있다면, (기준선보다 높은 온도에 반응하는) 따뜻함 수용기(warm receptors)가 방전되며, 그보다 높은 온도에서는 이 수용기 반응이 급격히 감소한다. 우리는 (45°C 이상의) 매우 뜨거운 물체를 뜨겁다고 어떻게 느끼는 것일까? 일반적으로, 더 높은 온도에서 작동하는 통각 수용기(pain receptors)가 있기 때문이며, 또한 뜨거운 자극 재원에서 어느 정도 떨어져 위치한 따뜻함 수용기가 그 전파된 온기에 반응하기 때문이다. [즉, 매우 뜨거운 감각은 주로 통각 수용기에 의해 느껴지는 것이며, 약간의 따뜻함 수용기도 작용된 결과이다.] 내적 성찰로 파악되지 않지만[즉, 자신의 느낌을 반성적으로 구분하지 못하지만], '높은 온도'와 '극한 뜨거움'은 서로 다른 하부 양태에 의해 중재된 결과이다. 칠레 고추(chili peppers)에서 발견되는 화학물질, 캡사이신(capsaicin, 고추의 매운맛 물질)은 따뜻함 수용기를 선택적으로 탈분극(depolarize, 격발)시키며, 그 결과 우리는, 실제로 뜨거운 것에 접촉하지 않고서도, 뜨거운 감각을 느낀다. [역자: 매운맛은 통각 수용기와 뜨거움 수용기가 함께 작용된 결과이다.] 반대로, 멘톨(menthol, 박하맛 물질)은 차가움 수용기에 선택적으로 작용하여, [실제로 차가운 물체에 접촉하지 않았지만] 시원한 느낌을 만들어낸다.

또한 역설적 냉각(paradoxical cold)이라 불리는 현상이 실험적으로, 즉 매우 뜨거운(45°C 이상) 자극을 오직 차가움 수용기만 지닌 피부의 (좁은) 점 영역에 접촉시켜서 유도된다. 그 실험에서 실제로 뜨거운 자극이 주어지지만, 우리는 차가운 느낌을 느끼게 된다. 왜냐하면, 차가움 수용기가 매우 뜨거운 자극에도 반응하기 때문이다. 차가움 수용기는, 뜨거운 자극을 대략적으로 받아들여, "차가움을 보고하도록 회로 연결되어" 있어서, 우리는 아주 뜨거운 자극을 차갑다고 느끼게 된다.

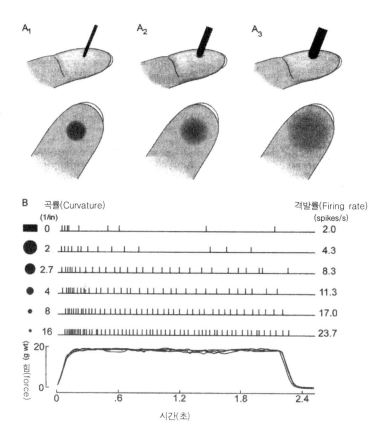

그림 3.13 감각 시스템은, 감각에서 확인되는, 네 감각요소 특성, 즉 형태, 위치, 강도, 시기 등을 부호화한다. 그러한 네 가지 감각 특징들이 접촉에서 어떤 체성감 각 양태를 갖는지 그림이 보여준다. A. 인간 손의 접촉 하부 양태는 네 종류의 기계식 수용기에 의해서 감각된다. 특정한 촉감은 독특한 유형의 수용기 활성으로 일어난다. 네 유형의 수용기 모두의 격발이 사물에 대한 촉감을 일으킨다. 메르켈 원판(Merkel disks)과 루피니 말단(Ruffini endings)의 선택적 활동이 (수용기 위) 피부에 지속적인 압박 감각을 만들어준다. 마이스너 소체(Meissner's corpuscles)와 파치니 소체(Pacinian corpuscles)에 동일 패턴의 격발이 발생할 경우에만, 손저림 진동감각이 지각된다. B. 어떤 자극에 대한 '위치'와 '다른 공간적 속성들'은 활성화된 수용기 집단의 공간적 분산에 의해서 부호화된다. 각각의 수용기들은, 오직 그 감각 말단에 가까운 피부가 접촉될 경우에만, 즉 자극이 수용기의 **수용영역**(receptive field)에 영향을 미칠 경우에만, 활성전위로 격발한다. 다른 여러 기계식 수용기의 수용영역들은 (위 그림에서 손가락 끝 부분에 검게 표시되었듯이) 서로

크기가 다르며, 그리고 (접촉에 따라) 다르게 반응한다. 메르켈 원판과 마이스너 소체는, 그것들이 가장 좁은 수용영역을 가지며, 작은 탐침에 의한 압력에 더 민감한 만큼, 가장 정확한 접촉 위치를 알게 해준다. C. 자극의 강도는 개별 수용기의 격발률에 의해서 신호로 발생되며, 지속적 자극은 격발 시간 경과에 의해서 신호로 발생된다. 각 손가락 아래 연속적 극파(spike)는, 작은 탐침으로 수용영역 중앙에 압력이 가해져, 발생된다. 이러한 두 수용기들(마이스너와 파치니 소체)은 지속 자극에 빨리 적응하며[둔감해지며], 반면에 다른 두 수용기들은 느리게 적응한다. (Kandel, Schwartz, and Jessell, *Principles of Neural Science*[2000].)

만약 당신이 화강암 절개 면에 손바닥을 짚는다면, 당신의 감각 자체는 "전체적" 혹은 연속적인 것 **같아 보이며**, 많은 요소들에 의한 하나의 방향성이 아니라고 느껴질 것이다. 그렇지만 실제로 [그러한 감각 느낌에는] 다양한 피부 수용기들의 반응이 관련된다. 차가움 수용기는 한 속성을 나타내며, 파치니 소체는 바위가 당신의 손에 압력을 가하는 반응에 빠르게 방전할 것이며, 루피니 수용기 또한 반응하겠지만, 다만 그 압력의 지속에 대해서만 반응할 것이다. 만약 당신이 세게 누른다면, 통각 수용기도 반응하게 된다. 만약 당신이 자신의 손을 부드럽게 올려놓을 경우라면, 마이스너 수용기가 빠르게 적응하자(둔감해지자)마자, 메르켈 수용기가 촉감에 반응할 것이다. 감각 말단에서 일어나는 이러한 여러 반응들 연합이 뇌로 전달되어, 당신은 거칠고, 차갑고, 단단한 느낌을 가지게 되고, [당신의 손에 닿은 것이] 바위 표면임을 알게 된다.

근육과 관절 내의 여러 수용기들은, 사지(limbs)의 위치와 움직임에 대한 정보(자기자극감응)를, 뇌에 업데이트해준다. 이러한 신경섬유 경로는 여러 질병(말초신경병)에 의해서 훼손될 수 있으며, 자기자극감응 시스템이 손상된 환자는 심각히 쇠약해진다. 그런 환자들은 흔히 걷기와 같은 아주 단순한 운동과제에도 상당한 어려움을 겪는데, 그것은 그들이 자신들의 다리와 발이 어디에 있는지 알지 못하기 때문이다. 그러한 환자들이 걸음을 걸으려면, 눈을 이용하여, 자신들의 신체 모습을 결정해야만 한다. 만약 말초신경병 환자가 방에 서 있는 상태에서 전등이 꺼진다면, (남의 도움 없이) 자세를 유지하지 못하여, 엉덩방아를 찧을 것이다. 일상적 생활에서 정상인들은 수입[즉, 들어오는] 자기자극감응 신호를 당연한 것으로 받아들인다. 우리는 자신들이 이러한 정교한 방식을 가지고 있다는 것을 거의 알지 못하며, 일부 철학자들은 자신들이 자기자극감응 신호를 알 수 있다는 사실 자체를 부정하기도 한다. 그리하여 그들은 자신들의 사지에 대한 위치정보를 가지지 않고도, 그 위치를 알 수 있다는 식으로 주장하기도 한다. 지극히 당연한 일로, 자기자극감응 시스템이 붕괴된 환자들을 보게 된다면, 우리는 이러한 자기자극감응 신호들이, 우리 의도대로 자신의 사지와 신체 전체를 움직일 능력만큼이나, 우리 신체감각에서 얼마나 중요한지를 알게 된다.

머리 움직임에 대한 표상은 상당히 특별한데, 그 표상에 내이(inner ears)의 특별한 구조, 즉 반규관(semicircular canals)에서 나오는 신호가 포함되기 때문이다. 거의 서로 직각으로 이루어진, 세 개의 반규관은 머리의 움직임을 검출하여, 평형과 자세를 유지하는 데 중요한 역할을 담당한다. 반규관은 유동체로 채워져 있으며, 정교한 섬모들이 유동체 내에 뻗어 있다. 머리가 움직이면, 반규관이 유동체에 상대적으로 움직이게 되지만, 유동체는 관성 때문에 정지하려는 경향을 갖는다. 이런 이유로, 유동체 내에서 섬모가 움직이게 되고, 그렇게 발생되는 편차는 (섬모를 지닌) 수용기를 탈분극시킨다(그림 3.14). 세 반규관에서 나온 신호들의 통합에 의해서 (절대공간에 상대적으로) 우리는 머리를 어디로 움직이고 있는지, 어떤 방향으로 움직이고 있는지 등을 알게 된다. 목 근육 내의 수용기 또한 (이번에는, 몸통 대비로) 머리 위치 표상에 기여한다.

적응효과(adaptive effects)[즉, 둔감해지는 효과]는 일상적으로 발생된다. 잘 알려진 것처럼, 만약 당신이 몇 분 동안 한 손을 얼음물에 담그고, 다른 한 손을 뜨거운 물에 담근 후에, 두 손을 미지근한 물통 속에 담근다면, 각각의 손은 아주 동일한 물에서 서로 다른 온도를 느끼게 된다. 얼음물에 넣었던 손에서는 상당히 따뜻하다고 느낄 것이며, 뜨

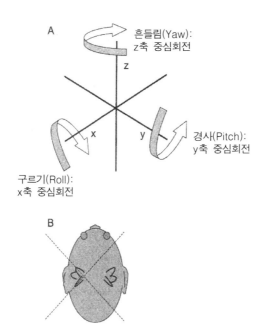

그림 3.14 내이(inner ears)의 전정기관(vestibular organs)에 대한 도식적 그림. 전정기관은 세 반규관(semicircular canals)으로 구성되어 있으며, 그 각각은 서로 거의 90° 각도를 이룬다. 반규관은 유동체로 채워진 단단한 관이며, 유동체의 흐름은, 도관에 수직으로 뻗은, 외벽 내의 섬모세포에 의해 감지된다.

거운 물에 담갔던 손에서는 꽤 시원하다고 느낄 것이다. 또한, 적응효과는 오랜 시간에 걸쳐서 일어난다. 정상적인 경우에, 사람들은 항상 왼발로 차의 클러치를 밟는데, 그 경우에 클러치의 저항감은 아주 친숙해진다. 그런데 이번에 만약 당신이 **오른쪽** (맨)발로 클러치를 밟는다면, 그 느낌은 완전히 다른 것이다. 어느 정도 스케이트를 탈 때까지, 처음에는 신고 있는 스케이트가 무겁게 느껴지겠지만, 몇 시간 동안 스케이트를 타고 난 후에 벗게 되면, 이상하리만치 발이 가볍다는 느낌을 갖게 된다. 유사한 사례로, 사람들은 무거운 배낭에 익숙해지고 난 후에, 하루 일과가 끝난 후 배낭을 벗게 되면, 마치 달 위를 걷듯이 몸이 가벼워진 것을 느끼게 된다. 이러한 다양한 적응효과들은 다음을 강조하게 만든다. 우리가 경험하는 것들은 언제나, 자체의 특이한 반응 패턴과 체계를 지닌, 신경계 구조에 의해 중재된다. 그러한 여러 종-특유 특성들은 진화의 압력에 의해 형성되었다.

인간의 신생아는 어느 정도의 신체표상을 가질까? 신생아에 대한 관찰을 통해서, 출생 후 처음 수 시간 내에, 손이 얼굴을 만지는 동작에 일정한 순서가 있다는 것이 드러났다. 그 평균적인 시간은 다음과 같다. 손을 입에 대는 동작은 출생하고 167분 후에, 그리고 얼굴을 만지는 동작은 192분 후에, 머리는 380분 후에, 귀는 469분 후에, 코는 598분 후에, 눈은 1491분 후에 만진다.[28] 출생 후 첫 주에, 유아는 자기자극감응 신호를 이용하여 자세를 조절하며, 자신의 몸을 탐색한다. 그중에서도 특별히 자신의 입, 발가락, 손가락 등을 탐색한다. 유아는 무엇인가 만지기 위해서, 손-눈 조정[즉, 눈이 향한 곳에 손을 위치시키는 조정]을 하며, 그것은 점차 개선된다. 입은 손이 닿을 것을 예측하며, 손은 (많은 다른 시작점에서 출발하여) 많은 경로들 중에 하나를 선택하여 입으로 도달하고, 그러는 중에 시각 안내는 필요치 않다.

그렇지만 태아가 자궁 속에서 아무것도 안 하면서 게으르게 머물고 있는 것이 아니며, 대략 임신 10주부터 바쁘게 이리저리 움직인다는 점을 기억할 필요가 있다. 발길질하고 흔드는 움직임뿐만 아니라, 자기 손을 입으로 가져가고, 몸 뒤집기와 같이, 신체 전체를 움직인다. 감각되먹임(피드백)에 따라서 일어나는 이러한 움직임은 운동 시스템과 체성감각 시스템이 온전하게 회로를 형성하기 위해서 필요한 부분이다. 자궁 내에서 태아가 훈련하는 많은 움직임들은 출생 후 세상에서 더 복잡한 기술들을 독립적으로 습득하기 위한 기반을 제공한다. (발달에 관해서는 8장에서 다뤄질 것이다.)

유아의 신체표상을 새롭게 이해하는 관점이 발달심리학자 앤드류 멜트조프(Andrew Meltzoff)에 의해서 발견되었다. 아주 어린 유아일지라도, 다른 사람이 혀를 내미는 것을 보고, 그 반응으로 혀를 내민다.[29] 멜트조프에 따르면, 실험 가능한 가장 빠른 시간, 즉 출생 42분 후에,

멜트조프가 혀를 내밀자, 신생아는 자신의 얼굴을 물끄러미 응시하고는, 머뭇거리면서 혀를 밖으로 내밀었다. 또한 유아는 입을 크게 벌리거나 얼굴을 찡그리는 것을 흉내 낸다(그림 3.15). 흥미롭게도, 유아들이 상대의 전체 움직임을 보지 못한 경우엔, 하여튼, 잘 반응하지 않았다. 정지된 채 내밀어진 혀만 보여주는 것이 신생아를 흉내 내도록 촉발하지는 못하였다.

이러한 모방하기 행동을 통해서 우리는 다음을 알 수 있다. 비록 초기 단계라고 할지라도, 뇌는 다른 사람의 안면운동에 대해서 본 것을, 자신의 감각운동 표상으로, 대응시킬 수 있다. 느슨하게 말해서, 유아의 뇌는 스스로 본 것("밖으로 나오는 당신의 혀")과 자신의 입 안에 있는 것("나의 혀")이 일치하며, 또한 입 주변과 혀의 근육을 움직여 "내가 당신처럼 보이게 할 수 있다"는 것을 "알고" 있다. 덧붙여 말하자면, "안다"와 "나"라는 용어가 따옴표로 강조 표시되었는데, 이것은 3세 어린이가 그런 것들을 할 줄 아는 방식으로, 유아들이 그런 것을 아는 것은 아니기 때문이다. 유아의 자아-표상은, 3세 어린이에 비해서, 더 단편적이며 덜 연관되어 있다. 그렇지만, 단순한 얼굴 표현을 흉내 내는 능력으로 보아, [그 행동 내에] 초보적 일관성과 (그 행동을 지원하는) 연결회로가 있음을 보여준다.

이러한 능력은 "거울 뉴런(mirror neurons)"이라 불리는 전전두엽 내의 특별한 뉴런 집단에 의해 중재된다. 1990년대에 원숭이 실험에서 리졸라티(Rizzolatti)와 연구원들에 의해서 처음 발견된 것으로, 원숭이가, 건포도를 집어 드는 것과 같은 특정한 손동작을 할 때에, 혹은 다른 원숭이가 동일한 손동작을 하는 것을 볼 때에, 그 어느 경우에도 반응하는 뉴런이 있다.[30] 비록 이러한 거울 뉴런이 자아-표상 내에서 어떤 역할을 하는지 아직 밝혀진 것은 아니지만, 그 뉴런들의 독특한 반응 패턴으로 알 수 있는바, '흉내 내기', '자아/비자아 구분하기', '사회적 인지하기' 등의 (더욱 일반적인) 역할을 할 듯싶다. (이러한 뉴런이 무엇이며, 흉내 내기에서 그 뉴런의 역할이 무엇인지 등에 대해서, 뒤에서 곧 다시 논의된다.)

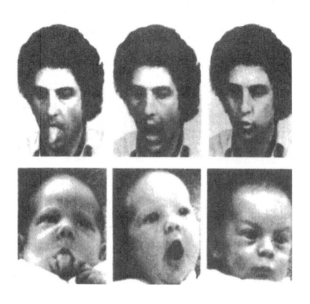

그림 3.15 2주에서 3주 정도 된 유아들이 성인이 보여주는 얼굴 동작을 모방하는 것을 보여주는 사진. (다음에서 가져왔다. Meltzoff and Moore, 1977. 재출판됨. *The MIT Encyclopedia of the Cognitive Science*, s.v. "Imitation.")

내장 시스템(visceral system)

신체표상에 관한 다른 이야기는, 우리가 (느슨하게) "내장(innards)"이라 부르는 것을 통제하는, 자율신경계(autonomic nervous system)에 관한 것이다. 내장의 기능을 통제하는 뉴런에 의해 자아-표상이 정립되는 측면이 있다는 이야기는, 아마도 복잡한 정도가 서로 다르긴 하겠지만, 모든 동물에게 공통된 부분이다. 우리가 의식적으로 조절하지 못한다고 하더라도, 자율신경계는 우리의 생명유지 기능을 담당한다. 우리는 호흡해야 하며, 심장이 박동되어야 하고, 위장이 소화기능을 해야 하며, 방광근육은 수축할 수 있어야 한다. 그 무엇보다도, 우리는 침, 인슐린, 소화효소 등을 분비해야 하고, 도망칠 때면 골격근 내의 혈관을

166

확장시키고, 소화할 때면 그런 혈관을 수축시켜야 한다. 이런 것들 모두, 걷기나 휘파람 불기가 확실히 운동 기능이듯이, 일종의 운동 기능이다. 그렇지만 그런 것들은 우리가 보지 못하는 여러 신체구조들을 주로 통제한다. 자율신경계는 (혈관과 창자 내의) 평활근(smooth muscles), 심근(cardiac muscles, 심장근육), (부신, 침샘, 눈물샘 등의) 분비선(glands) 등을 통제한다.

자율신경계는 또한, 우리 내장으로부터 뇌와 척수까지 신호를 전달하는, 여러 구심성 경로들(afferent pathways)을 가진다. 무엇보다도, 이러한 되먹임 신호들은, 기분 좋거나 나쁜 느낌, 힘이 충만하거나 소진된 느낌, 긴장이 풀리거나 각성되는 등 일정 범위의 일반화된 느낌들을 위해서, 입력정보로 제공되는 것처럼 보인다.

자율신경계는 크게 두 부류, 즉 힘겨운 환경에서 신체가 작동하도록 구동시켜주는 **교감신경계**(sympathetic system)와, 격렬한 활동에서 신체를 회복하게 도와주는 **부교감신경계**(parasympathetic system)로 구분된다. 두 시스템은 서로 균형을 잡아주는 역할을 한다(그림 3.16). 예를 들어, 만약 어떤 포식자가 피식자를 공격하려는 경우에, 동공이 확대되고, 심장박동이 빨라진다. 그리고 기관지와 관상동맥 혈관이 확장되고, 땀이 분비되며, 부신(adrenal gland)에서 카테콜라민(catecholamine)이 분비되고, 소화기관 내의 평활근 활동은 억제된다. 만약 그 포식자가 공격을 완수하여 피식자를 포획한다면, 그 먹이에 집중하는 중에 진정된다. 그러면 동공은 축소되고, 침이 다시 분비되며, 소화기관 내의 운동근육 활동이 재개되고, 소화액이 분비되며, 심장박동이 느려진다.

뇌간, 연수, 시상하부 등의 신경그물망은 그러한 조절에 중심적 역할을 담당한다. 뇌간에서 나오는 신호 또한 편도에서 시상을 거쳐 대뇌피질 영역, 즉 체성감각피질, 일부 대상피질, 안와전두피질(orbital frontal cortex) 등으로 전달된다. 내부 신체 신호와 체성감각 시스템으로부터 나온 신호의 통합은, (계통발생학적으로 좀 더 오래된) 뇌간에서부터 (계통발생학적으로 좀 더 최근의) 대뇌피질의 전두 영역에까지, 다양한 수준에서 일어난다(그림 3.17).

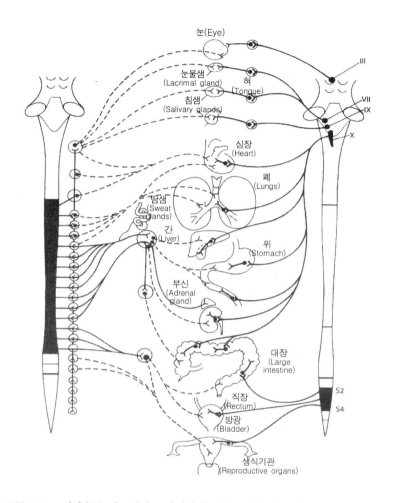

눈(Eye)

눈물샘
(Lacrimal gland)

혀
(Tongue)

침샘
(Salivary glands)

III

VII
IX

X

심장
(Heart)

폐
(Lungs)

땀샘
(Sweat
glands)

간
(Liver)

위
(Stomach)

부신
(Adrenal
gland)

대장
(Large
intestine)

직장
(Rectum)

방광
(Bladder)

S2

S4

생식기관
(Reproductive organs)

그림 3.16 내장운동 시스템의 교감신경계 부분(그림의 왼쪽)과 부교감신경계 부분(그림의 오른쪽)을 보여주는 그림. 부교감신경계는 동공을 수축하고, 침과 눈물을 자극하며, 콧구멍을 수축하고, 심장박동을 느리게 하고, 소화기관을 자극하고, 장의 혈관을 확장하고, 방광 수축을 자극하고, 성적 각성을 자극하는 등을 한다. 이 부분을 위한 신경전달물질은 아세틸콜린(acetylcoline, Ach)이다. 교감신경계는 반대쪽에 보여준다. 이것은 동공을 확장하고, 침샘과 눈물을 억제하며, 콧구멍을 이완하고, 간에서 글루코오스(glucose) 생산을 자극하고, 부신에서 에피네프린(epinephrine)과 노르에피네프린(norepinephrine, NE) 분비를 자극하고, 방광을 이완하고, 오르가슴을 자극한다. 이것은 (점선으로 표시된) 일부 기능을 위해서 노르에피네프린을 이용하며, (실선으로 표시된) 다른 기능을 위해서 아세틸콜린을 이용한다. [약어] III: 안구신경(oculomotor nerve), VII: 안면신경(facial nerve), IX: 혀인두신경(glossopharyngeal nerve), X: 미주신경. (Heimer 1983)

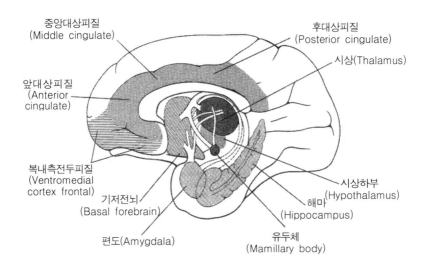

중앙대상피질
(Middle cingulate)

후대상피질
(Posterior cingulate)

시상(Thalamus)

앞대상피질
(Anterior
cingulate)

복내측전두피질
(Ventromedial
cortex frontal)

기저전뇌
(Basal forebrain)

편도(Amygdala)

시상하부
(Hypothalamus)

해마
(Hippocampus)

유두체
(Mamillary body)

그림 3.17 변연계 구조(limbic structures)의 도식적 그림.

　대뇌피질의 표상은, 집단적 시상 신호와 동조하며, 우리가 내장의 여러 느낌들을 알기 위해 필수적이다.[31] 십이지장 팽창과 혈압을 표상하기와 같은, 구심성 신호는 의식적 자각을 통해 알기 어려워 보인다. 여러 자율신경계 경로들 내부의 상당한 활동이, 의식적 수준에 이르지 않으면서도 어떻게 행동을 조절할 수 있는지 알려져 있지 않으며, 무엇이 창자와 방광의 팽만감이란 신호를 만들어주는지 역시 실제로 이해되지 못하고 있다. 창자와 방광의 팽만감은 내성적으로 선명하고 명확히 파악되는 것 같으며, 피곤한 느낌 혹은 배부른 느낌과 같은 다른 느낌들은 덜 명확하고 불분명하게 파악되는 것 같아 보인다. [하여튼 이런 것들을 우리가 알 수 있다면, 그 신호전달체계가 있기 때문일 것이다. 그러나 아직 우리는 그것이 무엇인지 이해하지 못한다.] 여러 자율신경계 신호들을 우리가 다르게 의식한다는 사실을 어떻게 설명해야 할지 의문에 우리가 지금 대답할 수 없지만, 연구해볼 만한 가치는 있다.

자율신경계는, 그것이 부드럽게 작동되는 한, 일상생활에서 상당히 방치된 상태이다. 정말로, 대충 보기에, 신경계의 이 부분은 **자아-표상하기**와 거의 무관한 듯이 보인다. 누구라도 이렇게 반문할 것이다. 연동운동, 심장박동수, 글루코오스 수준 등등과 같은, 여러 기능들에 대한 통제가 **자아**-표상과 관여되어야 할 어떤 이유라도 있는가? 분명히, 자서전적 기억은 나를 **나**로 만들어주는 어떤 역할을 담당하겠지만, 내장 지각은 [자아-표상을 위해] 어떤 역할도 담당할 것 같지 않아 보인다.

그럼에도 불구하고, 자율신경계가, 생체기능을 조정하고, 행동 선택을 편향시키고, 현재 진행되는 경험에 감성적 색깔을 입혀주는 등의 핵심 역할을 담당한다는 측면에서, 자율신경계는 어느 동물을 하나의 정합적 생명체로 만들어주는 핵심 요소이다. 그러므로 자율신경계가, 결코 자아-표상 전체에 관한 이야기를 말해주지 못하겠지만, 개별 동물과 종을 넘어서 [자아-표상을 말해줄] 중요한 요소이다. 자율신경계와 체성감각 시스템은, 뇌간, 대상피질, 시상하부, 편도체 등에 연결을 이루어, 어떤 동물의 한 모델, 즉 그 동물의 욕구, 현재 지표 설정, 각성 상태 등을 구체적으로 담아낸다. 우리가 어린 시절 여러 삶의 사건들을 의식적으로 회상한다거나 혹은 자신의 동기(motives)나 선호(preferences)에 관해서 의식적으로 궁금해하는 경우에, 자주 이야기하는, 여러 자아-표상능력들이 비록 **자아**의 명확한 중심처럼 보인다고 할지라도, 그러한 능력들은, 자율신경계와 체성감각 시스템에 기반하는, 원초적 자아 모델을 진화에 의해 확장하고 다듬어온 결과물일 듯싶다.

1.3절과 2.1절에서의 주요 논점은 다음과 같다. 우리의 여러 기초 자아-표상능력들은 '행위자 중심'과 동물의 생존을 위한 '내부 통제'와 긴밀히 연결된다. 게다가 더 멋진 여러 자아-표상능력들은 행위자와 내부 통제에 대한 (비록 길게 꼬여 있긴 하겠지만) 나름의 근거를 갖는다. 그러므로 내부 환경에 대한 인식과 통제는, 여러 영역들이 **하나의 동일 능력 연결체**를 형성함으로써, 가능해진다고 생각될 수 있다. 대략적으로 말해서, 내부 통제는 (좁은 가소성 범위를 지닌) 본질적으로 낮은

수준의 인식이라면, 높은 수준의 인식은 (훨씬 더 넓은 가소성 범위를 지닌) 본질적으로 멋진 통제이다. 예를 들어, 생존-촉진 행위를 (궁극적이며 직접적으로) 하는 무언가가 어떻게 가감될 수 있을지가 직접적으로 명확해 보이지는 않겠지만, 잠시 반성해보면, 그런 직관적 생각은 뒤집어진다. [즉, 내부 환경에 대한 우리의 무의식적 인지가 자아-표상에 영향을 미친다는, 그리고 그 정도가 시시각각 다를 수 있다는 것을 반성해본다면, 생명유지 행위를 하는 자아가 일정하지 않다는 것이 이해될 수 있다.] 다소 멋진 인지 능력들은 어느 종의 신경계에, [그 종에 속한] 동물이 더 똑똑하거나 더 빠르거나 혹은 생존경쟁 게임에서 경쟁자를 물리칠 수 있도록, 길을 열어준다.

일부 자아-표상능력들은 앎과 관련되지만, 일부는 그렇지 않다. 일부 자아-표상능력들은 높은 수준 인지에 연합되지만, 일부는 그렇지 않다. 신체는 뇌로, 여러 번 거듭하여, 다른 시간 간격으로, 다른 정도의 일반성으로, 다른 수준의 계산적 목표에, 그리고 여러 운동 연속동작의 다른 조합으로, 표상되는 것으로 보인다. 다음과 같은 많은 의문들에 대해서 우리는 아직 대답을 얻지 못하고 있다. 예를 들어, 정보의 통합이 어떻게 이루어지는가, 여러 목표와 운동 선택지들에 대한 평가가 어떻게 이루어지는가, 과거 경험이 미래 모델에 어떻게 영향을 미치는가, 학습한 기술(skill)이 어떻게 그 역할을 해내는가 등등이다. 여기에 거론된 의문들은 단지 개략적인 목록에 불과하다. 더구나, 단지 거론될 목적에서 아주 단순화시킨 개략적 목록에 불과하다.

2.2. 타자들 사이의 자아

복잡한 뇌에 대한 표상의 탐험에서, 감각과 운동의 신체적 매개변수에 대한 표상은 단지 첫걸음에 불과하다. 출생 후 (풍부한) 경험에 안내됨으로써, 뇌는 **외부** 세계에 대한 체계적 표상을 구성한다. 인간의 경우라면, 베개와 장난감, 할머니, 그리고 과자 등에 대한 표상들을 구성할 것이지만, 지빠귀라면 딱정벌레와 매 그리고 몸을 숨길 잎이 많은 덤불 등에 대한 표상을 구성할 것이다. 그러한 표상들을 다음과 같은 정교한 수준에서 생각해보라. 뇌의 범주가 "아야, 여기 아파"와 "오, 좋은 냄새 나네" 등과 같은 대략적인 형식인, 원초자아(protoself) 수준에서부터, 뇌가, "그 말벌이 나를 쏠 수 있어" 혹은 "그 과자 맛이 좋아" 혹은 "내가 그 새를 잡을 수 있어" 등과 같은 인과적 속성의 용어로, 사물들을 규정하기 시작하는, 계산적으로 복잡함 수준까지, 생각해보라.32) 많은 학습은 자신의 세계에 대한 인과적 대응도(causal map)가 구축됨으로써 성취된다.

인간 아기들은 어떤 종류의 **인과적** 지식(causal knowledge)을 가지는가?33) 여러 발달심리학자들이 이 의문에 대해 많은 연구를 해왔다. 예를 들면, 유아의 발목에 리본을 매고, 그 리본의 다른 한쪽 끝은 (유아용 침대 위에 매단) 모빌에 매어두면, 그 유아는 곧 발로 차서 그 모빌을 움직일 수 있다는 것을 배운다. 따라서 이것은 유아가 자기 다리의 동작이 무언가를 움직이게 할 수 있다는 것을 이해한다는 것을 의미한다. 그렇지만 그 인과적 상황에 대한 유아의 이해는 제한적이다. 예를 들어, 리본이 자신의 발에서 떨어져나간 상황에서도, 유아는 [모빌을 움직이려는] 기대에서 계속 발길질을 하는데, 이것은 분명 그러한 효과를 가지려면 리본이 모빌에 연결되어 있어야만 한다는 것을 인식하지 못한다는 것을 보여준다.34)

경험과 성숙에 의해서, 아기는 세상에 대해 적절한 인과적 이해를 점차 늘려가게 된다. 수건 위에 장난감을 놓아, 아기가 장난감을 가지려면, 그 수건을 잡아당겨야 하는 경우를 가정해보자. 한 살 된 아기는 장난감이 실제로 수건 위에 있을 경우 이 과제를 성공적으로 수행하며, 장난감이 단지 수건 옆에 놓여 있을 경우라면 보자기를 애써 당기려 하지 않는다. 그렇지만 더 어린 아기라면, 장난감이 수건 옆에 있다고 할지라도, 그것을 당겨 장난감이 오지 않을 경우에, 좌절하게 된다. 18개월 된 아기라면, [같은 상황에서] 장난감 갈퀴를 사용하여 물체를 자기 쪽으로 끌어 오지만, 한 살 된 아기들은 그렇게 하지 못한다.

병과 장난감의 세계가 중요하긴 하지만, 표상해야 할 것들이 더 남아 있다. 특별히, 갈까마귀, 늑대, 원숭이, 인간 등과 같이 군집하는 동물들의 경우에, 그들의 뇌는, 자신들이 [귀속되고] 발견되는, 복잡한 사회적 세계를 이해하고 표상할 수 있다. 그런 세계는, 단지 다른 대상들의 세계만이 아니며, 다른 **자신들**, 즉 (복잡한 지각기술, 운동기술, 자신을 표상하는 능력과 실천적 행동목록 등을 지닌) 다른 뚜렷이 구별되는 신체 부분들의 세계이다.

그런 사회적 세계 내에서 다른 동료들이 무엇을 의도하고, 느끼고, 원하는지 등을 이해하는 것은 매우 중요하다. 그러한 인지적 이해는, 어느 정도, 다른 동료들의 내적 인지 상태를 모델화하는 능력에 의존하는 것으로 보인다. 예를 들어, 다른 동료들의 입장에서 어떤 사물들을 볼 수 있을지, 그들이 사냥하는 중에 무엇을 계획할지, 그들이 무엇을 두렵게 느낄지 등과 같은, 다른 동료들의 내적 인지 상태를 알 수 있어야 한다. 그러한 인지적 표상으로 인한 유리함은 그 동물로 하여금 다른 인지적 피조물의 행동을 예측하고 조정할 수 있게 해주며, 자신들이 (집단적으로) 구성하는 사회적 세계 내에서 영위할 수 있게 해준다.

이러한 수준의 표상능력은, 일종의 "아하, 이런 느낌이 좋아"라는 양태의 신체적 내부 지표인, 원초자아(protoself) 표상보다 더 복잡하다. 대략적으로 말해서, **일반적으로** 뇌는 지금 현재 뇌의 표상 활동을 표상한다. 즉, 뇌는 지금 **자신**의 여러 활동들을 하나의 **표상 체계**로 (적어도 어느 정도는) 표상할 수 있다. 과학적 관점에서 바라보면, 그러한 표상이, 유용하게 이용될 수 있기 위해서, 아주 정교하거나 세밀할 필요는 없다. "그녀가 나를 좋아해", "그가 나를 두려워해", "그녀가 나를 때리려고 해" 등을 생각하기는, 갈까마귀 무리들에게 그리고 초등학교 놀이터 친구들에게도 사회생활을 성공적으로 영위하게 해주는 기반이다.

다음을 주목해보라. 만약 나의 뇌가 당신을 '잘 꾸미려 하거나, 뱀을 무서워하는 등등으로' 표상한다면, 이것은, 내가 당신의 얼굴 표정과 신체적 행동을 보면서, 그런 것들이, 내가 직접 **관찰하지 못하는** 무엇의 결과, 즉 '당신의 두려운 느낌, 꾸미고 싶어 함 등등의 결과'로 여긴다는 것을 의미한다. 나는 당신의 창백한 얼굴과 커진 눈동자를 볼 수 있지만, 당신의 두려움은 **당신 뇌** 상태이다. 그러나 나는 당신이, 이러한 효과에 의해 일어난, 내부 상태를 가진다고 생각하며, 또한 그러한 당신의 상태를 (내가 두려워할 때의) 나의 상태와 동일하다고 생각한다. 이런 측면에서, 다른 동료의 자아와 외부 세계에 대한 표상 모델들은, 고전적 조건화(classical conditioning)를 지원하는 신경회로 속에 내재화된 일반화라기보다, 물체가 왜 떨어지는지를 설명해주는 뉴턴의 중력법칙과 같은, 과학적 가설의 이용에 더 가깝게 유사하다. [즉, 타자의 심적 상태를 읽는 우리의 능력은, 단지 반복된 학습으로 종소리를 듣기만 해도 침을 흘리는 개의 습관 형성과 같은 고전적 조건화라기보다, 과학 이론에 의한 추론적 능력에 더 가깝다.]

'과학적 이론'과 '동료들을 **타자의 마음으로** 표상하는 도식(scheme)' 사이의 유비는 주로 미국 철학자 윌프리드 셀라스(Wilfrid Sellars)에 의해 고안되었다.35) 물론, 셀라스는 이 양자 사이에 중요한 차이점이 있다는 것도 알았다. 예를 들어, 과학적 이론은 초기에 가설로서 **명확히** 제안되지만, "통속이론(folk theories)"은 그렇지 못하다. 타자의 마음에 대한 "이론"이, 마치 크로마뇽 부족(Cro-Magnon clan)이 저녁 모닥불 주위에 둘러앉아서, 크롱(Krong)이 '우리 일족은 정신 상태를 가지고 있다'는 새로운 생각을 설명하던 중에 나온 것은 아니다. [즉, 타자의 마음이론이 인류의 언어적 활동에 의해서 나타나게 된 것이 아니다.] 분명히 셀라스는 그와 같이 멍청한 생각을 상상했던 것이 아니다. 그의 생각의 진짜 핵심은 다음과 같다. '마음을 이해하기 위한 우리의 표상 체계' 내의 몇몇 특징들, 즉 범주들의 상호의존, 관찰에서 **모델 이용하기**, 예측하기, 중재됨, 설명하기 등등과 같은 특징들은 과학 내에서 이론이 담당하는 **역할**과 유의미하게 유사하다. 게다가, 셀라스는 자신의 통찰을 통속심리학에만 적용했던 것이 아니라, 다른 상식적 이해의 영역, 즉 통속물리학, 통속생물학, 통속의학 등에도 적용했다. 그럼에도 불구하고, 그가 자신의 통찰을 우리의 내적 상태, 즉 정신 상태에 적용한 일은, 마음이론에 대한 선험적 심리철학(a priori philosophy of mind)의 절명의 통제력을 느슨하게 만들었다. [즉, 이후의 학자들이 선험적 심리철학의 족쇄에서 벗어나게 해주었다.]

동일한 논점이, 동료의 의도를 모의실행기 기능과 연결시켜 이해하는 관점에서도 나온다. 이미 살펴보았듯이, 모의실행기의 역모델 요소들이 어떤 운동명령(의도)을 만들어내면, 그 명령의 복사신호가 전방위 모델로 보내어지고, 그곳에서 결과가 예측되고 평가된다. 만약 내가 동료가 어떤 행동을 하려는 (예를 들어, 건포도로 손을 뻗는) 것을 본다면, 나는 내 뇌 내부에서 그런 행동을 시뮬레이션하여 그의 의도를 이해한다. 개략적으로 말해서, 전방위 모델은 관찰된 동작의 결과를 예측할 것이며, 역모델은 (그 자체만으로는 실행되지 않은) "만약 그랬을 경우"에 대한 명령을 만들어서, 뇌로 하여금 **관찰된** 동작을 해석하기 위한 기반을 제공한다.36) 이것은 본질적으로 시뮬레이션에 의해 (내가 그쪽이었다면 나는 어찌하였을지) 타자의 의도를 표상하기이며, 오프라인 계획하기와 마찬가지로, 분명히 시뮬레이션이란 표준 모의실행기에 약간의 조정을 가하는 것으로 실행될 수 있다. 앨빈 골드만(Alvin Goldman)에 의해 처음 제안된, 이러한 시뮬레이션 가설은 특별히 셀라스의 가설을 개선시킨 것이라 할 수 있는데, 왜냐하면 시뮬레이션이 언어 기능 또는 명시적 추론에 의해 중재되어야만 한다는 어느 생각으로부터도 명백히 자유롭기(벗어나기) 때문이다.

또한 그러한 가설은 (앞에서 언급된) 리졸라티 실험실에 의해서 전운동피질(premotor cortex)의 **거울 뉴런**을 발견했던 실험과도 관련된다. 리졸라티와 연구원들은, (움켜쥐는 특정 동작에 선별적으로 반응하는) 특정 손을 움켜쥐게 하는 뉴런, 입으로 붙잡는 뉴런, 껴안는 뉴런, 눈물 흘리는 뉴런 등을 확인했다(그림 3.18). 앞에서 주목했듯이, 거울 뉴런은, 동물이 다른 동료의 특정 움직임을 **볼 경우**에, 혹은 그 동물 자신이 스스로 특정 움직임을 **동작할 경우**에도, 반응한다. 이러한 뉴런들의 행동은 다음을 시사한다. 자신이 다른 동료의 움직이는 동작을 보는 중에, 자신의 전운동피질은 그 동작에 일치하는 초기 운동명령을

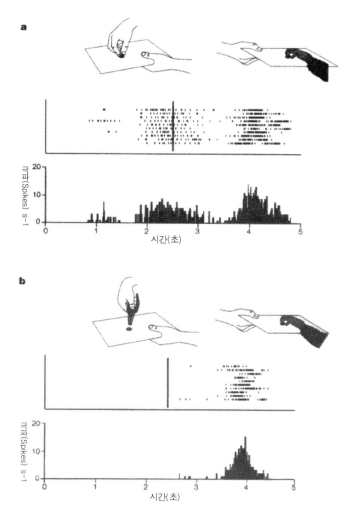

그림 3.18 영역 F5 내의 거울 뉴런의 시각 및 운동 반응. a. 쟁반 위에 음식 조각을 놓고, 원숭이에게 보여준다. 실험자가 그 음식을 집어든 다음에, 음식이 놓인 쟁반을 원숭이를 향해 움직인다. 실험자가 음식을 집으려 움직이는 동작을 원숭이가 관찰하는 동안에 [원숭이 뇌의] F5 영역에 강한 활동이 나타나며, 원숭이가 그렇게 행동할 경우에도 동일한 활동이 나타난다. (아래 그림에서) 음식을 보여주고 다시 그것을 원숭이에게 가져갈 경우에, 그 신경 방전(활동)이 일어나지 않는다는 것에 주목하라. b. 유사한 실험 조건이지만, 이번에는 실험자가 음식을 집게로 집는다. 관찰된 활동이 도구에 의해 수행될 경우에 뉴런의 반응이 없다는 것을 주목하라. 점과 막대그래프는 실험자가 음식에 손을 대는 순간 이전과 이후의 활동을 보여준다. (Rizzolatti, Fogassi, and Gallese 2001)

만든다. 이러한 운동명령 신호는 어떤 의도로 감지될 수 있으며, 비록 억제되거나 혹은 "오프-라인" 의도일지라도, 그것은 본 것에 대한 해석에 활용된다.[37]

유아의 경우에, 운동 결정의 억제가 성인의 경우보다 덜 발달되어 있지만, 한 번만 보고도 유아는, 혀를 내밀고, 손을 흔들고, 미소 짓고, 박수 치는 등등의 행동을 흉내 낼 수 있다. 더구나 심지어 14개월 된 유아일지라도 [자신의 동작이] **모방된다**는 것에 민감성을 보이며, [모방되는] 동작들이 자신의 움직임과 일치하는지 아닌지를 인식한다. 멜트조프와 고프닉(Meltzoff and Gopnik)이 보여주었듯이, 흉내 내기 놀이와 그 놀이에서 경험하기는, 유아들이 타인의 의도, 욕구, 전망 등을 배우는 방식이다. 즉, 그들이 통속심리 이론을 습득하는 방식이다.[38]

상전두(superior frontal) 영역(F1, F2, F7)과 하전두(inferior frontal) 영역을 제외한 대뇌피질 영역들, 즉 (인간의 경우) 상측두고랑(superior temporal sulcus, STS) 같은 대뇌피질 영역들은 사회적 인지에 상당한 역할을 담당한다. 이 영역들 내의 특정 뉴런들은, 시선을 맞추거나, 시선을 피하거나, 다른 물체를 보는 등의 타인의 시선 인식과 관련된다. 상측두고랑 내의 다른 뉴런들은, 피검자가 다른 사람의 입 움직임을 볼 경우에 반응한다. 일부 뉴런들은 특정 손 움직임에 (선호적으로) 반응한다(그림 3.19).[39]

우리의 심리학적 이해가 일종의 '설명'과 '예측' 역할을 담당한다는 것은 매우 상식적이어서, 거의 주목받지 못해왔다. 소박하지만 유용한 사례를 하나 들어보자. 빌(Bill)이 매일 아침 8시 30분에 커피 (파는) 판매대로 걸어가는 이유를, 나는 (거의) 인과적으로 설명할 수 있다. 그런 설명에서 나는 아마도 다음을 거론할 것이다. 빌은 모닝커피를 마시고 싶은 **욕구**를 가지며, 그 커피 판매대가 커피를 사기에 좋은 장소라는 **믿음**을 가진다. 만약 내가 아침에 빌이 커피를 사러 그 커피 판매대로 가는 것을 몇 번 보았다면, 비록 오늘 아침에 그가 그 판매대로 향하는 모습을 아직 보지 못했다고 하더라도, 나는 그가 오늘도 그렇게 할 것이라고 예측할 수 있다. 또한 나는 나름의 합리적인 이유에서

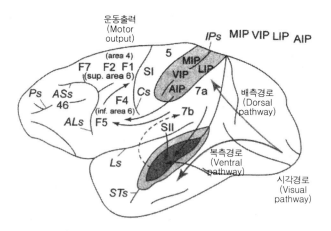

그림 3.19　원숭이 뇌에 대한 대략적 그림이며, 일부 영역들은 모방에 관여되는 것으로 가정된다. [약어] Ps: 주고랑(principal sulcus), ALs: 하부궁형고랑(inferior arcuate sulcus), ASs: 상부궁형고랑(superior arcuate sulcus), STs: 상측두고랑(superior temporal sulcus), Cs: 중심고랑(central sulcus), Ls: 외측고랑(lateral sulcus), IPs: 두정내고랑(intraparietal sulcus), MIP: 중앙두정내고랑(medial intraparietal area), VIP: 복측두정내 영역(ventral intraparietal area), LIP: 외측두정내 영역(lateral intraparietal area), AIP: 앞쪽두정내 영역(anterior intraparietal area), SI: 일차체성감각피질(primary somatosensory cortex), SII: 이차체성감각피질(secondary somatosensory cortex). 영역 F는 운동 기능과 관련된다. 회색 표시 영역들은 개복된 고랑을 가리킨다. 화살표는 여러 영역들 사이에 (밝혀진) 신경 축삭연결을 보여준다. 점선 화살표는 가정되는 연결이다. (Schaal 1999에 근거하여)

확신하여, 다음과 같이 예측할 수도 있다. 만약 내가 빌에게 오늘 커피를 마시지 않는 조건으로 100달러를 준다면, 오늘 커피를 마시지 않을 것이다. 우리는 다음과 같이 일반화할 수 있다. 만약 내가 내 학생들에게 모욕을 준다면, 그들은 화내고 낙심할 것이다. 만약 당신이 24시간 동안 아무것도 먹지 않는다면, 당신은 대단히 배고플 것이다. 사람이 과로하면, 불평하고 잘못된 판단을 내리기 쉽다. 기타 등등으로 [우리는 수많은 일반화를 만든다.]

과학의 이론처럼, 통속심리학 이론(folk-psychological theory) 역시 재검토되며, 시험되고, 수정되며, 논란이 될 수 있다. 예를 들어, 칼 융(Carl Jung, 1875-1961)은, 꿈과 이야기의 공통 주제를 설명하기 위해서, "집단무의식(collective unconscious)"이란 개념을 지닌 통속심리학을 논증하고 싶어 하였다. 종국에 그의 논증은 허약하고 설득력이 떨어지는 것으로 드러났다.[40] 프로이트는 '과도하게 손 씻는 행동'이 성적 억압에 의한 것으로 설명될 수 있을 것으로 생각하였다. 언뜻 보기에, 이런 생각은 먼저 융의 제안보다 더 성공적인 설명처럼 보였지만, 그것역시 신경생물학적 설명보다 효과적이지 못한 것으로 드러났다. '과하게 손 씻는 행동'은 강박성-충동장애(obsessive-compulsive disorder)의 전형적 증세들이며, 그 증세는 유전적 성향의 신경생물학적 기반에서 나타나는 것으로 [현 시대에] 추정되고 있다.

중독에 대한 신경생물학의 발전으로, 흡연자가 [담배를 끊지 못하는 것은] "허약한 의지" 때문이라는, 통속심리학적 생각이 압박을 받는 중이다. 우리는 이제 더 명확히 다음을 잘 인식하고 있다. 니코틴은 뇌의 보상 시스템을 변화시켜서, 사람들이 니코틴을 갈망하게 만든다. 더구나, 콰인(W. V. O. Quine)이 올바로 지적했듯이, 과학 이론은 상식의 연장선에 있다. [다만] 그런 상식은 비판적으로 분석되어야 하며, 일관성과 정합성을 갖추어야 하고, 그 자체로 상식에 견고히 뿌리를 내리고 있는 (잘 다듬어진) 실험 검사 기준을 통과해야만 한다.

아무리 뇌가 초기 버전의 마음모델화에서 출발했다고 하더라도, 마음모델과 과학모델을 비유적으로 설명했던, 셀라스의 그러한 생각은, 우리로 하여금 타인의 마음을 표상적으로 새롭게 이해하게 만들어주는 상호 연결 지점이다. 그 비유는 우리로 하여금 사회적 세계 내에 영위하게 해주는 개념 체계의 논리와 구조가 무엇일지 이해하게 해준다. 또한 그러한 비유는 우리로 하여금, 마치 "통속물리학" 또는 "통속생물학"이 수정될 수 있듯이, 통속심리학의 친근한 모델들도 역시 수정될 수 있다는 것을 이해하게 해준다. 더욱 강조하건대, 그 유비는, 비록 확실함의 증표를 달고 있는 [통속심리학의] 표상 모델일지라도, 그것이 (때때로 매우 근본적이며 놀라울 정도로) 개선될 수 있다는 사실을 우리에게 이해시켜준다.

그러한 셀라스의 생각은 오늘날 "**이론의 이론**(theory of theory)"으로 포착되며, 실험심리학에 광범위하게 채택되어왔다. 그것은 마음을 무엇으로 표상하며, 성숙된 인간들이 자기 자신의 마음과 타인의 마음을 무엇으로 이해하는지 묘사할 경우에 활용된다. 이러한 접근법은 우리로 하여금 유아와 성인의 능력,[41] 동물의 능력,[42] 그리고 (심리학과 신경과학이 공진화함에 따라서 우리의 일상적 믿음의 심리이론이 **증진된** 다는) 우리의 전망 등에 관해서 여러 의문을 제기할 수단을 제공한다. 또한 그 접근법은, 중독, 기분의 돌변, 식이장애, 꿈 등과 같은 여러 익숙한 현상들에 대한 신경 기반을 신경생물학적으로 이해하게 될 문을 열어준다. 아마도 셀라스의 생각에서 나오는 가장 중요한 결론은, 철학자들이 지금까지 굳게 믿었던 가정, 즉 우리가 자신과 타인들의 마음에 관해 생각하는 방식은 엄격히 철학적이며, 선험적이고, 플라톤적(비-경험적 문제)이어야만 한다는 가정에서 벗어날 수 있게 해준 일이다. 그의 제안은, 일반적으로 철학자들로 하여금 심리학, 신경과학, 생물학 등을 밝게 전망하고, 뇌가 어떻게 자신의 활동과 능력들을 표상하는지 이해하는 것이 필수적이라고 받아들이게 만들었다.[43]

앞에서 주목했듯이, 14개월 된 아기는, 자신의 동작이 타인에 의해서 모방되고 있는지 아닌지 파악할 수 있다. 그 밖에 인간 유아는 타인의 마음에 관해 무엇을 이해하는가? 9-12개월 된 아기들이 일련의 여러 행동들을 보여주는데, 그 행동들은 그 아기들이 '자아'와 '나 같은 타인'에 관한 초기 개념을 가지며, 또한 그 개념을 발전시킬 수 있다는 것을 보여준다. 만약 아기의 엄마가 방구석에 놓인 어떤 사물을 응시하면, 아이는 엄마의 얼굴을 바라본 후에, 엄마의 시선을 따라 그 물체를 바라본다. 이런 단계에서, 아기는 자신이 원하는 것을 가리킬 뿐만 아니라, 다른 사람이 알아채도록 그것을 가리킨다. 16개월 무렵이면, 아직 말을 구사하지 못하는 때임에도 불구하고, 아기들은 어떤 사람이 무엇을 하려는지 이해하며, 무엇이 우연한 사고로 발생된 일인지를 구별해낸다. 예를 들어, 엄마가 아기에게 새 장난감을 어떻게 분해하는지 보여주려 하고, 그런 중에 엄마가 실수로 그 장난감을 떨어뜨려서, 그 장난감이 분해될 수도 있다는 것을 보여주는 상황을 가정해보자. 아기가 엄마의 행동을 흉내 낼 때에, 그는 실수로 떨어뜨리는 행동까지 따라하지는 않는다. 반복적으로 테스트를 해보면, 그 아기는 어른이 무엇을 하려고 의도했으며, 무엇이 의도되지 않은 혹은 우연적 실수인지 구별할 수 있어 보인다. 다른 테스트에서, 아기는 엄마가 무엇을 알거나, 보거나, 기대하는지 이해한다는 것을 보여주었다.

이런 것을 보고 다음과 같이 결론을 내리는 사람도 있을 것이다. 이를테면, 16개월 된 아기는 이미 타인의 마음속에 무엇이 있는지 어느 정도 이해하고 있다. 이러한 인지적 능력의 출현은 "전망기반 표상 (perspective-based representations)의 발달"이라 불린다. 이러한 표상들은 아기로 하여금, 타인의 관점에서 [전망해보아] 사물들이 어떻게 보이며 느껴질지, 어느 정도 이해하게 해준다. 대략적으로 말해서, 이러한 표상들은, 인지적으로 복잡한 다른 동물들의 행동을 예측하고 조작할 수 있게 해주는, 하나의 정합적 체계인 셈이다. 그러나 [아기의] 마음모델은 아직 발전되어야 할 것이 많이 남아 있다. 두 살 된 유아는, 자신의 눈이 가려졌을 경우에도 자신이 남에 의해서 여전히 보일 수 있다는 것에 놀라워하겠지만, 세 살 무렵이면 (타인의 관점에서 생각해보고) 어떻게 숨어야 하는지 명확히 이해한다.

엘리자베스 베이츠(Elizabeth Bates)가 보여주는 바에 따르면, 자아와 타인 사이의 초기 대비는 18-20개월에서 언어적으로 극명하게 나타난다.[44] 베이츠의 말에 따르면, 그러나 이것이 곧 아기가 그 대조를 모두 말로 표현할 수 있다는 것을 의미하는 것은 아니다. 예를 들어, 아기가 의도했던 것이 무엇일지 행동적으로 분명히 드러남에도 불구하고, 아기는 "당신이 나를 데려간다"라는 것을 의미하는 경우에, "당신을 데려간다"라고 말하는, 언어적 오류를 범한다. 수많게 구분되는 인칭대명사와 (그것들을 지배하는) 복잡한 관습으로 인하여, 아기들이 올바로 언어 순서를 배치하기까지 어느 정도의 시간이 걸린다. 이러한 단계에 앞서서, 약 9개월 된 아기는 사물을 이용하여 의사소통을 해낸다. (예를 들면, 아빠에게 트럭을 보여주는 행동을 한다.) 이러한 시기는 아기가 물건을 받게 되는 시기(10-12개월)와 일치한다. 약 12개월이 되면, 손가락으로 의사소통을 하는 시기가 되며, 이때에 아기는 자신이 원하는 물체를 어른에게 알려주기 위해서 팔과 집게손가락을 뻗어 물체를 가리킨다. 그러한 행동은 분명히 의사소통을 위한 것인데, 그것은 자기가 가리키는 사물을 어른들이 인지할 때까지 손가락으로 반복하거나 강조하기 때문이다.

세 살 된 아기는 다른 사람들이 '욕구'와 '지각'을 말하여 주로 무엇을 하는지 설명하고 예측하지만, 아직 '믿음'이란 용어로 [무엇을] 요청하지는 못한다. 그들은 '욕구'에 대한 반사실적 가정(counterfactuals)을 사용하며, "만약 빌리가 과자를 원하는데, 내가 그에게 크레용을 준다면, 그는 행복해할까?"와 같은 질문에 쉽게 대답한다. 네 살 무렵까지 아기들은, 자신들이 본 것에 대해서, 다른 사람이 무엇을 하고 있거나 하려는지 등을 설명하고 예측하는 데에, 아직 '욕구'와 '생각'이란 용어를 사용하지 못한다. 고전적 실험으로, 연필을 캔디 상자 안에 놓아두고, 이것을 아기들에게 보여준다. 그리고 아기에게 "빌리는 상자 안에 무엇이 있다고 생각하니?"라고 물어보면, 세 살 아기는 "연필", 네 살 아기는 "캔디"라고 대답한다. 어떤 다른 사람이, 허위 증거에 의해 틀린 '믿음'을 가질 것이란 생각은 **매우** 복잡하며, [그런 생각을 할 수 있다는 것은] 유아 심리학 이론에서 새로운 발달 단계를 나타낸다. [그렇게 할 수 있으려면] 아기가 (사람들이 **정상적으로** 보고 기대할 경우에, 그리고 심지어 그 믿음이 자신이 참이라고 믿는 것과 다를 경우일지라도) 일반화를 이용하여, 적절한 '믿음'에 도달할 수 있어야 한다는 점을 주목하라. 여러 관련 측면들을 고려해볼 때, 이것은 마치, 다양한 조건들이 만족될 경우에 무슨 일이 벌어질지 예측하는, '과학이론'을 이용하는 것과 유사하다.

유기체가 **자신의** 행동을 계획하고 예측하기 위하여, 그리고 자신의 느낌에 대해 생각하기 위하여, 전망 모델(perspective model)을 사용하는 한에서, 그 모델은 유기체로 하여금 자아를 표상하게 해준다. 그렇다면, 아기가 처음부터 자아에 그러한 체계를 적용하면서, 실제로 이렇게 말할까? "와우, 엄마와 조이(Joey)는 나와 똑같아, 그래서 나는 그들 또한 어떤 것들을 보고, 느끼고, 원한다고 추측해." 분명히 아니다. 앞서 언급된, 자기-지칭하기, 모방하기 등등과 함께, 여러 실험 증거들이 말해주는바, 아기들의 전망표상의 발달은, **자아에 대한 이해**의 증진에 따라서, 그리고 그것과 더불어, 함께 증신된다.[45]

전망표상을 위한 이러한 능력의 정확한 본성이 무엇이든 간에, [그 능력을 위해서] 언어를 미리 배워야만 하는 것이 **필수적**이 아님을 주목해야 한다. 물론, 언어의 습득으로 그러한 능력이 강화되고, 의미 있게 **변화**되며, **증진**되겠지만, 그러한 능력의 본질적 기반은 언어와 독립적일 듯싶다. 유아 발달 연구가 명확히 보여주는바, 상당히 풍부한 전망표상 시스템은 분명 언어 습득을 위해서 (전적으로) 이미 갖춰져 있어야 한다.

동물들이 '마음의 이론'을 가지고 있을까? 예를 들어, 어떤 침팬지가, 다른 침팬지의 관점에서 무엇을 볼 수 있거나 혹은 볼 수 없는지 아는가? 이 질문에 "그렇다"로 대답할 수 있어 보인다. 예를 들어, 세밀하게 통제된 실험을 통해서, 조셉 콜(Josep Call)은 다음을 발견하였다. 침팬지들은, 사람과 동종 동물의 머리 방향을 따라가서, 자기의 위 또는 뒤에 있는 목표물을 발견할 수 있다. 또한 그의 연구에 따르면, 부하 침팬지와 대장 침팬지 사이의 사회적 경쟁 상황에서, 먹이 한 조각은 대장 침팬지 입장에서 가려진 곳에, 그리고 다른 조각은 보이게 놓을 경우에, 부하 침팬지는 대장 침팬지에게 보이지 않는 먹이 조각을 더 많이 집어간다(그림 3.20). 두 번째 실험 설정에서, 만약 대장 침팬지가 놓아둔 먹이 조각을 볼 수 없도록 유도하는 작업공간을 조성할 경우에, 부하 침팬지는 음식 조각을 더 많이 집어간다(그림 3.21).

생태학자 프란스 드 발(Frans de Waal)은 침팬지들이, 사람처럼 팔과 집게손가락을 뻗어 가리키지는 못하지만, 원하는 것을 가리키기 위해서 몸짓을 이용한다는 증거에 관해서 논의하였다. 그가 관찰한 다음 이야기에 따르면, 침팬지는 자신의 집단에 염려되는 놈이 방금 가담

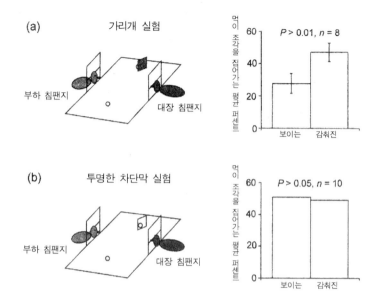

그림 3.20 먹이 조각이 대장 침팬지에게 보이는지 아닌지에 따라서, 부하 침팬지가 먹이 조각을 집어가는 평균 퍼센트. 차단막으로 가려진 실험 (a)에서, 한쪽의 먹이 조각은 대장 침팬지에게 가려져 있으며, 이것이 보이는 먹이 조각에 비해서 집어갈 선호도를 높여줄 듯싶다. 두 먹이 조각 모두 대장 침팬지에게 보이도록 설치한 실험 (b)에서, 집어가는 평균에 차이가 전혀 없다. (Call 2001)

했다는 것을 가리키기 위하여, 인간이 사용하는 것과 유사한 몸짓을 사용한다.

니키(Nikkie)라고 불리는 침팬지는 동일한 (미묘한) 기술을 통해서 나와 한때 의사소통을 하였다. 니키는 내가 일했던 동물원의 해자(moat) 너머로, 내가 던져주는 산딸기를 받아먹곤 하였다. 어느 날 내가 유인원에 관한 자료를 기록하고 있는 동안에, 나는 내 뒤에 길게 늘어선 높은 덤불 위에 달려 있는 산딸기를 까맣게 잊고 있었다. 그렇지만 니키는 잊지 않고 있었다. 그는 그의 적갈색 눈으로 나를 응시하면서, 나를 마주보고 바로 앞에 앉아 있었는데, 내가 그에게 관심을 돌리자마

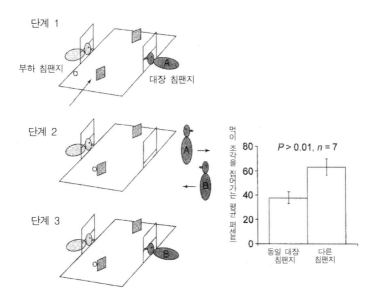

단계 1

부하 침팬지

대장 침팬지

A

단계 2

A →

← B

먹이 조각을 집어가는 평균 퍼센트

80

60

40

20

0

P > 0.01, *n* = 7

동일 대장 침팬지

다른 침팬지

단계 3

B

그림 3.21　유도 과정을 목격하는 대장 침팬지가, 부하 침팬지와 먹이를 두고 경쟁하는, 동일한 놈인지 아닌지에 따라서, 부하 침팬지가 먹이 조각을 집어가는 평균 퍼센트. 대장 침팬지가 교체될 경우(단계 2와 단계 3)에서, 부하 침팬지는 그 먹이 조각을 더 많이 집어간다. 이 실험은 부하 침팬지가 자기 경쟁자가 볼 수 있는지 없는지를 표상할 수 있다는 것을 보여준다. (Call 2001)

자, 갑자기 그는 머리를 움직여, 나를 향했던 그의 눈을 내 왼쪽 어깨 너머 한 지점에, 동일한 강도로, 응시하였다. 그리고 그는 다시 나에게 시선을 맞추었다가, 다시 움직여 그렇게 시선 바꾸기를 반복하였다. 나는 긴밀히 침팬지의 입장에서 생각하였고, 그 다음에 나는 그가 바라보고 있는 것을 보기 위해서 고개를 돌려, 산딸기에 시선을 맞췄다. 니키는 어떠한 소리나 손짓도 없이 자신이 원하는 것을 가리켰다.[46]

다른 연구자들은, 잘 통제된 실험을 통해서, 침팬지와 원숭이들이 높이 평가되는 물체나 위험한 물체들의 위치를 알려주기 위해서 몸짓언어(body language)를 사용한다는 관찰을 보고한다. 광범위한 다른 실험들이 의미하는바, 그런 동물들은 특정 신호에 단순히 반응하는 것이 아니라, 다른 놈들이 보고, 원하고, 의도하고, 느끼는 것이 무엇인지에 대한 표상을 활용한다. 의심할 바 없이, 침팬지의 '마음 이론'은 사람이나 개코원숭이 혹은 개들이 이용하는 마음 이론과 부드럽게 대응하지 않는다. 특별히 그 이유는 이렇다. 서로 다른 동물들은 각자마다 살아가는 방식이 그리고 관심 두는 것이 서로 다르기 때문이다. 그렇지만 그들이 어느 정도의 마음 이론을 가지고 있으므로, 다른 놈들의 내적 상태를 표상할 수 있고, 그럼으로써 다른 놈들의 행동을 조작할 수 있다는 것만큼은 전적으로 설득력이 있다.[47)

인간 뇌는, 만약 마음 이론이 없다면, 무엇과 같을까? 한 중요한 가설에 따르면, 그 결과는 자폐증(Autism)이다. 자폐증은 일종의 발달장애이며, 핵심적으로 사회화, 의사소통, 상상력 등에서 손상이 발생된다. 자폐증 환자들은 일차적 증상으로, 시선 맞추기, 가리키는 몸짓을 따라가기, 시선 따라가기, 그리고 (만약 누군가에게 x라는 사건이 발생한다면 그가 어떻게 느낄지 말하는) 상상하여 맞히는 게임 등을 하지 못한다. 유타 프리스(Uta Frith)는 이렇게 말한다. "자폐증을 가진 대부분의 사람들은, 일상적 행동에 대한 설명과 예측에서, 심적 상태의 역할을 이해하지 못하며, 그것은 그들이 (자랑스러움과 같은) 타인의 태도를 관찰함으로써 길러지는, 기만, [시선을 마주침으로써 길러지는] 공동 관심, 정서 상태 등을 갖지 못하기 때문이다."[48) 이 가설의 관점에서 보면, 자폐증은 일종의 "마음맹인(mind-blindness)"이다.

자폐의 뇌에 일관되게 어떤 뇌의 비정상이 있을지 찾아내는 것이 도전적 과제이지만, 지금까지 찾아낸 자료는 혼란스럽다. 최근 몇 년 동안에 밝혀진 것은, 변연계(편도체, 시상하부, 해마)와 소뇌 등에서 신경적 비정상이 있다는 것이다.[49) 그 주된 발견 내용은, 변연계 내의 피라미드 세포(pyramidal cells)와 소뇌의 푸르키니에 세포(Purkinje cells) 등, 특정 형태의 뉴런들의 수와 크기의 감소이다. 소뇌의 비정상이 발견된 것은 많은 측면에서 우리의 관심을 끈다. 그 이유는 이렇다. 소뇌는 전통적으로 감각운동 조절에는 중요하게 기여하지만, 전통적으로 인식된

바, 지적 기능에 어떤 역할을 하지 않는다고 생각되어왔다. 그러나 만약 다른 사람의 마음을 시뮬레이션하는 것이 그루쉬 모의실행기(Grush emulator)의 부차적 기능이며, 그 모의실행기가 소뇌에 집중되어 있다면, 그러한 소뇌에 관한 증거가 이해된다.50)

자신과 타인에게 적용되는 마음 모델은 적어도 인간의 경우에 엄청 복잡할 수 있다. 예를 들어, 자신의 동기, 변명, 욕구 등을 검토하기 위하여, 사람은 자기반성을 할 수 있다. 이것은 자아-표상(self-representation)에 대한 표상을 포함하며, 따라서 재귀적 능력(recursive capacity)인 셈이다. 자신의 과거 경험에서 특정 사건에 대한 기억 역시 그러한 자기반성의 사례이다. 예를 들어, 당신은 펠리컨이 물고기를 잡기 위해 다이빙하는 것을 본 지각을 기억할 수 있으며, 당신이 천둥소리를 듣고서 두려워했던 일을 기억할 수 있다. 당신은 또한, 지난여름에 당신이 카누 여행 중에 배고팠던 일을, 어제 기억했음을, 오늘 기억할 수도 있다. (이것은 어떤 표상에 대한 표상의 표상이다.) 인간은, 인간이 아닌 동물들이 재귀적 표상을 얼마나 할 수 있을지 알 수는 없지만, 적어도 그러한 종류의 반복적 표상 체계를 구축할 수 있다. 그렇지만 재귀는, 4-5회 반복을 넘어 '표상의 표상'을 누적시키는 것이 유용하지 않으므로, 횟수 제약이 있다. "내가 내 발의 통증을 경험했던 것을, 내가 생각했었음을, 내가 기억했다고, 나는 확신한다"라는 말은 거의 유용하지 않다.

비록 자기반성의 능력이 중요하다고 할지라도, 그루쉬 모의실행기 가설에 비추어, 그런 능력은 자아의 의미를 위한 근본적 토대는 아니다. 내가 제안하는바, 그것은 다른 무엇보다도 신체조절과 신체표상의 문제와 관련된다. 그럼에도 불구하고, 자기분석, 자기반성, 자기 앎 등을 위한 능력, 즉 내가 안다는 것을 아는 능력은, 마음에 대하여 초생물학적이고 초물리학적인 무엇이 제시되어왔다. 다음에 이 단원을 마무리하면서, '이원론'의 문제와 '마음속에 있는 것을 안다는 문제로 돌아가 논의해보자.

2.3. 자아에 대한 앎: 철학적 문제

데카르트의 믿음에 따르면, (의식적인) 마음, 즉 오직 마음만이 우리에게 **직접적으로** 알려지는 무엇이다. 그가 신뢰했던 의식적인 마음이란, 우리가 아는, 혹은 알 수 있는, 그 어느 것보다 더 확실히 알 수 있는 무엇이다. [즉, 우리는 내 마음을 어느 것에 의존하지 않고 알 수 있으며, 그 점에서 마음이란 자명한, 즉 가장 확실한 앎이다.] 그는 마음의 **형이상학적** 특수성(스스로 드러남)을 방어하고자, 소위 마음의 인식적 특수성(직접성)이란 개념을 사용한다. 그의 주장을 짧게 말하자면, 만약 마음이 스스로를 직접적으로 그리고 확실히 알 수 있다면, 마음은 물리적 세계에 있는 것들과 **다른 종류의** 것이어야만 한다. 그가 주장하기를, 우리는 물리적 사물들을 오직 **간접적으로** 알며, 어느 정도 불확실하게 안다.

그는 자기지식의 **직접성**으로 무엇을 말하고 싶어 했던 것일까? 곁가지들을 걷어내고 보자면, 그것은 다음을 의미한다. 사람은 전형적으로, 자신이 느끼고 혹은 듣고 혹은 본 것들에 관하여, (처음부터) 증거에서 결론으로 유도하는 **어떤** 명시적 추리 과정을 거치지 않고 판단한다. 예를 들어, 당신은 보통, 명시적 추론 없이, 자기가 추위를 느끼거나 불빛을 보거나 연기 냄새를 맡는다는 것을 안다. 만약 당신이 통증을 느낀다면, 당신은 그것을 그냥 안다. 즉 당신이 더 명확한 어떤 정보로부터 그것을 추론할 필요가 없다. 그러한 세계의 특징이 있으며, 당신은 다른 것들과 구별되는 그러한 특성이 **어떻게** 그러한지를 말할 수 없다. 당신은 그냥 그렇게 할 수 있다.

그러한 신념에서 이어지는 논증은 이렇다. 우리가 자신의 심적 상태에 대한 비추론적 지식을 가진다는 것 자체가 바로, **형이상학적으로 말해서,** 특별한 마음의 본성에 대한 증거이다.[51) 이러한 논증은, 신경과학이 의식적 마음의 영역까지 설명하려는 것에 저항하는 많은 사람들에게 직관적으로 강력한 힘의 원천이 되고 있다. 그 입장에서 주장되는바, 색깔과 통증 등과 같이 단순한 특징들을 분별하는, 특별한 직접성은 결코 사라지지 않는다. 그러므로 자신의 의식적 마음에 대한 지식처럼, 확실히 알고 깊이 믿어지는, 그런 과학은 결코 가능할 수 없다. [즉, 아무리 과학이 발전하더라도, 아주 단순한 우리의 감각이 명확히 우리에게 주어지는 특징까지 과학이 설명해준다는 것은 결코 가능해 보이지 않는다.]

그렇지만 그러한 입장의 논리적 실상은 이러하다. 마음의 형이상학적 독특성이 '식별 가능한 단순한 특징들이 있다는 것으로부터 전혀 추론되지 않는다. 말하자면, 판단은 (무의식적인) 계산적 선행(작용)에 의해 만들어진다. 첫째, 절대적으로 **모든** 지식은, 무엇이 α 아니면 β라는 의식적 인식에 앞서, 하여튼 **어떤** 신경 처리과정을 거쳐야만 한다. 이것은 다음의 경우에도 마찬가지다. 인지가 마음의 작용일지 아니면 신체적 작용일지, 우리가 어떤 자극에 대해서 그것을 뜨겁다거나 혹은 몇 초 동안 지속하는지 혹은 당신에게 느껴지는지 등에 대해서도, [어떤 신경 처리과정은 있어야만 한다.] **계산처리 없는 지각 같은 것은 결코 존재하지 않는다.**

둘째, 우리가 무의식적 처리과정의 **결과**를 자각하게 될 때, 우리는 그 결과를 산출하는 처리단계에 대하여, 어떤 내성적(의식적) 접근도 할 수 없다. 그러므로 우리는 어쩔 수 없이, 무의식적 처리과정의 결과로서, 어떤 식별, 즉 즉각적이며 비-추론적으로, 즉 **직접적으로** 경험한다고, 말할 수밖에 없다.52) 우리가 그러한 식별이 어떻게 이루어지는지 분명히 설명할 수 없다는 것은 다음 사실로부터 쉽게 설명된다. [우리의 사고작용에 관여하는] 거대한 비-의식적 신경작용을, 우리는 의식적으로 접근하지 못하며, 아마 접근할 수도 없다. 예를 들어, 되먹임(피드백) 기술[즉, 원심성 시스템]조차도, 내 망막의 무축삭세포(amacrine cell)가 지금 무엇을 하고 있는지, 내가 알도록 허용하지 않는다. 물론, 뇌하수체에서 언제 호르몬이 분비되는지, 혹은 내 혈압이 어떠한지 등, 내가 자각할 수 있는 경우에도 마찬가지다. 나는, 시각적 장면에 대한 입체영상, 즉 3차원 표상을 만드는 처리과정에, 내성적으로 접근하지 못한다. 나는 사물들을 단지 입체적으로 그냥 볼 수 있을 뿐이다. 나는 나 자신이 "세 마리 눈먼 쥐(Three Blind Mice)"라는 곡의 멜로디를 어떻게 알 수 있는지 당신에게 말해줄 수 없다. 나는 그것을 그냥 안다. 그렇지만 [나의 이러한 능력을] **형이상학적으로** 어떻게 말해줄 수 있을까?

일단 "무의식 처리과정"이란 논점이 거론되기만 해도, 직접적 지식을 다루는 형이상학적으로 특별한 것에 관한 사례는 힘을 잃어버린다. 다음의 추가 논의는 그것을 더욱 무력하게 만든다. 특별히, 비-추론적 판단은 자신의 **마음**에 대한 지식에 한정되지 **않는다**. 정상적으로 사람들은, 어떤 명시적 추론에 의존하지 않고서도, 자신의 **신체**에 관해 많은 것들을 [직접적으로] 안다.[53] 예를 들어, 나는 내가 앉아 있거나 서 있는 것을 직접 알며, 내 팔이 내 가슴에 팔짱 끼고 있다는 것을 직접적으로 안다. 나는 (명시적 추론 없이), 내 머리가 회전하는지 아니면 앞뒤로 기우는지 등을 직접적으로 안다. 나는 내 혀가 움직이는 중인지, 내 발이 시린지 등을 직접적으로 안다. '정상적으로' 당신은 자신이 재채기하고, 토하고, [감정에 복받쳐] 목이 메거나, 숨차고, 물 삼키는 등을 알기 위하여, 어떤 명시적, 즉 확연한 추론을 할 필요는 없다.

나는 모든 이러한 주장 앞에 "정상적으로"라는 방어적 단어를 사용하는데, 왜냐하면, 특이하고 병적인 상황에서 사람은, 자신의 신체에 무엇이 일어나는지를 알기 위해서, 추론에 의존해야 하는 경우도 있기 때문이다. 팔이 절단된 어떤 사람은 계속해서 팔의 느낌을 가질 수 있어서, [그 잘못된 느낌을 제거하기 위해서] 그는 실제로 그 팔이 존재하지 않는다고 스스로를 상기해야만 한다. 편두통으로 고통을 받고 있는 사람은 자신의 몸을 작은 인형의 크기로 느낄 수 있지만, 불을 켜고 확인하면, 이내 안정된다. 마취약 케타민(ketamine)의 처방을 받은 환자는 자신의 몸이 위로 떠다니는 느낌을 갖게 된다. 무중력 상태에서 마치 자신이 계속해서 떨어지는 것처럼 느낀다. 이러한 것들은 모두 매우 비정상적인 상황이다. 그러나 그것들은, 우리가 **보통** 비-추론적으로 아는, 신체 상태에 관한 오류 사례들이다. 즉, 그것들은 환자가 더 올바른 판단을 가지기 위해서 "스스로를 추론"할 수 있는 경우의 사례들이다.

납득할 수 없게도, 이원론자는 다른 논증을 시도할 수 있다. 내가 자신의 신체에 대해서 비-추론적인 (그래서 직접적인) 지식을 가진다고 할지라도, 이원론자는 이렇게 주장할 수 있다. 나는 내 신체의 상태에 대해 틀릴 수 있지만, 내 의식적 마음의 상태에 대해서는 틀릴 수 없다. 나는 "식별 가능한 단순한 특징들"에 대한 지식을 비-추론적으로 그리고 오류 없이 가진다. 나아가서 그 논증은 이렇게 주장된다. 그러한 **무오류성**은 마음에 관하여 형이상학적으로 특별한 무엇을 함의한다. [즉, 마음이 오류 없는 앎을 가질 수 있다는 사실에서 **필연적으로** 특별한 형이상학적 가정을 하게 된다.]

이런 논증이 힘을 얻으려면, 무오류성 주장이 극히 강해야만 한다는 것을 주목해보자. 여기에서 "무오류적"이란 말은 단지, 우리가 **대부분** 옳다든지, **언제나** 실제로 옳다는 것을 의미하지 않는다. 그것은 우리가 (원리적으로) 언제라도 틀릴 수 없다는 것을 의미한다. 앞으로 살펴보겠지만, 이런 용어가 이원론자를 엉망으로 만든다.

첫째, 무오류성 주장을 세밀히 살펴보자. 먼저, 만약 실제로 내가 나의 심적 상태를 올바르게 묘사한다면, 그 묘사는 단지 우연적 사건이 아니며, 선험적인 형이상학적 진리임이 분명 입증되어야만 한다. 무오류성 논증을 위해 선호되는 사례는, 예를 들어, 뜨거운 감각 느낌과 같은, 식별 가능한 단순한 특징들이다. 결국 그것들은 식별 가능한 **단순한 특징들**이며, 따라서 그것들은, B-17 폭격기나 살구 버섯과 같은, 무엇을 인식하는 경우보다 오류성의 정도가 덜할 뿐이다. 이러한 단순한 특징들에 대한 신뢰할 만한 확인은, 정상적인 신경 시스템이, 형이상학적 이유를 위해서가 아니라, 생존을 위해서, 신경연결을 이루어 성취하는 무엇이다.

둘째, 만약 내가 스스로에 대해 틀릴 수 있음을 결코 **고려하지 않는**다면, 이것은 부분적으로, 화자가 자신의 내적(심적) 상태를 묘사할 때 (마치 자신이 언제나 특권적 지위에 있는 것처럼) 정상적으로 화자에게 의심의 이득을 제공하는, 우리의 관습 때문이다. 이것은, '형이상학적 특권'이라기보다, 뇌로 감각을 만들어내는, 피조물의 특권이다. 그것은 하나의 '**인식론적 특권**'이다. 왜냐하면, 나의 감각은 나의 뇌에서 발생되며, 나는 당신보다 앞서서, 그리고 더 잘 알 것 같기 때문이다.

셋째로 그리고 아마도 가장 중요한 논점은 이렇다. 내가 신체에 관한 비-추론적 판단에서 실수하는, 어느 정도 비정상적 조건이 (물론) 언제나 있을 수 있듯이, 내가 나의 의식적 상태에 관해서 비-추론적 판단에서 실수하는 비정상적 상황이 있을 수 있다. 몇 가지 이러한 사례를 들어보자. 조지 엘리엇(George Eliot) 같은 소설가가 올바르게 목격했듯이, 트집 잡기 좋아하는 사회 내에서, 특별히 여성은 자신의 성적 매력의 측면을, 이런저런 측면으로, 즉 거절, 부끄러움, 화, 두려움, 신경질 등으로 오해할 수 있다. 특별히 내성적인 여성은, 특정 남자 앞에서 허둥지둥하는 행동으로부터 추론하여, 자신의 성적 느낌[즉, 자신이 상대에게 관심이 있음]을 인식하도록 배울 필요가 있을 것 같다. 더 일반적으로 말해서, 거절당했을 경우 소위 우리가 억제하는, 모든 그런 느낌들은 오류성의 사례들이다. [결국, 우리는 많은 경우에 자신의 마음 상태 혹은 심적 상태를 올바로 알지 못한다.]

그렇지만, 무오류주의자는, 어떤 것을 뜨겁다고 느끼는 경우처럼, 자신의 마음에 가지는, 그런 종류의 사례가 아니라는 근거에서, 위와 같은 사례들을 묵살하고 싶어 할 것이다. 특히, 그러한 느낌들은 식별 가능한 단순한 특징들이 아니라고. 왜 아닌가? 무오류주의자가 이렇게 대답한다고 가정해보자. "왜냐하면, 그런 것들은, 당신이 말하듯이, 틀릴 수 있는 심적 상태들이기 때문이다. 나는 당신이 **틀릴 수 없는** 느낌들에 대해서 논의하는 중이다." 이런 반응은 자신의 논증을 순환적으로 만든다. 왜냐하면, 그는, 자신의 무오류주의자 결론이 진리임이 **확실하다**는 근거에서, 어느 반례(counterexample)도 거절하기 때문이다. 그러므로 이런 반응은 자신의 입장을 논리적으로 위태롭게 만든다. 그럼에도, 우리는 그를 관대하게 봐줄 수도 있다. 논의를 위해서, [우리는 스스로 자신의 심적 상태를 그다지 잘 알지 못한다는] 프로이트의 반례가 무오류주의자 주장을 오류로 만들지 않는다는 것을 허락해보자.

여러 기분과 정서에 대한 오식별을 포함하는 여러 경우들이 제외된다는 것을 수용해보자. 그렇지만, 이런 곤경을 면하기 위해 몸을 비틀어보는 것이 자신의 입장을 훨씬 더 어렵게 만드는, 다른 사례들이 있다.

감각은, 이상한 경우, 올바르게 파악되지 못할 수 있다. 매우 뜨거운 자극을 기대했던 사람은, 처음에 뜨거움에 데는 감각을 느낀다고 믿을 수 있으며, 이내 자신이 실제로는 얼음같이 차가운 감각을 경험한다는 것을 인지하게 된다. 통증을 기대했던 나는, 느낀 감각이 실제로 통증이 아니라, 단지 압박임을 인지하고, 놀란 적이 있다. 물론, 무오류주의자는 이렇게 주장할 것이다. 그러한 사례에서도, 열이 '실제로' 느껴지고, 통증도 '실제로' 느껴진다. 그러나 이런 주장은 우리가 단지, 무오류주의자가 옳으며, 우리가 느낀 것이 무엇인지에 대해 결코 틀릴 수 없다는 것을, 순환적으로, 가정할 경우에만 확신될 수 있다. 우리가 옳은지 혹은 그른지 논의되어야 할 문제라고 하더라도, 무오류성이 형이상학적 진리라는 주장은 그 근거를 잃어버린다.

이따금, 신호가 미약하거나, 불안해하는 중이라면, 피검자는 자신이 무엇을 느끼고 있는지 아닌지 확신하지 못한다. 내가 어떤 소리를 듣는지 아니면 전혀 듣지 못하는지 틀릴 수 있을까? 그렇다. 예를 들어, 내가 잠에서 방금 일어날 경우에, 내가 책에 매우 집중하고 있을 경우에, 내가 상당히 근심하는 상태에 있을 경우에, 그러하다. 이러한 경우들은 우리가 자신의 심적 상태를 잘못 알거나, 확신할 수 없는, 명확한 경우들이다. 어린아이들은 때때로, 심지어 질문을 받더라도, 자신들이 방광을 비워야 한다는[즉, 소변볼 때가 된] 것을 느끼는지 확신하지 못하기도 한다. 아주 피곤할 경우에, 아이들은, 성인조차도, 피곤하다는 느낌을 인지하지 못할 수 있다.

물론, 우리는, 어떤 피검자가 자신이 (차가움과 반대되는) 뜨거움을 느낀다고 대답하지만, 실제로 차가움을 느끼고 있을, 어떤 관습에 적응할 수도 있다. 그렇게 관습에 적응한다는 것은 그렇다고 치자. 그렇지만 이 사례는 무오류주의자가 원하는 것, 즉 마음의 특별한 본성이 형이상학적 진리라고 주장하기에 도움이 되지는 않는다. 다른 방어선으로 그들은 이렇게 말할 것이다. 무오류주의자의 주장이 지지되는 경우들이란, 피검자가 정상이며, 자극이 한계점 위로 주어지고, 감각이 단순하며, 피검자가 충분히 깨어나 집중하고 있으며, 그가 약물의 영향을 받지 않는 상태에 있을 경우 등등이다. 그렇다고 치자. 그러나 이런 식의 방어는 역시 순환적으로 보인다. 왜냐하면, 이러한 경우들은 피검자가 실제로 틀렸는지 아닌지에 따라서 결정되는 경우들로 보이기 때문이다. 피검자가 이러한 경우에서 틀리지 않았다는 것은, 결국 우리가 그 경우들을 어떻게 선택하는지에 따라 결정될 문제이지, 그러한 경우들의 정신 병인학(ethereal etiology)에 관한 어떤 형이상학적 진리에 따라 결정되는 문제는 아니다. 게다가, 만약 무오류주의자가 이러한 전략을 구사할 수 있다면, 우리도 할 수 있다. 나는 내가 잘못하지 않는 상황, 즉 정상적인 조건이고, 자극이 분명 한계점의 위에 있고, 피검자가 충분히 깨어 있어 집중하고 있고, 그가 약물의 영향을 받지 않는 상황에서, (예를 들어, 내가 서 있는지 아닌지를 아는) **물리**적 지식의 사례들은 틀리지 않는다고 확인할 수 있다. 만약, 물리적 지식이 틀릴 수 없음을 그러한 사례들로 보여줄 수 있다면, 이런 측면에서 심적 지식이 특별하다고 말할 수 없다.

무오류주의(infallibilism)의 다른 반증으로 옮겨가보자. 흥미롭게도, 우리가 무엇을 어떤 맛(tastes)이라고 생각하는지와 관련하여, 우리는 일상적으로 그리고 정기적으로 틀린다. 신경과학과 심리학에서 밝혀졌듯이, 우리가 맛의 감각이라고 간주하는 대부분의 것들이 실제로는 냄새(smell)에 의한 감각이며, 그럼에도 확실히 그렇지 않게 느껴진다. 돼지갈비구이의 "맛"은 실제로 거의 갈비의 냄새이다. 맛의 위상] 공간(taste space)은 5차원, 즉 단맛, 짠맛, 쓴맛, 신맛, 감칠맛(글루탄산염 일산나트륨(Monosodium Glutamate)에 의해 자극되는) 등으로 제한된다. 이에 반해서, 냄새[의 위상] 공간(smell space)은 수백만 가지 차원에 이른다. 샤도네이 포도주(Chardonnay wine)의 "맛"이란 대부분 그 포도주의 복잡한 냄새이다. 예를 들어, 보통 시각과 냄새가 그러하듯이, 우리가 냄새와 맛을 정확히 구분해서 인식하는 것이 분명 생존을 위해 문제가 되지는 않는다. 그러므로 뇌는 맛과 냄새를 분리된 요소들로 손쉽고 비-추론적으로 감지하는 메커니즘(장치)을 갖추지 않았다.

여러 병리학적 상황들이, 심적 상태에 대한 자기보고(self-reporting)에서, 상당히 다른 측면의 오류를 일으킨다. 일차시각피질이 갑작스레 손상된 환자는 분명 자신이 맹인(시각장애인)임을, 심지어 이것을 그에게 알려주더라도, 그리고 심지어 그가 반복해서 가구에 걸려 넘어지더라도, 인식하지 못한다. 맹인지불능(blindness unawareness)이라고 불리는 안톤 증후군(Anton's syndrome)은 (드물지만) 관련 자료가 많은 장애이다. 안톤 증후군을 가진 환자에서, 눈먼 것이 일시적일 수 있으며, 비록 어느 정도 시각을 회복하게 되더라도, 환자는 자신의 시각 능력에서 전혀 변한 것이 없다고 말하기 쉽다. 영구적으로 지속되는 맹인지불능에 대한 연구 보고도 있다. [즉, 그 환자는 영구적으로 앞을 보지 못하는 스스로의 신체적 그리고 심적 상태를 인지하는 데 오류를 범한다.]

안톤 증후군을 지닌 환자가, 자신의 실제 시력에 관해, 실제로 단지 시각 이미지를 잘못 만드는 것일까? 해부학적 자료와 행동학적 검사를 참고해보면, 대부분의 임상 신경학자들은 그렇다고 믿지 않는다. 우선 한 가지 이유로, 시력에 필요한 피질 영역은 또한 시각 이미지를 위해 필요하다고 믿어지는 영역이며, 그리고 이러한 영역들은, 중풍에 의해 파괴된, 바로 그 영역들이다. [이 점에 대해서] 어렵지 않게, 폴 처칠랜드는 이렇게 주장했다. 이러한 환자는 자신이 보는지 혹은 그렇지 않은지를 알 수 있게 하는 바로 그 장치를 잃은 것이다. 뇌는 그렇지 않다는 것을 알려주는 어떤 정보도 가지지 못하기 때문에, 뇌는 사건의 표준적 상태를 갖는다.[54] 그러므로 이러한 환자는 "물론 나는 볼 수 있어"라고 말하면서, 그들이 무엇을 보았는지 묻게 되면, 그럴듯한 내용으로 자연스럽게 이야기를 지어낸다. 만약 의사가 자신이 안경을 쓰고 있느냐고 물으면, 안톤 환자는 확신을 가지고 대답하지만, 그 대답은 단지 추측일 뿐이다. 또한 의미심장한 것으로, 안톤 환자가 이야기를 꾸며대어 말하는 반응은 시각 경험의 화제에 한정된다. 그들은 비-시각

화제에 대한 질문에서 완전히 솔직하고 단도직입적이다. 그에 반해서, 코르사코프 증후군(Korsakoff syndrome, 알코올성 치매)을 지닌 환자는 어떤 주제에 관해서도 편하게 이야기를 지어내어 대답한다.

안톤 증후군의 미스터리는, 시각 경험이 **매우** 자명해(self-evidence) 보인다는 측면에서, 곰곰이 생각해볼 가치가 있다. 만약 무엇이 너무 명확해 보인다면, 그것은 우리가 **볼 수 있거나** 아니면 **볼 수 없는** 무엇이어야 하며, 어느 것이 어느 것인지에 대해서, 틀리게 이미지를 떠올리기 어렵다. 그럼에도 불구하고, 안톤 증후군을 지닌 환자는 우리에게, 뇌가 시각적 경험을 가졌는지 안 가졌는지에 관해서 순진하게 오류를 범한다는, 주목할 만한 사례를 제시해준다. 그런 환자들이 그렇게 주장하려면, 만약 자신들이 그렇다고 생각하는 경우에, 그들은 시각경험을 분명 가져야만 하며, (물론 이런 논증은 순환적인데) 왜냐하면 우리는 그러한 것에 대해서 틀릴 수 없기 때문이다. 정확히 말해서, 여기에서 쟁점은, 우리가 어떤 경우라도 그러한 문제에 관해서 틀릴 수 **있는지 없는지**에 관한 문제이다. 언뜻 보기에는, 안톤 환자는, 우리가 틀릴 수 있으며, 그들이 왜 틀리는지에 대한 신경생물학적 이유가 있다는 증거를 제시해준다. 무오류성에 대한 단순한 선험적 확신 이상의 무엇이, 그 가설을 번복하기 위해 혹은 그 연구 자료를 재해석하기 위해 요구된다.

인지신경과학(cognitive neuroscience)의 관점에서, 누군가의 재인 기술(recognition skill)이 **명시적** 추론에 채용되는지 아닌지는, 다음과 같은 다른 속성들보다 덜 중요해 보인다. 예를 들어, 관련된 신경경로, 여러 정서적 요인들의 기여, 교차 양상(cross-modal)과 하향식(top-down) 효과의 본성, 얼마나 많은 학습이 이루어져야 하는지, 뇌가 어떻게 여러 인지적 기술들을 자동화하는지 등이 더 중요해 보인다. 중대한 **형이상학적** 구분이 되는, 추론적 판단과 비-추론적 판단 사이의 차이점을 보여주기 위해서, 영국의 경험주의와 독일의 관념주의에서 가장 명확해 보이는, 그 예비적 논의는 믿음만큼이나 오해된 것으로 보인다. 마치, 갈릴레오 이전의 과학자들이 달 위의 [천상의] 영역과 달

아래의 [지상의] 영역 사이의 차이점이 우주의 구조와 관련한 중대한 형이상학적 구분을 나타낸다고 주장했듯이, 오해에서 비롯된 것으로 보인다.

물론, 달 위의 공간과 달 아래의 공간 사이에 차이점이 **있으며**, 그 차이점은, 달이 지구에 근접하기 때문에, 인간에게 어떤 의미가 있기는 했다. 그러나 그것이 형이상학적 차이점을 명시하지는 못하며, 혹은 심지어 물리학적 원리가 적용되는 차이점도 명시하지 못한다. 마찬가지로, 추론적 판단과 비-추론적 판단 사이의 차이점이 **있지만**, 우리는 그러한 두 가지 형태의 신경 처리과정에 심오한 **형이상학적** 의미를 부여하는 것에 주저해야 한다(이 책 4장 1.2 참조).

이원론은 지금 우리의 과학적 이해 단계에서 납득되기 어렵다. 계속 진행되는 연구 프로그램을 발전시키는 일에서, 이원론은 인지신경과학에 비해 희망 없이 뒤처져 있다. 인지신경과학자와 달리, 이원론자 이론은 우리의 많은 경험적 특징들에 대해서, 예를 들어, 우리가 맛을 위해서 어떤 것의 냄새를 잘못 채용하는지, 사지절단된 사람들(amputees)이 왜 환상지(phantom limb)를 느끼는지, 분리-뇌(split-brain) 환자들이 왜 단절 효과(disconnection effects)를 보이는지, 극소영역(focal) 뇌손상이 왜 매우 특정한 인지적이고 정서적인 결핍과 관련되는지 등에 대해서 설명을 과감히 시도하지 못하고 있다. 사실상 이원론은 그 시도조차 하려 하지 않는다.

어느 역할이라도 하려면, 이원론은 무언가 설명할 수 있어야 한다. 이원론은, 인지신경과학이 실험적으로 설명할 수 있는 현상의 범위를 실험적으로 말해줄 수 있는, 어떤 설명적 체계를 발전시킬 필요가 있다. 반면에, 이것이 성취될 경우에 이원론이 인정받겠지만, 그 저술가들(bookies)은 오랫동안 성공을 방해하고 있을 것 같다. 이원론자 가설이 **어느 정도라도** 명확히 논의 대상이 될 때까지, 이원론은 어느 활동적 연구 프로그램을 탐색하는 측면에서 하나의 조잡한 육감적 그림처럼 비쳐진다.

3. 결론

뇌는 우리로 하여금 자아를 가진다고 생각하게 만든다. 그 말은, 내가 나라고 생각하는, 자아가 실재가 아님을 의미하는가? 아니다. 자아는 뇌의 어떤 활동 못지않게 실재적이다. 그렇지만, 그 말은, 우리의 자아가 "혼백"이란 영적인 무엇이 아님을 의미한다. 자아는, 당신이 걷거나 세계 온난화에 대해 생각하거나, 숲 속의 하이킹에서 돌아오는 길을 찾는 등의 능력을 만들어주는, 일관된 신경활동에 의한 실재이다. 뇌 활동이 온전한 실재 존재이다.

그러나 혹자는 이렇게 말할 것이다. 그것은 평소 내가 나에 대해서 생각해온 방식은 아니다. 어찌하여 나의 뇌를 나로 만들려 하는가? 이것을 다음과 같이 생각해보자. 근본적으로, 당신 뇌가 하는 일은 당신으로 하여금 세계 내에 삶을 영위하게 해주는 것이며, 이는 뇌가 합리적으로 좋은 예측을 할 수 있어야 하며, 그러한 예측을 시기적절한 때에 해야 한다는 것을 의미한다. 우리의 표상 장치들의 도식이 실용적인 예측의 가치를 가지려면, **가능한 한 최선의** 것일 필요는 없다. 그것은 단지, 가장 폭넓은 의미로, 당신이 삶을 영위할 **정도로 좋은** 것이면 된다. 특별히, 이 행성에서 생존에 필요한 대부분의 일들을 위하여, 뇌**가 실제로 어떻게 작동하는지**에 관한 상세한 정보를, 뇌가 명시적으로 알 필요는 없다. 뇌는 자체의 활동을 이해하기 위한 표상 도구로, "원하다", "두렵다", "보다", "화나다" 등과 같은 범주들을 이용하여, 합리적으로 잘 운영해낸다. 인간의 뇌는 "뉴런", "DNA", "전류" 기타 등등과 같은 범주들 없이 많은 일상적 생활을 운영해낼 수 있다.

그럼에도 불구하고, 인간은 우리가 아직까지 이해하지 못하는 신경생물학적 이유로 인하여, "라쳇 게임(ratchet game)"을 할 수 있는 대단한 능력을 지녔다.[55] 즉, 어린이들은 (자신에게 제공되는) 최선의 문화를 배우고, 그것을 증진시킬 수 있다. 그리고 그들의 아이들은 그들이 남긴 유산에서 다시 시작할 수 있다. 침팬지들은 각자 본질적으로 자신들의 조상이 출발했던 곳에서 다시 시작해야 하지만, 그런 침팬지와 달리, 인간의 아이들은 그들의 부모가 시작했던 곳보다 앞선 곳에서 출발할 수 있고, 석기시대 조상들이 시작했던 곳보다는 훨씬 멀리 앞선 곳에서 시작할 수 있다. 그들은 그들의 문화가 이미 알던 곳 위에 [새로운 문화를] 세울 수 있다. 따라서 현상들 이면의 실재를 이해하려는 일반적 과제에서, 인간은 과학과 기술을 발전시킬 수 있고, 그것을 자식들에게 전달할 수 있다. 이러한 능력은 우리에게, "원자", "원자가(valence)", "DNA", "신경전달물질" 등과 같은, 추상적이며, 과학적으로 관통하는 범주들을 증진시킬 기술과 과학을 이용하게 해주었다.

뇌가 우리로 하여금 보고, 계획하고, 걷고, 경이로워하게 해준다는 것을 이제껏 우리는 발견해왔다. 그리고 이제 라쳇 게임은 친숙한 범주들을 넘어 우리가 앞으로 나아갈 가능성을 열어준다. (물론 지금의 범주들은 인간 삶을 설명하고 예측하는 일상적인 일에서 합리적으로 잘 작동하고 있기는 하다.) 예를 들어, 뇌는 우리로 하여금, 뇌가 어떻게 조직화되어, 두 망막으로부터 들어오는 2차원 빛 배열을 가지고 어떻게 우리가 3차원 깊이의 단일 이미지를 볼 수 있게 해주는지 등을 묻게 해준다. 우리는 이렇게 물을 수 있다. 뇌는 어떻게 자신의 정보를 조직화하여 자아-표상능력을 가지는가? 이런 의문에 대해서도, 다른 경우와 마찬가지로, 과학의 발견은 우리에게 친숙했던 현상들을 바라보는 새로운 놀라운 방식을 제공한다. 별, 불, 심장 등에 대해서와 마찬가지로, 뇌에 대해서도 현상 이면에 실재가 있으며, 흥미진진한 것은, 예전 방식을 개선시켜온 방식 내에서, 그러한 실재를 어떻게 생각해야 할지를 밝히는 일이다.

금세기에 현대 신경과학과 심리학은, 우리로 하여금 [옛 범주 체계가 제공해온] 신화와 성찰을 넘어, "자아"를 하나의 자연적 현상으로 [새롭게] 접근하게 해주며, 그 원인과 결과를 과학으로 설명하게 만들고 있다. 새로운 실험 기술과 새로운 설명 도구의 도움을 받아, 우리는, 뇌가 자신의 신체를 어떻게 알게 되는지, 뇌가 세계의 정합적 모델을 어떻게 만드는지, 뇌 조직의 변화가 자아-표상능력을 어떻게 변화시키는지 등에 대한 실재 이해를 대략적으로 엿볼 수 있다. 신경생물학은,

어떤 뇌가 다른 뇌에 비해서 왜 알코올 또는 헤로인에 더 잘 중독될 수 있는지, 그리고 어떤 뇌는 일관성이 없는 세계 모델에 왜 빠져들어가는지 등을 밝혀내기 시작했다. 우리는, 치매에 걸리면 어떻게 자아를 조금씩 잃어가는 잔혹함이 발생되는지는 물론, 어린 시절 단계적 자아 발현을 이해하는 발전을 볼 수도 있다.

비록 충분한 대답에 아직 이르지 못했지만, 신경과학은, 복잡한 의사결정, 언어 사용, 자발적 행동 등과 같은, 높은 수준의 기능들에 대한 극소영역 뇌손상 영향에 대해 많은 것들을 발견하는 중이다. 아마도 몇 가지 문제들은 신경생물학적 탐색을 영원히 넘어설 수도 있다. 그렇지만, 그런 문제들이 단지 아직 풀리지 않은 것인지, 아니면 정말로 **풀리지 않을** 것인지는, 지금의 단계에서 대답할 수 없다. 아무튼, 자료에 입각한, 불완전하지만 강력한 대답은 종종 다음 단계를 위한 발판을 제공해왔다. 그리고 난 후에 다음 단계로, 또 다음 단계로 이어졌다. 그렇지만, 이런 점진적 발전은 바로 과학이 발전하는 방식, 즉 한 번에 한 단계씩 나아가는 방식이다.

[선별된 독서목록]

Damasio, A. R. 1999. *The Feeling of What Happens*. New York: Grossett/Putnam.

Dennett, D. C. 1992. The self as a center of narrative gravity. In F. Kessel, P. Cole, and D. Johnson, eds., *Self and Consciousness: Multiple Perspectives*, pp.103-115. Hillsdale, N.J.: Lawrence Erlbaum & Associates.

Flanagan, O. 1996. *Self Expressions: Mind, Morals, and the Meaning of Life*. New York: Oxford University Press.

Gopnik, A., A. N. Meltzoff, and P. K. Kuhl. 1999. *The Scientist in the Crib*. New York: Morrow.

Hobson, J. A. 2001. *The Dream Drugstore: Chemically Altered States of Consciousness*. Cambridge: MIT Press.

Jeannerod, M. 1997. *The Cognitive Neuroscience of Action*. Oxford: Black-wells.

Kosslyn, S. M., G. Ganis, and W. L. Thompson. 2001. Neural foundations of imagery. *Nature Reviews: Neuroscience* 2: 635-642.

Le Doux, J. 1996. *The Emotional Brain*. New York: Simon and Schuster.

Panksepp, J. 1998. *Affective Neuroscience*. New York: Oxford University Press.

Rizzolatti, G., L. Fogassi, and V. Gallese. 2001. Neurophysiological mechanisms underlying the understanding and imitation of action. *Nature Reviews: Neuroscience* 2: 661-670.

Schacter, D. L. 1996. *Searching for Memory: The Brain, the Mind, and the Past*. New York: Basic Books.

Schore, A. N. 1994. *Affect Regulation and the Origin of the Self*. Hillsdale, N.J.: Lawrence Erlbaum & Associates.

Tomasello, M. 2000. *The Cultures and Origins of Human Cognition*. Cambridge: Harvard University Press.

웹사이트

BioMedNet Magazine: http://news.bmn.com/magazine

Comparative Mammalian Brain Collections: http://brainmuseum.org

Encyclopedia of Life Sciences: http://www.els.net

Living Links: http://www.emory.edu/living_links

The MIT Encyclopedia of the Cognitive Sciences: http://cognet.mit.edu/MITECS

Neurosciences on the Internet: http://neuroguide.com

4장 의식

1. 문제와 경험적 방향

1.1. 머리말

당신이 잠에서 깨어날 때면, 당신은 시각과 청각, 자신의 신체적 느낌 등을 인식하고, 아마도 사지(팔다리) 움직임까지도 알게 된다. 당신은 전날 밤에 보았던 영화에 관한 생각, 어릴 적 꿈에서 가졌던 잔여 감정, 아침 음식 냄새 등을 알 수 있다. 당신은 많은 사람들의 왁자지껄한 목소리들 속에서 자신의 아이 목소리를 알아들을 수 있다. 그러나 당신은 다른 많은 사건들, 즉 혈압의 변화와 안구 동작을 유도하는 결정을, 마치 밖에 날아다니는 새를 보듯이, 알지는 못한다. 바로 깨어나기 전에 꾸었던 꿈은 비록 일부라도 기억하지만, 반면에 앞의 수면 사이클에서 꾸었던 꿈은 의식적으로 회상되지 않는다. 만약 당신이 어느 새의 동작을 집중해서 보고 있었다면, 당신은 다른 사건들, 예를 들어, 옆방에서 조용히 음악이 흘러나오고 있고, 혹은 입 안의 혀가 움직이는 중이고, 혹은 무릎에 통증이 있다는 등을 [의식적으로] 알거나 집중하지 못한다. 그렇지만, 집중하지 못하거나 알지 못하는 사건일지라도, 그것들은 당신의 현재와 미래 행동에 영향을 미친다.[1]

이런 측면에서 말하자면, **의식적** 계획, 결정, 기억 등등이 바로 나를 나로 만드는 것처럼 보인다. 우리가 거의 어쩔 수 없이 이렇게 추정하게 되는 까닭은, 그러한 의식적 활동이 바로 내가 아는 유일한 나이기 때문이다. 그러나 사실상 그러한 의식적 사건들이란 단지 나의 내면세계의 이야기 중 극히 일부일 뿐이다. 그렇다면 [나의 내면에서] 무슨 일이 일어나는 것인가? 내가 주의를 돌려, 내 다리에 성가신 모기를 알아볼 때에 무슨 일이 일어나며, 그리고 [캠핑을 위해] 내가 텐트를 치느라 너무 몰두해서 내 팔과 다리를 무는 모기를 알아채지 못하는 사이 [나의 내면에] 무슨 일이 일어나는가?

내가 자신의 심장박동에 집중하면 그것을 알게 되지만, 소장의 연동운동엔 아무리 집중하더라도 그 움직임을 전혀 알 수 없는 것은 왜인가? 내가 당신이 말하는 것이 무엇인지 알 수 있지만, 그런 이해의 과정에 대해서는 전혀 알 수 없는 것은 왜인가? 내가 균형을 맞추는 일에 더 이상 주의할 필요가 없을 정도로, 자전거 타기와 같은, 과제를 배우는 중에 [뇌의 내부에] 무슨 일이 생기는가? 신경계를 통해 지속적으로 전파되는 신체신호, 청각신호, 그리고 다른 신호들을 알지 못하는, 깊은 수면(deep sleep) 중엔 또 무슨 일이 생기는가? 종합적으로 말해서, 무엇이 의식적 상태와 무의식적 상태 사이의 차이를 만드는가?

우리가 이러한 의문들에 대해 가질 수 있는 태도는 기본적으로 두 가지이다. 한 가지 태도는, 대략적으로 말해서, 실용적이다. 그 태도는, 혼수상태이거나 마취상태일 때에 뇌에 어떤 일이 일어나는지, 특정 종류의 뇌 손상 이후 앎이 어떻게 변화되는지 등을 (아마도) 이해시켜줄, 여러 실험들을 찾아보라고 강조한다. 다른 말로 해서, 실용주의자는 다음 입장을 선택한다. 우리는, 앞서 언급된 모든 의문들에 대해서, 모든 가설들을 비판적으로 검토하고, 여러 경쟁 이론들의 장점들을 비교해 봄으로써, '과학적 발전'을 이루도록 노력해야 한다.

그 반대 태도로, 플래너건(Flanagan)이 "신비주의자(mysterian)"라고 지칭한 입장은, 그러한 의문들이 **과학적으로** 설명될 수 없으며, 실제로, **결코** 알 수 없다는 관점을 취한다.[2] 신비주의자들은, 실제적 발달

과정보다는 과정 자체의 '결함'을, 미스터리를 줄여주는 도구보다는 쟁점에 관한 다양한 현상의 '신비로움'을, 새로운 진보로 인해 나타나는 기회보다는 실험적 연구 과정에서 나타나는 '절망'을 강조한다. 실용주의자들은 의식이란 뇌의 자연적 현상임을 강조하려는 경향이 있는 반면에, 신비주의자들은 **초자연적** 현상, 혹은 적어도 (어떤 의미에서) **물리적인 것 너머**에 무엇이 있다는 생각을 선호한다.

실용주의가 나에게 더 나은 조언을 해주는 것 같다. 적어도, 나는 "신경과학적 설명을 **시도해보라**"고 (아직 그 시도를 할 준비가 안 된 사람들에 대해서조차) 말하는 태도를 선호한다. 나의 이런 태도는 단지 독단 또는 신조는 아니다. 이러한 태도, 즉 심지어 어떤 문제가 풀리지 않아 보일 때조차도, 종종 발전이 이루어질 수 있다는 기대는, 과거의 과학적 성공에서 나온다. 그럼에도 불구하고, '의식에 대한 과학적 설명 불가능성을 증명한다고 주장하는 여러 논증들을 분석하는 일은 반드시 필요하며, 그러한 불가능성 논증이, '일단 시도하고 보자'는 접근법을 선호하는 논증보다 더 큰 힘을 가지는지 평가하는 일은 더욱 필요하다. 우리는 그런 불가능성을 선험적으로(a priori) 말할 수 없으며, 그래서 그런 주장을 저울질해볼 필요가 있다. 다음 절의 주요 목표는, 우선적으로 그러한 문제에 접근하기 위한 발판을 마련한 후에, 몇 가지 유망한 경험적 접근법들을 소개하려는 데에 있다. 본 장의 마지막 절인 2.2절에서, 나는 (거론되는) 의식의 여러 문제들을 경험적으로 접근하는 태도에 반대하는 주요 반론들을 설명하고 분석해볼 것이다.

1.2. 정의와 과학 [3]

일상적 쓰임으로, "의식(consciousness)"이란 말은 어느 정도 서로 다른 것을 가리킬 수 있다. 예를 들어, 혼수상태(comma)에 있지 않은, 깊은 잠에 들지 않은, 마취상태에 있지 않은, 감각과 사고를 아는 등등을 가리킨다. 만약 우리가 어떤 현상을 탐색해야 한다면, 분명히 그 현상이 무엇인지를 더 잘 알아야 하며, 혹은 혼란하여 불필요한 논쟁을 벌이지 않아야 한다. "의식"이란 애매한 용어를 언급함에 있어, 먼저 그 용어에 대한 적절한 정의가 정확하게 내려질 때까지, 우리의 탐구가 연기되는 것이 바람직해 보인다. 그러므로 어쩌면, 우리가 이론을 세우고 진단하는 일에 빠져들기 전에, 우리는 지금 멈춰 서서 우리의 그 용어를 정확히 정의해야 한다.

이러한 추천이, 비록 좋은 의도에서 나온 것이긴 하지만, 특별히 연구의 초기 단계라는 측면에서, 결정적으로 잘못된 인식에서 나온 것이기도 하다. 어떻게 그렇다는 것인지 설명해보자.

과학적 연구에 앞서, 우리는 사물들을 그 총체적 물질과 행동적인 유사성에 근거하여 분류하거나, 아니면 우리의 특별한 필요와 관심에 따른 관련성에 근거하여 분류한다. 식물들은 식용인지 독성을 지닌 것인지 분류될 수 있으며, 어떤 것들은 농부에 의해 특정 지역에서 뽑아 버려져야 하지만, 다른 지역에서는 환금 작물로 경작된다. 그와 마찬가지로, 길들여지거나 아니면 위험한 동물들은 각기, 길들여지거나 아니면 위험한 다른 동물들과 같은 부류로, 분류될 수도 있어 보인다. 매우 특이하거나 혹은 눈에 띄는 특성들 역시 뚜렷하게 분류될 필요가 있다. 그렇게, 새의 종류가, 앵무새와 나이팅게일같이, 다양한 종에서 나온 것이라고 할지라도, 흥미로운 소리를 내는 모든 새들은 명금류(songbird)로 불린다. 다이아몬드, 루비, 호박, 오팔은 화학적 합성과 본성에서 서로 상당히 다르지만, 희귀하고 광택이 나는 물질이란 점에서 모두 보석으로 불린다.

발달된 과학은 그러한 초기 분류 도식으로부터 스스로 발전해 나아가는 경향이 있다. 겉모습[즉, 현상들] 뒤에 있는 실재를 우리가 이해함에 따라서, 서로 다른 여러 종류의 원리들에 의해서 새로운 분류가 나타난다. [그렇게 되면,] "먹을 수 있는" 혹은 "불쾌한 냄새가 나는" 등과 같은 속성들은 필히 내다 버려져야 할 것들이 되며, 그런 [조야한] 분류는, 우리가 더 깊은 설명 원리들을 만들기 위해 이용해야 할, 분류법의 기반으로 더 이상 쓸모가 없어진다. 물론, 일정 과학 발달 단계에서, 현재의 분류법이 우리에게 모두 쓸모없는 것은 아닐 것이다.

그런 분류법은 우리로 하여금, 사물들이 실제로 어떻게 존재하는지를 탐구할, 참되고 믿을 만한 반성을 하게 해주는 것 같다.

용어는, 새로운 발견이 이루어짐에 따라, 그 적용 범위가 변화될 수 있다. 그 다음에 그러한 변화는 지각 재인에 영향을 미친다. "불(fire)"이란 용어의 역사는, 친숙한 범주의 경계가 어떻게 새롭게 바뀌는지 보여주는 단적인 사례이다. 얼마 전까지, "불"의 범주는 '빛 또는 열을 방출하는' 무엇을 포함했으며, 그런 속성이 있고 없음은 단지 보는 것이나 느낌만으로 결정되었다. "불"이란, 나무처럼, 타는 탄소 물질뿐만이 아니라, 태양과 다양한 별들의 활동(지금 우리는 그런 것들이 전혀 불이 아니라 핵융합이라고 알고 있다), 번개(실제로는 전기적 방전에 의한 백열광이다), 북극광(실제로 이것은 분광(스펙트럼) 방출이다), 그리고 소위 반딧불이라고 불리는 번쩍임(실제로 이것은 생체-인광이다) 등을 포함해왔다. 더구나 이러한 현상은, 공통적으로 '심오한' 무엇, 즉 소위 그러한 사례들을 불로 만들어주는, 그것들의 **본질** 또는 **본질적 성질**을 공유한다고 생각되었다.

현대과학은 느리게 다음을 밝혀내었다. 타는 나무는 '산화작용'을 포함하며, 이러한 과정은, 다른 종류의 현상들에서 일어나는 과정과 전혀 공통적이지 않다. 더구나, 그렇다는 사실은 우리가 **그냥** 보아서는 드러나지 않는다. 또한, 불이 산화작용이라고 이해되는 발달에 의해서, 우리는 (한편으로는) '불'과 (다른 한편으로는) '쇠가 녹스는' 것과 생물학적 '신진대사' 사이의 밀접한 관계를 볼 수 있게 되었다. 이러한 [녹스는 것과 신진대사의] 과정들은 본래에는 타는 물질이 함께 공유하는 성질로 고려되지 않았다. 감지되는 열은, 타고 있는 나무, 태양, 번개 등을 포함하는 집합의 본질적 특성으로 인정되었기에, 녹스는 것이 불의 사례가 될 수 있다고 지금까지 누구도 제안한 적이 없었다. 당신은 녹스는 것에서 어떤 뜨거움도 느낄 수 없었으므로, 녹스는 것과 나무가 불타는 것이 실제로 동일한 과정이라는 것이 드러나려면, 산화과정이란 숨겨진 실재가 이해되어야만 했다. 신진대사로서, 우리 신체의 열이 바로 **우리가 존재하는** **방식**이라고 이해되었다. 동물 몸에서 나는

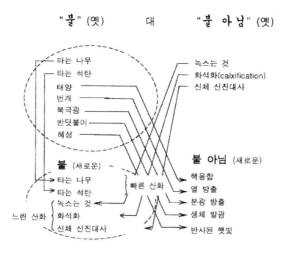

그림 4.1 과학 탐구의 초기 단계에서, 사물들의 범주 구성원들은 쉽게 관측되는 속성들의 유사성에 의해 대체적으로 결정된다. 그러므로 "불"의 범주는 초기에 열혹은 빛 혹은 둘 모두를 방출하는 현상의 범위를 포함하였다. 물리학과 화학이 발전함에 따라서, 분류된 범주들, 그리고 이론적으로 알려졌던 속성들에 근거하였던 유사성들은, 새로운 분류를 위해 더 유용한 기초가 되었다. 위쪽 도표는 불에 대한 옛 분류의 항목들을 보여주며, 그 아래 도표는 현대 분류를 보여준다.

열이, 나무가 타고 있는 것과 동일한 과정이라는 제안은, 사람들에게 참으로 터무니없는 생각으로 여겨졌다(그림 4.1).

과학은, 일상적 생활에 납득되지 않거나 거의 관련되지 않는 것들을 선호하는, 우리의 일상적 통속 기준들을 왜 거부하는 경향을 갖는가? 그 한 가지 대답은 이렇다. 과학적 범주들은 실재 자체의 구조를 더 정확히 반영한다. 우리가 더 정교한 범주들을 고려하는 것은, 그것들이 세계에 대한 설명과 예측, 그리고 조작을 더 강력히 해주기 때문이다. 예를 들어, 우리가 불을 만들고 조작하는 것은, 우리가 산화작용에 대한 화학적 과정을 이해함으로써 가능해진다. 그러나 산화작용이 태양을 뜨겁게 만드는 것이 무엇인지에 대한 이해에 거의 도움이 되지 않는 이유는, 핵융합이 **원자핵** 수준에서 일어나는 사건이기 때문이다. 덧붙이자면, 현대과학적 범주의 발달은, 과학자들로 하여금, 원시적 범주에서 하지 못했던 방식으로, 자신들의 이해를 연결하고 통합시켜준다. 더구나, 과학과 기술은 함께 발전한다. 이것은, 우리의 일상생활이 변화된다는, 이따금은 상당히 근본적 변화를 일으킨다는 것을 의미한다.

이제, 수천 년 동안 과학에 기초하고, 누구라도 쉽게 관찰할 수 있었던, 하나의 분류에 대해서 생각해보자. 즉, (달을 기준으로 아래의 우주) 지상의(sublunary) 영역과 (달 위의 모든 우주) 천상의(superlunary) 영역 사이의 구분이다(그림 4.2). 그 각 영역에 완전히 서로 다른 원리가 지배한다고 가정되었다. 천상의 영역은 불변하며, 완벽하고, 행성의 등속 원운동과 같은, 성스러운 원리에 의해 지배된다고 생각되었다. 반면에, 지상의 대지에서는, 사물들이 예측 불가능하게 변화하며, 그것들은 썩고 낡아지며, 완벽한 원운동을 거의 하지 못하고, "사물들에 힘이 가해지지 않으면 움직이지 않는다" 그리고 "모든 것들은 그 본래적 위치(natural place)로 움직인다" 등과 같은 **지상의 원리들**(Earthly principle)이 적용된다. 그렇다고 중세의 물리학은 말한다.

뉴턴은 이러한 모든 것들을 산산조각 내고는, 단 **하나의** 법칙 체계로 **어느 곳이든** 우주에서 발생되는 운동을 설명할 수 있다는 제안을 내놓았다. 행성운동, 화살의 궤적, 달의 운동, 사과의 낙하운동 등, 모든 운동이 단일 법칙 체계로 설명된다. 이러한 새로운 역학 체계를 개발함으로써, 뉴턴은 지상계/천상계 구분을 던져버렸다.

'본래적 위치'라는, 외견상 명백해 보이고, 순전히 직관적인 개념 역시 뉴턴의 구도에서 탈락되었다. 옛 이론 내에서, 빗방울은 "무게(gravity)"를 지니고 있어서 **아래로** 떨어지며, 무게를 지닌 것들은 우주의 중심, 즉 지구 내에 **본래적 위치**를 지닌다. 반면에, 연기는 **가벼움**(levity)을 지니고 있어서 위로 올라가며, 가벼움을 지닌 것들은 우주 중심에서 멀어지는 본래적 위치를 지닌다. 뉴턴은 무게라는 낡은 개념을 완전히 새로운 개념, 즉 **어느 두 질량 사이의 상호적 힘**으로 교체하였다. 그렇게, 거의 2천 년 동안 편안히 받아들여져온, "본래적 위치"

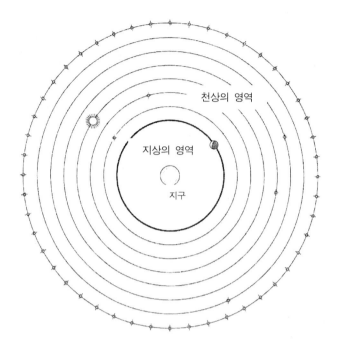

천상의 영역

지상의 영역

지구

그림 4.2 우주의 천동설(geocentric, 지구중심설) 개념을 보여주는 도식적 그림으로, 지구(Earth), 달(Moon), 정해져 배열된 천구들(crystal(transparent) spheres) 등을 내려 보는 시각으로 그려졌다. 첫 번째 천구 안쪽의 영역(지상의 영역)은, 천상의 영역 내의 사물들과 사건들을 지배하는 법칙들에 비해서, 아주 다른 물리적 법칙들에 의해서 통제된다고 가정되었다. "고정된" 별들은 가장 밖의 천구에 부착되어 있으며, 그 천구는 움직이지 않지만, 반면에 행성들, 달, 그리고 태양은 중간의 천구에 부착되어 있어서, 천구의 회전은 그 천체들의 운동을 설명해준다고 믿어졌다. 중세 물리학의 중요 문제는 그러한 거대한 천구들을 움직이는 것이 무엇인지를 설명하는 것이다. 이러한 문제는 행성들, 달, 태양 등의 운동에 대한 뉴턴의 (근본적으로 다른 모험적) 설명에 의해서 포기되었다.

라는 (외견상 명백해 보였던) 개념은 쓰레기 더미에서나 그 자체의 본래적 위치를 찾을 수 있게 되었다.

[이러한 역사적 사실로부터 우리가 배울 수 있는] 더 일반적인 교훈은 이렇다. (특정 사물들에 관한) **이론**(theories)과 (그러한 것들을 **이 세계 내의 것으로 규정하는**) **정의**(definitions)는, 서로 손을 마주잡고, 함께 진화한다. 견고하고, 명시적인 정의는, 과학이 그것들을 확고하고 성숙되게 만들어줌에 따라서, 그 게임에서 상당히 늦게 비로소 활용된다.4)

그렇다면, "의식"에 대한 정의는 어떠할까? 만약 우리가 견고한 정의로부터 시작할 수 없다면, 우리가 연구하려는 현상들에 대해서, 우리가 어떻게 동의하게 될 수 있겠는가? 대략적으로 말하자면, 이 문제에 대해서, 우리가 어느 과학의 초기 단계에서 사용했던 것과 동일한 전략을 취해보자. 즉, [우선 우리가 일반적으로 의식이라 여기는] 전형적인 경우들을 분별해보고, 그러고 난 후에 거기에서부터 우리의 길을 개척해보자. 상식적으로 생각해보아서, 무엇이 의식에 대해서 **문제 되지 않을** 사례들로 간주되는지에 대한, **잠정적** 동의에서부터 출발해보자.

첫째로, 전형적인 의식 상태에 해당되는 것으로, 예를 들어, 나는 새를 보고, 화상의 통증을 느끼고, 경찰 사이렌을 듣는 등등의 다양한 **감각 지각들**이 있다. 또한 접촉, 진동, 압박, 사지 위치, 신체 방향, 신체 가속 등에 부착된 **체성감각 경험**(somatic sensory experiences)이 그러한 [의식적 상태의] 전형에 속한다. 냄새와 맛은 감각 지각의 목록에 포함된다.

둘째로, 특정 감각 기관들과 거의 관련이 없어서, 보통은 본래적으로 '감각 경험으로 고려되지 않는' 것들이 우리의 목록에 포함될 수 있다. 그 목록은 다음과 같은 상태들을 포함한다. 예를 들어, 당신이 아침에 무엇을 먹었는지 **기억하기**, 당신이 자전거를 탈 수 있다는 것을 **알기**, 다리를 6개 가진 개(dog)를 **상상하기**, 당신의 엄지발가락의 느낌에 **집중하기**, 망고를 먹을지 말지를 **망설이기**, 기대했던 사건이 일어나지 않은 것에 대해서 **놀라워하기** 등등이다. 마찬가지로, 두려움, 화, 슬픔, 기쁨 등의 느낌과 같은, 여러 **정서 상태들**뿐만 아니라, 배고픔, 갈증, 성욕, 부모 사랑 등과 같은 여러 **욕구 상태들**도 이 목록에 들어간다. 이러한 맥락에서, 우리는 또한, **성향**(disposition)으로서 '능력'과 '그 능력을 현재 발휘함 사이를 구별할 필요가 있다. 그 차이는, 당신이 아침에 무엇을 먹었는지를 (비록 당신이 지금 생각하고 있지 않더라도) '기억할 수 있는 능력'과, 당신이 아침에 소시지를 먹었다는 당신의 '지금 기억' 사이의 구분이다.

의식적 앎(consciousness awareness)의 원형 공간(prototype space) 내에, 약간 덜 중심 위치에 놓일 것으로, 많은 다른 사례들이 있다. 어쩌면 우리는 수면상태 중에 (비록 나중에 회상해내기 어렵긴 하지만) 어느 정도 앎을 가진다. 우리가 깊은 **수면** 동안에 '전혀 앎을 가질 수 없는지' 혹은 '다소 낮은 수준의 앎을 지속할 수 있는지' 등은 분명치 않다. 예를 들어, 네이비실(Navy SEALS, 미 해군 특수부대)은 그들이 깨어나기 전에라도 위협에 반응하도록 훈련된다. 우리는, 태아의 신경계가 소리와 같은 감각적 자극을 알 수 있을 정도로 충분히 발달하는 단계가 언제인지를 확신할 수 없다. 나아가서, 무언가 친숙하지 않거나 특이한 경우, 혹은 무언가 지적으로 만족스럽거나, 도덕적으로 불안하고, 음악적으로 조화롭거나, 혹은 미적으로 조화롭지 못한 것 등을 인식하는 중에, 우리가 어떻게 그러한 의식적 상태들을 생각할 수 있는지도 확실히 알지 못한다.

다행스럽게도, 이러한 사례들에 대해서 지금 단계에서 우리가 너무 걱정할 필요는 없다. 여러 의식적 상태들에 대한 원형 사례들을 확인해나아감에 따라서, 우리는, 명료하고 해석 가능한 여러 실험들을 설계해야 하는, 넓은 범위가 있음을 알게 된다. 어느 정도 가닥이 잡혀감에 따라서, 중심 사례 주변의 것들이, 어쩌면 바로 원형 사례들이라고 인식됨에 따라서, 더 중요하게 여겨질 수도 있다.

그렇게 표면상 명백한 범주들이 훗날 새로운 발견에 의해 압력을 받아 재분류될 가능성을 인식한다면, 아마도 우리는 그러한 대략적이며 예비적인 전형의 구별이 우리에게, 그 기초와 다른 프로젝트를 시작할 합리적 방법을 제공한다는 것에 동의할 수 있다. 의식에 대한 신경과학적 접근법이 아직은 초창기이기 때문에, 더 많은 연구의 문을 열고, 풍부한 실험적 연구를 제안해줄 여러 발견들에 대해 희망을 갖는 것이 합리적이다. 물론, 긴 여정을 통하여 우리는, 우리가 복제(reproduction, 생식)와 신진대사를 이해한 것처럼, 의식도 이해하기를 원하지만, 짧은 여정에서는 현실적 목표를 정하는 것이 현명하다. 예를 들어, 단일 실험적 범례(paradigm)가 신비를 풀어줄 것이라고 기대하는 것은 아마도 현실성이 없을 것이다.

1.3. 실험 전략

비록 실험적으로 진전을 이루게 해줄 많은 제안들이 있다고 하더라도, 편의상 뇌 연구 전략은 대략 두 종류, 즉 **직접 접근법**(direct approach)과 **간접 접근법**(indirect approach)으로 나뉜다. 이러한 두 전략은 서로 강조점에서 (주로) 다르다. 이러한 측면은, 앞으로 살펴보겠지만, **부차적이며**, 상호 양립 불가능하지 않다. 각 접근법들의 강점과 약점을 살펴보기 위해, 나는 어느 정도 다른 동기, 과학적 태도, 실험적 접근법 등을 개략적으로 살펴볼 것이다.

직접 접근법

우리 모두 지금 말할 수 있는 한에서, '의식' 혹은 적어도 '의식적 감각 요소'는 독특한 특징을 지닌 물리적 기반에 의해 나타난다고 할 수 있다. 그 기반에 명석하고 식별 가능한 물리적 표식이 있어 [그것을 찾을 것이라는] 희망에서, 직접 접근법 전략은 우선적으로 '의식의 기반'과 '현상학적 앎' 사이의 **상호관련**을 확인하려 하며, 그런 다음에 종국에는 의식 상태를 신경생물학 용어에 의해 환원적으로 설명하려 한다. 그러한 물리적 기반이 어떤 위치로 한정될 필요는 없다. 예를 들어, 그것은, 일정한 범위의 뇌 영역 내의 특정 피질층에서 발견되는, 하나 혹은 둘의 구조적으로 독특한 세포 유형들의 활동 패턴(pattern of activity)으로 구성될 수 있다. 또한, 그것은, 시상과 특정 피질 영역 내에 특별한 세포 집단의 동조격발(synchronized firing)로 구성될 수도 있다. 이러한 대안에 대해서, 그 메커니즘이 어쩌면 **분산적일** 수 있다. (따라서 예를 들어, 신장보다 내분비 시스템에 더 비슷할 듯싶다.) 편의상, 나는 하나의 가정되는 물리적 기반을, 의식을 위한 **메커니즘**으로 지목할 것이다.

또한, 그렇게 구분되는 메커니즘이 어느 다양한 물리적 수준에, 즉 분자(molecular), 단일 세포(cell), 회로(circuit), 경로(pathway), 또는 (아직 명확히 분류되지 않은) 더 높은 기관들의 수준 등에 귀속된다는 것에 주목해보자. 그렇지 않으면, 아마도 의식이, 이러한 무수한 물리적 수준들 사이의 상호작용의 산출물로 생각될 수도 있겠다. 어떤 분산된 메커니즘이 있을 가능성은, 그 메커니즘이 내재하는 기관의 **수준**과 관련하여 제약 없는 가능성과 함께, 아직 관련 가설이 그리 제약적이지 않다는 것을 의미한다. 제약이 없다는 것이 이 문제에 관해 초자연적인 어떤 징후가 있다는 것을 의미하지는 않는다. 그것은 단지 과학이 밝혀야 할 일이 많이 남아 있다는 징후일 뿐이다.

어떤 하나 혹은 많은, '신경과 의식 사이의 연관성'에 대한 발견은, 그 **자체만으로**, 곧 의식에 대한 설명이 산출된다는 것은 아닐 것이다. 그럼에도 불구하고, 생물학 내에서 어느 메커니즘이 특정 기능을 지원한다는 발견은 종종 그 기능이 **어떻게** 수행되는지를 정확히 결정하는, 다음 단계가 (갑자기) 엄청 쉬워진다는 것을 의미한다. 그냥 쉬워진다는 것이 아니라, 훨씬 더 쉬워진다는 의미이다. 만약 우리가 운이 좋아서 그 가설적 메커니즘을 밝힐 수 있게 된다면, 그 결과는, DNA 구조를 알아낸 과학적 분기점에 비교될 만하다. 그러한 발견은 본질적으로 정보의 구조적 구현과 관련된 발견이다. 일단 이중 나선형 구조가 밝혀지자, 염기쌍의 순서가 단백질을 만드는 부호임이 드러났으며, 그런 다음에 형질 유전 가능성에 관한 구조적 기초 또한 이해되었다. 만약 의식적 상태를 확인시켜줄 독특한 신호 체계의 메커니즘이 있다는 것이 밝혀지기만 한다면, 그러한 과학적 발견의 대가는 엄청난 것일 수 있다. 그러므로 직접 전략은 가치 있는 좋은 시도이다.

물론, 불리한 측면도 있다. [직접 전략은] 신경과학이 **훨씬** 많이 발전할 때까지, 실험적으로 그 메커니즘을 밝혀내기 매우 어려울 수도 있다. 왜냐하면, 그러한 신호가 초보 관찰자에게 명확히 드러나지 않을 것이기 때문이다. 심지어 만약 그러한 독특한 신호를 보이는 메커니즘이 존재하여 확인되더라도, 설명되어야 할 그 [의식적] 현상에 관한, 혹은 뇌에 관한, 우리의 잘못된 개념이 그러한 자료를 잘못 해석하도록 유도할 수도 있다. 혹은, 그 직접 접근법을 어렵게 만드는 예견할 수 없는 다른 함정이 있을 수도 있다. 짧게 말해서, 애매한 과학적 프로젝트에 붙어 다니는 모든 일상적 문제들이 이런 측면에서 우리를 성가시게 할 것이다.

최근 몇 년 동안 직접 접근법은 더욱 명확히 언급되고 있으며, 실험적으로 더 매력적이 되어가고 있는데, 새로운 기술이, 주의집중(attention)과 작업기억(working memory) 등과 같은, 아주 밀접히 관련된 여러 기능들을 탐구 가능하게 (어느 정도로) 도움을 주기 때문이다.

프랜시스 크릭은, 분명히 그 누구보다도, 직접 접근법이 성공해야 할 필요가 있다는 확고한 과학적 감각을 지녔다. 그가 주목한 바에 따르면, 낮은 수준과 [높은] 시스템 수준의 자료들을 이용하여, 그럴듯한 가설의 탐색 범위를 좁혀야 하며, 그 검색 공간을 지속적으로 배회하여, 누군가의 과학적 상상력이 시험적 가설에 이르도록 촉진해야 한다. 의식적 상태를 지원하는 신경해부학 내에 어떤 종류의 구조적 보물을 얻어낼 가치에 대해서, 크릭은 지속적으로 인식하고 옹호하였다. 그것은, 그런 자료들이 하나의 거대한 흐름 내의 여러 문제들을 해결해줄 것으로 그가 생각했기 때문이 아니라, 그 자료들이 우리에게 문제의 실타래를 풀어줄 실마리를 제공할 것으로 그가 인식했기 때문이다. 그러한 메커니즘을 입증하는 실험이 그럴듯한 가정을 만들어줄 것으로 그는 주장했으며, 나는 그 이후로 그것을 크릭의 가정(Crick's assumption)이라고 부른다.

크릭의 가정 : 다음 두 가지 조건에서 뇌는 차이가 있어야만 한다. (1) 어떤 자극이 주어지고, 피검자가 그것을 알고 **있다**. (2) 어떤 자극이 주어지고, 피검자가 그것을 알지 **못하고 있다**.[5]

올바른 실험을 통해서, 이러한 두 조건에서 뇌의 차이가 무엇인지를 찾는 일이 가능해야만 한다.

이러한 빈약한 체계 내에서, 다음 단계는, 심리학과 신경과학이 (경계를 넘어) 서로 손을 맞잡는 어느 실험적 패러다임(전형)을 찾는 일이다. 다시 말해서, 크릭의 가정에 적합한 심리학적 현상을 찾아보고, 그에 상응하는 심리학적 현상을 **입증하여**, 실험적 자극을 아는 경우와 알지 못하는 경우 사이의 신경적 차이를 규명하도록 노력하는 일이다. 이것은 우리를 의식과 신경의 상호관련으로 인도해줄 것이며, 따라서 그 메커니즘으로 인도할 것이다. 다행히도, **양안경합**(binocular rivalry) 으로 알려진 시각 시스템의 속성은, 크릭의 가정에 따라 진행할 필요가 있다는, 바로 그 가능성을 보여준다.[6]

양안경합이 무엇인가?

당신이 컴퓨터 모니터를, 중앙에 경계가 있는 특별한 상자를 통해 보고 있어서, 각각의 눈으로 스크린의 반쪽만을 볼 수 있다고 가정해 보자. 만약 두 눈에 **동일한** 자극, 즉 얼굴 모습이 제시된다면, 당신이 보는 것은 하나의 얼굴이다. 그런데 만약 각각의 눈으로 서로 다른 입력이 주어진다면, 즉 왼쪽 눈은 하나의 얼굴을, 그리고 오른쪽 눈은 햇살 패턴을 본다면, 무척 놀라운 일이 일어난다. 몇 초 후에, 당신은 교차하는 자극(alternating stimuli)을 지각한다. 즉, 처음엔 햇살 패턴, 다음엔 얼굴, 다음엔 다시 햇살 패턴, 다음엔 얼굴 등으로 바뀐다. 그 지각은 **쌍안정**(bistable)하며, 즉 어느 쪽 눈도 다른 쪽보다 더 선호되지

자극

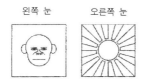

왼쪽 눈　　　　오른쪽 눈

피검자의 지각

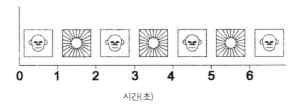

그림 4.3 양안경합(binocular rivalry)으로 인한 쌍안정 지각(bistable perception). 만약 서로 다른 자극들이 각각의 눈에 제시되면, 짧은 시간 동안 혼란이 있은 후 뇌는 그 자극들을 교차하여 연속적으로 지각하는 것으로 안정되며, 그 경우에 어느 주어진 자극들에 대한 지각이라도 단지 1초 동안만 지속된다. (P. M. Churchland의 양해를 얻어)

않은 채, 두 자극들이 앞뒤로 교차되어 나타난다(그림 4.3). 그 비율은 10초마다 한 번 정도로 길게 나타나지만, 그러한 역전은 매번 약 1-5초 만에 일어난다. 많은 서로 다른 자극들이 쌍안정 지각 효과를 내는데, 한쪽 눈에 수평막대를 보여주고 다른 쪽 눈에는 수직막대를 보여주는 경우에도 그렇다. 제시되는 자극이 너무 크거나 작지만 않다면, 그 효과는 뚜렷하고, 확실하며, 매우 명확하다.[7]

크릭의 가정에 대해서, 이러한 실험 장치는 설득적이다. 즉, 서로 대립적인 자극들(예를 들어, 얼굴과 햇살 패턴)이 **항상** 주어지지만, 피검자는 교차하는 주기마다 오직 하나만을 지각적으로 **알아볼** 수 있다. 예를 들어, 얼굴을 고려해보자. 그것이 **항상** 제시되며, 그런데 지금 나는 그 얼굴을 알아보지만, 그런 후에 이번엔 햇살 패턴을 알아본다. 결론적으로, 우리는 이렇게 질문할 수 있다. 우리가 얼굴을 **알아볼** 경우와 **알아보지 못할** 경우, 두 상황 사이에 뇌의 차이점이 무엇일까?

정확히 양안경합이 **왜** 나타나는지 문제는 지금으로선 미뤄두어야 하는 것이, 그에 대한 다양한 추측은 있었지만, 그 어떤 확정적 대답도 없었기 때문이다. 그렇지만, 양안경합이 망막효과(retinal effect)나 혹은 시상효과(thalamic effect)는 아니며, 피질처리과정효과(effect of cortical processing)라는 것만은 매우 분명해 보인다. 레오폴드와 로고테티스(Leopold and Logothetis)에 의해서 제안된 가장 유력한 가설에 따르면, 양안경합은 '시스템-수준 임의성(system-level randomness)'의 결과이며, 그 임의성이 탐색 행동을 일반적으로 유형화하며, 그런 임의성 기능은 뇌가 하나의 지각적 가설에 고착되지 않도록 만든다.[8]

신경생리학적 측면에서 볼 때, 양안경합에 관해 무엇을 실험할 수 있는지는, 시각 시스템 내에 피질 영역 상측두고랑(superior temporal sulcus, STS)이 (얼굴에 우선적으로 반응하는) 개별 뉴런들을 포함하는 것으로 알려져 있다는 데에서 찾아볼 수 있겠다. 이러한 (소위) 뉴런의 "조정(튜닝(tuning))"이란 것이, 양안경합 실험장치 내에서, 실험자에 의해 활용될 수 있는 무엇이다(그림 4.4-4.6). 이것은 경합 자극이 제시되는 동안에 세포반응이 기록되고 감시될 수 있다는 것을 의미한다.

원숭이에 대한 단일 뉴런 기록기술을 사용하여, 상측두고랑 영역(STS)이 확인되었고, 그 영역 내에 (특성화된) 동조 뉴런들도 확인되었다. 이 연구기술은 피질 내에 미소전극(microelectrode)을 삽입하고, 단일 뉴런의 축삭 활동 전위를 기록하는 것을 포함한다(그림 4.7).[9] 뇌 손상 환자에 대한 실험 자료와 fMRI 연구에 근거하여, 인간 뇌 역시 얼굴에 특별히 반응하는 영역을 가진다는 것이 드러났다. 비록 인간에 대해서 그러한 거시적 수준의 자료가 매우 중요하긴 하지만, 그런 자료는 단일 뉴런의 미시적 수준의 자료와 균형을 이루어야만 한다. 대체적으로, 의식적 지각과 연관된 단일 뉴런의 활동을 찾는 일은 원숭이에게만 실행되어야 했던 실험이었다. 그럼에도 불구하고, 현존하는 의학적 기회를 활용하여, 크레이만, 프리드, 코흐 등(Kreiman, Fried,

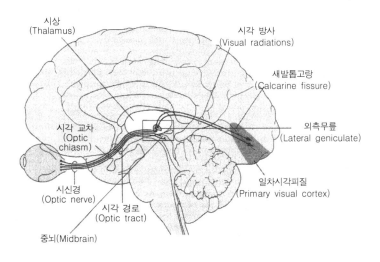

그림 4.4 인간 뇌의 내측 모습을 보여주는 도식적 그림. 망막(retina)에서 시상의 외측무릎핵(lateral geniculate nucleus)과 중뇌(상구(superior colliculus)와 개앞쪽(pretectum))로 뻗는 신경연결과, 시상에서 대뇌피질의 피질 영역 V1으로 뻗는 신경연결을 보여준다.

Koch 2002)은 14명의 인간 외과 수술 환자들에게 로고테티스 (Logothetis)의 실험을 반복할 수 있었다. 각 환자들은 극심한 간질을 앓고 있었다. 외과 수술 전에 [제거해야 할] 간질발작 개시 극소 지점을 확인하기 위하여, 8개의 깊은 전극이 각 환자의 중측두엽에 꽂아졌다. 쌍안정 지각(bistable perception) 동안 이러한 전극으로부터 나온 기록은, 약 3분의 2의 시각적 선택 세포들이 그 지각에 따라 반응하는 것을 보여주었다. 그 세포들 어느 것도 지각적 억제 자극에 따라서 반응하지 않았다. 짧은꼬리원숭이는, 양안경합 실험에서 인간을 대신할 좋은 실험 대상이다. 왜냐하면, 인간과 원숭이의 뇌가 구조적으로 매우 유사하며, 특히 그들의 시각 시스템이 조직적으로 그리고 구조적으로 매우 유사하기 때문이다. 그럼에도 불구하고, 인간 대신에 원숭이를 사

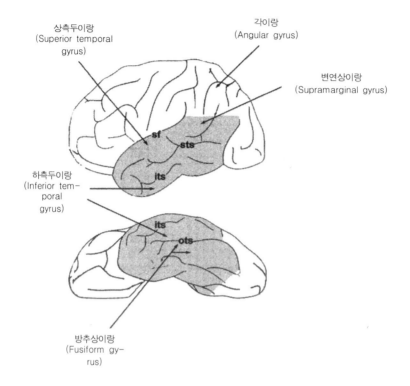

그림 4.5 인간 뇌의 측두엽(어두운 영역)을 도식적으로 표현한 그림. 위의 그림은 옆쪽 모습(외측 모습(lateral aspect)), 그리고 아래 그림은 아래쪽 측면(복측 모습 (ventral aspect))을 보여준다. 측두엽의 외측 표면은 세 일반적 구역, 즉 상측두이랑 (superior temporal gyrus), 중측두이랑(middle temporal gyrus), 하측두이랑(inferior temporal gyrus) 등이 있다. 이 구역은 측두엽의 밑면까지 연장된다. 그 밑면은 후 측두이랑(occipitotemporal gyrus)이라고도 불리는 방추상이랑(fusiform gyrus), 언어 이랑(lingual gyrus)이라고도 불리는 부해마이랑(parahippocampal gyrus)을 포함한다. [약어] its: 하측두고랑(inferior temporal sulcus), ots: 후측두고랑(occipitotemporal sulcus), sf: 실비안 틈새(Sylvian fissure), sts: 상측두고랑(superior temporal sulcus). (Rodman 1998에 기초하여)

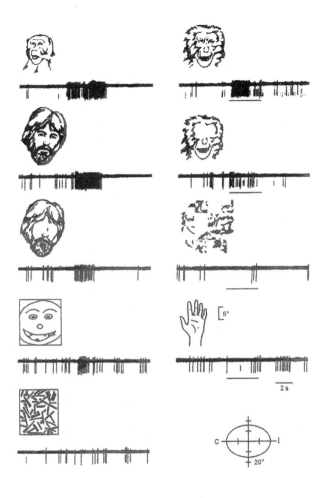

그림 4.6 얼굴 그림, 대략적 얼굴 그림, 혹은 얼굴 아닌 그림 등을 원숭이에게 시각적으로 제시해줄 경우에, 상측두이랑 내에 넓은 수용영역을 지닌, 단일 세포 활동에 대한 기록. 그 세포는, 인간 혹은 원숭이 혹은 개코원숭이 등의 얼굴에 가장 격렬히 반응한다. 만약 눈이 제거되거나 혹은 얼굴의 특징이 모두 제시되기는 하지만 난삽한(뒤죽박죽인) 경우에 그 활동은 감소한다. 그 세포는 난삽한 특징이나 얼굴 아닌 그림보다 만화 얼굴 그림에 더 민감하게 반응한다. 그 원숭이에게 한쪽 손 그림이나 혹은 무의미한 패턴 그림을 보여줄 경우에, 세포의 반응은 격발 이하 수준으로 낮아진다. (Bruce et al. 1981)

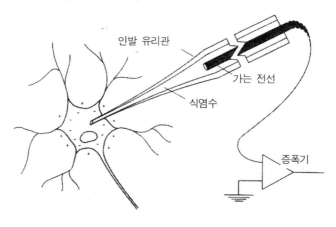

미소전극에 의한 세포 내 기록

인발 유리관

가는 전선

식염수

증폭기

그림 4.7 세포막 사이의 전압의 차이를 측정하기 위한 이상적 실험. 전극은, 식염수로 채워진, 직경 1미크론(micrometer)보다 더 가는 모세관이다.

용하는 데 문제는 있으며, 그것은 인간이 얼굴을 볼 경우에 "얼굴"이라고 말할 수 있지만, 원숭이는 그렇게 대답할 수 없다는 점이다.

인간과 원숭이의 이러한 차이를 극복하기 위한 방책은, 원숭이에게 자기가 얼굴을 보았는지 아니면 햇살 그림을 보았는지를 알려주도록, 오른손과 왼손으로 단추를 눌러 반응하도록 훈련시키는 것이다. 원숭이는 처음에 자신들이 옳은 대답을 하면, 그에 대한 보상을 주는 표준적 (비경쟁적) 범례를 통해서 훈련된다. [즉, 원숭이가 옳은 응답을 보이면, 그에 대해 보상하는 방식으로 훈련된다.] 이것은 원숭이에게 우리가 어떤 행동을 원하는지를 알게 해주는 유일한 방법이다. 일단 원숭이들을 훈련시킨 후에, 그놈들이 어떻게 반응하는지를 알아보기 위하여, 원숭이들에게 (한쪽 눈에는 얼굴, 다른 한쪽 눈에는 햇살) 경쟁자극을 주었다. 이러한 실험은 원숭이의 반응행동이 인간의 반응행동과 일치한다는 것을 재확인해주었다. 즉 그 반응행동은 약 1초에 한 번씩 '얼굴 대 햇살 지각의 교체를 보여주었다.

그럼에도 불구하고, 특별히 중요한 의문이 남아 있다. 비록 원숭이들이 실제로 시각적 앎을 가진다고 하더라도, 그놈들이 이런 문제 해결을 위해 시각적 앎을 활용하지 않을 수도 있기 때문이다. 우리는 그럴 가능성을 인간 정신물리학을 통해서 알고 있다. 정신물리학의 연구에 따르면, 피검자들은, 자신들이 의식적 지각에 기초하여 판단하기보다, 단지 추측한 것을 자신들의 대답으로 보고함으로써, 시각식별 과제 (visual identification task)를 우연적으로 잘 수행할 수 있다.

이러한 의심을 증폭시키는 근거는 이렇다. 원숭이의 학습곡선이 **자발적 조건화된**(operant conditioned) 쥐들의 학습곡선과 닮아 보인다. 다시 말하자면, 원숭이가 실험자들의 의도를 갑자기 알게 되어서, 원숭이가 "오호, 이제 알겠어. 내가 **얼굴**을 보면 **이쪽** 단추를 누르고, **햇살**을 보면 **저쪽** 단추를 누르라고!" 하며 스스로 생각하고, 그런 통찰력에 의해서 원숭이가 갑자기 그 과제 수행을 거의 완벽히 수행한다고, 우리는 가정하지 말아야 한다. 실제로 원숭이는 급격히 통찰력을 개선하기보다는, 수일이나 몇 주일에 걸쳐서 점진적으로 개선되는 것을 보여준다. 그 학습곡선은 다음을 의미한다. 그 동물의 행동은, 시각적 앎이 없이도, 상측두고랑 시각영역(STS)과 운동피질 사이의 연결이 강화될 **가능성**이 있다. [즉, 원숭이는 전혀 시각적 앎을 '의식하지 못하지만, 그놈의 상측두고랑 시각영역(STS)과 운동피질 사이의 '연결이 강화되어' 그러한 학습효과를 보일 가능성이 있다.]

그 동물이 그 문제를 해결하는 데에 **의식적** 시각을 이용하는지 여부를 (상당한 정도의 가능성으로) 경험적으로 결정해줄 방법을 찾는 일은 매우 필요하다. 반응에서 유연성이 어쩌면 그러한 표식일 수 있다. 예를 들어, 만약 원숭이가 인간이 하듯이 같은 방식으로 그 문제에 대답하기 위하여 앎을 활용한다면[즉, 의식에 의해서 그놈들이 행동을 바꾼다면], 그 원숭이는 매우 동일한 자극에 반응할 새로운 운동 행동을 '재빨리' 배울 수 있어야 한다. 만약 그 원숭이가 새로운 반응과 본래의 반응 모두를 다 활용한다면, 두 반응은 서로 부합되어야 한다. 또한 그 원숭이가, 만약 특정한 시도가 쉬운데도 불구하고 잘못된 답변을 내놓는다면, 놀라워해야만 한다. 이런 유형의 유연성은 인간의 의식적 지각의 특성이며, 바로 이런 식으로, 그 원숭이가 문제를 푸는 과제에 시각적 앎을 이용하는지 증명되어야 한다. 비록 우리가 이 문제를 지금까지 보류할 수밖에 없다고 하더라도, 이러한 문제를 해결하는 동물에 대한 실험적 연구 절차를 개발해야 할 필요성을 인식해야 한다.[10]

선험적 회의론자는, 실험주의자가 직면하는 이러한 경험적 문제에 고무되어, 아마도 동물의 앎에 관해 훨씬 더 강경한 회의론을 내놓을 듯싶다. 예를 들어, 그 회의론자는 이렇게 항변할 듯싶다. 원숭이는 단지 **행동**만을 보일 뿐이지만, 반면에 인간은 실제로 **말할** 수 있다. 그렇다면, 그 반론은 이렇게 이어진다. 원숭이가 **어떤** 조건하에 놓이더라도, **결코** '앎'을 갖는다고 우리가 생각해야 할 어떤 이유가 **전혀 없다.**[11] 그 반론은 다음을 전제한다. 말하기는 실제로 의식의 **직접적** 표식이지만, 단추 누르기는 그렇지 않다. [즉, 말할 수 있을 경우에만, 그 원숭이가 의식을 가진다고 인정될 수 있다.]

[그렇지만] 우선적으로, 말하기 역시 단지 **행동**임을, 즉 인간이 배워 실행할 수 있는 행동임을 주목해야 한다. 비록 원숭이가 언어적 행동을 보인다고 하더라도, 그 고집 센 회의론자는 **여전히** 이렇게 항변할 것이다. 원숭이의 언어적 행위가, 마치 인간의 언어가 그러하듯이, 앎을 포함한다고 우리가 확신할 수 없다. 켄지(Kanzi)와 팸바니샤(Pambanisha)와 같은, 난쟁이침팬지들(bonobo chimpanzees)은 일부 언어적 행동을 보여주지만, 선험적 회의론자는 이것을 "단순한 조건화(mere conditioning)" [반응일 뿐이]라며 무시해버린다.[12] 이제 우리는 대문자 "S"의 [왕고집] 회의론(Skepticism)에 맞서보려 한다.

어떤 철저히 일반적인 왕고집 회의론은 다음과 같은 형식을 취하기도 한다. "**어떤 원숭이**는 고사하고, **어떤 사람**이라도 의식을 언젠가 가질지, 내가 어떻게 알 수 있는가? 실제로, 나 이외의 무엇이 존재하는지, 내가 어떻게 알 수 있는가? 그리고 더구나, **바로** 이 순간에 앞서 내가 의식을 가졌다는 것을, 내가 어떻게 알 수 있는가?" 이러한 부류의 회의론에서 나오는 일부 염려는, **원리적으로,** 어떤 경험적 수단으로도 그러한 의심을 한 치도 물러서게 할 수 **없다**는 것이다. 그래서 왕고집 회의론은 자신을 과장하여 이렇게 결론 내린다. 일반적 왕고집 회의론은 '일순간이라도' 진지하게 극복되기 어렵다.

왕고집 회의론은 이렇게 주장한다. '그는 꿈꾸지 않고 있다', 또는 '우주가 5분 전에 창조되었다'는 등에 대해서, 화석 기록, 기억, 역사책, 부서진 로마의 잔해 등등으로 (완벽한) 어떤 결정적 입증은 가능하지 않다. 실제로, 방금 묘사된 것들이 불가능하다는 것을 입증해줄 **어떤 결정적 증거도 없다**. 그렇지만, 그 왕고집 회의론은, 그 자체 역시 실제에 대한 하나의 가설이란 측면에서, 다소 바보스럽다.[13] 그렇지만, **특정한** 실험에 관한 특정 의문은 매우 다른 문제이며, 그런 의문들은 하나에서 열까지 실제로 대답되어야만 한다. '오직 인간만이 시각적 앎을 가진다'는 생각에 대해서는 그 근거를 제시하기 어렵지만, 반면 '원숭이 뇌와 인간 뇌의 유사성'이 시사해주는바, '원숭이가 우리와 질적으로 **아주 다르지 않은** 시각적 앎을 가진다고 내가 전망적으로 추정하는 것은 설득적이다. 이런 추정, 즉 '원숭이가 실제로 인간처럼 시각적 앎을 가진다'는 추정은, 독단적 선언이 아니며, 하나의 유용한 **작업 가설**(working assumption), 즉 일부 흥미로운 실험에서 살아남을 가설이다. 그럼에도 불구하고, 이 가설은 거짓일 수 있으며, 그리고 경험적으로 **반증될**(falsified) 수도 있다. [역자: 칼 포퍼에 따르면, 점쟁이 말처럼, 반증 가능성을 갖지 못한 가설은 어느 것이든 과학적 명제일 수 없다. 어떤 가설이 과학적이기 위해서, 그것은 반증 가능성을 드러내야만 한다. 이런 측면에서 저자는 자신의 추정이 반증될 수 있다는 측면에서 과학적 가설임을 강조한다.]

여러 양안경합 실험들

양안경합에서 시각적 '앎'과 '신경' 사이의 상호관련성이, 신경과학자인 니코스 로고테티스와 제프리 샬(Nikos Logothetis and Jeffrey Schall)에 의해 1989년 처음으로 실험적으로 입증되었다. 로고테티스와 샬은,

실험 자극으로, 위로 이동하는 격자와 아래로 이동하는 격자를 사용했다. 그들이 실험한 원숭이들은, 특정 단추를 누르는 행동으로 자신들이 무엇을 보았는지 가리키도록 미리 훈련받았으며, 따라서 시각피질 영역 중측두(middle temporal, MT) 내의 단일 세포에 대한 기록이 이루어졌다. 그들 연구보다 조금 더 최근(1997년)에 셰인버그와 로고테티스 (Sheinberg and Logothetis)는 얼굴과 햇살 패턴을 사용하였고, 상측두고랑(superior temporal sulcus, STS) [내의 단일 뉴런]에 대해서 기록하였다. 이제부터 나는 얼굴/햇살 자극을 중심으로 논의하려 하며, "원숭이가 (학습된) 얼굴 자극에 대한 반응을 나타내는 단추를 누른다"는 말을 줄여서, "원숭이가 얼굴을 **본다**"라고 말하겠다.

단순화하여, 그 실험 결과를 다음과 같이 말할 수 있다. 얼굴에 선택적으로 반응하는 것으로 앞서 확인된 뉴런 집단, N_1, $\cdots$, N_5이 있다고 생각해보자. (이 논의를 단순화하기 위해서, 얼굴은 항상 원숭이 왼쪽 눈에 제시되며, 햇살은 항상 오른쪽 눈에 제시된다고 가정해보자.) 원숭이가 **햇살**을 볼 경우에, 그 뉴런들은 무엇을 하는가? 그것들 중에 아마 N_1과 N_2은 계속해서 반응하는데, 이것은 물론, 비록 얼굴이 의식적으로 보이지 않는다고 하더라도, 얼굴이 왼쪽 눈에 여전히 제시되기 때문이다. 다른 얼굴 뉴런 N_3과 N_4는 아마도 반응하지 않을 것이다. 이제 중요한 결과로, '원숭이가 얼굴을 본다'는 것을 나타낼 때, 오직 그 경우에만, N_3과 N_4가 반응한다. (그리고 언제나처럼, N_1과 N_2는, 얼굴이 제시되는 한, 반응한다.) (그림 4.8)

이제 이 실험이 왜 흥미로운지 살펴보자. 일부 뉴런들은 외부 자극에 의해 구동되는 것 같다. 즉, 그 뉴런들은, 원숭이가 그 자극을 의식적으로 지각하는지 여부와 상관없이, 외부 자극에 반응한다. 또 다른 뉴런들은, 원숭이가 그 자극을 볼 때에만, 즉 **의식적으로** 볼 경우에만, 반응하는 것 같다. 더 정확히 말해서, 상측두고랑(STS) 내의 반응 분포는 이렇다. 원숭이가 얼굴을 본다는 것을 나타낼 '때에 그리고 오직 그럴 때에만(필요충분조건으로), 얼굴 뉴런의 약 90퍼센트가 작동하며, 나머지는 얼굴이 모니터에 제시되는 한, 언제나 격발한다.

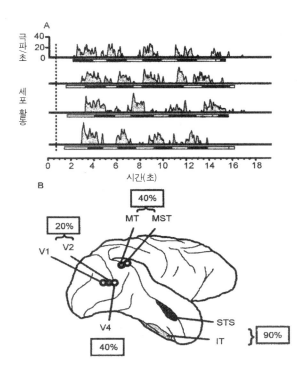

그림 4.8 쌍안정 지각(bistable perception) 동안에 원숭이 뇌에서 얼굴세포(face cell)의 신경반응. 실험에서, 원숭이는 레버를 잡아당길 수 있도록 훈련받는다. 예를 들어, 얼굴이 보이면 오른손 레버를, 햇살 패턴이 보이면 다른 [왼쪽] 레버를 잡아당긴다. A. 네 개의 수평 그래프는 네 개의 관찰 주기를 나타내며, 점선 수직선은 경합 제시(예를 들어, 얼굴과 햇살 패턴)의 시작을 가리킨다. 동물의 행동반응은 선 아래에 표시되었으며, 어둡게 표시된 영역은 동물이 적절한 레버를 당기는 동안의 시간 간격을 나타낸다. 세포반응은 선 위에 표시되었다. 얼굴세포의 높은 비율의 활동은, 동물이 얼굴 레버를 잡아당기는 동안의 기간, 바로 직전에 시작해서, 바로 직전에 끝난다. 높은 활동(0-50극파/초)의 기간은 약 1초 정도 지속된다. B. (표시된 영역 내의 세포를 구동한다고 알려진 자극에 반응할 경우) 원숭이의 주관적 지각과 상관하여 활동하는 세포를 포함한 뇌의 영역. 망막으로부터 피질 영역의 시냅스 연결 거리가 더 멀수록, 주관적 지각에 의해 구동되는 세포의 퍼센트도 더 높다. [약어] IT: 하측두(inferior temporal), MT: 중측두(middle temporal), MST: 내상측두고랑(medial superior temporal sulcus), STS: 상측두고랑(superior temporal sulcus), V1: 선조피질(striate cortex), V2, V4: 외선조피질(extrastriate cortex). (Leopold and Logothetis 1999.)

우리가 이렇게 말할 수 있을까? 90퍼센트 뉴런 집단의 반응이 **시각(시각적 앎)과 상관되는가?** 그렇다. 그렇지만, 우리는 여기에서 조심할 필요가 있다. 매우 일반적인 시간 범위에서, "상관된"이란 표현은, 지각적 앎의 상태와 동일하지는 않지만, 일부 인과적 연속반응인, 여러 [신경]사건들(events)을 포함할 수 있다. 더 정확히 말해서, 이런 실험 자료는, 상측두고랑(STS) 뉴런의 반응이 실제로는, (앎으로 인한) 뉴런 활동의 '인과적 선행'일 가능성, 혹은 어쩌면 '인과적 결과'일 가능성을 배제할 수 없다. 다른 말로 해서, 일부 상측두고랑(STS) 뉴런들이 얼굴의 시각적 앎의 자리라고, 우리가 단순히 결론 내릴 수는 없다. [이렇게, 의식에 관한 연구에서] 다소 진전이 있기는 했지만, 우리는 자신들의 결론을 과장하기를 원하진 않는다.14)

여러 양안경합 실험들이 조금 복잡하긴 하지만, 그것들은 중요하다. 왜냐하면, 그 실험들은 관습에 얽매인 철학자들이 놀라워할 것들을 보여주기 때문이다. 바로 이 실험에서도, 당신은 시각적 앎의 '신경적 원인' 혹은 '신경 상관성'을 (단일 뉴런 수준에서까지) 탐구하도록 **나아갈** 수 있다. 그것은 부정적으로 말하는 자들에게, 비록 아주 적긴 하지만, 진보가 가능하다는 것을 보여준다. 더구나, 인간에 대한 fMRI 영상 자료들은 단일 뉴런 연구 결과와 일치한다.15) 더 많은 실험과 함께, 이러한 시작은 우리로 하여금 풍성한 결실을 얻을 개척지로 나아가도록 격려한다.

유사한 동기에서 나온, 다른 실험들은 로고테티스의 연구 결과와 관련이 있다. 하나의 실험 전략은 이렇다. "폭포 착시(waterfall illusion)"라 불리는 시각을 경험하려면, 우선 당신은 몇 분 동안 폭포를 응시한다. 그런 후, 회색 담요와 같이 **정지한** 표면으로 눈을 돌리면, 당신은 위로 (일종의 반대로) 움직이는 환상, 즉 폭포를 보게 된다. 로저 투텔(Roger Tootell)은 이 현상을, 로고테티스와 샬(Logothetis and Schall)의 실험을 보완하는 실험으로 이용했다. 여기에서 핵심은, 위로 움직이는 의식적 지각에 대한 신경 연관성이, 외부에서 제시된 위로 움직이는 자극 없이, 유도된다는 것이다. 투텔은, 인간 피검자가 의식적으로 폭포 착시를 지각할 때, 어떤 피질의 시각영역이 더 큰 활동을 보이는지 알아보기 위해, 비-침습 스캐닝 영상 기술(non-invasive scanning technique)인 fMRI를 사용했다. 그는 예상대로, 폭포 착시를 지각하기 시작할 때, 중측두(MT)과 같은 운동-민감성 영역의 활동이 증가한다는 것을 발견했다. 이 실험에서조차, 중측두(MT) 뉴런들이 실제로 의식에 대한 신경 연관성이 있는지, 또는 그 뉴런들이 바로 인과적 선행(causal ante-cedents, 인과적 원인)의 한 요소인지, 아니면 그 결과인지 등이 아직 밝혀지지 않은 채로 있다.16) [즉, 그런 신경세포의 활성화가 의식을 위한 원인적 요소인지, 아니면 의식을 가져서 발생된 결과인지가 아직 명확하지 않다. 따라서 그 실험만으로 그 피질 부위가 의식을 일으키는 자리라고 단언하지 말아야 한다.]

인간 피검자에게 나타나는 환각은 다른 연구 가능성을 보여준다. 피검자에게 시각자극이 주어지지 않았음에도, 그가 시각경험을 또렷하게 가지는 경우에, 뇌에 어떤 일이 일어나는가? 최근 이 의문에 대한 연구가, 런던에서 피체(Ffytche)가 이끄는 연구 그룹에 의해 fMRI를 사용하여, 멋지게 추진되었다.17) 망막박리 또는 녹내장의 결과와 같은, 안구 손상 환자들은 정상시력을 잃는다. 일부의 경우에, 이런 환자들은, 비록 그들이 신경정신병학적으로 완벽히 정상이라고 하더라도, 주기적으로 매우 선명한 시각적 효과를 경험한다. 그러한 환각의 특징은 환자들에 따라서 다양하게 나타나며, 시각적 심상과 달리, 그 시각적 사물이 바깥 세상에 실제로 있는 것처럼 보이며, 그 시각 이미지의 모습이나 조화 모두 피검자의 의도에 의해서 통제되지 않는다.

한 피검자가 만화 같은 얼굴을 보았고, 다른 피검자는 "미래형 자동차"처럼 상당히 천연색의 번쩍이는 모습을 보았다. fMRI 스캐닝 영상에서, 피검자들은 자신들의 시각적 환각이 시작되었다는 신호를 보였으며, 그 스캐닝 영상 자료가 분석되었다. 그 영상 자료는 환각과 복측 시각영역의 활동 사이에 연관성을 보여주었지만, 초기(일차)시각피질(V1)에서는 거의 활동을 보여주지 않았다. 더 구체적으로 말해서, 색상 처리과정에 중요하다고 (독립적으로) 알려진 영역은, 흑백을 환각했을 때보다, 색상을 환각할 때에 더욱 활성화되었다. 얼굴 환각은, 얼굴 처리과정에 관여된다고 (독립적으로) 알려진 피질하부 영역(하측두영역 (inferior temporal region)을 포함하여)과 관련된다(그림 4.9).

피체의 영상 자료가 무엇을 의미하는가? 물론, 그 자료가, 그 자체만으로, 그 미스터리[즉, 의식의 자리]를 설명해주지 못하지만, 그 자료는 양안경합과 폭포 착시에서 나온 자료와 적어도 일관성이 있다. 이렇게 수렴하는 자료가 암시하는바, 시각피질 영역의 일부 뉴런 덩어리가 아마도 의식적 시각을 지원한다.

(역시 fMRI를 이용한) 다른 실험적 접근법은, '의식적으로 지각되지 않는' 자극이 제시되는 동안과, '의식적으로 지각되는' 자극이 제시되는 동안 사이의, 뇌의 활동성을 비교하는 것을 포함한다. 이 실험은 안소니 마르셀(Anthony Marcel)에 의해 이루어진 초기 행동 연구 결과를 활용하였다. [따라서 이 실험적 접근법을 설명하기에 앞서, 우선적으로 마르셀의 실험부터 설명하자면] 그 연구에서 마르셀은 비-지각자극 (nonperceived stimulus)이 피검자의 과제 수행에 정량적으로 영향을 미친다는 것을 보여주었다. 좀 더 구체적으로 말해서, 마르셀은 약 0.01초 동안 한 단어를 순간적으로 비춰준 다음에, 즉시 그 단어에 이어서 차단효과 자극(masking stimulus)을 제시하였다(노이즈 시각자극(noisy visual stimulus)이 처음 자극과 동일한 위치에 순간적으로 비춰진다). 그 차단 자극의 제시는 어느 정도 정상 시각 처리과정을 간섭하여, 그 비춰진 항목(단어)은 보이지 않게 된다(그림 4.10). 이어서, 피검자에게 어휘-결정 과제(lexical-decision task)를 부여하였는데, 그 과제에서 한 줄의 문자들이 제시되며, 피검자는 그 줄의 문자가 단어인지 아닌지를 구분하는 과제를 수행한다. 이 실험에서 마르셀은 다음을 보여주었다. 피검자의 (반응시간 내에 측정된) 수행은, (차단된 조건에서 제시된) 단어의 경우가, (제시되지 않은) 단어의 경우에서보다, 더 좋았다. 게다가, 그 비춰진 자극의 처리결과(processing)는 자극의 순수한 물리적 모양을 넘어서는데, 그 이유는 그 효과가 사례에 둔감하기 때문이다. (예를 들어, "BIRD" 대 "bird") 이렇게 멋진 실험은, 피검자가 자극에 대해 어떤

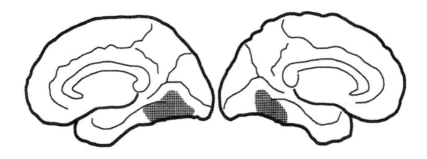

그림 4.9 어둡게 표시한 영역의 양외측 손상(bilateral lesions)은 실인증(propopa-gnosia, 개인 얼굴을 알아보는 능력의 상실)을 일으킨다. (Hanna Damasio의 양해를 얻어)

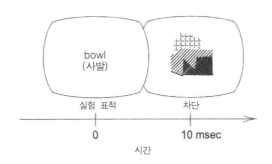

그림 4.10 시각 차단효과(visual masking). 피검자가 모니터를 바라볼 때에, 한 단어가 제시되고, 약 0.01초 후에 노이즈 그림, 즉 차단자극(mask)이 제시된다. 이러한 조건에서, 피검자는 단지 차단자극만을 보며, 그 단어는 보지 못한다.

의식적 지각도 보고하지 못한다고 하더라도, 일정 정도의 **의미론적** 처리과정이 있음을 보여주었다.

드엔(Dehaene)과 그 연구원들은, 마르셀의 실험 전형을 사용하여, 차단되는 시각 조건에서 (fMRI를 이용하여) 정상 피검자들의 뇌의 활동을 기록하였다.[18] 그들은, 차단 조건일지라도, 방추상이랑(fusiform gyrus)과 전중심이랑(precentral gyrus) 모두에서 활동이 있음을 보여주었다. 독립적인 실험에 따르면, 그러한 영역들은 의식적 독서 중에 활동성을 보인다(그림 4.9 다시 참조). [즉, 차단 조건에서 피검자들이 글자를 의식적으로 알아보지 못하지만, 뇌의 독서 기능과 관련된 영역들은 작동한다.] 자극이 제시되고 차단되지 않은 조건에서, 방추상이랑 내의 활동은, 차단 조건에서의 활동보다 약 열두 배 정도 강하게 나타나며, 그리고 배외측전전두피질(dorsolateral prefrontal cortex) 내에 추가적 활동도 있다. 이 자료가 시사하는바, 두 조건들 사이의 뇌 활동의 차이는 자극을 의식적으로 아는지에 달려 있다.

실험이 더 훌륭해지고, 그래서 그 연구 결과 데이터가 중요해질수록, 몇 가지 주의가 요청된다. 첫째, 활동성의 증가를 보여주는 영역들은 수억 개의 뉴런을 가지고 있으며, 따라서 그 데이터는 우리에게 매우 개략적인 윤곽만을 제공할 뿐, 앎에 관련된 특정 '뉴런' 혹은 '뉴런 유형' 그리고 그 '역할' 등에 관해 구체적 정보를 제공하지 않는다. 둘째, 그 데이터는 비-차단 시도에서 보여주는 더 큰 활동성이, 넓은 범위의 신경그물망에 의해서, 일어날 가능성을 나타낼 수 있다. 그리고 그러한 그물망에 저장된 정보가 순간 비춰진 단어와 연관될 수 있다. 또한 차단의 경우에, 단어와 연관된 그물망 활동이 어쩌면 차단에 의해서 중단될 수도 있으며, 반면에 (잡동사니) 차단자극은 거의 연관성을 유발하지 않을 수도 있다. 그 연구자들이 올바르게 주목했듯이, 차단효과가 시각 시스템의 아주 기초 수준에서 시작되어, 상위 수준으로 전파되는 것 같아 보인다. 만약 비-차단에서 나타나는, 더 큰 신경활동이, 더 많은 수의 활성화된 연관성을 반영한다면, 이러한 연관성은 어쩌면 완전히 무의식적일 수 있다. 그 연관성은 의식적 표상에 의해 혹은 (의식적 표상을 일으키는) 그 어떤 것에 의해서 일어날 수도 있다. 결론적으로, 우리는, 비-차단의 경우에서 더 큰 범위의 활동이, 본질적으로 의식적 활동에 상응하는지, 확신하기 어렵다.[19]

순환회로와 의식적 경험

신경과학자 제럴드 에델만(Gerald Edelman)[20]의 접근법이 오랫동안 채택해온 핵심 개념에 따르면, (역진입경로(re-entrant pathway) 혹은 후방투사(back projection)라고 불리는) 순환회로(loops)가 의식적 앎의 생성에 필수적 신경회로이다.[21] 그 개념에 따르면, 일부 뉴런들은 주변부에서 더 중심 영역으로, 즉 V1에서 V2로 신호를 전달하며, 반면에 다른 뉴런들은 역방향으로, 예를 들어, V2에서 V1으로 더욱 고도로 처리된 신호를 전달한다. 해부학적 수준에서, 전방투사(forward-projecting) 뉴런들은 동등하거나 더 많은 수의 후방투사(back-projecting) 뉴런들과 함께한다는 것이, 피질 조직의 일반적 규칙이다. 후방투사 뉴런들은 일반적 뇌 조직의 특성이며, 그리고 일부 사례에서, 예를 들어, V1에서 시상의 외측무릎핵(LGN)까지의 경로처럼, 후방투사 뉴런들은 전방투사 뉴런들보다 열 배 정도 많다. 해부학적으로, 적어도 그렇게 구성되어 있다고 알려져 있다.

에델만과 다른 학자들이, 후방투사가 의식에서 어떤 특별한 역할을 담당한다고 생각했던 이유가 무엇인가? 그 논점의 일부 이론적 근거는 이렇다. 지각은 **항상** 분류를 포함한다. 즉, '의식적으로 본다'는 것은 [그러그러한 것을] '**그것으로 보는**' 것이다.[22] 정상적으로 우리는 두려운 사람의 얼굴을 두렵다고 **본다**. 다시 말해서, 우리는 단순히 어떤 얼굴을 명시적 추론에 의해서, "아하, 그 눈이 특별히 크게 떠져 있고, 기타 등등, 그래서 이 얼굴은 두렵게 보인다"는 식의 추론을 통해서 보지 않는다. 사실, 우리 대부분은 두려운 얼굴을 즉각적으로 재인할 뿐, 어떤 얼굴의 특징 형태를 가질 경우에 그 얼굴이 두렵게 보인다고 정확히 말하지 못한다(그림 4.11). 그래서 어떤 식으로든 우리는 무엇을 전

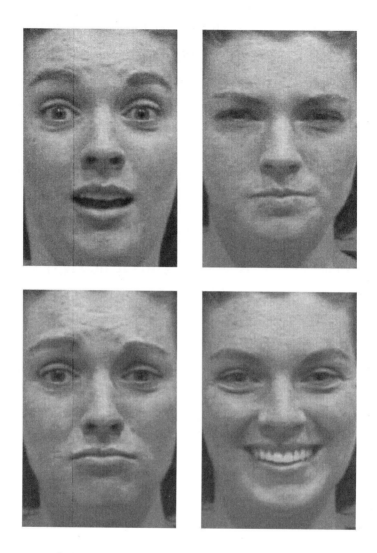

그림 4.11 네 가지 정서, 즉 두려움, 화남, 슬픔, 그리고 행복함 등의 인간 얼굴 표정. (Dailey, Cottrell, and Reilly 등의 양해를 얻어. copyright 2001, California Facial Expressions Database[CAFE])

제로 **명시적 추론**을 했다고 말할 수 없다. 보통 냄새는 **쾌락적** 의미 차원에 섞여 있다. 예를 들어, 썩은 고기 냄새는 사람에게 역겹지만, 반면에 독수리에게는 매혹적이다. 그렇게 '불쾌하고' '싫은 느낌'의 냄새에서 (썩은 고기의) 순수한 '악취'만을 분리하는 것은, **경험적으로**, 불가능하다.

여러 쾌락적 요소들, 정서적 중요성, 연관된 인지적 표상, 그리고 기타 등등은 (감각 시스템에 의해 감지된 지각의 여러 특성들과 함께) 거의 확실히 순환회로에 의존한다. 순환회로란, (정서와 욕구에 강력한 역할을 담당하는) 편도체(amygdala)와 시상하부(hypothalamus) 등과 같은 여러 구조물들에서부터, 감각 시스템 자체 쪽 역방향으로 신호를 보내는 경로와, (예를 들어, 전전두 영역과 같은) 소위 **상위 피질 영역**들에서, V1과 같은 **하위 영역**들로 신호를 보내는 경로를 말한다. 우리가 어느 얼굴을 두려운 표정으로 직접 지각한다는 것은, 정서에 관한 정보가 어느 수준에서 시각 시스템으로 분명히 되돌아간다는 것을 의미한다. 순수 전방위먹임 신경연결망(feedforward neural network)은 이러한 종류의 통합을 성취할 수 없다.

인공신경연결망(Artificial neural network, ANN) 연구는 많은 의식 관련 기능들, 즉 단기기억, 주의집중, 감각, 의도 등이 회귀투사(recurrent projections)를 갖춘 연결망에 의해서 가장 강력하고 효율적으로 처리될 수 있다는 것을 보여준다. 실제 신경연결망 내에서, 후방투사가 수행하는 다양한 기능들이 무엇인지 정확히 설명되기는 어려우며, 게다가 후방투사 생리학이 상당한 발전을 이루려면 극복되어야 할 극히 어려운 기술적 난관들이 있다. 그럼에도 불구하고, 인공신경연결망의 후방투사가 그러한 시스템들을, **의식-관련 기능들에 적절한 방식으로**, 굉장히 점점 더 강력하게 만들어준다는 사실은 상당히 암시하는 바가 크다.[23)]

이러한 생각을 지지하는 실험적 증거가 나타나기 시작하였다. 예를 들어, 파스쿠알-레오네와 월쉬(Pascual-Leone and Walsh)가 조사한 사실에 따르면, 피질시각영역 V1의 경두개자기자극(transcranial magnetic stimulation, TMS)은 피검자가 작은 빛이 번쩍이는 것을 경험하게 만들며, 반면에 피질시각영역인 중측두(MT)의 자극에서는 그 빛이 움직이는 것을 경험하게 만든다.24) 해부학적으로 중요한 사실은 중측두에서 V1으로 후방투사가 있다는 것이다. (실제로, 피질 조직의 전형적인 후방투사는, 뇌간과 척수 내에서 뿐만 아니라, 시상하부와 같은 구조에서도 보인다. 그것들은 어느 곳이든 필수적으로 있다.) 그러한 그들의 실험은 다음과 같이 이루어졌다. 번쩍이는 빛이 움직이도록 충분한 방식으로 중측두 영역을 자극하였고, 또한 V1도 자극하였다, 그런데 그 강도가 너무 미약하면 빛을 지각하게 만들지 못하였으며, 너무 강할 경우엔 중측두로부터 신호를 역으로 되돌려 보내는 정상 효과를 간섭하였다. 비록 중측두로부터 나오는 후방투사 신호가 움직이는 불빛을 보기 위해 필수적이지만, 이러한 조건에서[즉, 그 신호가 너무 강할 경우] 어떤 움직이는 불빛도 보이지 않는다. 그런 것들이 실제 실험 결과이다. 피검자는 번쩍이는 불빛을 보지만, 움직이는 불빛을 보지는 못한다.

늘 그러하듯이, 낙관주의는 여러 회의적 의문들에 의해서 단련되기 마련이다. 하나의 중요한 의문이 우리로 하여금 다음 여러 질문들을 묻게 만든다. 경두개자기자극(TMS)의 효과가 뉴런 수준에서 정확히 무엇인가? 그 자극이 실제로 어떻게 극소 영역(focal)에 맞추어지는가? 그리고 그 효과가 피질과 피질하 조직에 얼마나 넓게 효과를 미치는가? 더 나아간 문제가 인간 뇌 해부학의 본래 모습에서 제기된다. 짧은꼬리원숭이에서, 일차시각피질(V1)은 뇌의 배측(dorsal) 표면에 있다. 인간의 뇌에서, V1은 후두엽의 내측(medial) 표면에 있다(그림 4.12). 결론적으로, 만약 우리가 V1을 경두개자기자극으로 자극하려 한다면, 당신은 배측 영역 역시 자극할 것이며, 그리고 그렇게 부차적으로 자극된 영역에서 뻗어 나오는 경로의 활동이 V1과 V2 모두에 영향을 줄 것으로 예상된다. 우려되는바, 그렇게 부차적으로 자극되는 영역들이 이러한 결과와 혼합되어 뒤죽박죽이 된다.

어느 경우이든, 만약 후방투사가 의식을 위해 **필수적**이더라도, 우리

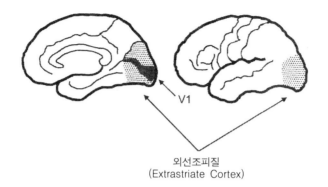

외선조피질
(Extrastriate Cortex)

그림 4.12 V1의 위치를 보여주는 인간 뇌의 도식적 그림. 왼쪽이 내측(medial) 모습이고, 오른쪽이 배측(dorsal) 모습이다. 시각피질 내에, 일차시각피질(V1)은, (어둡게 표시된) 내측 방향에서, 새발톱고랑(calcarine sulcus, 조거구) 안쪽에 있다. 외선조피질(extrastriate cortex)은 점으로 어둡게 표시되어 보인다.

는 그것만으로 충분하지 않다는 것을 알고 있다. 후방투사는, 척수(spinal cord)와 같은, 계통발생학적으로 뇌의 오래된 부분에서도 기능한다. 즉, 일부 후방투사는, 피검자가 마취상태, 깊은 수면, 혼수상태 등에서도 활동한다. 만약, 일부 피질의 후방투사가 실제로 시각자극에 대한 [피검자의] 앎(의식)을 지원한다면, 어떤 축삭들이 그러하며 그 신호의 본성이 정확히 무엇인지 알아내는 것이 중요하다.

이론화와 가설 공간 축소

의식과 신경의 상호관련성을 확인하기 위한 실험적 설계에 추가하여, 시각 경험을 위한 여러 조건들에 담긴 자료들을 함께 끄집어내어, [시각 경험의] 구조적이고 기능적인 여러 제약들을 분별하는 것은, 가설 공간(hypothesis space)을 좁혀준다는 점에서 도움이 된다. 특별히 [의식과 관련하여] 그런 문제를 다루는 초기 단계에서, 그렇게 해보는 것은 매우 유용한 전략이다. 특별히 그 이유는, 우리가 좋은 가설을 명확히 말하기 위한, 일부 개념들을 창안할 필요가 (그 탐색 공간이 훨씬 더 좁아지므로) 분명히 있기 때문이다.

순환회로는 의식기반에 대한 하나의 구조적 제약이 될 듯싶다. 프랜시스 크릭과 크리스토프 코흐(Francis Crick and Christof Koch)가 제안했듯이, 실험적 문헌에서 나오는 다른 제약들은 다음과 같다.[25]

■ 여러 뉴런들의 집단적 활동이 무언가에 대한 앎을 조직하며, 그런 뉴런들은 공간적으로 분산되어 있다. 그런 뉴런들은 순간적으로 하나의 "연합(coalition)"을 형성하며, 그 연합적 활동은 특별한 무엇을 지각적으로 아는 동안에, 예를 들어, 우리가 링컨 얼굴을 시각적으로 알아보는 동안에 지속된다. 개별 뉴런들은 서로 다른 여러 연합들에 요소로 참여하여, 어떤 지각표상(percepts)을 일으킬 수 있다. 예를 들어, 특정 뉴런은, 링컨 얼굴을 알아보게 하는 연합에 참여될 수 있으며, 또한 그 뉴런이 인간의 손을 알아보게 하는 연합 혹은 개의 얼굴을 알아보게 하는 연합에도 참여될 수 있다.

■ 뉴런들 연합이 지각적 앎을 조직하는 경우에, 그 뉴런들은 분명, 지각적 앎을 조직하는 연합활동을 위해, 어떤 역치(threshold)에 도달할 필요가 있다.

■ 보통의 경우에, 아마도 반드시는 아니겠지만, 어떤 연합은, 그 연합 구성원들로 뻗어 연결하는 뉴런 집단의 연속적 공조 격발에 의해서 나타난다. 이런 공조 격발은 그러한 역치에 도달하기 위한 일부 인과적 조건이 된다.

■ 지각적 앎에 관여된 뉴런들이 역치 이상으로 격발할 경우, 그 뉴런들은 짧지만 일정 시간 동안 격발을 지속한다. (즉, 100밀리초보다 더 길지만, 1분을 넘지는 않는다.)

■ 주의집중은 아마도 관련 뉴런들의 활동을 증가시킬 것이며, 그러면 그 뉴런들을 역치에 가까이 올라가게 만든다.

■ 어떤 시각 현상을 아는 경우에, 예를 들어, 링컨 얼굴을 알아보는 경우에, 일부 뉴런들은 '인지적 배경 부분으로' 활성화될 것이며, 일부 다른 뉴런들은 '그 경험 자체를 위해' 필수적으로 활성화될 것이다. 후자의 뉴런들을 크릭과 코흐는, 인지적 배경에 기여하는 뉴런들과 구별하기 위해서, "필수 노드(essential nodes)"라 불렀다. 인지적 배경에 포함되는 것으로, '얼굴이 머리의 앞쪽에 있다는 등의 여러 기대들과, '만약 링컨이 호주에서 태어났다면, 그가 미국의 대통령이 될 수 없었을 것이다'라는 등의 다양한 무의식의 암묵적 믿음들이 있다. 또한 그러한 인지적 배경은, 다양한 연상들과 추론적 연결들, 예를 들어, 시민전쟁에 대한 연상, "링컨은 1864년 미국 대통령이었다"로 부터 "링컨은 현재 미국 대통령이 아니다"를 추론할 수 있는 능력도 포함한다.

■ 어느 임의 순간이라도, 여러 필수 노드 뉴런들 사이에 분명히 경쟁이 있을 것이며, (그런 필수 뉴런들에 대해서) 다른 뉴런들이 역치로 격발할 것이고, 그에 따라서 표상이 의식될 것이다. 그러므로 만약 내가 텔레비전에 나오는 여러 사건들에 너무 집중한다면, 나는 옆집의 잔디 깎는 기계 소음을 듣지 못할 수도 있다. 그렇다는 것은 곧, 청각 시스템 내의 필수 노드 뉴런들이, 텔레비전의 사건들을 표상하는 시각 시스템의 뉴런들과의 경쟁에서 밀렸음을 의미한다.

이상적으로, 위 목록 내의 항목들은, 지각적 앎을 지원하는, 일종의 신경 메커니즘 원형이론(prototheory)을 확고히 형성하게 해줄 것이다. 원형이론의 역할 내에서 위 목록은, 여러 실험들로 하여금 그런 항목들 내의 어느 것을 확증하거나 혹은 부당성을 입증하도록 촉발할 것이며, 따라서 우리로 하여금 의식의 본성에 더 가까이 다가서도록 해줄 것이다. 어떤 종류의 이론적 발판을 갖는다는 것은 곧 주먹구구식을 탈피한 확실한 개선이다. 비록, 위 목록 내의 여러 항목들 중에 어느 것도 의식에 대한 부분적 설명이라고 판명되지 않는다고 하더라도, 그러한 [항목들에 대한] 검토는 가치가 있다. 왜냐하면, 그러한 검토는 우리로 하여금 의식의 문제를 **메커니즘**에 의해서, 즉 인과적 조직에 의해서 생각하도록 방향지어주기 때문이다. [의식과] 신경의 상호관련성을 확인하는 것이 한 가지 목표이며, 유용할 듯싶지만, 우리가 궁극적으로 도달하고 싶어 하는 목표는, [의식의] 인과적 메커니즘을 파악해냄으로써, 의식이 **어떻게** 발생되는지를 이해하려는 데에 있다.

신경 상호관련에 관한 방법론적 의문

선행된 실험에서 신경활동이 의식적 앎과 상호관련된다는 증거가 나왔다. 그럼에도 불구하고, 나는 그러한 상호관련 증거가 무엇을 의미하는지와 관련하여 경계심을 나타낸다. 그 중요 이유는 이미 이렇게 언급하였다. 신경활동과 지각적 앎에 대한 피검자 보고 사이에 상호관련성의 발견은 다음의 어느 것들과도 **일관성**이 있다. (1) 신경활동은 '지각적 앎'을 위한 배경조건이다. (2) 신경활동은 부분적으로 그 앎의 원인이다. (3) 신경활동은 부분적으로 그 앎의 결과물이다. (4) 신경활동은, 어떤 직접적 역할을 하지 않으면서, 지각적 앎과 나란히 나타난다. (5) 신경활동은, 지각적 앎과 '일치될 수 있을 무엇'(동일 항(identificand, 동일하다고 여겨지는 것))이다.

궁극적으로, 만약 우리가 의식의 본성을 신경 용어로 설명할 수 있기를 바란다면, 우리가 찾아야 하는 것은 '어떤 등급의 신경활동과 지각적 앎의 **동일화**(identification)'이다. 다시 말해서, 우리는 자신들의 데이터가 해석 (5)를 정당화시켜주길 원한다. 그렇지만, 명백히 상관관계를 보여주는 데이터가 그 자체만으로 (5)를 제외한 모든 대안들을 배제하지는 못한다. [즉, 그 데이터와 의식이 서로 필요충분조건을 만족시키는 관계가 되지는 못한다.] 어떤 사건 x가 어떤 현상 y와 상관되었다는 것이, 마치 당신이 **아마도** '동일 항을 찾을 올바른 길에 들어섰다는 등을, 당신에게 **확실히** 이야기해주지 **않는다.** 유사한 이유로, 어떤 사건 z가 어떤 현상 y와 상호관련되지 못한다는 것은, 당신이 아마도 잘못된 길로 들어섰음을 시사한다. 이렇다는 것이 '전체가 완성되었음'을 의미하지 않으며, 그렇다고 '아무것도 이루지 못했음'을 의미하는 것도 아니다. 다만 누군가 어딘가에서 반드시 시작해야 한다는 것을 의미할 뿐이다.

두 현상들이 체계적으로 상호관련되는지를 판정하려면, 광범위한 조건들을 검사해볼 필요가 있다. 예를 들어, 깨어 있는 피검자에서, 피검자가 어떤 사물에 대한 시각적 앎을 보고할 때마다 언제나, 특정 피질 시각영역이 매우 활발히 활동한다는 것을 보여주는 fMRI 자료를 얻는 것으론 충분치 않다. 우리는, 피검자가 의식하지 못할 때에, 그러한 뇌 영역에서 활동이 일어나는지 역시 알고 싶어 한다. 예를 들어, 혼수상태(comma), 지속적인 식물인간 상태, 혹은 마취상태에 있는 피검자의 뇌에 시각자극이 주어질 경우, 그 뇌 영역에서 활동성을 보여주는지도 알아야만 한다. 이런 염려는 무익한 회의론에서 나오는 이야기가 아니다. 다양한 피질 영역에서의 활동이, 바로 이러한 특이 조건 아래에서, 외부 자극에 의해 발생하는 것으로 알려져 있다. 예를 들어, 어느 만성 식물인간 상태에 있는 환자는 앎에 대한 어떤 징후도 보여주지 않으며, 특히 친숙한 사람을 보여줄 경우에도 앎에 대한 어떤 행동적 징후도 보여주지 않는다. 그럼에도 불구하고, 피검자에게 친숙한 얼굴을 보여줄 경우, 피질의 (소위) "얼굴 영역(face area)"은 정상 피검자의 활동에 유사하게 증가하는 활동 양상을 보여주었다.[26] 다마지오가 올바르게 주목하였듯이, 그러한 데이터는, 시각피질 내의 뉴런들이 아마도 시각적 앎의 경험을 만드는 발생기가 아닐 것이라는 강력한 단서이다. 그보다, 그 뉴런들의 활동은, 피검자가 **만약** 의식을 가질 경우에, 그 피검자가 알게 되는 표상일 뿐이다. 그렇게 하여, 그런 힘든 사례들이 실험에서 배제될 때까지, 상대적으로 쉬운 사례들의 상호연관성에 대해서 어떤 결론도 이끌어내어지지 말아야 했다.

그렇지만, 그보다 일찍 다음과 같이 심원한 문제가 탐색되는 일이 있었다. 그것은 '당신이 지금 무엇을 바라보는지 알고 있는가'에 관한 문제이다. 희망을 가져볼 만한 일로, 어느 부류의 뉴런 활동은 지각적 앎과 **언제나** 그리고 **오직** 관련되는 경우, 그러한 뉴런 활동은 의식적 앎과 **동일화 가능하다**. 그렇지만, 비록 그러한 부류의 뉴런 활동이 발견된다고 하더라도, **이런** 측정된 활동이 **저런 부류**에 속한다는 것을 아는지는 아마도 단지 매우 간접적으로만 발견될 듯싶다. 다시 말하자면, 우리는 어쩌면, 그것이 바로 그 사례라는 것을 조금도 인식하지 못한 채, 그런 부류의 사례를 곧바로 알아볼 수 있을지도 모른다. 그렇지만, 그러한 일은, (있을 법한 일로) 물리적 기반이 (소박한 관찰자에게 명료하게 드러나는) 어느 속성을 지닐 경우에만, 일어날 듯싶다. 그러나 그러한 물리적 기반은 오직 '뇌 기능에 대한 더욱 포괄적인 **이론**'의 렌즈를 통해서만 인식될 수 있다.

비유적으로 말하면, 이 논점이 더욱 명확히 드러날 듯싶다. 19세기에 빛의 본성은 대단한 신비로움이었다. 상상되는바, 19세기 물리학자들이 빛의 신비를 (빛과 상호연관되는) 어떤 미시구조로 설명하려 든다고 가정해보자. 그들은 이렇게 희망할 듯싶다. 특별한 종류의 미시구조 현상들이 **언제나** 그리고 **오직** 빛과 상호관련되면, 그러한 활동 혹은 그것과 연결된 무엇이 빛과 **동일화 가능하다**. 그러한 개략적 생각은 "속성 규정하기(defining property)", 즉 우리가 앞서 언급했듯이, **동일항**을 찾는 것이다.

현재를 살아가는 우리들은, 후기-맥스웰(post-Maxwellian) 물리학의 혜택을 받아서, [빛을] 정의하는 속성이 전자기 방사 이론에 의해 추상적이며 비-관찰적으로 규정된다는 것을 안다. 즉, 맥스웰은 빛을 규정하는 방정식들이 전파, X-선, 다른 전자기 현상들 등을 규정하는 방정식들과 완벽히 일치한다는 것을 밝혀냈다. 그는 '빛은 이제 단지 전자기 방사의 다른 형태이다'라고 올바르게 결론 내렸다. 관찰 가능한 속성들은 이런 것들에 대해 어떤 단서도 제공하지 못했으며, [빛을] 심원하고 관찰 불가능한 속성들과 일치시킴으로써 그 문제가 해소되었다.

문제는 이렇다. 우리가 상상하는 전기-맥스웰(pre-Maxwellian)의 상호 관련성을 추적하는 사람들이, 비록 그것들[즉, 전파와 빛]이 서로 비슷해 보일지라도, 그것들이 동일한 깊은 성질을 공유한다는 사실에 주목할 수 있었겠는가? 분명히 그렇지 못했을 것이다. 그것은, 그들이 전자기 방사에 관해 더 많은 것들을 이해할 때까지, 그들은 무엇을 동일한 속성으로 여겨야 할지 알아볼 수 있게 해줄, 개념적 원천을 갖지 못했기 때문이다. 이것은, 그들이 아직까지 '빛은 전자기 방사이다'라는 사실에 대해서, 혹은 'X-선, 감마선 등이 존재한다'는 사실조차, 눈곱만큼도 짐작하지 못했기 때문이다. (이 장의 뒤, 4.2.2에서 플레이트 1을 보라.)

　혹은 그 문제를 이런 방식으로 생각해보자. 당신은, 라부아지에 (Lavoisier)의 산소(oxygen)에 관한 연구와 무관하게, [금속의] 녹슬기, [유기체의] 신진대사, 그리고 [나무의] 연소 등이 동일한 미시적 물리작용이지만, 태양광선과 번개는 동일한 작용이 **아니라**는 사실을 어떻게 알 수 있겠는가? 당신은 어떤 속성을 바라볼 수 있을까? 만약 당신이 운 좋게도 앞의 세 가지 현상들이 미시구조의 속성을 공유한다고 추정할 수 있다면, 당신은 어떻게 자신의 생각을 시험할 수 있을까?

　이 말은 '신경과 의식의 상호관련성을 찾는 연구가 풍성하다'고 말해주지 않는다. 오히려 반대로, 의식에 관한 신경생물학적 탐구의 (지금의) 아주 초기 단계에서, 의심할 바 없이, 가능한 한 최선의 추정을 해보는 것이 현명하다. 내 논점은 이렇다. [그 연구에] 여러 함정들이 있음을 인식할 필요가 있으며, 그러한 함정들은 단지 기술적인 부족으로 발생된다기보다, 뇌가 어떻게 작동하는지를 이해시켜줄 확고하게 정립된 **이론 체계**(theoretical framework) 없이 추론되었기 때문임을 인식할 필요가 있다.[27]

　본 절에서 논의된 실험들과 (유사한 일반적 개념적 편견을 지닌) 다른 실험들은 많은 가능성을 열어놓는다는 측면에서 중요하다. 1980년대의 유리한 관점에서, 그러한 실험들이 거의 납득되기 어려웠을 때에, 그러한 실험들은 화려한 결실을 기대하였다. 적어도, 그러한 여러 실험들은 연구자들을 고무시켜, 더 나은 실험 설계를 고안하게 만든다. 그렇지만, 본 절에서의 사례들은, 어떤 개념적 편견을 공유하며, 따라서 비판을 끌어들인다는 점을 주목해야 한다. 그 모든 실험들은 주로 **대뇌피질**에 초점을 맞추며, 시각 시스템에 대한 연구에서 데이터를 얻는다. 그렇게 실험 범위를 좁히는 것은, 특별히 서로 다른 실험 전략들이 부차적인 결과를 들춰낼 경우에(위에서 논의된 실험들이 어느 정도 그러하듯이), 나름 가치가 있다. 좁은 범위의 집중적 연구는 우리로 하여금, 넓지는 않지만 깊게 탐색하게 해주어, 보상을 얻어내게 해준다.

그럼에도 불구하고, 우리가 지금 말할 수 있는 한에서, 다른 [감각] 양태들(modalities)이, 시각의 역할보다 훨씬 더 진솔하고 덜 복잡한, (의식에서) 어느 역할을 담당한다고 밝혀질 수도 있다. 가능적으로, 후각 혹은 체성감각 처리 과정에 대한 탐구가 이제까지 알 수 없었던 원리를 드러낼 수 있다. 더욱 심각하게는, 앎을 가질 수 있게 해주는 것이 피질 뉴런의(혹은 피질 뉴런 **단독적**) 활동이 아니며, 그보다 피질이 아닌 뇌간, 시상, 시상하부 등등의 다양한 뉴런들의 활동이라고 밝혀질 수도 있다.28) 피질하(subcortical) 활동이 [의식의] 인과적 선행으로 중요하게 고려된다는 것은 상식이다. [즉, 피질하 활동이 인과적으로 관여하여 의식을 낳는다는 것은 극히 상식이다.] 하여튼, 우리는 다음 단원(1.4)에서, 일부 피질하 활동이 피질보다 더 중요할 가능성이 있을지 탐색해볼 것이다.

1.4. 간접 접근법

주의집중, 단기기억, 자서전적 기억, 자기-표상, 지각, 이미지 상상하기, 사고, 의미, 깨어 있음, 자기-가리키기 등, **모든 것들**은 '무엇을 의식하기'와 (하여튼) 관련되는 것 같다. 간접 접근법이 제안하는바, 그러한 다양한 기능들의 신경생물학적 메커니즘과, 그것들 사이의 관계를 우리가 이해하기만 한다면, 의식에 관한 이야기가 저절로 어느 정도 모아질 듯싶다. 다시 말해서, 일단 우리가 **일반적으로** 더 실질적인 **뇌**

기능 이론(theory of brain function)을 갖기만 한다면, 우리는 '그러한 기능들이 의식적 앎에 관여하는' 조건들에 관한 이론을 개발할 수단을 갖게 될 것이다. 따라서 이러한 측면에서, 이 접근법은 간접적이다. 이러한 전략은, 다양한 뇌 기능들과, 그것들이 어떻게 서로 연결되는지 등을, 신경생물학적 측면에서 그리고 행동적 측면에서, 우리가 지속적으로 탐구하게 만든다. 이 접근법의 성공은 뇌의 대부분의 기능들을 이해해야 가능하다는 측면에서, 이 전략이 결실을 얻으려면, 직접 접근법에 비해서 더 오랜 시간이 걸릴 수 있다.

의식이 이러한 여러 기능들 중에 어느 하나와 동일화가 가능할까? 예를 들어, '깨어 있음'과 동일하게 여겨질 수 있을까? 아니면 의식이 '깨어 있음'을 넘어서는 혹은 그 이상의 무엇일까? '의식'은 '깨어 있음'과 동일하지 않다. 왜냐하면, 당신이 깨어 있기는 하지만, 여전히 안구 단속운동 혹은 (혀의 움직임과 같이) 당신이 의도하지 않는 여러 행동들, 또는 차단되거나(masked) 역치 이하(subthreshold)의 자극들을 의식하지 못하기 때문이다. 게다가, 우리는 꿈꾸는 동안에 잠들어 있음에도 불구하고, 자신의 꿈을 의식하는 것 같다.

의식이 '주의집중'과 동일화 가능할까?[29] 비록 그 양자가 실제로 매우 긴밀히 결부되어 있다고 하더라도, 아마도 아닐 듯싶다. 주의집중 시스템은 하나 이상이며, (그 둘 사이에) 주의집중의 전환(shift)이 앎에 앞서 진행되기 때문이다. 이것은 '의식'이 곧 '주의집중'일 수 없음을 함축한다. "상향식(bottom-up)" 주의집중에서, 피검자는 보통, 주변 시각(peripheral vision)에서 무의식적으로 감지되는, 움직이는 사물에 방향을 맞출 수 있다. 텍스트(글씨)를 읽는 것은, '주의집중'과 '시각적 앎'이 일치하지 않는, 또 다른 잘 연구된 사례를 보여준다.[30] 독서 중에, 우리 눈은 텍스트를 부드럽게 가로질러 움직여 읽지 않으며, 글씨 한 덩어리에서 다음 덩어리로 옮겨가며 ([영어에서 글씨] 한 덩어리가 약 17자의 길이로) 읽는다. 놀랍게도, 중심와(fovea)는 보통, "그(the)"라는 단어보다는 "칸탈루프(cantaloupe, 멜론의 일종)"라는 단어처럼, 가장 유익한 글씨 덩어리 부분에 머문다(그림 4.13). 이것은, 안구동작이 융통성

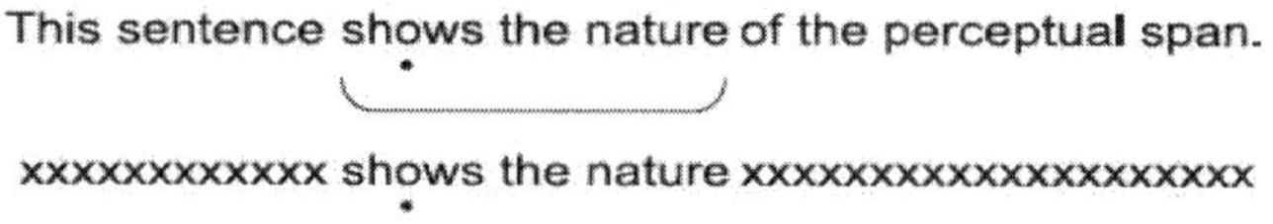

This sentence shows the nature of the perceptual span.

xxxxxxxxxxxx shows the nature xxxxxxxxxxxxxxxxxxxxx

그림 4.13 주의집중 범위는, 눈이 고정된 곳에서 유용한 정보가 추출될 수 있는 구역이다. 고정된 지점이 점으로 표시되어 있다. ("shows the nature"라는) 단어 구역은 주의집중 범위의 폭을 나타낸다. 그 구역이 비대칭임에 주목하라. 최대 지각 구역은 왼쪽으로 2-3글자(현재 초점을 맞춘 단어의 시작)이며 오른쪽으로 약 15글자(현재 초점을 맞춘 글자에서 두 단어)이다. x로 표시된 지역이 피검자의 주의집중 범위 옆으로 늘어서 있다. 독서 중에 시선을 이동하게 되면, 다음 17개 x가 단어로 교체된다. 이러한 독서 실험에서, 피검자는 여러 개의 x가 주의집중 범위 옆으로 늘어서 있으며, 시선 이동에 의해서 단어로 교체된다는 것을 알지 못한다. (John Henderson의 양해를 얻어)

없는 동작이 아니라, 특정 자극 특징에 민감하다는 것을 보여준다. 이러한 작용이 어떻게 성취되는가? 각각의 안구동작 멈춤마다, 피검자는 글씨를 읽으면서, 눈에 초점이 맞춰지는 글씨를 읽는다. 초점이 맞춰지는 글씨들이 바로 독자가 앎을 가지는 부분이다. 이러한 고정하는 시간 동안에, 주의집중은 오른쪽으로 이동해가며,31) 주변 시각에 의해서 다음의 적절한 초점 위치가 선택된다. 이렇게 안구가 이동한 이후에서야, 사람들은 다음 글씨 덩어리를 알아본다.

　'피검자가 의식하지 못하는' 어떤 것에 뇌가 주의집중하는 것 같다는, 다른 사례들이 있다. 예를 들어, 소음이나 무관한 정보를 통제하지 못할 경우에, 테니스 운동, 연설하기, 문제 해결하기 등의 수행을 망치게 된다. 그렇지만, 만약 당신이 의식적이며 의도적으로 무관한 정보를 억누르도록 주의집중을 하려 한다면, [오히려] 당신은 [그러한 수행을] 정말로 망치게 된다. 그래서 만약 억제가 주의집중 메커니즘의 한 국면이라면, 그 억제는 아마도 무의식의 한 단면이다. 사람들은 그러한 억제가 주의집중을 포함하지 않는다고 판단할 것 같다. 왜냐하면 주의집중은 적어도 "하향식" 시스템을 위해서 (정의에 따르면) 의식적이어야 하기 때문이다. 우리는 이런 식으로 추론하지 말아야 한다. 독자적으로 지지하는 증거가 없는 한, 그런 추론은 순환적이다.

아마도, 여기에서 지적해야 할 더 중요한 것은, 우리가 "주의집중"이라고 부르는 현상에 대해서 여전히 배워야 할 것들이 많다는 점이다. 예를 들어, 여러 서로 다른 신경전달물질 시스템들은 '주의집중의 서로 다른 측면들'과, 예를 들어, 노르아드레날린(noradrenalin)은 각성과, 아세틸콜린(acetylcholine)은 방향성과, 도파민(dopamine)은 상충하는 정보 억제와 관련되는 것으로 보인다. 사실상, 주의집중이 어떤 계산적 과제를 수행하도록 지원하는지는 여전히 불명확하다.

광역 작업공간으로서 의식

간접 접근법의 중요한 고려사항은, 효율적 연구를 위해, 연구자들은 의식적 표상과 (전체 인지적 조직 내의) 무의식적 표상의 두 **역할들** 사이의 대비를 표적으로 연구해야 한다는 점이다.[32] 지각, 계획하기, 상상하기, 추론, 운동조절 등에서, 그리고, 적어도 인간의 경우에, 자신이 경험한 것을 보고하기 위한, 더 큰 유연성이 의식에 의해서 (유기체의 행동에서 명확하고 뚜렷한 차이로) 이루어져왔다고 선전되어왔다. [즉, 유기체들은 의식을 가짐으로써 여러 인지적 기능에서 더욱 유리한 유연성을 지닐 수 있게 되었다고 믿어져왔다.] 만약 당신이, 예를 들어, 접촉이나 통증 등을 의식하지 못한다면, 당신은 '자신이 그것을 가진다'고 보고할 수 없다. 또한, 만약 무의식적 표상이 운동행동에서 어떤 역할을 담당한다면, 그것은 [지금 우리에 의해서] 고려되고 있는 역할보다도 더 반사적 [작용에 불과하다고 이해될 것이다.]

의식적 표상으로 인한 이러한 유연성이 어떻게 뇌 기능으로 설명될 수 있을까? 이 질문에 대해 다음 대답이 제안된다. 의식적 표상은 무의식적 표상보다 뇌 내부에서 더 **넓게 접속 가능**하다. 그러므로 인지기능의 유연성은 정보 배포(information distribution)에 의해서 설명될 수 있다. 그래서 만약 우리가 어떻게 정보가 더욱 광범위하게 접속 가능한지를 이해할 수 있다면, 우리는 아마도 의식적 표상에 대해서 신경생물학적으로 이해하는 발전을 이룰 것이다. 데넷(Dennett)은 자신의 생각을 강한 어투로 이렇게 주장하였다. 넓은 접속 가능성은 그 자체로 의식을 **구성한다.** 그는 "광역 접속 가능성(Global accessibility)이 곧 **의식이다**"라고 단언한다.33)

데넷에 의해서 대략적으로 제안된 접속이란 일반적 개념은 바르(Baars)에 의해서 더욱 경험적으로 상세히 다듬어졌다. 그는 의식에 대하여 **광역-작업공간 모델**(global-workspace model)을 제안하였다.34) 바르의 생각을 간략히 요약하자면, 어느 상태가 의식적 상태일 경우는, 그 신경정보가 광역적으로 접속 가능한 경우, 즉 운동조절, 계획 세우기, 의사결정, 장기기억 회상 등과 같은 다양한 기능들에서 유용하게 이용될 경우이다. 바르는 독창적 은유로 통상적 게시판을 이야기한다. 게시판은, 그곳에 정보가 게시되면, 다른 사람들이 (알아야 할 필요가 있을 경우에) 접속해서 읽을 수 있도록 만들어준다. 독자들 역시 자신들의 것을 게시판에 게시할 수도 있다. 일부 정보는 널리 전파되지 않기도 한다(이런 경우는 무의식적 신호). 그의 제안에 따르면, 의식을 중재하는 뉴런들은, 그것들이 **정보 제공하는** 측면에서, 게시판과 같다. 즉, 어떤 뉴런 연결망들은, 공유 작업공간에 해당하는 것을 지니도록, 연결을 이룬다.

바르는 작업공간 은유가 단지 은유일 뿐이며, 그것은 마침내 신경학 용어로, 즉 실제 신경회로, 실제 뉴런, 실제 뉴런 활동 등으로 설명되어야 한다는 것을 매우 잘 인식하고 있었다. 그의 추정에 따르면, 망상체(reticular formation), 즉 정위(orienting, 방향 맞추기)와 각성(arousal)에 필수적이라 알려진, 뇌간의 손가락 모양 구조물은, 게시판에 어떤 정보를 언제 올릴지를 결정하는, 중요한 해부학적 부위이다. 그의 제안에 따르면, 시상이, 그것의 상당한 피질 투사와 함께, 게시판 내용을 전파하는 메커니즘이다. 비록 이러한 매우 일반적인 추정이 시험 가능성에 조금 더 가까이 다가서 논의되더라도, 그 과제가 난감한 것은, "광역접속(global access)"이란 용어가 신경학 용어로 무엇을 의미하는지 규정해야 하며, "광역접속"을 "의식적 접속"이라고 은근슬쩍 정의하지 않아서, 순환적 정의에 매이지 않으면서, 그리 규정해야 하는 일이다. 이것이 왜 어려울까?

뇌는, 우리가 살펴보았듯이, 행동 관련 정보를 담은 신호를 내보내고 수용하는 여러 요소들로 구성되어 있다. 이러한 동일 관점을 다른 방식으로, 그렇지만 전망하기보다 전망되는 관점에서 말해보자면, 뇌는 접속하는 일을 수행한다. 접속은 그 폭을 달리하며 신경계에 보편적으로 편재한다. 그런데 "접속"이 신경생물학적으로 무엇을 의미하는가?

개략적으로 이렇게 말할 수 있다. 만약 뉴런 a의 활동이 뉴런 b의 활동을 인과적으로 유발하고, 그 인과적 연결이 뉴런 a에서 뉴런 b로 정보 전달을 일으킨다면, 뉴런 b는 (뉴런 a의 활동에 의해 전달되는) 정보에 접속하게 된다. 이 말은 '뉴런 a가 뉴런 b로 정보를 보낸다'는 것을 단지 다르게 표현한 것에 불과하다. 내가 말할 수 있는 한, 우리는 접속에 관한 논의를 멈추고, 오로지 정보를 내보내고 수용하는 것에 의해서 그 가설을 말할 수도 있었다. 우리가 아직 신경계에서 정보의 본성을 정확히 어떻게 규정할 수 있을지[35] 이해하지 못한다는 것을 인정한다면, 우리는 잠정적으로 대략적 개념어(notion)를 사용할 수 있다. 따라서 이런 기반에서, 예를 들어, 망막 신경절 세포의 정보에 시상의 뉴런이 접속 가능하지만, 척수의 뉴런은 접속 가능하지 않다고, 우리는 말할 수 있다. 그리고 우리는 이렇게 말할 수 있다. 운동피질 뉴런이 적핵(red nucleus), 소뇌(cerebellum), 기저핵(basal ganglia), 척수(spinal cord) 등에 있는 뉴런들에 접속 가능한 운동 명령을 만든다.

만약 "접속"이 일반적인 뇌 작동방식(brain game)을 가리킨다면, 의식의 문제를 해결해줄 방식으로, **광역접속**이 무엇일지, 신경학적으로 우리가 어떻게 규정할 수 있겠는가? 물론, 지금의 맥락에서, "광역(Global)"이란 말 그대로 전 지역(global)을 의미하지는 않는데, 그것은, 뇌 연결의 본성상, 정보가 실제로 어느 곳으로든 전달되지는 않기 때문이다. 그 핵심 개념은, 정보가 **매우 넓게** 접속 가능하게 된다는 것이 분명하다. 작업공간 접근법에 관한 최근 논의 내에서, 이 용어는 해부학적 속성과 관련된다. 즉, 소위 작업공간 뉴런인, 두정피질, 대상피질,

배외측전전두피질, 상측두피질 등의 내에서, 특정한 장거리 뉴런들(긴-축삭 뉴런들)이 있다(그림 4.14). 이러한 긴-축삭 뉴런들의 증가된 활동이, 예를 들어, 시각 시스템 내에, 선택된 뉴런 집단에 유용한 정보를 만든다. 유행에 편승하기에 앞서 [즉, 남들의 말을 그저 따라가지 말고] 평범한 비판적 태도로 그 가설을 면밀히 검토해보자.

첫째, 전이 뉴런 집단(shifting neuronal population)의 활동이 (소위) 의식을 구성한다고 하지만, 그 전이 뉴런 집단이 발신 집단(sending population)인지 아니면 수신 집단(receiving population)인지, 혹은 발신과 수신 모두를 수행하는 집단인지 불분명하다.

둘째, 만약 긴-축삭 뉴런(long-axon neurons), 혹은 투사영역 내에 언제나 많은 뉴런들에 접속하는 긴-축삭 뉴런이라고, 해부학적으로 규정된다면, '넓은 접속 가능성'이 열거된 영역에서만 유일한 것은 분명 아니다. 예를 들어, 운동피질(motor cortex)과 전운동피질(premotor cortex) 내에 많은 뉴런들이 전형적으로 그러할 뿐만 아니라, 시상, 편도체, 뇌간, 그 밖에 거의 대부분에서도 그러한 뉴런들이 흔히 있다(그림 4.15). 그래서 작업공간 뉴런들을 이렇게 특정한 구조적 기준으로 규정하는 것은 그다지 만족스럽지 못하다.

작업공간 집단이 구조적이며 기능적인 기준의 조합으로 규정될 수 있는가? 아마도 기능적 기준은, 의식적 표상에 의해 더욱 유연해지거나, 의도적이 되거나, 지능적이 되는, 여러 기능들로부터 지원되는 것으로 개략적으로 묘사될 수 있을 것이다. 예를 들어, 어떤 과제를 수행하기 위해, 계획하거나, 의도하거나, 혹은 시도하는 등이 (만약 어느 사람이 혼수상태에 있거나 혹은 만성 식물인간 상태이거나 혹은 수면상태이거나 혹은 한계 이하의 자극이 주어지는 경우라면) 대단히 방해받게 된다. 따라서 누구라도 이렇게 가설을 제안할 수 있다. 광역-접속 뉴런들은, 주의집중, 노력, 숙고 등을 포함하는 과제를 수행하는 동안 활동적일 것이다. 이러한 가정에서, 어느 뇌 영역이 특정한 과제들, 즉 주의집중, 작업기억, 혹은 의식적 지각 등을 요구하는 과제 수행에 관여되는지 알아보기 위해서, 그리고 작업공간 뉴런들이 모든 이러한 기

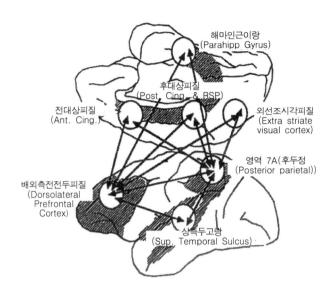

그림 4.14 이 도식적 그림은, 드엔과 나카체(Dehaene and Naccache 2001)에 의해서, "광역접속(global access)"을 지원하는 원숭이 뇌의 두정피질과 전전두피질 사이의 일부 연결을 설명하기 위해서 이용되었다. 그림의 위쪽은 (상하가 뒤바뀐) 내측모습을, 아래쪽은 외측 모습을 보여준다. 빗금 영역들은 시상의 중간베개핵(medial pulvinar nucleus)에서 나오는 투사를 받으며, 시상은 (시각피질 V1, 상구(superior colliculus)를 포함하여) 다양한 영역들로부터 투사를 받는다. [이 그림에서는] 배외측전전두와 후두정 피질 영역들에서, 선조(striatum), 시상, 망상체(reticular formation) 등으로 연결되는, 많은 피질하 연결들이 있다는 것은 보여주지 않는다. (Goldman-Rakic 1988에 근거하여)

능들에 개입하는 작업공간 뉴런들인지를 확인하려는 목적에서, 대단히 많은 노력들이 이루어지고 있다. fMRI, EEG, 원숭이에서의 단일-세포 연구 등과 함께, 여러 뇌손상 연구들은 (그림 4.14에서 규정된) 특별한 부류의 여러 신경연결들이 [작업공간과] 관련된다는 것을 언급해주고 있다.

　[이러한 연구들이] 지금까지는 좋았지만, 그러한 접근법에 대해서, 가용한 데이터 풀에서 나오는 선호적 증거들을 선별함에 의해서가 아

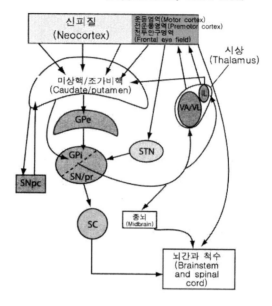

보조운동영역
(Supplementary motor area)

신피질
(Neocortex)

운동영역(Motor cortex)
전운동영역(Premotor cortex)
전두안구영역(Frontal eye field)

시상
(Thalamus)

미상핵/조가비핵
(Caudate/putamen)

IL

VA/VL

GPe

STN

GPi

SN/pr

SNpc

SC

중뇌
(Midbrain)

뇌간과 척수
(Brainstem
and spinal
cord)

그림 4.15 피질 영역과 (운동 기능을 조정하는) 신경구조들 사이의 일부 경로들을 보여주는 도식적 그림. [약어] Gpe: globus pallidus pars externa, Gpi: globus pallidus pars interna, IL: intralaminar thalamic nuclei, SC: superior colliculus, SNpc: substantia nigra pars compacta, SNpr: substantia nigra pars reticulata, STN: substalamic nucleus, VA/VL: ventral anterior and ventral lateral nuclei of the thalamus. (Zigmond et al. 1999에 근거하여)

니라[즉, 그 접근법을 지지하는 증거들만으로 논의하려 들기보다], 의도적으로 반례를 탐색함으로써 검토해보자. 다시 말해서, 구조적이며 기능적인 기준에 부합하는 신경회로가 과연 있을지 (비록 그러한 신경회로에 대해서, 그 가설의 지지자들이 작업공간 뉴런이라고 인정하고 싶어 하지 않을지라도) 검토해보려 한다.

한 가지 가능한 반례로써, 안구운동을 다시 고려해보자. 다음과 같은 질문이 제안된다. 전두안구 영역 내의 안구운동 뉴런들이 작업공간 뉴런으로서 작동하는가? 만약 그 뉴런들이 그렇게 작동한다면, 어떤 뉴런들은 그렇게 하지 못하는가? 만약 그런 뉴런들이 하지 못한다면, 그것들이 왜 배제되는가? 첫째, 안구운동신호는 광범위하게 분산되며, 그렇다는 것은 그 신호들이 널리 접속 가능하다는 것을 의미한다. 전두안구 영역 내의 뉴런들은 뇌교(pons), 전전두엽, 두정엽, (긴 축삭 연결이 필요한) 기저핵(basal ganglia) 등으로 투사한다. 따라서 그 뉴런들은 구조적 기준을 만족시킨다. 게다가, 여러 경로들이 (광역 작업공간 가설에서 언급되었듯이) 일부 그 동일 영역들로 연결을 주고받는다. [즉, 회귀적으로 연결된다.] 둘째, 그러한 뉴런들의 활동은, 보고, 결정하고, 기술을 배우는 등등의, 여러 능력들을 증진시킨다. 안구운동 정보는, 머리 동작, 자세 조정, 전신운동, 그리고 (당신이 만약 할 수 있다면) 귀와 코의 동작 등을 하는 데에 중요하다. 앞서 언급했듯이, 혼수상태나 만성적 식물인간 상태에 있는 환자들이 행동의 유연성을 상당히 유지할 듯싶으며, 또한 비록 눈을 기계적으로 뜨고 있기만 한다면, 그들은 시각 스캐닝(visual scanning)에서도 기능을 유지할 듯싶다. 그렇게 기능적 기준은 만족된다. 그러므로 명백히, 제안된 기준에 대해서, 전두안구 영역 뉴런들은 작업공간 뉴런으로서 자격을 갖췄다고 할 만하다.

여기에 제기되는 문제는 우리가 안구운동을 의식적으로 결정하는 것 같지 않아 보인다는 점이다. 대체적으로, 우리는 (스스로 그침 없이) 지속하는 안구운동을 의식적으로 숙고하지 않으며, 그런 운동 자체를 일반적으로 알지 못한다. 특별히 시력측정을 하려는 경우[즉, 시력을 측정하기 위해서 의도적으로 안구운동을 의식하는 경우]를 제외하고, 우리는 안구운동을 전혀 경험하지 않는다. [즉, 의식적 경험을 갖지는 못한다.] 지금까지 논리적 검토로부터, 정상 안구운동이 "의식 뉴런들"의 작업공간 기준에 대한 반증이 된다는 결론이 유도된다. 비록 과학주의적 방식에서 그 기준을 세울 수 있기는 하지만, 그 기준에 어떻게 도달할 수 있을지 그리 명확해 보이지 않는다.

불행히도, 광역-작업공간 가설에 대해서 세밀히 검토를 해보니, 우리가 그 가설을 신경학적 용어로 (기대와는 달리) 이해하기 어려워 보인다. 이러한 측면은 특별히, (데넷의 작업공간 가설에 대한 긍정적 평가에 따라) '광역접속이 곧 **의식이다**라는 말을 회상해보면 더욱 실망스럽다. 물론, 광역접속에 대한 데넷 자신의 이야기는, 우리 인간이 갖는 의식이 (동물들이 언어를 갖지 못하여, 자신에게 말할 수도 없으므로) 동물들과 공유되지 않는다는, 그의 확신과 얽혀있다.36)

더구나, 그 가설을 설득력 있게 만들어주는 그 특징에 관해 두 가지 걱정거리가 있다. 첫째, 상당 부분의 그 호소가, **신경계를 벗어나**, 게시판, 작업공간, 웹사이트에 접속 가능성, 그리고 기타 등등에 관한 우리의 친근함에서 나온다. 우리는 그러한 것들을 글자 그대로 이해한다. 그 은유가, 너무 많이 덧붙여지거나 조작되지 않아서, 뇌에 대해서 진실을 말해주는 것이라면 좋았겠다. 그러나 과연 그러한가? 은유로서 가치가 있는 만큼, 그것들은 우리가 진실로 이해하는 것보다 더 많은 것을 이해한다고 믿도록 우리를 부추길 수 있다. 가까운 그 가설 내에, 작업공간 은유로 전달하려는 것은, "광역접속"이 신경생리학 용어로 무엇을 의미하는지가 매우 불명확하다는 사실을 모호하게 흐리는 경향이 있다.

둘째, 그런 은유의 매력은 우리로 하여금 적합한 데이터를 치켜세우고, 어색한 데이터를 무시하도록 유도한다. 확증해줄 데이터를 찾기 어려운 이유는, 거짓 아니면 참인, 엉뚱하거나 아니면 독창적인, 거의 모든 어느 이론이라도 수많은 데이터와 일관성을 가질 수 있기 때문이다.37) 이러한 사례들로, 열에 대한 칼로리 이론(caloric theory), 천체에 대한 프톨레미 이론(Ptolemaic theory, 천동설), 케네디 대통령에 대한 무수한 암살 이론, 거의 모든 외계인 납치사건 이야기 등이 있다. 칼포퍼(Karl Popper)가 유명하게 주장했듯이, 맞아떨어지는 데이터를 얻기는 쉽다. 그렇지만, 어느 이론에 대해서 신뢰성을 말하려면, 혹독한 시험을 통과해야 한다. 일부 데이터가 그 가설에 만족스럽게 적합하다는 것을 발견하려면, 우리는 의무적으로 적대적 영역에 걸어 들어가, 그 가설이 실제로 혹독한 시험에서 생존할 수 있는지 알아보아야

한다.38)

지금 나는 비판의 깃발을 올리면서, 다음 말을 덧붙이고 싶다. 그 가설은 시험받을 만할 정도로 강건해 보여야 하며, 따라서 많은 다른 가설들보다 의식의 물리적 기반을 더 많이 고려해야만 한다. 광역 작업공간 가설이 강건한 가설이 되려면, 경험의 진흙탕에서 단단히 딛고 일어서야만 한다. 다가오는 미래에 그 가설은, 지지하는 데이터를 모으는 것을 넘어, 잠재적으로 반증하는 시험(falsifying test)에 필수적으로 대면해야 한다. 동물의 의식에 대해서 말하는 것은 무의미하다고 데닛이 논증했음에도 불구하고, 동물 실험은 지속적으로 매우 중요할 것이다. 인지기능에 관한 모든 탐색에서처럼, 이 가설 역시 기초 신경생물학과 더욱 친밀히 발전하는 시간을 가질 필요가 있기 때문이다.

자아, 주관성, 그리고 의식

이런 문제에 대한 안토니오 다마지오(Antonio Damasio)의 공격은, 신경의 수준에서가 아니라, 시스템 수준에서 개시되었다. 그의 공격은, 의식을 가질 능력이 상위 수준의 자아-표상능력에서 나온다는 관점에서 나온다.39) 이런 생각에 대한 개념적 배경을 알아보기 위하여, 앞의 3장(1.3)에서 '내적 통제와 감각운동 조절이 인지의 진화론적 발달을 위한 기초 기반이다'라고 강조했던 논의를 돌아보자. 그와 같이, 신경계는 여러 통합 기관들을 가져서, 그것들로 여러 목표들의 순위를 매기고, 행동 의사결정을 하며, (특정 행동 계획의 맥락에서) 적절한 지각 신호들을 평가한다. 우리는, 특별히 그루쉬 모의실행기(Grush emulator)라는 내적 모델 개념을 이용하여, 자아-표상능력이 [동물들로 하여금] 자신의 환경에 상관된 신체의 내적 표상을 가지게 한다는 것을 개념적으로 설명하였다.

다마지오의 관점에서, 무엇이 '의식'과 '자아-표상' 사이를 연결시키는가? 대략적으로 말해서, 그 개념은 다음과 같다. 진화론적 압박 아래에서, 단순한 통합적 내적 모델은 복잡성을 증가하게 되었으며, 이것은 유기체가 살아남고, 환경에 적합한 행동을 유지하기 위해 필요한 부분이다.[40) [즉, 동물들이 환경에 더 잘 생존하기 위한 진화 중에, 그들의 신경계는 세계에 더 적절히 대응하기 위한 통합적 표상 모델을 복잡하게 만들었을 것이다. 그렇게 하려면 그 신경계는 새로운 신경회로를 증가시켜야만 한다.] 진화의 어느 단계에 이르러, 새로운 신경회로는 뉴런 집단이 **내적 모델** 자체를 표상할 수 있게 해주었다. 그 신경회로는 내적 모델(자신들의 표상)의 일부 항목들을, 신체 상태의 표상과 관련시켜 표상할 수 있게 되었다. 다시 말해서, 그 신경회로는 특정 유기체의 현재 '지각과 정서의 상태들'을 '자신의 상태'로 표상할 수 있었으며, 그 신경회로는 일부 표상들을 마치 신체 외부의 사물들인 것처럼 범주화(분류)할 수 있어서, 가장 중요하게는, 그 표상들 사이의 관계도 표상할 수 있게 되었다.[41)

그런 까닭에, 만약 내가 선인장을 밟는다면, 특정 집단 뉴런 사건들이 내적으로 (통증으로) 표상되며, 반면 다른 사건들은 외부 세계에 존재하는 것으로 (선인장의 시각적 표상으로) 표상된다. 또한, 그것들 사이의 관계도 표상되며, 그런 만큼 뇌는 외적 사물(선인장)을 내적 상태(통증)의 원인으로 볼 수 있으며, 그리고 선인장에 접촉하지 않기 위한 자신의 신체 조절을, 통증을 피하는 방법으로, 표상한다. 시각적으로 재인된 (녹색이며 가시가 있는) 속성들은 선인장의 속성이며, 반면에 통증의 속성은 나에 귀속된 것으로 범주화(분류)된다. 편리함을 위해서, 우리는 '표상들 사이의 관계'에 대한 그 표상을, **메타-표상**(meta-representations)이라 부를 수 있겠다. 왜냐하면, 그러한 표상은, 낮은-순위 표상에 **관한**, 높은-순위의 표상이기 때문이다. 이렇게 더욱 풍부해진 신경구조는, 이차 평가구조와, 이차 계획과 예측 등의 구조를 가능케 해주었다.

메타 수준의 표상 범주가 왜 생존경쟁에서 선호되는 변화를 일으키는가? 대략적으로 말해서, 그러한 표상 범주가 더욱 풍부한 비교, 평가, 학습 등을 허락해주기 때문이다. 구상되는 메타표상능력에 의해서, 나는 내 자신을 다양한 조건에서 모의실행(emulate)할 수 있어서, 나의 여러 선택지들을 평가할 수 있다. 나는 나 자신에 대해서, 한 선택지로 배고픔에 토끼를 사냥하는 나로, 다른 선택지로 짝을 찾는 나로, 또 다른 선택지로 내 카누를 운반하는 나 등으로, 구상할(마음속에 그려볼) 수 있다.42) 게다가, 나는 내 목표 성취를 극대화하기 위해서 나의 여러 계획들 중에 내 자아-표상을 차례로 나열할 수도 있다. [여러 자아-표상들의] 일관성과 통합 능력에서 뛰어난 뇌를 지닌 유기체는, 일관성이 낮은 뇌를 지닌 것들보다, 복제에 성공할 가능성을 더 많이 가진다. 메타표상의 개선은 유기체로 하여금, 문제 풀기, 충동조절 발달, 장기계획 세우기, 저장된 지식을 적절히 활용하기 등에서, 자기 신체 이미지 조작을 더 잘할 능력을 부여한다. 한마디로, 그 메타표상은 유기체를 더욱 똑똑하게 만들어준다.

이러한 메타표상의 통합이 왜 의식 능력을 위한 기반을 조성하는가? 컴퓨터는 의식을 가지지 못하면서도 메타표상을 가질 수 있다. 내가 다마지오를 이해하는 한에서, 그는 다음과 같이 대답한다. 첫째, 우리가 어떤 것을, 예를 들어, 통증을 의식하게 될 때, 작은 빛이 효과적으로 그 통증을 비추어 그 통증이 의식되도록 한다는 직관적 생각을 버려야 한다. 만약 그러한 은유가 당신에게 살짝(?) 이해된다면, 당신은 신비주의를 바라보게 될 것이다. 말할 필요도 없이, 통증을 안다는 것과 그것을 알지 못하는 것 사이의 차이는 신경생물학적인 차이에 의한 것이지만, 그 차이가, 직설적이든 은유적이든, 통증을 비춰주는 비-물리적 영적 섬광에 의한 것은 아니다. 그 차이가 무엇이든, 그것은 시스템 수준에서 식별되는 차이이며, 넓게 분산된 신경 집단의 특정 활동에 의해 조성될 것 같다.

둘째, 메타표상이 그 자체로 의식을 낳는 것은 아니다. 의식을 지원하는 메타표상능력은, 자아-귀속("이 통증은 나의 것이다."), 자아-표상(한 관점을 지니는), 자아-조절("내가 먹으려면 기다려야 한다."), 내적 그리고 외적 사물들 사이의 관계 재인("나는 저것을 먹을 수 있다." 혹은 "저것이 나를 해칠 수 있다.") 등을 반드시 포함해야 한다.

셋째, (앞서 언급된) 메타통합(metaintegrative) 작용에 의해, 의식경험이란 '통합된 도식 내의 항목'임이 이제 드러났다. 따라서 그 가설은, 예를 들어, '통증에 대한 의식'을 '메타표상 도식 내의 어느 표상'과 동일하다고 간주한다는 의미에서, 환원주의적이다. 다시 말해서, '통증에 대한 의식'이란, 관련 체성감각신호표상이 자아-표상에 "귀속"된다고 메타적으로 표상될 때, 당신이 가지는 바로 그 표상이다. 그 가설에 따르면, 그러한 동일화는 마치, '빛이 전자기 방사이다'라는 물리학적 사실처럼, 혹은 '간질 발작이 넓은 영역의 흥분성 뉴런의 동시적 발화이다'라는 생물학적 사실처럼, 뇌에 관한 생물학적 사실이다.

그렇다면, 여러 경험들 사이의, 예를 들어, 화상 통증과 모기 소리 혹은 스컹크 냄새 사이의 차이와 같은, 여러 경험들 사이의 질적 차이는 어디에서 나오는가? 지금의 접근법에서, 그러한 차이들은, (예를 들어, 망막 대 후각상피(olfactory epithelium)처럼) 서로 다른 원천을 가짐에 따른, 혹은 (예를 들어, 안전 대 위험처럼) 유기체 자체를 위한 서로 다른 의미를 가짐에 따른, 혹은 (예를 들어, 거미 대 회색곰처럼) 서로 다른 행동-관련 범주화에 따른, 혹은 기타 등등에 따른, 서로 다른 표상 신호들에 의해 온전히 자연스럽게 발생된 결과이다. 그러한 질적 차이가 정확히 어떻게 그러한 요인들에 의존하는지는 신경과학이 발전함에 따라서 밝혀질 것이다.

여기에 또 다른 여러 문제들이 고려되어야 한다. 우리는 여러 내적 신호들 중에 단지 몇 가지만 의식적으로 경험할 수 있다. 예를 들어, 우리는 방광 팽창을 의식할 수 있지만, 자신의 혈압을 의식할 수는 없다. 다양한 내적 신호들 중에 어떤 것이 상위 수준의 통합에 관련된 (즉, 우리가 경험할 수 있는) 신호인지를, 무엇이 결정하는가? 이것은 진화생물학과, 무엇이 자연선택에 의해 선택될지 아닐지 등의 맥락에서 대답되어야 한다. 결론적으로 말해서, 그 대답은, 대자연이 유기체에 그러한 능력을 허용하는 것이 그 유기체에게 합리적 행동조절과 선택에 도움이 될지 여부에 달려 있다. 그렇다면 혈압은 어떠한가?

적절한 혈압 유지는 언제나 신경계에 우선 사항으로, 먹이 활동, 성적 행동, 호기심 만족 등보다 결코 후순위가 아니다. 그러므로 당연히 혈압 유지는 자율신경계에 의해 자동적으로 조절되며, 이따금 신뢰될 수 없고 수면 중에 조절되지 못하는, 인지기능에 의해 통제되지 않아야 한다. 현대 의학을 고려하지 않더라도, 안전하게 쉴 만한 장소를 찾거나 물을 찾는 일에 여러 행동전략들이 있듯이, 혈압을 적절한 정도로 유지하기 위한 행동선택 같은 것은 없다. 이러한 고려는, 혈압의 표상이 (어느 경험의 표상을 "내 것"으로 만드는) 메타 수준의 통합에 왜 포함되지 않는지, 그리고 따라서, 혈압의 변화를 의식적으로 알게 해주는 신경회로를 갖는 것이 왜 생존의 유리함이 되지 못하는지 등을 설명해준다. 위와 창자의 연동운동에 대해서도 마찬가지임을 알 수 있다. [즉, 이런 연동운동 역시 의식적으로 아는 것이 결코 유기체 자체의 생존에 유리함이 되지 않는다.]

우리가 의식할 수 있는 여러 종류의 상태들 중에, 우리가 어느 임의 시점에서 실제로 의식적으로 아는 상태를 어느 것이 결정짓는가? 이 의문에 대한 대답은, 어떻게 뇌가 그런 다양한 통합적 기술을 성취하는지, 즉 어떻게 뇌가 우선성을 정하고 재규정하는지, 그리고 어떻게 주의집중이 하향식(top-down)으로 진행될 수 있으면서도 중요한 상향식 신호들에 의해 무시될 수도 있는지 등에 관한, 더 넓은 신경계산 이론으로부터 나올 것이다. 유기체가, 전망되는 메타 수준의 표상적이며 통합적인 능력을 갖출 경우, 그것이 지금 시점에서 알(의식할) 수 있는 것은, 그 [유기체 뇌의] 통합적 구조가 (지금 무엇을 보고 들어야 하는지, 지금 무엇을 해야 하는지, 지금 행동 선택이 무엇을 실현할 수 있는지, 기타 등등을) 어떻게 결정하는가에 달려 있다. 다시 말해서, 여러 신경인지기능들의 조절된 작동, 즉 주의집중, 단기기억, 장기기억, 지각, 정서, 선택, 상상하기 등은 유기체로 하여금 (다른 상태들을 알지 못하지만) 일부 상태들을 알게 해준다.

[이러한 가설적 이야기에서] 통합의 본성에 관해 충분히 성장한 이론 같은 것이 전혀 언급되지조차 못하였기에, 마땅히, 여러 신호들이 언제 그리고 어떻게 의식적 "나의 경험"으로 표상되는지에 관한 상세한 설명은 어려워 보인다. 그렇다면, 다마지오의 가설이 너무 단편적이

고 개략적이라서, (개선 가능성은 뇌두고라도) 인정될 만한 수준조차 안 되는가? 아니면, 그 가설이 올바른 방향을 잡고 있다고 암시하는 증거가 있기라도 한 것인가? 몇 가지 증거들이 있지만, 그 증거에 대한 충분한 논의는 너무 길어서, 어쩌면 대략적인 대답과 참고문헌의 목록부터 이야기를 시작해보는 것이 좋겠다.[43]

시험 가능성 쟁점과 관련하여, 다마지오는 다음 영역들, 즉 뇌간피개(brainstem tegmentum) 내의 핵, 그 바로 뒤의 두정피질과 대상피질, 시상하부, 그리고 시상의 내층판핵(intralaminar nuclei) 등이 의식에 특별히 중요하다는 증거를 부각시킨다. 뇌간피개, 시상하부, 후대상피질(posterior cingulate), 내층판핵 등에 작은 조각을 절개하면 혼수상태 혹은 만성 식물인간 상태 등을 일으킨다(그림 4.16). 또한, 대상피질의 손상, 특히 그 뒤쪽 부분과 그 인접 두정피질의 손상은 의식 저하를 유발한다. 반면에, 전두 혹은 감각 혹은 운동 등의 피질을 상당히 크게 절개하더라도, 물론 다른 결핍을 보이지만, 의식 상실은 일어나지 않는다.

양전자방출단층촬영(positron emission tomography, PET)을 이용하여 매우 어렵게 밝혀진 연구에서, 피셋(Fiset)과 연구원들은 정상 자원자들에게 프로포폴(propofol)을 투여하였는데, 이 약물은 일반적 마취를 유도하기 위해서 의료 시술에 광범위하게 이용되는 마취제이다.[44] 프로포폴은 실험적으로 유망한 약물인데, 그 이유는 그 약물의 농도와 진정 수준 사이에 정확한 관련이 밝혀졌기 때문이다. 약간의 농도 변화는 약한 진정, 강한 진정, 무의식 등의 차이를 유발하는데, 여기에서 무의식이란 구두 명령(verbal commands)에 대한 무응답으로 규정된다. 피셋과 연구원들의 발견에 따르면, 뇌간핵, 그리고 (그것과 연관된) 그것들이 투사(연결)하는 시상구조 등은 프로포폴에 의해 선택적으로 영향 받는다. 후대상피질을 포함하여, 다마지오에 의해서 자아-표상 구조물이라고 언급된, 여러 다른 영역들 역시 프로포폴 농도와 무의식 정도 사이에 상관된 변화를 보여주었다.

뇌간구조 또한, 각성 수준은 물론, 주의집중 기능을 중재하며, 수면

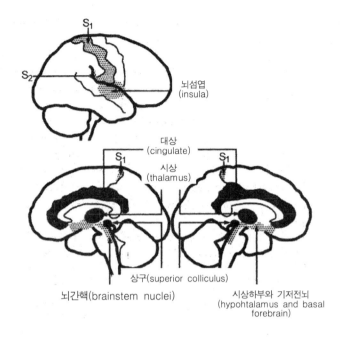

그림 4.16 다마지오의 가설에 의한, 자아-표상의 기반을 조성하는 주요 구조들.

중인 상태에서, 꿈을 꾸거나 깨어나는 상태로 전이하도록 조절하는 곳
으로 알려져 있다. 게다가, 전정 시스템(vestibular system), 근골격 체계
(musculoskeletal frame), 내장(viscera)과 내부환경(internal milieu) 등의
여러 상태들을 알게 해주는 뇌간으로 여러 입력신호들이 모아진다(3장
그림 3.3 참조). 해부학적이며 생리학적인 자료들로부터, 다마지오는
이렇게 주장한다. 뇌간 내의 특정 작은 영역(핵)들이, 유기체의 상태와
목표에 관련된 현재 활동과 최근 변화에 관한 통합 정보를 담아낸다.
이러한 동물-상태 보고서(state-of-the-critter report)에 따르면, 피질활동
의 조절은 다른 뇌간핵에 의해서 일어난다. 시스템 수준에서, 이러한
동물-상태 이력들(profiles)과 피질조절(cortical modulation) 사이의 주고
받는 관계가 의미하는바, 주의집중이 어떤 것에는 일어나고 다른 것에

는 일어나지 않으며, 일부 어떤 것들이 학습되며, 일부 관련된 것들이 활발히 기억되고, (유기체가 자신이 생존할 수 있는 환경으로 이동함에 따라서) 일부 선택이 다른 것들보다 선호된다.

명백히, 비록 이런 [유력한] 가설이 거의 바로 근처에 있기는 하지만, 신경과학과 심리학에 의해 밝혀져야 할 많은 구체적 문제들이 여전히 남아 있다. 출발자로서, 우리는, 어떻게 특정 뇌간구조가 집중하여 전이를 통제하는지, 그리고 어떻게 내적 모델이 조직화되고, 개선되고, 상호 연결되고, 수정되는지 등을 정확히 이해하고 싶어 한다. 다른 가설들이 여기에서 취급되었듯이, 다마지오의 가설 역시 잠재적으로 반증하는 시험에 붙여져야 한다.

신경과학의 발전과 간접 접근법

지난 수십 년 동안에, 뇌 기능에 대한 모든 측면에서의 발전은 참으로 대단하였다. 그러한 발전을 단지 몇 페이지로 유의미하게 정리한다는 것은 결코 가능하지 않다. 그렇지만, 이어지는 나머지 절들에서 나는, 신경과학이 우리로 하여금 원리적으로 의식 경험을 더 깊게 이해하도록 결코, 절대로, 안내하지 못할 것이라고 생각하는 사람들의 주장을 분석하고 대응하기 위하여, 관련된 신경과학의 발전을 적절히 언급할 것이다. 표상과 지식에 관한 다음 장에서, 나는 관련된 발전에 관해 다시 설명하겠다.

상당한 발전을 이루었음에도 불구하고, 신경과학은 하나의 연구 분야로서 아직 어리며, 아직 일반적 "탈골쇄신의"[즉, 기발한] 설명 원리를 더듬어 찾는 중이다. 이러하다는 것은 아마도, 특별히 실험 연구가 활발히 이루어질 때에, 우리가 특별히 나무만 보고 숲을 보지 못할 가능성이 높다는 것을 의미하며, 예를 들어, 분자생물학이나 세포생물학 분야의 과학자들보다 더 그럴 가능성이 높다는 것을 의미한다. 대략적으로 말해서, 이러한 분야들은, 그 분야들의 관심 현상들을 설명해줄 일반적 원리를 구축해온, 혜택을 누리고 있다.

아직은 진실로 신경과학이 그와 동일한 입장에 있다고 말하기가 어렵다. 비록 매우 일반적인 종류의 풍부한 개념들이 있다고 하더라도, 그리고 비록 계산적 모델의 등장이, 어떻게 거시적 현상들이 미시적 현상들로부터 나타나는지 문제의 개념화에 엄청난 도움을 주기는 하였지만, 사실상 신경과학은, 예를 들어, 세포생물학의 성숙한 설명 수준에 아직 이르지 못했다. 그렇게 [신경과학의 원리가] 상대적으로 미성숙한 이유에 별로 놀랄 것이 없다. 그 이유는, 연구되는 신경계 시스템이 끔찍하게 복잡하며, 믿을 만하고 기댈 만한 실험기술의 발달에 엄청난 어려움이 있기 때문이다. 또한 다른 이유로, **개념적 공백**이 있기 때문이기도 하다. 앞서 말했듯이, 우리는 아직 **정보**(information)라는 개념어가 생물학적 또는 심리학적 맥락에서 무엇을 의미하는지 실제로 이해하지 못한다. 게다가, 우리는 아직, 정보가 무엇이든, 뉴런이 정보를 어떻게 부호화하는지 충분히 이해하지 못한다. 이러한 쟁점은 7장에서 좀 더 자세히 논의될 것이다. 지금 나는 그러한 쟁점들을 언급하면서, (직접 그리고 간접 접근법 양쪽 모두에서) 의식과 관련된 미래의 발견을 전망하는, 나의 진실한 낙관주의를 검토하려 한다. 많은 신경과학자들과 마찬가지로, 나는 '신경과학에서 개척되어야 할 것들'이 바로 그 분야를 매우 흥미롭게 만드는 요소라고 여긴다. 실질적으로 어느 것도 쉽게 이루어질 일은 없으며, 그러한 만큼 개척지가 널려 있으며, 놀랄 일들이 거의 매일 일어날 것이다.

1.5. 결론으로 한마디

1절의 주요 목표는, 만약 우리가 의식을 '내성적으로' 뿐만 아니라 '과학적으로' 탐구할 수 있는 자연현상으로 간주한다면, 어떤 일이 벌어질지 알아보려는 것이었다. 우리는, 그 문제를 대하는 과학적 느낌으로, 서로 다른 예감에 의해서 유도되고 서로 다른 방향으로 안내되는, 서로 다른 전략들이 있음을 살펴보았다. 비록 인간의 뇌를 미시연결망 수준에서 안전하게 연구하기 위한 기술이 아직 개발되지 못하고 있긴 하지만, 많은 탐구 분야들에서 진보가 명확히 이루어지고 있다. 다음 절에서, 나는 의식을 이해하기 위한, 어느 그리고 모든 신경생물학적 접근법에서 나오는, 다양한 [발전적] 예약들을 제시하겠다.

2. 이원론과 신경과학 발전에 반대하는 논증

2.1. 삶과 의식 경험

우리 지식의 현 단계에서, 주의집중, 단기기억, 깨어 있음, 지각하기, 상상하기 등 여러 기능들 어느 것도 의식과 (가능으로라도) 동일시될 수 없지만, 그 각 주제들에 대한 과학 진보가 이루어짐에 따라서, 우리 는 조금씩 의식에 대해 더 많이 알게 된다. 이러한 측면에서, 의식에 대한 간접 접근법이 제공하는 미덕은, 아마도 '**살아 있게 하는 것이 무엇일지**'의 문제에 대한 간접 접근법이 제공하는 미덕에 비유될 만하다. 마치 미시-조직 관련 현상을 '살아 있는'과 동일화시키는 것이 생명의 문제를 위한 승리 전략이 아니듯이, 아마도 유비에 의해서 미시-조직 관련 현상을 '의식'과 동일화시키려는 노력이 앎의 문제를 위한 승리 전략은 아닐 듯싶다. 그러나 '살아 있는 문제'와 '의식의 문제' 사이의 유비가 **유용한** 유비인가? 과연 그 유비가 어떻게 유용할지 숙고해보자.

어느 것을 살아 있게 하는 것이 무엇인가? 이 질문에 대한 근본적 대답이 지금 대학 생물학과 과목을 공부함으로써 얻어진다. 현대 세포 생물학, 분자생물학, 생리학, 진화생물학 등이 발견된 만큼, **완벽하진 않지만, 포괄적인**(납득될 만한) 이야기가 이제 대답되었다. 살아 있기 위해서, 세포들은 에너지를 생산해줄, 미토콘드리아(mitochondria)와 같 은 구조물을 포함하는 세포질(cytoplasm)을 갖추어야 한다. 세포들은, 세포분열을 조율하는 미세소관(microtubules)과 더불어, DNA와 같은 복제 수단을 지녀야 한다. 그것들은 단백질-제조 장치를 갖추어야 하 고, 그런 만큼 리보솜(ribosomes), 효소(enzymes), mRNA, tRNA, DNA 등도 갖추어야 한다. 그것들은, 특정 조건에서 특정 분자들이 세포 내로 들어가게 해주며, 특정 조건에서는 다른 분자들이 들어가지 못하게 해주는, 전문화된 단백질 채널을 지닌, 이중-지방층과 같은 전문화된 세포막을 갖추어야 한다. 그것들은, 대사과정을 위한 소포체(endoplasmic reticulum), 소화를 위한 리보솜, 세포생산물을 정돈하고, 가공하고, 운반하기 위한 골지(Golgi) 장치도 갖추어야 한다. 생물학과에서 생화학 분야 과목은 물, 탄소화합물, 아미노산, 단백질 등에 대해서 다룬다. 그 학과에서 생리학 분야 과목은 어떻게 근육 같은 세포조직과 신장 같은 기관들이 기능하는지에 대해서 논의한다. 그 학과 과정이 끝날 무렵에, 학생들은, 적어도 개략적으로라도, 어느 것을 살아 있게 하는 것이 무엇일지에 대해서 과학적으로 설명할 수 있게 된다.

학년 말에 과정을 마무리하는 생물학과 교수가 [어느 학생으로부터] 이러한 불평을 들을 수도 있겠다. "저는 지금껏 공부한 **모든 내용**을 이해하지만, 교수님은 아직 우리에게 **생명 자체가 무엇인지**에 대해서 설명해주지 않았습니다." 그런 질문에 아마도 그 교수는 이렇게 대답할 것이다. 생명은 지금까지 **배운 모든 내용**이다. 네가 물리적 신진대사, 복제, 단백질 합성, 기타 등등을 이해한다면, 어느 것을 살아 있게 하는 것이 무엇인지를 이해한 것이다. 네가 그 모든 내용을 알기만 하면, 더 이상 설명되어야 할 어떤 다른 현상(즉, **살아 있음** 자체)은 존재하지 않는다. 분명히, 세포가 어떻게 작동하는지에 관해 아직 대답되지 못한 많은 질문들이 있지만, 우리가 "어떻게 세포막통과 단백질이 세포 내로 들어갈 수 있는가?"라는 식으로 질문할 수는 있지만, "어떻게 세포 내로 **생명력**(life force)이 들어가는가?"라는 식으로 질문할 수는 없다.

확신 없이 누군가는 이렇게 고집스럽게 주장할 수 있다. 교과서의 설명은 실제로 (리보솜, 미세소관 등등) **죽은 것**들의 상호작용에 관한 것이지만, 그가 알고 싶은 것은 '**생명**(살아 있음) 자체가 무엇인지', '생명의 **본질**이 무엇인지'에 관한 것이다. 분명히, 살아 있음은 단지 죽은 것들에서 (그것들이 어떻게 배치되고 조직되더라도) 나올 수 없다고, 반문될 수 있다.

이런 고집스러운 질문의 배후 가정은 그리 멀지 않은 과거에도 심각히 논란되었던 가설이었다. 그렇지만, 그러한 가정은 1920년 무렵에도 과학의 조류에 이미 매우 뒤처진 것이었다. 활기론(vitalism)으로 알려진 그 가정에 따르면, 사물들은 "생명력(life force)" 혹은 "생기(vital spirit)" 혹은 "의욕(urge)" 등이 주입되어, 그것들이 살아 있을 수 있다. 활기론자들은, 살아 있음은 죽은 분자의 동역학과 조직에 의한 기능일 수 없다고 확신한다. 1955년 후반까지도, 몇몇 과학자들은 여전히, 비물질적 "의욕"이 세포를 죽은 조직에서 살아 있는 조직으로 변환시킨다는 확신에 사로잡혀 있었다. [역자: 한국과 같은 동양에선 오늘날에도 살아 있기 위해 생명체에 기(氣)가 주입되어야 한다고 주장되기도 한다.]

그럼에도 불구하고, 현대 생물학의 발견에 따르면, 물질 속성의 복잡한, 정말로 복잡한, 조직 너머에 그리고 그 이상의 것으로서, 어떤 생기란 것도 결코 존재하지 않는다. 의욕이 있어야 한다는 직관적 주장은, 신진대사, 단백질 생산, 세포막 기능, 복제 등 세부적인 내용들이 이해되자, 깨져버렸다. 그 모든 것들이 어떻게 서로 함께할 수 있는지 알게 되면, 당신은 그 설명을 위해 어떤 생기도 끌어들일 필요가 없다는 것을 알게 된다. 이것이 바로 다음과 같은 사례 중 하나이다. '무엇이 존재하지 않음'이, '그렇다는 어느 실험적 논증이 없음에도 불구하고, '그 존재의 여지가 없다'는 강력한 설명 체계를 받아들임으로써, 매우 높은 개연성으로 사람들에게 수용될 수 있다. 동일한 일이, 뉴턴 물리학이 사람들에게 받아들여짐에 따라서, "추진력(impetus)"에 대해서 일어났으며, 우리가 2장에서 살펴보았듯이, "칼로리 유동체(caloric fluid)"에 대해서도 일어났다. 이 말은, 칼로리 유동체나 생기가 존재하지 않는다는 것이 절대적으로 **입증되었음**을 의미하지 않는데, 그러한 개념들이 과학 내에서 무엇이든 어떤 설명도 결코 주지 못하였기 때문에, 오늘날 그런 개념들은 뒤처진 이론적 호기심으로 간주될 뿐이다. [역자: 화살은 추진력에 의해서 공중으로 날아갈 수 있다고 과거 아리스토텔레스가 주장하였고, 이후로 많은 사람들이 그렇게 확신했지만,

뉴턴 역학을 받아들이자, 그 화살은 "관성"에 의해 날아갈 수 있다고 이해되었다. 따라서 이후로 추진력 같은 것은 존재하지 않는 것의 개념이 되었다. 그와 같이 비-물리적 속성을 지닌 혹은 정신적 속성으로서 '의식'이란 것도, 우리가 신경과학에 의해 새로운 과학적 이해를 얻게 되면, 동일한 운명에 처해질 수 있다.]

의식에 대해 과학적 접근법을 추구하는 사람들은, "생명"에 대한 생물학 내에 유사한 발전은 우리가 의식을 이해할 수 있게 해줄 것이라고, 믿는다. 다시 말해서, 우리는 수면, 꿈꾸기, 주의집중, 지각, 정서, 욕구, 기분, 자전적 기억, 지각 상상하기, 운동조절, 운동 상상하기, 자아-표상 등에 관해 신경생물학적으로 이해하기 시작했다. 우리는 다양한 마취상태에서, 즉 혼수상태, 식별 이하 지각(subthreshold perception) 등에서, 그리고 환각상태에서, 어떤 일이 일어나는지 신경생물학적으로 이해하기 시작하고 있다. 모든 것에 더욱 완벽한 설명을 가지고, 의식 현상의 본성은 적어도 **일반적인** 방식으로 이해되어야 한다. 물론, 많은 상세한 의문들은 남겨질 것이지만, 과학이 본래 그와 같은 것이다. 연구 프로그램이 전망하는바, 이러한 이해는 경험적 가능성이지, 경험적 확실성은 아니다.

만약, 모든 이러한 기능들을 이해함에도 불구하고, 누군가가 이렇게 고집한다면, 즉 "그러나 그런 설명이 의식 자체에 관한 것은 아니다. 어떤 동역학과 조직에 관해 우리가 알게 되더라도, 의식은 무의식적 물질에서 나올 수 없다"고 고집한다면, 우리는 지금, 앞서 활기론자를 대했듯이, 거의 유사하게 대응해야 한다. 우리는 처음부터 다시 모든 관련 과학을 돌아보아야 한다. 만약 (숙고된) 그러한 반론이, 의식은 영적인 것이기 **때문에**, 의식이 뇌의 기능일 수 없다고 가정한다면, 과학은 아마도, 1950경에 있었던 활기론에 대응하였듯이, 독단에 마주서야 한다.

앞의 2장과 3장의 논의에서 우리가 알게 된 이원론은, 영혼이 존재하지 않는다는 것을 보여주는, 한두 개의 실험에 의해 반증되지 않을 것 같다. 그보다 심리학과 신경과학의 설명 체계가 (비록 불완전하고,

물리, 화학, 진화생물학 등의 거대한 체계 내에 포괄되지만) 이원론 경쟁자보다 **훨씬** 더 강력하기 때문에, 이원론이 그럴싸하지 못하게 보일 것이다. [물론, 현대 심리학과 신경과학 체계의] 이런 관점이 변할 수도 있겠지만, 지금까지 경험적 증거는 그런 길을 가리키지 않고 있다.45) 언제나 그러했듯이, 비-물리적 영혼이란 개념은 점차 낡은 이론적 호기심에서 나온 것으로 비쳐질 듯싶다.

이원론이 본질적으로 소멸할 수밖에 없다는 것을 인정한다고 하더라도, 수많은 철학자들과 과학자들은, 의식은 뇌의 기능으로 **결코** 이해될 수 없다고 주장하고 싶어 한다. 비록 이원론이 틀렸다고 하더라도, 그들은 의식에 관한 신경생물학 연구는 시간 낭비이며, 신경철학은 속임수이며 기만이라고 주장한다. 비록 수많은 그러한 논증들이 존재하긴 하지만, 나는 일반적으로, 가장 강력하고, 가장 광범위하게 유지되며, 가장 호소력이 있어 보이는 것들만을 분석해볼 것이다.

2.2. 아홉 가지 부정하는 논증 46)

[여러 부정하는 논증들의] 공통점은 '우리가 알지 **못한다**'는 것을 강조하고, 이 사실을 '우리가 알 수 없다'고 결론 내리기 위한 전제로 활용하려는 의도를 갖는다. 예를 들어, 콜린 맥긴(Colin McGinn)은 '어떻게 뇌가 의식을 만드는지'의 문제는 "불가사의하고, 기괴하며, 심지어 살짝 우습기도 하다"47)라고 말했으며, 그 문제가 어렵다는 것을 알고 그는 이렇게 결론 내렸다. "이 문제는, 우리가 어떻게 자신의 개념을 형성하고, 자신의 이론을 발전시켜야만 할지 가늠조차 안 되는, 그런 종류의 인과적 관계[를 밝히는 일]이다." 그는 우리가 의식의 본성을 이해하는 것은 마치 쥐가 계산법을 이해하는 것과 같다고 생각한다. 이런 입장은 맥긴 혼자만이 아니다. 많은 당대의 사상가들은 스스로 다음과 같이 장담할 수 있다고 믿었다. 우리는 그 질문에 대답할 수 없다. 단지 우리가 아직 알지 못하는 것이 아니라, **언제라도** 우리가 대답할 수 없다. 제노 벤들러(Zeno Vendler)는 다음과 같이 말하면서 신경

과학의 야망을 꾸짖었다. 우리 감각의 본성상 명백히, 우리가 스스로를 알려는 것은 "원리적으로 과학이 설명할 수 있는 한계를 넘어선다."[48] 벤들러의 관점에 따르면, 우리가 그 신비를 드러내려는 시도는, 과학이 대답할 수 없는 질문은 결코 없다고 자만하는, 가정에서 나온다. 우리는 맥긴, 벤들러, 그 밖에 다른 반대론자들에 어떻게 대응할 수 있는가?

다음의 각 세부 항목들에서, 나는 한 가지 부정하는 반대를 간단히 소개하면서, 그 설득력을 평가해보려 한다.[49]

나는 과학이 어떻게 의식을 설명할 수 있을지 상상조차 할 수 없다.

이것은 가장 유명한 반대 논증들 중에 하나로서, 철학자들과 가끔은 과학자들도 빈번하게 개진하는 논증이다. 우리는 이 논증에 어떻게 대답해야 할까?

일반적으로, 과학이 어떤 문제를 개진(설명)하기에 아주 멀리 떨어져 있을 때, 어떠한 실질적 결론이 나오겠는가? 별로 없다. 철학자가 논리학 수업에서 가르치는 기본 기술 중 하나는, '표면적 호소의 논증'[즉, 겉으로 보기에만 호소력이 있는 것처럼 보이는 논증]에 잠재된 비형식적 오류, 즉 '질문에 호소하는 논증의 오류(beg the question)'[즉 선결문제 미해결의 오류], 혹은 '결코 결론에 근거해 추론하지 말아야 하는 오류' 등등을 어떻게 알아보고 진단하는가이다. [역자: 형식적 오류는 논리적 규칙을 어겨 발생되는 오류이며, 비형식적 오류란 그 형식과 무관하게 심리적 혹은 언어적 잘못으로 발생되는 오류이다.] 오류 목록에서 두드러진 것은 '무지에 **호소하는 논증**(argumentum ad ignorantiam)', 혹은 '무지에 근거한 논증'이다. 이러한 오류의 표준적 번안은, 무지를, 실질적 결론을 유도하는 핵심 전제로 활용한다. 그 표준적 번안은 아래와 같은 모습이다.

우리는 어떤 현상 p에 관해 실제로 많이 이해하지 못한다. (과학은 p

의 본성에 관해 거의 알지 못한다.)

그러므로 우리는 다음을 안다.

- p는 결코 설명될 수 없거나, 또는
- 과학이 언젠가 발견할 수 있는 어떤 것도 p에 대한 우리의 이해를 깊게 해주지 못하거나, 또는
- p가 s라는 종류의 속성에 의해서 결코 설명될 수 없다.

이 논증의 표준적 번안에 따르면, 이런 논증은 명백히 오류이다. 즉, [무지하다는 전제로부터] 그 어떤 제안된 결론도, 심지어 조금이라도, 나오지 않는다. 그렇지만, 이 논증의 번안은, 수사적 언변, 이맛살 찌푸리기, 긴장감 고무하기 등과 함께 활용되어, 경솔한 사람들을 기만할 수 있다.

우리가 무엇을 알지 못한다는 사실로부터, 매우 관심을 끄는 어느 것도 따라나오지 않는다. 즉, 우리는 그냥 모르는 것에 불과하다. 그럼에도 불구하고, 우리의 무지함이 무언가 긍정적이며, 무언가 심오하고, 무언가 형이상학적 혹은 심지어 근본적인 것을 말해줄 것처럼 기대하도록 우리를 유도하는 일은 언제나 있었다. 아마도 우리는 자신들의 무지함에 긍정적 측면을 보고 싶어 하며, 끔찍하게 복잡한 현상들에 대해서, (본래적으로 똑똑한) 우리가 알 수 있었을 것이라고 가정하고 싶어 한다. 그러나 [우리가] 알지 못할 많은 이유들이 있을 수 있으며, (매우 정상적으로 생각해서) 그 현상이 독특하다는 것이 [뭔가 알 수 있다고 가정할] 가장 중요한 이유는 아니다. 나는 지난밤 숲 속에서 평소와 달리 톡톡 두드리는 소리의 원인이 무엇인지 지금 알지 못한다. 그런데 내가, 그것은 뭔가 특별한, 뭔가 상상할 수 없는, 뭔가 **다른 세계의 외계인**이 틀림없다고 결론 내릴 수 있을까? 분명히 그렇지 않다. 내가 지금 말할 수 있는 것이란 고작 '그것이 어쩌면 퇴비 통을 긁는 너구리일 수 있다'는 추정뿐이다. '무엇에 대해 증거가 없다'는 것은 그 자체, 즉 '증거 없음'이다. 그것이, 유령 같은 무엇은커녕, 무엇을 위한 긍정적 증거가 될 수는 없다. 분명, 당신은 그 결론을 매우 두려운 무

엇이라고 내려서는 안 되며, 무지함이 [당신이 논증하려는 것의] 전제라면, 그런 결론을 당신은 전적으로 뭉개버려야 한다.

더구나, 어느 의문 현상에 대한 모연함(신비감)이 그 **현상에 관한 사실**은 아니다. 그것은 단지 **우리 자신**에 관한 인식론적 사실일 뿐이다. 그것은 우리가 현재 머무는 과학[의 현주소]에 관한 사실이다. 그 신비감이 우리가 현재 이해하고 이해하지 못하는 것에 관한, 우리의 다른 이해를 동원해서 우리가 상상할 수 있고 상상할 수 없는 것에 관한, 사실이다. 그 신비감이 그 문제 자체의 속성은 아니다. [다시 말해서, 무엇이 신비롭다고 하는 자신의 이해 부족으로부터 마치 어떤 사실이 당연히 추론되는 것처럼 여기지 말아야 한다.]

만약 어떤 보조 전제, 즉 "나는 우리가 언젠가 설명할 수 있다고 **상상할 수 없다**"는 전제를 추가할 경우, "우리가 지금 설명할 수 없다"로부터 "우리가 **결코** 설명할 수 없다"로 타당하게 추론할 수 있다고, 우리는 이따금 가정하기도 한다. 그러나 그 보조 전제는 [전혀] 도움이 되지 않는데, 그런 식의 추론이 바로 무지로부터의 논증을 그대로 적용한 것이기 때문이다. "내가 p에 대한 설명을 상상할 수 없다"를 추가하는 것은, 단지 화자(speaker) 자신의 '심리학적 사실'을 추가하는 것에 불과하며, 그것으로부터, 다시 강조하건대, 문제의 현상의 본성에 관해 어느 유의미한 사실도 따라나오지 않는다. [즉, 내가 지금 어떤 현상을 어떻게 설명할 수 있을지 상상할 수 없다는 것은, 문제 현상에 대한 **자신의 낮은 이해**를 말해줄 뿐, '앞으로도 결코 설명될 수 없다'는 **사실**을 말해주지 못한다.]

우리가 앞서 언급했듯이, 활기론자들은 이렇게 주장한다. 생명은 오직 비-물리적인 종류의 것, 즉 생기(그것을 살아 있게 하는 것, 죽은 것은 갖지 못한 것)를 끌어들여야 설명될 수 있다. 활기론자들이 좋아하는 논쟁은 이런 식이다. 나는 당신이 죽은 분자로부터 어떻게 살아 있는 것을 얻어낼 수 있을지 **상상할 수 없다**. 소량의 단백질, 지방, 당 등에서, 어떻게 생명 자체가 출현할 수 있는가? 그런 생명의 기묘한 신비로움을 고려할 때, 그 문제가 생물학이나 화학으로 결코 대답될 수 없다는 것이 분명한 것처럼 보인다. 물론, 우리가 이제 아는바, 그런 추정은 모두 근시안적 오류이다.

[학문의 발달 단계 측면에서, 현재의] 신경과학은 매우 초기 단계이다. 그러므로 비록 누군가가, 일부 뇌 현상들에 대해서 어떤 종류의 설명을 상상할 수 없다고 하더라도, 그것이 매우 심각한 사안은 아니다. 아리스토텔레스는 어떻게 복잡한 유기체가 수정란으로부터 생겨날 수 있는지 상상할 수 없었다. 기원전 300년 무렵의 초기 과학 수준에서, 많은 과학자들이 수백 년에 걸쳐 발견한 것들을 그가 상상할 수 없었다는 것은 당연한 일이다. 나는, 어떻게 갈까마귀가 다단계 문제를 단번에 해결하는지, 또는 어떻게 유기체가 시간 경과 중에 얻어진 여러 시각신호들을 통합해내는지, 또는 어떻게 뇌가 체온조절을 관리하는지 등을 상상할 수 없다. 그러나 그렇게 상상할 수 없다는 것은 나에 관한 (별로 흥미롭지는 않은) **심리적** 사실일 뿐이다. 물론, 우리는 다양한 수사적 기교를 사용하여, 아마도 그것이 실제로, **진실로** 어려운 문제라는 것을 강조함으로써, 그것을 자신에 관해 매우 흥미로운 사실로 만들 수 있을 것 같다. 그러나 만약 우리가 그렇다는 것을 알게 된다면, 누군가가 온도조절이 어떻게 작동되는지 상상할 수 없다는 것은 근본적으로 꽤 심심한 이야기임이 분명하다.

"나는 상상할 수 없다" 식 전략은 다른 방면에서 곤경에 처한다. 'p에 관한 설명을 상상할 수 있음'은 매우 개방적이며 특정 제약 없는 사안이다. 그 [상상할 수 있음에 대한] 작동에 한계를 규정하지 못한다면, 당신은 자신이 의도하는 대로 매우 심하게 [자신의] 결론을 조작할 수도 있다. 그렇지만, 논리적으로, 그러한 유연성은 위기를 불러들인다.

누군가, 자신이 인간 뇌의 감각운동 통합 메커니즘을 상상할 수 있지만, 의식의 메커니즘을 상상할 수 없다고 주장한다고 가정해보자. 정확히 상상력의 크기에서 나타나는 차이가 무엇일까? 그가 전자의 메커니즘을 상세히 상상할 수 있다는 것인가? 아니다. 왜냐하면 그 상세한 메커니즘이 아직 밝혀지지 않았기 때문이다. 엄밀히 그는 무엇을 상상할 수 있는가? 그가 이렇게 대답한다고 가정해보자. 나는, 매우 일반적인 방식으로, 감각 뉴런은 중간 뉴런(interneuron)과 상호작용하며, 그 중간 뉴런은 운동 뉴런과 상호작용하며, 이러한 상호작용을 통해서 감각운동 통합이 성취된다는 등을 상상한다. 그렇다면, 만약 **이것이** 상상하기 위해 필요한 모든 것이라면, 마찬가지로 그는 분명, 자신이 의식에 기반하는 메커니즘을 상상할 수 있다고 말할 수도 있다. 그러므로 이렇게 말할 수 있다. "중간 뉴런이 그 역할을 담당한다." 여기에서 쟁점은 이렇다. 만약 당신이 '주의집중, 단기기억, 계획 세우기 등등을 위한 뇌의 메커니즘을 상상할 **수 있다**'는 것을, '의식을 위한 뇌의 메커니즘을 상상할 **수 없다**'는 것에 대비하고 싶어 한다면, '어느 것을 하는 뉴런을 상상할 수 있지만, 다른 것을 하는 뉴런을 상상할 수 없다'고 말하기 위해서, 당신은 뭔가를 더 이야기해야만 한다. 그렇지 않으면, 당신은 단지 '문제에 호소하는 논증'[즉, 선결문제 미해결의 오류]를 펼치는 셈이다. [다시 말해서, 근거 없이 그냥 주장하는 셈이다.]

좀비가 있을 수 있다.

이제 [우리가 살펴볼] 신경생물학적 전략에 대한 공격은 (소위) "사고 실험"에서 나오며, 그 논증은 대략적으로 다음과 같다. (1) 우리는 다음과 같은 어떤 사람, 즉 앞서 언급했던 모든 능력들(주의집중, 단기기억, 언어능력 등등)을 우리처럼 갖지만, 통증에 대한 **경험**과 푸른색을 보는 **경험** 등을 갖지 못하는 사람을 '상상할 수 있다. 다시 말해서, 그는 아마도 **퀄리아**(qualia), 즉 통증을 느끼거나, 혹은 어지럼증을 느끼거나, 혹은 색깔을 보거나, 혹은 C단조 화음을 듣는 등의, 의식 경험의 질적 측면을 갖지 못할 것이다. 이런 사람은, 단지 **좀비**(zombies)라는 것만 빼고는, 우리와 완벽히 같다. 그는 아마도, 마치 비행기가 갑자기 하강하듯이[즉, 기계적 작동처럼], "나는 내 배에 이상한 느낌이 든다", 그리고 어느 화창한 여름 오후에, "오늘 하늘이 무척 푸르다" 등으로 우리처럼 [그러나 그것을 의식하지는 못한 채] 말할 것이다. 그 논증의 다음 전제는 이렇다. (2) 만약 그러한 시나리오가 **상상될 수 있**

다면, 그것은 **논리적인** 가능성이다. 그 논증의 결론은 이렇다. (3) 좀비가 논리적으로 가능하기 때문에, 의식이 무엇이든 간에, 그것은 뇌 활동과 **독립적으로**(무관하게) **설명 가능하다.** 다시 말해서, 우리가 인간 뇌의 모든 측면을 완벽히 설명하게 되더라도, 의식만은 설명하지 못할 것이다. 왜냐하면, 어느 [신경생물학적으로 의식을 말하려는] 설명이 참이려면, '좀비가 존재할' 논리적 가능성을 배제해야 하기 때문이다. [역자: 이러한 좀비 논증이 좀 더 쉽게 이해되도록 간략히 말하자면 이렇다. 그 논증이 주장하는바, 우리 인간과 모든 생물학적 측면에서 동일한 어떤 사람이 다만 의식만을 갖지 못하는 좀비로 있을 수 있다고 '우리가 논리적 가능성으로 상상할 수 있다.' 그러므로 의식이란 생물학적 작용으로 연구될 대상이 아니다.] (이와 유사한 논증이 1970년대에 사울 크립케(Saul Kripke), 1980년대에 조셉 레빈(Joseph Levine), 1990년대에 데이비드 찰머스(David Chalmers) 등에 의해 주장되었다.)

우리들 대부분은 이런 논증에 어리둥절해할 수 있는데, 플루트를 연주할 줄 아는 2톤 체중의 쥐나 거미처럼, 많은 것들이 '논리적으로' [상상] 가능하지만, 경험적으로는 가능하지 않기 때문이다. 좀비의 논리적 가능성이 우리로 하여금, 어떤 연구가 성공적일 수 있는지에 관해서 흥미로운 무엇을 말해준다고, 우리가 왜 가정해야만 하는가? 결국, 신경철학이 실제로 관심 갖는 것은, 실제 경험세계와 그것이 어떻게 작동하는지 등이다. [좀비 논증에 대한 우리의] 대응은, 설명의 표준이라 할 만한 중심 주장, 즉 '적절한 설명은 분명 논리적 가능성들을 **배제한다**는 주장을 다뤄야 한다.

이것이 여기 논의에 중심 주장이라고 가정할 때, 우리는, 그런 주장이 얼마나 터무니없이 강한 요구인지 인식할 필요가 있다. 그 주장은, 뇌 기능으로 의식을 설명하려는 것을 배제할 뿐 아니라, **영적** 기능 혹은 귀신 같은 것의 기능 혹은 양자 중력 혹은 당신이 생각할 만한 그 어떤 것에 의해 의식을 설명하는 것 역시 배제한다. 그 주장은 성공적 설명에 대한 요청을 너무 강하게 요구하므로, 현상들에 대한 어떠한 과학적 설명도 그 기준을 만족시킨 적이 없었으며, 언제라도 만족시킬 수 없다.

우리가 앞서 1장 3절의 논의에서 살펴보았듯이, 설명적 환원은, 새로운 이론이 환원되는 현상의 특징들 대부분을 성공적으로 재구성할 것을 요구한다. 그러나 이런 요구는, 전자로부터 후자의 논리적 함의에, 이를테면, **이전에 믿을 수 있는 가능한 일**이 지금은 **논리적으로 불가능하다**는 식의 논리적 함의(logical entailment)에 한참 미치지 못한다. 좋은 설명은 **경험적** 가능성을 제외하지, **논리적** 가능성을 제외하지는 않는다. [즉, 좋은 설명이란 논리적 가능성이 아니라 경험적 가능성 여부에 의해 결정된다.] 역사적으로 살펴볼 때, 어떤 과학적 환원/통합도 그렇게 터무니없이 강한 요구를 받은 적이 없다.

모든 그러한 "상상 가능함(conceivability)" 논증들과 함께하는 문제는, 그런 논증들이 '어떻게 사물들이 **참으로** 존재하는지'에 관한 흥미로운 결론을 이끌어내고 싶어 한다는 점에 있다. 그렇지만, 어떤 흥미로운 것도 일부 인간이 무엇을 상상할 수 있거나, 혹은 상상할 수 없다는 사실로부터 따라나오지 않는다. 따라서 무엇이 가능해 **보인다**는 것이, 어떤 흥미로운 의미에서, 진정한 가능성'**이다**'라는 것을 보장해주지 않는다. 그렇다면, 좀비 개념이 정말로 **가능하다**고, 우리가 생각해야 할 이유가 무엇인가? 그런 전제들이 문법적이라는 근거에서, 그 가능성 주장은 '**실제 가능성**'과 '**단순한 문법성**'의 혼동에서 나온다.

논의를 위해서, 나는, 우리가 논리적 가능성의 영역에 대한 범위와 한계를 매우 잘 안다는 가정 아래에서 이야기해보려 한다. 그럼에도 불구하고, 이러한 가정은 심각한 결함을 안고 있다. 콰인(Quine)은 1960년에 '그러한 가정이 실제로 하나의 철학적 자기-기만이다'라는 것을 논증하였다. 논리적으로 가능한 것과 가능하지 않은 것에 관한 몇 개의 선별된 사례들은 그럴듯해 보이지만, 그러한 것들 이외의 모든 것들은 공상이거나, 아니면 집단사고(group-think)이거나, 아니면 작위적 정의에서 나온 것들이다. 놀랄 것도 없이, 특별히 논란이 되는 경우들이 있으며, 그 경우들에서 철학자들은 '자신들에게 어떤 실재 형이상학적 영향력을 제공하는' 논리적 가능성을 원한다. 그리고 (그들이 손에 쥔) 그 논증은 매우 적절한 사례일 것이다. 그렇지만 한 발 물러서서 살펴보면, 사람들은, 편리하게 휘어지고 철학적으로 날조되는, 그 논리적 가능성이란 개념이 '신경생물학이 무엇을 발견할 수 있으며 무엇은 (언제라도) 발견할 수 없다고 지침을 내려야 한다는 생각에서 설득력이 없는 무언가를 갈구한다.

그러한 논증이 왜 엉망이 되는지 다른 각도에서 조망해보기 위해, 좀비 논증을 생명 측면에서 비유적으로 다뤄볼 필요가 있다. 그 좀비 논증 식으로 말하자면, 우리는, (세포막, DNA를 지닌 핵, 보통 세포기관, 기타 등등을 가진) 세포들로 구성된 [사이버 게임 속의 캐릭터들과 같은] "데드비들(deadbies)"이 사는 행성을 상상할 수 있다. 데드비는, 지구상의 유기체가 그러하듯이, 복제하고, 소화하고, 호흡하고, 신진대사하고, 단백질 제조하고, 성장하는, 기타 등등을 할 수 있다. 그렇지만 우리와 달리, 데드비는 **실제로** 살아 있지는 않다. 이것은 논리적 가능성일 뿐이다. 그렇게 생명은 생물학과 **독립적으로**(무관하게) **설명 가능하다.**

또한 여기 논증의 전제들은 다음과 같은 아주 미약한 의미에서 가능하다. 데드비들은 문법상으로 있을 뿐이며, 지금까지 우리가 아는 한, 그놈들은 **실제적** 가능성을 주장하지 않는다. 여기서 또 다른 허약한 사고 실험이 있다. 다음과 같은 행성, 즉 어느 기체 내의 분자들의 속도가 증가하더라도, 이상하게도 온도는 변화하지 않는 행성을 가정해보자. [역자: 현대 과학에서 기체의 온도는 분자들의 평균운동에너지로 정의된다. 그러므로 분자들의 속도가 증가하는데 온도는 올라가지 않는 기체는 실제로 존재할 수 없다.] 그렇다면, 이 가정이, 온도가 평균분자운동에너지와 **독립적으로 설명 가능하다**는 것을, 우리에게 말해주는가? 확실히 아니다. 그러한 가정이, 기체 내에서 평균분자운동에너지와 온도 사이 **실제적** 관계에 대해서 [즉, 그 둘 사이에 독립적 관계가 성립하는 근거에 대해서] 우리에게 무엇을 말해줄까? 아무것도 말해주지 못한다.

나는 그러한 좀비 논증에 대해서 이렇게 생각한다. 그런 논증은 사고 실험들 중에서도 허약한 논증이며, 그런 사고 실험은 관련 과학과 사실적으로 무관하지만, 그럼에도 그런 논증은 과학에 적절한 어떤 결론을 이끌어내려 한다.50)

그 문제는 너무 어렵다.

[의식을 생물학적으로 설명하려는 것이 너무 어렵다는] 이런 반론 역시 매우 흔하고, 위에서 논의한 것과 아래에서 논의할 것 모두에서 잡다한 다른 반론에 따라서도 종종 개진되기도 한다. [그렇지만] 그것이 얼마나 가치 있는 논증일까?

우리가 어떤 문제에 대해서, 그 [문제의] 주제에 관한 많은 전체 과학을 알지 못한 채, 그것이 얼마나 어려운지 말할 수 있을까? 이 의문의 요지를 명확히 드러내기 위해, 과학사에 배운 몇 가지 교훈을 생각해보자. 20세기 끝 무렵에, 사람들은 수성 근일점의 세차운동(precession)을 설명해야 하는 문제를 사소하게 여겼다. 즉, 수성의 타원궤도는 그것의 궤도 평면에서 끊임없이 그러나 천천히 돌고 있다고 믿었다. 이러한 운동은 뉴턴의 법칙이 예측한 값에서 성가신 편차를 보여주었지만, 그 문제는, 데이터가 더 모이면 궁극적으로 처리될 것으로 기대되었다. 본질적으로, 그것은 쉬운 문제처럼 보였다.

뒤늦게 나타난 지혜의 도움으로, 우리는 그러한 평가가 꽤 잘못되었다는 것을 알 게 되었다. 즉, 수성 근일점의 세차운동의 문제를 풀어준 것은 아인슈타인의 물리학적 혁명이었다. 반면에, 별들의 구성요소는 정말로 어려운 문제로 간주되었다. 언제쯤이나 그 별들의 샘플을 얻을 수 있기라도 하겠는가? 그리고 만약 당신이 샘플을 얻겠다고 별에 가까이 다가간다면, 타버릴 것이다. 그렇지만, 분광 분석을 통해서, [뜻밖에] 그 문제가 쉽사리 풀리게 되었다. 백열광(incandescence)으로 발열되면 구성원소가 지문 같은 것을 보여준다는 것이 알려졌으며, 그런 지문은 광원으로부터 나온 빛이 프리즘을 통과하면서 쉽게 드러나기 때문이다.

이제 생물학의 한 사례를 살펴보자. 1953년 이전에, 많은 사람들은 이렇게 믿었다. 전사 문제(copying problem), 즉 부모에서 새끼로 전해 지는 특성의 전달을 이야기하려면, 우리는 먼저, 어떻게 단백질이 접히 는지, 즉 어떻게 일련의 아미노산이 휘어지고, 뒤틀려서, 단백질이 매 우 특정한 고유 형태를 가질 수 있게 되는지의 문제부터 풀어야만 할 것이다. 전사 문제는, 일련의 아미노산이 어떻게 올바른 형태를 가지는 가의 문제보다 훨씬 어려운 문제로 간주되었으며, 많은 과학자들은 전 사 문제를 직접적으로 공략하는 것은 무모하다고 믿었다. 그렇게 믿었 던 이유는 부분적으로, 단백질처럼 복잡한 무엇이 유전정보의 전달자 일 것이라고 일반적으로 믿었기 때문이다. 그리고 DNA는 일종의 단순 한 산(acid)으로, 그것은 너무 단순한 구조여서 그 후보자가 될 수 없다 고 여겨졌다.

우리 모두가 지금 알고 있듯이, 전사 문제의 열쇠는 DNA의 염기쌍 에 있었으며, 비로소 전사 문제는 최초로 풀리게 되었다. [그렇지만 겸 손하게] (2차, 3차 접히기와 같은) 단백질이 접히는 문제는 **여전히** 풀 리지 않았다는 것도 우리는 알아야 한다.

이런 이야기를 하는 논점은 이렇다. 그런 사례들은 '무지로부터 논증 의 오류'를 보여준다. 무지라는 유리한(?) 관점에서는, 어느 문제가 어떤 다른 문제보다 더 쉽게 다뤄질 수 있을지, 그리고 우리가 그 문제를 가 장 좋은 방식으로 개념화할 수 있을지조차 종종 말하기 매우 어렵다. 결론적으로 말해서, 상대적으로 어려운지 혹은 궁극적으로 해결될 수 있을지에 관한 우리의 판단은 적절히 검토되고 유보되어야 한다. 물론, 억측에 유용한 측면이 있기도 하지만, [신뢰에 앞서] '맹목적 억측'과 '훈련된 억측' 사이에, 그리고 '억측'과 '확증된 사실' 사이에, 구분부터 할 수 있어야 한다. [이러한 생각에서 나오는] 철학적 교훈은 다음과 같다. 어느 주제에 관해 그다지 많이 밝혀지지 않은 시기라면, 어떤 문 제가 과학적으로 해결될 수 있는지에 대한 누군가의 진심 어린 확신에 너무 진지하게 기대지 말아야 한다. 그리고 과학을 배우고, 과학을 연 구하고, 어떤 일[즉, 과학 발전]이 있는지 [주변을] 살펴보아야 한다.

내가 당신이 경험한 것을 어떻게 알 수 있을까?[51]

[좀비 논증과 같은] 그러한 염려는 긴밀히 관련된 몇 가지 [논리적] 형식으로부터 나오는데, 그중에도 가장 오래되고 친숙한 형식은 소위 "역전된 스펙트럼 문제(inverted spectrum problem)"이다. 그 일반적 염려는 이렇다. 누군가의 현상적 경험에 대한 사실은, 우리가 그 사람에 관해 알게 될지도 모를, 모든 신경생리학적 사실들을 포함하여, **어느 모든 물리적** 사실들에 의해서도 항상 미결정적(underdetermined)이다 [즉, 확정적으로 결정되지 않는다]. ("p는 q에 의해 미결정적이다"란 말로, 철학자들은 'p가 q로부터 엄밀히 **연역될** 수 없다는 것을 의미한다. 즉, q는 p에 대한 증거를 제공하긴 하지만, 절대적으로 결정적인 증거를 제시하지는 못한다.) 따라서, 그 논증은 이렇게 결론 내린다. 여러 현상적 사실들은 틀림없이 그 자체로 명확히 구별되는 독립적 사실들이며, 그런 종류의 사실들은 결코 순수한 물리적 용어로 설명되지 않는다. 이런 일반적 논증은 다음의 사고 실험에서 특정 어구를 찾아낸다.

당신과 내가 동일 영역의 시각적 색깔 경험을 공유할 가능성을 가정해보자. 그렇지만, (내가 잘 익은 토마토를 밝은 대낮에 볼 때처럼) 내가 빨간색의 주관적 경험을 가지는 모든 경우에, 당신은 (내가 잔디를 볼 때 갖는 경험인) 초록색의 주관적 경험을 가질 가능성이 있다. 더구나, 다음도 가정해볼 수 있다. 이러한 다양한 색깔 경험은 체계적이어서, 내가 프리즘을 통해 투사된 무지개 같은 스펙트럼을 볼 때에, 나는 왼쪽에 빨간색을 보며, 오른쪽으로 시선을 옮겨감에 따라 점차 색깔이 변하여, 주황색, 노란색, 초록색, 파란색 등을 보지만, 동일 객관적 상황에서, 당신은 왼쪽에 파란색을 보고, 오른쪽으로 시선을 옮겨감에 따라 점차 색깔이 변하여, 초록색, 노란색, 주황색, 빨간색 등을 볼 수 있다. 간단히 말하자면, 당신의 색깔 경험의 내적 스펙트럼은, 내 경험과 정확히 정반대인 양태로, 외부 세계에 대응된다. 그러나 이러한 [주관적인 현상적 경험의] 내적 차이는, 우리가 자신들이 공유하는 색깔 용어를 (외부 물체에) 모든 동일한 방식으로 적용한다는 사실에 의해서, 드러나지 않는다.

이런 염려가 전체적으로 납득될 만하다고 가정해보자. 그렇지만, 그러한 반-물리주의자 논증을 다음과 같이 계속 밀고 나가보자. 이렇게 우리 각자의 '색깔 퀄리아(qualia) 역전 가능성'은, 우리가 서로의 두뇌에 관해 얼마나 많이 아는지와 상관없이, 그리고 우리가 자신들의 물리적 행동, 물질적 구성물, 내부 신경활동 등이 매우 유사한 것과 상관없이, 완벽히 이해될 만하게 유지된다. 우리들의 뇌가 동일할 수 있지만, 그럼에도 우리 의식적 경험은 여전히 다양할 수 있다. 명백히, 물리적 사실은 현상적 사실을 "논리적으로 고정하지" 못하며, 그리고 현상적 사실은 순수한 물리적 사실 이상인 종류의 사실임에 틀림없다. 따라서 그 논증은 이렇게 결론 내려진다. 우리가 현상적 경험을 설명하려면, 물리적 과학 이상의 것을 찾아보아야만 한다. 분명히, 주관적인 현상적 경험은 비-물리적 사실의 영역에 해당된다. [역자: 그러한 논증은, 암암리에 '우리의 현상적 경험과 독립적인 객관적 사실이 존재한다'는 것을 전제한다. 왜냐하면, 그 사실에 대한 주관적 경험은 그 사실과 독립적 현상이라고 가정하기 때문이다. 그렇지만 콰인 시대 이후로 현대 철학자 누구도 이것을 가정하지는 않는다. 폴 처칠랜드(1969)도 우리의 감각적 경험은 이론적 배경에 의존한다는 것을 명확히 밝힌다. 이런 측면에서 그 논증은 상대를 정확히 조준하지 않으면서 그런 것처럼 위장한다.]

이러한 논증이 호소력이 있는가? 이 질문에 대답하려면, 우리는 그 논증의 논리를 심도 있게 검토할 필요가 있다. 첫째, 그 논증은 역시, 자체의 결론에 대해 지지하기 위해 제안되는, (소위) '상상 가능한/이해될 만한 것이 있을지 없을지'에 의존한다. 그 논증의 핵심 전제는 이렇게 단언한다. "우리 뇌는 모든 면에서 동일할 수 있지만, 우리의 퀄리아는 서로 다를 수 있다." 물론, 여기에서 그럴 "수 있다(could)"는 이해될 "수 있다"이지, "실제로 그럴 수 있다(actually could)"는 아니다. 좀비 논증에 대한 분석에서 언급되었듯이, 무엇이 '논리적으로 가능하다

는 것은 '경험적 또는 실재적 가능성'을 전혀 함축하지 않는다.52)

만약 그 논증의 핵심 전제가 붕괴된다면, 그 논증 자체도 붕괴된다. 아마도 그런 전제로부터 다음이 참이라고 여겨질 것이다. 즉, 우리의 뇌가 모든 면에서 동일할 수 있지만, 우리의 퀄리아는 아주 분명히 다를 수 있으며, 따라서 더 이상 논란의 여지도 없다. 그러나 과연 그러할까? 결코 아니다. 의식 경험의 차이가 뇌 활동의 차이를 실제로 포함한다는 것을 보여주는, 유용한 경험적 증거가 제시되기만 하면, 그 논증의 전제는 분명한 참으로 인정받기 어렵다. 예를 들어, 우리가 잘 알고 있듯이, 우리가 만약 당신의 충치에서 뇌간으로 투사되는 뉴런 활동을 감소시킨다면, 당신의 치통이 사라진다. 만약 아무 조치도 하지 않는다면, 그 통증은 지속될 것이다. 외과 수술 동안에 체성감각피질의 손 영역에 직접적 자극을 주면, 손 감각의 변화를 느끼게 된다. 우리가 아는 한, '뇌가 정확히 동일함에도 의식 경험이 다를 수 있다'는 것을 보여주는 어떤 사례도 들어본 적이 없다. 만약 '뉴런 활동'과 '의식경험' 사이에 어떤 인과관계가 있다면, 그 논증의 핵심 전제가 허위임을, 누구라도 뻔히 알아볼 수 있다.

그 논증의 전제가, 실제 세계에서 '뇌가 모든 면에서 동일하지만, 우리의 퀄리아는 다르다는 알려진 사례가 실제로 있다고 주장하며, 방어할 수 있는가? 그 전략은 실제로 그 논증에 실제적인 무엇을 더해야 할 듯싶다. 아직 그러한 논증이 나타나지 않았지만, 사례가 없다는 단순한 이유에서, 그 논증이 버틸 만한 어떤 사실적 증거가 없다.

그 핵심 전제를 지키는 명확한 방어선은, 질적[즉, 의식적] 경험이 비-물리적 속성을 지니므로, 그 전제가 참이라고 주장하는 것뿐이다. 결론적으로, '우리 뇌가 모든 측면에서 동일할 수 있지만, 우리의 퀄리아는 다를 수 있다고 단언된다. 이러한 방어의 취약점은, 독자적인 기반에서, 그 전제가 거의 참일 듯 보이지 않는 이원론에 호소한다는 점에 있다. [이렇게 난점이 쉽게 지적될 수도 있지만] 그럼에도 불구하고, 철저한 검토를 위해서, 우리는 그러한 [전제의] 가능성을 아래에서 (여러 페이지에 걸쳐서) 좀 더 자세히 탐색해볼 것이다.

[그 논증이 할 수 있는] 최후 방어선으로 해자를 구축하는 길은, 그 핵심 전제, 즉 '의식경험이 신경계의 어느 속성과도 동일할 수 없다'는 전제를 방어하는 것뿐이다. 이러한 움직임은 효과적이지 못한데, 왜냐하면 바로 이러한 주장은, 그 논증이 **보여주려는** 것을 가정(전제)하고 있으며, **밝혀내려** 하지 않기 때문이다. 만약 당신이, (자신의 논증에서 확립한다고 가정되는) 바로 그 결론에 호소함으로써, 그 핵심 전제를 방어한다면, 그런 논증은 전혀 가치 없는, 즉 단순히 쳇바퀴를 달리는 것에 불과하다. 그렇지만, [그 논증을 통해서] 진전이 이루어진다고 착각하기 쉬운데, 특별히 자체의 핵심 전제를 암묵적으로 방어하여, 반성되지 못하는 경우에 그렇다. 덧붙여 말하자면, 순환논증(circular argument)의 변형된 모습이, **퀄리아**를 '어느 신경활동 패턴과도 동일화될 수 없는 심리적 사실이라고' 정의 내리는 가운데 나타날 수 있다. 이런 모습은 단순하게 결론을 전제로 다시 언급하는 논증보다[즉, 순환논증보다] 그리 나을 것도 없다.

요약하자면, 그 논증이 자체 내에서 찾으려는 논리적 수정은 바로 이렇다. 그 수정된 논증은 '자체가 명확히 참이라고 전제한다'는 측면에서, "우리 뇌는 모든 면에서 **동일할 수 있지만, 우리 퀄리아는 다를 수 있다**"는 핵심 전제에 별로 도움을 주지 못한다. 그 핵심 전제에 대한 방어는, 결합적으로 혹은 개별적으로, 5개 형태로 나타난다(표 4.1을 보라). 이러한 방어에 대한 간결한 비판이 표 4.1에 제시되어 있다.

표 4.1 핵심 전제: 우리의 여러 뇌들은 서로 절대적으로 동일할 수 있지만, 우리들의 퀄리아는 서로 다를 수 있다.

그 핵심 전제의 간략한 방어	그 방어에 대한 간단한 비판
그것이 이해된다.	그래서 어쨌다는 것인가?
그것이 경험적으로 잘 지지된다.	그 실험 데이터를 제시해보라.
이원론이 참이다.	이원론은 엉터리이다.
그 논증의 결론은 참이며, 따라서 그 전제도 참이 틀림없다.	순환논증은 무가치하다.
정의에 의해, 퀄리아는 뇌 상태와 독립적이다.	순환논증은 무가치하다.

역전되는 스펙트럼 논증이 문제 되는 이유는, 그 논증이 (간파되기 어려운) 여러 주관(사람)들 사이에 지각적 차이가 있음을 전망하기 때문이 아니다. 그 논증이 곤란해지는 이유는, 그 논증이, 본질적으로 전혀 사실이 아닌 것으로부터, 사물들의 **본성**에 관해서 매우 강한 결론을 이끌어내고 싶어 하기 때문이다. 다시 말해서, 그 논증은 선험적 진리를 원한다. 그 논증은 '경험에서 질적 차이가 감지될 수 **없다**'는 것을 우리에게 설득해야 한다. 즉, 단지 '어떤 행동의 데이터를 감지할 수 없다'는 것이 아니라, (행동적, 해부학적, 생리학적 등) '어떠한 사실이라도 감지할 수 없다'는 것이 납득되어야 한다.

이렇게 매우 취약한 일련의 방어선을 구축함에도 불구하고, 이원론은 실제로, 의식에 대한 신경생리학적 설명에 대해서, 가장 강력한 반대 논증으로 출현한다. 적어도 이원론자는 이원론에 관한 경험적 논증을 착수할 수 있다. 그래서 경험적으로 민감한 이원론자가 주장하고 싶어 하는바, 만약 그런 사실이, 어느 주관(사람)의 색깔 경험이 다른 주관의 경험에서 역전될 수 있는지 없는지를 우리가 밝히지 못하도록 막는다면, 그러한 사실은 이원주의가 선호하는 증거에 해당되겠다. 따라서 다음 절에서, 우리는, '누군가의 색깔 경험이 다른 사람의 색깔 경험과 체계적으로[즉, 논리정연하게] 다르다'는 경험 가능성과, '이것이 시각 시스템에 관한 심리학과 신경과학으로부터 나왔다'는 것을 정말로 발견할 수 있을지 등을 세밀히 살펴볼 것이다.

만약 우리가 다르게 경험하려면 어떻게 되어야 하는가?

첫째, 위에서 언급되었듯이, 그 논증은 우리로 하여금 우리의 실제 색깔경험에 대해서 매우 단순한 개념을 포기하게 만든다.53) 프리즘에 의한 단색의 선형적 스펙트럼은, 정상 인간의 지각으로 수용되는, 매우 적은 [범위의] 시각적 색깔 퀄리아만을 보여줄 뿐이다. 예를 들어, 그 스펙트럼은, 갈색, 분홍색, 연노란색, 하늘색, 비취색, 그리고 흑과 백조차도 빠뜨리고 있다. 정말로, 인간의 색깔 퀄리아의 영역은, 1차원도, 2

차원도 아닌, 완전한 3차원 공간이라고 언젠가부터 알려져 왔다. 문셀 색깔입방체(Munsell color solid)(플레이트 3과 4)는 상당히 복잡한 공간 구조를 보여준다. 인간에 의해 식별되는 모든 색깔은 (그 색깔공간 내에) 독특한 위치를 점유한다는 것을 주목해야 한다. 즉, 색깔공간의 위치는, (그 주변 가까운 곳과 먼 곳 양편에서 둘러싸고 있는) 다른 모든 색깔들로 퍼져나가면서, 독특한 집단적 유사성과 차이성 관계에 의해서 결정된다. 그러므로 (명확히 구분되는) 두 개의 색깔은, 고유의 색깔 공간을 구성하는 많은 유사성 관계를 훼손함이 없이, 그 각각의 위치가 뒤바뀔 수는 없다.

또한, 이런 색깔공간의 전체 모양이 한결같지 않다는 것에도 주목할 필요가 있다. 어떠한 이유에서든, 이 공간 내의 동일 거리와 **색깔 식별 가능성의 동일한 증가 정도**(변화량)를 묶어보면, 플레이트 3과 4에서 보여주는, 명확히 비구형의 현상적 공간이 만들어진다. 특히 주목해야 할 것으로, 노란색은 중심축에서 불쑥 튀어나온 곳에 있으며, 위 극점으로 올라가면서 흰색이 많아지며, 그리고 [아래쪽으로] 밝기 수준이 낮아지는 곳에서, 그 색깔은 어떤 다른 색깔보다도 더 급속히 짙은 회색으로 (식별이 안 될 정도로) 희미하게 사라진다. (사실 이것은 문셀이 처음으로 자신의 원형색깔공간 모델(original color space model)을 조합한 방식을 대략적으로 보여주는데, 그는 그것을 사람들에게, 많은 색깔 조각 샘플들에 대해서 상대적으로 유사한 것들과 식별 가능한 색깔 차이를 판단하도록, 물어서 구성하였다.) 추가적인 여러 실험에서 드러나는바, 우리는 다양한 외부 자극에 대해서, 파란 색조 영역에서보다, 초록 색조, 노란 색조, 주황 색조 영역의 색깔공간에서 더 세밀히 식별할 수 있다.

만약 우리가 색깔-역전 사고 실험을 수행한다면, 우리는 (보통 제안되는) 1차원 스펙트럼 뒤집기보다 조금 더 복잡한 무엇을 상상할 수 있어야 한다. 특별히, 우리는 다음을 상상할 수 있어야 한다. (제안된) 역전[을 경험하는] 피검자는, 외부 자극에 인과적으로 연결되는 통상적 계열에 상대적으로, 회전되거나(이를테면, 180°) 혹은 반사-역전되는

(mirror-inverted), 자신의 현상적 색깔입방체를 지녀야 하며, 그래야만, 그가 하늘을 볼 때에 자신의 색깔공간에서 노란색 부분이 활성화되며, 그가 바나나를 볼 때에 자신의 색깔공간에서 파란색 부분이 활성화되는 등등이 가능해진다. 반면에 그의 3차원 색깔공간에 대한 모든 내적 유사성 관계는 (초기 사고 실험에서처럼) 완벽히 동일하게 유지된다. 이러한 이야기에서 불가능하다거나 이해되기 어려운 부분이 조금이라도 있는가?

전혀 그렇지 않다. 그러한 역전은 온전히 이해될 수 있다. 그러나 우리는 그것이 행동적으로(즉, 물리적으로) 즉시 감지될 수 있어야 한다는 것에 주목해야 한다. 정상 인간에 비해서, 역전 피검자는, 우리가 다양한 색조의 파란색으로 묘사하는 외부 사물들에 대해서, 우리보다 더 세밀하게 식별할 수 있을 것이며, 그리고 그는, 우리가 다양한 색조의 빨간색, 노란색, 주황색, 초록색 등으로 묘사하는 대상들에 대해서, 상대적으로 식별하지 못하는 결함을 가질 것이다. (보통의 피검자들이, 예를 들어, 파란색들에 대해서보다, 초록색들에 대해서 왜 더 정교한 식별을 하는지, 아마도 적절한 진화론적 이유가 있을 것이다. 조류 (birds)는, 자외선 영역의 파장에 민감한 네 번째 원추세포(corne) 유형을 지니며, 그래서 우리가 하는 것보다 파란색 계열에 대해 더 정교한 식별이 가능하다.) 더구나, 그 역전 피검자는 여러 유사 색깔 경계들을 다른 장소에 위치시킬 것이다. 우리 방식에 따라서, 동일 색깔의 다른 여러 색조들을 볼 수 있는, 어떤 외적 대상(사물)들은, 그의 방식에선, 전혀 다른 색깔 집단으로 배치될 것이다.

지금까지 이야기는, 위에서 지적했듯이, 우리의 개선된 사고 실험의 미세하고 더욱 정확한 가정들로부터 따라나온다. 역전 피검자의 객관적 지각능력 역시, 사고 실험에 의해서 분명히 예측되는 방식으로, (만약 그 사고 실험이 적절히 수행되기만 한다면) [보통의 우리와 비교하여] 체계적으로 달라야 할 것처럼 보인다. 분명히 이것은, 현재 과학적 지식에 비추어보더라도, 참이 아니다. 물론, 모든 가능한 미래의 지식에서는, 우리의 색깔 퀄리아가, 어느 물리적 혹은 행동적 다양성이 없이, 그러한 현상적 역전을 전달하도록, 외부 세계와 다르게 연결된다는 것이 참일 가능성은 있을지 모른다. 우리의 색깔 퀄리아가, 어느 객관적으로 감지할 수 있는 효과와 독립적으로(무관하게), 역전될 수 있다는, 그런 생각은, 여러 실험이 밝혀준 것들인, 인간의 현상적 색깔공간의 비균일 구조, 그리고 (여러 색깔들에 걸친) 우리의 식별 능력의 다양성 등에 대한, 우리의 무지에 의해서만 오직 피상적으로 그럴듯해 보일 뿐이다. 그러한 무지를, [과학 연구를 통해서] 우리가 지금까지 해왔던 것처럼, 고쳐야 하며, 그리고 이원론자는 자신의 사고 실험을 초기화시켜야 한다. [즉, 처음부터 다시 시작해야 한다.] 그것이 아마도 당신이 신뢰하는, 창의적 이원론자가 해야 할 일이다.

퀄리아와 신경조직 사이를 연결시키기

그러나 이원론자에 대한 논의를 잠시 제쳐놓고, 독자적으로 흥미로운 몇 가지 질문을 해보자. 인간의 현상적 색깔공간이 왜 3차원을 갖는가? 그러한 공간이 특별히 왜 3차원인가? 그리고 색깔공간이 왜 비균일 형태를 가지는가? 무엇이 (애초부터) 플레이트 3의 기묘한 현상적 배열을 입체적으로 만드는가?

명백히, 현상적 색깔공간의 형태는 물질적 조직으로부터 그리고 뇌 시각경로의 다양한 뉴런들 반응양태로부터 매우 자연스럽고 불가피하게 발생되었다. 시각 연구자들에 의하면, 그러한 이야기의 기초는 놀랄 만큼 간단하고 우아하다. 그 이야기는 인간의 망막에 산재된 세 종류의 감광 원추세포(cone cells)에서 시작된다. 이것들과 섞여 있는, 간상세포(rod)와 달리, 각 원추형 세포는, 그림 4.17와 플레이트 2에 제시되었듯이, 각기 좁은 파장 영역에 우선적으로 민감하다. 이 세포들은, 눈으로 들어오는 다양한 파장의 혼합을, 망막으로 하여금 대략적으로 스펙트럼 분석(spectral analysis)하도록 해준다.

그러나 이것은 단지 색깔 시각의 첫 단계이다. 중요한 단계는 다음이다. 망막의 원추세포는, (그림 4.18에서 도식적으로 보여주듯이) 시

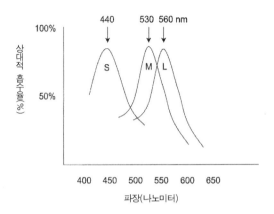

그림 4.17 세 종류의 원추세포(cones)에 대한 신경반응곡선. 짧은 파장(S), 중간 파장(M), 긴 파장(L) 등을 위한 원추세포들은, 서로 다른 파장의 빛에 대해서, 중복적이면서 차별적으로 반응한다. 이러한 곡선들은, 정상 원추세포에서 발견되는 세 가지 색소의 흡수 스펙트럼으로 정의된다.

신경을 통해, 외측무릎핵(LGN)의 (연이은) 뉴런 집단으로 (흥분성과 억제성) 시냅스 연결을 이룬다. 또한 **외측무릎핵** 집단은 세 가지 종류의 세포들로 나뉘는데, 그 각기의 반응 속성은 (그것들로 투사되는) 원추세포와는 다르다. 그림에서 볼 수 있듯이, "초록-대-빨강"으로 표시된 중간 세포는 중간 파장 원추세포(M-cones)로부터 받은 흥분성 신호들 (대략적으로, 스펙트럼의 초록색 부분)과 긴 파장 원추세포(L-cones)로부터 받은 억제성 신호들(대략적으로, 스펙트럼의 빨간색 부분) 사이에서 끊임없이 주도권 다툼이 벌어지는 자리이다. 그러므로 그 결과로 일어난 활동성은, 망막의 적절한 부위를 지금 자극하는, 중간 파장과 긴 파장 사이의 상대적 **균형**과 **비율**이 일어나는(계산되는) 정도이다. (그런 방식으로, 그림 4.17과 플레이트 2에서의 M-원추세포와 L-원추세포 곡선은 상당 부분 중복되어 있다는 것을 주목하라. 그것은 다음을 의미한다. 초록-대-빨강의 주도권 다툼 세포는, 두 곡선의 중복 지점에서 좌우로 [위치이동]되자마자, 스펙트럼 영역 내의 단색광 파장

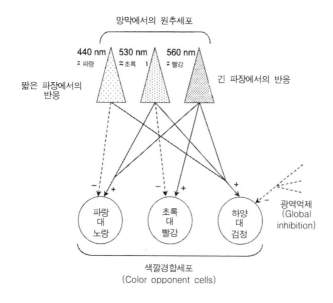

그림 4.18 경합-과정 이론(opponent-process theory)에 따라 신경회로를 단순화시킨 도식적 그림. 경합 반응은 세 종류의 원추세포의 출력으로부터 유도된다. 흥분성 연결(+)은 실선으로 보여주고, 억제성 연결(−)은 점선으로 보여준다.

내의 적은 변이에, 위 혹은 아래로, 예민하게 반응한다.)

마찬가지로, "파랑 대 노랑"으로 명명된 가장 왼쪽의 세포는, 짧은 파장 원추세포(S-cones)로부터 받은 흥분성 신호들(대략, 스펙트럼의 파란색 부분)과 긴 파장 원추세포와 중간 파장 원추세포 양편으로부터 받은 억제성 신호들(매우 대략적으로, 스펙트럼의 노란색 부분) 사이에 주도권 다툼이 일어나는 자리이다. 그 세포의 활동은, 스펙트럼의 짧은 쪽에서 나오는 파장과 중간과 긴 쪽에서 나오는 파장 사이의 균형을 반영한다. (그렇지만, 그림 4.17과 플레이트 2를 주목할 필요가 있으며, 이 경우에 관련 곡선들에서 거의 중첩 부분은 없다. 따라서 우리 시스템은 이 영역의 스펙트럼 내에 예민한 식별을 보이지 않을 것이다.)

끝으로, "하양 대 검정"으로 명명된 가장 오른쪽 세포는, 모든 세 종

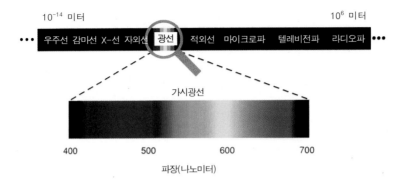

플레이트 1 전자파 스펙트럼(electromagnetic spectrum). 방출 에너지는 파장에 의해 규정되며, 파장은 매우 작은 것으로부터 매우 큰 것까지 연속적으로 달라진다. 가시광선은 400에서 700나노미터(10^{-9}meter)라는 제한된 범위 내에 있다. 이 범위는 단지 사람들이 직접 감각하는 유일한 형태의 전자기파이다.

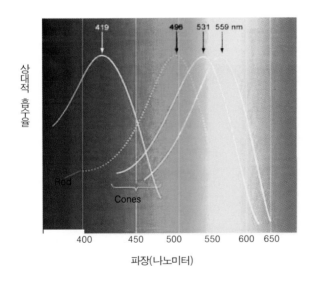

플레이트 2 정상 인간 망막의 네 가지 광색소(photopigments)의 흡수 스펙트럼. 세 가지 유형의 원추세포(cones)가 있으며, 이것들은, 독특한 파장의 빛에 민감한, 세 가지 유형의 광색소에 의해 구별된다. 로돕신(rhodopsin, 감광색소), 즉 간상세포 (rods)의 광색소의 민감도곡선 역시 보여준다.

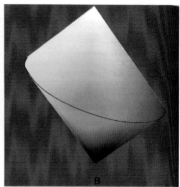

플레이트 3　색깔공간(color space) 내의 색깔입방체. 각각의 색깔은, 색상(hue), 채도(saturation), 밝기(lightness) 등 여러 차원으로 규정되는, 3차원 공간 내의 한 점으로 표현된다. 이 그림은, 각기 붉은색(A)과 초록색(B) 면으로 나뉘는, 색깔입방체의 표면을 보여준다. (Palmer 1999)

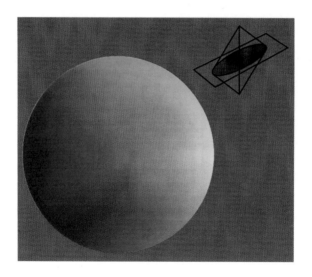

플레이트 4　색깔 원. 위 오른쪽의 색깔입방체의 비스듬한 절단면은 색깔 원을 보여주며, 그 원은 입방체의 겉 모서리 주변에 가장 포화된 색깔들을 포함한다. 어중간한 회색이 안쪽 중심부에 있으며, 다양한 중간 정도로 포화된 색깔들은 안쪽 중심부에 위치해 있다. (Palmer 1999)

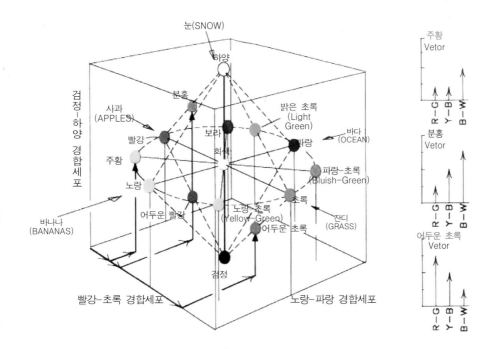

플레이트 5 외부 세계를 담아내는 몇 개의 (표준적) 인과적 연결을 보여주는, 경합세포 부호화(component-cell coding) 벡터 공간. 회색은 대략적으로 이 공간의 중앙부에, 흰색은 중앙 상단부에, 검은색은 중앙 하단부에 위치한다. 경합세포를 위한 기저선 활동성(baseline activity)은 경합세포들 축을 따라 중앙부에 위치해 있다. 그 샘플 벡터들, 즉 주황색, 분홍색, 어두운 초록색 등의 벡터들은 오른쪽 측면에 막대그래프로 표시되었다. 이러한 여러 벡터들은 각 색깔공간 자체 내에서 추적된다. 플레이트 3과 4의 (내적 관계와 외적 연결, 모든 측면에서) 현상학적 색깔공간이 동형구조임을 주목하라.

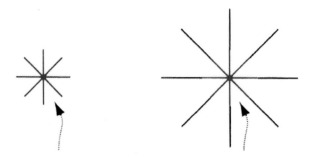

플레이트 6 왼쪽 대상은 붉은 선들이 교차되어 있다. 오른쪽 대상은 왼쪽 대상의
선 끝에 검은 선을 덧붙여 만들어졌다. 그런데 이제 당신은 오른쪽 그림의 화살표
가 가리키는 공간에 또렷이 붉은색이 엷게 물들여진 것을 볼 수 있지만, 왼쪽 화
살표가 가리키는 곳에서는 그렇지 못하다. 그런데 광측정기로 두 대상을 측정해보
면, 동일하게 나타난다. [즉, 객관적으로 어떤 색조도 선들 사이에 없지만 당신은
마치 선들 사이에 붉은색 막이 있는 것처럼 인식한다.] (Hoffman 1998)

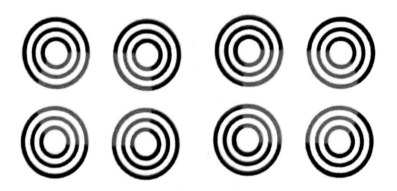

플레이트 7 이것은 입체광학 제시물이다. 당신이 눈을 살짝 감고 바라보면, 두 쌍
의 네 원들이 각기 하나의 세트로 보인다. [즉, 좌우 두 세트로 나뉘어 보인다.] 각
세트에, 각 원들 단편에 푸른색이 경계선으로 그어져, 각 원들에 퍼져 있는, 살짝
투명한 푸른색 막이 네 원들 사이의 공간을 덮는 것처럼 보인다. [실제 공간들 사
이에 어떤 푸른색이 덮고 있지 않지만] 각 두 세트가 합쳐져 보이며, 살짝 투명한
푸른색 막이 뚜렷한 경계선을 만들어, 검은 원들 앞에 꽤 돌출된 막처럼 보인다.
(Hoffman 1998)

292

류의 망막 원추세포들(L, M과 약간의 S 세포)로부터 받는 흥분성 신호들과 전체적으로 망막 표면에 도달하는 여러 자극-수준을 평균한 억제성 신호들 사이에 주도권 다툼이 일어나는 자리이다. 따라서 그 세포의 활동은, 망막의 특정 부분이 (망막 전체에 비춰지는 밝기 수준과 비교되어) 얼마나 더 **밝거나 어두운지**에 관한 정도이다.

이러한 세 종류의 외측무릎핵 세포들, 즉 이 도식적 그림으로부터 분명하다는 이유에서, "색깔경합세포(color opponent cells)"라고 불리는 세포들은, 망막 위 한 지점으로 들어오는 빛 특성 정보를 부호화하는, 가장 흥미로운 각축장이 된다. 모든 세 가지 세포 유형의 동시적 활동 수준은, 그들과 연결되어 있는 망막의 어떤 부분으로 들어오는 빛의 특이 파장구조를 3차원으로 비교 분석하는 것에 해당된다. 간단히 말해서, 이 분석은 외부 색깔에 대한 뇌의 초기 표상이 된다. 사실상 우리는 이런 종류의 어느 특정 신경 표상을, 3차원 공간 내의 단일 지점으로 도표 상에 나타낼 수 있으며, 그 공간의 세 축은 세 종류의 색깔경합세포들 각각의 가능한 활동 수준에 대응한다.

우리가 그것을 하는 동안에, 꽤 흥미로운 일이 발생된다. 그렇게 가능한 3중 부호화의 범위, 즉 세 종류의 색깔경합세포들에 걸쳐 발생되는, 동시적 활동-수준 패턴의 범위는, 플레이트 5에 묘사된 3차원 입방체의 전체 부피를 포함하지 않는다. 가용한 범위는, 그림으로 보여주듯이, 그 입방체의 불규칙적인 중앙의 일부 부피로 제한된다. 이것은, 그림 4.18의 신경연결 도식적 그림에서 보여주듯이, 세 개의 세포 유형들이 서로 **완전히 독립적이 아닌** 활동 수준을 갖기 때문이다. 그러므로 부호화 입방체의 여러 모퉁이들은 세 가지 색깔경합세포들에게 "출입금지선(off limits)"이다.

더욱 구체적으로 말해서, 그 [입방체의] 내부 부피의 실제 **모양**이 어떤 형체이어야만 하는지를 (그림 4.17과 플레이트 3의 구체 사항들로부터, 그 세 원추세포 유형들의 상대적 수와 영향으로부터, 그리고 그것들의 파장 반응 형태의 특정한 중첩으로부터) 계산해보면, 그 내부 부피가 (플레이트 3의 원형적 문셀 입방체와) 동일 모양이며, 그 입방체와 동일한 색깔들로 구성된, 다양한 부분들을 가진다는 것이 밝혀진다. 매우 확신하건대, 노란색 부분은 불룩 나오고, 흰색 극점으로 올라가고, 검은 극점을 향해 안쪽으로 내려간다. 게다가, 그런 신경활동 공간 내에 초록, 노랑, 주황 등의 영역 내에 식별 가능성의 동일 증가 정도(변화량)는, (우리가 자신들의 식별 능력 내에 발견한 것처럼) 파란 영역 내의 동일 증가 정도보다, 외부 파장의 더 세밀한 증가 정도와 대응한다.

개략적으로 그리고 매우 추상적 수준에서, 그렇게 대응시켜본다는 것은 곧 우리가 자신들의 **현상적 색깔공간을 위한 신경기반**을 바라보고 있다는 것을 의미한다. 색깔 퀄리아를 위한, 우리의 내적 공간의 '존재', '차원', '전체 모양', '색깔 방향성' 등에 대한 신경기반의 일반적 특징이, 문셀과 후속 세대의 시각 심리학자들이 실험적으로 면밀히 찾아냄에 따라서, 이제 이해된다. 이런 매우 **일반적인 의미**에서, 우리가 색깔 퀄리아를 지배하는 기본 원리들을 파악할 수 있다는 가설이 조심스럽게 제안되고 있다.

방금 살펴본 것처럼, 이렇게 말하고 싶어지는 이유는 다음과 같다. 그렇게 다양하게 나타나는 3중 부호화는, 우리 색깔 퀄리아들이 서로 그러하듯이, 서로 모든 동일한 유사성/근친성 관계를 유지하며, 그런 3중 부호화가 외부 세계의 자극 대상에 모든 동일한 인과관계를 유지하고, 그런 3중 부호화가 연속된 내적 인지 활동에서 (마치 그 인지 활동으로 '잔디가 초록색이라고' 우리 모두가 믿거나 말하듯이) 모든 동일한 인과관계를 유지하기 때문이다. 이제 일반적으로 과학 내에서, 만약 [퀄리아에 대한 신경과학의] 설명력이 (빛과 전자기 방사 사이에서처럼, 또는 온도와 평균분자운동에너지 사이에서처럼) 교차-수준 동일화(cross-level identification)를 이룸으로써 상당히 강화된다면, 그런 동일화는 합리적 선택처럼 보인다.

가까운 사례로서, 만약 우리가, 현상적 색깔 퀄리아가 우리 경합세포들 사이의 3중 부호화와 동일하다는 **가설**을 제안한다면, 그 [양자 사이의] 인과적이고 관계적인 속성들이 체계적으로 **대등함**(systematic parallels)은, 우연적 일치라기보다, 납득될 만한 관계로 보인다. 이 이야기의 핵심은 이렇다. 온도와 평균분자운동에너지, 빛과 전자기파, 물과 H_2O 등이 하나의 동일한 것이 되는 (동일한) 방식에서, 만약 퀄리아와 3중 부호화가 그 자체로 하나의 동일한 것이라면, 퀄리아와 3중 부호화에 의해 나타나는 인과적이고 관계적인 속성들은 체계적으로 동일하다.[54]

색깔에 집중하지 못하는 동안 혹은 심지어 마취상태에서, 아마도 3중 부호화가 일어남에도, 색깔 퀄리아가 경험되지 않는 일이 가능할까? 글쎄, 우리가 아직 알지 못하지만, 이것은 우리가 밝혀낼 수 있는 무엇이다. 부언하자면, 다른 곳에서, 예를 들어, 뇌간에서 일어나는 많은 다른 사건들이 있다는 가정이 거의 확실하다. 그래서 조금 정확성을 위해서, 우리는 이런 **매우 잠정적인** 가설을 이렇게 고쳐 말할 필요가 있다. 3중 부호화는, 색깔 경험을 위해 **연대적으로 충족되는** 여러 요소들 중 단지 한 요소이며, 따라서 엄청 많은 배경 조건들이 있고, 그중에 많은 것들이 아직 밝혀지지 않았다.

그런 만큼, 그 가설은 의심할 바 없이 너무 단순하여 정확하다고 말하기 어렵다. 그럼에도 불구하고, 나는 이 점을 강조하고 싶다. '선행적으로 결정된 퀄리아 양태'와 '3중 뉴런-부호화 양태' 사이의 접점이 매우 중요한 의미를 갖는다. 나는 또한 다음도 언급하고 싶다. 그 가설 체계 내에서, 다양한 범위의 색깔 지각 현상들, 예를 들어, 다양한 색깔 착시, 잔상, 다양한 형태의 색맹 등도 그럴듯하게 설명될 수 있다.[55] 이렇게 '성공적인 설명 영역이 확장된다'는 것은 그러한 '일반적 접근법'이 [제시하는] 환원적 전망에 신빙성을 더해준다. 즉, 여기에도 우리는, 과학을 통한 환원적 주장을 표준적으로 동기부여해주는, 동일한 종류의 (증거가 되는) 근거와 설명적 기회를 가진다. 그런 만큼, 우리는 유물론이 이원론보다 왜 더 그럴듯하게 보이는지 이해할 수 있다. 예를 들어, 이원론자의 본래 사고 실험 과제는, 즉 '물리적 또는 행동적 무엇을 변화시키지 않고 퀄리아를 역전할 수 있다'는 주장은, 아직까지 더욱 상상조차 되기 어려운 단계(수준)에 있다. 만약 그러한 역전이 우리의 현상적 퀄리아를 구성하는 유사성과 식별 가능성 관계에 대한 측정 규준(metric)을 보유해야 한다면, 그러한 역전은 (우리의 다양한 색깔경합세포로 투사하는) 시냅스 연결에 대대적인 '변화'를 요구할 것이며, 그리고/혹은 우리의 3종 원추세포 집단이 [활동하는] 정상 반응 '양태' 혹은 '위치'에 커다란 '변화'를 요구할 것이다. 우리가 살펴보았듯이, 이러한 우리 신경계의 특징들이 바로, 무엇보다도 우선적으로, [플레이트 3과 같은] 비-균일 형태의 측정 규준을 만들어주는 부분이다.

[물론] 역전(inversion)은 여전히 가능한데, 확신하건대, 그렇지만 만약 역전이 허락되어야 한다면, 그것이 (우리가 앞서 살펴보았듯이) 단지 피검자의 색깔-식별 행동으로 나타나지는 않을 것이다. 즉, 그것이 **그의 원추세포 내의 변화된 행동** 형태로 나타나고, 그리고/혹은 그의 망막 원추세포에서 외측무릎핵(LGN) 경합세포를 연결시키는 **신경회로**에 엄청난 물리적 조정으로 나타날 것이다. 분명히, 뇌의 부호화 활동에 대한 우리의 이해가 점차 확장됨에 따라서, 우리들 사이에 어떤 행동적 혹은 물리적 차이도 없이, 퀄리아가 역전된다는 주장은 점점 더 납득되기 어려워 보인다.

이원론자의 재도전

그러나 이원론자는 아마 이렇게 말할 것이다. "여전히, 그것(즉, 퀄리아 역전)이 **납득될** 여지는 남아 있다. 그것은 단지 **유사성/식별 가능성 관계에 대한 측정 규준**이 역전되기만 하면 그러할 수 있다. 그에 **따라서**, 외부 세계에 대한 색깔 퀄리아의 인과적 대응도(causal map) 역시 역전될 수 있으며, 그런 역전은 시냅스 조정을 요구하지 않을 것이며, 그런 역전은 식별 행동에 어떤 차이도 유발하지 않을 것이다."

이 말은 엄격히 참이다. 비록, 가능한 퀄리아 공간 내의 전체 측정 규준을 바꾼다는 것이, (그에 따라서) 우리가 퀄리아 자체의 본성에 중요한 변화를 일으킬지 아닐지 쟁점을 불러들이는 측면이 있긴 하지만, 분명 그런 말은 옳다. [그런데] 만약 원형 공간 내의 모든 색깔들이 이제, 원형 공간 내의 모든 다른 색깔들에 대해서, 서로 다른 종류의 '유사성과 비유사성' 관계를 유지한다고 [한다면, 그것이] 우리가 (처음 시작했던) 동일 종류의 색깔에 대해 여전히 논의하는 것일까? 이 점은 확실치 않다. 그렇지만, 이 쟁점은 놔두고, [다른 점을 지적해보자.] 우리가 지금껏 논의하고 있는 여러 특성들 중에 어떤 것이 색깔 퀼리아의 성질에 본질적이며, 그것들의 동일성에 대한 타협 없이, 상상컨대 바뀔 수 없을 것이라고, 우리 중에 누가 주장하겠는가? 퀼리아가 실제로 무엇인지 어떤 합의된 과학적 이해가 없다면, 그런 어떤 주장이라도 아마 미성숙한 편견일 듯싶다. 우리가, 자신들의 색깔 퀼리아의 특징들 중에 어느 것이 본질적인지 아니면 부차적(비본질적)인지 주장하기 위한 권위적 기반을 얻으려면, 충분한 시간을 들여 과학적으로 탐구해봐야 한다.

이원론자는 자승자박한다.

[이원론자는 자신이 지적하려는 논점에 스스로 걸려든다.] 그러나 만약 이런 생각이, 우리 유물론자들이 배우고 수용해야 할 교훈이라면, 이원론자에게 역시 의무적 교훈이 된다. 그리고 그것은 그들에게도 달갑지 않은 위기가 된다. 왜냐하면, 이원론자의 사고 실험은, 그 모든 번안들에서, "사람들이 내성적 판단에 비추어 자신들을 어떻게 표상하는지" 문제를, 색깔 퀼리아의 본질적 특징에 의존하여 대답하려 하지만, 반면에 다른 종류의 색깔 퀼리아의 특징들(그리고 우리가 앞에서 살펴보았듯이, 아주 소수의 특징들)에 대해서는 비본질적인 우연적 속성으로 (즉, 조금이라도 사고 실험에 의해 역전될 수 없는 것으로) 격하시키는 태도를 보여준다. 그러나 바로 이러한 고집은, 그것이 아무리 훈육되지 못한 상식에서 나오는 무비판적인 확신임을 반영하더라도, 미성숙한 편견에서 나온 것이다. 기능주의자가 "기능적 역할"을 색깔 퀼리아의 그 본질적 특징으로 보거나, 또는 환원주의자가 "유사성 관계 집단"을 그 본질적 특징으로 보는 것보다, 이원론자가 그러한 전제

에 대해서 더욱 특별한 권리를 갖지는 못한다. 이런 문제에 관한 우리의 과학이 완성되기 **이전에**, 그것들 중에 어느 편을 주장하는 것은, 개념적 탐구와 경험적 평가 대신에, **절대명령**에 의해 과학을 탐구하는 셈이다.

다음 두 논점은 지금 언급된 교훈을 더욱 명확히 해준다. 첫째, 이원론자는 다음과 같이 자신의 전략에 엇갈리는 사례를 제시함으로써 스스로 어려움을 자초한다.

'내성으로 판단되는 내재적 특성'이 현상적 퀼리아를 규정하는 특징일 수 없다. 왜냐하면 나는 꽤 손쉽게 다음과 같이 상상할 수도 있기 때문이다. [예를 들어] 절반의 인구가 "현상적 판단 역전 증후군", 즉 판단기관이, 피검자에게 나타난 현상적 퀼리아의 동일성에 관하여, 체계적으로 역전되고 체계적으로 잘못된 판단을 하도록 만드는, 어느 (미확인) 만성적 질병을 겪을 가능성이 있다. [역자: 이렇듯이, 누군가의 퀼리아가 참된 퀼리아인지 혹은 남들과 동일한 퀼리아인지 분별할 규준을, 우리는 갖지 못한다.] 그러므로 우리의 판단이 자신의 퀼리아에 대해 내려진다는 것이 그 참된 본성이라고 결정적으로 말하기 거의 어렵다. 따라서 우리는 색깔 퀼리아의 본질적 동일성을 여전히 더 깊이 찾아보아야 한다. (이 책 3장의 2.3 참조.)

비록 내가 퀼리아 논증을 방어하는 것이 내키지 않는다고 하더라도, 그것이[즉, 퀼리아가] 그냥 존재한다는 것 자체가 유익한 측면은 있다. [그러나 퀼리아에 대한] 상상 가능성은 어쩌면 양날의 칼과 같다.

이 점에 대해서, 어쩌면 격분하여, 이렇게 응답하는 사람도 있겠다. "그런데 퀼리아는, 정의(definition)에 의해서, 우리에게 실재적으로 나타나는 무엇이야!" 일반적인 대화를 관찰해볼 때, 그런 주장은 엄밀히 옳게 보일 수 있다. 그러나 같은 방식으로, 잘난 척하며 격분하여, 다음과 같은 과거의 주장을 외칠 수도 있다. "그런데 원자는, 정의에 의해서, 쪼개질 수 없는 것이야!(그리스어로 "a-tom"은 '쪼개질 수 없다'

는 뜻이다) 그러니까 당신은 아원자 입자(subatomic particles)에 대해 말도 꺼내지 마라." 또는, 똑같이 멍청하게, 이렇게 외칠 수도 있다. "그런데 지구(Earth)(혹은 대지(terra firma))는, 정의에 의해, 움직이지 않는 것이야! 그러니까 당신은 태양 주위를 도는 지구에 대해 말하지 마라."

이러한 이야기는 두 번째 주요한 논점을 보여준다. 처음 콰인이 말하고, 이후로 다른 철학자들도 강조했듯이, 단어들의 의미는, 그 단어들이 적용되는 것들에 대한 믿음에 독립적이지 않으며, 그리고 또한 어떤 주장도 (새로운 과학을 제안하는) 강력한 강요에 직면하여, 수정 혹은 거절에서 면제되지 않는다. 만약 과학이, 실제로 그러하듯이, '지구가 실제로 움직인다'는 것을 발견하는데도 불구하고, "그런데 나는 '지구'란 말로 특별히 움직이지 않는 것을 의미한다"라고 말하여, 그 과학적 증거에 저항하려는 태도는 무용하다. 이러한 [나의] 책략은 유용한데, 왜냐하면 지구가 움직일지 안 움직일지, 그 평범하고 단순한 이유가 사실의 문제에 의존하기 때문이다. 사실의 문제는, '현존하는 사전 목록'과 (그 사전이 수정되지 않도록 보호하기 위한) '인간의 결심'에 의존하지 않는다. 현재의 맥락에서, 이 말은 다음을 의미한다. 현상적 색깔 퀄리아의 궁극적 본성이란, 경험적 연구에 의해 결정되는 무엇이지, (그것들에 기반하는) 특권적 언어 분석과 사고 실험에 의해서 결정되는 무엇은 아니다. 사고 실험이 유용한 탐구 도구일 수는 있겠지만, 경험적 사실까지 지배할 어떤 권위도 갖지는 못한다.

어느 쪽이 옳을까?

앞선 이야기가 결코, 색깔 퀄리아의 궁극적 본성에 관한 이원론자 가설이 틀렸다고 말해주지는 못한다. 역전된-스펙트럼 사고 실험은 이원론이 옳다는 한 논증으로서 공허함에도 불구하고, 색깔 퀄리아는 여전히 어느 정도 비-물리적인 형이상학의 기초적 특징으로 남을 수도 있다. 그렇다면, 무엇이 이 쟁점을 결정지어주겠는가? [즉, 경쟁하는 두 가설적 입장, 유물론과 이원론 중에 어느 편이 옳은지 우리는 무엇으로 결정지을 수 있을까?]

그 쟁점은, [서로 옳다고] 주장하는 양편에서 산출된, 각 설명이론들 사이에 '비교상의 미덕(comparative virtues)'으로 결정될 것이다. 우리는 지금까지 무엇이 가치 있는지에 관하여, 물리적 과학이 인간 색깔 경험을 설명하는 중에 현재 무엇을 제공해야 하는지, 예를 들어, 인간 색깔 부호화에 대한 '경합세포 활동-공간 이론'을 살펴보았다. 우리는 그것에 대한 몇 가지 증거들과 그 설명력에 대해서도 살펴보았다. 입증에는 아직 이르지 못했다고 하더라도, 그 이론은 적어도 일부 장점을 분명 가지고 있다. 이원론자가 경쟁적인 설명이론(예를 들어, 문셀 색깔입방체 형태에 대해 경쟁하는 설명), 즉 **비교적 특이성, 지지하는 증거, 그리고 설명력** 등을 갖춘 어떤 이론을 내놓는다면, [그때에 가서 이 쟁점을] 우리가 다시 토론할 수 있을 것이다. 끝으로, 이 쟁점은 과학적 문제이며, 그리고 경쟁하는 이론들은 각각의 과학적 장점에 의해서 결정되어야 한다. 이것이 본 절이 제시하는 궁극적 교훈이다.

신경과학이 무언가를 배제하지 않았을까?

본론에 들어가기에 앞서, 우리의 내적인 현상적 경험의 질적 특성을 설명하기 위하여, 방금 검토했던 쟁점처럼, 순수 과학 이론의 능력에 관해서 남아 있는 하나의 걱정을 언급하는 것이 필요해 보인다. [그러한 걱정은 다음과 같다.] 결국, 다양한 색깔경합세포들에 관한 신경부호화 이론을 안다고 해서, 그것으로 우리가, 빨간색과 같은 시각적 감각을 (내성으로) 어떻게 재인하는지 알 수 있는 것은 아니다. 그래서 그런 [신경과학적] 이론이 [설명할 수 없는] 무언가가 있지 않을까? [아무리 신경과학 이론이 발달하여 신경계 작동에 대해서 설명해준다고 하더라도] 결국, 내가 만약 색맹이었다면, 그로 인해서 그러한 영역의 경험은 '현상적으로 무지할 것이다. [즉, 그런 경험을 가져본 적이 없으므로, 그런 경험 자체에 대한 현상적 혹은 심리적 느낌 자체를 알지는 못할 것이다.] 앞에서 지금까지 살펴본, 그러한 뉴런 이론을 배우는 것이, 내가 그런 현상적 무지에서 벗어나는 데에 거의 도움이 되지는 못할 듯싶다.56)

이 마지막 문장은 전적으로 참이다. 색깔을 식별하고 재인하는 지각 기술(perceptual skill)을 가지려면, 우리의 색깔 식별 시스템이 어떻게 작동하는지에 관한 이론적 지식 이상이 필요하다. 즉, 그 이론이 우리 스스로에 대해서도 또한 **참이어야** 한다. 우리는, 그 이론이 묘사하는, **신경계 작용의 사례를 실제로 보여주어야** 한다. 색맹인 사람은 그런 시스템을 갖지 못하며, 그래서 그는 색깔에 관련된 분야에서 '현상적으로 무지할 수밖에 없다. 그 상실된 시스템에 관한 이론을 배우는 것은, 그런 이유로, [우리의 현상적 경험에 대한 이해에] 전혀 도움이 되지 않는다.

그러나 이런 지적이 그 [신경] 이론에 관해 부족한 점이 있다는 것을 의미하지는 않는다. 특별히, 그 이론은, 무엇이 다양한 형태의 색맹을 **일으키는지** 세부적인 설명을 제공한다. (그것은 하나 혹은 그 이상 의 망막 원추세포 유형이 상실된 때문인데, 그로 인해서 몇 가지 유형 의 색깔경합세포에 도달하는 정보의 부분적 혹은 전체적 상실을 일으 키기 때문이다.) 그리고 특별히, 그 이론은 그러한 식별/표상 결핍을 **고 치려면** 당신이 어떻게 해야 하는지 말해준다. (즉, 그 손실된 원추세포 유형을 만드는 유전자 표현(genetic expression)을 인공적으로 유도하고, 그렇게 하여 외측무릎핵 색깔경합세포들 사이의 상실된 시냅스 연결의 성장을 유도한다.)

그래서 무언가 배제된 것이 있다는, 그 걱정은, 특정 인지 기술 (cognitive skill)을 갖는 것(즉, 색깔 퀄리아를 식별할 수 있는 것)이 특 정 이론(즉, 색깔경합세포 이론)을 아는 것**으로부터 생겨나야만** 한다는 (혼동하는) 기대를 포함한다. 그러나 그 둘은 서로 꽤 다른 것들이며, 단순히 후자(이론)를 안다고 당신이 전자(인지 기술)을 가지게 되는 것은 아니다. 그렇지만, 만약 문제의 이론이 **당신에게 참**이라면, 즉 만 약 당신이 실제로 그 이론이 묘사하는 신경계를 지니고 있다면, 당신은 확실히 문제의 인지 기술을 가질 것이다. 당신은 본유적(선천적 (intrinsic)) 질적 본성에 따라서 동시적인 내적 반응으로 색깔을 식별할 수 있기 때문이다. 그런 능력은 우선적으로 설명될 필요가 있다. 그리고 그런 능력에 대한 설명은 정확히 색깔경합 이론을 통해서 제공된다.

행동 수준을 신경 수준으로 직접 환원하겠다고 기대하는 것은 '웃기는' 일이다.

이러한 관측은 이따금, 의식이 신경생물학적으로 설명될 수 없다는 결론을 지지하기 위해 활용되곤 한다. 그렇지만, 그러한 결론이 그저 따라나오지 않으며, 그래서 그러한 논증 역시 결코 어떤 전제로부터 결론을 이끌어내는 형식이 아니다. 왜 그렇다는 것인지 살펴보자.

신경계는 세로토닌 같은 분자에서부터, 수상돌기, 뉴런, 작은 연결망, 큰 연결망, 뇌 영역, 통합 시스템에 이르기까지, 공간적 범위에서 많은 수준의 조직을 갖는다(그림 1.1을 다시 보라). 비록 신경계가 기능적으로 중요한 수준이 정확히 무엇인지 경험적으로 결정되기는 하지만, 얼굴 재인(face recognition)과 같은 거시적 효과에 대한 설명이 가장 미시적 수준으로부터 직접 설명되기 어려울 듯싶다. 마땅히, 높은 수준의 연결망 효과는 그보다 작은 연결망의 결과일 것이며, 그 다음에, 그 작은 연결망의 효과는 그것에 참여하는 뉴런과 그것들 사이의 상호 연결에 의해 나타나는 결과일 것이며, 그리고 그 다음의 뉴런 효과는 단백질 채널, 신경변조, 신경전달물질 등등의 속성들에 의한 결과일 것이다. 이렇게 다양한 수준들을 이해하려는 노력으로부터, 우리는 여러 중간 수준의 개념들을 중간 수준의 신경조직과 계산에 적용시킬 수 있다.

환원주의자 전략에 관한 하나의 오해는, 환원을 가장 높은 수준과 가장 낮은 수준 사이에 직접 설명하는 다리를 찾는 것으로 해석하는 데에서 나온다. "단번의 설명"이란 개념은 정말로 우직함을 증가시키지만, 신경과학자들은 그러한 개념에 거의 유혹되지 않는다. 반면에, 직접 접근법과 간접 접근법은 환원주의 설명이 가장 높은 수준에서 가장 낮은 수준으로 단계적으로 진행될 것이라고 예측하며, 물론 양쪽 접근법 모두 자신들의 연구가 모든 수준에서 동시적으로 진행되어야 한다는 것에 동의한다. 뇌 조직의 중간 수준과 그 기능들에 대해서 더 많은 것들이 알려짐에 따라서, 그러한 여러 수준들과 기능들에 적절한 어휘가 분명히 발달될 것이다.

의식은 신경 효과가 아니라 아원자 효과이다.

케임브리지 대학의 수학자, 로저 펜로즈(Roger Penrose)와, 애리조나 대학의 마취 연구자, 스튜어트 하메로프(Stuart Hameroff) 또한 앎(의식)을 신경과학적으로 설명할 가능성을 품었지만, 다른 이유에서 [그 설명 가능성에] 의심을 제기하였다(Penrose and Hameroff 1995). 그들은 뉴런과 그물망 수준의 동역학적 속성들은, 아무리 복잡하게 구성되더라도, 결코 의식을 탄생시킬 수 없다고 믿었다. 펜로즈와 하메로프에 의하면, 의식의 핵심은, 뉴런 내에 극히 작은 단백질 구조인, 미세소관(microtubules)의 양자역학적 사건에서 찾아진다. 미세소관은 실제로 모든 세포에서 발견된다. 그것들은, 세포분열을 중재하는 것을 포함해서, 많은 기능을 갖는다. 뉴런 내에 미세소관은, 축삭과 수상돌기의 위아래로 단백질을 이동하기 위해서 필요한 장치이다. 그래서 우리는 다음의 질문을 하게 된다. 펜로즈와 하메로프는 아원자 현상이 그런 [의식의] 비밀을 갖는다고 왜 믿었는가? 그리고 둘째로, 그들은 의식을 중재할 것 같은 특별한 구조를 왜 미세소관에서 찾았는가? 나는 이러한 의문들에 대한 그들의 대답을 아주 간략히 설명해보겠다.

첫 번째 질문에 대한 대답은 이렇다. 펜로즈는 수학적 이해의 본성은 뉴런과 연결망에 의해 수행된다고 납득될 수 있을, 그런 종류의 계산을 초월한다고 믿었다. 뉴런 불충분성에 대한 논증에서, 펜로즈는, 산술을 위한 공리체계 내에 정리-증명 가능성(theorem provability)과 관련되는, 괴델의 불완전성 결과(Gödel Incompleteness Result)를 인용했다. 펜로즈에 의하면, 이러한 제약을 초월하기 위해 필요한 것은 양자 수준에서의 독특한 작용이다. 그가 믿기로는, 존재하다고 가정되는, 양자 중력(quantum gravity)이 묘기를 부린다. 가령 양자 중력을 충족시킬 이론이 결코 존재하지 않는다고 하더라도, 펜로즈와 하메로프의 주장에 따르면, 미세소관은 (상상되는) 양자 사건들을 지원하기에 거의 알맞은 크기이며, 미세소관은 마취약에 적절히 민감하므로, '그것들이 의식을 유지한다'는 것을 암시한다(그림 4.19).

펜로즈와 하메로프 이론의 구체적 내용은 매우 기술적이며, 수학, 물리학, 생화학, 신경과학 등에 의해 유도된다. 대부분의 사람들은, 그 구체적 내용을 숙달하기 위해 시간을 투자하기 전에, 마치 기술자들이 그러하듯이, 그 이론의 "성능지수(figures of merit)"를 측정하고 싶어 한다.57) [이 지수는 다음 의문에 대한 대답이다.] 명확히 말해서, 그 이론을 지지하는 어떤 확실한 증거라도 있는가, 그 이론이 시험 가능한가, 만약 그 이론이 참이라면, 그 이론을 설명하기 위하여 가정되는 것에 관해서, 명확하고 설득력 있는 설명을 내놓을 수 있는가? 결국, 의식으로부터 태양의 흑점 문제에까지, 모든 주제에 대해서 어떤 괴상한 이론이라도 만들어내는 데에 걸림돌은 없다. 성능지수를 누설하는 이론을 만드는 것은 미래의 투자를 위한 최소한의 조건이다.

먼저, 펜로즈의 긍정적 관점을 잠시 대략적으로 살펴봄으로써, 사람들이 수학을 어떻게 이해하는지의 의문에 대해 생각해보자. 그는 1989년에, 대략 기원전 400년 무렵 플라톤이 직접 제안했던 대로, 뻔뻔스럽게 플라톤식 대답을 이렇게 내놓았다. "수학적 개념은 그 자체적으로 존재하며, 오직 지성을 통해서만 접근할 수 있는, 관념의 플라톤 세계(ideal Platonic world)에 있다. [역자: 플라톤에 따르면, 우리가 세계를 인식할 수 있는 것은, 그것을 알아볼 관념들을 가지기 때문이고, 그 관념들은 이데아의 세계에서 우리 영혼이 태어나기 전에 보았기 때문이다. 그곳에 수학적 지식이 진리일 수 있는 근거로서 수도 존재한다.] 사람이 수학적 진리를 '알아보는' 경우에, 그 사람의 의식이 그 이상적 세계를 꿰뚫어, 그것에 직접 접촉한다. … 수학자들은 … 각기 **진리**에 이르는 직접 통로를 지녀서, 소통한다."(1989, p.428; 강조는 펜로즈)

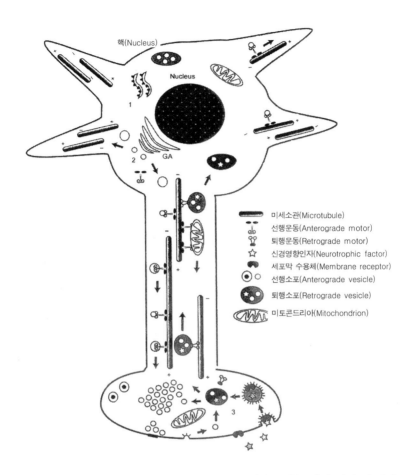

그림 4.19 뉴런과 그 내부 기관들에 대한 이런 도식적 그림은, 축삭 내의 긴 미세소관(microtubules)의 위치와 수상돌기 내의 짧은 미세소관의 위치를 보여준다. 여러 축삭 미세소관들은 같은 극성으로 배열되어 있으며, 여러 수상돌기 미세소관들은 혼합된 극성을 갖는다. 미세소관은 약 14나노미터 직경을 지닌다. 미세소관들이 축삭의 시냅스 말단 팽대부(synaptic end bulb)까지 연장되지 않는다는 것에 주목하라. 신경전달물질들이 세포체 내에 소포체(endoplasmic reticulum)(1)에 의해서 합성되며, 이것들은 골지 기구(Golgi apparatus)(2)에 의해 축적되고, 축삭과 수상돌기를 따라 미세소관의 단백질 운동에 의해서 이송된다. 선행이송(anterograde transport) 속도는 100-400nm/day이다. 시냅스에서 재활용되지 않는 종류의 소포체 단백질은 재활용을 위해서 세포체(soma)로 이송되기 위해 더 큰 소포체에 축적된다. 세포 내 공간에서 수집된 신경영향인자들(neurotrophic factors)은 역시 세포체(cell body)로 거꾸로 이송된다. 퇴행이송(retrograde transport) 속도는 대략 50-200nm/day이다. 3. 미토콘드리아는 세포의 에너지 생산 자리이다. (Zigmond et al. 1999)

수학적 인식론 내의 질문에 대한 대답으로서, 플라톤주의는 거의 만족스럽지 못하다. 우리가 지금 생물학, 심리학, 물리학, 화학 등을 통해서 아는 바에 따르면, 수학적 이해에 관한 플라톤식 이해는, 이브가 아담의 갈비뼈에서 창조되었다는 주장처럼, 상당히 꾸며낸 이야기이다. "그리하여 신의 말씀이 그리하라고 하셨다!"라는 대답을 받아들이기보다, 차라리 어떤 만족스러운 해답도 없다는 것을 인정하는 것이 훨씬 더 나을 것이다.

'의식 경험의 양자-중력-미세소관 이론'을 평가하는 주제로 돌아가보자. '성능지수'는 [우리에게 그다지] 용기를 주지는 못한다. 먼저, 수리논리학자들은 일반적으로, 괴델의 연구 결과가 뇌 기능에 관해 무엇을 함축하는지에 대해서, 펜로즈에 동의하지 않는다. 계피 냄새 맡는 것과 같은, '의식경험'과 '괴델의 연구 결과' 사이를 연결시키는 것은 결코 명확하지 못한 생각이다.58)

그렇다면, 미세소관과 앎(의식) 사이에 어떤 중요한 증거의 연결이 존재하기라도 하는가? 하메로프는 미세소관이 소수성 마취(hydrophobic anesthetics)에 영향 받아, 어느 정도 의식 상실을 유도한다고 믿는다. 그러나 마취상태에서 의식불명이 미세소관 내의 (상상된) 변화에 의존한다는 어떤 증거도 없으며, 단지 마취상태가 실제로 미세소관에 ("납득될 수 있는(could conceivably)"에 반대되는 정도로) 약간 효과를 미친다는 간접 증거가 있을 뿐이다. 반면에, 많은 증거들이, 소수성 마취가 작용하는 주된 장소인, 세포막의 단백질을 가리킨다.59)

그들이 인용한, 아원자 효과, 즉 양자가간섭성(quantum coherence)이 미세소관에서 발생한다는, 어떤 확실한 증거라도 있는가? 단지 그럴지도 모른다는 추측이 있을 뿐이다. [혹시] 미세소관 구멍의 세포질 이온이 있어, 그런 효과가 드러나지 않는 것은 아닐까? 아마도 그렇지 않을 것이다. 정말로, 양자가간섭성 효과가 세포막의 밀리볼트의 신호 활동에 의해 묻히겠는가? 아마도 그렇지 않을 것이다. 미세소관 내의 양자가간섭성의 존재가 실험적으로 검사될 수 있는가? 여러 기술적인 이유에서, 미세소관에 대한 실험은, [살아 있는] 동물보다, 접시에서(시험관에서) 수행된다. 만약 이러한 조건에서 시험이 양자가간섭성을 보여주는 데 실패한다면, 그것이 중요한 것일까? **아니다.** 왜냐하면, 미세소관은, 우리가 그러한 효과를 시험할 수 없는 상황, 즉 동물에서 다르게 행동할 것이기 때문이다. '그것이 맞다고 가정하여, 그중에 무엇이, 과거 사건 회상, 맹점 채워짐, 환각, (감각적 앎의) 주의집중 효과 등과 같은 것들을 설명하도록, 우리에게 도움이 될까? **어떻게 해서든, 그럴 수 있긴 하겠다.**

직접적으로 적합한 자료의 결핍은 충분히 불만스럽지만, 설명적 진공[즉, 전혀 설명하는 것이 없다는 것]은 파국이다. 시냅스에 장난꾸러기 먼지(pixie dust)는, 마치 미세소관 내의 양자가간섭성처럼, 거의 동등하게 (설명적으로) 강력할 것 같다. 적어도, 청사진, 개론서, 안내서, 혹은 (그 이론이, 만약 참이라면, 의식경험의 다양한 현상들을 어떻게 설명할 수 있는지 보여줄) 무엇이 없이, 펜로즈와 하메로프는 우리를 거의 설득하지 못한다. 물론 이런 이야기가, 펜로즈와 하메로프가 분명히 틀렸고, 단지 그들의 이론은 더 연구되어야 한다는 것을 보여주는 것은 아니다. 그들의 이론이 추가적으로 연구될 가치가 있는지 여부는 누군가 그 이론의 성능지수를 어떻게 평가하는가에 달려 있다.

과학이 모든 문제에 대답할 수 없다.

마지막으로, 제노 벤들러(Zeno Vendler)의 경고, 즉 과학이 모든 문제를 해결하고, 모든 질문에 대답할 것을 기대할 수 없다는 염려에 대해 생각해보자.[60] 어떤 질문은 결코 대답될 수 없다는 그의 견해에 [잠정적으로] 동의해보자. 우리가 탐색해야 할 의문으로, **이러한 문제로부터,** 즉 의식에 대한 신경생물학 문제로부터, 무엇이 함의되는가? [즉, 필연적으로 귀결되는가?] 절대적으로 아무것도 없다. 중요한 발전은, 마음에 관해 많은 질문을 던지는, 신경과학에 의해 이루어지기 때문에, 그의 견해는 마치 더 나은 진보가 가능할 것처럼 단지 비칠 뿐이다. 우리는 (적절한 시점에서) 벽을 치고 넘어설 것이지만, 적어도 지금까지는

'이미 우리가 벽을 넘어섰음[최종 목표에 도달했음]을 보여주는' 어떤 이유도 나타나지 않았다. 벤들러의 제안은 논증이 아니라, 낡은 파우스트식 수사법(Faustian rhetoric)에 불과하다. [즉, 벤들러의 제안은 확실한 근거로부터 추론된 결과라기보다, 어느 시인의 감탄사와 같다.]

2.3. 결론

이 장에서 주요한 목표는, 의식 현상에 대한 여러 뇌-기반 설명들로부터 제기되는 여러 의문들과 관련하여, 나의 판단을 전하려는 것이었다. 본 장은 [그런 질문들과 관련한] 모든 관점들을 조사할 의도를 갖지는 않았는데, 그 이유는 그 관점들이 거의 셀 수 없을 만큼 많기 때문이다. 또한 모든 것들을 동일한 비중으로 논의하지도 않았다. 내가 논의한 이론들 중에서, 어떤 것들은 다른 것들보다 더 나은 평가를 받는다. 그러한 평가는, 생산적이고 중요한 것, 즉 논리적으로 유력하거나 아니면 논리적 사기에 대한, (특별하고, 어쩌면 매우 잘못일지도 모를) 나의 의견을 반영한다.

타협할 수 없는 심층 분석을 위해 제기된 중요한 철학적 논증은 "역전된 스펙트럼" 논증과 관련된다. 나의 경험에 비추어볼 때, 이 특별한 문제는 그 무엇보다도 구렁텅이이다. 우리들 대부분은 그 문제에 대해 상당히 궁금해한다. 우리는, 틀림없이 짙은 안개 속에 있는 것일지라도, 그 논증에 무언가가 있다는 것을 막연히 느낀다. 우리는, 그것에서 가장 중요한 부분을 취하고, 명확한 이해를 가지고 떠날 수 있을 것이라고, 상당히 확신한다. 그렇지만, 종국에 우리는, 자신들이 어떻게 그런 곤경에 빠져 있고, 그런 난처해하는 자신들을 어떻게 구제할 수 있을지 알지 못한 채, 어찌할 수 없는 곤경에 빠져 있는 자신을 보게 될 가능성이 높다. 나의 목표는 그런 논증의 전체 구조를 적나라하게 드러내고, 그런 논증이 추구하는 다양한 노선을 (아무리 그 통로가 복잡할지라도) 따라가보는 것이다. 만약 이러한 나의 기획이 성공을 거둔다면, 독자들은 분명 [그런 논증의] 논리적 강점 혹은 오류를 알아볼 수 있을 것이며, (어느 것이든) 그런 논증이 (의식 현상의 문제에 대한) 신경과학의 공격에 대해서 어떤 중요한 의미를 갖는지 정확히 알아볼 수 있을 것이다.

역전된 스펙트럼 논증과 더불어, 나는, 의식의 본성에 관한 여러 질문들에 대해서, 신경과학이 대답해줄 것이라 기대하는 것의 (소위) 무익함을 논증하는, 다른 여러 철학적 논증들을 숙고해보았다. 비록 (고려된) 각각의 회의주의 논증들이 상당한 추종자들을 자랑하고, 그러한 이유만으로도 주의 깊은 분석이 있어야 했는데, 검토해보니 그중에 어느 것도 신뢰할 만한 것은 없었다. 또한, (각 논증들이 **개별적으로** 신뢰될 수 없듯이) 그 논증들은 **종합적으로도** 신뢰할 만한 회의주의를 만들어내지 못한다. 물론 그런 논증들이 결함이 있다는 것이 곧 신경과학이 실제로 의식에 대한 우리의 이해를 성공적으로 확장할 수 있다는 것을 보여주는 것은 아니다. 그것은 단지 단순한 가능성에 비추어 제안된 회의주의자의 결론이 신뢰될 수 없다는 것을 보여줄 뿐이다. 물론, 회의주의에 대한 가장 설득력 있는 대답은 신경과학 내에서 설명의 진보[가 이루어지고 있다는 증거들]이다.

[선별된 독서목록]

Churchland, P. M. 1988. *Matter and Consciousness*. 2nd ed. Cambridge: MIT Press.

Churchland, P. M. 1995. *The Engine of Reason, The Seat of the Soul*. Cambridge: MIT Press.

Crick, F., and C. Koch. 2000. The unconscious homunculus. In T. Metzinger, ed., *Neural Correlates of Consciousness*, pp.103-110. Cambridge: MIT Press.

Damasio, A. R. 1999. *The Feeling of What Happens*. New York: Grossett/ Putnam.

Dennett, D. C. 1991. *Consciousness Explained*. Boston: Little Brown.

Hobseon, J. A. 1999. *Consciousness*. New York: Scientific American Library.

Llinás, R 2001. *I of the Vortex*. Cambridge: MIT Press.

Metzinger, T. 2003. *Being No One: The Self-model Theory of Subjectivity*. Cambridge: MIT Press.

Palmer, S. E. 1999. *Vision Science: Photons to Phenomenology*. Cambridge: MIT Press. See especially Chapter 13.

Parvizi, J., and A. R. Damasio. 2001. Consciousness and the brainstem. *Cognition* 79: 135-159.

Walsh, V., and A. Cowey. 2000. Transcranial magnetic stimulation and cognitive neuroscience. *Nature Reviews: Neuroscience* 1: 73-80.

웹사이트

BioMedNet Magazine: http://news.bmn.com/magazine

Comparative Mammalian Brain Collections: http://brainmuseum.org

Encyclopedia of Life Sciences: http://www.els.net

Higher Order Visual Areas: http://www.med.uwo.ca/physiology/courses/sensesweb/L3HigherVisual/13v23.swf

The MIT Encyclopedia of the Cognitive Sciences: http://cognet.mit.edu/MITECS

5장 자유의지

1. 머리말[1]

인간 사회생활의 상당 부분은, 행위자들이 자신들의 행위를 조절할 수 있으며, 그 행위를 선택한 것에 책임진다는 기대에서 출발한다. 일상생활의 상식적 관점에서, 어느 사람이 정상적이면서 [자신의 행위에 대한 결과를 어느 정도] 알면서 의도적으로 선택한 행위에 대해 처벌과 보상이 따르는 것은 마땅히 그럴 만하다고 여겨진다. 행위자의 조절과 책임에 대한 가정이 없다면, 인간 사회의 교류는 거의 이해되기 어렵다. 우리는, 사회적 종의 구성원으로서, 협력, 존중, 충실, 보살핌 등등이 사회적 환경을 조성하는 중요한 특징이라고 생각한다. 만약 일부 구성원이 사회적으로 중요한 기대를 저버린다면, 우리는 그것에 적대적으로 반응한다. 사회적으로 잘못된 행동에 대해 (예를 들어, 상대해주지 않거나, 괴롭히는 등의) 고통을 주고, 사회적 미덕에 대해서는 보상하는 등은 사회적 규범을 복원하게 한다.

다른 사회적 종들과 마찬가지로, 호혜적으로 돌보지 않거나 음식을 나누지 않는 등의 사회적 불신은 이탈적 행위자에게 반발을 불러들인다. 적어도 사회적 포유류의 경우에, 사회적 명령에 따르는 메커니즘은 진화가 우리 뇌 회로 속에 전승시켜온 것들 중에 하나이다. 사회적 기대감의 기준선을 지키는 것은 생존을 위해 매우 중요하므로, 구성원들은 그러한 기대감을 강화하도록 [그것을 어겼을 경우에] 대가를 지불하기 마련이다. 개를 기르는 사람이라면 누구라도 복잡하지만 일반적인 현상, 즉 개들 사이의 상호작용에서 사회적 안정성을 유지하는 것을 목격한다. 성장한 (어른) 개는 (어린) 강아지에게 무엇이 허용될 수 없는 행동인지 가르치며, 보통 개들은 처음 만난 다른 개들을 시험해 본다. 그렇게 하여 어느 영역이 자신들의 영역인지, 그리고 어느 사람을 지켜주어야 하는지를 알게 된다. 애누비 비비원숭이(anubis baboons)는, 맛있는 전갈이 바위 아래에서 발견되더라도 그냥 집어 먹을 수 없다는 것을 배우듯이, 적절히 기대되었던 호혜적 돌봄에 대한 실패는 [즉, 답례하지 않으면] 한 대 얻어터지는 대가가 있다는 것도 배운다. 앞의 3장에서 논의되었듯이, 우리 행동의 상당 부분은, 물리적 세계에서 뿐만 아니라, 사회적 세계에서도 사건의 특정 결과에 대한 기대감에 의해 유도된다(그림 5.1).

만약 상벌 체계가 사회적 행동을 형성하는 일에 분명히 효과적이라면, 행위자가 보상받을지 아니면 처벌받을지는, 그 행위가 (그 행위자에 의해) 조절되었는지 여부에 달려 있다. 따라서 다음과 같은 중요한 문제가 제기된다. 우리 인간이나 비비원숭이 또는 침팬지로 하여금 각자의 행동을 조절하게 만드는 것은 무엇인가? 우리는 각자의 선택과 결정에 정말 책임져야 하는가? 의사결정(decision-making)의 신경 메커니즘을 신경과학적으로 이해하게 된다면, 우리가 사회적 교류의 기초적 특징들[즉, 협력, 존중, 충실, 보살핌 등]을 이해하는 방식도 바뀌게 될까? 이러한 의문들은, 자유의지(free will)에 관한 여러 쟁점들이 실질적으로 적절하지 않다는 의문을 제기하게 만들며, 무엇이 공정함이고, 무엇이 합리적이며, 무엇이 시민사회를 유지하기 위해 효과적인지 등등에 대한 우리의 이해를 증진시킬 것이다.

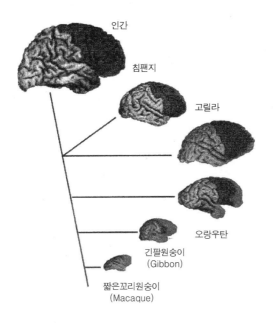

인간

침팬지

고릴라

오랑우탄

긴팔원숭이
(Gibbon)

짧은꼬리원숭이
(Macaque)

그림 5.1 여섯 영장류의 전두엽(어둡게 표시된). 여러 종들 사이에 진화적 관계가 연결선으로 표시되었다. 비록 인간의 뇌가 다른 영장류들의 뇌에 비해 현격히 크기는 하지만, 이러한 종들 사이에 전두엽의 비율은 거의 동일하다. 전두엽은 계획 세우기, 충동조절, 사회화, 그리고 행동의 조직화 등에서 중요한 역할을 담당한다. (Semendeferi et al. 2002)

2. 만약 우리의 선택과 행동이 인과된 것이라면, 그것을 우리가 책임져야 하는가? 그리고 우리가 그 행동을 조절한 것일까?

한 전통에 따르면, 무엇을 하도록 **인과된** 경우와 **그렇지 않은** 경우 사이의 대비는 자유의지와 조절이란 조건으로 구분된다. 예를 들어, 누군가 나를 밀어서 내가 어쩔 수 없이 당신과 부딪치게 되었다면, 그런 나의 행동은 다른 사람에 의해서 떠밀리는 인과적 [작용]이다. 즉, 나는 당신에게 부딪치려는 행동을 선택하지 않았다. 그러므로 내가 당신과 부딪친 것에 대해 나는 책임이 없다. 만일 당신이 내가 당신에게 부닥친 것에 대해 나를 처벌한다고 하더라도, 그것은 미래에 내가 그러한 일을 다시 하지 않도록 교정시키지는 못한다. 이러한 전형과 유사한 여러 사례들은 우리의 생각을 확장시켜준다. **어느 선택이라도 그것이 자유롭게 이루어졌다면, 그것은 절대적으로 인과적이 아니다.** 다시말해서, 만약 우리가, 어느 사전의(prior) 인과 없이 그리고 사전의 제약없이, 어느 행동을 유발하는 결정을 스스로 내린다면, 그것은 자유선택에 의한 것이다. 소위 자유선택에 의한 행동 사례들은 다음과 같다. [미국 아칸소 주에 있는] 리틀록(Little Rock) 지역에 인종차별을 막기위해 [주 방위군에 맞서도록] 연방군대를 동원시켰던 아이젠하워 대통령의 결정, 카푸치노를 사러 커피숍에 가려는 나의 결정 등이다. 이렇게 자유선택에 대한 **반인과적** 개념은 자유지상주의(libertarianism)라고불린다.2) 그런데 그것이 가능한가? 다시 말해서, 그 전형적인 자유선택의 경우들이 실제로 **비인과적**(uncaused) 선택인가?

흄이 1739년에 논증하였듯이,3) 그 대답은 "**아니요**"이다. 흄의 주장에 따르면, 우리의 자유선택과 결정은 실제로 우리 마음의 다른 사건들, 즉 열망, 믿음, 선호, 느낌 등등에 의해 인과된다. 따라서 아이젠하워의 결정은 연방 학교통합 법안이 조롱받아서는 안 된다는 그의 믿음과 열망의 결과물인 셈이다. 그의 결정은 앞선 믿음, 생각, 희망, 염려등등과 무관하게 갑작스럽게 등장한 것이 아니다. 내가 카푸치노를 먹으러 간 것은, 그것이 내가 그 시간 무렵이면 늘 해오던 습관이며, 그래서 먹고 싶었고, 내가 그것을 살 돈을 가지고 있었고 등등 때문이다. 이러한 인과의 선행(causal antecedents)이 없었다면, 그리고 여러 인지적 인과의 선행이 없었다면, 나는 결코 커피를 사러 가지 않았을 것이다. 반대로 다음을 가정해보자. 어느 선행적 원인 없이 나는 갑자기 술집에 들러 보드카를 한 잔 주문하고 벌컥 마신다. 그렇지만 나는 보드카를 마실 어떤 선행적 욕구가 없었으며, 어느 때라도, 비록 오후일지라도, 술집에 들르는 습관도 없었다면, 그 행동은 내 인지적 상태와 기질로 보아 아주 이상하다고 여겨질 것이다. **이것이 자유선택의 전형적모습인가? 이것이** 전형적으로 책임질 행동인가? 분명 아니다.

이러한 종류의 가능성을 고려하는 가운데, 흄은 더 깊은 핵심을 보았다. 행위자의 선택이 자신의 열망, 의도 등등에 의해 인과되지 **않을 경우**, 그것이 자유롭게 이루어진 것으로 인정되기 어렵다. 무작위, 순수한 우연, 극단적 예측 불가능성 등은 책임질 선택을 결정지을 선결조건이 아니다. 흄은 이러한 문제를 다음과 같은 명언으로 남겼다. "만약 어떤 행동이 그 행동을 한 사람의 성격과 성향 등의 여러 원인으로부터 나온 것이 아니라면, 우리는 그러한 행동을 결코 그의 것으로 인정할 수 없으며, 그의 명예를 선행, 오명, 악행 등으로 규정지을 수 없다."[4)

흄은 다음과 같이 주장한다. 논리학이 드러내는바, 책임질 선택이란 자유지상주의(비인과적 선택)와 실제로 **양립되지 않는다.** 어떤 사람이 자신의 집 지붕 위로 올라가는 선택을 할 수 있는데, 그것은 자신의 집 안으로 빗물이 새어 들어오는 것을 원하지 않으며, 빗물이 들어오는 깨진 기와를 고치고 싶어 하며, 그렇게 하려면 지붕 위로 올라갈 필요가 있다고 믿었기 때문이다. 비록 그것들이 내성적으로 **인과되는 줄** 스스로 알지 못했더라도, 그의 열망, 의도, 믿음 등등은 그의 선택을 일으키는, 일부 인과적 선행 조건들이다. [그의 행동을] 결정짓는 어느 욕구와 믿음이 없이 만약 그가 단순히 본능적으로, 즉 아무런 **이유 없이**, 지붕 위로 올라갔다면, 그가 제정신이었을지 그리고 자기조절 능력이 있을지 심각히 의심될 수 있다.

더 일반적으로 말해서, 행위자가 믿고, 의도하고, 욕구하는 등의 무엇에 의해 결정된 것이 아닌 선택이란 행위자의 조절을 벗어난 것이라고 여겨지며, 그런 선택은 누군가에게 책임을 지우기 어려운 종류의 선택이다. 더구나 만약 욕구와 믿음이, 행위자의 성격과 기질 등의 다른 일정한 특징들에 의해 인과되었다기보다, (만약 물리적으로 인과적일 수 있지만) 비인과적으로 일어난 것이라면, 그런 욕구와 믿음은 책임질 선택의 조건에 해당되지 못한다. 만약 하나의 욕구가, 갑작스럽게 다른 욕구 또는 일반적 성격에 대한 선행 조건들과 연결되지 않고서, 내 마음에 들어온다면, 예를 들어, 재봉사가 되어야 한다는 상당한 욕구가 발생한다면, 분명히 누군가 "내 마음을 흔들어놓는다"고 의심해 봐야 한다. 분명 뇌는, 성장호르몬이 방출되거나 혈압이 110/85라는 것을 내성으로 감지하는 어떤 수단도 가지고 있지 않듯이, 지붕을 고치려는 욕구가 인과적임을 내성적으로 인식할 어떤 메커니즘도 가지고 있지 않다. 그렇지만, 욕구는 매우 확실히 일종의 인과, 즉 원인이다.

선택이 내적으로 인과된다는 흄의 논의, 그리고 자유지상주의가 터무니없다는 그의 주장 중에 어느 것도 지금까지 의심된 적은 없었다. 더구나 주목해야 할 것으로, 그의 논의는 '마음(mind)'이 분리된 데카르트식 실체(Cartesian substance)인지 혹은 물리적 뇌의 활동 패턴인지를 개의치 않았다. 그리고 그의 논의는 병인학적으로 관련된 상태가 의식적인지 무의식적인지에 대해서도 개의치 않았다.

더구나 사실상 뇌는 정말 인과적 장치로 보인다. 지금까지, 어느 신경사건(neural event)이 인과 없이 일어난다는 어떤 증거도 없다. 신경과학은 아직 초기 단계에 있으며, 따라서 그런 증거가 언젠가 나타날 가능성을 완전히 배제할 수는 없다. 그렇지만, 그런 증거가 나온다고 하더라도, 또 다른 증거가 그것을 반박할 것이다. 중요하게 지적해야 할 것으로, 비록 비인과적으로 작동되는 신경사건이 발견되더라도, 그러한 사건이 정확히 선택을 일으키는지를 알아보는 일은 더 나아가는 실질적 문제이다. 우리 모두가 아는 바에 따르면, 신경사건이란 성장호르몬 방출의 특징 또는 수면/깨어남 주기(sleep/wake cycle)의 변화와 상관이 있어야만 한다.

뇌의 모든 사건들이 인과적일지라도, 그것이 우리가 그 행동들을 예측할 수 있음을 의미하는 것은 아니다. 인과성(causality)과 예측 불가능성(unpredictability)은 완전히 양립 가능하다. 인과란 어떤 사건을 일으키는 조건과 관련하며, 반면에 예측 가능성이란 우리가 그런 조건들에 관해 안다는 것과 관련한다. 어떤 사건이 복잡계(complex system)로 작용한다면, 그 사건이 [비록 예측 가능하지 않지만] 인과적으로 통제되는 것이다. 어떤 조건이 실제로 획득되는지를 우리가 정확히 알지 못하는 어느 임의의 경우일지라도, 그래서 그 사건의 본성을 엄밀히 예측할 수 없는 경우라도 그렇다. 그러한 경우일지라도, 비록 우리의 능력이 엄밀한 예측을 할 수 없지만, 우리는 종종 유용한 일반적 예측을 할 수는 있다. 따라서 나는 에펠탑 꼭대기에서 떨어지는 1달러 지폐가 땅으로 떨어지리라는 것을 2분 내에 예측할 수 있지만, 그것이 팔락거리는 패턴과 떨어질 궤도를 정확히 예측할 수는 없다. 그것의 미묘한 운동 변화는 공기 흐름의 순간마다의 변화에 의존하며, 그 변화는 내가 적절한 측정을 하고 적절히 계산할 수 있는 것보다 훨씬 빠르게 일어날 것이다. 비록 내가 아주 강력한 계산기를 갖는 행운이 있더라도, 그것을 예측하기란 쉽지 않다. 그럼에도 불구하고 그 지폐의 매 순간적 운동은 인과적이다.

그와 유사하게, 의사결정과 선택에 관련된 뇌 사건은 아마도 모두 인과적 사건들일 테지만, 이것이 (만약 내가 당신에게 캘리포니아 주립대학 샌디에이고(UCSD)에서 설크 연구소(Salk Institute)로 가는 길을 물을 때 당신이 뭐라고 대답할지를) 내가 아주 엄밀히 예측할 수 있음을 의미하는 것은 아니다. 당신이 그 지역 사정을 잘 알고, 주의집중하고 있으며, 방향감각이 있고, 누가 길을 물으면 솔직히 대답하는 경향이 있다는 등을 내가 만약 알고 있다면, 당신이 무엇이라고 대답할지 나는 대충 예측할 수 있다. 또한 나는 다른 많은 것들을 상당한 확신을 가지고 예측할 수 있다. 사람들은 (허용될 경우) 밤에 적어도 몇 시간은 잠을 청할 것이며, 24시간 동안 이따금 먹고 마시고 싶어 할 것이며, 얼음 위에 맨몸으로 오랫동안 앉아 있고 싶어 하지는 않을 것이라는 등등을 상당한 확신을 가지고 예측할 수 있다. 나는 또한 신생아는 무엇이든 빨려고 하며, 강아지는 신발을 물어뜯고, 대부분 대학생들은 자신이 가장 마음에 들어 하는 채소가 당근이라고 말할 것이라는 등등을 예측할 수 있다. 그러나 이러한 예측은 대략적이고 일반적일 뿐, 정확한 예측은 아니다.

뇌는 엄청나게 복잡한 [즉 복잡계의] 동역학적 시스템(dynamic system)이다. 인간 뇌는 대략 10^{12}개의 뉴런과 10^{15}개의 시냅스를 가진 것으로 추정된다. 신경사건의 시간은 밀리초 범위 내에서 일어난다. 시냅스 사건과 신경사건들이 오직 인과적으로 관련된 사건들이라고 짐작해보면, 어림짐작으로도 인간의 뇌는, 거의 1-100밀리초에 걸쳐 변화되는, 매개변수(parameters)를 10^{15}개 정도 가진다는 것을 의미한다. (이것도 저평가에 불과한데, 유전자 표현 같은 것이 관련된 신경의 내적 사건들이 있기 때문이다.) 이러한 형국은 다음을 의미한다. [뇌와 관련하여] 모든 것들을 적절히 측정한다는 것, 그리고 엄밀한 예측을 실시간으로 하도록 모든 계산을 적절히 수행한다는 것은 물리적으로 가능하지 않다. 그래서 뉴런 각각에 대해서 또는 시냅스 각각에 대해서 예측한다는 것은 떨어지는 지폐의 엄밀한 경로와 펄럭임을 예측하는 것보다 더 어려운 일이다. 따라서 논리적으로 다음과 같이 말할 수 있다. 인과성은 예측 가능성을 함의하지(entail) 않으며, **예측 불가능성은 인과성과 무관함(noncausality)을 함의하지 않는다.** [즉, 인과적 작용이더라도 우리가 그 작용의 미래 결과를 반드시 예측할 수 있는 것은 아니며, 예측할 수 없다고 해서 그것이 반드시 인과적이 아니라고 말할 수 없다.] 다르게 표현해서, 인과성과 예측 불가능성은 완전히 양립 가능하다.5)

우리가 만약 자유선택을 할 수 있다면, 그것이 무엇과 같을지 곰곰이 생각해보자. 적절한 변수와 시간 범위가 주어지더라도, 어느 행위자의 행동을 절대적으로 정확히 예측할 수 없다는 사실에 의해 우리는 감동받기 쉬운 경향이 있다. 그래서 우리는 다음과 같은 예감을 키워낸다. 내가 잎(green) 샐러드와 구근(beet) 샐러드 중에 어느 것을 선택할지, 혹은 내가 "안녕(Hi)"과 "좋은 아침(Good morning)" 중에 어느 인사를 선택할 것인지 등을 만약 당신이 예측할 수 없다면, 내 선택은 실제로 인과되지 않으며, 따라서 자유로운 선택이었다. 그러한 예감은 만약 다음과 같은 암묵적 가정에 의해 지지될 경우 아마도 훨씬 더 매력적일 수 있다. "비인과적임"은 "예측 불가능함"을 함축하며, "예측 불가능함"은 "비인과적임"을 함축한다. 그렇지만 내가 앞에서 밝힌 바와 같이 이것은 아주 잘못된 생각이다. 그 함축은 오직 한 방향으로만 적용된다. "예측 불가능함"은 "비인과적임"을 함축하지 않기 때문이다. 인과성과 예측 가능성의 관계에 대한 논리가 명료하게 밝혀지기만 하면, 어떤 논리적 관계도 예측 불가능하다는 사실로부터 비인과적이라는 예측을 이끌어낼 여지는 남지 않는다.

그럼에도 불구하고, 자유선택이 비인과적 선택이어야만 한다는 것을 믿는 경향을 가진 사람들에게 호소력을 제공하는 한 관점이 있으며, 그 논지는 다음과 같다. 물리적 세계에서 무작위 선택은 어느 정도 자유선택을 자유로운 것으로 만든다. 양자역학(quantum mechanics)의 출현과 양자 미결정성(quantum indeterminacy)의 개념을 존중하여, 어느 정도 다른 양자 수준의 미결정성이 자유의지의 문제에 "대답"을 제공할 근거라는 제안은 일부 자유지상주의자들에게 미련을 남겨주었다.6) 그러한 가설은, 본질적 논의에서 벗어나며, 다음을 주장한다. 비록 행위자가 적절한 욕망, 믿음 등등을 갖춘다고 하더라도, 그는 여전히 진정으로 모든 선행 인과조건과 상관없이 선택할 수 있다. 이런 관점에서 (그 행위자의 뇌 혹은 그의 욕망 혹은 정서가 아닌) 예를 들어, 그 행위자는 마실 커피로 카푸치노와 카페라떼 중에 하나를 자유롭게 선택한다. 그 결정 순간에 미결정성 또는 인과성 없음 또는 인과적 연결의 붕괴가 (그것을 무엇이라 호칭하든) 하여튼 일어난다. 따라서 그 차후의 선택은 절대적으로 자유롭다.

이러한 생각은 어떤 경험적 가설이 있다는 것을 의미하며, 그렇기 때문에 그런 생각은 신경생물학적으로 파악되는 여러 질문을 불러일으킨다. 예를 들어, [자신의 행위를] **선택한 행위자**란 신경학적 용어로 정확히 무엇인가? 선택한 행위자란 개념이 뇌 내부에 자아와 자아-표상능력에 관한 우리의 이해에 근거하여 어떻게 설명되는가? 가정되는 무인과적 사건(noncausal events)이란 정확히 어떤 조건 아래에서 발생하는가? 내가 두 개의 동등하게 선하거나 혹은 동등하게 나쁜 대안 사이에서 쩔쩔매거나 번민할 경우에만 오직 무인과적 선택이 존재할까? 대화 중에 내가 "고집 센"이란 단어 대신 "확고한"이란 단어를 사용할 경우에는 어떨까? 욕망을 **발생시킨다**는 측면에서 그러할까? 아니라면 왜 아닐까? 양자물리학에서 제기되는 물음 또한 있다. 무결정론적 사건(nondeterministic events)을 증폭하는 메커니즘은 무엇일까? 만약 양자효과가 존재한다고 여겨진다면, 그것이 어떻게 열 미결정성(thermal indeterminacy)으로 포섭되지는 못하는 것일까?

이러한 의문들은 경험적으로 제기되는 질문들 중에 단지 눈사태를 일으킬 작은 눈뭉치일 뿐이다. [즉, 이러한 의문들은 감당하기 어려운 엄청난 그리고 수많은 문제들을 불러일으킨다.] 이러한 효과로 사람들은 말도 안 되는 임시방편의 보조가설을 제안하기도 한다. 다시 말해서, 그 제안은, 사실적 문제를 넘어, 믿기 어려운 이데올로기를 보강하려는 욕망에서 나온다. 그렇지만 나는 이 자리에서 그 장점과 단점을 충분히 논의하지 않을 것이며, 의사결정의 신경생물학에 대한 더욱 깊은 논의가 전개될 때까지, 비인과적(uncaused) 선택의 양자 차원 가설에 대한 더욱 면밀한 분석을 뒤로 미루겠다. 그러한 신경생물학적 논의는 우리로 하여금 신경생물학적 실험 자료들이 뇌에서 인과성과 선택의 문제에 무엇을 알려주며, 따라서 무인과적(noncausal) 선택의 가설을 평가하는 더 풍부한 맥락을 제공할 것임을 알려줄 것이다. 이제 그러한 가설로 돌아가서, 그것을 비판적으로 검토하자. 이를 위해 6장을 돌아보자.

따라서 잠시, 유력한 가설, 즉 흄이 근본적으로 옳으며 따라서 어떻게 보더라도 모든 선택과 모든 행동이 인과적이라는 관점을 채택해보자. 그렇지만 절대적으로 중요한 다음을 놓치지 말아야 한다. 모든 종류의 원인들이 자유선택과 양립 가능하지는 않으며, 모든 종류의 원인들이 책임의 심판 앞에서 동등하지는 않다. 일부 원인들은 유죄로부터 우리를 용서하게 하지만, 다른 원인들은 일부 의도적 행동과 관련되므로, 우리를 유죄로 만든다. 여기에서 다음과 같은 중요한 의문이 나온다. 행동의 원인들 중에, 어떤 종류는 자유선택을 하도록 하고, 다른 것들은 강제된 선택을 하도록 만드는, 그 관련성의 차이는 무엇인가? 다시 말해서, (행위자에게 책임이란 말을 적용할) 자발적 행동과 비자발적 행동 사이에 체계적으로 뇌에 근거한 차이가 있는가? 이것은 중대한 문제인데, 왜냐하면 우리가 사람들에게 책임을 판정하는 것은 그들의 행위가 무엇인지에 대해서이기 때문이다. 그러한 행위들이 의도적으로 다른 사람들에게 해가 될 경우에, 사회적 비난에서부터 사형에 이르기까지 다양한 정도의 처벌이 그 행위자에게 부과될 수 있다. 어느 경우에 행위자에게 책임을 부과하는 것이 적절한가? 어느 경우에 처벌이 정당화되는가?

인과의 맥락에서 조절과 책임이 어떻게 의미를 갖는지 설명하려는 많은 탐구 노력이 있었다. 그러한 노력은 "양립 가능주의(compatibilism)"라는 일반적 규정으로 귀착되었으며, 그것이 의미하는 바에 따르면, 근본적으로 '책임'이란 우리의 일상적 용어는 '마음-뇌가 인과적 장치이다'라는 개연적 참과 **양립 가능하다**. 일차적으로 우리는 적절한 책임과 원인이 무엇인지에 대한 어느 정도 명확하지만 실패된 시도들을 검토하고 난 후에, 우리 뇌에 대해 넓어진 이해가 전체적으로 설득력 있는 설명을 제공할 것임을 보여줄 것이다.

3. 인과된 선택과 자유선택: 몇 가지 전통적 가설들

3.1. 자발적 원인이 내적 원인이다.

우리는 다음 규칙에 따를 수 있겠는가? "만약 행동의 원인이 내적이라면, 당신은 그것에 책임을 져야 한다. 물론, 그렇지 않다면 책임지지 않아도 된다." 단연코 "아니다"라고 대답할 몇 가지 이유가 있다. 헌팅턴병(Huntington disease)을 가진 환자는 어떤 의도적 목적을 갖지 못하지만, 어떤 내적 원인에 의해서 몸을 움찔거리는 동작을 보여준다. 그러나 그 환자에게 그러한 동작의 책임을 지울 수는 없다. 왜냐하면 그러한 동작은 그 질병이 뇌의 선조체(striatum) 구조에 영향을 미친 결과이기 때문이다. 그는 자신의 동작을 통제할 수 없으며, 그러한 동작은 의도적이지 않고, 따라서 (자신이 실행할 수 없는) 실제 욕망과 의도와는 무관하다. 몽유병 환자(sleepwalker)는 전화선을 빼거나 자기 집 개를 걷어찰 수 있다. 이런 경우 역시 그 원인이 내적이지만, 그가 곧이 곧대로 책임지지는 않는다. 최소한 그 몽유병 환자는 자신의 행동을 의도할 수 있지만, 자신의 의도를 명백히 의식하지는 못한다.

3.2. 자발적 원인은 내적이며, 행위자의 의도를 포함하므로, 그 행위자는 자신의 의도를 분명히 안다.

[자유선택을 규정하는] 위의 전략에 대한 이러한 수정 역시 실패한다. 강박장애(obsessive-compulsive disorder, OCD)가 있는 환자는 자신의 손을 씻어야 한다는 억누를 수 없는 충동을 갖는다. 그 환자는 손을 씻기를 원하며, 의도를 가지며, 자신의 욕구와 의도를 충분히 안다. 그는 자신의 그 욕구가 자신의 것임을, 즉 자신의 손을 씻고 있는 사람이 자신임을 안다. 그렇지만, 강박장애 환자에게 손을 씻거나 발걸음을 세는 등의 강박성 행동은 그 행위자의 조절 능력을 벗어난다고 알려져 있다. 강박장애 환자는 종종 자신이 손 씻기와 발걸음 세기 등을 하지 않으려는 징후를 보이지만, 그렇게 할 수 없다. 프로작(Prozac)과 같은 약물 간섭에 의해서 그 환자는 우리가 정상이라고 여겨질 모든 행동들, 즉 자신의 손을 씻을지 말지를 자유롭게 선택할 수 있게 된다.

3.3. 자발적 원인은 내적 원인과 다르다.

다른 전략은 '의도적 원인'과 '강제된 원인'을 구분 짓는 것이다. 이런 구분은 '우리가 의도하고 선택한 행동'과 '우리가 조절할 수 없다고 느끼는 행동' 사이의 내적 경험의 느낌 차이에서 나온다. 그러므로 소위 이 전략은, 퇴비 더미에서 튀어나오는 쥐를 보고 놀라는 반응으로 비명 소리를 낼 경우와, 누군가에게 관심을 끌거나 도움을 청하기 위해 비명 소리를 낼 경우를, 다르게 본다. 내성(introspection)은 반응을 신뢰할 만하게 유도하는가? 내성, 즉 세심하고, 주의 깊으며, 의식되는, 내성은 우리가 책임질 행위의 내적 원인과 그렇지 않을 행위의 내적 원인을 구분 짓게 하는가?(Crick 1994와 Wegner 2002 참조)

분명 아닐 것이다. 내성이 안내자[즉, 그것들을 구분할 기준]가 아니라는 것을 보여주는 많은 명확한 증거들이 있다. 공포증(phobic) 환자, 방금 전에 예를 들었던 강박장애(OCD) 환자, 그리고 투렛 증후군(Tourette's syndrome)[즉, 실조증 또는 반향언어증] 환자 등이 그런 기대를 흐리게 하는 명확한 사례들이다. 밀실공포증 환자의 경우에, 동굴에 들어가지 않으려는 욕구는 구명조끼를 입지 않고는 래프팅을 하지 않으려는 욕구만큼 자신의 것으로 느낀다. 심지어 그 환자는 양쪽 모두에 대해서, 그것이 안전하지 않으며, 회피할 수 없는 부상이 일어날 수 있다는 등의 이유를 제시할 수 있다. 동굴에 들어가지 않겠다는 그 환자의 욕구는 매우 강하겠지만, 배가 고플 때 먹으려는 그의 욕구와 자신의 아내와 함께 잠을 청하려는 그의 욕구 또한 그러할 것이다. 그러므로 단지 욕구의 강렬함이, 책임을 덜 질 행동과 전적으로 책임을 질 행동 사이에, 명확히 구분 짓게 하지 못한다.

다양한 종류의 중독은 그 이상의 장애를 보여준다. 흡연자는 담배에 대한 욕구가 정말 자신의 것임을 느낀다. 흡연자는 담배를 집기 위해 손을 뻗는 행동이 마치 텔레비전을 켜기 위해 또는 자기 코를 만지기 위해 손을 뻗는 경우와 마찬가지로 자유롭다고 느낄 것이다. 그가 그러한 행동이 자신의 행동이 아니길 바랄 수는 있겠지만, 그러한 느낌과 관련된 그의 행위는 담배를 끊으려는 욕구만큼 강한 욕구에서 나온다. 사춘기의 성적 관심과 욕구의 강도가 증가하면 뇌에 호르몬 변화가 분명히 일어나며, 그런 것은 스스로 조절할 수 있는 종류의 것이 아니다. 그렇지만, 어느 정도 내적인, 성적 관심, 성향 그리고 행동적 느낌의 대안 등은 모두 매우 자유롭게 선택할 수 있기도 하다.

[전통적 입장을] 더 난감하게 만드는 많은 일상생활의 사례들이 있다. 일상적으로 우리는 의사결정이 전적으로 자신의 것이라고 가정한다. 그렇지만 다른 사람에 의해 미묘하게 자신의 욕구가 조작될 수 있다. 이것은 실제로 의사결정에서 결정적 요소로 작용한다. 현재 유행에 따라서 어떤 옷은 아름답고, 다른 것은 유행에 뒤졌다는 것을 우리는 알게 된다. 그리고 우리는 자신들의 의상 선택이 어느 선택과 마찬가

지로 자유롭다고 내성적으로 느낀다. 그렇지만 유행하는 패션은 우리가 아름답다고 여기는 것에 엄청난 영향을 주며, 이런 효과는 단지 옷에 대한 선택에서 뿐만 아니라, 여성의 신체에 대해 뚱뚱한지 날씬한지를 평가하는 미적 판단에서도 그러하다. 야구 모자를 거꾸로 돌려쓰는 것이 수십 년 동안 유행이었으며 멋지다고 여겨졌지만, 다른 시각에서 대부분의 사람들은 야구 모자를 거꾸로 쓰는 것을 덜 매력적으로 느낀다.

사회심리학자들은 [전통적 관점을] 흐리게 하는 수많은 사례들을 제시하는데, 다음의 사례는 정곡을 찌른다. 실험자가 쇼핑몰의 테이블 위에 열 장의 동일한 팬티스타킹을 놓고서, 구매자들에게 선택하게 한 다음 자신들의 선택에 대해서 간략히 그 이유를 설명하도록 하였다. 구매자들은 자신들의 합리적 이유로 색상을 들었고, 구매하지 않은 사람들은 너무 얇기 때문이라고 설명했다. 실제로는 상당 부분 위치 효과 때문이다. 즉, 구매자들은 테이블 오른쪽 모서리 부분에 놓인 팬티스타킹을 집는 경향이 있다. 어느 누구도 이것이 의사결정의 요소라 생각하지 않으며, 어느 누구도 선택을 위한 기반으로 위치를 고려하지 않지만, 실제로는 분명히 그러하다. 결국 열 장의 팬티스타킹은 모두 동일한 것이었다. 다른 사례들, '초기 잠재의식 지각'과 '정서적 조작' 또한 (어느 행동이 조절된 것이며 어느 행동은 그렇지 않은지) 문제에 우리가 내성에 호소하여 대답하기 어렵다는 것을 시사한다.

3.4. 달리 행동할 수 있었는가?

이러한 문제에 대해 다른 시각에서, 철학자들은 만약 선택이 자유롭다면, 행위자는 **다른 선택을 할 수도 있었다**는 생각에 대해서 탐구해 왔다. 다시 말해서, 어떤 의미에서, 행위자는 그 밖에 다른 것을 할 능력을 가졌다.[7] 분명 이러한 생각은 의도적 행동에 대한 관습적 기대와 일치하며, 그런 측면에서 호소력이 있어 보인다. [예를 들어보자.] 역사학자들 말에 따르면, [과거의 미국 대통령] 존슨(Lyndon Johnson)은 베트남에 대해서 다르게 판단할 수 있었다. 그가 만약 베트남 전쟁에서 승리할 수 없다고 1965년에 올바로 판단했다면, 그때 그 전쟁을 중단하도록 결정할 수도 있었다. [다른 예로] 나는 커피를 마시지 않기로 결정할 수 있었으며, 아마도 대신에 물을 마실 수도 있었다. 누구도 나를 강요하거나 강제하지 않았다. 다시 말해서 커피를 마시고 싶다는 것은 나의 욕구 때문이었다. 지금까지 이러한 설명은 나름 설득력을 주었다. 그러나 이러한 전략의 약점은 우리가 다음과 같은 [비판적] 질문을 던질 때 드러난다. "'다르게 행동할 수 있었음'이란 말이 정확히 무엇을 의미하는가?" 만약 모든 행동이 선행적 원인에 의한 것이라면, '다르게 행동할 수도 있었음'이란 말이 의미하는 것이 '**선행적 조건이 달랐으면 다르게 행동할 수 있었음**'으로 결국 밝혀질 듯싶다. 이러한 등식이 성립한다면 위 전략의 기준은 너무 허약하여, 투렛 증후군 환자가 턱의 경련으로 "이디엇(idiot, 바보), 이디엇, 이디엇"이라고 뜻밖에 의도 없이 외치는 소리의 모욕적 발화와, 국회에서 어느 의원이 존중할 만한 어느 의제에 대해서 "이디엇, 이디엇, 이디엇"이라고 대응하는 모욕적 발화 사이를 구분할 수 없게 한다. 양자의 경우에서 선행 조건들이 달랐다면, 그 결과 또한 달랐을 것이다. 그럼에도 불구하고 우리는 국회의원의 말에는 대꾸할 필요가 있다고 여기지만, 투렛 증후군 환자의 말에는 그렇게 생각하지 않는다. 그러므로 이러한 제안된 기준이, 의도적 행동의 원인과 비의도적 행동의 원인 사이의 본질적 차이를 드러내지 못하는 만큼, 그 기준은 잘못되었다고 할 수 있다.

이런 기준에 잠복된 다른 문제는 순환성이다. [그 전략에 따르면, 어느 행위자가 의도적인 행동을 한 것인지를 판별하기 위해 그 행위자가 다르게 행동할 수 있는지를 기준으로 내세운다. 그렇지만 거꾸로] 행위자가 다르게 행동할 수 있었는지 여부를 시험하는 것은, 그 행동이 의도적인지 여부를 시험하는 것과 정확히 동일할 듯싶다. 그러므로 무엇을 의도적 행동으로 여길 것인지를 그 행위자가 다르게 행동할 수 있었을 가능성에 의해서 규정하려는 것은 작은 원을 그리며 회전하는 셈이다. 그런 방식으로 우리는 어느 곳으로도 나아가지 못할 듯싶다.

4. 의사결정과 자유선택의 신경생물학을 향해서

4.1. 원형과 책임

우리는, 일상의 적용에서처럼 법의 적용에서도, 특정 원형(proto-types)의 조건이 어떤 사람을 책임에서 벗어나게 해준다는 점을 인정하며, 그 사람이 명확한 무죄 조건을 갖지 못한다면 책임에서 벗어날 수 없다고 가정한다. 다시 말해서, 책임이란 태만조건(default condition)[즉, 불이행조건]이다. 즉, 책임으로부터 용서 내지 경감은 [무엇을 이행하지 않은 정도에 따라서] 분명 확립될 수 있다. 그런데 무죄로 여겨질 일련의 조건들은, 우리가 행동과 병인학(etiology)을 더욱 많이 알게 됨에 따라서, 수정될 수 있다. 이것과 다르게 관련된 쟁점으로, 다른 사람에게 해를 주지만 책임을 경감 받는 사람을 우리가 어떻게 분류할 것인지의 문제가 발생된다.

아리스토텔레스(384-322 B.C.)는 위대한 저작 『니코마코스 윤리학 (The Nicomachean Ethics)』에서 '변명의 이유가 없는 한 책임이 있다'는 원리를 처음으로 주장했다. 그리고 그 원리가 합당한 만큼, 이러한 접근법의 핵심이 (현행법의 적용을 포함하여) 인간의 실천에서도 마찬가지로 반영된다는 것 또한 합당하다. 체계적이며 심오한 방식으로 아리스토텔레스는 다음과 같이 지적한다. 행위자가 스스로 책임져야 할 행동은 필수적으로 그 행동의 원인이 내적일 경우이다. 다시 말해서, 그 행동이 의도적이어야 한다. 게다가, 그는 '강제에 의한 "비자발적" 행동'과 일종의 '무지로 인한 행동'을 구분한다. 그렇지만 아리스토텔레스도 잘 알고 있었듯이, 결코 우리는 여러 다양한 경우들을 단순한 규칙에 의해 구분할 수 없다. 분명히, (행위자가 반드시 알아야만 한다고 공정하게 판결될 경우) 무지라도 용서되기 어렵다. 게다가 (어떤 강압의 경우라도 행위자가 그 상황의 본성을 알고 있었다면) 그 행위자는 강제에 저항해야만 할 경우도 있다. 예를 들어, 포로가 된 군인은 적에게 정보를 제공하는 것을 거부해야만 한다. 아리스토텔레스가 복잡한 자신의 논의에서 예로 들었듯이, 우리는 자신의 행동이 (논란의 여지없이 바르게 활용되는) 원형에 유사하다고 판단함으로써, 이러한 다양한 경우들을 구분할 듯싶다. 이것이 어쩌면 판례법이 매우 유용한 이유일 것이다.8)

점차적으로, 행동의 조건들이나 그 행동을 유발하는 신경생물학에 의해서, '자발적 행동'과 '비자발적 행동' 사이에, 그리고 '조절된 경우'와 '조절되지 못한 경우' 사이에 명확한 구분이 (뇌에 근거하여 혹은 다른 이유에서) 어려워지고 있다. 이 말은 결코 어떤 구분도 가능하지 않다는 의미가 아니며, 다만 '명확한 구분이 어렵다'는 의미일 뿐이다. 다시 말해서, 그러한 구분은 정식 캘리포니아 운전면허를 가진 경우와 갖지 못한 경우를 구분하는 것처럼 간단하지 않다. 그보다 "좋은 썰매개", "운항 가능한 강", "비옥한 계곡" 등과 같은 원형 구조의 범주에 가깝다. 이러한 종류의 범주들은, 우리가 그러한 범주의 구성원들에 대한 필요충분조건을 규정할 수 없음에도 불구하고, (대비되는 원형 사례가 아닌 것들과 함께) 원형 사례들을 예로 제시하여 사람들을 가르칠 수 있기에 유용하다.

이러한 측면에서 우리가 어떤 행동에 대해서 일단 조절된 것으로 파악했다면, 그 행동선택의 자유에 대한 원형 정도와 미묘한 차이를 즉시 알아볼 수 있다. 예를 들어, 어떤 행위자가 텔레비전 채널을 변경하려는 결정은 자기 아들 대학 등록금을 내려는 결정에 비해 덜 구속된 [즉, 더 자유롭게 결정할 수 있는] 것으로, 그 결정은 자신의 아내와 결혼하려 했던 결정보다는 덜 구속된 것으로, 그리고 다시 그 결정은 자명종을 끄려는 결정보다는 덜 구속된 것으로 볼 수 있다. 어떤 욕구와 공포는 아주 강력할 수 있지만, 다른 욕구와 공포는 상대적으로 미약할 수 있다. 우리는 어떤 다른 환경에서보다 특정 환경에서 자신을 더 잘 조절할 수 있기도 하다. 긴 수면 부족 상태에서는, 우리가 깨어 있어야만 한다는 것을 상당히 잘 자각하더라도, 그리하기란 극히 어렵다. 호르몬의 변화는 (예를 들어 사춘기에) 특정 행동 패턴을 보여줄 가능성을 높일 것이며, 일반적으로 그러한 신경화학물질의 환경은 욕구, 충동, 본능, 느낌 등등의 강도에 강력한 영향을 미친다.

이러한 고려를 통해서 우리는 조절을 [있고 없음에 의한 구분이 아니라] 정도의 문제로 생각하게 되며, 따라서 그것을 다양한 가능성으로 파악하게 된다. 자기조절의 양 극단[적인 경우들]을 원형의 경우들로 본다면, 그 원형의 경우들은 (행동적으로나 내적으로) 충분히 대조적이어서, (다소 대략적 구분이며 흐릿한 경계이긴 하지만) 조절된 경우와 아닌 경우를, 자유로운 선택과 그렇지 않은 선택을, 책임질 경우와 그렇지 않은 경우 등을 기본적으로 구분할 단초를 제공한다. 더구나 그러한 우리가 그 스펙트럼[즉, 폭넓은 영역] 내에 다양한 지점을 고려하듯이, 실제로는 조절과 관련된 **수많은** 매개변수들이 있을 것이다. 결론적으로 우리는 단순한 일차원 스펙트럼의 개념에서 다중 차원의 **매개변수공간**(parameter space) 개념으로 개선해야 한다. 여기에서 매개변수공간의 차원들은 행동조절의 중요 결정인자들을 반영한다. [즉, 단순히 '조절된'과 '조절되지 않은' 식으로 일차원적 구분을 넘어, 다양한 차원에서, 예를 들어, 유전적, 뇌신경 구조, 약물의 사용, 건강상태, 여러 사회적 관계, 가족상태 등등의 측면에서, 얼마나 그의 행동이 조절될 수 있는 '정도'에 있었는지 고려되어야 한다.]

현재 우리의 지적 상태에서 우리는 모든 매개변수들을 어떻게 규정해야 할지, 또는 그 매개변수의 의미를 어느 정도의 무게로 다루어야 할지 알지 못한다. 그리고 그 매개변수들 사이의 관계들은 일차원적이 아닐 것이다. 그럼에도 불구하고 우리는 그러한 분석을 시작할 수는 있다. 지금 우리는, 전대상피질(anterior cingulate cortex), 시상(hypothalamus), 뇌섬엽(insula), 복내측전두피질(ventromedial frontal cortex) 등을 포함하여, 특정 뇌 구조 내의 활동 패턴이 중요하다는 것을 안다. 예를 들어 전대상피질의 양 외측(bilateral)을 상당 부분 제거하면, 비록 그 환자가 자신의 주변을 알아볼 수 있음에도 불구하고,[9] 자발적 행동을 완전히 상실한다. 한 다행스러운 환자는 공백 기간 이후에 [즉, 일정 기간을 두고 지켜본 결과] 일부 자발적 기능을 회복하였다. 그녀는 또한 자신의 증세 일화에 대해 좋은 기억력을 보여주었는데, 그 기간에 그녀는 다음과 같이 설명하였다. "아무것도 문제 되지 않아요." 그리고 그녀는 "말할 것이 없어요"라고 했기 때문에 더 이상 말하지 않았다.10) 전대상피질을 상대적으로 덜 절제하면, 그 환자는 극심한 우울증과 불안증을 보이게 된다(그림 5.2).11) 만약 대상피질의 중간 영역을 제거하면 환자는 손의 자발적 행동 조절을 하지 못할 가능성이 있다. **외부인-손 증후군**(alien-hand syndrome)에서, (마치 이 피질의 손실에 대한 명칭이 그러하듯이) 손이 스스로 자기 의지를 갖는 것처럼 [제멋대로] 행동한다. 그 환자 스스로도 당황할 정도로, 그 손은 과자를 움켜쥐거나 사회적으로 부적절한 방식으로 [환자의 의지와 무관하게] 행동한다. 한 환자는 (자신의 잘못 행동하는) 그 '외부인 손'을 보고서 "그 행동 그만해!"라고 소리를 치면 어느 정도 조절을 회복할 수 있다는 것을 발견하기도 했다.

[fMRI] 영상 자료는 전대상이랑(anterior cingulate gyrus)이 성적인 각성(sexual arousal)을 스스로 조절하는 것에 관여한다는 것을 보여준다. fMRI 연구에서 연구자는 남성 피검자에게 우선 성적으로 자극을 주는 사진(erotic pictures)을 보여주고 난 후에, 자신의 성적인 각성 느낌을 억제하는지 물었다. 실험조건을 달리하였더니, 피검자들이 성적 자극의 사진에 정상적으로 반응할 경우 변연계(limbic system) 영역의 활동이 증가하는 것을 보여주었다. 피검자가 성적인 각성을 억제할 경우에는 이러한 활동은 사라졌으며, 우전대상이랑(right anterior cingulate gyrus)과 상전두엽이랑(superior frontal gyrus)은 더 높은 활동을 보여주었다.12)

또한 전대상이랑은 자폐증의 발생에도 깊이 관여한다. 명백히 드러나는바, 자폐증은 감성적 신호를 분석하지 못해 발생한다. 변연계 구조물이 정서에서 중심적 역할을 담당하므로, 유력한 가설에 따르면 자폐증은, 변연계 시스템의 비정상적 구조로 인하여, 일차적으로 정서적 평가를 하지 못하게 된 결과이다.13) 이러한 가설은 정상 뇌와 자폐 뇌 사이의 미시적 구조를 비교한 실험에서 드러났다. 전체 뇌를 연속으로 절단하는 방식으로, 실험자들은 아홉 명의 사망한 자폐증 피검자의 뇌

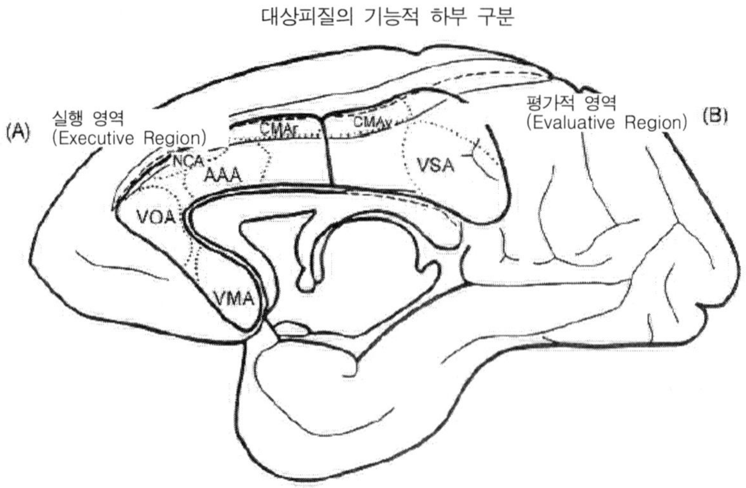

대상피질의 기능적 하부 구분

그림 5.2 붉은털원숭이(rhesus-monkey) 뇌에서 대상피질(cingulate cortex)의 기능적 구분. 실행 영역 (A)와 평가적 영역 (B)는 두 주요 구분이다. (A)의 하부 구분: 내장운동(visceromotor, VMA), 발성(vocalization, VOA), 통각(nociceptive (pain), NCA), 부리 쪽 대상운동(rostral cingulate motor, CMAr), 행동 주의집중(attention to action, AAA). (B)의 하부 구분: 복측대상운동(ventral cingulate motor, CMAv), 시각공간(visuospatial, VSA). (Vogt, Finch, and Olson 1992)

를 조사하였다. 비정상을 보여주는 유일한 피질구조는 전대상이랑이었으며, 그곳의 세포들은 비교적 작고 밀집된 것을 보여주었다. 시상(thalamus), 편도(amygdala), 유두체(mammillary bodies) 등을 포함한, 변연피질하구조물(limbic subcortical structures)에서도 비슷하게 비정상을 보여주었다. 또한 소뇌의 비정상도 보여주었다.[14]

나아가서, 에스트로겐(estrogen)과 테스토스테론(testosterone) 같은 다양한 호르몬과 마찬가지로, 세로토닌(serotonin)과 도파민(dopamine) 같은 신경조절물질의 수준과, 노르에피네프린(norepinephrine)과 아세틸콜린(acetylcholine) 같은 신경전달물질의 수준은, (잘 조율된) 의사결정 신경기관에 매우 중요한 매개변수들이라고 잘 알려져 있다. 예를 들어, 의욕 상실을 포함하여, 강박억압증 병리(obsessive-compulsive pathologies)와 우울증 병리는 세로토닌 수준의 증가에 의해서 상당히 개선될 수 있다(그림 5.3). 또한 클라인펠터 증후군(Klinefelter's syndrome)의 (즉, XXY 염색체를 지닌) 피검자들은, 비록 그들이 인지적 능력을 갖지만, 장기적 판단과 충동 조절에 어려움이 있다는 것이 알려져 있다. 그러나 클라인펠터 증후군 피검자들의 판단 능력은, 피부에 붙이는 테스토스테론 요법을 지속적으로 제공하면, 놀라울 정도로 개선된다. 투렛 증후군의 경우에, 그 환자들에게 세로토닌을 제공하면 훨씬 조절을 잘 해낸다. 즉, 그 피검자들은 단지 자신들의 습관적 **안면경련 운동** (ticcing behavior)을 하려는 바로 그 욕구를 갖지 않게 된다. 전대상 영역이 자발적 행동에 관여하며, 도파민 투여와 노르에피네프린 투여 모두가 전대상 영역의 활동에 영향을 줄 수 있으며, 따라서 이러한 조치가 행동과 주의집중 기능을 개선시킬 수 있다는 것을 알 필요가 있다 (그림 5.4).15)

식욕은 조절되는 경우와 조절되지 않은 경우의 차이를 뇌-기반에서 고려하게 만드는 특별히 유력한 매개변수이다. 폭식은 일곱 가지 아주 나쁜 죄악 중 하나로 지적되어왔다. 즉, 우리들이 반복적으로 다짐하고 있듯이, 과식은 순수한 의지력으로 조절될 수 있다고 믿어왔다. 그렇지만, 식욕에서, 특히 과식과 관련하여, 단백질 렙틴(protein leptin)의 역할에 대한 발견으로 뚱뚱한 사람이 실제로 식탁을 멀리 하려는 선택의 자유를 얼마나 많이 가질 수 있을지 재고하게 만들었으며, 렙틴 관련성 간섭 현상이 그들의 의지보다 더 큰 조절작용을 미치는 것은 아닐지 돌아보게 만들었다.16)

렙틴은 지방세포(fat cells)에서 방출되는 일종의 호르몬이다. 그것은 배고픈 느낌과 포만감을 통제하는 시상 내의 뉴런에서 활동한다. 정상 쥐의 실험에서 밝혀진바, 쥐가 충분한 음식을 먹었을 때 렙틴 수준이 증가하며, 그 쥐는 다른 즐거움을 위해서 그 음식을 남겨둔다. 일부 쥐에서는 다른 현상을 보여주는데, 이러한 쥐들은 뚱뚱하며, 그놈들은 렙틴 수준이 상승했음에도 계속해서 먹는다. 유전적 분석에 따르면, 렙틴이 결합하는 수용기는 다양한 변이를 일으킬 수 있고, 특정 변이 수용

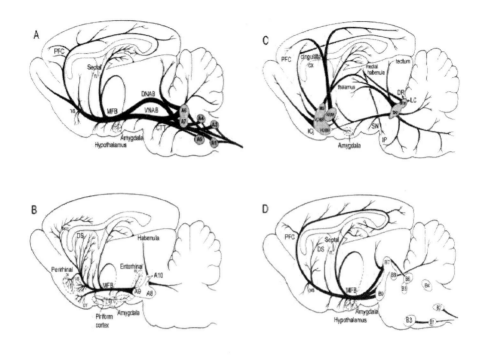

그림 5.3 A. 쥐의 뇌 내부의 노르아드레날린(noradrenergic) 중심경로의 시작과 살
포 위치. 청색 반점(locus ceruleus)(A6)을 포함한, A1-A7의 세포 집단을 주목해보라.
[약어] DNAB: 배측 노르아드레날린 공급관(dorsal noradrenergic ascending bundle),
VNAB: 복측 노르아드레날린 공급관(ventral noradrenergic ascending bundle), CTT:
피개중심경로(central tegmental tract). B. 도파민(dopamine) 중심경로의 시작과 살
포 위치. 도파민 세포 집단 A8-A10을 주목하라. [약어] OT: 후각 결절(olfactory tu-
bercle). C. 콜린성(cholinergic) 중심경로의 시작과 살포 위치. 부리 쪽(rostral) 세포
집단을 주목하라. 기저핵 거대세포집단(nucleus basalis magnocellularis, NBM), 영장
류의 마이네르트(Meynert), 내측중격(medial septum, MS), 브로카 대각 띠의 수직사
지핵(vertical limb nucleus of the diagonal band of Broca, VDBB), 수평사지핵
(horizontal limb nucleus, HDBB). [약어] Icj: 칼레자의 섬(islands of Calleja), SN: 흑
질(substantia nigra), IP: 각사이핵(interpeduncular nucleus), dltn: 배외측피개핵
(dorsolateral tegmental nucleus), tpp: 피개다리사이핵(tegmental pedunculopontine
nucleus), DR: 외측솔기(dorsal raphe), LC: 청색 반점(locus ceruleus). D. 세로토닌 중
심경로의 시작과 살포 위치. 솔기핵(raphe nucleus) 내의 세포집단, B4-B9을 주목하
라. [공통약어] MFB: 내측전뇌다발(medial forebrain bundle), PFC: 전전두피질
(prefrontal cortex), VS: 복측선조(ventral striatum), DS: 배측선조(dorsal striatum), cx:
대뇌피질(cortex). (Robbins and Everitt 1995.)

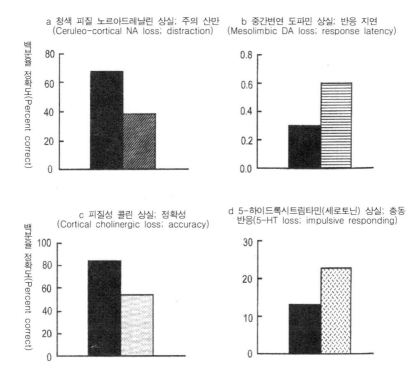

그림 5.4 쥐에서, 노르아드레날린(noradrenergic, NA), 도파민(dopaminergic, DA), 콜린(cholinergic), 세로토닌(serotoninergic 5-HT) 등 여러 시스템에서 선별적 손상에 따른 대조효과를 보여주는 요약 도표. 다섯-중-선택 과제(five-choice task)가 이용되었다. 이 도표는 각 조건에서 결핍을 드러낼 최적의 조건을 강조한다. a. 청색 피질 노르아드레날린 시스템(ceruleocortical NA system). b. 중앙변연 도파민 결핍. 기준 속도와 전반적 반응 가능성이 우선적으로 영향 받는다. c. 피질성 콜린 상실. 기준 정확성이 손상된다. d. 세로토닌 결핍. 정확성에 아무런 효과가 없지만, 충동 반응이 증가된다. 대조군은 검은색 막대로 보여준다. (Robbins and Everitt 1995)

기는 얼마나 과체중인지를 예측하게 한다. 예를 들어, 만약 쥐가 *tu* 변이 수용기를 가질 경우에 (정상 쥐에 비해 상대적으로) [그 쥐는 렙틴 수준에 대해서] 어느 정도 둔감해지며, 그 결과 **정상 쥐 렙틴 수준의 두 배**에 이르게 된다. 만약 쥐가 *db* 변이 수용기를 가질 경우에는 정말 뚱뚱해지고, 렙틴 수준은 [정상 쥐에 비해서] 열 배에 이른다. 그러한 변이체 동물들의 식욕 통제에는 아주 다른 차이점들이 있다. (그림 5.5 는 보상경로(reward pathways)를 보여준다.)

만약 어떤 사람이 렙틴 수용기 유전자에 *db* 변이를 가지고 태어난다 면, 그래서 결과적으로 그 사람이 저녁을 먹고 난 후에도 먹기 전처럼 굶주림을 느낀다면, 그가 과식하는 것은 어쩔 수 없을 듯싶다. 더 정확 히 말해서, 그러한 사람은 표준적 렙틴 수용기를 지닌 사람보다 과식 행동 조절에 어려움이 있다고 추정하는 것이 합리적일 듯싶다. 즉, 그 는 성욕, 술, 도박 등의 다른 문제에 대해서는 완벽히 정상적 자기-조 절을 한다. 그러나 시상하부의 렙틴 수용기가 상당히 다른 이유로, 음 식에 대한 그의 [자기-조절 시스템의] 상태는 상당히 다르다. 따라서 이것은 다음을 시사한다. 렙틴 수용기와 그 가능한 변이체는, [자신의 행동을] "조절하는" 주체의 복잡한 신경생물학적 양태에, 적어도 음식 과 관련하여, 다른 구성요소를 부여한다. [즉, 주체자가 자신의 행동을 조절할 수 있느냐의 문제는, 신경생물학적 연구가 밝혀주는 새로운 요 소를 추가적으로 고려하여 대답되어야 한다.]

물론 많은 신경학적 세부 사항들이 아직 밝혀진 것은 아니다. 그렇 지만 주요 신경화학물의 역할에 대한 규명은 충분히 중요한 출발이다. 이러한 출발은 우리가 다음과 같이 생각하게 만든다. 궁극적으로 신경 과학이 그 [신경화학물질] 관련 매개변수들에 대한 최적 값의 범위를 규정할 수 있을 것이다. 그 값들이 최적의 범위 내에 있다면, 행위자의 행동은 자기를 조절하는 상태 내에 있다. [물론 조절상태와 조절하지 못하는 상태] 사이에, 행위자가 충분히 조절하지 않으면서도 충분히 조절하지 않는 것도 아닌, 회색지대가 있을 수 있다(그림 5.6과 그림 5.7).[17)

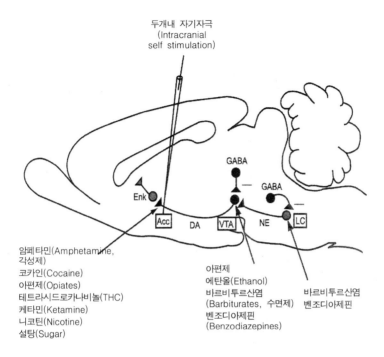

두개내 자기자극
(Intracranial
self stimulation)

GABA

GABA

Enk

Acc DA VTA NE LC

암페타민(Amphetamine,
각성제)
코카인(Cocaine)
아편제(Opiates)
테트라시드로카나비놀(THC)
케타민(Ketamine)
니코틴(Nicotine)
설탕(Sugar)

아편제
에탄올(Ethanol)
바르비투르산염
(Barbiturates, 수면제)
벤조디아제핀
(Benzodiazepines)

바르비투르산염
벤조디아제핀

그림 5.5 쥐 뇌의 보상 회로(reward circuitry). [실험용] 쥐는 중격의지핵(nucleus accumbens, Acc) 영역에 이식된 전극을 활성화시키는 막대를 누름으로써 스스로 자극을 유도할 수 있다. 그림의 실험은 특정 약물이 중격의지핵(Acc), 뇌간 (brainstem)의 복측개 영역(ventral tegmental area, VTA) 등에 작용하는 것을 보여준 다. [약어] DA: 도파민 뉴런, Enk: 엔케팔린과 다른 오피오이드(opiod) 방출 뉴런, GABA: BABA성 억제 중간 뉴런, THC: 테트라히드로카나비놀(tetrahydrocanna-binal, 마리화나 성분). (Gardner and Lowinson 1993에 근거하여)

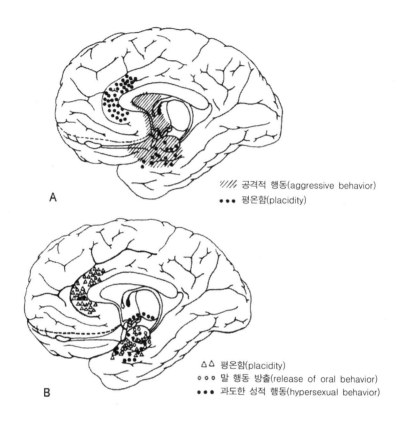

////. 공격적 행동(aggressive behavior)

••• 평온함(placidity)

A

△△ 평온함(placidity)

∘∘∘ 말 행동 방출(release of oral behavior)

••• 과도한 성적 행동(hypersexual behavior)

B

그림 5.6 변연계 구조의 부분적 손상은 특정 행동 변화를 유발한다. **A.** 공격적 행동을 증가시키는 손상 부위와 평온함을 증가시키는 손상 부위. **B.** 말 행동 방출을 유도하는 손상 부위와 과도한 성적 행동을 유발하는 손상 부위. (Poeck 1969)

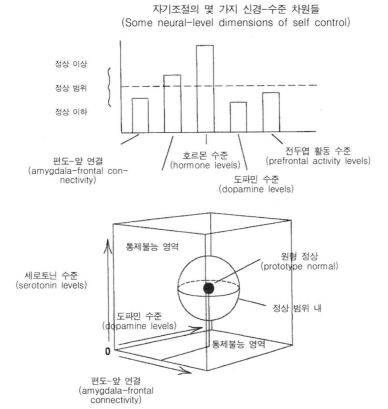

자기조절의 몇 가지 신경-수준 차원들
(Some neural-level dimensions of self control)

정상 이상
정상 범위
정상 이하

편도-앞 연결
(amygdala-frontal con-
nectivity)

호르몬 수준
(hormone levels)

전두엽 활동 수준
(prefrontal activity levels)

도파민 수준
(dopamine levels)

통제불능 영역

세로토닌 수준
(serotonin levels)

원형 정상
(prototype normal)

도파민 수준
(dopamine levels)

정상 범위 내

통제불능 영역

0

편도-앞 연결
(amygdala-frontal
connectivity)

그림 5.7 신경 수준에 따른 몇 가지 조절 차원. 위 도표는 자기조절에 영향을 미치는 하부 신경 차원 요소들을 매우 단순화시킨 표현이다. 아래 그림은 비교적 큰 지표들 집합을 표현한 매개변수공간이며, 렙틴 수준, 편도-앞 연결, 세로토닌 수준 등을 포함한다. 정상 범위의 값들은 실험적으로 결정될 것이다. 매개변수공간 표상 (parameter space representation)은 우리로 하여금 그 값들의 기능에 따라서 그리고 많은 매개변수들의 상호작용에 따라서, 정상적으로 조절되는 많은 방식들이 있으며, 또한 조절되지 못하는 많은 방식들이 있다는 것을 이해시켜준다. (P. M. Churchland의 양해를 얻어)

뇌 손상 연구와 뇌 영상 연구의 경우처럼 기초 신경과학도 이러한 추상적 매개변수공간을, 조절상태 피검자의 전형적 특징에 대한, 실질적이며 구체적이고 실험 가능한 설명으로 전환시킬 필요가 있을 것이다. 이러한 속성들은 매우 추상적일 듯싶다. 왜냐하면 "조절상태"의 개인들은 아마도 서로 다른 기질과 서로 다른 인지적 전략을 갖기 때문이다.18) 아리스토텔레스가 말했듯이, 영혼들을 조화시키는 다양한 방식들이 있다. 그럼에도 불구하고 예측되는바, 일부 그러한 일반적 특징들은 아마도 규정 가능하다. 역학 시스템 속성들은 보행(walking)과 같은 과제를 뇌가 잘 수행하는지 또는 잘하지 못하는지를 구분하게 해준다. 내가 여기서 제안하는바, 행동으로 규정되는 상당히 추상적인 기술들(skills), 예를 들어 훌륭한 셰퍼드 개가 되는 것 또는 적임의 리더 썰매개가 되는 것 등이, 신경그물망과 신경화학물질 집중정도에 의존하는, 역학 시스템 속성에 의해서 규정될 수 있다. 추정하건대, 계획을 세우고, 준비하고, 협력하는 등의 인간의 여러 기술들(skills)도 마찬가지로 규정될 수 있다. 물론, 지금은 그렇지 못하며, 내년에도 그렇지 못하겠지만, 신경과학과 실험심리학이 발달하여 번창하는 때가 되면 그렇게 될 것이다.

4.2. 감성이 더 적은 역할을 하고 이성이 더 많은 역할을 할 경우에, 우리는 더욱 통제 상태에 놓이며, 더 많은 책임을 져야 하는가?

깊은 역사적 뿌리를 가진 관점에 따르면, 실천적 결정의 문제에서 이성(reasons)과 감성(emotions, 정서)은 상반된 위치에 놓인다. 그러한 관점에 따르면, [자신의 행동을] 조절하기 위해서 이성을 최대화하고 감성을 최소화시켜야 한다. 합리성을 추구하고 자기통제를 하려면, 우리는 정서(emotions), 느낌(feelings), 성향(inclinations) 등을 최대로 억눌러야만 한다. 이러한 생각에 동의하는 은유적 표현으로, 플라톤은 이성을 (식욕과 정서에 이끌리면서도 그런 유혹을 공격하여 혼미함을 회피하는) 전차를 타고 투쟁하는 전사로 규정한다.

임마누엘 칸트(Immanuel Kant)는 이성과 감성 사이에 갈등을 강조하고, 이성의 우월성을 선호했던 것으로 가장 잘 알려진 철학자이다. 칸트가 바라보는 도덕철학의 입장에 따르면, 느낌이나 성향을 경멸할 수 있는 사람만이 오직 미덕에 참여하는 인간적인 행위자가 될 수 있다. 그의 말에 따르면, "당신의 의사결정을, 무가치하지 않도록, 어떻게 해야 하는지 알기 위한 규칙과 방향은 전적으로 당신의 이성에 달려 있다. 그 말은 '당신이 그러한 규칙을, 경험에 의해서 이끌어냄으로써 혹은 다른 사람의 지도에 의해서, 배우지 않는다'고 말하는 것과 같다. 즉, 당신의 이성은 스스로 무엇을 해야 할지를 가르쳐주고 알려주기까지 한다."[19] 칸트의 관점에 따르면 완전한 도덕적 행위자는 완벽히 이성적이며, 정서와 감정을 전혀 갖지 않는다.[20] (로날드 드 소사(Ronald de Sousa)는 그러한 행위자를 "칸트식 괴물"이라고 불렀다.[21])

칸트로 하여금 이성을 공경하고 열정을 혐오하게 만들었던 종류에 해당되는 사건들이란, 우리 주변에 늘 벌어지곤 하지만, 있어서는 안될 끔찍한 재앙을 우리에게 안겨준다. 그러한 경우에, 열정적으로 선행하는 사람은 오히려 일을 망치며, 눈앞의 직접적 요구를 들어주려는 마음에서 장기적인 결과를 무시한다. 그러한 바보는 살펴보지도 않고 경거망동한다. [셰익스피어의 작품에서] 오셀로(Othello)는 질투심에 눈이 멀어 자신이 속은 것도 알아채지 못하고, [순결한 아내] 데스데모나(Desdemona)를 살해한다. [그리스 신화 속의 공주] 메데아(Medea)는 [황금 양털을 가지러 온 이아손에게 반하여 결혼하였으나, 그의 배신에] 격분하여 [상대에게 고통을 안겨주기 위해] 자신이 낳은 두 자식을 죽이고, 자신도 자살한다. 큰 비극에 등장하는 도덕적 잘못은 전형적으로 과도한 정서를 끌어들이고 이성을 허약하게 만드는 성격적 결함에서 나온다.

어떤 계획의 결말, 장기적 결말과 단기적 결말 모두를 이해한다는 것은 분명 중요하겠지만, '느낌은 미덕의 적이며, 도덕교육은 기분에 유혹되지 않는 학습을 포함해야 한다'는 칸트의 생각이 과연 옳은가? 열정, 느낌, 기분 등을 배제할 수 있다면, 우리는 더욱 미덕을 가지고,

더욱 도덕적으로 교육될 수 있을까?

데이비드 흄(David Hume)에 따르면, 그렇게 기대하는 것은 옳지 않다. 흄의 주장에 따르면, "이성만으로는 의지를 행동으로 옮길 동기가 되지 못한다. 그리고 둘째로, 이성은 의지가 발휘되는 정념을 억누를 수 없다."(1739, p.413) 이 말에 대해서 그는 나중에 이렇게 설명한다. "고통이나 쾌락에 대한 전망에서, 어느 대상에 대한 반감이나 편애가 나온다. 그리고 그러한 정서 그 자체는 그 대상의 원인과 결과에 대해서도 연장되며, 따라서 그러한 정서는 이성과 경험에 의해서 우리에게 환기된다."(1888, p.414) 흄이 이해한 바와 같이, 이성은 어떤 계획에 대한 다양한 **결과**들을 구분하는 역할을 담당하며, 따라서 이성과 상상력은 유혹과 결말을 예측하기 위해 함께 협력한다. 그러나 (경험에 의해 형성되는) 여러 느낌은, 예측에 반응하여 마음-뇌에 의해서 발생되기 때문에, 행위자가 어떤 계획에 찬동하거나 반대하게 만든다.

대중문화 또한, 느낌이 배제된, 즉 정서가 배제된 합리성에 대해서 [우리가 가지는] 이미지가 그리 옳지 않음을 보여준다. 매우 인기 있는 텔레비전 프로그램인 『스타트렉(Star Trek)』에서 세 주인공은 엄격히 구분되는데, 극히 신경질적인 인물, 냉정한 이성적 인물, 모든 일에서 온건한 인물 등으로 묘사된다. 뾰족한 귀를 가진 준외계인 스포크 씨(Mr. Spock)는 정서가 없다. 곤경에 처하더라도 그의 머리는 냉정하며, 침착하게 문제를 해결한다. 그는 위기와 탈출구가 거의 없어 보이는 상황에서도 상당한 평정심을 가지고 대면한다. 그는 화내고, 두려워하며, 사랑하고, 슬픔에 잠기는 등의 인간 성격들에 대해서 혼란스러워하며, 따라서 인간 일에 정서가 어떤 역할을 하는지 이해하지 못한다. 흥미롭게도 스포크 씨의 냉정한 이성은 이따금 (동료들에게 기묘한 논리로 보일 정도의) 기괴한 결정을 내린다.

반면에 매코이 박사(Dr. McCoy)는 그 성격 다양성(스펙트럼)의 다른 쪽 끝에 가깝다. 개인적 인간의 고충들이 그에게는 상당한 위기로 보이며, 미래의 대가를 고려하지 못하며, "그렇지만 그것은 비논리적이야"라는 스포크 씨의 과묵한 평가에 종종 격노한다. 이성과 감성 사이의 균형은 전설적인 커크 선장(Captain Kirk)에 의해서 거의 근사적으로 보여준다. 전반적으로 그의 판단은 현명하다. 그는 필요시에 냉혹한 결정을 내릴 수 있으며, 적절한 때에 자비롭거나 용기를 보여주거나 화를 낼 줄 안다. 그는 실천적 문제에서 현명한, 아리스토텔레스의 이상적 인물에 거의 가깝다.

4.3. 단절효과: E.V.R.

신경심리학 연구는 현명한 의사결정을 위해서 느낌이 중요하다는 것을 상당히 잘 보여준다. 수많은 뇌 손상 환자들에 대한 다마지오 부부와 연구원들의 탐구에 따르면, 신중한 생각에서 느낌이 완전히 배제된 의사결정은 결과적으로 비현실적이며 이롭지 못할 듯싶다. 환자 S.M. 씨는 편도(amygdala)가 손상되었으며, 따라서 어떤 두려움도 느끼지 못한다(그림 3.17을 다시 보라). 그녀는 여러 복잡한 상황에서 불쾌하고 두려운 감정적 느낌을 전혀 알 수 없으며, 그로 인해서 (정상인들이라면 쉽게 전망할 수 있는) 의사결정을 하지 못하고, 그와 정반대로 전망하곤 한다.

그러한 점은, 훨씬 복잡한 방식으로, (경이로운) 환자 E.V.R. 씨에 의해서 극적으로 드러난다. 그는 아이오와 의과대학(Iowa College of Medicine)의 다마지오 부부 연구실에 10여 년 전에 처음 찾아왔다.[22] E.V.R. 씨의 전두엽 복내측 영역(ventromedial region)에 발생한 종양이 수술로 제거되었으며, 그 결과 양외측 손상(bilateral lesions)이 일어났다. 수술 후에 E.V.R. 씨는 좋은 회복을 보여주었고, 겉보기에도 매우 정상으로 보였다. 예를 들어, 그는 수술 이전과 마찬가지로 지능검사(IQ test)에서 140을 보여주었다. 그는 지식을 습득할 줄 알며, 질문에 적절히 대답하였고, 뇌피질의 손실로 인한 정신작용의 손상이 없어 보였다. E.V.R. 씨는 스스로 어떤 불만족스러움을 말하지 않았다. 그런데 일상생활에서 곤란한 장면들이 점차 드러났다. 과거에는 마음에 흔들림이 없고, 주도면밀하며, 효율적으로 일했던 회계사인 E.V.R. 씨는 이제 자신의 업무에서 실수하고, 약속에 늦고, 쉬운 일을 마무리하지 못하는 등 이전과 달라졌다. 이전에는 남에게 신뢰를 주며 가족을 배려하는 가장이었던 그가 스스로의 삶에 흔들림을 허락했다. 지능검사에서 좋은 점수를 얻었기에, 담당 의사가 보기에 E.V.R. 씨의 문제는 신경학적이라기보다 정신과적인 현상으로 보였으며, 따라서 그에 대해 최고의 정신분석 진료가 이루어졌다. 이제 우리가 알게 되었듯이, 정신과적 증상은 상당히 문제가 있는 것으로 드러났다.

다마지오 부부와 연구원들은 어느 정도 시간을 두고 E.V.R. 씨에 대해서 연구한 후에, 그의 실천적 판단의 잘못은 정서와 [이성적] 판단 사이의 단절로 일어나는 무엇이라고 추정했다. 그들의 반복된 관찰에 따르면, E.V.R. 씨는 무엇이 최선의 행동인지를 묻는 질문에 (예를 들어, 나중의 더 큰 만족을 위해서 지금의 작은 만족을 미루겠다고) 옳은 대답을 할 수 있었음에도 불구하고, 자신의 행동은 번번이 자신이 확신했던 말과는 달랐다(예를 들어, 나중의 큰 보상을 취하기보다 당장의 작은 보상을 선택하곤 했다).23) 그 연구자들은, E.V.R. 씨의 정서적 반응이 정상적 범위 안에 있는지 알아보는 실험에서, 그에게서 혼란스러운 비정상을 발견하였다. 예를 들어, 그에게 두렵게 하거나, 역겹게 하는, 또는 선정적인 사진을 보여주었을 때, 그런 것들에 대해서 [거짓말 탐지에 이용되는] 전기피부반응(galvanic skin response, GSR)에 아무런 반응을 보여주지 않았다.24) (반면에 정상인들은 그러한 사진들을 보면 상당한 반응을 보여준다.) 묘하게도, 그가 사진으로 본 것이 무엇인지 **말하도록** 요청될 경우에는 E.V.R. 씨의 정서적 반응은 [전기피부반응에서] 상당히 정상적이었다.

이어서 여러 해 동안에, 논리적 추론하기와 이성에 따라 **행동하기** 사이의 관계를 더욱 정밀히 증명하기 위한 새롭고 정교한 실험이 고안되었다. 다마지오와 함께 연구하는 앙투완 베카라(Antoine Bechara)는 특별히 정교한 실험을 개발하였다. 일반적으로 아이오와 도박 과제(Iowa Gambling Task)로 알려진 이 실험에서, 실험자는 피검자에게 네 패의 카드를 제시하면서, 처음 차용한 돈을 이용하여 가능한 한 많은

342

이익을 얻는 것이 목표라고 알려준다. 네 패의 카드 중 어느 카드이든 한 번에 한 장씩 뒤집어서 피검자는 보상으로 돈을 벌거나 벌칙으로 돈을 잃을 수 있다. 그 게임이 몇 회(100회) 후에 끝날지, [즉 얼마나 많은 횟수의 게임을 할 수 있는지], 또는 어느 카드에서 얼마까지 돈을 딸 수 있는지 등은 피검자에게 알려주지 않는다. 피검자는 몇 번의 시도와 실패를 거쳐 나름의 승리 전략을 찾아내야만 한다. 그 상황 뒤에서 실험자는 다음과 같이 조작한다. 두 패의 카드 C와 D에는 낮은 소득(50달러)과 함께 적당한 손실을 부여하는 카드가 삽입되며, 다른 두 카드 A와 B에는 많은 돈(100달러)을 벌지만, 높은 손실을 부여하는 카드가 포함된다. 만약 게임하는 이가 대체적으로 A와 B를 선택한다면 순손실을 보도록, 그렇지만 만약 대체적으로 C와 D를 선택한다면 이익을 보도록 게임은 조작된다. 게임에 매우 몰입되도록 하였기 때문에, 피검자는 손실과 소득을 정확히 계산할 수는 없다(그림 5.8).

대략 15-20회 시도 후 정상 대조군은 전형적으로 낮은 소득/낮은 손실 패(C와 D)를 주로 선택하며, 결국은 그다지 높지 않은 정도지만 이익을 얻는다. 반면에 복내측전두엽 손상 환자는 게임에서 손실하는 경향을 보여준다. 그들은 (이득을 갉아먹는 손실에도 불구하고) 일반적으로 높은 소득 패를 선택한다. 복내측 이외의 영역에 뇌 손상 입은 환자들은 대조군처럼 행동한다. 그렇지만 복내측 손상 환자들은 정상적 IQ를 가지고 있다.

베카라와 연구원들이 주목한 바에 따르면, 그 게임 과제를 반복하여 실시한 후일지라도, 한 달 정도로 길게 또는 24시간 정도로 짧은 경과 후에, [여전히] E.V.R. 씨는 심하게 손해 보는 게임을 했다. 그러한 실험을 여러 번 시도한 후에 질문하면, 어쩔 수 없이 그는 A와 B가 손해 보는 패라고 올바로 대답하며, 자신의 전략에 후회했다. 이것을 역설적으로 표현하자면, **합리적으로**, E.V.R. 씨는 무엇이 최고의 장기적인 전략인지를 정말 알고 있지만, 실제 상황에서 선택해야 할 경우에 그는 단기적인 이익을 선택하여 결국 장기적인 손실을 초래한 것이다. 칸트주의 관점을 더욱 곤란하게 만드는 것으로, 새로운 것과 반복되는 것

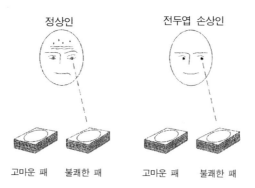

그림 5.8 아이오와 도박 과제. 정상 피검자는 나쁜 패를 선택할 때, 땀을 흘리는 등의 자율신경계 반응을 보이기 시작하지만, 복내측전두엽 손상 피검자는 그렇지 않다. (P. M. Churchland 양해를 얻어)

에 대한 그의 판단은 결함이 없으며, 그의 지식기반과 단기기억(short-term memory)은 온전하다. E.V.R. 씨는 여러 대안적 행동에 대한 미래의 결과를 충분히 잘 대답할 수 있다는 점에서, 그 문제는 어떤 일이 발생하게 될지를 그가 이해하지 못한 때문은 아니다. 그의 "순수한 [이성적] 추리"가 (행동에서 드러나는) 그의 "실천적 의사결정"과 맞지 않는다는 것은, 그 문제의 핵심이 복잡한 계획에 대해서 E.V.R. 씨가 정서적 반응능력을 하지 못한 때문임을 시사한다.[25]

[이것을 잘 보여주는] 추가적인 결과가 피부반응 검사를 통해서 나왔다. 피검자들은 자신들의 팔에 직류검류계를 부착한 상태로 도박 과제를 수행하며, 그러는 동안 피부의 전도 데이터가 면밀히 분석된다.[26] 대조군 피검자들과 전두엽 손상 환자는 모두 게임의 처음 몇 번의 시도에서(1-10회) 카드 선택에 대한 피부반응을 보여주지 않았다. 그렇지만, 약 10회 선택 무렵부터 대조군은 나쁜 패를 선택할 때 피부반응을 보여주기 시작했다. 이러한 단계에서 그들이 자신들의 선택을 어떻게 했는지 물었더니, 대조군(과 전두엽 손상 환자들)은 자신들이 어떻게 했는지 모르며, 그저 모색하는 중이라고만 대답했다. 약 20회 선택을

할 무렵에 대조군은 "나쁜" 패를 만나기 시작하자 지속적으로 피부반응을 보여주었다. 말로 대답하게 하였더니, 대조군은 스스로 무엇이 최선의 전략인지 아직 알지 못하지만, A와 B의 패가 아마도 "수상해 (funny)" 보이는 느낌이 온다고 대답하였다. 50회 선택이 이루어질 무렵, 대조군 피검자들은 전형적으로 승리할 수 있는 전략을 밝히고 선택할 수 있었다. 전두엽 손상 환자들은 어느 패를 선택하더라도 피부반응을 보여주지 않았다. 그들은 어떤 정서적 유도로부터도 자유로웠다. 매우 충격적인 것으로, 대조군 피검자들의 선택은 자신들의 느낌이 무엇인지를 명확히 알기 전일지라도 느낌에 의해 편향되며, 승리 전략을 명확히 말할 수 있기 전이라도 상당히 그랬다. 많은 우리의 일상적 선택 역시, 우리가 그것을 명확히 알지 못하더라도, 마찬가지로 편향된다는 것이 옳을 듯싶다.[27]

무의식이 정서에 의해 [우리의 판단이] 편향된다는 것은 경제학자들이 선호하는 "합리적 선택" 모델에 함축적 의미를 제공한다. 그 모델에 따르면, 이상적으로 합리적인 (현명한) 행위자는 모든 대안들을 펼쳐놓고 심사숙고에 착수하여, 각각의 대안들에 대해서, 그 결과들의 개연성에 각각의 결과 값(이익 발생)을 곱하여, 각각의 기대되는 유용성을 계산한다. 이렇게 고려된 데이터에 비추어볼 때, 그 모델은 상당히 인위적이다. 적어도 실제 진행되는 일상의 인간 활동이 실제로 그렇게 계산되지는 않을 것이라는 측면에서 인위적이다. 그렇다는 것은 분명, (여러 적절한 선택지들을 선택하지 않는) 생명-지향적 계산이 이미 수행된, 어느 정도 작은 범위의 인위적 문제들에 대해서 거의 옳다. 핵심은 이렇다. 진행되는 삶의 문제에서 보통은, 우리가 의식적으로 고려하는 일련의 선택지들은 선험적 무의식, 정서-인지적 계산 등등에 의해서 제약받는다. 즉, 우리에게 일련의 (주요하게) 관련되고, 민감하며, 유의미한 대안들을 제공하는, "오염된" 계산(dirty computation)에 의해서 제약받는다. 이것은 우리가 거의 알지 못하는 것에 관한 계산인 셈이다. 어느 정도 이러한 경제학적 모델은, 일련의 합리적 대안들이 밝혀진 경우에 그것이 도움이 된다고 하더라도, 합리적 선택에 대해 전체적인 설명을 제공할 것 같지 않아 보인다.

많은 경우에 사람의 뇌는 의식적 숙고가 시작되기도 전에 꽤 잘 가려내는 것들이 있어 보인다. 예를 들어, 나는 식료품 가게에서 거의 고심하지 않고 맛난 사과 진열대를 지나치며(왜냐하면 그것들이 늘 좋지 않았으므로), 가지(채소)를 좋아하지 않으므로 그 진열대에서 머뭇거리지 않으며, 털 달린 수영복을 입을지 그리고 개활지에서 스키를 탈지를 머뭇거리지 않고, 어떻게 소에게서 젖을 짜는지 논증하는 것으로 논리학 수업을 시작할지 말지를 고심한 적이 없다. 이러한 모든 것들은 나의 뇌가 의식적으로 **관여할 수** 있지만, 하지 않는 선택지들에 대한 서술들이다.

E.V.R. 씨와 다른 유사한(복내측전두엽) 손상 환자들로부터 우리가 배운 교훈에 따르면, 의사결정에서 합리성이 **실제로** 정서와 무관하다는 말은 본질적으로 틀렸다. E.V.R. 씨에게 질문하면, 그는 중요한 정서적 단서를 놓치므로 무언가 바보스럽거나 현명하지 못하거나 문제를 일으킨다. 정상적으로 복내측전두피질의 뉴런은 전대상피질(anterior cingulate cortex), 편도(amygdala), 해마(hypothalamus) 등과 같은 영역과 상호 연결을 이루며, 그러한 다양한 영역들은 신체상태 값의 신호를 발생하는 뉴런들을 포함한다. 그러므로 복내측전두피질이 손상된 환자의 경우 그 연결경로가 단절된다. 그 전두엽은 복잡한 의사결정을 위해 필수적인데, 그 전두엽은 [그 연결경로의 단절로 인하여] 복잡한 상황, 계획, 사고 등의 정서적 결합에 관한 정보에 전혀 접속하지 못한다. 결국 그런 [환자의] 일부 행동들은 바보스럽거나 납득하기 어려운 것으로 판정된다.[28) E.V.R.과 같은 환자들이 전혀 느낌을 갖지 못한다는 것은 지금 논의에서의 핵심이 아니다. 그보다는 선택의 결과를 상상하는 데에 필요한 (그러한 상황의) 여러 느낌들이 (상상되는 각본에 따라) 발생되지 않는다는 것이 핵심이다. 왜냐하면 신체상태 표상과 상상 각본 구상(fancy scenario-spinning)의 통합을 위해 필요한 복내측전두 영역이 본능적 느낌(gut feeling)과 단절되기 때문이다. 결국 특별히 소중한 의미를 담은 회상과 유사한 경우를 적절히 기억해내는 능력이 완전히

결핍된다.

심지어 더욱 걱정되는 행동 목록은 전전두(prefrontal) 손상이 발달(성장) 초기에 일어날 경우에 드러난다. 앤더슨(Anderson)과 연구원들은 두 성인 환자들에게 전전두 손상이 16세 이전에 발행한 사례를 보고했다.[29] 두 사람 모두 다양한 지적 검사에서 정상으로 파악되었지만, 모두 사회적 행동에서 심각한 결핍을 보여주었다. 더구나 그들은 또한 사회적 추론과 도덕적 추론에서 결함을 보여주었고, 이것은 도덕적 이해를 획득할 능력이 초기 손상에 의해서 자체 소멸되었다는 것을 시사한다. 반면에 E.V.R. 씨와 다른 후발성(노년에 발생하는) 손상 환자들은 사회적으로 적절하지 못하게 또는 바보처럼 행동하는 것이 있을지라도, 그들은 도덕적 규칙들을 이해하며, 도덕 규칙들을 따른다(그림 5.9).

4.4. 행위자와 자아-표상능력

만약 다양한 정서들이 실천적으로 (장기와 단기 모두에서) 현명한 계획들을 세우는 일에 관여하며 필수적 역할을 담당한다면, 이것이 앞의 3장과 4장에서 개진했던 행위자, 자아-표상, 그리고 의식 등을 위한 체계와 어떻게 맞아떨어질 것인가? [즉, 어떻게 통합적으로 설명될 것인가?] 이러한 의문에 대한 대답은 그루쉬 모의실행기를 한 번 더 언급함으로써 가장 잘 드러난다. 앞서 논의되었듯이, 얼핏 보기에도 행동의 동기는 먹거리, 짝짓기, 생존 등을 위한 기초 욕구들과 단단히 묶여 있다. 계획이 세워짐에 따라서, 상상력은 계획의 결과에 대한 표상을 산출한다. (지각에 의해 충동되는 표상과 마찬가지로) 이렇게 내적으로 충동된 각본에 따라서, 정서적 반응은 뇌간구조, 편도, 시상 등의 중재에 의해서 산출된다.[30] 그루쉬 모의실행기의 중심 기능은 제안된 행동 결과를 예측하고 평가하는 것이다. 우리가 살펴보았듯이, 그 모의실행기는 즉각적 의사결정에 온라인으로 활용될 수 있으며, 더욱 장기적으로 관여하는 상위 차원 의사결정에서는 오프라인으로 활용될 수 있다.

Subject A

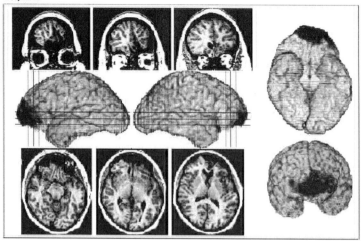

Subject B

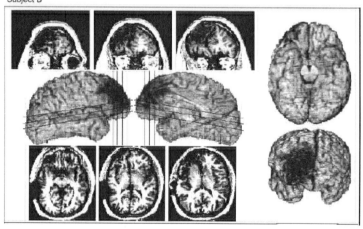

그림 5.9 신경해부학적 분석. 위 사진: 피검자 A의 뇌를 3D로 재구성한 그림. 양측 전두엽 끝 부분 영역을 점유하는 낭종형성(cystic formation)이 있다. 이 낭종이 전전두 영역, 특별히 전안와(anterior orbital) 부분, 그리고 우측보다 좌측을 밀어내어 압박하고 있다. 추가적으로, 우측 중위안와(mesial orbital) 부분과 좌측 극(앞쪽 끝)피질(polar cortices)에 구조적 손상이 있다. 아래 사진: 피검자 B의 뇌를 3D로 재구성한 그림. 중위(mesial), 극(polar), 배측(lateral) 부분의 전전두피질을 포함하는, 우측 전두엽에 확장된 손상이 있다. 안와이랑(orbital gyri)과 대상이랑(cingulate gyrus)의 앞부분 모두가 손상되었다. 하전두이랑(inferior frontal gyrus) 피질은 온전하지만, 하부 백색질(white matter), 특히 앞부분이 손상되었다. (Anderson et al. 1999 양해를 얻어)

다양한 정서들은 선택지들과 그 결과들을 '위협이 되는', '보상을 주는', '위험한', '위기의', '고통스러운', '안심하는' 등등으로 평가하는 중심 역할을 담당한다. 만약 이러한 정서적 상태들이 또한 **그에게** 위협이 되는 것과 **나에게** 위협이 되는 것 사이의 차이를 표상한다면, (다마지오의 가설에 따르면) 그 정서적 상태들은 의식적 느낌이다. 세계에 관하여 획득된, 인지적이며 정서적인 전체 이해의 맥락에서, 이러한 경로의 신경활동은 특정 기억들을 환기시켜주며, 특정 지각과 상상적 기능에 대한 주의집중을 안내하고, 특정 지각을 실천적 의미로 물들인다. 아이맥(iMac) 혹은 퍼스널 컴퓨터(PC) 등의 계산적 양식과 달리, 이것은 생체계산(bio-computation), 즉 **깔끔하지 못한, 자기-관련 계산**이다.

선택지들에 대한 신경의 평가와 판정은 분명, 깔끔하고 단계적으로 수행하는 알고리즘에 가깝다기보다, 강아지들이 밥그릇을 두고 서로 다투는 [형국처럼] 대략적이며 뒤엉켜 밀치는 모습에 가깝다. 다시 말해서, 신경망이 다음 의사결정으로 안착되는 처리과정은 아마도 일종의 경쟁을 포함하며, 승리한 선택은 이후 세부적 운동으로 분할된다. 통속심리학의 친근한 체계 내에서 대략적으로 설명하자면, 종국에 더 소중한 것을 만날 기회가 없을 것이라는 [예측된] 두려움에서 즉각적 충족욕구가 더 중요시될 수 있으며, 스키를 더 잘 탈 것이라는 전망에서 훈련의 고통이 인내될 수 있으며, 자신의 호기심을 만족시킬 희미한 가능성에서 실험실에서 길고 무료한 시간들이 참고 견뎌내어질 수 있다. 중요한 의사결정이 의식적 숙고를 포함할 경우에, 우리는 이따금 내적 투쟁을 경험하기도 하여, 우리 자신을 투쟁하거나 내향과 외향의 느낌을 갖는 두 자신으로 묘사하기도 한다. 의사결정의 일부 처리과정은 다른 것에 비해서 더 오랜 시간이 걸리기도 하며, 따라서 최종 결론에 대해서 "시간을 두고 생각해보라"는 충고의 지혜가 있기도 하다. 우리 모두가 알고 있듯이, 중요한 결정을 미루는 것은, 비록 이유와 방법을 정확히 이해하지 못하더라도, 우리가 가장 잘 생존할 "최소결정"으로 우리를 안내하기도 한다. 이러한 장기간의 처리과정이 전형적으로 합리적인가? 그러한 것들은 전형적으로 정서적인가? 아마도 그것들은 우리가 지금 가진 어휘로 정확히 묘사되지 않을 듯싶다. 그것들은 안정된 끌개(stable attractor)를 향해 안착하는 동역학 시스템(dynamic system)의 처리과정이다.

우리가 알고 있듯이, 내성은 그러한 내적 처리과정의 역학적 전망에 대해 거의 설명하지 못하며, 거의 틀린 정보를 제공하며, 통속심리학은 어느 경우에도 기껏 조잡한 내적 여과기인 셈이다. 비록 신경이 소란스럽게 지원하는 선택의 일부 의미를 내성이 우리에게 제공하긴 하지만, 우리는 의식적으로 그러한 신경의 본성에 거의 접근할 수 없다. 그럼에도 불구하고, 여러 매개변수들 사이의 상호작용과 경쟁의 좋은 모델이 (그것이 정확히 무엇인지 아직 알지는 못하지만) 하여튼 조만간 나타나게 될 것이다.

관습적 지혜에 따르면, 인지적 요소들은 여러 결과들을 예측하는 데에 활용되며, 반면에 정서적 요소들은 여러 결과들을 평가하는 데에 활용된다. 따라서 그 둘은 전적으로 분리된 기능이다. 그렇지만 뇌의 관점에서 볼 때, 그 용도가 그리 단순하지 않다. 학교에 가거나 버스를 출발하는 등의 어떤 일반적 목표 설정에는 분리될 수 없는 인지적-정서적 요소의 동맹이 활용될 듯싶다. 이러한 상황은 개를 데리고 해변에 나가거나 보모를 구하는 등의 더욱 특별한 목표 설정의 경우에도 마찬가지다. 특별한 상황을 제외하면, 지각에서 장면 분할(scene segmentation)과 패턴 재인(pattern recognition)은 감동과 의미를 통해서 성취된다. 피고의 죄를 추궁하려는 결정, 그리고 의사 조력 자살을 선택하려는 결정 등의 중대한 의사결정에서 (앞서 언급된) 경쟁은 결코 이성과 정서 사이의 일차원적 투쟁이라기보다는, '이런' 인지-정서 조합과 '저런' 인지-정서 조합 사이의 복잡한 상호작용이다. 카푸치노보다 카페라떼를 선택하는 결정은, 상대적으로 말해서, 매우 사소한 결정이다. 우리의 선택은 실제로 주판알을 튕기듯이 계산되지 않는다. 그렇지만 그러한 사소한 선택들이, 마치 우리를 현명하다거나 바보스럽다고, 충동적이라거나 혹은 치밀하다고, 나태하다거나 혹은 야심 있다는 등으로 구분하려는, 그러한 삶의 결정을 위한 모델은 아니다. 결론적으로 말해서, 의사결정의 충분한 모델을 제안함에 있어, 우리는 카페라떼-카푸치노 선택을 선택의 패러다임이라고 일반화시키지 않는 것이 좋을 듯싶다. [그러므로, 지금까지 우리가 통속적으로 활용해온 상식적 관점에서, 우리의 여러 선택들에 대해서 합리적-이성적이란 구획으로 나누려는 것을 이제는 멈추어야 할 것이다.]

5. 무엇이 분별 있는 행위이며 무엇이 그렇지 않은 행위인지에 대한 학습

이 시점에서, 아리스토텔레스는 분명, 자기조절과 습관 형성 사이에 중요한 관련성이 있다는 점을 우리에게 부언해줄 듯싶다. 실질적 학습 과정에서, 우리가 세상에 대처해낼 수 있으려면, 감사에 경의를 표할 줄 알려면, 화난 것과 동정심을 적절히 표현할 줄 알려면, 그리고 필요시에 용기를 낼 수 있으려면, 적절한 **의사결정** 습관을 가져야만 한다. 이것들을 동역학 시스템의 은유로 표현하자면, 뇌의 신경상태공간 내에 지형의 경계가 잘 형성되어, 행동적으로 적절한 쇠구슬이 "잘 굴러들어가도록" 혹은 강력히 끌려들어가도록 해야 한다. [역자: 뇌과학적으로 말해서, 습관이란, 뇌 신경계의 기능이 아래로 들어간 포물선 혹은 웅덩이 형태를 갖추어, 쇠구슬이란 행동이 그 웅덩이 중앙으로 잘 끌려들어가도록 형성되는 것이라 말할 수 있다.] 분명히 말해서, 이것 [즉, 습관 형성]이 행동 수준과 신경 수준 모두에서 어떻게 형성되는지 우리는 많이 안다. 그런데, 만약 유아기에 복내측전두피질이나 편도와 같은 중요 뇌 영역에 손상이 발생되면, 온전한 "아리스토텔레스식의" 경계선 긋기라는 전형적 습득이 불가능에 가까워지며, 그로 인해서 정상적인 어린이들이 성장하면서 평범하게 배울 수 있는 것들을 습득하도록 그 아이에게 이따금은 더욱 직접적인 조치가 필요할 수도 있다.[31]

선택 혹은 행위를 **이성적인** [혹은 합리적인] 것으로 규정하는 것은 강한 규범적 요소를 담는다. 그렇지만 반대로, 행위를 서둘러서 혹은 맹렬히 수행되는 것으로 묘사하는 경우를 고려해보라. [역자: 그런 많은 경우에 우리의 행위는 그다지 이성적이지 못하다.] 정상적일 경우에 우리의 행위가 이성적이라는 주장은, 우리의 선택이 행위자 혹은 친족들의 관심과 복지를 위해서 (어떤 의미 있는 방식으로) 유도된다는, 즉 우리의 선택이 (장-단기적으로) 온전히 설명될 수 있다는 것을 함축한다. 그러므로 평가적 요소가 개입된다. 비록 간결한 사전적 정의가, 우리의 선택은 이성적이며 분별 있는 것임을 의미한다는, 몇 가지 두드러진 경향을 포착해낸다고 하더라도, 그 정의가 실제 복잡한 그 [선택이란] 개념을 올바로 평가하기란 거의 어렵다.

어린 시기에, 우리는 행위를 어떻게 평가해야 할지를 배울 때, (바보나 현명하지 못한, 혹은 비-이성적인 행위의 경우처럼) 여러 이성적 행위들의 원형 사례들을 보면서, 더 이성적이거나 덜 이성적인 것이 무엇인지를 배우게 된다. 우리 모두가 사례에 의해서 배우는 한, 이성적임(rationality)에 대한 학습은 일반적으로 (무엇이 개(dog)인지, 무엇이 먹을 것인지, 혹은 언제 사람들이 두려워하거나, 부끄러워하거나, 싫증 내는지 등을 재인하는 경우처럼) 패턴 재인하기(recognize patterns) 식의 학습이다.[32] 폴 처칠랜드가 주장했듯이, 우리 또한, 공정과 불공정, 친절과 불친절 등과 같은, 여러 윤리적 개념들을 원형의 경우들을 경험함에 따라서 배우며, 새롭지만 적당히 비슷한 상황에 일반화시키도록 (조금씩) 느리게 학습한다.[33]

동료들과 부모님들에 의한 피드백(교정)은 우리의 [합리성을 분별할] 패턴 재인 그물망을 정교하게 수정시켜주며, 따라서 그 그물망은 더 넓은 공동체가 갖는 기준에 유사하도록 거듭해서 조금씩 접근해간다. 그럼에도 불구하고, 소크라테스가 말하고 싶어 했던바, 그렇게 기준을 정교하게 맞춘다는 것은, 심지어 "합리적"이란 용어를 (경우에 따라서) 적절히 잘 사용하는 사람일지라도, 극히 어렵다. 합리적인 것과 비합리적인 것을 구분하려면, (마치 강물이 현재 어느 방향으로 흘러가는지를 카누에 기준해서 분별하려 드는 경우처럼, 혹은 적의 진지에 대한 공격이 성공할지 못할지 혹은 어떻게 공격해야 할지를 분별하려는 경우처럼) 인지적-정서적 기술이 요구된다. 원형적 앎을 이용하여, 우리는 남극 탐험을 지휘했던 스코트(Scott)의 기술이 얼마나 보잘것없었는지, 반면에 아문센(Amundsen)의 탐험은 얼마나 화려했었는지 등을 알아볼 수 있다. "이성적(합리적)"이란 용어를 수학적 연산에서 활용될 정도로 정교하게 규정하기란 확실히 거의 불가능하다. 컴퓨터가 아주 대충이라도 상식을 만족시켜주거나, 혹은 무엇을 적절히 이해할 수 있게 우리가 프로그래밍할 수 없다는 사실은, 합리성이 계산적이 아니며, 숙련에 기반하는(skill-based) 본성을 갖는다는 것을 드러낸다.

이것은 중요한 쟁점인데, 대부분 철학자들은 다음과 같이 생각하기 때문이다. 윤리적 개념은 평가적 차원의 것이지만, 반면에 [우리가 그러한 개념들을 어떻게 습득하였는지에 관한] 인식론은 기술적 차원이다. 이것은 곧 윤리적 개념과 기술적 개념이 전혀 다른 차원의 것임을 함축한다. [따라서, 윤리적 개념에 대한 논의를 기술적 차원에서 논의하려는 것은 적절치 않아 보인다.] 그렇지만 우리가 "합리적", "실천 불가능한", "공정한" 등등의 여러 개념들에 대한 학습을 하려면, 적절한 정서적 느낌과 불가피하게 얽힌다는 것은 명확해 보인다. 다시 말해서, 무언가가 대표적으로 실천 불가능해 보이거나 근시안적으로 보이는 원형적 상황은 실망과 걱정에 의한 불쾌한 느낌을 유발시킨다. 즉, 무언가 위험해 보인다는 [인식론적] 전망과, 그에 따라 (여러 지각적 특징들에 따라 함께 나타나는) 그러한 [정서적] 느낌들은 분명히 지각 패턴 재인을 통해 학습되는 과정에서 통합된다.

솔직히 말해서, 복잡한 도로를 가로질러 건너는 경우, 또는 새끼를 데리고 나타난 회색곰과 마주치는 경우와 같은 위험한 상황들에 대해서, 우리는 그것과 관련된 느낌 없이 그것을 위험한 것으로 배울 수 있을 것 같지 않아 보인다. 이것은 적어도, 편도가 손상된 환자(S.M. 씨)가 공포 느낌을 전혀 갖지 않는다는 다마지오의 증거를 통해서 드러난다. 비록 그 환자가 단순한 상황들이 위험하다고 확인하는 경우일지라도, 그녀 자신은 그 상황을 순수하게 인지적인, 비정서적인 상황으로 판단하는 것처럼 보인다. 그렇지만, 그녀가, 복잡한 사회적 혹은 상거래의 상황에서, 협박 혹은 적개심 혹은 병리를 간파해야 할 경우에, 그녀의 인지적 능력은 형편없었다. 그러한 상황에서는 위험을 간파할 어떤 단순한 공식도 가용하지 않았기 때문이다. 앞서 논의되었듯이, 우리가 어떤 개념을 숙련되게 적용하려면, 적절한 느낌은 필수적이며, 만약 그렇지 못할 경우에 꽤 엉성한 적용을 할 듯싶다. 이것이 바로, 정서를 갖지 못한 (소설 속의 등장인물) 스포크 씨(Mr. Spock)가, 인간에 대해서 강한 동정심 혹은 공포심 혹은 부끄러움 등을 유발하는 것을 거의 예측하지 못하는 것이 납득되는 이유일 것이다.

유서 깊은 우화와 민속 격언 등 여러 이야기들은 어린이들에게 그들이 (대리로) 상상하고 느낄 수 있게 하는 기초적인 극본의 핵심을 제공한다. 예를 들어, 미래에 힘든 시기를 대비하지 못한 선택이 어떤 결과를 주는지(개미와 베짱이), 거짓말로 경고한 결과가 어떠할지(늑대와 양치기 소년), 번드르르한 말꾼에게 속은 결과가 무엇인지(잭과 콩나무), 겉치레의 무익함이 무엇일지(나르시스)[물에 비친 자신의 미모를 연모한 소년이 물에 빠져 죽어 수선화가 되었다는 그리스 신화] 등이 있다. 예를 들어, 모든 이들을 기쁘게 하려는 바보스러움(노인과 당나귀), 어느 누구도 기쁘게 해주지 않으려는 바보스러움(디킨스의 크리스마스 캐럴에 등장하는 스크루지), "엉뚱한" 사람을 만족시켜주려는 바보스러움(피노키오) 등의 사례들을 통해서, 어린 시기에 우리 모두는 바보스러움이 무엇일지 생생히 느끼고 상상할 수 있다. 수많은 위대한 고전 작품의 이야기들, 예를 들어 셰익스피어, 입센, 톨스토이, 아리스토파네스 등에 의한 저작들은 도덕적 애매성으로 채워져 있으며, 이것은 실제 인생이 서로 충돌하는 여러 느낌들과 정서들로 가득하다는 사실을 반영한다. 이러한 이야기들은 단순한 바보스런 판단이 대단한 전략보다 훨씬 더 쉽게 고난을 회피하게 해준다는 지혜를 우리에게 상기시켜준다.

부리단(Buridan)의 우유부단한 당나귀는 딱 어리석음의 표본이다.[34] 햄릿의 이중성과 우유부단함은 심각한 비극의 원인이며, 이것은 모든 사람에게도 적용된다. 그러한 위대한 저작들은, 선택은 언제나 미래의 많은 구체적인 사항들에 대해서 상당히 그리고 어쩔 수 없이 무지한 가운데 이루어진다는 것을 우리에게 상기시켜주며, 미래를 아주 모르고 행하는 것이 다소 현명한 결정을 내리게 해주는 요소가 되기도 한다는 이야기들로 채워져 있다. 왜냐하면 모든 결정은 사소한 것들로 채워져 있으며, 현명한 선택을 하도록 안내해줄 어떤 산술적 규칙 같은 것도 존재하지 않기 때문이다. 직장과 짝을 선택하거나, 아기를 낳을지 말지, 다른 지역으로 이사를 가야 할지 말지, 재판에서 어떤 사람을 유죄로 판결할지 무죄로 판결할지, 굴복해야 할지 아니면 정복해야 할지 등등을 결정해야 하는, 여러 과제들은 언제나 복잡한 제약적 만족의 문제들(constraint-satisfaction problems)이다.

어떤 선택을 두고 고심할 때면, 우리는 과거 행위에 대한 자신의 반성과 (자신이 들었던) 적절히 연관된 이야기들을 회상함으로써, 그리고 한 선택지 혹은 다른 선택지를 선택함에 의해서 일어나게 될 결말을 상상함으로써 안내받는다. 안토니오 다마지오는 상상-숙고의 맥락에서 나오는 이러한 느낌을 "이차 정서(secondary emotions)"라고 불렀으며, 이것은 외부 자극에 대한 반응이 아니라, 내적으로 발생된 표상과 회상에 대한 반응이다.[35] 우리가 학습하고 성장함에 따라서, 우리는 특정 느낌을 특정 양태의 상황에 관련시키게 되며, 이러한 결합은 유사한 조건이 주어질 경우에 다시 활성화된다. 물론, 현재 상황이, 특정 과거의 사례와 절절히 유사하게 관련되어 재인될 경우, 그 재인은 인지적 차원이다. 그러나 그러한 인지적 재인은 과거 사례에서 일어났던 느낌과 유사한 느낌을 환기시킬 수 있으며, 이러한 느낌의 환기는 당신의 피질 그물망으로 하여금 이제 무엇을 해야 할지 고심하는 문제 해결에 융통하도록 지원한다는 측면에서 중요하다. 이상이 우리의 신경과학을 위한 기반이다.

6. 비인과적 선택을 다시 고려하기

이 장에서 대부분의 논의는 의사결정에 대한 신경생물학의 (최근 생겨난) 설명에 초점을 맞추고 있다. 여기에서 제안되는 가설은 이렇다. 통제 상태 내에 있다는 것과 통제 상태를 벗어난다는 것 사이에 체계적인 신경생물학적 차이가 있으며, 이러한 차이는 다중차원 매개변수 공간 내에 퍼지로 [즉, 정도 차이로] 경계 지어지는 하부공간(fuzzy-bordered sub-volume)으로 규정될 수 있다. 그 매개변수공간 내의 통제 상태 하부공간은 분명히 상대적으로 클 것이다. 왜냐하면 통제 상태의 사람들일지라도 서로 다른 습관, 인지적 양태, 정서적 기질 등등을 갖는다는 사실이 고려되어야만 하기 때문이다. 마찬가지로, 통제 상태를 벗어난 하부공간 역시 다음 사실을 고려한다면 매우 클 것이다. 보상 시스템의 기능장애(dysfunctional reward system)가 분명 통제 상태를 벗어난 국면을 낳을 것이며, 이런 국면은 전대상피질의 기능장애(dysfunctional anterior cingulate cortex)로 인하여 통제 상태를 벗어나는 것과는 아주 다르며, 또한 이것 역시 기저핵의 퇴행(degenerating basal ganglia)으로 인하여 통제 상태를 벗어나는 것과도 다르다. [역자: 이렇게 다양한 요소들로 인해 통제 상태를 벗어난 국면이 점유하는 그 하부공간은 어느 정도 유연해야만 한다.]

앞의 2절에서 주목했듯이, 통제 상태의 피검자에 의한 의사결정은 실제로 무인과적 의사결정이며, 반면에 통제 상태에서 벗어난 피검자에 의한 의사결정은 인과적이라는 완전히 다른 가설이 열렬히 지지되기도 한다. 그중 가장 현대적 변종의 주장은, 양자 미결정성(quantum indeterminacy)이 (어느 정도) 비인과적 선택의 근간이라는, 생각을 지지한다. 비록 앞에서 간략히 소개하기는 했지만, 실제 선택은 (그 선택을 조성하는 뇌 상태가 출현하기 (간발의 차이로) 바로 직전에) 인과성의 붕괴에 의해서 이루어진다는 생각을 이제 다시 고려해볼 시점이다. 그런 생각이 하나의 경험적 가설이니만큼, 그것은 어디까지나 경험으로 비중 있게 평가될 만하며, 앞서 논의된 뇌의 꽤 다른 구도와 비교될 필요가 있다.

흄과 그의 논의는 제쳐두고서라도, '무인과적 선택 가설(noncausal-choice hypothesis)'을 우리가 신뢰할 수 있는지는, 그것이 뉴런과 뉴런 시스템에 관해서 지금까지 알려진 것들과 맞물리는지 아닌지에 달려 있다. 그 가설을 지지하는 이들은 현존하는 잘 확립된 신경생물학적 증거들과 **일관성이 있기를** 바라며, 그러한 증거들을 공개적으로 부정하고 싶어 하지는 않는다. 그 가설에 따르면, 많은 구체적인 사항들 중에서 신경과학이 아직 밝혀내지 못한 것은 '양자역학적 이유로 인하여 자발적 선택이 비인과적이다'라는 사실이다. 우리는 이 시점에서 그런 가설에 대해서 다음과 같이 묻지 않을 수 없다. 그렇다면, 신경과학이 잘 **확립되고** 난 후에도, 그것이 유망한 연구 전망에서 그럴듯한 가설처럼 보일까, 안 보일까? 그 가설은, 만약 어떤 선택이 비인과적일 경우 오직 그 경우에만(if and only if, 필요충분조건으로), 그 선택을 의도적인 것으로 분류한다. 따라서 인과적 선택은 자유롭지 않다고 간주된다. 언제나처럼, 우리는 그 가설이 일부 인위적인 대답을 갖는 것은 아닐지 의문을 제기함으로써 논의를 시작해볼 수 있다.

인과성의 붕괴가, 단지 (가정적으로 선택의 범례(paradigm) 사례인) 그 특별한 뇌 사건에 대해서, 왜 그리고 어떻게 일어나는가? 뇌가 어떻게 작동하여, 좋은 습관과 일치되는 단순한(예를 들어, 무심코 안전벨트를 매는) 행위가 **인과적이며**, 반면에 망설임 후에 카푸치노보다 카페라떼를 선택하는 행위는 **인과적이 아닌가?** 니코틴 중독자가 다른 담배를 집어 드는 경우에, 혹은 어린아이가 자기 엄지를 빠는 경우에, 또는 고도로 훈련된 후 임무에서 해제된 스파이가 자기 주변 행인들을 암살자로 의심하는 경우에, 그러한 특별한 비인과적 사건들을 무엇으로 막을 수 있는가? 거의 그럴 법해 보이는 것으로, 만약 선택을 일으키는 뇌 사건들이 많은 뉴런들에 분산되어 일어난다면, 비인과성(양자 미결정성)은 그 관련 뉴런 집단을 어떻게 조율하는가? 만약 선택을 일으키는 뇌 사건들이 비인과적이라면, 정확히 무엇이 그 배경 욕망, 믿음, 습관, 정서 등등과 관계를 이루는가? 거칠고 조밀한 제약이 [관여되는] 실제 세계를 떠나 추상하는 철학적 공상은 "잭이 단숨에(그냥) 풀려났다는" 특성을 보여준다. [역자: 브레이스브리지 헤밍(Bracebridge Hemyng)에 의해 저술된 『잭의 모험(*Jack Harkaway's Adventures*)』에서 저자는 어떻게 그렇게 된 일인지 이유는 설명하지 않고 아주 절박한 궁지에서 주인공이 그저 단번에 풀려났다고 이야기한다.] 물론, 경험적 정보에 근거한 의문에 대한 경박한 대답이 언제나 가능하기는 하다. "그것은 단지 그렇게 작동한다" 혹은 "마술!"로? 만약 그 가설이 위와 같은 여러 의문들에 대해 경솔하지 않은 대답을 내놓을 수 있게끔, 신경생물학과 인지과학에 엮이지 않는다면, 하여튼 그 가설이 임시 보조 가설(ad hoc)을 덧붙이고 있다는 것이 적나라하게 드러나게 된다.

그 비인과적 선택 가설이 진지하게 선택되기 전에, 그 가설은 경험적 확증을 축적해야만 하며, 실험적 검증에서 살아남아야만 한다. 만약 비인과적 선택이 양자-수준 효과를 갖는다면, 가정되는바, 앞서 언급된 여러 질문들은, 앞의 2절에서 제기된 질문과 마찬가지로, 경험적 대답을 요구한다. 정확히 어떤 조건에서 (그 가정되는) 비인과적 사건들이 발생되는가? 비인과적 선택은 오직 내가 두 가지의 동일한 좋은 (혹은 나쁜) 선택지들 사이에서 망설이거나 번민할 때에만 일어나는가? (소위) 양자-수준 효과가 언제 그런 망설임이 일어나며 언제는 일어나지 않는지를 어떻게 알고 그리하는가? 의사결정의 문제를 제쳐두고라도, 욕구가 발생하는 것과 같은 과정에 비추어, 양자-수준의 미결정성이 있기는 할까? 혹은, 믿음이 발생하는 과정에서도 그러할까? 아니라면, 왜 아닌가? 그러한 효과가 오직 일부 의식적 의사결정에서만 일어나는 것은 왜이며, 다른 경우에는 왜 일어나지 않는가? 이러한 인과성 파괴가 시냅스에서 발생하기라도 하는가? 만약 비인과적 의사결정을 옹호하는 주창자들이 진지한 태도를 갖는다면, 그들은 단지 양자-수준의 미결정성이란 깃발만을 흔들거나, '선택은 단숨에(그냥) 자유롭다'라는 주장만을 할 것이 아니라 그 이상을 보여주어야만 한다. 그들은 경험적인 확증을 보여주는 일에 나서야만 한다.

7. 책임이란 개념은 어떻게 될까?

이제 본 5장을 탐구하게 만든 배경의 중심 질문으로 돌아가보자. 만약 행위의 선택과 의사결정이 인과적이라면, 자신의 행동에 대해 실제로 책임져야 하는가? 아주 일반적 결론이 앞선 논의에서 이미 제시되었다. 대체적으로, 개인이 책임져야 할 행위자라고 가정될 경우, 사회집단은 [책임질 행위인지 분별하기 위해] 최선을 다해야 한다. 결론적으로, 실천적 삶의 문제로서, 성인 행위자에게 그들의 행위와 습관에 대해서 책임을 부여하는 것이 아마도 가장 현명할 듯싶다. 말하자면, 우리가 책임을 조절된 행위에 부여할 것인지, 그리고 행위자가 자신의 행위를 조절하였다는 것을 태만추정(default presumption)[즉, 책임 불이행이 입증되지 않는 한 책임을 물을 수 없음]으로 볼 것인지는 아마도 모두의 관심사가 될 듯싶다. 어떤 행위자의 행동이 그 [사회적 규범의] 매개변수공간 범위 내에서 스스로를 조절할 수 없었다는 명확한 증거가 없다면 [즉, 그 행위자가 사회적 규범을 따를 수 없는 사정이 있었다는 명확한 증거가 없다면] 그 행위자는 자신의 행동에 대해서 처벌받거나, 아니면 칭송받을 만하다. 물론 이런 생각은 고도로 복잡하고 미묘한 쟁점을 불러일으키지만, 그 기초 개념은 다음과 같다. 어떤 선택에 대한 사회적 결과에 대한 느낌은 사회화, 즉 서로 주고받는 무리 내에 들어가기 위해서 우리가 중요하게 배워야 할 부분이다. 이것은 부분적으로 특별한 의미의 아리스토텔레스식 습관 형성이다.36) 그러한 결과에 대한 느낌은 적절한 방식으로 그 매개변수공간 조망을 파악하는 데에 필수적이며, 그리고 그것은 [사회적으로] 부과된 승인과 거부에 대한 느낌을 의미한다. 그러한 느낌을 강화하는 사회적 관습을 갖는 것은 시민적 삶을 유지하는 데에 도움이 된다.

어린이가 물리적 세계를 배우려면, 그것과 상호작용을 통해서 그리고 자신의 행동에 대한 결과를 감내하며, 혹은 다른 아이들이 세계와 관계하는 것을 보면서, 또는 다른 아이들이 세계와 어떻게 관계하는지를 들으면서 배워야만 한다. 마찬가지로, 사회적 세계를 학습하려면, 어떤 선택에 대한 사회적 결과의 본성에 대한 (직접 또는 간접의) 인지적 효과를 통해 학습해야만 한다. [역자: 즉, 어린이는 자신의 선택에 대한 사회적 책임을 직접 또는 간접의 처벌과 보상을 경험하며 학습해야 한다.] 물론 이것은 성장하는 아이를 합리적으로 보호하는 것과 조화되어야 하며, 또한 동정심, 친절함, 포용력 등과도 조화를 이루어야 한다. 간단히 말해서, 나는 어린이 양육에서 엄청나게 미묘한 것들을 감추려고 일반적 결론을 단순화하고 싶지는 않다. 그럼에도 불구하고, "사회적 품위"[를 위한] 뇌 회로를 발달시킬 유일하게 알려진 방식이 만약 피교육자가 사회적 패턴 재인에 따른 적절한 느낌을 형성해야 하는 것이라면, 책임성을 위한 가정(assumptions)은 어느 버전의 철저한 비책임성의 가정도 수용해야 한다. [즉, 사회적으로 무엇을 지켜야 하는지를 터득하려면 무엇이 무방한지도 경험적으로 배워야만 한다.]

물론 이런 주장은 다음과 같은 문제점을 남겨두고 있다. 특별한 상황에서, 행위자는 책임을 용서받거나 또는 축소된 책임을 허락받아야 한다. 일반적으로 법원은 그러한 상황이 무엇인지에 관해서 (단순한 규칙이 실제로는 결코 적용될 수 없으므로) 사례마다 다르게, 합리적 판단을 하려고 투쟁하는 곳이다. 신경심리학적 실험 자료들은 분명히 이런 점에서 관련된다. 앞서 예를 들었듯이, 피검자 뇌는 E.V.R. 씨 또는 S.M. 씨 등의 뇌와 해부학적으로 닮았음을 보여준다. 그렇지만 아주 명확히 말해서, 그러한 실험 자료들은, 어느 누구도 실제로 책임이 없다거나 또는 어느 누구도 실제로 처벌받거나 혹은 칭찬받을 만하다는 것을 결코 보여주지는 않는다. 그러한 자료들은 삶이 힘들다고 누구라도 책임을 회피하는 것이 당연하다는 것을 보여주지 않는다. 우리들 거의 모두에게 "트윙키 변명(Twinkie defense)"[즉, 능력 상실이라는 변명]이 정의를 위장하는 것처럼 보이지만, 누군가의 광범위한 복내측전두피질이 절제된 경우에는 그렇지 않은 것 같다.

[역자: 트윙키 변명이란, 살인죄를 지은 자가 다이어트를 위해 (설탕이 과다하게 함유된) 트윙키 빵을 먹어 우울증이 유발되었고, 그로 인해서 자신의 올바른 판단능력이 상실되었다는 변명에서 유래된 말로, 합법적으로 인정되기 어려운 변명을 가리키는 말이다. 복내측전두피질이 절제되는 경우에는 정서적, 이성적 능력을 적절히 조절하는 능력을 상실한다고 알려져 있다. 그러한 사례로, 피니아즈 게이지(Phineas

Gage)의 경우가 매우 잘 알려져 있다.]

뇌 회로 내에 [신경학적으로 인위적인] 직접 개입이 도덕적으로 허용 가능한가? 이것 역시 엄청나게 복잡하고 뒤엉킨 쟁점을 포함하고 있다. [이 쟁점에 대한] 나의 편견은 두 가지이다. 첫째로, 일반적으로 생태계와 면역계의 어느 수준에서도, 생물학적 개입은 항상 무한한 주의가 요구된다. 그 개입 목표가 신경계라면, 상당한 정도로 다른 차원의 주의가 있어야 한다. 그렇지만 행동에 옮기지 않는 것도 여전히 무언가를 하는 것이며, 부작위(omission, 소홀한) 행위는 작위(commission) 행위만큼의 결과를 낳는다.

둘째로, 영화 『시계 장치 오렌지(*Clockwork Orange*)』는, 대표적으로 범죄 정의[구현] 시스템에 따라서 그러한 직접 개입이 허용된다는 개념에서 그려진 영화인데, 아마도 편도체 덩어리 구조에, 마땅히 받아야 할 것보다, 훨씬 더 큰 충격을 준다. [즉, 그 영화는 대단히 충격적이다.] [역자: 편도는 공포 기억에 중요한 부위이며, 따라서 우리를 섬뜩하게 만드는 영화는 편도에 상당한 충격을 줄 것이다.] 분명히 어떤 종류의 [인위적인 신경학적] 직접 개입은 도덕적으로 반박되기 쉽다. 그런 만큼, 상당히 쉽게 거부된다. 그러나 모든 종류에서 그러할까? 심지어 약리학적인 경우도 그러할까? 어떤 형식의 신경계 간섭은 평생 감옥살이나 사형보다 더 자비로운 처벌일 수 있다. 나는 어느 형태의 직접 간섭을 허락해야 할지 특정한 기준선을 제안하고 싶지는 않다. 그럼에도 불구하고, '이성[적 판단]에 대한 정서의 역할에 관해 우리가 지금 이해하는 바탕에서, 아마도 그 기준선에 대해 조용히 재고할 시점은 된 것 같다. [즉 이성과 정서가 뒤섞여 행위자의 판단에 관여된다는 측면에서, 이제 범법자의 신경계를 직접 간섭하는 처벌을 고려할 시점이다.] 이러한 문제들에 대해서, 아리스토텔레스식의 주의 깊은 해답을 가능한 한 현명하게 찾아보는 것이, 무분별한 자기 정당화로 고삐를 놓아주는 것보다 바람직할 것이다. 극우와 극좌의 이데올로기 열정은 신중한 상식보다 더 커다란 해가 될 수 있기 때문이다.

8. 맺는 말

나는 신경과학에서 나오는 새로운 실험 자료들을 고려하여, 그 결실로 다음 세 가지 철학적 논제를 얻었다. (1) 느낌이란, '무엇을 해야 하는가라는, 생활의 실천적 추론에서 필수적 요소이며(David Hume), (2) 도덕적 행위자는, "순수한 인지"에 의해서가 아니라, 삶의 경험을 통해서 적절한 인지적 효과를 주는 습관을 발달시켜서, 도덕적으로 그리고 실천적으로, 현명해져야만 하고(Aristotle), (3) 행위자가 자신들의 행위에 대해 책임을 진다는 태만 추정은, 행위자가 (정서적으로나 인지적으로) 특정 사건의 결과를 어떻게 평가할 것이며, 위험을 감수한 대가를 어떻게 평가할 것인지 등을 학습하기 위해서, (경험적으로) 필요하다(R. E. Hobart, Moritz Schlick). 이 각각의 논제들은 오랫동안 논란이 되어왔던 주제이며, 지금도 논란이 되고 있다. 각각의 논제들은 철학적 비평의 대상이 되어왔다. 그렇지만 이제 신경심리학, 실험심리학, 기초 신경과학 등으로부터 여러 실험 자료들이 나옴에 따라서, 각각의 논제들이 경험적으로 탐구될 가능성이 높아지고 있다. 결론적으로, 시민적 조화로움을 성취하기 위하여, 다른 사람의 가치를 고려한, 가장 효과적인 수단이 무엇인지 문제를 비롯한, 많은 중요한 사회적 정책 문제들이 새롭게 고려되어야 한다. [그러한 문제를 고려하려는 사람이라면] 뇌의 보상회로, 즐거움과 걱정 그리고 공포심 등에 관하여 [신경학적으로] 아주 많은 것들을 알아야만 한다. 철학적으로 시민[의식], 개인[의 권리], 지적 미덕 등을 고려한 강조점들은 독단적으로 순수 인지적 영역에만 초점을 맞춰왔다. [그 입장은] 마치 칸트의 추론 개념이 실제로 옳은 것인 양, 감정의 영역을 평등하게 다루지는 않는다. 교육과 사회적 정책의 문제에서 느낌과 감정의 요소들을 최선으로 다루려면 상당히 많이 알고 숙고하는 실천적 지혜가 요구된다. 어느 경우에서든 나의 전망은 이렇다. 우리가 사회 정책에서 실천적 지혜와 더 깊은 개선을 원하는 만큼, 의사결정에 관한 경험적 사실들을 신경-수준과 행동-수준 양쪽 모두에 대해서 더 많이 이해하는 것이 유용하겠다.

[선별된 독서목록]

Aristotle. 1955. *The Nichomachean Ethics*. Trans. by J. A. K. Thompson. Harmondsworth: Penguin Books.

Bechara, A., A. R. Damasio, H. Damasio, and S W. Anderson. 1994. Insensitivity to future consequences following damage to human prefrontal cortex. *Cognition* 50: 7-15.

Campbell, C. A. 1957. Has the self "free will"? In his *On Selfhood and Godhood*, 158-179. London: Allen and Unwin.

Churchland, P. M. 1995. *The Engine of Reason, The Seat of the Soul*. Cambridge: MIT Press.

Cooper, J. R., F. E. Bloom, and R. H. Roth. 1996. *The Biochemical Basis of Neuropharmacology*. 7th ed. Oxford: Oxford University Press.

Damasio, A. R. 1994. *Descartes' Error*. New York: Grossett/Putnam.

Damasio, A. R. 1999. *The Feeling of What Happens*. New York: Grossett/Putnam.

Dennett, D. C. 1984. *Elbow Room: The Varieties of Free Will Worth Wanting*. Cambridge: MIT Press.

Le Doux, J. 1996. *The Emotional Brain*. New York: Simon and Schuster.

Walter, H. 2000. *Neurophilosophy of Free Will: From Libertarian Illusions to a Concept of Natural Autonomy*. Cambridge: MIT Press.

Wegner, D. M. 2002. *The Illusion of Conscious Will*. Cambridge: MIT Press.

웹사이트

BioMedNet Magazine: http://news.bmn.com/magazine

Encyclopedia of Life Sciences: http://www.els.net

The MIT Encyclopedia of the Cognitive Sciences: http://cognet.mit.edu/MITECS

II부　인 식 론

6장 인식론 소개

1. 머리말

인식론(epistemology)이란 지식(knowledge)의 본성에 대한 탐구이다. 따라서 인식론은 핵심적으로 "우리가 무엇을 알며, 그것들을 어떻게 아는가?"라는 의문에 대답하려 한다. 그 의문에 대답하려는 두 경쟁하는 관점이 기원전 5세기 무렵 그리스에서 시작되었으며, 그 두 관점의 전통은 지성의 역사에서 밑그림을 그려왔다. 플라톤(Plato, 427-347 B.C.)과 아리스토텔레스(Aristotle, 384-322 B.C.)가 그러한 두 전통의 중요한 원천이다. 왜냐하면 그들이 서로 명확히 다른 탐구 전략을 채택했기 때문이다. 사물들이 그러그러하게 보이는 모습 뒤에 숨겨진 실재(reality)를 파악하기 위해, 플라톤은 편안히 앉아 수학적 또는 선험적 추리(a priori reasoning)에 승부를 걸었으며, 반면에 아리스토텔레스는 자연세계에 대한 [실험적] 탐색에 승부를 걸었다.

플라톤에 따르면, 학습이란 실제로 단지 [잊었던 것을] 회상하기이다. 우리가 학습이라 부르는 것의 거의 대부분은 본유적 지식(innate knowledge, 생득적 지식)에 대한 발견일 뿐이다. 어떻게 그러한 본유적 지식이 우리 머릿속에 처음 들어오게 되었는지 이유에 대해 그는 결코 만족스럽게 설명하지는 못했다. 그의 믿음에 따르면, 우리가 실재를 이해할 수 있는 것은 우리의 지성이 추상적인 것들을 파악할 수 있기 때문이다. 그러한 추상적인 것들은 물리적 세계에는 존재하지 않으며, 훗날 "플라톤의 천국(Plato's Heaven)"이라 불린, 영원한 "지성의 영역"에만 존재한다. 플라톤이 보기에 이상적 지식은 수학적 지식이다. 수학적 지식이란, 자연세계를 관찰하여 파악된 속견(opinion)과 대조적으로, 확실하며, 영원하고, 체계적이며, 보편적이다. 플라톤이 그렇게 보았듯이 이후로 플라톤주의자들 또한 그렇게 생각했다. [역자: 플라톤의 관점에 따르면, 우리가 아는 것들은 그 참의 정도가 각기 다르다. 감각으로 아는 것은 단지 '속견'으로 그 참의 정도가 낮다. 예를 들어, 가장 참이 아닌 지식으로, 거울에 비친 상이나 그림자를 보고 아는 앎이 있다. 그런 것들은 실제 사물의 모사물일 뿐이다. 그러한 비유는 우리의 감각적 앎에도 적용된다. 우리가 그려보는 원과 삼각형의 실제 그림은 완벽한 원과 삼각형의 원형, 즉 진실 된 앎의 모사물일 뿐이다. 반면에 수학적 지식이나 기하학적 도형들에 대한 앎은 참의 정도가 높은 '지식'이다. 우리가 여러 감각적 앎을 가질 수 있는 것은 완전한 도형들이 무엇인지 참인 지식을 이미 알기에 가능하다. 기하학적 완전한 도형들에 대한 앎은 그 모사물인 감각적인 앎에서 얻어진 것일 수 없다. 그렇다면 기하학의 참된 앎은 어디에서 오는가? 우리 영혼이 이데아의 (진실의) 세계에서 본 것을 태어나면서 잊었다가, 이 세계에서 그 유사한 사물들을 보면서 회상할 수 있다. 플라톤은 그렇게 억지스러운 이야기를 지어내었다.]

반면에, 아리스토텔레스는 플라톤의 가장 탁월한 학생이었으며, 그는 '세계'와 '세계가 어떻게 작동하는지'에 대해 납득될 만한 믿음을 얻기 위해서, '증거'와 '추리'를 가장 잘 활용할 성공적인 **방법**들을 간과하는 것이 중요하다고 강조했다. 우리가 어떻게 지각하고, 추론하며, 기억하는지 등에 대해서, 아리스토텔레스는 자연적 접근법(naturalistic approach)으로 탐색한다. 그는 '지각'과 '기억'이 지식을 습득하게 하는 자연적 기능이라고 믿었으며, 그것들의 작용을 '관찰'과 '실험적 조작'으로 가장 잘 이해할 수 있다고 추정했다. 예를 들어, 기억이 어떻게 저장되는지 의문에 대해서, 아리스토텔레스는 경험 자체가 마음이란 재료에 "새겨진다"고 제안하였으며, 따라서 실험이 없는 자연에 대한 탐색을 멀리하였다. 우리의 지적 능력을 탐구함에 있어, 아리스토텔레스는 '영혼이 신체의 죽음 후에도 살아남는지'와 같은 **형이상학적** 의문에 거의 관심을 두지 않았으며, 눈과 귀에 대해서 "그것들이 어떻게 작용하는가?"와 같은 구체적인 의문에 더욱 관심을 기울였다.

대략적으로 말하자면, 탐구 전략 측면에서 플라톤과 아리스토텔레스의 구분은 이후로 인식론을 구분 짓게 하였다. 그렇지만 주의해야 할 것으로, 플라톤과 아리스토텔레스 사이의 방법론적 구분은 단지 **강조**의 측면에서 차이가 있을 뿐이다. 왜냐하면, 플라톤주의자들은 '만약 당신이 비가 오는지 알고 싶다면 밖을 내다보아야 한다'라고 아주 잘 인식하고 있었으며, 아리스토텔레스주의자들 또한 '세계가 실제로 어떻게 작동하는지 밝혀내기 위해 상상력과 추리가 중요하다'고 아주 잘 인식하고 있었기 때문이다.

그러면서도 두 방법론이 실제로 갈리는 곳에 쉽게 해소될 수 없는 문제가 있었다. 그 문제는 관찰 가능한 현상 뒤에 숨겨진 '실재의 본성'과 관련한다. 그러한 문제와 관련하여 형이상학적 편애를 가진 자들은 자연주의자들(naturalists)을 큰 물음(Big Question)을 회피하는 자들로 보았으며, 반면에 자연주의적 편향을 가진 자들은 형이상학자들을 다람쥐 쳇바퀴에 갇힌 자들로 보았다. [즉, 이성을 강조하는 형이상학자들은 자연주의자들을 철학의 궁극적 의문에 관심이 없는 자들로 보았으며, 반대로 실험을 강조하는 자연주의자들은 형이상학자들을 새로운 앎으로 나아가지 못하는 자들로 보았다.]

르네상스 시대에 과학이 성장함에 따라 플라톤의 전략에서도 물리적 세계에 대한 지식을 허용하지 않을 수 없게 되었다. (연소와 호흡과 같은 물리적 과정들이 인과적 메커니즘(causal mechanism)이라고 밝혀내었던) 경험적 기술들(empirical techniques)이, (경전을 읽거나, 또는 종종 논란의 여지가 있으며 불명료한 형이상학적 원리로부터 실재의 본성을 연역하려는) 비-경험적 방법보다 훨씬 더 성공적 논증을 보여주었기 때문이다.

　불(fire)의 본성과 관련하여 하나의 중요한 진보가 이루어졌다. 1772년과 1785년 사이에 프랑스 화학자 라부아지에(Lavoisier)는 연소에 대한 탐구를 통해서 원소와 화합물을 구분하는 기초를 마련하였다. 그는 연소가 일어나는 중에 **안 보이는** 기체가 (타고 있는) 나무와 **결합된다**는 것을 간파하였다. 그 기체는 나중에 산소(oxygen)로 명명되었다. 이것은 오랫동안 유지되어온 이론과 상충하였는데, 옛 이론에 따르면, 연소는 열과 빛을 내는 플로지스톤(phlogiston)이라는 물질을 방출한다. 다시 말해서, 관습적 지혜는 역학적 문제를 확실히 뒤로 제쳐두었다. 연소에 대한 새로운 이해를 가지고, 라부아지에는 다시 한 번 놀라운 생각을 해보았다. 그것은 동물들의 호흡 역시 산소와 탄소의 결합으로 이루어진다는 생각이었다. 그 생각은 도발적이며 이단적이었는데, 살아 있는 것의 메커니즘과 죽은 것의 메커니즘 사이에 연관성이 있음을 암시하기 때문이었다.

　마찬가지로 놀라운 다른 실험적 탐구도 있었다. 뉴턴(Newton, 1642-1727)은 조심스럽게 만든 프리즘에 빛을 투과시키고, 일상적인 빛은 보라색과 빨간색 사이의 다양한 색깔 광선들이 혼합된 것임을 보여주었다. 생물학 분야에서는 ‘파리들이 명백히 자연적으로 발생하는 것으로 보였던 생각이 틀렸다는 것이 증명되었다. 그것은 단단히 봉인된 통 속에 고기를 넣고 수일 동안 놓아두는 실험을 통해서 증명되었다. 세균질병이론은 점차 종교에 근거했던 **징벌질병이론**을 대체하였다. 리스터와 제멜바이스(Lister and Semmelweis)는 외과 의사들이 비누로 손을 씻는 것만으로도 치명적 감염을 줄일 수 있음을 보여주었으며, 파스퇴르(Pasteur)는 열을 가하면 음식과 물에 있는 미생물을 죽일 수 있음을 보여주었다. 그렇다면 마음/두뇌에 대해서는 어떠했는가? 19세기까지 아직 경험적 기술은 우리의 (아는 능력을 포함하여) **심리학적** 능력의 본성을 담아내지 못했다.

2. 19세기 경험철학의 성장

빌헬름 분트(Wilhelm Wundt)는 1862년 논문에서, 물리학이나 화학과 달리, 심리학은 아리스토텔레스가 대략 2천 년 전에 탐구한 이래로 거의 발전이 없었다고 비탄해했다. 그는 경험심리학이 스스로를 해방시켜야 한다고 주장했는데, 첫째로는 철학자들의 형이상학적 선입견에서 벗어나야 하며, 둘째로는 마음의 본성을 이해하기에 성찰(내성)과 논리학의 결합만으로 충분하다는 관념에서 벗어나야 한다고 주장했다. 분트는 성찰에 대한 무비판적 의존에 반대해서 현대 연구에 이렇게 경종을 울렸다. "자아-관찰이란 의식의 범위를 넘어설 수 없으며, … [그리고] 의식 현상들은 무의식적 심리상태의 구성적 산물이다."(Wundt, 1862/1961, p.57; 나의 강조)

[의식 현상이] 구성적 산물이라는 분트의 생각은, 소박한 성찰에 근거하여 단순 감각을 규정하려 했던 철학자들에게 직접적 도전이었다. 그 철학자들은 "단순한 것"이란 말에 대해서 '더 이상 분석되거나 나눠지거나 환원될 수 없는 무엇'으로 이해했다. 이것은 인식론의 탐구에서 중요했는데, 그러한 단순한 것이 지식의 기초가 된다고 가정했기 때문이다. 감각 시스템에 관해 우리가 아는 것으로부터, 우리가 색깔 또는 모양 또는 소리 등을 알아채기 전에 많은 무의식적 과정이 진행되어야만 한다고 분트는 인식했다. 물론 그의 생각은 완전히 옳았다. 불에 데는 통증(pain)과 같이 특별히 주목받는 철학적 "단순한 것"이 이제는 서로 다른 뇌의 영역에서 처리되는 체성감각(somatosensory)과 쾌락적 요소의 조합이라고 알려졌기 때문이다(이 책 3장 2절 188-189쪽 참조). 그러한 요소들은 약물이나 손상에 의해 해리될 수 있다(dissociable).

지각과 기억에 대해 설명 가능한 경험적 연구를 고무하는 일 외에도, 마음에 대한 경험적 연구를 위해서 특별히 다음의 세 분야에서 발달이 필요하다고 분트는 생각했다. 그것은 '어린이 인지발달 연구', '인간과 다른 동물의 인지비교 연구', 그리고 '개인별 인지의 사회적 상호작용 효과' 등이다. 마지막 분야에 대해 그는 "Volkerpsychologie"라고 불렀는데, "통속심리학(folk psychology)"으로 번역된다. 이 세 분야에 대한 그의 제언은 내성에 대한 그의 경종처럼 훌륭한 처방이었다. 당시 주류의 인식론, 특별히 19세기 인식론은 분트에 의해 규정된 세 영역 모두를 상당히 무시하고 있었다.

마음/뇌의 경험적 탐구를 위한 초기 기술은 마치 오늘날의 공구상자에 비교되는 정도로 다소 조잡했다. 자기공명영상장치(MRI)가 없었으며, 컴퓨터도 없었고, 단일 뉴런을 기록하거나 자극할 미세전극(micro-electrodes)도 없었다. 실로 19세기 말까지는 신경활동을 세포단위로 규정하는 뉴런은 밝혀지지 못했으며, 그러므로 당시로서는 뉴런들 사이에 복잡한 정보 교환에 대한 본성은 미스터리였다.

그런 어려움에도 불구하고, 개척자 심리학자인 헬름홀츠(Helmholtz), 휘트스톤(Wheatstone), 분트 등은 이렇게 생각했다. 마음에 대한 과학연구에서 의미 있는 결과를 얻어내려면, 그 결과를 측정하고 계량하기 위해 잘 정의되고 잘 통제된 실험과 도구적 방법이 필요하다. 토머스 영(Tomas Young)은 19세기 아주 초반에 이미 색깔 시각은 단지 (빨강, 초록, 파랑) 세 종류의 빛감각수용기에 의존하는 것이 분명하다고 밝혀냈다. 휘트스톤은 최초로 원근 지각이 어떻게 얻어지는지 증명해 보였다. 그것은 양 눈이 각각 세계에 대해 약간씩 다른 이미지를 얻기에 가능하다. 헬름홀츠는 낮고 높은 음 범위의 청각 음조가 어떤 물리적 기반에 의한 것인지 보여주었다. 그가 밝혀낸 설명에 따르면, 그것은 와우(cochlea, 달팽이관)의 넓고 좁은 기저막(basilar membrane) 내에 있는 섬모(hairs)가 소리에 의해서 진동하기 때문이다. 또한 우리가 지각 중에 무엇을 직접적으로 알 수 있다고 여기지만, 사실 그것은 우리가 "무의식적 추론"이라고 부르는 인지적 여과를 통해서 일어난다.

일부 철학자들, 특별히 알렉산더 베인(Alexander Bain), 윌리엄 해밀턴(William Hamilton), 그리고 소위 스코틀랜드 학파(Scottish school)로 불리는 다른 철학자들은 마음에 대한 과학적 연구에 비중을 두었으며, 그들은 그 발달을 위해 열심히 노력했다.[1] 반면에 형이상학적으로 편향된 철학자들은 그런 모든 노력들이 결코 **인식론**의 분야에서 발전을 이루지는 못할 것으로 전망했다. 그들은 중요한 철학적 과제는 다른 곳, 예를 들어, "지식의 가능성을 위한 필요조건"을 선험적으로 밝혀내거나(칸트주의자들), 자명한 단순한 감각에 기초하여 규범적으로 정당화되는 지식구조가 어떻게 세워질 수 있는지(영국 경험주의자들) 등에 있다고 생각했다. 알렉산더 베인과 스코틀랜드 학파는 대부분 당대의 철학자들에게 알려지지 않은 이름들이었다. 분트와 헬름홀츠처럼 그들이 아무리 심리학과 생리학(physiology)에서 중요하다고 할지라도, 그들은 지금도 여전히 **진정한** 철학의 중심 관심사에서 그다지 중요하지 않다고 여겨진다.[2]

3. 경험철학과 다윈

다윈(Darwin)의 자연선택이론(theory of natural selection)은 인식론적으로 깊은 의미를 갖는다. 만약 인간과 인간의 뇌가 (영구한 세월의) 다윈 방식의 진화의 산물이라면, 그리고 만약 지각하고, 학습하고, 알아보는 인간의 능력이 뇌의 능력에서 나온 것이라면, 그러한 능력은 (성스러운 창조의 산물이 아니라) 우리의 진화 역사의 산물이다. 특히, 만약 인간이 (단순한 능력을 넘어) 어떠한 선험적 지식을 가지고 태어났다면, 그러한 선험적 지식 역시, 성스러운 기술(skill)이 아니라, 우리 진화의 역사에서 등장한 것이 분명하다. 만약 그렇다면, 타고난 표상의 존재, 성격, 정교함 등등은 (개인의 신경 발달에 대해서 그리고 인간과 인간이 아닌 동물의 뇌 사이의 차이점을 포함하는) 포괄적 생물학 체계 내에서 적절히 설명되어야 한다(그림 6.1과 6.2 참조). 이러한 지적을 나는 이미 형이상학 소개(2장)에서 하였다. 나는 그것을 여기(6장)에서 다시 지적하면서 좀 더 나아가는 이야기를 하려 한다. 이는, 철학이라는 학술 분야에서 중추인 주류 인식론이 나름의 설명을 할 수 있어야 하는데, 다윈이 그러한 문제를 전혀 취급하지 않았기 때문이다. 다시 말해서, 진화생물학의 심원한 발견은 주류 인식론에 거의 영향을 미치지 못했다.

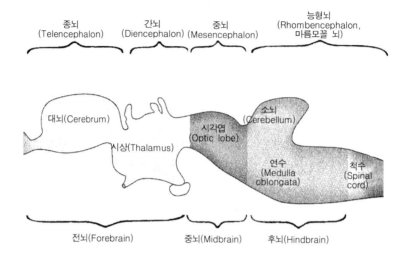

그림 6.1 척추동물 뇌의 진화를 보여주는 그림. 척추동물 뇌의 조상 영역들인, 전뇌(forebrain), 중뇌(midbrain), 후뇌(hindbrain) 등은 진화의 역사에서 나중에 나타난 동물들에서 구분될 수 있다. 포유류의 경우 전뇌는 후각엽(olfactory lobe), 중뇌, 연수, 시상 등에 비해서 극적으로 커졌다.

다윈은 1859년 『종의 기원(*The Origin of Species*)』을 출판했다. 개, 말, 양 등과 같이 사람이 기르는 동물들에 대한 선별적 품종개량은 이미 19세기부터 농부들에 의해 잘 발달된 실천적 방법이었다. 인간은, 늑대로부터 시작해서, 코커스패니얼(cocker spaniels), 바셋(bassets), 그레이하운드(greyhounds), 뉴펀들랜드 리트리버(Newfoundland retrievers) 등과 같은 서로 다른 개들을 여러 세대의 선별적 품종개량을 통해 유도하였다. 자손들 중에는 개체의 차이가 있었으며, 동물을 품종개량하는 이들은 품종개량을 위해서 개체들 중에 개의 색깔, 귀 길이, 물-친화성 등등의 기질을 선택하였다. 그들은 후대의 자손에서도 그러한 특징들을 원했기 때문이었다.

(품종개량을 하는 사람이 일부러 품종의 짝짓기 선택을 조절하지 않

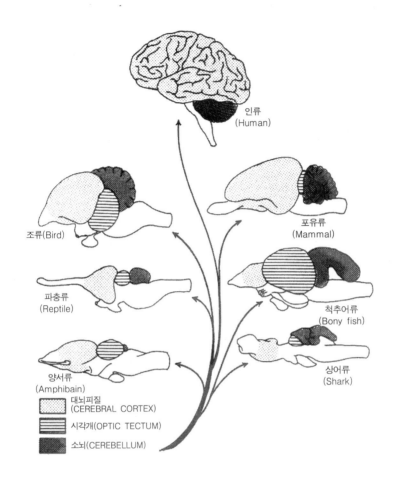

조류(Bird)

인류
(Human)

포유류
(Mammal)

파충류
(Reptile)

척추어류
(Bony fish)

양서류
(Amphibain)

상어류
(Shark)

대뇌피질
(CEREBRAL CORTEX)

시각개(OPTIC TECTUM)

소뇌(CEREBELLUM)

그림 6.2 중요 뇌 부분들이 상대적으로 팽창한 것을 보여주는 일곱 개의 척추동물 뇌의 외측(lateral) 모습. 인간의 경우에 후각망울(olfactory bulb)은 외측 모습에서 보이지 않는다. 전두엽(frontal lobe)의 복측(ventral)에 놓여 있기 때문이다. 인간의 경우에 파충류(reptiles)나 설치류(rodents)에 비해서 전두엽이 크게 팽창되었다. 이 그림에서 뇌의 실제 크기는 고려되지 않았다. (Northcutt 1977에 근거하여)

더라도) 비록 농부의 품종개량보다는 훨씬 느리겠지만, 전적으로 **자연스러운 선택** 과정을 통해서 선별적 품종개량이 이루어질 수 있다는 것을 다윈은 발견해냈다. 그의 주장에 따르면, 만약 어떤 동물이 우연히 특정 기질을 가질 경우에, 그 기질이 특별한 환경에서 그 개체로 하여금 번성할 능력을 강화하게 하여, 결국 생존하여 번식하게 되면, 자손에게 그 유리한 기질이 전달되는 방식으로 **자연선택**이 일어날 수 있다. 가장 중요하게 그가 인식한 것은 이따금 자손의 개체들 중에 나타나는 변이는 돌연변이(mutation)를 포함한다는 사실이다. 그 결과 자연선택은 극적으로 **완전히 다른, 무교배종**(noninterbreedable species)을 산출할 수 있다. 대부분 돌연변이는 유해하지만, 경우에 따라서 특정 환경에서 어떤 동물을 생존에 유리하게 해주는 기질로 귀착되는 일이 일어날 수 있다. 다윈은 그것을 보았다. 오랜 세월 이후에 극도로 다른 종이 출현할 수 있으며, 반면에 어떤 다른 기질을 가진 개체들은 더 성공적인 경쟁자들에 의해서 자연스럽게 사라지거나 밀려날 수도 있다. 자연선택이 털이나 깃털 달린 동물들을 산출할 수 있었다면, 마찬가지로 자연선택은 아주 멋진 신경계를 가진 동물들도 산출할 수도 있었을 것이다.

인간들은 지구 위의 다른 유기체들과 마찬가지로 생존하고 번식하기 위해서 자원경쟁을 벌여야만 한다. 특히, 지각하기, 학습하기, 예측하기, 문제 해결하기 등과 같은 뇌 기반 여러 능력들의 진화는 우리를 환경에 잘 적응하게 해주므로, 우리 종의 생존에서 분명 중요하다. 명백히 근대 인간에 의해 증명된 일부 능력들, 예를 들어, 독서하고, 묘기부리며, 스케이트 타는 등의 능력들은 어느 정도 자연선택의 결과라고 말하기는 어렵다. 이러한 문화적으로 가능하게 된 능력들은 그보다 다른 더욱 일반적인 능력들, 즉 복잡한 패턴 재인(pattern recognition)과 운동학습 등의 능력으로부터 나온다. 그러한 능력들은 짐작컨대 원시 유인원의 삶에서도 중요했을 것이다.

실제로 선택되는 것은 그 동물 전체이다. 이 말은 덩어리 전체, 즉 허약함과 강함 등 개체가 가진 모든 것을 의미한다. 그러므로 만약 어떤 기질이 어떤 집단에게 공유된다면, 그 기질을 지닌 동물 전체는 분명 그러한 기질을 지닌 자손들을 복제하여 산출할 것이다. DNA는 유전전달물질이며, 유전자는 단백질로 부호화된 DNA의 단편들이다. 어떤 유전자도 기관, 능력, 기질 등을 직접 부호화할 수 없다. 즉, 유전자는 오직 특정 단백질 또는 RNA 등의 물질에만 부호화할 수 있다.

물론 사람들은 흔히 (다원 진화론에 따라) 선택된 특정한 기능들에 대해 막연하게 속단하는 경향이 있다. 우리가 주의하지 않는다면, 그 속단은 다음과 같이 판단하게 만들 수도 있다. 자연선택이란 요정 같은 존재가 마술지팡이로 동물과 그 DNA를 건드려 DNA의 기초 이중나선구조를 변화시키며, 그랬더니 "짠~" 하고, 새로운 기질 전체 또는 옛 기질이 기적처럼 구현되었다. 물론 그것은 신데렐라 마법에서나 가능한 일이다. 즉, 마법 같은 일이 실제 생물 세계에 적용되지 않는다. 결론적으로 말해서, 인간의 언어, 의식, 의사결정 등이 전적으로 새로운 소프트웨어 덩어리에 의한 것이며, 그것이 이미 있었던 하드웨어에 탑재되어 그렇게 되었다고 가정하는 것은 적절하지 않다. 명백히 인간 소프트웨어 공학자는 아마도 전체적으로 새로운 소프트웨어 덩어리를 설계하며, 그것을 가장 업그레이드된 컴퓨터에 탑재한다. 반면에 생물학적 진화는 그러한 기술적 진화와는 아주 다르게 일어난다(그림 6.3과 6.4 참조).

인간의 뇌가 다른 포유류의 뇌와 유사한가? 정말로 그렇다. 그리고 인간이 다른 종에 유전적으로 가까우면 가까울수록 뇌 해부학적으로 더 가까운 유사성이 있다. 인간과 침팬지는 DNA의 98퍼센트를 공유하며, 인간과 쥐는 약 90퍼센트를 공유한다. 지금까지 알려진 바로는 인간의 뇌와 침팬지의 뇌는 해부학적으로 매우 유사하며, 인간과 쥐의 뇌는 (크기를 떠나서) 조직적으로 서로 유사하다(그림 6.5 참조).

인간의 뇌와 다른 포유류의 뇌 사이에 어느 정도 차이가 있다. 전체적인 뇌 크기에서 그리고 다른 것들에 상대적으로 어떤 일반적 구조의 크기에서 분명한 차이가 있다. 예를 들어, 쥐는 후각에 기여하는 더 큰 피질을 가지며, 짧은꼬리원숭이(macaque monkey) 피질은 시각에 기여

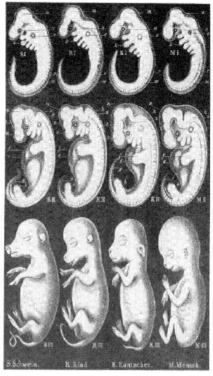

그림 6.3 여덟 종의 세 단계 배아 발달의 그림. 척추동물 발달에서 가장 초기 단계의 생성물(product)(가장 윗줄 머리 모습)은 종들 간에 유사한 분할 패턴과 눈의 초기 발달에서 서로 유사하다. 중간 줄에서 사지돌기(limb buds)가 모습을 잡아가며, 포유류(돼지, 사슴, 토끼, 인간 등의) 배아가 여전히 서로 비슷하긴 하지만, 물고기(F), 도롱뇽(A), 거북이(T), 병아리(H) 등의 배아들과는 구분되기 시작한다. 아랫줄에서는 포유류들 사이에서보다 포유류와 비-포유류 사이에서 더욱 뚜렷한 차이가 타나난다. (Haeckel 1874에서 모조하였다)

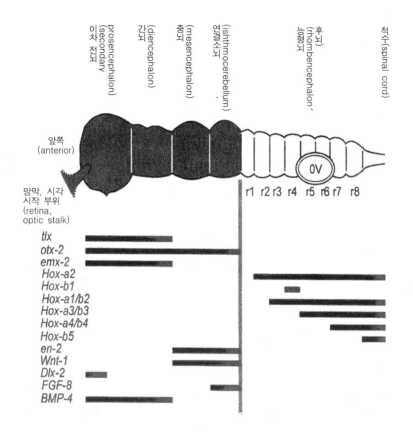

그림 6.4 척색동물(chordates)의 신경계 도해. 앞쪽(anterior)이 왼쪽이며, 등쪽(dorsal)은 위쪽이다. 왼쪽 목록은 표현된 특정 유전자들(예를 들어 Hox 유전자)을 그리고 숨겨진 신호 단백질들(예를 들어 BMP-4, Wnt, FGF 등)을 규정한다. 오른쪽으로 회색 선은 그 유전자들과 그 신호 단백질이 특정 체절(division)의 발달을 조직하는 범위를 보여준다.

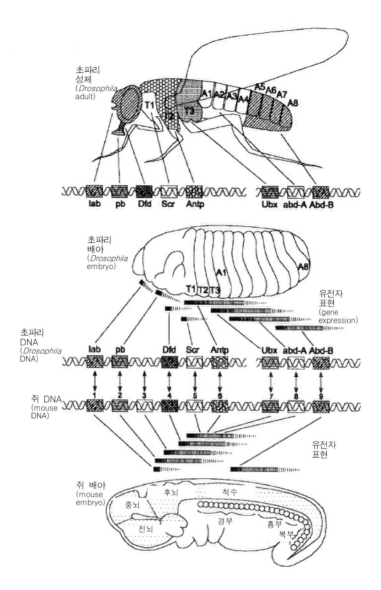

그림 6.5 유인원류(anthropods)와 척색동물(chordates)의 Hox 유전자 표현에 의한 마디(compartments)의 유사 공간 조직을 보여주는 그림. 위: 초파리(Drosophila) 성체. 중간: 약 10시간 정도 된 초파리(Drosophila) 체절 배아. 아래: 약 12일 정도의 (계통형태 단계(phylotypic stae)) 쥐 인두(pharyngula) 배아. 초파리와 쥐 모두에게 계통형태 단계에서 앞쪽에서 뒤쪽 마디 순서가 동일하며, 쥐의 경우 염색체의 유전자 3'-5' 번을 반영한다는 것을 주시하라. (Gerhardt and Kirschner 1997에 근거하여)

하는 더 큰 피질을 갖는다. 우리와 그것들 모두는 본질적으로 척수, 뇌간, 시상, 소뇌 등에서 동일한 조직을 갖는다. 이러한 유사성에 대한 초기의 힌트는 프랑수아 마장디(Francois Magendie)와 찰스 벨(Charles Bell)에게서 나왔으며, 그들은 1807년 감각신경이 **배측체절**(dorsal segment)로 들어간다는 것을, 그리고 운동신경은 **복측체절**(ventral segment)에서 나온다는 것을 각자 따로 발견하였다. 이 신경로 전문화(pathway specialization)는 쥐, 도마뱀, 인간 등 모든 척추동물에서 그대로 유지된다(그림 6.6 참조).

미각(gustatory), 후각(olfactory), 체성감각(somatosensory), 청각(auditory) 등의 시스템들에서 감각신호는 심지어 물고기와 포유류의 경우에서도 상당히 동일한 경로로 전달된다. 예를 들어, 인간과 메기류 캣피쉬(catfish)의 구개(palate, 입천장)에 있는 미각돌기(taste buds)로 들어온 신호는 7번 구개신경(cranial nerve)을 통과하여 연수(medulla)를 거쳐, 단일경로의 세포핵(nucleus)을 거쳐서, 위로 올라가 새궁 주변 신경핵(peribrachial nucleus)으로 전달된다. 그러나 뇌 내부에서는 서로 다르다. 인간과 원숭이의 경우에 일부 섬유(fiber)는 단일 경로의 신경핵에서 시상으로 직접 전달되지만, 캣피쉬는 그렇지 않다.

어떤 유일한 구조, 즉 다른 포유류 내에 어느 유사하지(homologues, 이체상동) 않은 구조에 대한 어떤 증거도 없다. 적어도 지금까지 알려진 바로는 그렇다. 최근 해부학적 측정에 따르면, 심지어 소뇌와 시상과 같이 다른 뇌 구조와 관련된, 전두 영역조차도 모든 영장류와 심지어 모든 포유류에 걸쳐서 다른 뇌 구조에 상당히 동일한 비율을 나타낸다고 보고된다. 즉, 우리는 쥐, 원숭이, 침팬지 등보다 더 넓은 전두피질을 가지며, 또한 쥐, 원숭이, 침팬지보다 더 넓은 소뇌, 뇌간(brainstem), 감각피질, 운동피질(motor cortex) 등도 갖는다(그림 5.1을 다시 보라).[3]

인간과 다른 포유류들 사이에 일부 행동의 유사성은 특정 시스템에서 연결이 유사하기 때문이라고 생각하게 한다. 인간 어린이, 원숭이, 심지어 쥐 등은 뭔가 신맛을 느끼면 "얼굴을 찡그린다." 그들은 하나

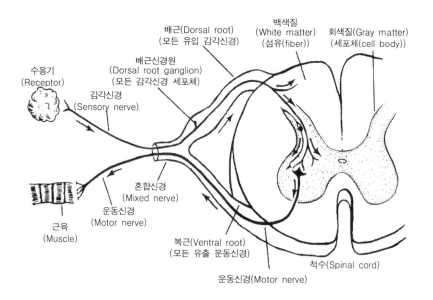

수용기
(Receptor)

감각신경
(Sensory nerve)

배근신경원
(Dorsal root ganglion)
(모든 감각신경 세포체)

배근(Dorsal root)
(모든 유입 감각신경)

백색질
(White matter)
(섬유(fiber))

회색질(Gray matter)
(세포체(cell body))

혼합신경
(Mixed nerve)

운동신경
(Motor nerve)

근육
(Muscle)

복근(Ventral root)
(모든 유출 운동신경)

운동신경(Motor nerve)

척수(Spinal cord)

그림 6.6 수평의 척수(spinal cord) 단면에서 본 척색동물(chordates)에서 말초신경 (peripheral nerves)의 조직을 보여주는 그림. 감각신호는 배근(dorsal roots)의 뉴런을 통해 척수로 들어가며, 운동신호는 복근(ventral roots)의 운동신경을 통해 척수에서 빠져나간다.

같이 달콤한 무엇을 맛보면 혀로 입술을 다신다. 그리고 그들은 쓴 것을 뱉는다. 우리 모두는 처음 시도에서 유혹에 소심함을 보인다. 다시 말해서 만약 구역질 이후 수 시간이 지나 새로운 음식이 제공되거나, 또는 만약 새로운 장소에서 친숙한 음식이 구역질 이후에 제공된다면, 우리는 그것들을 먹지 않으려 한다. 이것은 많은 새를 포함한 비-포유류에서 동일하게 참인데, 존 가르시아와 그 연구원들(John Garcia and colleagues 1974)에 의해 처음 밝혀졌다. 다윈이 강조했듯이, 두려움, 역겨움, 기쁨, 노여움 등과 같은 정서는 종들을 넘어 아주 유사한 방식으로 표현된다(그림 6.7 참조).

분자적 분석을 해보면 인간 뇌에서 발견되는 아주 동일한 신경화학 물질들이 파충류, 조류, 포유류는 물론이거니와 심지어 거머리와 벌레

그림 6.7 샌디에이고 동물원의 성체 수컷 보노보(bonobo, 피그미침팬지) 케빈
(Kevin). 철학적 포즈를 취하고 있다. (Frans de Waal의 사진)

의 신경계에서도 발견된다.[4] 더구나 신경생리학은 동물 왕국 전체에
걸쳐서 크게 변화되지 않았다. 즉, 거미의 뉴런은 인간의 뉴런과 본질
적으로 동일하다. 여러 종들에 걸친 유전의 보존 정도는 정말로 놀랍
다(8장 2절 482쪽을 보라).

　자연주의 관점에서 보면, 뇌가 그럭저럭하기에 마음도 그럭저럭한
것이다. 인간의 뇌는 진화된 장치이며, 보존된 구조 속에 각인을 담아
서, 먹느냐 먹히느냐 그리고 성공적으로 짝짓기를 하느냐 못하느냐 등
의 자연적 숙명을 반영한다. 만약 똑똑한 공학자가 우리 뇌를 설계했
더라면 일부 인간의 능력은 더욱 환상적이었을 것이다. 예를 들어, 똑
똑한 공학자는 인간에게 네 번째 유형의 원추세포(cone)를 부여하여,

우리로 하여금 적외선 영역까지도 볼 수 있게 했을 것이며, 또한 푸른 색(자외선 영역)을 더 정교하게 볼 수 있도록 했을 것이다. X-선을 구분하는 다섯 번째 유형의 원추세포와 마이크로파를 위한 여섯 번째 원추세포도 가질 수 있었을 것이다. '어쩌면 비-물질적 영혼보다 뇌가 곧 생각하는 자'라는 명시적 지식처럼, 물질적 뇌 속에 수학 지식도 담는 것 또한 멋진 일이 될 수 있었을 것이다. 아마도 주체 스스로 행복한 마취제를 만들 내장된 지식(built-in knowledge) 또한 인류에게 대단한 은혜일 수 있었다. 개인적으로 나는 항상 애써 노력하지 않고 만다린어(Mandarin, 중국 표준어)를 말할 수 있었으면 바랐다. 그런데 우리는 그러한 선천적 능력을 갖지 못했다. 이는, 그러한 능력의 발달을 위한 진화론적 압력이 없었거나, 만약 그것이 있었더라도 어떤 선-적응 구조 (preadptive structures)가 새로운 방식으로 개발되도록 되어 있지 않았기 때문이다.

그리하여 생물학적 진화는 '선험적 인식론'에 대해 매우 일반적인 의문을 던진다. 선험적 인식론의 전통에 따르면, 마음이 어떻게 작동하는지에 대한 지식은 선천적이다. 그렇다는 것이 연역, 성찰, 반성 등에 의해 명시적 지식으로 드러난다. 그런데 여기에 의문이 제기된다. 생물학적 진화의 관점에서, 마음/뇌가 작동하는 방식에 관해 사실적으로 올바른 지식을 갖는 천부적 존재를 다원주의로 어떻게 설명할 수 있을까? 무엇이 그런 존재를 만들어낸 자연선택의 압력일까? 명백히, 불의 본성과 복제, 질병, 지구의 기원, 물질 등의 본성에 대해 사실적으로 옳은 지식을 본유적으로 얻을 충분한 선택적 압력은 없다. 우리는 모든 이러한 것들을 경험적으로 밝혀내어야만 했다. 마음/뇌 기능은 자연적인 생물학적 현상이다. 게다가 뇌 작용의 양태에 대한 올바른 사실적 지식이 본래 뇌에 새겨졌다고 주장하는 것은 억지이다. 특정 지각 또는 조직화의 경향들은 아마도 선천적일 수 있지만, 선험주의자들에게는 "본유적 지식"에 의해 함축되는 더 강한 주장이 요구된다. [즉, 선천적 지식을 주장함으로써 가져오게 될 곤란한 문제들에 대해 해명이 필요하다.]

선험적 인식론은 어쩌면, 인간의 마음이 성스러운 존재에 의해 창조되었던 때가 언제라고 생각되는지, 그리고 소위 그러한 존재가 무엇을 적절하다고 염두에 두고 있었을지 등에 대해서 그럴듯하게 큰소리칠 수도 있을 것이다. 그러나 현재 인류의 이해 수준에서 마음의 신성한 창조는 생물학적 진화보다 훨씬 가능성이 없어 보인다. 결론적으로 말해서, 선험적 인식론이 신학적 세계관의 전성기에 한때 누렸던 그럴듯함은 과학적 세계관 내에서 이제 증발되고 말았다.

4. 비-경험적 인식론이 왜 여전히 존재하는가?

전통적 (비-경험적) 인식론이 20세기까지 좋은 학풍으로 지속적으로 번창했던 이유가 무엇일까? 우리는 왜 여전히 비-경험적 인식론을 가지고 있는가? 물론 여러 다른 이유들이 있겠지만, 나는 그 점에 대해서 두 가지 중요한 이유를 꼽는다. 첫째 이유는 자연주의적 기획을 추진하여 성숙시킨다는 것이 지금까지 매우 어려웠기 때문이다. 뇌는 복잡하며, 손상되기 쉽고, 탐구하기 너무 어려웠다. 둘째 이유는 (첫째 이유에 크게 의존하지만 전적으로 의존하지는 않는데) 현대 논리학의 성장과 관련지어 설명된다. 현대 기호논리학은 강력한 힘을 가지며, 플라톤적 성향이 있고, 매혹적인 아름다움도 가졌다. 게다가 그것은 기술적으로나 계산적으로 조작하기 매우 용이하다(사람들은 매우 **다룰** 만하다고 말한다). 현대 논리학은 다양한 이유에서 선험적 인식론을 위한 이상적 도구로 보였다.

4.1. 마음/뇌의 자연과학에서 느린 진보

자연주의 연구계획이 어떤 장애물에 직면해 있는가? 그 장애의 문제들은 이미 1장에서 다루었지만, 여기에서 그것들을 다시 언급할 필요가 있겠다. 광학현미경으로 얇은 피질 조각(slice of cortex)을 본다고 상상해보자. 우리는 무엇을 보겠는가? 그 피질 속의 뉴런들이 선별적으로 드러나도록 뉴런들을 염색하기 전에는 별로 보이는 것이 없다. 개별 뉴런들을 볼 수 있도록 염색하는 기술의 발달은 신경해부학을 하나의 학문 분야로 성립하게 만든 중요한 일이었으며, 그것은 19세기 후반까지 성취되지 않았다. 우리가 그 피질조직에 골지 염색(Golgi stain)을 적용하여, 약 10퍼센트의 뉴런들이 염색되고, 따라서 수많은 다른 세포들을 놓아둔 채로 그것들을 본다고 가정해보라(그림 1.4 참조). 이제 당신은 무엇을 보겠는가? 뉴런들은 3차원적이지만, 광학현미경으로 우리는 얇은 신경조직 중에 단지 염색된 뉴런의 2차원 층만을 볼 수 있을 뿐이다. 만약 당신이 뉴런의 축삭과 수상돌기를 더 많이 보고 싶다면, 앞뒤의 얇은 조직들도 살펴보아야만 한다. 1입방밀리미터(mm³)의 피질에는 대략 10^5개의 뉴런과 10^7개의 시냅스들이 들어 있다. 시냅스들은 수가 많으며 크기는 작다. 시냅스의 크기는 대략 1-2마이크론(micron, 1/1000밀리미터)이라서 전자현미경으로만 볼 수 있는데, 그 장치는 1950년대 중반까지 발명되지 않았다. 1990년대 초기 발명된 2광자 레이저현미경 검사는 실험자들에게, 활동 전위(action potential)에 따라서 뉴런 내부로 들어가는 칼슘 이온(calcium ions, Ca^{++})은 물론, 피질 표면 아래의 뉴런들을 보게 해주었다.

이러한 일들은 **해부학자들**이 직면한 여러 도전들 중에 가장 쉬운 것이다. **생리학**(physiology)은 어떠했는가? 거기에도 역시 고도로 전문화된 숙련과 기술들이 시행착오를 거쳐 고안되어야만 했다. 그리하여 개별적으로 **살아 있는** 뉴런들과 뉴런 덩어리들로부터 의미 있는 반응을 축출할 수 있었다. 뉴런들의 활동을 측정하기 전에 뉴런들이 죽지 않고 단지 살아 있도록 하는 일부터가 중요한 묘기였다.

병변(lesion)은 손상된 뇌 조직의 영역이며, 뇌졸중(stroke), 종양(tumor), 폐쇄성 뇌상해(closed head injury), 치매성 질병(dementing diseases) 등등의 결과로 일어날 수 있다. 뇌 손상이 있는 사람에 대한 연구는, 신경계가 어떻게 조직되었는지, 그 부분이 무엇을 하는지, 어느 부분의 활동이 다른 어느 곳의 활동에 영향을 주는지 등을 설명하기 위해 지극히 중요한 기술이었으며, 지금도 그러하다. 그럼에도 불구하고 아래와 같은 이유로 병변 연구에 대한 문제점들이 지속적으로 제기되고 있다. 병변효과가 어른보다 아이의 경우에 놀라울 정도로 다르며, 병변에 의한 결핍이 시간 경과 후에 극적으로 달라질 수 있고, 인간의 경우에 뇌졸중, 종양 등에 의한 병변 위치는 부검될 때까지 정확하게 알 수 없기 때문이다. 이것은 병변연구에서 얻은 행동 데이터에 대한 해석이 묘연하다는 것을 의미한다. 최근 30년 내에 개발된 뇌 영상 기술은 살아 있는 사람에서 병변 위치에 대한 문제를 크게 개선시켜주었다(1장 2절, 48-51쪽 참조).

어쩌면 다소 미묘하지만, 다른 장애물들은 기술적 어려움이 아니라 개념적 장벽이다. 즉, 여러 문제들에 대해 생각할 충분한 개념이 없거나 또는 올바른 질문을 명확히 할 충분한 개념이 없기 때문이다. 개념이란 우리가 세계를 바라보고 생각하기 위해 필요한 인지의 안경과 같으며, 따라서 그 안경이 무지에 의해 가려지거나 오류에 의해 왜곡된다면, 세계에 대한 우리의 지각은 왜곡되고 혼란스러울 것이다.

다음 예를 생각해보라. 윌리엄 하비(William Harvey, 1578-1657)가 심장에 대한 실험 연구를 시작했을 때, 그에게 떠오르는 문제는 이러했다. 정확히 심장의 어느 곳이 "생기(vital spirits)"를 만들어내는 장소인가? 이러한 그의 질문은 존중될 만하고, 관습적이며, 당시로서는 너무 명확해서 의심되지 않는 지혜를 반영했다. 그러한 관습적 지혜에 따르면, 혈액은 간에서 지속적이며 풍부하게 만들어진다. 심장의 역할은 간에서 온 혈액과 폐에서 들어온 공기를 섞어 생기(이것 덕분에 살아 있을 수 있는)를 만드는 것이다. 맥박이 멈추어 우리가 죽게 되는 이유는 생기가 더 이상 만들어지지 않기 때문이다.

위대한 여러 과학 이야기들 중에 하나는 이랬다. 하비는 그가 찾던 것과 전적으로 다른 무엇을 발견해내는 성취를 이룩했다. 심장은 실제로 근육으로 된 펌프일 뿐이며, 혈액은 신체 전체에 순환되고, 혈액이 지속적으로 만들어지지만, 1분에 1파인트(pint, 0.568리터)도 되지 않는 양이 만들어지고, 결코 간에서 만들어지지는 않는다. 하비의 발견은 충격적이었으며, 다음을 함축했다. 거의 확실히, 심장에서 만들어지는 생기와 같은 것은 없으며, 그러한 것은 그 어느 곳에도 없다. 이것을 발견하기 위해, 그는 혼(spirits), 즉 생기(vital spirit), 영혼(animal spirit), 정기(natural spirit) 등을 포함하는 개념 체계의 안경을 벗어 던지고, 완전히 다른 안경을 써야만 했다. 다음은 그의 말이다. "의과대학은 세 종류의 혼을 수락한다. 정맥을 통해 흐르는 '정기', 동맥을 통해 흐르는 '생기', 그리고 신경을 통해 흐르는 '영혼'이다. … 그러나 우리는 해부에서 그러한 혼들을 전혀 발견할 수 없었다. 정맥, 신경, 동맥, 그리고 살아 있는 동물의 다른 부분에서도 발견할 수 없었다."5) 그 연구 이후로 혼에 대한 개념 체계는 쇠퇴하였다.

갈렌(Galen, 130-200 A.D.)부터 베살리우스(Vesalius, 1514-1564)까지 뇌에 대한 관습적 지혜는 뇌 내부의 **뇌실**(ventricles), 즉 액체로 채워진 강(腔, cavities)이 지각과 인지의 위치라고 규정했었다(그림 6.8 참조). 그렇지만 이제 우리는 합리적으로 확신한다. 지각하고 기억하는 것은 신경조직이며, 뇌실 속의 액체는 기본적으로 영양공급 기능을 지원한다. 갈렌은 스스로 그 빈 공간이 인지를 위해 중요한 부분이며 뇌 조직은 그것을 지원하는 역할을 맡는다고 생각했던 신념을 거슬렀다. 뇌실 가설은 활기, 영혼, 정기 등의 폭넓은 개념 체계에 의해 지지되었다. 만약 영혼이 인지를 위한 수단이라면, 다른 혼들처럼 그것 역시 살덩어리(meat)가 아니라 어느 빈 공간 안에 채워져 있어야만 할 것 같았다. 분명히 그래야 했다.

개념적인 장애물로 인해서 마음/뇌 기능을 규정하는 데에 (앞서 언급된) 어려움이 있었다. 공통적으로 19세기 과학자들은 마음/뇌를 탐구하기에 앞서 세 기본적 기능, 즉 감각, 운동, 관념들의 연합 등이 있다고 가정했다. 그러한 가정은 지나친 단순화였다. 다른 학자들에게는 복잡한 행동이란 단순한 여러 반사운동들, 즉 눈 깜빡임 반사, 방귀 반사, 무릎굴절 반사 등등이 조합된 결과라는 가정이 합리적으로 보였다. 그러한 선택이 '반사기반 생리학적 기계론(reflex-based theory of physiological mechanism)'을 제시하게 하였다. 그런데 이러한 가정도 지나친 단순화였다. 최근까지도 여러 특정 기능들이 (그 기능에 참여하는) "센

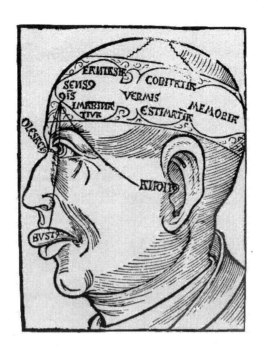

그림 6.8 뇌실(ventricles) 그림. 히에로니무스 브룬쉬윅(Hieronymous Brunschwig)에 의해 묘사되었다. 1497년 저서에서 가져와, 1525년 편저에 삽입했다. (Finger 1994)

터(centers)" 또는 모듈(modules)에 의해 설명될 거라는 가정이 합리적으로 비쳐왔다. 그 시각에 따르면, 센터나 모듈들은 서로 다른 컴퓨터 어플리케이션(applications, 응용 프로그램)처럼 (뇌의 어느 곳에서 일어나는 작용에 대해) 독립적으로 작동한다. 다시 말하지만, 이것도 너무나 단순한 가정이었다.6) 1980년대와 1990년대까지만 하더라도, 뉴런들은 수상돌기에서 수동적으로 신호를 수용하고 신호를 통합하며 축삭에서는 특정한 전류 역치(threshold)에서 활동신호를 내보낸다는 가설이 그럴듯해 보였다. 이것은 "통합-격발 모델(integrate-and-fire model)"이라고 불린다. 그런데 어쩌랴! 수상돌기는 수동적이지 않아서, 여러 신호들은 증폭될 수 있으며, 축삭을 따라 내보내는 극파(pick)는 수상돌기로 되돌려 보낼 수도 있다. 게다가 더 먼 곳의 수상돌기 단편들은 자신들의 신호를 증폭하는 수단을 가지고 있어서, 그러한 신호가 세포체 (soma)에 도달하기까지 시간이 걸리더라도 소멸되지 않게 할 수도 있다는 것이 드러났다. 그러한 측면에서 통합-격발 모델은 연구를 위한 합리적인 출발점이 되기는 했지만, 너무 단순한 가정이었다. 이러한 새로운 사실들은 일부 신경과학자들로 하여금 기초 계산처리 단위(basic processing unit)가 실제로는 뉴런이 아니라 **수상돌기** 단편들이라고 제안하게 만들었다.7)

개념적이고 실험적인 문제들에 기세를 꺾는 성향은, (1장에서 주시했던바) 철학이 고대 그리스 전성기에 그러했듯이, 창조적 이론화를 위한 상당한 영역에 여전히 남아 있다. [즉, 지금도 걸림돌이 되고 있다.] [그러한 이유에서] 분명히 말하건대, 작은 범위이든 넓은 범위이든 이론화는 (신경과학자들과 경험심리학자들을 바라보는) 신경철학자들(neurophilosophers)이 지금도 해야 할 몫이다.

훗날 우월한 지혜의 관점에서 보면, 수많은 이론화들이 철저한 시간 낭비인 것처럼 보일 것 같다. 어떤 의미에서 사실 그렇다. 그럼에도 불구하고, 계속 오류를 범하는 일이 반드시 시간 낭비만은 아니다. 적어도 반증(falsification)은 탐구 범위를 좁혀주기 때문이다. 더듬어 전등을 찾는 일은 어둠 속에서 우리가 해야 할 일이며, 어떤 불빛이 나타날 때까지 명확한 것은 없다. 관습적 지혜에 대한 탐색, 즉 물려받은 개념 체계에 대해 그것을 의심하고, 뒤집어보고, 대안이 무엇일지 찾아보는 일은 과학이 충분히 확립되어 그런 법석이 더 이상 필요치 않을 때까지 어쩔 수 없이 해야만 한다. 어쩌면, 심지어 확립된 과학처럼 보인다고 하더라도 일부 법석은 계속 도움이 된다. "잘 확립된" 것이라도 "확실한 참"은 결코 아니기 때문이다. 19세기에 물리학이 완성되었다고 [즉, 끝났다고] 잘난 척하던 사람들의 주장은 우리에게 그러한 특별한 교훈을 상기시켜준다. 그럼에도 불구하고, 어떤 시기는 다른 시기보다 더 갈피를 잡지 못하기도 한다.

기원전 5세기에 데모크리토스(Democritus)는, 작은 감각적 영감에 도움을 얻어, 사물과 실체의 명확한 다양성 뒤에 있는 실재는 "원자

(atoms)"임에 틀림없다고 주장했었다. 그의 주장에 따르면, 나눠질 수 없고 볼 수 없는 알갱이들이 서로 다른 방식으로 뒤엉켜 여러 다른 종류들의 물질들, 즉 금 또는 머리카락 등을 산출한다. 이러한 생각은 아마도 시간 낭비로 비쳐질 수 있겠지만, 그럼에도 그런 생각은 줄곧 자연철학자들의 머릿속에 맴돌던 사색이었다. 그런데 돌연 어찌된 일인지, 돌턴(Dalton)과 라부아지에(Lavoisier)가 원소들의 본성을 탐색하기 시작하여 바꿔놓을 무렵에 가서야, 데모크리토스의 사색의 길이 옳은 길이었음이 비로소 드러났다. 정통이 되어버린 어떤 것들, 예를 들어, '근본적으로 네 요소, 흙, 공기, 불, 물 등이 있다'는 또는 '질병은 근본적으로 악마의 점유 내지 신성한 신의 처벌에 의한 것이다'라는 생각을 포함해서, 많은 또 다른 사색들이 틀린 것으로 판명되었다.

그렇지만 어느 정도 옳은 과학을 얻는 일은 매우, **그것도 아주 매우** 어려운 일이며, 대부분 이론들이 휴지 조각으로 버려지는 일은 불가피하다. 그렇지만 우리는 이론 없이 무엇도 진행할 수 없다. 우리는 세계에 대해 바라보고 생각할 개념이 있어야 하며, 탐구를 자극할 질문을 구성하려면 **무엇이라도** 항상 가설이 있어야 한다. **순수한** 관찰이란 실제로 존재하지 않으며, 일반적으로 **무익한** 관찰은 당신을 앞으로 나아가게 해주지 않는다. 올바른 가설을 창조할 어떤 알고리즘도 없다면, 매우 틀린 출발을 할 수밖에 없다. 그러나 틀린 출발 없이는 결코 어떤 출발도 없을 것이다.

정리하건대, 심리학과 신경과학에서 진보를 이루는 일이 비록 어렵다고 하더라도, 과학적 데이터(실험 증거)를 외면한 인식론의 탐구 전략은 (정중히 말해서) 현명하지 않다. 빈약한 자료를 가지고서도 [이론화에] 최선을 다해보려고 노력하는 태도는, 철학이 결국 선험적 학문 분야라는 근거로 정당화하며 등 돌리는 것과 마찬가지로, 여러 관련 자료들에 등 돌리는 태도와는 아주 다르다. 긍정적 측면에서 보자면, 지금까지 철학자들은 마음의 본성에 관한 선험적 이론화의 가능성에 온 힘을 쏟아오고 있다. 따라서 그 단점[즉, 스스로 잘못된 길을 선택해왔음]이, 그들이 힘을 기울여온 만큼, 명확히 드러날 것이다.

4.2. 논리학, 재귀적 방법, 그리고 인지

나는 지금까지 인식론이 지속되어온 이유를 기술적이며 과학적인 장애물들에 초점 맞춰 설명해왔다. 그러한 장애물들로 인하여 우리는 마음/뇌에 대한 자연적(즉, 과학적) 이론을 내놓기 어려웠다. 이렇게 인식론의 발전이 더뎌온 이유에 대한 설명이 일부 철학자들에게 용기를 잃게 하는 측면이 있긴 하지만, 그렇다고 그러한 이유가 선험적 인식론이 20세기의 경험적 인식론을 어둡게 만들지는 않았다. 거기에는 분명히 수많은 적절한 사회학적 요소들, 예를 들어, 옥스퍼드 철학자 무어(G. E. Moore, 1873-1958)의 개인적 매력 같은 것들이 있었다.

무어는 철학 내에서 자신이 "상식"이라고 불렀던 것을 찬양하는 유행을 만들었다. 그의 관점에 따르면, 상식은 바보스러운 열광주의 이상으로 평가되어야 하며, 그뿐만 아니라 심지어 (상식적 생각과 일관성이 없는) 과학적 이론이나 철학적 이론 이상으로 평가되어야 한다. 그런데 무어는 "상식"이란 말로 다만 일반 사람들이 의미하는 것을 뜻하지는 않았다. 그가 염두에 두고 있었던 것은, 우리가 특정한 말로 실제로 무엇을 의미하는지(또는 아마도 **의미해야만** 하는지)를 '아주, 매우 아주, 정교하게 집중하여 얻을 수 있는 이해하기'이다. 명확성이란 확실히 좋은 것이다. 그러나 무어의 전략은 단어 "x"의 의미에 대한 분석이 'x의 **본성**에 대해 **진리**를 제공한다'는 생각에서 고무되어 나왔다. 그래서 철학자들은 선험적이면서도 심지어 과학의 방법보다 더 기초적인 어떤 "방법"을 갖는다고 주장할 수 있었다. 그 방법은 이따금 철학 내에서 언어적 전환(linguistic turn)으로 불렸다. 물론 그 말은 몇몇 사람들에 의해 '철학이 종식되었다'라고 조롱거리가 되기도 했다. 이제 [그 언어적 전환이라 불리는 새로운 철학적 방법이 무엇인지 독자가 이해하도록, 나는] 현대 논리학에 대해서 이야기해볼 필요가 있겠다.

마음/뇌에 대한 경험과학으로부터, 철학을 (헌신적이며 찬양하여) 분리하려는 생각은 (내가 동의하기 어렵지만) 대단한 성과와 관련된다. 논리학은 본질적으로 플라톤의 개념 체계 내에서 전형적으로 이해된다. 그것은 보편적인 논리법칙들을 내세우며, 그 법칙들은 어느 실제 인간의 추론과도 독립적으로 참이며, 어느 가능한 세계에서도 참인 법칙들이라고 가정되었다.

현대 논리학의 성장은 아래와 같은 몇 가지 줄기를 모아 많아 내린 아름다운 발상의 이야기이다. (1) 계산규칙(algorithm)은 "기계적" 과정이며, 그 과정을 유한 횟수로 반복 적용하여, 아주 단순한 요소들로부터 극도로 복잡한 구조물을 기계적으로 만들어낸다.[8] (2) 만약 당신이 올바른 집합의 기초 요소들과 계산규칙들을 규정하고, 올바른 정의들(definitions)을 내리기만 하면, 산술과 수학이 **일반적으로 논리학**의 진리로 **환원 가능한** 진리 체계임을 보여줄 수 있다. 그렇게 전망되었던 환원이란 대단한 성취가 될 수도 있었다. 왜냐하면 당시에 수학적 진리는 의심되지 않았으며, 그것은 단지 논리학적 진리로 여겨졌기 때문이다. 그러한 환원주의자 기획은 **논리주의**(logicism)로 알려졌다. (3) 논리학 자체 그리고 **일반적으로 추론**은 단지, (단순 구조물로부터 복잡한 구조물을 기계적으로 만들어낼) 유한 집합의 규칙들과 계산규칙(알고리즘)들을 가진, 그리고 유한 집합의 기초 요소들과 정의들에 근거하는, 복잡한 구조물일 뿐이다. 만약 이러한 생각이 참이라면, 우리는 그 기초 요소, 규칙, 정의 등을 상정함으로써, (아마 지식들은 물론) 추론의 기초 원리들을 이해할 수 있을 것이다.

종합해보면, 위의 세 가지 발상의 이야기들은 호소력이 있었다. 그것들은, 논리학이 (절대 단순한 기계적 규칙들에 의해 결합 가능하고, 분해 가능한) 잘 정의된 체계(well-defined system)라는 것을 함축했기 때문이다. 아리스토텔레스 이래로 논리학은 줄곧 일종의 유용한 어림짐작의 뒤범벅 덩어리에 불과했다. 현대 논리학은, '명시적인' 논리적 진리들의 (관련 없는) 단편 또는 조각들로부터, 정합성(coherence)과 강력한 **체계**(system)를 이끌어내었다. 논리적 단순성으로부터 재귀적 방법(recursion, 반복적 방법)에 의해 기계적으로 논리적 복잡성을 이끌어낸다는 발상은 또한 다른 이유에서도 놀라운 결실이 아닐 수 없다. 그러한 방법적 생각은 상상력이 가득한 배비지(Charles Babbage)와 이후의 폰 노이만(John von Neumann)과 튜링(Alan Turing) 등과 같은 이들에게 기계적 계산을 제안하게 하였고, 그 기계적 계산은 컴퓨터를 제안하게 했으며, 컴퓨터는 기계적 사고를 제안하게 했다.9)

논리학자들은, 비록 수학이 논리학으로 환원되더라도, **논리적 진리**를 여전히 참으로 만드는 것이 무엇일지를 여전히 설명해야 한다고 인식했다. 여기에 플라톤주의, 즉 논리학적 진리는 우리가 [태어나기 전에 진리의 세계인] 플라톤의 천국에 머물러 [진리의 모습들을] 보았기 때문에 참이라는 이론은 여전히 일부 논리학자들에게 호소력이 있어 보였는데, 프레게(Frege)가 가장 그러했다. 카르납(Carnap)과 같은 다른 학자들은 형이상학적 부담을 덜 가진 설명을 찾고 싶어 했다. '논리적 진리는 그 논리학 용어들의 의미 덕분에 참이다'라는 생각은 그들에게 매력적으로 보였다. 대략적으로 그것을 이렇게 설명할 수 있다. 공리들(axioms)은 정의에 의해 참이며, 정리들(theorems)은 공리에 따라 작동하는 규칙에 의해 참이 보증된다. 이러한 접근법이 훌륭한 이유는 논리적 진리, 더구나 수학적 진리에 더 이상 신비스러운 대상을 요구하지 않기 때문이다. 그 접근법은 단지 우리에게 언어와 사용 규칙들이 갖는 용어들의 의미를 이해하는 것만을 요구할 뿐이다. 이제 논리학과 수학에 관한 많은 신비는 사라질 위기에 도달했다. 그렇게 카르납에 의해 설명된 이야기 속에 의미[의 문제]는 무대 중앙으로 등장하게 되었다.

카르납은 수학적 논리학의 체계성이 단연코 강력한 힘을 갖는다고 믿었으며, 논리학의 원천과 방법들의 적용을 수학의 환원으로부터 더 넓은 철학적 쟁점으로 밀어붙여 확장시켰다. 특히 카르납은 다른 이들처럼 과학에 대해서는 그다지 관심을 기울이지 않았다. 이와 유사한 입장을 취하고 있는 사람으로, 무어의 제안에 따르면, 용어들의 의미에 대한 **의미 분석**이, 논리학과 추론에는 물론이고, 추론에 이용되는 "믿음", "욕구", "실재" 등등과 같은 용어들에 대해서도 [우리들의 이해에] 진보를 이루는 열쇠이다. 이렇게 의미를 향하는, 언어 지배적 접근법은 일반적으로 **논리적 경험주의**(logical empiricism)라 불렸으며, 나중에는 분석철학(analytic philosophy)으로 구현되었다. 이러한 두 이름에 대한 설명은 그러한 접근법이 채택된 인식론에도 동일하게 투영되었다. 그 러한 [인식론] 접근법의 핵심은 다음 세 주장으로 요약된다.

■ 인간의 지식은 문장들로 만들어졌으며, 문장들은 두 종류로 나눠진 다. (1) 문장들의 참이 **오직** 그 문장이 포함하는 용어들의 의미에 의 존하는 **분석문장**(analytic sentences)과, (2) 문장들의 참이, 그 문장들 이 포함하는 용어들의 의미가 주어지더라도, 세계가 어떠한지에 의 존하는 **종합문장**(synthetic sentences)이다.

■ [문장들이 두 종류로 나눠지듯이] 지식들도 두 종류로 나눠진다. (1) 본질적으로 논리학과 단어의 의미에 대한 지식을 포함하는, **선험적 지식**(a priori knowledge)과, (2) 세계가 어떠한지에 관한 지식인, **후험 적 지식**(a posteriori knowledge)이다. 따라서 과학적 지식을 포함하는, 모든 종합적 지식의 기초는 원초적 관찰문장(primitive observation sentences)으로 구성되며, 그러한 문장, 즉 "이것은 둥글다(This is round)" 또는 "이것은 노란색이다(This is yellow)"와 같은 문장의 진 리를 우리는 직접 [감각으로] 알 수 있다. 어느 비-원초적 경험문장, 즉 "이것은 레몬이다(This is a lemon)"와 같은 문장에 대한 믿음은 논리와 정의에 의해 정당화된다. 이러한 두 종류의 (분석적 그리고 종합적) 진리는 두 종류의 (선험적 그리고 후험적) 지식에 대응한 다.

■ 아마도 대부분 많은 철학적 문제들이 언어의 논리와 용어의 의미가 철저히 **분석되면** 사라질 것이다. 여러 용어들의 의미는 아마도 항상 명확할 수는 없을 것이다. [그러한 용어들의] 표면 아래 깊은 의미를 드러내기 위해서 많은 섬세한 분석들이 필요하다. 분석은 반성, 반례 에 대한 고려, 사고 실험, 추론 등에 의해 수행된다. 그러한 것들을 할 수 있으려면 철학적 훈련이 필요하다.

이러한 일련의 확신들은 철학을 어떻게 해야 할지, 그리고 고전 철학의 쟁점들을 어떻게 평가해야 할지 등과 관련된 기획을 추진하도록 만들었다. 그 접근법의 한 가지 특징은 그 접근법이 상당한 명확성을 갖는다는 데에 있다. 최소한 그 접근법은 신-칸트주의자(neo-Kantians)와 헤겔주의자(Hegelians)가 제안한 이론들보다 훨씬 명확해 보인다. [그 접근법을 지지하는 이들은] 시간과 공간의 비실재성에 관한 쟁점을 논의조차 하려 하지 않았다. 그렇지만 다음을 주목할 필요가 있다. 그 이름이 "경험주의"라는 말을 포함하고 있음에도 불구하고, 논리적 경험주의는 어떤 중요한 측면에서 경험주의적 영혼보다는 플라톤적 영혼을 갖는다. 말하자면 이렇다. 새로운 논리학은 실제로 수학에 딱 맞춤식의 고안이었지만, 지각 처리과정에 대한 심리학, 시간적이고 공간적인 문제 해결하기, 추론에서의 이미지 이용 등을 고려하여 고안된 것은 아니다. 수학을 논리학으로 환원시키려는 기획은 새로운 논리적 기계의 개발에 동기가 되었으며, 종국에는 그 논리적 기계[즉, 현대 범용 컴퓨터]가 구현되었다.

다른 것으로, '지식에 대한 의문'이 사람과 다른 동물들이 실제로 어떻게 알고 학습하는지에 대한 경험적 연구를 가로막았다. "언어학적" 인식론은 "지식", "정당화", "사람", "마음" 등등의 단어들과 자신들의 연역적 환경이 반성을 통해서 드러날 것으로 전제하였으며, 따라서 [그러한 인식론의 탐구는] 단어들의 의미에 대한 선험적 반성에 크게 제한되었다. 사고 실험은 그것이 실제 실험으로부터 나온 결과에 저항하자, 그것이 소위 **개념적 필연성**을 드러내는 '특별한 역할'을 갖는다고 여겨졌다. 여기에서 개념적 필연성이란 "마음을 가질 필수조건" 또는 "어느 지식의 가능성을 위한 필수조건" 등과 같은 것이다. 개념적 필연성은 그것들이 필연성을 갖기 때문에 우리에게 마음과 그 개념 체계가 어떻게 작동해야 하는지에 관해 과학을 넘어서는 무엇을 말해줄 것으로 가정되었다. 그리고 그 개념적 필연성이 "실재로(in reality) 작동한다"고 기대되었다. 따라서 개념적 필연성을 위한 탐구는 다음과 같이 철학자들이 이용했던 하나의 위장이었다. 철학자들은 일반적으로 단어들이 의미하는 것에 관해 말하는 한계를 밝히지 않은 채, 과학이 그 문제에 관해 말해주는 바를 무시하고 '사물들이 실제로(actually) 있는 것'에 관해 말하려고 했다.

1910-31년 사이에 논리적 경험주의 기획은 적절히 잘 진행되는 것처럼 보였다. 그러나 이내 몇 가지 재앙이 나타났다. 첫째는 이렇다. 논리학과 용어에 대한 정의만으로 수학을 환원하는 것이 충분하지 않음이 드러났다. 환원을 위해서는 **집합이론**(set theory) 또한 요구되기 때문이다. 그런데 만약 집합이론이 논리학처럼 공리적으로 확실하다면, 논리학에 집합이론을 더하면 충분하지 않을까? 그러나 아쉽게도, 집합이론에서 요구되는 공리란, "어떤 문장 p도 참과 거짓 둘 다일 수 없다"와 같은, 논리학의 공리들처럼 그렇게 자명하지 않다.

우선적으로, 몇 가지 **명료하지 못한 집합이론**의 명제들이, 한편으로는 역설에 빠지지 않으면서도 다른 한편으로는 연역적 불충분을 피하는 공리로서 소개되었어야 했다. 그러나 그렇게 가정하면 수많은 반박을 불러들인다. 그러한 가정은 '자명한 참' 또는 '의미 자체에 의한 참'이라는 이상을 만족시키지 못할 뿐만 아니라, 보기에도 **거짓**일 듯싶기 때문이다. 또는 적어도 그 공리가 참이려면, 경험적 세계가 존재하는 방식에 따라야 하며, 단어의 의미에 의존하거나 어떤 플라톤적 대상에 의존하지 말아야 한다. 만약 당신이 그 공리를 회피하려면, 한결 덜 자명한 다른 공리들을 끌어들여야만 한다. 아쉽게도 그러한 공리들 역시 유사한 운명에 빠질 것이다.

둘째로, 그리고 아마도 가장 낙심하게 만드는 것으로, 프레게와 러셀의 원래 목표가 불가능한 것이었음이 증명되었다. 단지 성취하기 어려워서가 아니라 [본래적으로] 불가능하기 때문이다. 1931년 수학자 쿠르트 괴델(Kurt Gödel)의 증명에 따르면, 당신이 어떻게든 산술학을 공리화하더라도, 그 공리화가 일관성(consistence)이 있는 한에서, 당신은 수학의 모든 진리를 계산해낼 수 없다.[10] 다시 말해서, 만약 공리화가 일관성이 있다면, 그것은 **완전하지**(complete) 않다. 이후로 괴델의 연구 결과는 불완전성 결과(Incompleteness Result)로 알려졌다. 현대 논리학의 도구가 괴델로 하여금 그 결과를 증명하게 했으므로, 그 증명은 거부할 수 없는 화려한 업적이며, 동시에 잔혹한 아쉬움이기도 했다. 얄궂게도 논리학자들의 기획은 가장 기대를 줄 것 같았던 곳에서 정확히 실패하였다.

이러한 재앙은 [선험적 인식론이] 경험적 인식론으로 얌전히 이동하도록 동기를 주고 있지만, 기이하게도 어느 정도 그렇지도 않았다. 이것은 마치 벌떼가 자신들의 여왕이 죽었음에도 불구하고 계속 집단을 유지하려 드는 것과 같았다. 특별히 철학자들은 이렇게 희망하였다. 논리학이 경험세계의 지식구조를 드러내기 위해 이용될 수 있으며, 그 지식구조가 어떻게 감각문장의 기초에 근거하는지 드러내도록 도움을 줄 것이다. 베이글 빵의 가운데에 구멍이 뚫렸으므로, 사람들은 적어도 그 주변부에는 내용물이 들어 있을 것이라고 기대하였다. [역자: 그것처럼 논리학을 통해 과학지식의 구조를 밝혀보려는 다른 기획도 허망한 기대일 뿐이다.]

논리적 경험주의자들이 자신들의 희망을 유지하려면, '감각문장들이 우리의 믿음 구조의 기초이다'라는 자신들의 주장을 증명할 필요가 있었다. 이러한 생각은 다음의 근거에서 나온다. 우리는 감각지식을 직접 가지지만, (유전자와 중력과 같은 사물들은 놔두고서라도) 시공간의 사물들에 대해서는 그렇지 못하다. 직접 지식은 추론과 같은 과정에 의해 중재되지 않는다고 가정되었다(이 책의 188-189쪽 참조). 따라서 (예를 들어, "내 소는 갈색이다", "태양은 뜨겁다"와 같은) 물리적 대상 문장들은 (예를 들어, "여기 지금 갈색" 그리고 "여기 지금 소 냄새"와 같은) '감각문장들' 그리고 '논리학의 자원과 함께 여러 용어들의 '정의'를 더한 것에 의해 환원되거나 정당화되어야만 했었다.

그렇지만 많은 문제점이 드러남으로써, 감각문장 이야기의 "직접 지식"에 대한 그들의 기대가 무너졌다. 앞(187쪽)에서 살펴보았듯이, 분트(Wundt)는 "의식현상은 무의식적 심리요소(unconscious psyche)의 구성적 산물임"을 밝혀내었다. 직접 지식처럼 보였던 것은 언제나 엄청난 무의식적 과정의 산물이다. '지각', '학습', '추론' 등에 대한 경험적 탐구는 철학이 하는 일에 적절하지 않은 것으로 가정되었기 때문에, 특정한 모양을 형성하는 일련의 선들(그림 6.9와 6.10)을 보거나 또는 시체 썩는 냄새를 맡는 것과 같은, 심지어 의식적 추론이 완전히 없는 경우조차, "비-추론적 지각"이 실제로는 고도로 복잡한 처리과정의 결과임을 보여주는 경험적 탐구에 [선험적 인식론자들은] 별로 관심을 기울이지 않았다(이 문제에 대한 더욱 구체적인 내용은 7장에서 참조). 결국 그들 기획의 "기초" 부분이 깊은 수렁에 빠지고 말았다.

따라서 그들의 기획, 즉 ("이 소는 외양간에 있다"라는) 대상에 대한 진리를 ("여기 지금 갈색"이라는) 감각에 관한 진리들로부터 연역하거나 정당화시키려는 기획 역시 그러했다. 비록 대단한 비법으로 적절한 정의들을 끌어다가 꼭 필요한 연역을 위한 기관에 연료로 공급하더라도, 기대되었던 연역은 전혀 성취 불가능했다. 심지어 정당화를 위한 기준을 느슨하게 하더라도 여전히 대상문장들이 감각문장들로부터 연역적으로 도달할 수 없다는 문제가 남는다. 게다가 ("모든 포유류는 온혈동물이다"와 같은) 아주 단순해 보이는 자연법칙들을 ("여기 따뜻한 털 달린 것"이란) 감각에 관한 관찰문장들로부터 정당화하려는 더 온건한 시도조차 불가능했다. 카르납이 1928년 인식론에서 (영웅적이지만 궁극적으로는 허망했던) 논리주의자 기획을 시도하였지만, 많은 철학자들은 그 기획이 어쩌면 근본적으로 오해에서 나온 것이라고 확신했다. 그럼에도 불구하고 어느 정도 다수의 철학자들은 분트, 헬름홀츠, 그리고 다른 스코틀랜드 학파의 경험적 인식론의 지혜를 여전히 보지 못했다.

문제 단어의 의미를 분석함으로써 그리고 문장의 명확한 논리를 해명함으로써, 다양한 "철학적 수수께끼"들이 일소될 가능성은 희망으로 비쳐졌다. 그러한 희망은 본질적으로 무어의 전략에서 나왔으며, 비트겐슈타인이 논리주의자 전략을 포기하고, 의미에 대해 숙고하여 모호한 격언을 쏟아놓을 무렵에 가장 고조되었다.[11] 의미 분석과 사고 실험은 매우 탁월한 철학적 도구로 여겨지게 되었다. 그러한 사색적 과정을 통하여 (본래적으로 잘못 정의된 것이지만) 소위 "개념적 필연성"

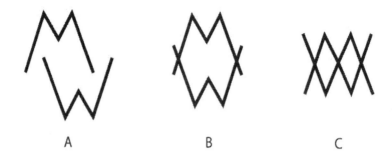

그림 6.9 지각 조직화 효과(the effect of perceptual organization). A에서 글자 M과 W가 명확히 보이며, B에서도 어느 정도 그렇게 보이지만, C에서는 완전히 은닉된 다. 각각의 경우에 자극들은 동일하며, 단지 그 공간적 관계만 바뀌었을 뿐이다. (Palmer 1999, 허락을 받아)

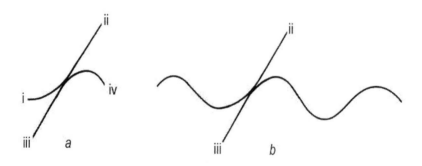

그림 6.10 행태심리학자들(Gestalt psychologist)에 의해 연구된 집단화 효과 (grouping effect). a. 좋은 연장 규칙에 따르면, 관찰자가 시각적으로 i과 ii를 하나의 사물을 형성하는 것으로 묶으며, iii과 iv를 다른 사물로 묶을 것이라고 예측된다. b. 그렇지만, 동일 패턴이 더 커다란 맥락에 채용되면, 관찰자는 직선(iii-ii)가 파장 을 가로지르는 것을 보게 된다. (Rock 1975)

또는 "개념적 진리"가 발견될 것처럼 광고되었다. 그리고 그러한 발견들이 '지식', '지각', '추론', '인과성' 등등에 관한 선험적 진리를 드러낼 것처럼 가정되었다. 그 개념적 필연성과 개념적 진리란 단지 사전(dictionary)에서 도움을 얻어 획득될 수 있는 것으로, 분명히 진리가 아니었다. 왜냐하면 의미를 분석하는 절차란 오랜 기간의 철학적 훈련을 요하기 때문이다.

불행하게도 소위 "의미 분석"이란 종종 누군가의 교설 목마를 포교하려는 의도를 살짝 감추고 있기도 했다.[12] 전형적으로 "사고 실험"이란 제약이 없거나, 형편없이 규정되었고, 평가도 불가능했다. 사고 실험이란, 우리가 무엇을 상상할 수 있으며 무엇은 그렇지 못한지, 어떤 "사고 실험"을 중요하다고 가정해야 하는지, 반례 사고 실험을 어떻게 평가해야 하는지 등등에 관해서, 똑똑해 보이지만 소득 없는 많은 논쟁들을 합리화했다. 본래 의도를 감추고 은근히 제안하는 사고 실험을 우리가 평가할 기준은, 격언들을 미적 기준으로 평가하는 것과 다소 비슷한 측면이 있으므로, 인정될 만한 진보를 이루기 어렵다.[13] 사고 실험에 대해 아마도 가장 치명적이라 할 만한 비판이 (비록 상당히 무시되었지만) 폴 파이어아벤트(Paul Feyerabend)에 의해 제안되었다. "x"의 실제 의미에 대한 분석은 일부 사람들이 특정 장소와 특정 시간에 x인 것들에 관해 무엇을 믿는지를 말해줄 뿐이다. 사고 실험은 당신에게 x인 것들에 관해 참인 어느 것도 말해주지 못한다.

언어 분석 기획을 결정적으로 약화시킨 것은 하버드 철학자 콰인(W. V. O. Quine)에 의해 제안된 몇 가지 성가신(핵심적) 문제들과 그 대응 기획이다. 주목할 필요가 있는 것으로, 논리적 경험주의자들의 의미 접근법은 "분석/종합"이란 원리적 구분에 의존하고 있다. 분석문장들은 **필연적으로 참**(necessarily truth), (소위 이따금은 깊은 철학적 분석을 요구하는), 또는 그 개념의 의미에 의해 참 등과 같이 다양하게 규정된다. 그래서 분석문장들은 **개념적 참**이라고 불린다. 분석문장의 거짓은 **납득될 수 없는**, 즉 **상상 불가능한** 것으로 가정된다. 그러므로 우리가 분석문장의 진리를 파악하려면 사고 실험을 해보면 된다. 반면에 종합

문장이란 사실에 의해서 참이다. 그렇지만, 만약 그러한 구분법이 퇴색된다면, 그러한 논리적 경험주의 기획은 산산조각 나고 만다.

1950년대에 콰인은 분석/종합 구분이, 본래적으로 서로 다른 통에 담긴 이분법적인 것이 아니며, **기껏해야** 연결체(continuum)라는 것을 밝혀내었다. 더구나 그의 결론에 따르면, 분석문장과 종합문장 사이에 어떤 구분도 논리적 경험주의자들이 기대하는 것에 **도움이 되지 않는다**. 콰인이 처음 밝힌 것으로, "분석적 참", "필연적 참", "의미 자체에 의한 참" 등등의 표현들은 (비록 그렇게 참이라고 할지라도) 모두 **다른 표현에 의해서 서로** 규정되는 것들로, 서로 순환논증의 고리를 이루고 있다. 이러한 관습적 순환성은 다음과 같은 염려를 낳는다. 그 철학자들은 스스로 기만되어 분석/종합 구분이 참이라고 가정했으며, 그러한 가정에서 선험적 인식론이 지식, 표상, 학습, 지각 등의 본성을 밝히기에 진정한 진보를 이룰 수 있다고 주장했다.

이러한 의심을 제기하면서, 콰인은 사실상 분석과 종합이란 드럼통에 나누어 담아지도록 진리들이 분별되는 (신뢰할 만한) 원리는 결코 없다고 주장하게 된다. 콰인이 보기에, 그 문제의 근원은, 우리가 현상들에 대해서 무엇을 믿는지는 그 현상들을 기술하기 위해 사용하는 단어들의 의미에 의해서 깔끔하게 분별되지 않는다는 데에 있다. 예를 들어, 페니실린(penicillin)에 대해서, 우리가 사실적 참이라고 믿는 일반화들과, "페니실린"이란 단어(말)로 우리가 의미하는 일반화들 사이에 어떤 명확한 경계도 없다. "전자", "DNA", "중력장", "정서", "기억" 등도 마찬가지다. 소위 "개념적 필연성"이란, 순수한 이성에 의해 드러나는 실재의 본성에 관한 기초적 진리라기보다, 단지 확고한 (이따금 매우 확고한) 확신일 뿐이다. 단지 확신만 갖는다고 그것이 결코 그 어느 다른 확신보다 더 나은 진보를 제공할 방법이 될 수 없다.

우리가 **현상**에 대해 믿는 것과, 우리가 현상에 대한 **단어들의 의미**에 관해 믿는 것 사이에 경계를 **규정할 수** 있는가? 만약 그러하다면, 분석/종합 이야기는 구제될 수 있다. 그러나 마치 "지구(Earth, 대지)"란 단어로 우리가 의미하는 것이 "움직이지 않는 것"이라는 근거에서 '지구가 움직이지 않는다라고 규정하는 것처럼, 그 전략은 분석/종합 구분을 지지하기에 거의 도움이 되지 않는다. 그러한 구분은, 마치 어떤 문장(소위 분석문장)이 **어떤 증거와도** 상관없이 참이라고 주장하는, 누군가의 결심을 단지 표현하는 것에 불과하다. 그러한 결심이, 아주 놀라운 것을 발견하고 아주 깊은 확신을 뒤집는, 과학의 성향에 비추어 방어되기란 어렵다. 예를 들어, 과학자들은 '지구가 태양의 주위를 돈다는 것을, 심지어 명백한 관찰이 그렇지 않다고 강력히 제안함에도 불구하고, 발견해내었다. 지구가 태양 주위를 도는지 아닌지의 쟁점은, "지구"라는 말의 부분적 의미가 "움직이지 않는 것"이라고 (**심지어 그것이 옳다고 할지라도**) 주장함으로 결정될 수 없다. 비록 의미에 관해서는 그것이 사실일지라도, 지구는 태양의 주위를 돌기 때문이다.

콰인의 지적에 따르면, 아무리 증거가 미래에도 끝까지 일관되더라도 당신은 어떤 확실성을 가지고 예측할 수 없다. 특별히 과학은 놀라운 새로운 것들을 발견하고 혁명적인 새로운 이론을 발달시키기 때문이다. 과학에서든 아니든 (발전을 가로막는) **어느** 증거에 의해 '어떤 문장들이 반증 불가능하다라고 외치는 것은 마치 달을 보고 짖는 것처럼 무익하다. 과학이 어떤 증거를 밝혀낼지를 누가 예측할 수 있으며, 과학의 혁명적 발견의 측면에서 어떤 의미의 변화가 가장 합리이겠는가?

사람들이 원자(atom)는 나눠질 수 없는 것이라고 (진지하고, 열렬히 그리고 완전한 확신을 가지고) 믿었을 때, 그들에게 "원자는 나눠질 수 없다"라는 문장이 틀릴 수 없는 것이라고 비쳐졌을 것이다. 원자, 즉 "아톰"의 본래적 의미 부분은, 그리스어 어원에 비추어, "나눠질 수 없는 기본 물질"이다. 그런데 일단 원자가 쪼개졌을 때, 물리학자들은 말했다. "와우, 나는 결국 원자가 나눠질 것을 짐작했어." 그러한 상황에서 물리학자가 아래와 같이 말하지는 않았다. "글쎄, '원자가 나눠질 수 없는 것이다'라는 문장이 반증 불가능하므로, 우리는 입자가속기(cyclotron) 내에서 쪼개진 것을 다른 명칭으로 불러야만 하겠어. 그것을 '라톰(ratom)'이라 부르자. 라톰은 분리될 수 있다. 그러나 원자는 분명히 그렇지 않아." 이렇게 말하는 것은 논란의 여지없이 바보스러운 반응이다. 더욱더 나쁜 것은, 찬란한 **사실적** 발견을 정중히 외면하여 기회를 낭비하는 일이다.

논리적 경험주의자들이 인식론이나 그 밖에서 그 구분을 **이용하고** 싶어 했던, 분석/종합 구분의 곤란한 문제가 과학사에서 드러난다. 사람들이 확신했던 많은 사례의 문장들이 **필연적으로**, 즉 **개념적으로** 참 **(어떤 증거에 상관없이 참)**이라 여겼지만, 마침내 거짓으로 밝혀진 사실들이 있다. 예를 들어, "삼각형의 내각의 합은 정확히 180도이다"와 "평행선은 결코 만날 수 없다" 등은 칸트에 의해서 그리고 따라서 많은 철학자들에 의해서 **필연적으로** 참이라고 여겨졌던 문장들이다. 일부 분석철학자들은 주장한다. 평행선이 **언제든** 만날 수 없다는 것은 바로 "평행"이란 말이 갖는 의미의 부분이며, 따라서 모든 경험적 증거는 부적절하다. 이상 끝. [즉, 더 이상 논하지 말라. 하여튼 그렇다!] 이러한 비타협적 태도는 콰인에게 충격적이며 비과학적으로 비쳐졌다. 그에게 소위 **필연적 참**과 **개념적 참**이라는 것은 가짜 기획을 유지하기 위한 가짜 분류임을 드러내는 표식일 뿐이었다.

칸트의 확신에 따르면, 평행선이 공간에서 결코 만나지 않는다는 것은 **필연적으로** 참이다. 그는 아인슈타인이 나타나서 일반상대성이론을 제안할 것을 알지 못했으며, 따라서 우주의 거대한 질량 집중이 공간 내에 비-유클리드 공간 간격을 산출한다는 것도 알지 못했다. 예를 들어, 블랙홀 근처에 평행선은 만날 수 있다. 일부 철학자들은 말했다. "글쎄, 그렇다고 치자 그렇지만 '평행'의 의미는 변한 것이야. 칸트가 '평행'에 의해 의미한 것에 따르면, 공간에서 평행선은 만나지 않는다." 이러한 태도는 정중하게 봐준다고 하더라도 비비 꼬인 것이다. 많은 사람들이 인정하듯이, 공간, 거대한 중력장, 직선 등에 관해 우리가 상당히 신뢰했던 **믿음들**이 이제는 거짓으로 밝혀졌다고, 그 철학자들은 왜 그냥 순수하게 말하지 못하는가?

기본적으로 콰인의 도전은 이렇다. 만약 당신이 분석/종합 구분을 함으로써 인식론에서 선험적 연구를 진행하겠다면, 적어도 당신은 우리에게 '의미에서 변화'와 '믿음에서 변화'를 분별할 이론을 제시해야 한다. 그러한 의미/믿음의 구분은 의미이론에서 끌어와야만 할 것이며, 그 이론은 (소위 "개념적 참"이라는 단지 비-경험적 주문만 외워대지 말고) 심리언어학과 신경과학으로부터 경험적 지원을 얻어내야 한다. 게다가 그것은 쉬운 경우가 아니라 어려운 경우에 대해서도 설명할 수 있어야만 한다. 왜냐하면 너덜거리는 누더기 이론을 가지고도 쉬운 경우를 설명하는 것은 얼마든 가능하기 때문이다.

그것이 가능한 두 가지 방법을 가정해보자. (a) 믿음이 변화할 때에 상응하여 의미도 변화하는 경우를 합법화할 힘을 가진 의미 주권자 (Meaning Potentate)로서 누군가를 (예를 들어, 자기라도) 선언하는 것이며, 또는 (b) 그 이론을 실제 언어학적 실천과 과학적 발달에 근거시키는 것이다. 첫째는 누더기 이론의 사례이며 여기서 더 말할 필요도 없다. 둘째 사례는, 어떤 문장들도 경험적으로 동기화된 수정에서 면제되지 않으며, 의미는 결연한 확신으로부터 명확히 분리되지 않는다는 콰인의 주장을 지지한다. 이 모든 것들이 의미하는 바에 따르면, 어떤 문장도 필연적으로 참이며, 개념적으로 참이고, 분석적으로도 참이라고 간주될 수 있는 것은 없다.

콰인의 주장에 대한 반응들이 학술지에 넘쳐흘렀다. 그 많은 대답들은 결국 다음과 같은 주제의 변형들이다. 분석/종합 구분에 대한 철학자들의 믿음과 이용은 그 자체의 **진리**에 의해서만 오직 설명될 수 있다. 놀랍지도 않게 콰인은 이러한 움직임을 전망했다. 그의 주장에 따르면, 분석/종합 구분이 왜 유지되어야 할 것처럼 **보이**는지, 그렇지만 실제로는 왜 그렇지 않은지 등을 다양한 언어-기반 이론들(language-based theories)이 설명해줄 수 있다. 비록 콰인의 논의가 이 분야에서 어느 것보다 지름길을 제공하긴 하지만, 철학자들 중에 그의 결론을 진지하게 받아들여 그들이 연구하는 방법을 바꾼 경우는 거의 없었다. 대부분은 방법을 찾아 부산을 떨어보다가 아무 일도 없었던 것처럼 하던 방법을 계속했다.14) 이러한 짧은 설명은 의미의 문제에 대해서 말해야 할 상당한 것들을 다루지 못했지만, 의미는 8장의 주제이므로 거기에서 더 많은 쟁점들이 다뤄질 것이다.

4.3. 규범적 인식론과 도구 만들기

이 장을 마치기 전에 나는 현대 인식론의 두 번째 다른 흐름이 있다는 것을 지적해야겠다. 그것은 완전히 다른 이유에서 생존하고 있다. 특별히 이 지류가 생존한 것은 그것이 성공적으로 발전하고 있으며, 현대 과학의 요구에 나날이 도움을 주어왔기 때문이다. 이것은 인식론의 **도구-만들기**(tool-making) 지류이며, 그 도구들은 다음과 같은 데이터(관찰자료)의 분석을 위해 이용된다. 거대한 관찰들 덩어리를 설명해 줄 인과적 이론을 제안하기 위해서, 어떤 인과적 중요 요소들이 어떤 현상의 생성에 어느 정도로 중요성을 갖는지 결정하기 위해서, 결과들에 대한 통계적 중요성과 어떤 가설을 지지하는 증거의 힘을 평가하기 위해서 등등이다. 더욱 관습적 의미에서 이것 또한 **분석**이다. 이러한 인식론의 분과는 현대 논리학과 현대 수학을 생산적으로 이용했으며, 일련의 새로운 평가기술을 발달시켰다. [이 문단에 대한 이해를 위해 다음을 계속 읽어보라.]

아리스토텔레스(Aristotle, 384-322 B.C.), 베이컨(Bacon, 1214-1293), 파스칼(Pascal, 1623-1662) 등을 포함하여, 많은 사상가들은 다음과 같은 질문에 대해 몇 가지 번안을 이야기했다. 어떤 종류의 과학 연구 절차를 따라야 우리가 실제 자연세계를 더 잘 이해할 수 있겠는가? 어떤 종류의 방법이 신뢰할 만한가? 다시 말해서, 만약 우리가 그러한 방법들을 이용한다면, 우리는 세계의 실제 모습이 어떠한지 진실에 더 가까이 다가서도록 해줄 이론을 마침내 얻을 수 있는가? 이러한 인식론의 분과는 놀랄 정도로 생산적이며, 특별히 19세기 중반 이래로 더욱 그러했다. 그러한 연구는 확률에 대한 (건전하며 감각적인) 수학을 확립하려는 노력과 함께, 어떤 종류의 증거가 인과적 판단을 지지하기 위해 요구되는지 규정하려고 노력해왔다.

그런 분과는 여러 통계적 방법들을 발달시켜왔으며, 그것은 데이터를 분석하고, 우리가 실험 결과를 가장 잘 해석할 방법을 명료하게 세우기 위해서였다. 그 분과는 우리가 지금 "게임이론(game theory)"이라고 부르는 것과 "의사결정이론(decision theory)"이라고 부르는 것을 발달시켰다. 그 분과는 **계산**(computation)이 무엇인지를 이해하기 위해 노력해왔다. 그러한 측면에서 그 분과는 수학, 수학적 논리학, 과학적 방법론 등과 중첩된다.15) 기이하게도 강력한 (모든 과학에서 폭넓게 이용되는) 기술적 결과물이 성취되었기에, 이 분과는 이따금 "올바른(proper)" 철학에서 분리된 것이라고 여겨지기도 했다. ("그 분과가 '철학'이란 말이 **의미했던** 것은 아니다"라고 말하는 것은 지금은 포기된 분석/종합 구분을 불러내어 입막음하려는 한 가지 방법일 뿐이다.)

이러한 인식론의 분과에 대해 "철학"이란 칭호를 붙여야 할지 말지는 중요한 문제가 아니며, 언어적 합법성에서도 더욱 불필요한 일이다. 그 분과 연구의 참여자들이 좋은 기술적 성과를 얻자마자 우리는 그것을 "철학"의 주제라고 부르기를 멈추어야 할까? [이에 대한 대답으로] 과학적 논리학자들과 철학자들은 아니라고[즉, 철학의 주제로 포함시키자고] 말할 것이며, 반면에 "철학"으로 여겨야 할 모델로서 "어떠한 진보도 없는" 것을 선호하는 사람들은 그렇다고[즉, 철학의 주제가 아니라고] 말할 것이다.

5. 자연화된 인식론을 향하여

20세기 말에 논리적 경험주의자로부터 또는 분석적 접근법으로 지식의 본성에 관해 더 많이 배울 수 있을 것이란 희망은 아득해졌다. 비록 선험적 전통이 "분석철학"이란 항목 아래 여전히 강력한 상태에 있긴 했지만, 자연주의(naturalism), 즉 경험적 데이터를 이론화의 설명에 관련시키려는 태도는 마침내 철학 내에서 인정을 받게 되었다.

선험철학자들의 확신에도 불구하고, 경험심리학과 신경과학의 발전으로 인하여, 지식에 관한 여러 전통 철학의 의문들과, 뇌가 어떻게 학습하고, 기억하며, 추론하고, 지각하고, 생각하는지 등등에 관해 탐구하는 여러 경험적 전략 사이에 간격이 좁혀지게 되었다. 이제 신경인식론(neuroepistemology)을 위한 적절한 때가 되었다. 인지신경과학자들(cognitive neuroscientists)이 사실상 작은 범위의 질문에는 물론이고 넓은 범위의 (철학적) 의문에도 대답하기 시작했기 때문에, 신경인식론은 (인지신경과학자들이 철학과에 소속되어 있든 아니든) 철학과에 그 발을 잘 담그게 되었다.

하나의 교량적 학문 분야로서, 신경인식론은 뇌가 세계를 어떻게 표상하는지, 뇌의 표상적 도식이 어떻게 학습할 수 있는지, 표상과 정보는 신경계 내부에 여하간 무엇을 축적하는지 등의 문제를 연구한다. 그런데 이러한 신경인식론에 대한 성격 규정에 대해서 우리는 그것을 잠정적인 것으로 볼 필요가 있다. "**표상적 실재**(representational reality)"가 마음-뇌의 여러 핵심 기능들을 기술하는 올바른 방식이라고 강하게 확신하는 것이 너무 성급한 결론으로 보이기 때문이다.

다음 두 장에서 우리는 인식론의 두 핵심 쟁점들을 살펴볼 것이며, 그 쟁점들은 생물학적 개념 체계 내에서도 고려될 수 있는 것들이다. 첫째 쟁점은, 표상이란 개념이 도대체 필요하기는 한 것인지, 그리고 만약 그렇다면 표상이 무엇이라고 어떻게 잘 이해할 수 있는지, 그리고 그 표상들이 바로 생물들이 표상한 것들과 어떻게 관련되는지 등이다. 둘째 쟁점은 학습과 관련되며, 일반적으로 (진화는 물론, 경험에 따른 신경계의 변화에 의한) 적응의 문제와 관련된다. 이것을 원색적으로 표현하자면 "살덩어리가 어떻게 아는가?"의 문제이다. 많은 전통적 인식론의 쟁점들, 즉 회의주의, 지식의 본유성(선천성), 지식 구조의 토대 등등은 신경생물학적 맥락에서 유용하게 재고될 수 있다. 다른 인식론적 문제들, 즉 우리가 무엇을 믿는 경우 어떤 조건에서 정당화되는가, 무엇이 참인지 아니면 참일 가능성이 있는지를 우리는 어떻게 확신하는가, 한 믿음에 대해서 우리는 어떻게 거짓으로 입증하는가 등등의 문제들이 이제는 의사결정이론(decision theory)과 통계학에 훨씬 더 잘 통합되고 말았다. 추론, 즉 귀납적 또는 다른 어떤 추론과 같은 주제들에 대해서도, 그러한 철학의 기술적 영역(즉, 의사결정이론과 통계학)

과 인지신경과학 사이에 겹쳐지는 부분이 있을까? 내 추측에 따르면, 그렇다.

인식론의 역사에서 하나의 중요한 줄기는 표상이 무엇이며, 그것이 어떻게 실재와 관련되는지 이해하려는 투쟁이다. 즉, 무엇이 다른 것에 닮았는지, 또는 다른 것에 의해 인과되는지, 또는 다른 것에 독립적인 지, 또는 다른 것의 지식을 산출하는지 등등의 정도를 이해하려는 노력이었다. 특별히 칸트 이래로 중요한 의문은 '뇌 자체가 표상된 것의 특성에 얼마나 기여하는가'이다. 이 의문은 우리를 다음과 같은 의문으로 이끈다. 만약 뇌가 표상된 것의 특성에 기여한다면, **우리가** 어떻게, 우리의 뇌에 의해서, '우리의 표상들 중에 세계와 대응하는 것'과 '뇌가 기여한 것'을 구분할 수 있겠는가? 만약 뇌 기관이 경험의 일반적 형식을 **지배한다면**, 우리가 **실재** 세계에 관해 무엇을 실제로 알겠는가? [즉, 만약 우리의 뇌가 (직접 감각으로 알 수 없는 실재를) 왜곡하여 표상한다면, (그런 뇌를 지닌) 우리가 실재 세계에 대해서 무엇을 알 수 있는가?] 나는 이러한 의문들을 다윈주의 이전의(pre-Darwinian) 문제, 즉 선험적 인식론의 문제로 보지 않으며, 다윈주의 이후의(post-Darwinian) 신경인식론의 문제로 바라본다.

[선별된 독서목록]

De Waal, Frans. 1996. *Good Natured*. Cambridge: Harvard University Press.

Gibson, Roger. 1982. *The Philosophy of W. V. Quine*. Tampa: University Presses Florida.

Glymour, Clark. 1997. *Thinking Things Through*. Cambridge: MIT Press.

Glymour, Clark. 2001. *The Mind's Arrows: Bayes Nets and Graphical Causal Models in Psychology*. Cambridge: MIT Press.

Medawar, Peter. 1984. *The Limits of Science*. Oxford: Oxford University Press.

Panksepp, Jaak, and Jules B. Panksepp. 2000. The seven sins of evolutionary psychology. *Evolution and Cognition* 6: 108-131.

Panksepp, Jaak, and Jules B. Panksepp. 2001. A synopsis of "The seven sins of evolutionary psychology." *Evolution and Cognition* 7: 2-5.

Quine, W. V. O. 1960. *Word and Object*. Cambridge: MIT Press.

Quine, W. V. O. 1969. Epistemology naturalized. In his *Ontological Relativity and Other Essays*. New York: Columbia University Press.

웹사이트

BioMedNet Magazine: http://news.bmn.com/magazine

A Brif Introduction to the Brain: http://ifcsun1.ifisiol.unam.mx/brain/

Encyclopedia of Life Science: http://www.els.net

The MIT Encyclopedia of the Cognitive Science: http://cognet.mit.edu/ MITECS

7장 뇌는 어떻게 표상하는가?

우리가 관찰하는 것은 자연 자체가 아니며, 단지 우리의 질문 방식에 따라
드러나는 자연임을 명심해야 한다.

_베르너 하이젠베르크(Werner Heisenberg)

1. 머리말

뇌가 어떻게 작동하든, 뇌가 하는 주된 역할은 **표상하기**(represen-
ting)이며, 그 표상에는 뇌의 몸체(brain's body), 세계의 여러 특징들, 뇌
자체 내의 일부 사건 등에 대한 표상도 포함된다. 뇌는 그러한 표상들
을 계산적으로 처리하여, 적절한 정보들을 축출하고, 의사결정을 내리
고, 기억하며, 신체를 적절히 움직이게 한다. 뇌가 표상하고 계산한다
는 것은 인지신경과학(cognitive neuroscience) 분야에서 주요한 두 작업
가설(working assumptions)이다. 강조하건대 이것은 정말 **가설**일 뿐이
며, 확실히 정립된 진리는 아니다. 과학이 지속적으로 발전함에 따라서
그 두 가설은, 아직 희미하게 인식되고 있는 만큼, 증폭되고, 수정되거
나, 아니면 더 나은 가설에 의해 반증될 수 있다.

표상의 본성에 관한 문제는 지금까지 두 방향에서 탐색되어왔다. 하
나의 방향은 신경과학 분야들과 일반적으로 일치하는 관점에서 나오
며, 그 분야들과 공진화하고(coevolving) 있다. 편리성을 위해서 이것을
뇌-친화 접근법(brain-friendly approach)이라 부르자.[1] 그 접근법의 목적
은, 뉴런의 조직 수준에서부터 행동 수준까지 탐색함으로써, 뇌가 세계
와 어떻게 대응하고, 모델을 만드는지 등을 발견하려는 것이다. 둘째

접근법은 인지적 작동을 컴퓨터에서 작동하는 소프트웨어에 비유하는 관점에서 나오며(1장을 보라), 따라서 심리학의 **독립성**을 고집한다. 이것을 **뇌-거부 접근법**(brain-averse approach)이라 부르자.2) 이 접근법은 인지 상태를 (인지적 경제 내의) 기능적 역할로 가정하며, 따라서 그것을 어떠한 특정 하드웨어의 "이행(implementation)"으로부터도 독립적이라고 가정한다. 그러므로 뇌-거부 접근법은, 신경과학이 '뇌가 어떻게 표상하는지' 문제에 상당히 부적절하다는 입장에서, 신경과학 자체를 무시한다.

심리학의 독립성 논제가 무엇을 가정하는지 다시 살펴보자. 그 논제의 가정에 따르면, 신경과학은 기껏 인지적 소프트웨어의 실행에 관해 무언가를 조금 보여줄 뿐이며, 인지과정 자체의 본성에 관해 많은 것을 밝혀내려 의도하지 않는다(이 책 59-62쪽 참조). 더욱 극단적인 관점에 따르면, 신경과학은 인지과학의 발전에 실질적으로 장애가 되고 있다. 그 이유는 이러하다. 신경과학자들은 한결같이 "상구(superior colliculus)의 신경그물망(neural network)이 눈 위치를 표상한다"고 말하면서, 표상'기능'이 신경'구조'에서 나온다고 생각하기 때문이다. 그와 같이 말하는 것은 어떤 것을 혼동하는 것보다도 더 좋지 않다. 일반적(상식적) 관점에 다르면, 하드웨어는 어느 것도 표상할 수 없기 때문이다. 우리가 앞으로 살펴볼 것으로, 뇌-거부 접근법들은 언어적 존재(linguistic entity), 즉 모든 실재 표상들을 위한 원형(prototype)으로, 문장(sentences)을 내세운다. 결론적으로 말해서, 언어능력을 갖지 못한 동물들은, 오직 그것들이 호의적으로 고려될 경우에 또는 그것들에서 대화의 징후가 보인다는 측면에서만, 표상을 갖는다고 고려되며, 문학적 측면에서는 그렇지 않다.

세 번째 접근법 또한 있으며, 그것은 첫째 접근법의 변형이다. 그 접근법은 행동의 표상-기반 설명이, 어떤 맥락에서 또는 적어도, 동역학 시스템 체계의 개념으로 대체될 가능성을 탐색한다.3) 첫 번째 접근법과 마찬가지로, 이 접근법은 신경과학과 공진화한다. 이 접근법은, 부분적으로 '신경계가 정말로 동역학 시스템이다'라는 사실에 의해서, 그리고 다른 부분적으로는 '생물학 시스템 내의 **정보와 표상**이 **정확히** 무엇인지 설명해주는 잘 발달된 어느 이론도 없다'는 사실에서 촉발되었다. 이러한 부류의 이론에서 나온 동역학 시스템 접근법(dynamical-systems approach)은 다음 탐구과제를 가진다. 얼마나 많은 행동에 대한 설명의 기초가 표상에 호소하지 않고 설명될 수 있으며, 얼마나 많은 표상적 설명들이 (필요시에) 동역학 시스템 개념 체계 내에 가장 잘 통합될 것인가?[4]

우리가 앞으로 보게 될 것으로, '인간이 아닌 동물들도 표상능력을 가지며, 따라서 뇌는 그러한 표상능력을 위한 기반이다'라는 유력한 가설이 있다. 따라서 내 의견에 따르면, 뇌-친화 접근법은 뇌-거부 접근법보다 더 생산적일 것 같다. 2장에서 보았듯이, 뇌-친화 접근법은 또한 순수한 실용적 측면에서 더욱 호소력을 갖는다. 그것이 단지 신념적으로만 긍정하는 데이터를 고려하는 것이 아니며, 모든 데이터를 고려한다는 측면에서 그러하다. 게다가 앞으로 보여주겠지만 일종의 기**본적** 표상, 즉 공간적 표상이 있다. 그러한 표상능력에 대해 인지신경과학이 뚜렷한 성과를 내고 있지만, 반면에 뇌-거부 접근법은 상대적으로 성과를 거두지 못하고 있다.

진화론적 전망에서 볼 때, 뇌는 환경의 압박과 변화에 대한 버퍼(buffers, 기억장치)이다.[5] 우리의 발달사 초기에, 진화는 우연히 신경계를 갖는 유리함을 얻었을 것이다. 신경계는 내적, 외적 주변 환경들을 평가하던 중에 과거의 조건에 근거하여 예측할 능력을 갖게 되었다. 간단히 말해서, 그 능력은 뇌로 하여금 앞으로 어쩌면 발생할 사건들을 준비할 능력을 가지게 했을 것이며, 지금은 발생하지 않았지만 일어날 것으로 예측되는 무엇에 대한 행동반응을 조직화하게 했을 것이다. 반면에 만약 당신이 [움직이지 못하는] 나무라면 집이 어디에 있는지에 관해서 무엇을 안다는 것이 결코 유리함이 되지 못한다. 왜냐하면, 당신이 포식자로부터 어떻게 숨어야 하는지, 먹이를 어떻게 추적해야 하는지, 짝을 어떻게 선택해야 하는지 등에 대해서 어떤 선택도 할수 없기 때문이다. 당신은 다가오는 일을 그저 맞이할 수밖에 없다. 그렇지만 동물이라면 움직일 수 있으며, 따라서 무엇을 알고 무엇을 표상하는 것이 경쟁적 유리함을 부여한다. 제안된 가설에 따르면, 예측의 도움을 받으려면 신경활동이 세계에 대하여 다양한 **자기-관련** 특징들을 대응시켜야(map, 그려내야) 한다. 즉, 자기에 대한 공간적 관계, 사회적 관계, 먹이자원, 은신처 등등을 그려내야만 한다. 우리는 이러한 대응하기(mapping)를 표상의 측면에서 유용하게 고려할 필요가 있다. 다음 의문은 신경구조가 이것을 어떻게 정확히 성취하는가이다.

뉴런 수준(neuronal level)에서 볼 때, 여러 분야들을 나누는 중요한 질문이 있다. 정확히 신경활동의 어떤 특징들이 정보들을 부호화하는 일, 즉 부호화(encoding)와 복호화(decoding) 모두를 지원하는가? [그런데 이 질문에 대답하기는 쉽지 않아 보인다.] 뉴런은 넓은 범위의 활동을 지원하며, 더구나 표상이론은 진정한 **신호들**(signals)을 무료한 활동이나 단순한 노이즈(noise)로부터 어떻게 구분해야 할지 의문스럽기 때문이다.

그물망 수준(network level)에서 볼 때, 우리의 우선적인 탐구목표는 납득될 만한 모델을 찾는 일이다. 그 모델은, 뉴런에 관한 여러 사실들, 그 연결 패턴들, 더구나 (행동에 대한 연구에서 얻어낸) 심리생리학적 데이터 등등과도 어울려야만 한다. 결국 그 [모델을 우리가 탐구할] 희망은 이렇다. 그물망 모델이 '우리가 신체행동에 관해 이해하는 것'과 '우리가 뉴런에 관해 이해하는 것' 사이에 다리가 되어 [양쪽 모두를 서로의 관점에서 이해시켜주어야] 한다는 희망이다.

시스템 수준(systems level)에서 보았을 때 중요한 도전은, 신경계가 여러 정보들을 어떻게 통합하는지, 그 정보들을 어떻게 저장하는지, 과제-관련 여러 정보들을 어떻게 검색하는지, 행동결정을 위해 여러 정보들을 어떻게 이용하는지 등등을 이해하는 것이다. 신경계가 복잡한 동역학 시스템이라는 것은 분명하지만, 그것이 기능하는 동역학 원리를 밝혀내는 일은 지속적으로 어려울 것이다.[6]

2. 뇌가 표상하는가?

도대체 무슨 근거로 뇌가 표상한다고 말하는가? 표상과 계산에 대해서 **전혀 어떠한 언급도 없이**[즉, 전혀 기대지 않고서] 뇌 기능에 대한 이야기가 논의될 수는 없는가? (첨언하건대, "표상(representation)"이란 단어 대신에, 흄이 좋아했던 "관념(idea)"이란 단어를 사용하거나, 또는 데카르트가 사용한 "사고(thought)"란 단어를 사용하거나, 아니면 칸트가 사용한 "개념(concept)"이란 단어를 사용하더라도 동일한 논의가 진행될 수 있다. "표상"이란 말은 단지 현재 유행하는 용어일 뿐이다.) 비록 여러 대답들이 서로 다른 출발점에서 만들어질 수는 있겠지만, 가장 유력한 논의는 자극-반응 패러다임 설명을 부정하는 인지작용의 사례에서 시작하는 것이다. 그 패러다임 설명에 대해 공간적 문제 해결 능력은 다음과 같은 반대 사례를 보여준다. [즉, 동물들이 공간을 지배하는 능력에 대한 다음 사례는 단순한 자극-반응 패러다임 설명 모델을 부정하게 된다.]

패커드와 테터(Packard and Teather)에 의해서 고안된, 잘 통제되고 절묘한, 실험 장치를 살펴보자. 그들의 실험에 따르면, 자극-반응 설명은 어떤 하나의 결과를 예측하며, 반면에 표상적 설명은 그 반대 결과를 예측하는데, 결국 후자의 예측이 옳았다.[7] [그림 7.1에서 볼 수 있듯이] 언제나 먹이를 왼쪽에 놓아두고, T형태 미로에서 동일한 쥐 한 마리에게 20회 반복하여 실험해보았다. 몇 번의 시도 후에, 그 쥐는 치즈가 어느 곳에 있는지 학습하게 된다. 다음에는 미로 위의 가로막을 치우고, 그 전체 미로의 위쪽에 훈련받은 그 쥐를 놓는다. 만약 그 쥐가 단지 왼쪽으로 돌도록 조건화된 반응만을 습득하였다면, 이제 전체 미로에 놓았을 때 그 쥐는 왼쪽으로 돌아야만 한다. 그렇지만, 만약 그 쥐가 이러한 환경에 대한 공간적 대응도(spatial map)를 가져 [바뀐 공간적 방향을 파악할 줄 안다면] 그 쥐는 오른쪽으로 돌 것이다. 이 실험에서 그 쥐는 어떤 선택을 보여줄까? 그 쥐는 **오른쪽으로** 돌았다. 따라서 그 쥐가 앞서 훈련에서 반응했던 것과 반대 방향으로 움직인 것

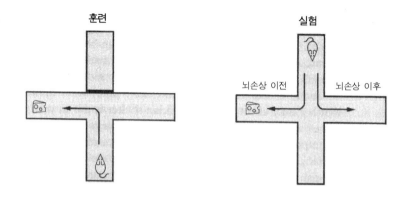

훈련   실험

뇌손상 이전   뇌손상 이후

그림 7.1 쥐의 공간표상. 훈련조건(왼쪽)에서, 쥐는 언제나 동일한 위치에서 출발하며, 먹이가 언제나 미로 왼쪽 끝에 놓인 것을 학습한다. 실험조건(오른쪽)에서, 장애물이 제거되었고, 쥐는 새롭게 열린 통로에 놓인다. 정상적인 정도로 훈련된 쥐들이라면 오른쪽으로 돌 것이며, 그것은 먹이가 놓인 장소에 비추어 자신의 변화된 위치의 방향을 수정하기 때문이다. 과도하게 훈련된 쥐들의 경우 또는 해마 손상을 입은 쥐들은 왼쪽으로 돌 것이다. (Farber, Peterman, and Churchland 2001에서 인용하였으며, Packard and Teather 1998b에 근거한 그림이다.)

이다. 이러한 행동은 다음을 함축한다. 동물이 (항상 왼쪽으로 도는) 조건화된 반응을 보여주지 **않으며**, 오히려 그 미로가 놓인 방에 상대적으로 그 미로의 공간을 조직화하는 표상을 이용할 줄 안다. 더구나 쥐의 행동이 뇌의 구조와 관련된다는 것을 보여주기 위해서 패커드와 테터는 다음 실험을 구성했다. 만약 뇌의 해마(hippocampus)가 손상된다면, 쥐를 훈련시키기 이전이든 이후든 상관없이, 그 동물들은 그 실험조건에서 조건화된 반응을 보여줄 것이다. 이번의 실험에서 해마가 손상된 쥐들은 **왼쪽으로** 돌았다. 반대로 손상 없지만 과도하게 훈련된, 즉 왼쪽에 먹이를 놓아두고 **수백 번** 훈련시킨 쥐들은 미로에서 왼쪽으로 돌 것이다. 마치 그 동물이 과도하게 훈련되면, (더 이상 "생각"하지 못하게 되어서?) 그 조건화된 반응이 공간적 추론을 무시하도록 만드는 것과 같다. 패커드와 테터는 이번에는 **선조체**(striatum)를 손상시켰을 때, 그 조건화된 반응이 사라지는 것을 보여주는 실험을 했다. 선조체 손상을 시켰을 경우에, 심지어 과도한 훈련을 받은 쥐를 실험하더라도, 이번에는 오른쪽으로 도는 것을 보여주었다. 이것은 다음을 시사한다. 조건화되는 뇌 회로가 작동하지 못하게 되어, 그 쥐의 뇌는 다시 공간적 표상에만 의존하게 되었다.

해마와 공간적 대응에 관한 추가적인 생리학적 데이터는 [앞의 이야기에 대해서] 더욱 설득력을 높여준다. 오케프와 도스트로브스키(O'Keefe and Dostrovsky 1971)의 발견에 따르면, 쥐의 해마에는 장소 뉴런(place neurons)이 있다. 말하자면, 자유롭게 움직이는 쥐가 특별한 '장소'에 있을 경우 오직 그럴 경우에만(iff, 필요충분조건으로), 예를 들어, 그 미로의 위 동쪽 모서리에서만 그 개별 해마 뉴런이 격발한다(그림 7.2를 보라). 오케프와 연구원들의 개척 연구에 따라서, 다른 연구자들은 그들의 실험을 모방하여, 그 실험 결과를 확대시켰다. 어떤 개별 뉴런은 특정한 환경에 대한 '상대적 위치', 예를 들어, 거실에 대한 부엌의 위치를 부호화한다(code, 기억하고 재격발한다)는 것이 발견되었다. 그 발견에 따르면, 임의 해마 뉴런이 부엌의 특별한 장소를 부호화하면서도, 거실 내에 완전히 관련 없는 장소도 부호화할 것이다. 예측되는바, 해마가 손상된 쥐들은 공간적 과제를 학습하지 못하며, 인간도 정말 그렇다. 자유롭게 움직이는 쥐에서 움직임의 '방향'을 부호화하는 해마의 다른 뉴런 또한 발견되었다.

위에서 보여준 쥐의 경로-찾기 행동에 대한 표상적 설명의 논의는 다음을 가정한다. 조건화된-반응 설명에 대한 유일한 대안이 표상적 설명이다. 비록 그 가정이 거짓으로 밝혀지더라도, 그리고 비록 이론적 발달이 그것을 바꿔놓을 수는 있겠지만, 사실상 지금 단계에서 우리는 어느 다른 그럴듯한 선택도 갖지 못한다.

개, 말, 벌, 곰 등등을 포함한 많은 동물들은, 집으로 가는 새로운 통로를 찾는 일과 같은, 좋은 공간적 표상을 보여주는 행동을 한다. 많은 동물들이 조건화의 이득 없이 집을 향할 수 있으며, 그것도 시도-오류 탐색 방식에 크게 의존하지 않고 자유롭게 할 수 있기 때문에, 그것들이 "집이 어디에 있는지를 안다"라고, 또는 그보다 더 좋은 표현으로,

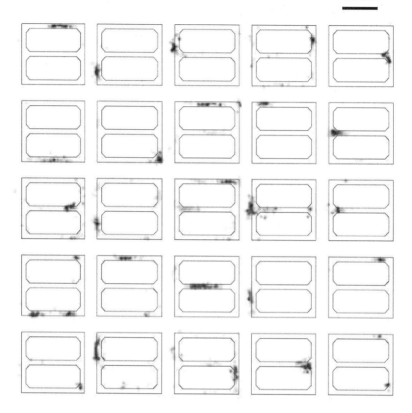

50 cm

그림 7.2 25개의 해마 장소 뉴런들의 격발률 대응도(firing-rate maps)로, 특징-8 미로의 세워진 통로에서 달리는 쥐에서 동시적으로 기록되었다. 높은 격발률을 보이는 제한된 영역들은 '장소구역(place fields)'이라 불린다. 따라서 반응 모습(response profile)이 왼쪽 꼭대기 상자에 그려진 뉴런은 그 쥐가 미로의 위쪽 오른쪽 영역에 놓이게 될 경우에 돌연 반응을 보인다. 대응도는 7분간 지속된 데이터로부터 계산되었다. 각 플롯(plot)에서, [격발반응의] 상승도(scaling)는 선형적이다. 0의 격발값은 색깔 대응도에서 0이며, 최대 포지티브 값은 1이다. (K. Zhang의 양해를 얻어)

"안다"라는 말의 **특정한** 의미에서 [즉, 의식적이지 못한 수준에서 안다는 의미에서] 그것들은 "집에 어떻게 가는지를 안다"라고 말하는 것은 정당해 보인다. 그럼에도 불구하고 이 문제를 다음과 같이 묘사하는 것, 즉 그 동물이 "이봐요, 나는 치즈가 어디에 있는지를 알죠. 바로 저 건너편 매기(Maggie)의 둥지에서 두 번째 모퉁이를 돌아서입니다"라고 스스로에게 말하는 것을 의도한다고 보는 것은 지나친 해석이 되겠다. 그 동물의 표상하기에 인간처럼 혼잣말로 말하기가 실제로 포함될 것 같지는 않다. 왜냐하면 그 동물이 인간과 유사한 언어를 갖지 못했을 것이며, 따라서 스스로 그런 언어로 말하지는 못할 것이기 때문이다. 오히려 비록 공간적 지식이 이따금 언어로 표현된다고 하더라도, 정말로 **인간**의 공간적 표상이 일반적으로 언어 같은 것이라고 말하기 어렵다.[8] 결국, 우리는 단어나 문장과 같은 것에 의존하지 않는 표상에 대한 이해를 찾아야 한다.

공간 관계를 표상하기가 일종의 인지기능이지만, 일반적으로 우리는 뇌가, 예를 들어, 짖고 있는 개와 같은, 대상들을 표상한다고 여긴다. 그렇지만 사람들은, 계획하고, 상상하며, 꿈을 꿀 때에, 자신들이 표상하고 있는 대상이 **없이도** 표상한다. 당신은 휘슬러(Whistler) 산에서 흘러내리는 검은 다이아몬드 흐름을 따라 스키 타는 상상이나 꿈을 꿀 수도 있다. 심지어 당신이 스키를 갖지 못하거나, 심지어 다리가 없더라도, 슬로프를 따라 스키를 타고 내려오는 시각적/운동 이미지를 여전히 만들어낼 수도 있다. 또한 우리는 표상에 대해 전형적으로 뇌가 어떻게 **지각하는지**를 설명하도록 충동된다. 말하자면, 지각 관련 대상이 충만하고 탁 트인 전망에 놓여 있을 때, 냄새로 가득한 곳에 있을 때, 귓전에 아주 근접에 있을 때, 또는 심지어 혀 위에 있을 때에도, 뇌가 지각 판단을 어떻게 하는지 설명하고 싶어진다. 관련 장면이 눈앞에 있을 때, 신경과학자들은 왜 뇌가 표상한다고 말하는가?

그 부분적 이유는 이렇다. 신경계는 말초, 예를 들어, 망막, 피부, 달팽이관(cochlea, 와우), 혀, 근육, 힘줄, 관절 등등에서 들어온 많은 신호들을 처리한다. 정보는 축출되고, 증대되고, 통합되고, 일반적으로 작동되기 때문에, 예를 들어, 젖은 개의 냄새처럼, (우리가 알아보는) 지각적 산물은 말초신호와 실제로 상당히 다르다. 뇌는 외부 자극에 대한 **수동적 반영자**(passive reflector)가 아니다. 그보다 다양한 방식으로 동물들의 지각-운동 세계(perceptual-motor world)를 만들어내는 능동적 **구성자**(active constructor)이다.9) 많은 동일 메커니즘들이 필시, 시각 지각과 시각 이미지 모두에, 청각 지각과 청각 이미지 모두에, 그리고 운동 조절과 운동 이미지 모두에 개입된다. 아래 일련의 시각적 사례들은 이러한 구성적 측면을 보여준다.

2.1. 윤곽선

심리학자 게오르그 카니자(Georg Kaniza)에 의해 1955년 고안된 그림 7.3에서, 우리는, 세 개의 직선과 세 개의 검은 원 위에 놓인, 흰색 삼각형을 본다. 사실상 흰색 삼각형을 구분하게 해주는 어떤 경계선도 없다. 검은 영역은 실제로 원판 조각모양의 팩맨(pacman, 컴퓨터 게임에서 끝없이 먹이를 먹어치우는 캐릭터의 형상)이다. 이 그림에 민감한 광측정기(photometer)를 대더라도 결코 어떤 삼각형의 경계선이나 흰색 삼각형의 더 밝게 보이는 부분이 검출되지 않는다. "주관적 윤곽선(subjective contour)"이라 불리는 이 선은 여섯 개의 막대에서도 볼 수 있다. [광측정기가 그 윤곽선을 구분하지 못한다는 것은 그것을 구분하게 할 어떤 객관적인 밝기의 차이도 없다는 것을 의미한다. 그렇지만 인간은 그 구분을 구성하여 인지한다.]

이미 4장[292쪽]에서 살펴본, 플레이트 6에는 왼쪽에 붉은 교차선이 있으며, 오른쪽에는 (검은 연장선이 있는) 아주 똑같은 붉은 교차직선이 있다. 그런데 오른쪽에서 (왼쪽은 아니고) 우리는 배경보다 밝은 붉은색 원판을 구분하는 윤곽선을 볼 수 있다.

플레이트 7[292쪽]에는, 약간 튀어나온, 두 이미지로 구성된 입체물이 보인다. 각각의 이미지들은 (네 개의 원들 위에 떠 있는) 푸른 반투명 직사각형인 단일 이미지로 융합되어 만들어진다. 그리고 눈의 초점

그림 7.3 환영 윤곽선. 당신은 부분적으로 차단된 원과 선의 배경 위에 환영의 흰색 삼각형을 본다. 그 삼각형의 내부는, 실제로 그렇지는 않지만, 바탕의 흰색보다 더 희게 보인다. (Palmer 1999)

을 흐릿하게 하면 그 두 이미지들을 융합할 수도 있다. 그렇게 하려면 실제 있는 것보다 더 멀리 있는 것처럼 그 입체 전시물을 바라보기만 하면 된다. 켄 나카야마와 신수케 시모조(Ken Nakayama and Shinsuke Shimojo)에 의해 고안된, 이 환영은 특별히 인상적인데, 감광기에 의해서 감지될 정도의 푸른색이 동심원 위에 약한 푸른색 원호로 만들어지기 때문이다. 당신은 필름 같은 푸른색 사각형이 약간 당신 쪽으로 튀어나오는 것을 알아볼 수도 있다.

2.2. 애매한 그림

일부 자극들은 동등하게 좋은 두 가지 해석을 허락하기도 한다. 고전적인 경우로 네커 입방체(Necker cube)가 있으며, 스위스 심리학자 루이 알베르트 네커(Louis Albert Necker)에 의해 1832년 고안되었다. 이 그림은 앞면이 왼쪽 위에서 오른쪽으로 기울어진 것처럼 보이기도 하고, 앞면이 오른쪽 아래에서 왼쪽 위로 기울어진 것처럼 보이기도 한다(그림 7.4, B).

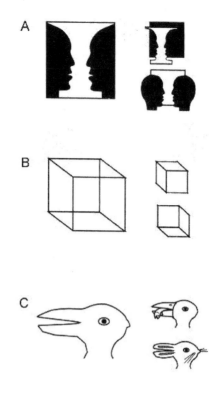

그림 7.4 애매한[즉, 두 가지로 해석되는] 그림들. A는 검은 배경에 대해서 흰색 화병으로 또는 흰색 배경에 대해서 검은색 두 얼굴로 보일 수 있다. (애매하지 않게 그려진 그림들을 오른쪽에서 볼 수 있다.) B는 입방체를 위에서 내려 보거나 또는 아래에서 올려 보는 모습으로 보일 수 있다. C는 (왼쪽에서 바라보아) 오리처럼 보일 수 있거나, (오른쪽에서 바라보아) 토끼로 보일 수도 있다. (Palmer 1999)

그림 7.5 주관적 움직임(subjective motion). 불빛이 표시 ○ 위치에서 처음 번쩍이고, 다음에 표시 X 위치에서 번쩍인다. 만약 그 시간 간격, 즉 ○에서 불빛 꺼진 후에 X에서 불빛이 켜지는 간격이 대략 5-500밀리초 사이라면, 위치 ○에서 위치 X로 불빛이 계속 움직이는 것처럼 보인다.

2.3. 움직임

당신의 뇌는 아래 조건에 따라서 운동에 대한 지각을 창조할 수 있다. 불빛이 한 위치에서 꺼지고, 아주 짧은 기간 내에 새로운 가까운 위치에서 켜진다(그림 7.5). 그러면 처음 위치에서 새로운 위치로 불빛이 공간 이동을 하는 것처럼 보인다.[10]

2.4. 장면 분할

그림 7.6의 A에서 우리는 전형적으로 원판 뒤에 막대가 있고, 그 원판은 부분적으로 사각형에 의해 가려져 있는 것을 본다. 그렇지만, 망막에 반사된 빛의 영역은 아래 B에 보여준 부분적 사물들일 뿐이다.

이러한 사례들은 그 자체로 표상의 본성에 대한 어느 **이론**과 같은 것도 제공하지 않는다. 그러한 시각적 기능들은 우리에게 그런 종류의 일에 대해서 단지 '표상들은 지각에서 형성된 사고이다'라는 느낌만을 줄 뿐이다. 그러한 사례들은, (지금 어떤 이유로든) 표상되어야 할, 여러 사물들에 대한 설명 도식이 필요함을 보여준다. 이러한 이유에서, 제시된 사례들과 그 밖의 다른 사례들은 우리의 탐구를 위한 하나의 작은 지침을 제시한다. 따라서 신경계가 정말 표상한다고 가정하고서, 우리는 이제 신경계가 **어떻게** 표상하는가를 물어볼 필요가 있다. 궁극적으로 우리는 신경계의 표상이론을 원한다. 그러한 탐색의 깔끔한 출발을 위해서, 우선적으로 우리가 묻게 되는 첫 질문은 이렇다. 생물학, 신경과학, 심리학 등으로부터 얻은 어떤 사실들이 신경계 표상이론을 제약하는가?

3. 표상이론에 대한 몇 가지 경험적 제약

이 연구의 초기 기획 단계에서부터, 제약 사항들을 명확히 밝혀두는 것이 필요하다. 허용될 수 **없는** 것이 무엇인지 알아야 연구 범위를 좁

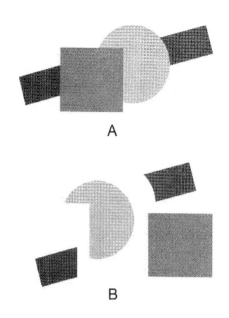

그림 7.6 부분적으로 차단하는 사물들 뒤에 시각적 완성. 그림 A는, 보이는 부분들이 단지 그림 B의 분리되어 보이는 것들을 모아놓은 것임에도 불구하고, 마치 사각형, 원, 직사각형 등으로 구성된 것처럼 지각된다.

힐 수 있기 때문이다. 인간 뇌가 진화된 기관임은 마땅히 어느 표상이론에도 공통적으로 적용될 제약 사항이다. 그럴듯하지 않은 사례를 들어가며, 뇌가 세계를 실제 그대로 표상한다고 제안하는 이론을 내놓는다면, 그것은 출발부터 아주 좋지 않은 이론적 약속을 하는 셈이다.

3.1. 뇌는 진화의 산물이다.

인간 뇌가 진화의 산물이라는 전제에서 우리는, 유아와 성인의 표상하기 사이에서, 그리고 인간과 비-인간 동물의 표상하기 사이에서도, 의미 있는 유사성과 연속성을 찾아낼 것으로 기대할 수 있다. 공간, 운동, 지각 등에 대한 표상에서, 인간과 다른 동물 사이에 어느 연속성도 예측하지 못하는 이론이라면 레드카드를 받아야 [즉, 퇴장시켜야] 한다. 복잡한 인간의 표상능력에 대해서 마법적 기원을 함의하는(entail) [즉, 이원론에 근거하여 그것을 신비로움으로 설명하려는] 이론은 레드 카드를 받아야 한다. 더 일반적으로 말해서, 과학 내에 "그래서 기적이 일어났다"라고 말함으로써 어떤 틈새를 채우려는 그 어떤 가설이라도 그것은 유력한 것일 수 없다.

3.2. 표상과 언어

인간의 경우에 언어는 의사소통의 중요한 수단이며, 충분히 언어를 배운 인간은 보통 언어로 생각한다. 궁극적으로 어느 표상이론이라도 인간 언어에 대한 설명을 포함해야 한다. 물론, 언어를 배우는 어린아이의 능력이 어디에서 오는지, 그리고 손상된 뇌를 가진 사람에게서 일정 정도의 언어 결핍을 보여주는 것에 대해서도 설명을 고려해야 한다. 비록 인간 언어가 그 복잡성과 표상적 능력에서 독특하다고는 하지만, 진화생물학으로부터 나오는 일반적 고려가 함축하는 바에 따라서, 언어적 표상과 비-언어적 표상 사이에 어느 연속성도 가정하지 않는 이론에 대해서는 회의적으로 검토되어야 한다.11)

우리가 인간과 다른 동물들 사이에 존재하는 차이를 증폭하기 쉬운 여러 경향들 중에 하나는 인간의 특징을 문화적 진화라고 규정하는 것이다. 인간의 경우에 (문화적 관습과 함께) 언어는 앞선 세대가 고안하여 성숙시킨 것을 후배 세대가 배울 수 있게 해준다. [문화적 진화와 함께] 표상적 재능은 선조들의 번안에 비해 상대적으로 아주 새로운 것을 출현시킨다. 조상 세대에 의해 새롭게 창조된 관습, 예절, 관념 등은 (논리적으로 분명히) 이차적 본성인 것 같으며, 심지어 (마치 세계가 어떻게 그러한지에 대해 배우듯이) 그런 것들을 배우는 손자들에게 그 문화는 생존을 위한 필수 요소일 수 있다.

불행하게도 우리는 인간과(hominids)가 3백만 년 또는 심지어 10만 년 전에 펼쳐놓은 개념적 원천에 관해 거의 아는 것이 없다. 그럼에도 불구하고, 문화적 발명으로 알려진 많은 인지적 인공물들, 즉 읽기, 쓰기, 수학(0의 개념을 포함해서), 음악, 지도, 나아가서 불과 금속의 이용, 개, 양, 밀, 쌀 등을 양육하기 등등의 [능력을 가진] 우리 자신을 되돌아볼 필요도 있을 것이다. 인간 언어에서 나타나는 얼마나 많은 복잡성이 문화적 진화에 따라서 형성되었는지 우리는 알지 못한다. 인간의 여러 언어들 사이에 나타나는 구조적 유사성은 인간 뇌에 유전적으로 규정된 [공통적] 문법 모듈이 존재한다는 것과 (분명히 함축하는 것은 아니지만) 일관성을 갖는다. 그러한 구조적 공통성이 존재하는 것만큼이나 [언어적 유사성이 앞으로] 잘 설명될 수도 있을 것이다. 지금까지 알려진 바와 같이, 비-언어의 표상 자원들 사이의 유사성과 인간 경험의 근본 경향들 사이의 유사성으로부터 그 설명 가능성을 예측할 수 있다. 예를 들어, 공간성, 사회성, 계획을 꾸미고 행동 실행에서 연속적으로 짜맞추기 등등에서 [그것들을 가능하게 하는 구조적 공통성이 밝혀질 것이다.] [UCSD의 심리학과와 인지과학과 교수였던] 엘리자베스 베이츠(Elizabeth Bates, 1947-2003)가 비꼬며 말했듯이, 음식을 발이 아닌 손으로 집어 입에 넣는 인간들 사이의 유사성이 본유적(선천적)인 "먹기 위한 손" 모듈의 존재를 함축하지 않는다. 그보다 모든 인간이 공유하는 신체 초안이 있으며, 발보다 손으로 먹는 것이 쉽다는 것은, "먹는 보편자(feeding universals)"를 [즉, 누구나 먹어야 한다는 것을] 설명해주기에 적절하다.

3.3. 디지털 컴퓨터와 뇌를 대조하기

비록 우리가 뇌를 일종의 계산기로 묘사하더라도, 뇌는 중요한 측면에서 우리에게 친숙한 컴퓨터와는 상당히 다르다. 예를 들어, 쥐의 공간적 지식은 그들의 "하드웨어"에 저장되지 않는다. 쥐의 뇌는 하드 드라이브(hard drive, 보조기억장치)를 가지고 있지 않기 때문이다. 컴퓨터에는 정보처리하는 구조와 독립적인 기억 모듈이 있지만, 신경계에는 그렇지 않다. 더 일반적으로 말해서, 우리 뇌는 우리의 데스크톱 (desk-top) 컴퓨터가 갖는 방식의 모듈을 가지고 있지 않다.12) 그렇지만, 뇌는 여러 기능적 전문화 영역들을 가지며, 그것은 특별히 성체에서 뚜렷이 나타난다. 그 전문화도 "착탈식 모듈"의 개념과는 전혀 다르며, 오직 어느 정도의 기능적 모듈성을 가질 뿐이다. 모듈에 대한 적절한 신경생물학적 의미가 세밀히 묘사될 필요가 있는 것은, 우리가 뇌의 조직, 기능, (수정에서 사망에 이르기까지 과정의) 발달 등등에 대해서 상당 부분을 아직 알지 못하기 때문이다. 부언하자면, "모듈"이란 말을 교체할 새로운 표현을 창안하는 것이 어쩌면 도움이 되겠다. 그러면 컴퓨터 분야에서 사용되는 모듈성의 표준적 특징들을 신경 분야로 '불명료하게' 끌어들일 필요가 없어질 것이다.

뇌와 컴퓨터 사이의 차이점은 아래와 같다.

■ 컴퓨터 칩과 달리, 뉴런은 성장하고 발달하며, [돌기들을] 가지 정리하거나(prune), 죽기도 한다. 적어도 해마와 다른 어떤 곳에서는, 심지어 성체의 경우에도, 새로운 뉴런들이 발생한다.

■ 뉴런은 역동적 존재이다. 뉴런은 학습하고, 새롭게 접촉하고, 옛 접촉을 포기하고, 현존하는 접촉을 강화하거나 약화시키는 등등에 따라서 구조적으로 변화한다.

■ 뉴런 구조의 변화는 종종 유전자 표현의 선행적 변화에 따라서 일어난다. 그리고 뉴런이 일정 수준으로 활동하게 되면, 특정 유전자가 발현되기도 한다.[13]

■ 뉴런 사건(neuron events)[즉, 계산처리 기본단위]는 밀리초 범위 내에서 일어난다. 반면에 오늘날 컴퓨터에서 사건은 아마도 10^4-10^5 정도 더 빠를 것이다.

■ 신경계는 병렬조직(parallel organization)을 가진다. 반면에 컴퓨터는 순차처리 기계(serial machines)이다.

- 컴퓨터는 모든 요소에서 **현재** 시점을 맞추는 시계를 갖는다. 반면에 우리가 지금까지 밝혀낸 바에 따르면, 뇌는 그 기능을 지원하는 시계를 갖지 않는다.

- 컴퓨터는 여러 숫자를 반복 처리하도록 인간에 의해 고안되었다. 반면에 신경계는 자연선택을 통해서 신체를 움직여 적응할 수 있도록 진화되었다. 컴퓨터는 의미론적이지 못하며, 순수한 계산만을 실행한다. 반면에 신경계는 삶을 지향하는, 순수하다 할 수 없는, 계산을 실행한다.

- 인간 신경계의 10^{12}개의 뉴런들이 모두 표상하는 과제를 수행하지는 않는다. 예를 들어, 일부 뉴런들은 표상하는 뉴런들의 활동을 변조하는 일을 한다. 그렇게 함으로써, 뉴런들은 각성 또는 주의집중 시스템의 일부가 될 수 있거나, 우리가 아직 알지 못하는 기능들을 수행할 수 있다. 다른 것들은 아마도 온도, 맥박 수, 성장, 식욕 등등을 (그것들을 전혀 실제로 표상하지 않으면서도) 조절하는 인과적 역할을 수행할 것이다. 인간이 컴퓨터를 설계했기 때문에, 컴퓨터 내에 어떤 활동이 정보를 저장하는지 또는 어떤 것은 그렇지 않은지 등을 파악하는 것이 상대적으로 분명하다. 그러나 뇌에 대해서는 모든 것을 탐색해보아야 하며, 단지 바라만 보는 것만으로 알 수 있는 것이 아니다.

4. 뉴런과 연결망의 부호화, 기초적 배경

뉴런은 그 활동에 의해서 정보를 전달하며, 다른 뉴런들과의 연결 양태를 변화시켜 정보를 저장하는 것으로 알려져 있다. 정보의 전형적인 전달은 지점-대-지점(point-to-point), 즉 신호를 보내는 (시냅스전(presynaptic)) 뉴런의 한 지점에서 신호를 받는 (시냅스후(postsynaptic)) 뉴런의 한 지점으로이다. 고전적 패러다임에 따르면, 신호들은 수상돌

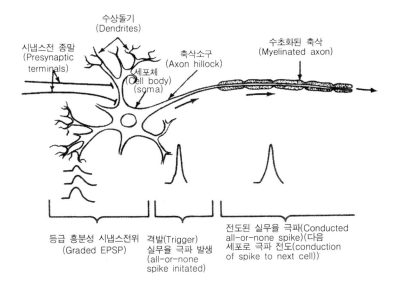

시냅스전 종말
(Presynaptic
terminals)

수상돌기
(Dendrites)

세포체
(Cell body)
(soma)

축삭소구
(Axon hillock)

수초화된 축삭
(Myelinated axon)

등급 흥분성 시냅스전위
(Graded EPSP)

격발(Trigger)
실무율 극파 발생
(all-or-none
spike initated)

전도된 실무율 극파(Conducted
all-or-none spike)(다음
세포로 극파 전도(conduction
of spike to next cell))

그림 7.7 운동 뉴런(motor neuron)에 다양한 전기적 사건의 위치를 보여주는 요약
적 그림. 많은 뉴런들에서 수상돌기와 세포체는 등급 흥분성 시냅스전위(graded
excitatory synaptic potentials, EPSPs) 또는 억제성 시냅스전위(inhibitory synaptic
potentials, IPSPs)에 반응한다. 활동전위(action potential)는 축삭소구(acton hillock)에
서 격발되어, 축삭을 따라 감소됨이 없이 전달된다. (Thompson 1967에 근거한 그
림)

기와 세포체에서 받고, 축삭을 통해 축삭종말로 보낸다(그림 7.7). 수상
돌기와 세포체의 복잡한 상호작용의 기능처럼, 만약 충분히 강한 탈분
극이 축삭소구(axon hillock)에 도달하면, 극파(spike)가 만들어지며 축삭
을 통해 퍼져나가 그 종말(terminus)에 이르게 된다. 극파가 도달한 후
에, 어느 정도의 개연성으로 시냅스전 막(presynaptic membrane)은 신경
전달물질을 시냅스 간극으로 방출할 것이다. 전달물질 방출의 개연성
(소위 시냅스 의존성)은 학습 기능에 따라 변화할 것이다.
    고전적인 지점-대-지점 신호 전달에서 신경전달물질 분자들은 시냅
스후 세포의 [신경전달물질을 수용하는] 전문화된 자리에 결합한다. 이

러한 자리는 실제로 복잡한 단백질 분자들로 뉴런막에 붙어 있어, 리간드(ligand, 배위자)[산소가 혈색소의 중심원자와 결합하는 경우처럼 전자를 제공하는 유기분자]에 체결될 경우 그 모양을 변화시킨다. 이러한 모양의 변화는 양(＋)이온(positive ions)의 유입을 허락하며, 그 양이온은 시냅스후 막을 탈분극(depolarize)시킬 것이며, 따라서 시냅스후 세포를 흥분시킬 것이다. 또는 단백질 채널의 유형에 따라서, 그 모양의 변화는 음(－)이온의 유출을 막을 것이며, 그 결과 뉴런은 과분극하게(hyperpolarize) 된다(그림 1.5와 1.6을 보라). 시냅스전 세포에서 방출된 신경전달물질이 시냅스후 세포를 흥분하거나 억제시켜 영향을 미치면, 뉴런들 사이의 소통이 이루어진다. 뉴런의 수상돌기 위에 있는 수천 개의 시냅스후 자리들은 탈분극 또는 과분극을 단지 수백 밀리초 내에 반응할 것이다. 전형적으로, 많은 자극 입력들이 축삭소구에서 극파를 유발하려면 충분히 강한 전류를 가져야 한다. 추가적으로 다른 유형의 신호를 만드는 양식이 있는데, 그중 일부는 신호를 받는(시냅스후) 뉴런의 전형적이지 않은 수용기 자리에서 일어난다. 최근 10년 내에 밝혀진 것으로, 신경계 소통은 속도, 효과 지속, 시냅스후 방출 등등의 연결체에 의해서 일어난다. 이것은 과거의 대부분 참인 이야기에서 단지 호기심을 끄는 예외 사항이 아니다. 그보다 이런 사항들은 고전적 이야기를 상당히 고쳐 쓴 핵심 요소들이다. [다시 말해서, 이런 이야기는 신경과학의 발달에 따라 더욱 구체화된 지식이다.]

자극에 노출되는 동안 개별 감각 뉴런들의 신호를 기록하여 발견된 것으로, 피실험 동물에 특정한 외부 물리적 매개변수(physical parameters), 즉 사물의 수직적 움직임(시각피질 뉴런), 엄지손가락의 가벼운 접촉(체성감각피질 뉴런), 페퍼민트의 냄새(후각망울(olfactory bulb) 뉴런) 등이 제시될 경우, 많은 뉴런들은 반응선별성(response selectivity)을 보여준다. 종종 뉴런의 반응특이성(response specificity)은 뉴런의 조율이라고 언급되었으며, 따라서 뉴런은 시각운동 또는 페퍼민트 등에 조율되었다고 말한다. 또한 우리는 인과적 방식으로 말해서, 그 뉴런이 페퍼민트를 **선호한다**거나 페퍼민트에 **충동된다**고 말하기도 한다.

뉴런의 **수용영역**(receptive field)은, 자극되면 뉴런을 반응하게 만드는, (망막, 피부 등등의) 수용기 접촉면에 상응하는 영역을 말한다. 예를 들어, 체성감각피질의 뉴런 수용영역은 엄지손가락의 끝에 상응하는 작은 영역이며, 시각 시스템의 뉴런 수용영역은 망막의 중심와(fovea)에 상응하는 특정 지점이다. 뉴런은 작은 수용영역을 갖지만, 마치 일차감각피질 뉴런의 전형적 모습처럼, 광범위하게 조율될 수 있다. 그러한 뉴런은 수직적으로 움직이는 불빛 막대에 극도로 민감하게 반응할 것이며, 그 불빛이 수직에서 다소 벗어나 움직이면 조금 덜 반응할 것이고, 그 불빛 막대의 움직임이 수평에 가까운 방향일수록 점점 덜 반응할 것이다.

반면에, 하측두영역(inferior temporal region)과 같은 상위(higher)[14] 시각영역의 뉴런은 큰 **수용영역**을 가져, 시각영역의 전체 대부분에 체결되지만, 그러면서도 오직 얼굴에 대한 반응에서 **좁게 조율되어** 있거나, 또는 심지어 더 좁아서 많은 방향에서 정보가 들어올지라도 단지 하나의 **개별** 얼굴에만 좁게 조율되어 있다. **비-표준 수용영역**(non-classical receptive field)은 표준 수용영역의 주변 영역을 가리키며, 그것은 표준 수용영역 내의 자극에 대한 반응을 수정할 수 있다. 그렇지만, 비-표준 영역에 제한된 자극은 그 자체만으로 그 세포를 충동하지는 않는다. **투사영역**(projective field)은 임의 뉴런이 투사하는 뉴런들 집단을 가리킨다(그림 7.8).

다음 두 문제를 구분할 필요가 있다. (1) 단일 뉴런의 어느 속성이 정보를 전달하는가? 그리고 (2) 객관적 매개변수가 뉴런에 의해 어떻게 표상되는가? 전통적 지배 가설, 즉 **격발률 부호화** 가설이 첫 번째 문제를 설명했다. 그 가설에 따르면, 일정 간격 동안 뉴런 축삭의 **평균 격발률**(average firing rate) 또는 극파의 주파수(spiking frequency)가 정보를 전달한다. 비록 격발률 부호화가 정보를 전달하는 하나의 방책이긴 하지만, 신경계는 아마도 다른 방책도 채용했을 수 있다. 그 다른 가능성의 목록으로, 다른 뉴런 사건의 시기에 상대적인 극파 **발생 시기**(timing of spiking burst), 한 뉴런의 극파들 **사이간격**(interval), 일정 간

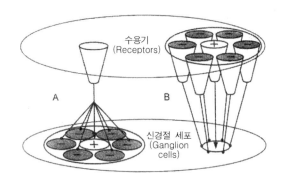

그림 7.8 투사영역과 수용영역. A. 단일 수용기(single receptor)는 중심/주변 조직 (center/surround organization)의 많은 신경절 세포(ganglion cells)로 (중간 뉴런 (interneurons)을 통해서) 투사한다. 중심 신경절 세포가 흥분되었다. 즉, 주변 세포 들은 억제되었다. 따라서 수용기의 투사영역이 규정된다. B. 따라서 그러한 연결을 받는 각 신경절 세포는 중심-주변 수용영역을 갖는다. 보여준 그물망은 흥분성 중심(excitatory center)과 억제성 주변(inhibitory surround)을 드러내지만, 그 반대 조직 (억제성 중심과 흥분성 주변) 또한 망막에 존재한다. (Palmer 1999)

격 내에서 특정 극파 패턴(pattern of spikes), 자극 후 첫째 극파의 지연 시간(latency) 등이 있다. 물론 축삭 격발을 전혀 포함하지 않는 다른 정보-담지 뉴런 변화들도 있을 것이다. 시냅스전 세포로부터 신호를 받는 수상돌기는 [구조적으로] 막에 변화를 유발하며, 이러한 변화가 분명 정보 전달에 어떤 역할을 할 것이다. 만약 그렇지 않다면, 통합된 입력에 의해 발생한 극파 역시 정보 전달 역할을 하지 못할 것이다. 표준적으로 수상돌기 반응은 들어오는 신호를 복호화(decoding)함에 따라서 구조적으로 변화되며, 따라서 아마도 수상돌기의 상태 그 자체가 정보를 담는다. 그것이 어떻게 작동하는가? 지금 우리는 관습적 지혜의 굳은 땅을 넘어서고 있다. [즉, 지금 우리는 지식, 표상, 학습 등등과 관련하여 과거의 통속적 이야기와 완전히 다른 설명을 전개하고 있는 중이다.]

두 번째 문제(객관적 지표가 어떻게 뉴런에 의해 표상되는가?)는 어떠한가? 적어도 두 가설이 주목을 끈다. (a) 예를 들어, 우디 앨런(Woody Allen)의 얼굴과 같은 속성이 단일 뉴런에 부호화될 것이며, 이 뉴런은 앨런의 얼굴이 제시될 때 그리고 그럴 경우에만[필요충분조건으로] 정상적으로 격발한다(국소부호화(local coding)). 한 뉴런이 죽는다고 하더라도 앨런의 표상 전체를 상실하지 않도록, 그 시스템은 여유분을 가질 수 있을 것이다. 다시 말해서, 그 시스템은, 앨런의 얼굴이 시각적으로 제시될 때 그리고 오직 그럴 경우에만 **전체** 뉴런이 반응하는, 뉴런 풀(pool of neurons)을 갖는다. 그러한 여분을 갖는 것은 국소부호화 가설과 일관성이 있다. 신경계를 위한 일반적 방책으로서 국소부호화에 대한 한 가지 결함은 사물, 장소, 사건 등등 우리가 인식할 수 있는 수많은 것들에 대한 설명을 해주기에 뉴런의 수는 너무 적다는 것이다. 그럼에도 불구하고, 특정 제약된 표상의 목적을 위해, 그러한 부호화 방식은 작은 범위에서 중요한 가치를 가지므로, 국소부호화는 적절하고 효과적이라 할 수 있다.

두 번째 가설 (b)에 따르면, 서로 다른 정도로 활동하는 뉴런 집단이 특정 속성의 범위를 넘어서 어떤 값들을 부호화한다(**벡터부호화**(vector coding)). 아래에서 설명되듯이 벡터부호화를 이용할 경우, 뇌는 우디 앨런의 얼굴을 뉴런 집단의 특정 **반응 패턴**으로 반응하며, 바로 그 동일한 뉴런 집단은 간디(Ghandi)의 얼굴과 카스트로(Castro)의 얼굴을 (물론, 서로 다른 반응 패턴으로) 표상할 수 있다.

비록 가용한 신경생물학적 데이터에 근거하여 뉴런 부호화에 관해 어느 정도 일반적 관점이 성립될 수 있었지만, 많고도 아주 **많은** 문제들이 해결되지 않은 채 남아 있다. 특별히 신경변조(neuromodulation)는, 고전적이고 빠른 지점-대-지점 전달과는 대조적으로, 감각입력에서부터 운동출력에까지 표상기능의 모든 국면에서 중요한 특징이다. 표준적 신경전달물질과 다르게, **신경변조**는 신경화학물이 '세포활동'에 미치는 효과를 말한다. 예를 들어, 신경변조는 신경세포의 민감도를 올리거나 내리도록 조절할 수 있다. 그 문제가 조금 더 흥미로워지는 것은, 그 역할을 위한 변조기가 있어 보인다는 측면이다. 더구나 뉴런은 선호되는 활동범위를 갖는 것으로 보이며, 나아가서 자기-통제 메커니즘은 뉴런 활동이 선호된 범위에서 벗어나게 되면 즉시 거부한다.15)

비록 조금 주춤거리긴 하지만, 이렇게 발달하는 신경과학의 성격을 강조하는 것은 중요하다. 신경과학의 지금 단계에서 뉴런부호화에 대한 잘 확립된 이론이 존재할 것 같지는 않아 보인다. 우리는 앞으로 그것에 도달할 것이지만, 아직 이르지는 못했다. 어쨌든 다양한 조건에서 신경반응에 관한 그러한 범위의 신경생리학적 관찰은 미래의 이론을 위해 요긴하게 쓰일 것이다. 말할 필요도 없이 신경생리학적 데이터를 고려하는 것은 필수적이다. 제약되지 않은 이론들은 시간과 에너지를 낭비하는 단지 추측들에 불과하기 때문이다. 또한 심지어 그 데이터들이 여전히 빈약할지라도, 그것으로부터 이론적 전망을 내놓는 것은 필수적이다. 설명이론이 그러한 데이터로부터 자동적으로 성립되지는 않으며, 창조되어야 하기 때문이다. 더구나 데이터에 고무된 이론들의 창조는 전형적으로 더 발전된 실험을 촉진하기도 하며, 그 실험의 각성에 따라 종종 이론의 수정을 촉발하기도 한다. 따라서 일반적으로 친숙한 '과학의 자력으로 하기'이다. [즉, 일반적으로 그래왔듯이 과학은 자체의 데이터에 의존해서 스스로 이론을 탐색해봐야 한다.]

5. 국소부호화 그리고 벡터부호화, 간략 소개

국소부호화(local coding)의 기초 개념은 비교적 단순하다. 하나의 뉴런(또는 유사하게 반응하는 뉴런 집단)이 특정 속성의 표상에 관여한다. 만약 일련의 여러 뉴런들이 1차원 격자(grid) 위에 근접하여 있을 경우, 그 격자의 특이 장소만 알아도 우리는 한 뉴런이 어떠한 특이 표상에 관여하는지를 파악할 수 있다. 마치 귓속의 달팽이관(와우)처럼 격자 전체를 고려할 때, 그 격자는 수용기 막(receptor sheet) 위치에 일대일로 대응한다. 만약 청각 시스템이 이 방식을 이용한다면, 예를 들어, 중간 C는 "중간-C 뉴런"의 활동에 의해 표상될 것이며, 그 뉴런은 그 격자 위의 정확한 위치에서 발견될 것이다. 그러므로 국소부호화는 또한 **위치부호화**(place coding)로도 불린다.

반면, **벡터부호화**(vector coding)는 여러 특징들이 유닛들 **집단** 내의 일정 활동 **패턴**으로 표상된다는 생각에서 나왔다. 그 집단 내에 각 뉴런들은 아마도 (아주 넓은 동조곡선들이 서로 중첩되는) 아주 많은 동조곡선들을 가질 것이다. 이것을 그림 7.9에서 보여준다. 수학적으로 **벡터**(vector)는 단순히 숫자들 배열집합, 즉 $<n_1, n_2, \cdots, n_m>$이다. 각 벡터의 요소들은, 관련 집단 내에 각각의 뉴런 활동 정도처럼, 여러 속성들을 나타내는 값들(values)이다. 이 이론적 가정을 이해하기 쉽도록 임의적으로 단순화시키면, 다음과 같이 설명될 수 있다. 단일 뉴런이 일정 간격(이를테면 100밀리초) 동안 일으킨 평균극파발생률이 벡터의 요소 값이다. 관련 집단 내의 각 뉴런은 벡터 요소(=평균 격발률)로 참여한다. 자극의 정도에 따라서, 뉴런은 조금, 많이, 또는 격발기준 이하 등으로 격발할 것이다. 따라서 개별 벡터, 말하자면 <16, 4, 22>는 노르스름한 황색을 표현(표상(represent))할 것이며, 반면에 약간 다른 벡터, 말하자면 <16, 6, 14>는 아마도 불그스름한 황색을 표현할 것이다. (이 책의 283-288쪽 293쪽, 플레이트 5를 보라.) 하나의 동일 뉴런이 많은 다른 항목들(예를 들어 색조(hue))의 표상에 참여할 수 있지만, 어느 뉴런도 그 자체로서는 속성을 표현하지는 못한다.[16]

넓은 파장을 가진 뉴런 집단에 의해 표상하는 방식은 아래와 같이 경제적이다. 뉴런의 임의 숫자에 대해서, 벡터부호화는 국소부호화보다 더 큰 범위의 값들을 제공할 수 있다. 어떤 시스템이 단지 다섯 개의 뉴런만을 가지며, 그 각 뉴런들이 (0부터 3까지) 네 가지로 구분되는 활동 수준을 갖는다고 가정해보자. 만약 그 시스템이 국소부호화를 이용한다면, 네 뉴런들은 20(4 × 5)개의 다른 값들을 표현할 수 있을 뿐이다. 만약 그 뉴런들이 벡터부호화를 이용한다면 625(5^4)가지 값들을 표현할 수 있다. 즉 <3, 1, 0, 1, 0>이 특정 시간 간격 동안에 특정 활동 패턴을 규정하는 하나의 값을 표현한다면, <2, 2, 0, 1, 2>은 다른 구분되는 패턴을 규정하는 다른 값을 표현하는 식이다. 물론 훨씬

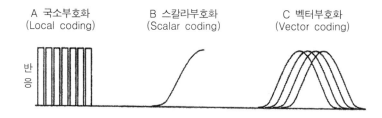

A 국소부호화
(Local coding)

B 스칼라부호화
(Scalar coding)

C 벡터부호화
(Vector coding)

반응

그림 7.9 세 가지 정보 부호화 방법. A. 국소부호화(local coding): 하나의 분리된 유닛은 시스템이 구분하는 각 특징에 관여한다. B. 스칼라부호화(scalar encoding): 특징들은 단일 뉴런의 격발률에 의해 부호화된다. C. 벡터부호화(vector coding): 특징들이, 넓게 중첩되는 여러 동조곡선(tuning curves)을 갖는 유닛 집단의 활동 패턴으로 부호화된다. (Churchland and Sejnowski 1992)

더 정교한 표상(표현)들이 (중첩되는) 여러 파장곡선들에 의해 성취될 수 있다. 왜냐하면, 단일 외적 자극에 대해 더욱 정교하게 나누어지는 값들이 세포집단의 연대적 행동에 반영되기 때문이다. 제한적이겠지만, 만약 하나의 벡터가 단지 하나의 원소만을 갖는다면, 벡터부호화와 국소부호화는 똑같은 가지 수를 표현한다.

벡터의 각 자릿수는 **매개변수공간**(parameter space)의 명확한 차원 (dimension) 수를 규정한다. 그러므로 각 자릿수가 특정 값들로 채워지면, 그 결과 벡터는 매개변수공간의 특정 지점을 가리키게 된다. 따라서 세 요소 벡터는 3차원 공간을 만들며, 다섯 요소 벡터는 5차원 공간을 만든다. 5차원 공간을 물론 시각화하기[즉, 알아볼 수 있게 그려 보여주기] 어렵지만, 그것을 같은 방식으로 상상할 수는 있다. 만약 그 벡터가 1,000개의 뉴런 그물망에 뉴런 활동을 부호화하면, 그 매개변수공간은 1,000개의 차원을 가질 것이다. 5차원 공간에 대해서 [어떻게 이해해야 할지 당신은] 마음속으로 쩔쩔 맬 필요는 없다. 당신은 그보다 훨씬 많은 것들도 같은 방식으로 상상할 수 있다(그림 7.10).

여기 설명이 **공간성**(spatiality)과 관련하여 극히 유용한 이유는, 공간 (3차원: 3-D, 10차원: 10-D, 또는 n차원: n-D)이 계량성(metric)을 갖기

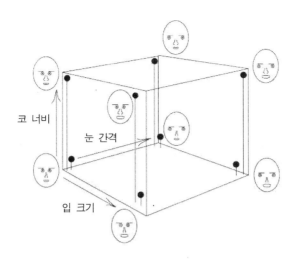

코 너비

눈 간격

입 크기

그림 7.10 얼굴공간(face space)의 이해를 보여주는 도해. 상태공간(state space)의 축으로 표현되는 차원의 수가 많을수록 다양한 얼굴을 표현할 수 있다. 이 시스템은 눈 간격, 입 크기, 코 너비 등과 같은 특징적 표현 요소들을 갖는 벡터로 얼굴을 부호화한다. 여기에 보여주는 세 특징들은 말할 필요도 없이 조잡한 것이며, 분명히 포유류에 의해 부호화되는 얼굴들은 많은 [차원의] 특징들을 갖는다. (P. M. Churchland의 양해를 얻어)

때문이다. 이것은 여러 공간들의 위치가 다른 것으로부터 또는 그것들 사이에 서로 다른 정도로 가깝거나 멀게 규정될 수 있음을 의미한다. 그리고 여러 공간들은 영역, 부피, 경로, 그리고 대응(mapping) 등을 허용한다. 이러한 모든 것들이 표상, 여러 표상들의 관계, 그리고 표상과 세계 사이의 관계 등을 쉽게 개념화할 수 있게 해준다.

뇌가 어떻게 표상하는지에 **관해 생각하는** (유용하면서도 일관성 있는) 길을 찾으려는 노력에서, **벡터/매개변수공간**(vector/parameter-space) 도구는 (적어도 지금의 단계에서) 개념적으로 강력해 보인다. 그것의 한 가지 장점은, 애드후크(ad hoc) 기적[즉, 설득력이 없는 임시방편의 가설]에 의존하지 않고서도, 여러 동물들이 보여주는 일정 범위의 행동 능력에 대해 납득될 만한 설명이 아주 자연스럽게 드러난다는 점이다. 특별히 **유사성 관계**, 즉 범주(categories) 전체의 형성과 범주의 구조는

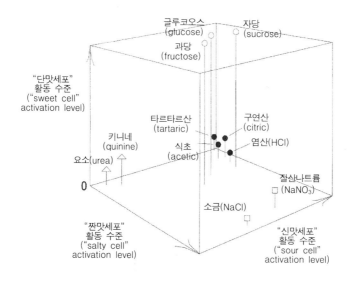

그림 7.11 맛공간: 일부 친숙한 여러 맛들의 위치를 보여준다. 유사한 맛을 내는 물질들은 매개변수공간의 유사한 영역에서 발견된다. 따라서 단맛(sugar)이 나는 것들은 위 중간 영역에 모여 있으며, 신맛 물질들은 아래 뒤쪽 영역에 보인다. (Bartoshuk and Beauchamp 1994에 근거하여)

다른 이론으로 설명하기 어렵지만, 매개변수공간의 이웃 관계로 은혜롭게 설명될 수 있다. 대략적으로 말해서, 유사성 관계의 문제를 그럴듯하게 꾸며대는 메커니즘 또는 구조에 의해 설명하려 할 필요가 없게 되었다. 유사성 관계들이 매개변수공간 표상 가설에 의해 비교적 단순하게 설명될 수 있다고 결말이 났기 때문이다. 4장에서 논의된 (색깔 플레이트 3, 5의 경우) 색깔공간은 개념적 수준과 신경적 수준 모두에서 유사성 관계를 예로 보여주며, 지각공간을 신경공간으로 적절히 보여준다. 맛(tastes)에 대해서도 같은 방식으로 설명이 가능하다(그림 7.11). 결국 이런저런 예들을 통해서 다음이 드러난다. 어떤 방식으로든 벡터부호화가 정말로 기초 신경 시스템이 이용하는 방식이며, 매개변수공간은 실제로 뇌가 계발하는 하나의 표상 방식이다.

우리 앞에 두 가지 과제가 놓여 있다. 첫째, 벡터부호화와 지표공간 이야기가 미래에 어떻게 진행될지 잘 지켜볼 필요가 있다. 둘째, 개념과 의미에 관해서 이러한 새로운 통찰이 도움이 되는지도 지켜보아야 한다. 나는 이러한 두 과제를 순서적으로 검토해볼 것이다.

6. 얼굴: 얼굴 재인을 위한 인공신경망

뉴런 활동이 무엇을 얼마나 정확히 **표현하는가**? 벡터/매개변수공간 표상 접근법의 기초 개념이 단순화된 모델로 명확히 설명될 수 있으며, 마찬가지로 그 단순한 모델을 이용하여 우리는 운동, 소화, 또는 미토콘드리아 에너지 생산 등의 기초 원리도 설명할 수 있다. 그러므로 실제 인간 사진에 대한 재인 과제를 수행할 수 있는, 인공신경망(artificial neural network, ANN)으로 이야기를 시작해보자. 개리슨 코트렐(Garrison Cottrell)과 그 연구원들에 의해 개발된 3세대 ANN, 즉 얼굴망(face net)은 도식적으로 그림 7.12에서 묘사된다. 비록 이 그림이 신경계가 어떻게 서로 다른 얼굴들을 표현할 수 있는지 정밀히 알려주지는 않지만, 코트렐 그물망은 신경망의 유닛들이 여러 특정 얼굴들을 어떻게 **표상할 수 있는지** 그 기초 원리를 아주 유용하게 실험적으로 보여준다.[17] 따라서 나는 실제 구체적인 투사 패턴(projection pattern), 세포의 수, 세포생리학 등등을 제쳐두고, 오직 ANN의 **개념적 원천**을 개괄하겠다.

(우리 목적을 위한 가상의 **망막인**) 얼굴망의 입력층은 (64 × 64) 픽셀 격자(pixel grid)이며, 그 격자 요소들 각각은 (그것들이 민감하게 반응하는) 사진 영역에서 반사되는 불빛에 따라서 256가지 서로 다른 활동 수준 또는 "밝기" 수준을 받아들인다. 그물망의 입력은 흑백사진으로 이루어진다(그림 7.13). 물론 그 그물망이 임의적으로 조성되었을 때, 그것은 아무것도 재인할 수 없으며, 어느 임의의 입력에 대한 반응은 단지 무작위 노이즈(noise, 무의미한 데이터)일 뿐이다. 그런데 그것은 11개의 서로 다른 얼굴들에 대해서 64개 다른 사진들에 대해서 (얼

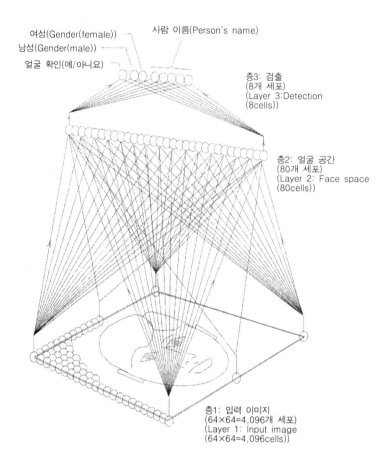

여성(Gender(female)) 　　사람 이름(Person's name)
남성(Gender(male))
얼굴 확인(예/아니요)

층3: 검출
(8개 세포)
(Layer 3:Detection
(8cells))

층2: 얼굴 공간
(80개 세포)
(Layer 2: Face space
(80cells))

층1: 입력 이미지
(64×64=4,096개 세포)
(Layer 1: Input image
(64×64=4,096cells))

그림 7.12 　실제 얼굴을 재인하는 인공신경망(artificial neural network). 입력층은
아래쪽이며, 출력층은 위쪽이다. 비록 이 그물망이 4,184개의 처리 유닛을 갖지만,
이것은 아주 단순한 조직 구조이다. 입력층의 각 유닛은 중간층의 모든 유닛에 연
결되며, 중간층의 각 유닛은 상위층의 모든 유닛에 연결된다. (P. M. Churchland
1995)

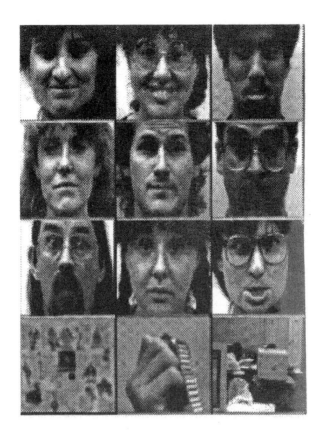

그림 7.13 얼굴 재인 그물망을 훈련하기 위해 선택된 입력 이미지. (Gary Cottrell 의 양해를 얻어)

굴이 아닌 사진 13개도 추가하여) 훈련되고 나면, 특정 얼굴 재인 과제 를 수행할 수 있다. 이 훈련이 어떤 성과를 내었는가?

4,096개의 입력 유닛들은 방사형으로 "축삭" 가지들을 뻗어, 둘째 층 의 80개 유닛들로 각기 투사하며, (입력 얼굴들이 명확히 부호화되는) 둘째 층의 80개 세포의 유닛들은 각기 1차원씩, 80차원의 추상 공간에 대응한다. (독자는 2차원 또는 3차원 공간을 실제적으로 이해할 것이 며, 여기에 단지 축들을 더 추가한다고 생각해서, 80차원 공간을 이해 해보라.) 둘째 층은 단지 8개 유닛의 출력층에 투사한다. 이러한 출력

유닛들은 연결 강도를 세심하게 조정하므로, 그 유닛들이 많은 구분을 할 수 있다. 예를 들어, 그물망이 훈련 동안에 "알게 된" 어느 얼굴이 제시될 경우, 첫째 유닛은 얼굴과 비-얼굴을 구분하고, 둘째 유닛은 남자와 여자 얼굴을 구분하고, 셋째 유닛은 사람의 "이름"(실제로는 임의적으로 할당된 이진법 부호)에 반응하는 식이다. [이러한 식의 설명은 단지 독자의 이해를 돕기 위한 것일 뿐, 신경망이 이렇게 우리의 상식적 개념 체계가 인도하는, 즉 통속심리학적 구분법에 따른 매개변수 기준을 형성하는 것은 아니다. 뒤를 계속 읽어보라.]

얼굴망에서 실제로 이루어지는 일은 "시냅스" 연결의 전체 조성, 즉 그 연결을 긍정하거나 부정하는, 약하게 또는 강하게 하는 것뿐이다. 바로 이것 그리고 오직 이것만이 임의적 (64 × 64) 요소 패턴 또는 요소 벡터를 변화시켜, 둘째와 최종의 셋째 벡터로 하여금 입력 얼굴, 성, 이름 등등을 명확히 표상하게 한다. 근본적인 계산처리 형식은, 연결가중치(connection weights) 조성에 따라 결정되는, 단순한 벡터-대-벡터 변환(vector-to-vector transformations)이다.

이제 중요한 애매성을 해소해야겠다. "표상"이란 어떤 경우에는 현재 일어난 인지적 사건, 예를 들어, 시각(visual perception)을 가리킨다. 그리고 다른 경우에는 그것이 (지금 발동되지 않은) 적절한 인지적 사건을 가질 능력, 예를 들어, 물수리(osprey, 흰머리독수리)를 재인할 나의 능력 같은 것을 가리킨다. 그물망의 활동 패턴은 첫째 의미에 해당되며, (특정 입력이 주어질 때 적절한 활동 패턴을 생산하는) 연결가중치 조성은 둘째 의미에 해당된다. 첫째 의미를 구현된 지식, 그리고 둘째 의미를 지속적 구조 또는 배경 개념 체계로 생각해보자. (다른 용어로 전자를 "발생 표상(occurrent representations)", 후자를 "정지 표상(abeyant representations)"이라 불러도 좋겠다.) 한 가지 주의해야 할 것으로, 신경활동은 그 구조를 변화시키므로, 학습에서 그러하듯이, 신경의 활동과 구조에 대해서 그것들이 서로 단호하고 명확히 구분되는 것으로 여기기보다, 연결체의 서로 다른 지점으로 여기는 것이 현명하겠다. 이러한 의미에서, 일부 구조적 특징들은 아주 느린 활동이라고 할 수도 있다.

　얼굴망이 328,320개의 연결을 이루며, 얼굴 재인 수행은 그 연결이 어떻게 조성되는지에 따라서 달라지므로, 이 시점에서 해결되어야 할 문제가 지적된다. 연결가중치가 어떻게 조성될 수 있겠는가? 이 문제는 아주 유사한 다른 문제를 제기한다. 어떻게 **그물망 구조가 정보를 담을 수 있으며**, 그리하여 근본적으로 멍청한 그물망이 "지식"을 구현하겠는가? 말할 것도 없이, 이것은 **학습**에 관한 문제이다. 학습은 다음 장의 주제이므로, **그물망이 어떻게 학습하는지** 문제는 (더욱 적절한) 신경학습의 맥락에서 뒤(8장)에서 가장 잘 설명될 것이다. 여기서의 과제는, 이미 학습한 그물망이 어떻게 표상하는지를 설명하기 위해서, 어떤 개념적 도구가 적절한지를 이해하는 일이다. 그런 목표에 대해서 일단은 다음과 같이 말하는 것으로 충분할 것이다. 과학자들이 인공신경망(ANN)의 연결가중치를 조정하기 위한 다양한 알고리즘(algorithm, 계산규칙)을 이미 개발한 상태이며, 따라서 인공신경망은 훈련 실험군(training set)의 여러 특징들을 결국 표상해낼 것이고, 새로운 자극들에 대해서도 일반화할 수 있다. [즉, 다른 종류의 자극들에 대해서도 일반화 학습이 가능하다.] 그러한 알고리즘의 존재는 우리에게 신경망이 어떻게 학습하는지 문제에 대한 자연주의적 해법이 있다는 것을 납득시켜준다. 일부 알고리즘들은 다른 알고리즘보다 인공신경망의 (자동적인) 가중치 조정에서 신경생물학적으로 더욱 실제적이다. 어떤 알고리즘 방식은 다른 것들보다 더 나으며, 어떤 것들은 다른 것들보다 더 빠르기도 하다. 어떤 것들은 외부의 피드백을 포함하지만, 다른 것들은 그렇지 않다. 그러나 그러한 여러 알고리즘들을 (여러 가중치들이 임의적이며 무작위로 결정되는) 그물망에 적용시켜보면, 그 모든 알고리즘들이 그물망의 구조와 역학이 정보를 담아내는 데 도움이 된다. 지금까지 교정된 어느 알고리즘이 바로 뇌 방식의 알고리즘임을 진실로 확인시켜주든 아니든, 적어도 우리는 뇌가 계산하는 여러 부류의 과정들을 이해하고 있다고 말할 수 있다.

　따라서 일단 훈련되고 나면, 코트렐 얼굴망은 넓은 범위의 가능한 입력벡터들(얼굴 사진들)을 적절한 출력벡터로 전환할 것이다(다시 그림 7.12를 보라). 그 출력벡터는 사실상, 그 입력이 얼굴인지 아닌지, 그것이 남성인지 여성인지, 그것이 빌리(Billy)인지 밥(Bob)인지 등에 대한 얼굴망의 응답이다. 코트렐 얼굴망은 훈련 실험군의 11개 이미지에 대해 (사람 얼굴인지, 성이 무엇인지, 누구인지 등등을) 100퍼센트 정확하게 맞춰냈다. 하나의 흥미로운 의문은 이렇다. 만약 그 사진들을 다른 각도, 다른 표정, 장신구, 조명 조건 등등으로 다르게 보여주면, 그 그물망이 같은 얼굴을 확인해낼 수 있을까? 그렇게 더 많은 것을 요구하는 실험에서 정확성은 98퍼센트였다. 얼굴망은 한 여성 사진에 대해서 성별(sex)과 이름을 맞추지 못하였다. 이 결과는 인상적인데, 응답들이 결정되어 있지 않다는 것을 의미하기 때문이다. 그물망은 일종의 유연한 능력을 갖는다.

얼굴망이 완전히 새로운 얼굴에 대해서도 **일반화하여**, 얼굴/비-얼굴 그리고 남성/여성 등의 질문들에 올바로 대답할 수 있는가? 그렇다. 새로운 얼굴/비-얼굴 과제에서 그것은 100퍼센트 성적을 내놓았다. 새로운 얼굴의 성별을 인식하는 과제에서 그것은 81퍼센트 점수를 맞았으며, 일부 여성 얼굴을 남성 얼굴로 잘못 분류하는 경향을 보였다. [일반적으로 실제 사람들도 여성과 남성의 얼굴 구분에서 오류를 범한다.] 막대에 의해 부분적으로 어둡게 되었을 경우에도 그것이 "익숙한" 얼굴을 올바로 알아볼까? 그러했다. 단지 그 막대가 각 얼굴 피사체의 이마를 어둡게 하도록 놓이는 경우만 아니라면. 따라서 이마를 가로지르는 머리카락의 위치 변화는 얼굴 확인에서 결정적이라고 할 수는 없지만, 중요한 역할을 한다는 것을 알려준다.

이러한 실험의 성공은 다음을 말해준다. 정말로 얼굴 표상의 기반은 연결가중치 내에 체화된다(embodied, 내재화된다). 그러나 그것이 어떻게 체화되는가? 그리고 특별히 얼굴망이 어떻게 새로운 것들을 일반화할 수 있는가? 이 질문은 그물망의 분석능력에 의해서라고 대답된다. 그물망은 다양한 조건 아래서 각 유닛들이 어떻게 반응해야 하는지 결정하는 능력을 갖는다. 유닛들의 활동이 분석의 핵심 역할을 담당하며,

그러한 역할을 담당하는 것은, **은닉 유닛**(hidden units)이라 불리는, 중간층 유닛들이다. 특별히, 우리가 알고 싶은 것은, 임의의 중간 유닛들이 최대 응답을 주는 "망막의 자극"이다. 우리가 이것을 알고 싶은 이유는 이렇다. 그러한 망막의 자극은, 그 유닛들이 어떤 자극 특징들을 표상(표현)하며, 따라서 그 표상이 그물망의 유닛 집단에 의해 어떻게 성취되는지 등에 관해, 우리에게 무언가를 말해줄 것이기 때문이다.

우리는 아마도 이러한 중간층 세포들 각각이, 예를 들어, 코 길이, 입 너비, 눈 간격 등등의 어떤 국소적 얼굴 특징들에 선별적으로 반응하기를 기대할 수도 있겠다. 그렇지만 80개 중간층 "얼굴 세포들"의 실제 "조율(tuning)"에 대한 재구성을 보면, 그 그물망이 이와 아주 다른 부호화 전략을 취하는 것을 보여준다.

그림 7.14는 코트렐 그물망의 두 번째 층에 있는 여섯 개의 전형적 얼굴 세포들에 대한 선호 자극들을 재구성으로 보여준다. 각 세포들은 코와 같은 분리된 얼굴 특징들보다 입력층 **전체 외관**을 파악한다는 점에 주목해야 한다. 따라서 다음과 같이 말할 수 있다. 각 유닛들은 전체 얼굴-유사 구조를 표현하며, 코트렐의 협력 연구자인 자넷 멧칼프(Janet Metcalfe)는 그것을 "**홀론**(holon)"이라 불렀다. 이러한 홀론들 중 어느 것도 훈련 실험군의 개별 얼굴에 대응하지는 않는다. 그보다 그것들은 우리가 말로 설명하기 어려운 흩어진 전체 특징, 즉 **얼굴상태**의 어떤 전체적 특징들을 포착할 것 같다. 입력층에 제시된 임의의 얼굴은 중간층의 이러한 80개 세포들을 다양하게 자극할 것이며, 그 다양한 자극 정도에 따라서 그 임의 얼굴이 이러한 80개의 "선호 자극들" 각각에 얼마나 가깝게 닮았는지 또는 **비슷한지**를 가르쳐준다.

(이것은 빌리이다라는) 얼굴 확인은 출력층에 의해 만들어질 수 있다. 입력으로 들어온 각 얼굴에 대해 유발되는 중간 유닛 활동 패턴(80 요소 벡터)은 독특할 것이기 때문이다. 동일 사람의 다른 여러 사진들은 중간층에서 아주 유사한 벡터를 산출할 것이며, 남성/여성 식별은 여성 자극에 대한 활동 벡터가 남성 자극에 대한 활동 벡터이어야 할 다른 벡터보다 더 유사하다는 사실을 반영한다. [즉, 여성의 얼굴에 대

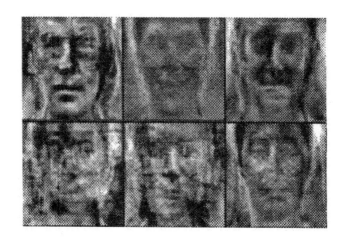

그림 7.14 많은 **홀론들**(holons) 중에 여섯 개 모습: 얼굴 재인 그물망의 두 번째 층에 있는 일부 세포들의 선호 자극들(preferred stimuli). 이러한 홀론들을 그림 7.13에 보여준 입력 이미지와 비교해보라. 각 선호 패턴들은 그 전체 입력 공간을 확장한다는 것에 주목하라. (Gary Cottrell의 양해를 얻어)

한 활동 벡터가 남성 얼굴의 경우보다 더욱 유사성을 가지며, 따라서 표준적 활동 벡터에서 거리가 먼 여성의 얼굴은 남성으로 인식될 가능성이 더 높다. 다시 말해서 남성 얼굴이 더 표준적이지 않다.] 이따금 그물망은 그것을 잘못 수행하는데, 여성이 아주 짧은 머리를 하거나 긴 턱을 갖는 등의 경우에 그렇다. 우리 사람도 역시 실제로 그 식별을 잘하지 못한다.

따라서 여기에서 다음과 같은 기초 이론이 제안된다. 입력벡터의 값들이 사진에서 회색-수준 값들을 반영하며, 그 중간층 벡터들의 연결가중치 조성은 입력 값들의 다양한 조합으로 과제-관련성을 체화한다. 입력벡터들은 그 가중치 조성에 의해 걸러져(제약되어 통과하여), 상위 차원의 "얼굴 매개변수공간" 내에 추상적 표상으로 변환된다. 그 다음에 이렇게 변환된 벡터들은 마지막 층의 가중치에 의해 걸러져, 결과적으로 출력벡터 표상이 "그것이 얼굴인가 아닌가?", "그것이 남성인가 여성인가?", "그것이 누구인가?" 등의 질문에 대답하게 한다.

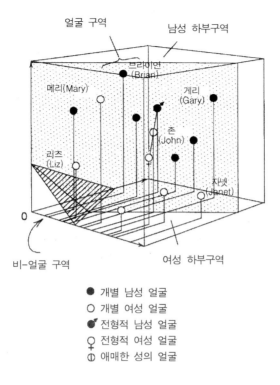

얼굴 구역　　　　　남성 하부구역

브라이언
(Brian)

메리(Mary)

게리
(Gary)

존
(John)

리즈
(Liz)

재닛
(Janet)

0

비-얼굴 구역　　　　　여성 하부구역

● 개별 남성 얼굴
○ 개별 여성 얼굴
� 전형적 남성 얼굴
♀ 전형적 여성 얼굴
☿ 애매한 성의 얼굴

그림 7.15　세 번째 층의 신경활동공간에서 학습된 분할 영역들의 계층에 대한 도식적 특징화. (P. M. Churchland 1995)

그림 7.15는 중간층 유닛들의 80차원 활동공간의 3차원 그림이며, "지식의 구현"이라는 의미에서, 그 공간의 각 지점들은 여러 표상들에 적절히 관련된다. 반면에 그 공간 내의 여러 **분할 영역**들 전체는, "지식의 용량"이라는 의미에서, 여러 표상들을 반영한다. 그것들은 그물망의 배경 "개념 체계(conceptual framework)"를 체화하며, 그 개념 체계 내에서 (덧없이 지나가는) 지각입력들이 통합된다. 그 활동공간은 두 구역, 즉 얼굴을 위한 것과 비-얼굴을 위한 것 등의 일차 분할 영역을 보여준다. 비-얼굴 구역은 작은데, 중간층 세포들이 비-얼굴에 최소로 반응하기 때문이다. 이 그림은 그 구역 경계들이 실제로 희미하다는

사실을 보여주지는 못한다. 또한 어느 한 차원 내에서, 그 이하 값이면 부호화된 피사체가 얼굴이 될 수 없는, 어떤 탈락 값(cutoff value)도 없다는 것에 주목해보자. 이러한 사실이 우리에게 다음을 보여준다. 만약 하나의 사진이 한 차원에서 0의 값을 갖더라도, 그 사진이 얼굴로 부호화될 것이다. 이것은 유용한데, 캐리커처(caricatures)와 같은 이상한 얼굴도 얼굴로 부호화되는 것을 가능하게 해주기 때문이다.

얼굴 구역은 거의 비슷한 부피로, 남성과 여성의 두 하부구역으로 더 분할될 수 있다. 개별 얼굴이 훈련되는 그물망 위에 여기저기 흩어져 있을 수 있다. 여성 하부구역의 "무게중심"이 전형적인 여성 얼굴의 일반적 영역이며, 남성의 하부구역 역시 그러할 것이다. 우리가 행복, 슬픔, 분노, 놀람 등과 같은 범주로 그 하부구역들에 반응하는 그물망을 요구한다면, 더 세분된 하부구역이 찾아질 수 있다. (멧칼프와 코트렐(Metcalfe and Cottrell)은 명확한 정서적 표현들에 반응하는 그물망을 훈련해오고 있다.18))

지금까지 이야기는 은닉 유닛들의 활동 모습으로 규정되는 **활동공간**에 의해 설명되었다. 그러나 정보가 저장되는 것은 **가중치 조성 내부**이다. 결국 우리는 이 시점에서 다음과 같이 묻지 않을 수 없다. **가중치공간**(weight space)은 어떻게 생겼을까? 시냅스가 거의 30만 개에 달하므로, 이러한 초공간(hyperspace)에서 각 "시냅스"(가중치)는 그 공간 차원(300K 차원)에 상응한다(그림 7.16).

이 시점에서 나는 서둘러 다음 이야기를 추가해야겠다. 위 실험에서 얼굴망의 범주들, 예를 들어 **남성/여성**의 범주는 **나의 남성/여성** 범주와 비교하여 거의 닮지 않았다. 나의 범주들은 오랜 세월의 경험을 통해 획득된 배경지식으로 풍부해진 **더욱 많은** 층을 가졌다. 나의 뇌는 빈약한 얼굴망보다 엄청 많은 가중치를 가지고 있으며, 엄청나게 많은 범주적 이해를 가지고 있다. 그럼에도 불구하고 그 얼굴망의 **개념적 지점**은 우리의 관심이며, 그 이유는 이렇다. 그물망이 개념적 **표상**을 가질 수 있으며, 얼굴망의 개념적 표상은, 가중치공간의 위치로서 집합적으로 **體化**되며, [신경]활동공간 내의 지점으로 표시된다.

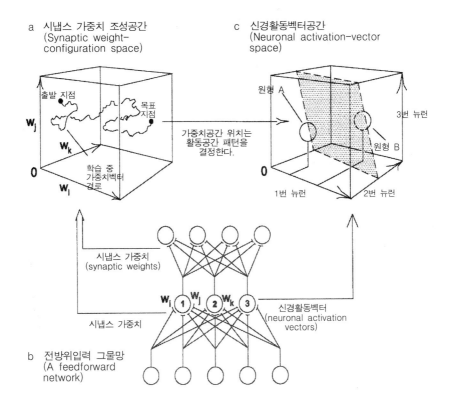

a 시냅스 가중치 조성공간
(Synaptic weight-
configuration space)

c 신경활동벡터공간
(Neuronal activation-vector
space)

출발 지점

w_j

w_k

0

목표
지점

가중치공간 위치는
활동공간 패턴을
결정한다.

학습 중
가중치벡터
경로

w_i

원형 A

3번 뉴런

원형 B

0

1번 뉴런

2번 뉴런

시냅스 가중치
(synaptic weights)

w_i w_j w_k ① ② ③

신경활동벡터
(neuronal activation
vectors)

시냅스 가중치

b 전방위입력 그물망
(A feedforward
network)

그림 7.16 a. 시냅스 가중치공간이며, 각 축들은 가중치를 나타낸다. 이것은 그물
망 내의 가능한 모든 시냅스 가중치 조성공간이다. b. 의미론적 그물망. c. 각의 축
들이 은닉 유닛들을 나타내는, 활동벡터공간. 이것은 은닉 유닛들 집단을 넘어 모
든 가능한 활동벡터공간이다. 이러한 극히 단순한 그림에서, 공간을 (분리 구획의
각 측면으로) 나누는 하나의 구획이 있으며, 그 분리 구획 내에는 전형적 예들이
놓인다. (P. M. Churchland의 양해를 얻어)

우리는 다음과 같이 상상해볼 수 있다. 실제 신경그물망의 범주 지식들 역시 시냅스의 가중치 조성 내에 체화되며, 신경활동공간에 형성되는 분할구역 집단 내에 체화된다. 가중치 조성이 입력 패턴의 통계치를 수정하고 최적화함에 따라서, 기하학적 모습들(즉, 그 시스템의 범주들)이 활동공간에 형성된다. 만약 표상이 처음 어림짐작만으로 마음속에 그려진다면, 나의 현실적인 지식은 분명 신경망, 연결 강도, 활동 패턴 등의 덕분으로 인지되는 것이다. 물론 이러한 개략적인 조망이 지나치게 낙관적인 나의 전망에서 나온 조잡한 이야기로 비쳐질 수도 있겠지만, 이것을 하나의 시작이라고 본다면, 나의 조망은 신경계의 일반적 속성들과 일치하며, 다른 경쟁자, 예를 들어 포더(Fodor)의 표상 모델보다 풍부한 미래를 예견한다. 그의 모델에 따르면, 표상이란 마음의 백과사전에 쓰인 문장들이다.19) 많은 측면에서 그의 모델은 너무 조잡한데, 그 이유들 중에 하나는 시스템 동역학(system dynamics)과 관련된다. 그리고 다른 하나는 신경계가 표상하고, 통합하고, 재편성하는 등을 하기 위한 시간 사용과 관련된다.20) 비록 [신경계 시냅스의] 동역학적 속성들(dynamical properties)이 (중요하다고) 알려져 있긴 하지만, (시간적인 문제가 되고, 신경계에 의해 처리되는) 다양한 계산처리 방식들에 대한 이해는, 기술적 측면에서든 개념적 측면에서든, 그 어느 이유에서든 쉽지 않은 문제이다.21)

7. 신경의미론

"의미론(semantics)"이란, 가장 일반적 의미에서, 의미를 다루는 분야이다. 최근 60여 년 동안 철학자들은 의미론이 다음 세 문제를 다루는 것으로 여겨왔다.

지칭(reference) : 하나의 무엇을 가리키는 단어(word)가 어떻게 **다른** 무엇에 **관한** 것일 수도 있는가?

의미(meaning) : 무엇이 의미를 가지며, 그것이 의미를 갖게 하는 것은 무엇이고, 그 의미가 무엇이고, 의미와 지칭은 어떻게 연결되며, 한 사람에서 다른 사람에게로 의미가 전달되는 것이 어떻게 가능한가?

진리(truth) : 어떤 종류의 것들이 참 또는 거짓인가, 그리고 무엇이 어떤 것들을 참 또는 거짓으로 만드는가?

주목되는바, 형식화되었듯이, 위의 세 문제는 의미론을, 일차적으로 언어에 귀속되는 것으로, 그리고 **이차적으로는** 더욱 넓은 표상들 집합에 귀속되는 것으로 고려하게 만든다. 이러한 주목은 위의 의문들의 순서를 거꾸로 돌려놓는다. [즉, 이러한 고려에서 위의 의미론에 대한 세 질문은 거꾸로 접근해야 할 것임을 알게 된다.] 왜냐하면, 비-언어적 표상이 분명 언어적 표상을 위한 기반이기 때문이다. [그렇다면 다음과 같이 질문하게 된다.] 신경계 표상의 원형(prototype)이 [무엇일지] 드러남에 따라서, 비-언어적 표상의 기반이 어떻게 언어를 조명할 수 있겠는가?

그 이야기를 강력한 도구, 즉 현대 기호논리학의 발달에서 시작해야겠다. 위대한 논리학자 알프레드 타르스키(Alfred Tarski, 1901-1983)는 러셀(Russell)과 프레게(Frege)의 기호논리학의 **형식구문론**(formal syntax)을 보완하는 **형식의미론**(formal semantics)을 창안했으며, 그는 이따금 고전적 접근법을 위한 원천으로 신망을 받았다. 그렇지만 기이하게도, 타르스키가 형식의미론을 개발한 이유는 엄밀히 그 기대와는 다른 출발, 즉 자연언어에는 구문론, 의미론, 배경지식, 현재의 맥락 등이 극도로 뒤엉켜 있음을 인식했기 때문이었다. 형식논리학(formal logic)은 극단적 인공"언어"(artificial language)이므로, 그는 다음과 같이 생각했다. 형식논리학에 형식화할 수 없는(대략적으로 말해서, **프로그램화할 수**(programmable) 없는) 모든 것을 제거한 보조적인 인공의미론(artificial semantics)이 필요하다. 또한 다의성(polysemy, 다중의미)과 같은 현상, 배경지식, 유비(analogy), 은유(metaphor), 공유하는 가정들, 유행 조건 등등도 형식화할 수 없다.

형식의미론이 결코 실제에 근접한 것이 아니라고 타르스키가 경고했음에도 불구하고, 그리고 아마도 다른 어떤 접근법도 생존 가능하게 보이지 않았기에, 많은 영리하고 결연한 사람들은 그 형식의미론이 자연언어를 위해서도 하여튼 통용될 수 있게 하려고 노력했다. 분명 그것은 타르스키가 틀렸다고 했던 생각이었다.

처음부터 자연언어와 형식논리학 사이의 접합은 극히 문제가 있었다. 큰 분란의 씨앗을 남겼던 만큼, 거의 그 둘을 "붙여놓자"마자 곧바로 여러 문제들이 돌출했으며, 어떤 문제는 그것이 의미론에서 실제 문제가 (하여튼) 아닌 것처럼 감춰지기도 했었다. 그러나 다른 사람들은 완전히 다른 추구를 하기도 했는데, 이것을 "화용론(pragmatics)"이라고 불렀다.

여러 문제들을 꼬이게 만든 것은, "타협될 수 없는" 가정, 즉 '사고(thought)는 (그리고 일반적으로 표상(representation)은) 언어 같은 것이다'라는 가정 때문이었다. 문제를 더욱 악화시킨 것은, '모든 표상들이 유사하다고 가정되었던 언어는 형식논리학의 "언어"이다'라는 가정이었다. 이러한 언어유비 가정은 다음과 같이 [양자 사이를] 관련시켜 설명할 수 없는 틈새를 갈라놓았다. 예를 들어, 인간표상과 동물표상 사이에, 비-언어 어린이[즉 언어를 아직 배우지 못한 어린이]와 언어 어린이[언어를 배운 어린이] 사이에, 그리고 한편으로는 '감각지각과 상상하기' 그리고 다른 한편으로는 '(속으로 말하기와 같은) 언어적 생각하기' 사이 등등에서, 우리가 설명할 방법을 찾을 수 없게 만들었다. 결국 언어학습에 대해서 엄청나게 큰 파국을 발생시켰다. 명확히 말해서, 언어를 **배우기** 위해서는 이미 [언어적] 표상을 가지고 있어야만 했다. 그리고 그들의 주장에 따르면, 모든 표상들은 언어 같은 것들이다. 따라서 당신은 언어를 갖기 전까지 언어를 학습할 수 없다. [위의 가정을 하는 이들은 이렇게 선결문제 요구의 오류를 범한다.]

그러한 언어학습의 파국을 보고, 포더(Fodor)는 본유적인, 그래서 배우지 않고서도 알고 있을 완전한 언어, 즉 모든 인간에 의해 공유되는 사고언어(language of thought)를 가정했다. 포더에 따르면, 유아가 말을 떼기 시작할 때 아이가 배우는 것은 오직 본유적 멘탈리제(Mentalese, 사고언어)와 그에 상응하는 프랑스어나 영어 사이의 **번역뿐**이다. 유아는 처음부터 언어를 획득하는 것이 **아니다**. 이러한 일은 심지어 중력장, 중성자, 바이러스 등의 개념에 대해서도 마찬가지다. 한동안은 그러한 고전적 접근법의 곤경이 단지 그러한 현상들을 충분히 설명할 어떤 이론을 내놓는 과정에서 벌어지는 영역 내에 흔히 있는 어려움에 불과한지, 아니면 그것들이 새로운 접근법을 요청해야 할 치명적 결함을 갖는지조차 말하기 어려웠다. 그런데 1980년대 무렵에 그 결함이 사소하지 않은 문제로 드러나기 시작했다.

견디기 어려운 냉소에 버티면서, 그 결함이 정말로 치명적인지 의심했던, 몇 명의 언어학자들과 심리학자들이 있었다. 주요 인물들은 론 랑가커(Ron Langacker), 엘리자베스 베이츠(Elizabeth Bates), 길레스 파우코니어(Gilles Fauconnier), 조지 레이코프(George Lakoff), 제프리 엘만(Jeffrey Ellman)과 그 학생들 등이다. 그러한 가능성을 실험하기 위해서 그들은 각자 나름의 방식에 따라서 고전적 접근법의 가정들에 대해 도전하기 시작했다. 그러한 도전은 다음의 가정들, 즉 구문론과 의미론의 독립성, 맥락에 자유로운 의미의 본성, 자연언어의 학습에 이용된다고 가정되었던 사고언어 등을 포함했다. 그들은 또한 소위 "화용론"으로 몰아갈 가능성이 있는지 알아보기 위해서, 모든 비-형식적인 것, 배경지식, 문맥, 유행적 조건, 유비 등등에 대해서도 도전해보았다.[22] 그런 것들을 모두 화용론으로 몰아가는 것이 그들에게는 전적으로 너무 속 좁은 행동처럼 보였다.

일단 관습적 지혜의 문체와 올가미에서 벗어나기만 하면, 고전적 개념 체계는 잠옷을 걸친 조지 3세 왕(King George III)보다도 조금 더 불안정하고 왜소하다는 것이 쉽게 드러났다. 형식논리학과 형식의미론을 모델로 활용하는 것에 따르는 문제점이 영국 철학자 라일(Ryle)에 의해 1960년대에 잘 이해되었지만, 새로운 방향의 연구를 촉진시킬 어떤 경쟁력 있는 의미론의 이론이 없었다. [그런 이유로] 라일의 발견은

주목받지 못하고 묻혔다.23)

간단히 말하자면, [첫째로] 새로운 접근법은 흔히 **인지의미론** (cognitive semantics)으로 불린다. 그 접근법의 입장에 따르면, 형식논리학과 형식의미론이 자연언어의 비-**전형의**(atypical) 인공물이며, 진정한 자연언어가 아니다. 둘째로, 인지의미론이 확언하는바, 언어는 일차적으로 **소통**(communication)을 위한 도구이며, 단지 이차적으로만 표상을 위한 도구이다. 셋째로, 인지의미론에 따르면, 심적 표상(metal representation)은 실제 세계에서의 범주화, 예측, 행동 등과 근본적으로 관련된다. 즉, 매개변수공간과, 매개변수공간 내의 지점과 경로 등과 관련된다. 넷째로, 인지의미론이 시사하는바, 그러한 방식[즉, 그런 공간 내의 지점]으로 표상하기는 (형식논리-같은 프로그램을 운영하는) 순차처리 컴퓨터(serial computer)처럼 작동되지 않으며, 뇌처럼, 즉 거대한 병렬 그물망을 가진 무엇에 의해 작동될 수 있다.

인지의미론과 뇌-반대 의미론 사이의 논란에 대해 세세한 역사를 들먹이는 것이 우리의 목적에 적절하지는 않다. 나의 전망에서 볼 때, 중요하게 고려해야 할 것은 각 이론들의 장점이 무엇인지 살펴보는 일이다. 즉, 각 접근법의 힘을 비교하여, 어느 이론이 진화생물학과 발달생물학은 물론이고 폭넓은 데이터를 설명해줄 힘을 갖는지, 그리고 나머지 인지과학과 신경과학 등도 잘 엮어낼 힘을 보여줄지 밝혀보는 일이다. 이러한 방식의 평가를 통해서 신망될 새로운 패러다임이 나타날 것이며, 그것이, 의미론에 대한 과학적 비판인 만큼, 더 커다란 약속을 제공할 것이다. 여기서 한 가지 고려사항으로, (이미 위에서 살펴보았듯이) 새로운 패러다임은 본유적-사고-언어에 의해 함의되는 불합리한 복잡한 설명을 버렸다. 또한 새로운 패러다임은 표상에 대한 신경그물망 접근법과 더 잘 맞는다. 물론 고전적 패러다임 내에 이루어진 많은 중요한 통찰들이 구제되어 재생할 여지가 분명히 없지는 않다. 다른 고려사항으로, 새로운 패러다임은, 맥락의존성, 반-사실적 진술문, 색인, 유비, 다의어24) 등과 같은 중심적 의미론의 현상들에 대해서, 억지를 부리지 않으면서도, 꽉 짜인 개략적 설명을 내놓을 수 있으며, 그리

고 그러한 개략적 설명은 경험적 시험을 통과할 수도 있다.[25]

여러 패러다임들 사이의 어느 충돌에서든 일어날 수 있는 일로, 뇌-반대 접근법이 절박한 혁명의 모습을 식별하고, 인지의미론이 정착된 이데올로기와 투쟁함에 따라서, 많은 젠체하는 태도, 많은 작은 충돌, 많은 변죽만 울리는 논박 등이 있어왔다. 그러나 종국에 그 다양한 쟁점들을 결정하는 것은, 축적된 냉소적 문체나 무게의 힘이 아니라, 증거와 설명력이다. 증거와 설명력은 내 논의에서 주요 핵심이다. 다음 단원에서 나는 하나의 가설, 즉 어떻게 표상들이 사물들에 관계하는지, 그리고 어떻게 의미가 신경망의 표상에 근거하는지 등을 설명해줄 가설을 간단히 살펴볼 것이다.

8. 무엇에 관함

앞에서 살펴보았듯이, 얼굴망은 매개변수공간 내에 분할구역을 가지며, 그 공간 내의 일정 범위가 여성 얼굴 또는 남성 얼굴 등에 대한 영역들을 흐릿하게 분할한다. 또한 살펴보았듯이, 가중치 조성은 구조적 행렬로서 하나의 활동 패턴을 다른 활동 패턴으로 변환하는 효과를 발휘한다. 이제 하나의 독특한 그물망들이 동일 얼굴 실험군에 대해 (서로 다른 임의의 무작위 선택에서도) 어떻게 훈련되는지, 그것도 서로 다른 순서에 의해서 그리고 다양한 가중치에 의해서 어떻게 훈련될 수 있는지 생각해볼 차례이다. 심지어 그 그물망이 그러한 여러 얼굴들의 재인에서 상당히 동일하게 수행해낼 수 있지만, 그 구체적 가중치 양태는 그 첫 그물망의 가중치 양태와 단적으로 다를 수 있다. [다시 말해서, 얼굴망에 특정 사람의 얼굴 사진 여러 장을 제시하여, 그 사람을 분별하도록 학습시키는 것이 가능하지만, 그 사진들이 무작위로 선택되더라도 그 분별 기준을 나름 형성해야만 한다. 더구나 그 얼굴망의 가중치 조성은 실험 시도마다 달라질 것이다. 그렇게 서로 다른 가중치 배열, 즉 서로 다른 행렬 조성에 의해서 어떻게 동일 얼굴에 대한 기준을 형성할 수 있을지 의문이 생길 수 있다. 즉, 서로 다른 행렬 구조에 의해 그리고 서로 다른 가중치 구조에 의해 어떻게 의미론적 동일성을 제공할 매개변수공간이 형성되겠는가? 이것이 가능해야 얼굴망은 무엇을 그것으로 알아볼 기준으로서 범주를 가질 수 있다.]

그 중요한 핵심은 이렇다. "시냅스"의 구체적 양태가 서로 다름에도 불구하고, **활동공간의 동등한 분할구역이 형성될 수 있다.** 여성/남성에 대한 활동하부공간의 조성과 각 개인 얼굴을 위한 하부공간의 조성은 공통적으로 일치해야 한다. 다시 말해서, **그것들[즉, 여러 다른 하부공간의 조성들]은 서로에 대응해야** 한다(그림 7.15를 보라). 이 말은 다음을 의미한다. 지금까지 표상하는 일이 관련된 한에서 하부공간의 전체 기하학에 관해서 아래의 비판적 지적이 제기되었다. 그 하부공간들이 각 그물망의 넓은 활동공간 내에 도대체 어디에 위치되도록 하는가? 예를 들어, 각기 학습된 범주들에 대한 하부 영역들은 서로 대응해야만, 모든 그 범주들의 유사성과 그것들 사이의 거리 관계를 유지할 수 있다. [역자: 이런 문제 제기는 포더와 르포르의 책(1992)과 논문(1996)에서 지적되었으며, 그 지적에 따르면 서로 다른 하부공간을 갖는 그물망들 사이에 의미론적 동일성이 유지될 가능성은 없다. 그러한 그물망들 사이에 차원과 매개변수가 동일할 수 없다고 고려되기 때문이다.]

위의 핵심 사항은 다음을 함축한다는 측면에서 중요한 의미를 갖는다. 두 그물망은, 말하자면, 여성 얼굴들에 대해 학습한 세부 사항들이 다름에도 불구하고, 그것들을 상당히 같은 방식으로 표상한다. 바꿔 말해서, 그 핵심 사항이 제시하는 것은 우리가 서로 **동일한 표상을 가진다**는 것이 바로 그러한 의미라는 것이다. 즉 조성된 지표 공간들 사이에 관계-유지 **대응하기**(relation-preserving mapping)가 있다. 느슨하게 말해서, 두 표상들은 상호 번역 가능하다(intertranslatable). 여러 얼굴 그물망들이 이러한 범주적 또는 개념적 유사성을 성취하기 위하여 동일 수의 유닛, 연결, 가중치 등을 가져야만 하는가? 아니다. 만약 얼굴망 α가 얼굴망 β보다 매우 작은 중간층 유닛들을 갖는다고 하더라도, α와 β 내에 범주의 조성은 여전히 아주 유사하거나, 또는 완전히 일치할 수도 있다. 또한 만약 얼굴망 α가 얼굴망 β보다 어느 정도 다른 얼굴 실험군에 훈련되더라도 또는 비-얼굴의 다른 실험군에 훈련되더라도 역시 마찬가지다. 물론 얼굴망 α가 어느 여성 얼굴도 본 적이 없다면, 또는 모든 그 남자들에 대해 턱수염을 본 적이 전혀 없다면, 또는 모든 그 여성들이 머리 위로 묶기(topknots)를 한다면, 더욱 정상적으로 훈련된 얼굴망 β에 비해서 그 얼굴망은 상당히 다른 공간을 조성할 수 있다. 그럼에도 불구하고 그 두 표상적 도식들은 적어도 대략적으로라도 "번역 가능할" 것이다.26)

아마도 이러한 일반적 그림이 인간에 대해서도 참이며, 적어도 거의 근사적으로 참이다. 유아 시절 우리는 이따금 제한된 경험으로 인하여 틀린 기대를 갖기도 한다. 예를 들어, 만약 우리가 본 개가 오직 검은 래브라도(Labradors) 종뿐이라면, 우리는 모든 개들이 검은 래브라도 종을 닮았다고 기대할 것이다. (실제로 내가 어린 시절에 그러했다.) 포메라니안(Pomeranians), 세인트버나드(St. Bernards), 푸들(poodles) 등에 대해서, 늑대, 여우, 코요테(coyotes), 라쿤(raccoons, 아메리카너구리) 등과 대비하면서 얻은 추가적인 경험이 나의 뉴런을 조율할 것이며, 그렇게 하여 나의 개 하부공간에 대한 범주 조성은 폭넓은 공동체 사람들이 갖는 것들에 더 가깝게 일치하게 수정된 것이다.

일반적으로 그물망들이 어떤 범주에 대하여 합치하는 하부공간을 가지려면, 그 그물망들이 공유된 자극의 실제 유사성 관계를 획득해야만 한다. 왜냐하면, 그 유사성 관계들이 바로 많은 하부공간들의 상대적 위치들을 반영한 것이기 때문이다. 개 랩(labs) 종 또는 리트리버(retrievers) 종이 슈나우저(schnauzers) 종에 가까운 것보다, 랩 종이 리트리버 종에 더 가깝다. 그리고 양육되는 모든 개들은, 그 어느 개와 당근(채소)과의 관계보다, 상호 더 가깝다. 나의 범주 새(birds)는 아마도 당신의 범주 새보다 (구별 가능한) 더 많은 특징들을 가질 수 있지만, 반면에 그것은 열성적인 새 관찰자인 내 언니 것보다는 (구별 가능한) 더 적은 특징들일 수 있다. 그럼에도 불구하고, 여전히 우리는 서로 이해할 수 있을 정도로 충분히 유사한 내적 기하학을 가질 것이다.

어른의 경우에, 당신의 '거미' 하부공간과 나의 '황소' 하부공간이 (비록 순전히 우연적 일치일지라도) 동일한 기하학을 가질 가능성이 어쩌면 가능할까? 극히 그럴 것 같지는 않은데, 우리들은 단지 셋 또는 넷 정도의 차원들로 이루어진 공간을 갖지 않으며, 무수히 많은 차원으로 이루어진 초공간을 갖기 때문에 특별히 그렇다. 이따금, 특별히 어린이의 경우에, 그 어린아이가 틀린 유사성을 선택하는 아주 기묘한 우연으로 오해가 일어날 수 있다. 어린아이는 '신문(newspapers)'에 대한 개념을 불을 피우기 위해 이용되는 무엇에 적용할 수 있으며, 나중에 그 아이는 그것을 읽을 수 있는 무엇으로 알게 될 수 있다. [역자: 기묘하게도 당신이 '거미'라고 여기는 것을 그 어린아이가 '황소'라고 생각할 가능성이 있을 수는 있겠다. 실제로 역자의 어린 아들은 비둘기가 날아가는 것을 보고 손가락으로 가리키며 "저기에 통닭이 날아가"라고 말했었다. 그 아이의 공간에 '비둘기'는 아직 존재하지 않는 범주였기 때문이다. 물론 그 아이는 얼마 되지 않아 비둘기를 그것으로 구분하여 말할 수 있었다.]

만약 사람들이 거의 유사한 경험을 하게 한다면, 동물, 야채, 가구 등과 같은 상위 범주들 또한 그 모양들이 거의 유사할 것이며, 거의 동일한 하부공간을 가질 것이다. 심리학적 데이터가 제시하는 바에 따르면, 상당히 이상한 조건만 아니라면 우리와 우리 이웃들은 (당근과 감자가 전형적 채소이고, 의자와 책상이 전형적 가구이고 등등) 상당히 동일한 전형들을 공유할 수 있다.[27] 따라서 범주 구조에 대한 그러한 심리학적 데이터는, 우리들이 거의 합치하는 상위공간 기하학을 공유한다는 증거로 이해해볼 수 있다. 이러한 데이터와 이에 관련된 의미론적 현상들에 대해 고전적 개념 체계는 통일된 설명을 주기 (더욱) 극히 어렵다.

대략적으로 생각해보기만 해도, 표상적 개념 체계는, 그것이 세계의 사물들에 대한 유사성 구조에 대응하기 때문에, 세계의 사물들에 관한 것일 수 있다. 더욱 정확히 말해서, 표상적 개념 체계는, 그것을 갖는 유기체가 (그것의 삶의 방식이 주어졌을 때) 생존하고 [포식자로부터]

도망치기 위해서 주의해야 하는, 그 환경의 통계에 대응한다. 개별 갈까마귀들(ravens) 사이의 구별은 다른 갈까마귀들에게 극도로 중요할 수 있지만, 나의 개가 그다지 상관할 만한 것은 아니다. 자신의 삶의 방식이 주어졌을 때, 갈까마귀들은 (특별히 짝짓기를 위해, 그리고, 예를 들어, 늑대를 쫓아내는 경우와 같은 협동적 일을 위해서) 자신들과 까마귀들(crows) 사이의 차이에 대해서 아주 많이 관심을 가질 것이며, (특별히 독수리는 자신들을 죽일 수 있기 때문에) 자신들과 독수리들 사이의 차이에 대해서 아주 많은 관심을 가질 것이며, (참새는 맛난 알을 제공하지만 자신들을 성가시게 하므로) 자신들과 참새들 사이의 차이에 대해서 아주 많은 관심을 가질 것이다. 나의 개는 자신의 먹이를 훔치는 그 새가 갈까마귀인지 또는 그냥 까마귀인지 또는 어치인지 실제로 문제 삼지 않는다. 그러므로 그 동물들의 세계 지식과 세계 사이의 대응은 그 동물이 관여하는 그리고 관심 갖는 것으로부터 독립적이지 않다. 이러한 대응하기, 즉 본래적으로 "자기"관련 행동 안내는 동물들의 표상들이 세계에 관한 것일 수 있게 만든다. 두 개의 뇌 사이에 활동-공간 기하학의 유사성은 한 뇌가 다른 뇌의 이해를 공유할 수 있게 만든다.

우연적으로, 비록 이러한 이야기를 출발시키기 위해 활용된 얼굴망 사례가 견본들에 의한 훈련을 포함한다고 하더라도, 여기에서 그 표상적 기하학의 인과적 기원은 나의 주요 핵심적 관심이 아니다. 추측건대, 동물들은 유전적으로 유도된 준비를 '의미 있게 뒤섞는 일(important intermixing)'과 '경험적으로 유도된 조율'을 통해서 개별적 지식을 갖게 된다(8장을 보라). 성과가 기대되는 목적을 위해 주요 핵심적 관심을 다음 의문에 맞춰보자. 뇌의 표상들이 어떻게 세계의 사물에 **관한** 것일 수 있는가?

벡터부호화와 매개변수공간의 안정[즉, 관점]을 통해 들어다보면, 표상들에 "관함(aboutness)"과 그 의미는 차라리 [뇌의] 대응도(maps)에 "관함"과 그 의미로 보는 것이 나을 것이다. 대응도가 더 풍부하고 더 세부적일수록, 세계에 대한 표상 또한 더욱 세부적이 될 것이다. 대응도들이 오류, 왜곡, 탈락 등을 가질수록, 세계에 대한 표상들 또한 그러할 것이다. [비유적으로 말하자면, 일상적] 지도(maps) 내에서 여러 지점들과 영역들 사이의 내적 관계들은 그것을 런던 또는 타셴쉰 강(Tatshenshine River) 또는 알래스카 등의 지도로 만들어준다. 지도들은 방향을 위해, 즉 어디로 가기 위해서 그리고 무언가를 행동하기 위해서 존재하며, 따라서 그것들은 과제관련 특징들에 의해 풍부해질 수 있다. 남부 알래스카의 도로 지도는 도로의 상태와 주유소의 위치를 보여주지만, 그것은 타셴쉰 강에 카누를 띄울 계획을 세우고 있어서 강의 위치와 유속, 모래톱, 지류 유입 등에 대해 알아야 하는 사람에게는 별로 관심을 끌지 못한다.28) [뇌 역시 자신의 대응도 내에 세계에 대한 특징들을 세밀히 담아낼수록 그것들에 대한 표상을 담아낸다.]

[역자: 영어로 "map"을 이 책에서는 두 가지 다른 의미로 사용한다. 하나는 신체의 감각 위치와 같은 것에 대응하는 뇌의 부위, 즉 "대응도(topographic maps)"이며, 다른 하나는 일반적으로 지리의 형태를 알아볼 수 있게 그린 그림, 즉 "지도"이다. 역자는 이것을 각각 구분하여 번역하였다.]

9. 나, 이것, 여기에, 지금

의미와 표상에 대한 고전적 접근법은 "나(I)" 그리고 "여기(here)" 등과 같은 지시적 표현들에 의해 (희망 없이) 짓눌려, "이것(this)" 그리고 "저것(that)" 등과 같은 지시적 표현들에 의해 명시적으로 표현하려 했다. 이러한 **맥락-의존적** 표현들은 자연언어에서 자연스럽고 쉽게 이용되는 만큼, 고전적 접근법은 오로지 맥락 **독립성**만을 고집했기 때문에 그러한 표현들을 난감한 수수께끼로 보았다. 따라서 그것에 대한 고전적 설명은 (말하자면, 맥락-자유 의미론에서) "여기에서 보임(the view from here)"이란 말을 만들어내는 특별한 장치(메커니즘)들을 모아서 어설프게 엮어내야만 했다. 그리고 그것은 본질적으로 성가신 일이었다. 얼마나 많은 지금이 지금(now)인가, 그리고 얼마나 많은 여기가 **여**

기(here)인가? 내가 일련의 기술구들(descriptions)로, 심지어 긴 나열의 기술구들로 용어 "나에게(me)"와 동등한 표현을 조립해낼 수 있겠는가? [역자: 이러한 고전적 접근법은 버트런드 러셀의 '기술이론(the theory of description)'에서 출발되었다. 그는 대상언어(objective language)와 논리언어(logical language)를 구분했으며, 대상언어의 의미는 대상 자체에서 나온다고 가정했다. 그러한 가정에서 우리가 언어를 직접 지칭하는 표현들, 즉 기술구들의 나열로 세계 혹은 대상을 엄밀히 표현하면, 존재하지 않는 존재를 지칭하지 않도록 언어를 주의해서 사용할 수 있다고 전망했다.]

반면에 신경-그물망 탐구자들은 그 문제를 다른 방향에서 접근한다. 그들의 인식에 따르면 동물들의 신체와 뇌는 감각입력, 주의집중, 운동결정 등의 요체이며, "내 관점"에 따르면 그것들이 기초 표상의 발판이다. 반면에 맥락-자유 표상이란 아주 먼 환상적인 고안 장치이며, 매우 성취하기 어려운 제안으로 보인다. 분명히 뇌는 "나"에 관련된 그리고 "내"가 관심을 가지고 집중하는 것들에 관련된 사물들과 사건들에 대한 공간적 조성을 가지고, 현재 부여된 맥락을 붙는다. 따라서 "나에게, 여기, 지금(me-here-now)" 세 요소는 맥락-자유 문장들로 구성된 (궁리되고 우회적인) 논리적 장치(메커니즘)에 의해 특별히 창안될 필요도 없었다. 그러므로 이제 뇌가 그러한 문제들을 다루기 위해 어떻게 조직화되는지 더 자세히 알아보자.

앞(3장)에서 살펴보았듯이, **공간성(spatiality)**은 감각영역과 운동영역 모두에서 신체표상과 깊게 관련되며, 공간성과 관련하여 신체표상은 필수적이다. 사물들이 3차원 공간 내에 어디에 있는지 이해는 (그것이 무엇을 의미하든) 단지 초자연적으로, 즉 확실성을 위해서 일어나지 않으며, 단지 **주어지는** 것도 아니다. 공간적 이해는, 다양한 수용기 막의 구조적 조직에 중요하게 의존하며, 그리고 감각신호들이 어떻게 통합되고 표상되는지에 중요하게 의존한다. 그리고 그 구조적 조직은 운동기술(motor skills)의 요구에 부응하기 위해서, 그리고 일반적으로 운동 조절을 위해서 조성될 것이다.

기초 신경생물학적 연구, 행동 연구, 신경 모델링 등으로부터 나온 일련의 결과들을 합쳐서, 알렉산더 포겟(Alexander Pouget)과 테리 세흐노브스키(Terry Sejnowski)는 상당히 유력한 생각을 이끌어내었다. 그들의 가설은 영장류 뇌가 다양한 감각신호들을 어떻게 통합하고 객관적 표상을 만들어내는지를 설명할 전략의 기초가 되었다. 여기에서 객관적 표상이란 독립적으로 움직일 수 있는 신체 부분(즉, 다리, 팔, 손가락, 눈 등등)에 상대적인 공간 내에 사물들이 있는 위치의 표상을 말한다.

10. 영장류의 공간표상

이 시점에서 특별히 관심이 가는 뇌의 세 영역은 해마(hippocampus), 전두피질(frontal cortex), 후두정피질(posterior parietal cortex)이다. 이 세 영역은 물론 고도로 상호 연결되어 있으며, 그 결과 결국 합의되고 상호 체결된 이론이 나타나게 되었다.[29] 논의를 좁혀서, 나는 후두정피질에 초점을 맞출 것이다. 이 영역은 기초적 "내 신체 외부 저기의 사물들(objects-out-there-external-to-my-body)" 조직을 제공하며, 이 조직은 영장류의 감각운동 표상과 조절에 매우 중요한 부위이다. 해마와 전두 영역도 역시 추가적인 목적들(예를 들어, 좋은 것이 언제 어디에 있는지에 대한 기억하기, 동작 계획하기, 운동 상상하기 등등)을 위해서, 이 기초 두정엽의 표상들을 이용할 것 같다.

그 생각은 포겟과 세흐노브스키(Pouget and Sejnowski)에 의해 발전되었으며(이 책 133-136쪽에 소개되었다), 그 핵심은 다음과 같다. 후두정피질의 어떤 신경망들이 일종의 '요청에 대한 대응'을 만들어낸다. 다시 말해서, 그 영역은 다양한 모듈로부터 들어온 감각정보들을 받아들여, 그것을 운동구조를 인도하는 정보로 변환하는 장치이다. 편리성을 위해서 나는 이 그물망을 교량대응기(archmapper)라고 생각한다. 그 통합기는 무엇을 하는가?

만약 당신의 오른팔 팔꿈치에 모기 한 마리가 있어 당신이 그것을 찰싹 때리고 싶어 하는 경우를 가정해보자. 처음에는 그저 뭔가가 느껴지고, 그 다음에 당신의 체성감각피질은 신체표면공간에 그 감각을 등록한다(register). 모기가 피를 빨고 있는 오른 팔꿈치를 정확히 후려치기 위해 당신의 왼팔은 원래의 위치에서 옆으로 움직여야 한다. 이 것이 의미하는 바는 이렇다. 당신의 뇌는 어깨, 팔꿈치, 손목, 손가락 마디 등등의 대상들을 어떻게 움직여야 할지 알아야 하며, 따라서 최종 목적을 이룰 수 있어야 한다. 아주 대략적으로 말해서 매개변수공간 용어로 당신의 뇌에 대한 다음과 같은 질문이 있다. **관절공간**(joint-space)의 경로는 **피부공간**(skin-space)의 자극 위치에 대응하는 끝 지점을 갖는가? 당신의 뇌가 필요로 하는 것은 관절공간과 피부공간 사이의 **대응시킴뿐이다.** 다른 말로 해서, 필요한 것은 오직, 관절각도 좌표에 규정된 경로에서 피부 좌표에 규정된 위치로 변환이다.[30] [역자: 우리는 뇌에 대해서 다음과 같은 의문을 자연스럽게 가질 것이다. 감각 말초에서 들어온 신호가 뇌로 전달된다면, 그 신호를 받는 최종 위치가 어디인가? 만약 이러한 질문에 명확히 대답할 수 있다면, 바로 그 최종 도달 위치 영역이 바로 무엇을 인지하는 센터라고 생각할 수 있다. 이러한 가정에서 뇌 영역을 찾는 연구자들이 지금도 흔하다. 그러나 사실 뇌의 생각하는 핵심 자리를 찾겠다는 것은 뇌 안의 난쟁이를 찾겠다는 것과 다름없다. 그러나 뇌 안에서 세상을 내다보는 컴퓨터 조정자와 같은 난쟁이는 존재하지 않는다. 좌표 변환에 대한 구체적 설명을 앞의 그림 3.4와 그림 3.5에서 다시 보라.]

이제 예를 조금 바꿔서, "왱~" 하는 친근한 모기 소리를 감지하면서, 당신은 무언가 날아가는 것을 말단 시각으로 포착하는 경우를 가정해보자. 시각 시스템(예를 들어, V1, V2)의 초기 단계에서 시각신호의 위치는 망막좌표에 규정된다. 즉, 그 신호는 망막 위에 있다. 들은 것이나 느낀 대상을 바라보기 위해서 눈과 머리를 움직이려면, 또는 보이는 대상에 도달하기 위해서 팔이나 혀 또는 다리를 움직이려면, 뇌는 적절한 좌표 시스템 내에 어디로 가야 할지를 알아야 한다. 오로지 망막좌표만으로는 충분하지 않으며, 달팽이관(와우) 좌표만으로도 충분하지 않다. 뇌는 눈동자가 머리에 비해 어느 곳에 향하는지, 그 머리는 어깨나 몸통에 비해 어느 곳에 있는지 등을 모두 알아야 한다. 좌표 변환은 눈동자가 망막의 중심와(foveate)를 맞추도록 어디로 움직여야 하는지를 규정해야 한다. (그렇게 눈동자 위치를 맞춰, 그 자극이 망막의 중심와에 도달하게 해야 한다.) 보통의 경우에 우리는 별로 어렵지 않게 손을 움직이고 눈동자를 움직여 목표물에 도달하며, 이러한 동작들을 이끌어내기 위해 필요한 계산적 자원은 뇌가 의식적으로 접속해야 하는 것들이 아니다. 노력 없이 이루어지는 그 과제는 쉬워 보이지만, 계산적으로 그것은 단순 이상의 것이다. 핵심은 이렇다. 감각좌표는 운동좌표로 변환되어야 감각적으로 규정된 목표에 이를 수 있다는 것이다(그림 7.17, 그림 3.7).

교량대응기에 대한 이야기를 해보자. 교량대응기 그물망은 다양한 감각 시스템들로부터 표상 자원들을 받아서, 상응하는 운동 시스템(눈동자, 목과 어깨, 손, 팔 등등) 내에 "표적" 위치들을 알아내야 한다. 관절-각도 좌표가 주어지기만 하면, 교량대응기는 어떤 운동경로가 피부 공간의 올바른 위치로 팔을 가져가게 해줄지 규정할 수 있다. 그것은 안근[여섯 개의 안구 근육]들이 어떤 조성을 가져야 하는지를 규정할 수 있어서, 당신은 그 모기를 중심와에 맞출 수 있다. 그것은 어느 하나의 특정 대응하기에 기여하기보다 상당히 추상적 여러 감각신호들을 통합하고, 상당히 추상적 여러 표적신호들을 운동구조물들(근육들)로 전달한다. 이런 종류의 그물망이 공간표상을 위한 수단을 제공한다고 생각하는 것은 적절하다.

교량대응기는 특정 운동과제를 서로 다른 운동구조물들에 의해서, 예를 들어, 눈, 팔, 귀, 다리, 머리 등을 움직여서 분산시킬 수 있다. 그러는 과정에서 그것은 망막, 달팽이관, 관절, 근육, 힘줄 수용기(tendon receptors) 등등의 감각정보들에 의존한다. 그 교량대응기는 엄밀히 그리고 오로지 지각에만 관여하지 않으며, 엄밀히 운동에만 관여하지도 않으며, 엄밀히 자아중심적(egocentric, 자기 기준적)이지도 환경중심적(allocentric, 대상 기준적)이지도 않다. 그것은 다중 감각정보들의 자원

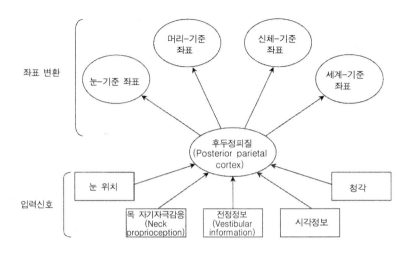

그림 7.17 망막국소 시각정보(retinotopic visual information)를 상위의 지칭 체계 (higher-order reference frames)로 변환하는 후두정피질(posterior parietal cortex)의 역할. 눈 위치, (목의 자기자극감응과 전정정보 자원들로부터 결정되는) 머리 위치, (시각정보 자원들로부터 결정되는) 시선 위치(gaze position) 등은 망막국소 신호들의 수정에 활용된다. 따라서 후두정피질은 시각과 청각의 정보를 눈, 머리, 신체, 그리고 세계-기준 좌표 시스템으로 변환하는 중간 단계를 제공하게 되어 있다.

들로부터 다중 운동정보들의 적용에 적절한 방식으로 정보를 종합하지만, 일상적 용어로 깔끔하게 설명되기란 쉽지 않다. 이것은 또한 신경 집단의 기능이 어느 친숙한 일상적 기능에 대응하지 않는 하나의 적절한 예이기도 하다. 그렇지만 분명히 그것은 공간을 표상하기 위해 필수적이다.

"이-신체-부분이-다른-신체-부분과의-관계-내에-어디에-있는지 (where-this-body-part-is-in-relation-to-other-body-parts)"와 같은, 자기자극감응(proprioceptive)과 전정(vestibular)의 지식을 포함하는, 체성감각 "신체 지식"이, "사물들이-내-신체와의-관계-내에-어디에-있는지(where-things-are-in-relation-to-my-body)"와 같은, 시각-청각의 지식과 통합됨으로써 "외부 공간 안에 나(me-in-external-space)"에 대한 일반적 표상이 가능해진다. 그리고 두정피질의 구조물들은 이러한 "외부 공간 안에 나" 표상의 부분인 듯싶다. 그렇지만 앞서 살펴보았듯이, 신체표상의 공간적 측면은 자기표상의 단지 일부분일 뿐이다. 왜냐하면 느낌(feelings)과 항상성(homeostasis)의 다양한 차원들을 포함하는 다른 측면들 역시 "자기"에 대한 표상을 갖는 일에 가담하기 때문이다.31) [역자: 저자는 여기에서 한 문장을 단어들로 나누어 분석하는 모습을 보여주었다. 저자의 의도를 이렇게 이해해볼 수 있다. 분석철학자들이 기술구에 의해 분석했던 것을 다른 방식, 즉 신체표상 방식으로 보여줄 수 있다.]

포겟-세흐노브스키 가설이 정확히 어떻게 작동하는지에 대한 수학적인 구체적 이야기는 이 장에서 하려는 이야기의 범위를 넘어선다.32) 그러나 일부 신경생물학적 증거는 배경지식을 위해서 꼭 필요하겠다. 두정피질의 영역 7a와 7b의 신경생물학적 여러 연구들은 좌표 변환이 어떻게 뉴런의 그물망에 의해 성취되는지에 관한 중요한 실마리를 제공해왔다. 영역 7의 양측두부 손상(bilateral lesions) 원숭이는 목표물에 도달하는 데 어려움이 있으며, 그 목표물을 잡을 수 있는 손 모양을 적절히 하지 못하였고, 느린 동작을 하는 등을 보여준다. 또한 그들은 안구동작을 잘하지 못하며, 특별히 중심와를 맞추는 데에 어려움이 있고, 공간지각능력에서 떨어지는 것을 보여준다. 그들을 우리에서 내보냈더니 자기 우리를 잘 찾지 못했으며, 먹이가 있는 곳으로 가는 길을 잘 찾지도 못했고, (예를 들어, "먹을 것이 있는 곳은 그 깡통에 더 가까운 저 상자이다"와 같은) 사물들 사이의 공간적 관계를 판단하는 데에도 어려움을 보였다.

두정피질의 다른 영역, 즉 영역 5에는 팔이 목표에 도달한다는 신호에 극도로 격발하는 세포와 함께, 어떤 자극의 기대만으로 선별적으로 격발하는 세포도 있다(그림 7.18과 그림 7.19). 상당히 많은 실험적 연구들에 의해서 이 영역이 시각과 관련된다는 것이 증명되었으므로, 이 영역이 시각기능에 중요하다고 생각하기 쉬울 수 있겠다. 그러나 최근

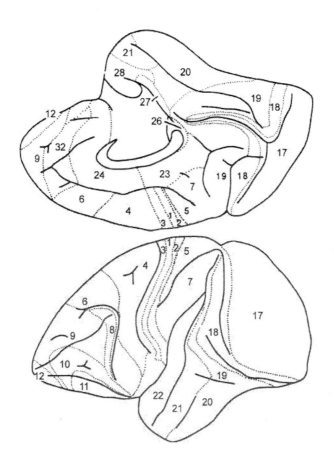

그림 7.18 브로드만(1909)에 의한 짧은꼬리원숭이(macaque)의 세포구조학적 피질 대응도(cytoarchitectionic cortical maps). 영역 5와 7의 위치를 주목하라. (Fuster 1995)

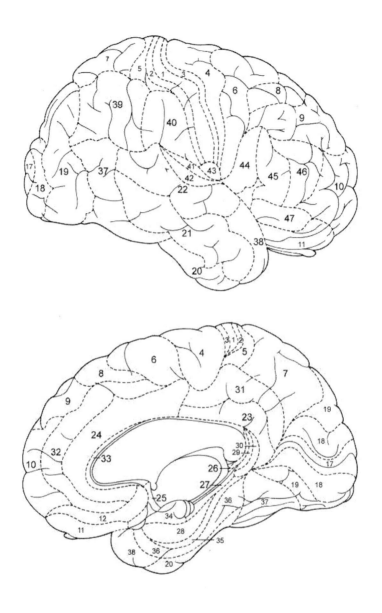

그림 7.19 인간 오른쪽 대뇌반구피질을 브로드만 방식에 따라 세포구조학적 영역
들로 분할한 그림. 영역 5와 7에 주목하라. (Nieuwenhuys et al. 1981에 근거하여)

연구에 따르면, 그 영역은 그 이상의 기능을 갖는다. 이 영역 뉴런들의 반응 패턴은 많은 요소들, 즉 청각, 체성감각, 전정신호, 주의집중, 의도, 기대, 준비, 실행 등등에 의해 수정될 수 있다는 것이 드러났기 때문이다. 이러한 실험적 결과는 명확히 그러한 뉴런들이 단지 감각만을 위한 것은 아니며, 그 이상의 역할을 한다는 것을 가르쳐주고 있다.33)

영역 7은 다중양태(multimodal)를 가지며, 그 영역에는 시각, 청각, 체성감각, 화학적, 전정, 자기자극감응 등의 신호들 중에 어느 것에 의해서도 개별적으로 반응하는 세포들이 있다. 흥미롭게도 이 영역의 청각세포들은 망막국소좌표에 대응되는 것을 보여준다. 몇몇의 세포들은 다중양태를 갖는다. 즉, 임의의 세포가 시각과 청각의 신호에, 또는 체성감각과 시각의 신호에, 또는 화학적 그리고 체성감각의 신호에 반응한다.

흔히 주장되는바, 우리의 공간 개념은 통일되어 있다고 한다. 심지어 이따금은 **필연적으로** 통일되어 있다고 주장되기도 한다. 그러나 (철학적 교설을 순수하게 따르는) 성찰(introspection, 내성)이 위에서 열거한 실험적 결과들에 대해서 실제로 어떤 설명을 해줄 것으로 기대되지는 않는다. 그럼에도 불구하고 만약 성찰이 우리로 하여금 공간지각에서의 "단일성(oneness)"을 보게 한다면, 그러한 지각은 분명히 어느 정도 환영(illusory)이다. "지각된-사물들이-나의-신체-공간-내에-어디에-있는지(where-perceived-objects-are-in-my-body-space)"에 대한 다양한 해석은 (크게 성찰적 자각을 하지 않아도) 다양한 지각 양태들의 개입에 따라서 분열된다(dissociate).

그렇다는 결과가 다양한 실험에서 증명되었다. 예를 들어, 복화술의 경우에서 (담화 소리와 동시적으로) 단지 꼭두각시의 입이 움직이기만 하면, 그 담화 소리가 마치 꼭두각시 입에서 나오는 것처럼 지각된다. 그러한 사례에서 시각-운동신호가 담화와 결합되는 순간, 청각신호에 의한 공간적 위치는 날조되어버린다. [역자: 그래서 꼭두각시극을 바라보는 아이들은 소리가 나는 방향이 꼭두각시 쪽이라고 공간적 방향을 지각하면서, 소리가 나는 방향인 꼭두각시의 입에 집중하면서 재미난 이야기를 듣고 웃을 것이다.] 반면에 만약 그 아이가, 꼭두각시를 들고 있는 사람의 목 근육이 떨리고 이어서 아귀(vestibulum)[귀밑 근육]를 움직이는 것을 본다면, 그 새로운 시각정보에 의해 소리가 난다고 기대되었던 먼저의 청각의 공간적 위치를 바꿔 인지할 것이다. 또한 스티븐스(Stevens)의 실험 결과, 즉 안구근육들의 마비에 의해 환영의 시각운동이 일어날 수 있다는 것을 보여준다(144-146쪽을 참조).[34] 더구나 시각 내에서, 정상적인 피검자의 공간부호화(spatial coding)는, 시각경험에 의한 공간부호와, 손으로 포착하여 일어나는 공간부호로 분열될 수 있다.[35]

흥미로운 공간적 추론의 붕괴 패턴을 우측두정피질에 편측손상을 입은 환자에게서 이따금 보이는 상태, 즉 편측무시(hemineglect) [환자]에서 볼 수 있다. 이러한 환자들은 그들의 신체중심 세계의 손상 반대측(contralesional)(즉, 왼쪽)을 무시하는 뚜렷한 경향을 보여준다. 만약 그들에게 왼쪽을 보라고 직접 요청을 할 경우에 이따금은 왼쪽으로 눈을 옮기는 경우가 있기는 하지만, 그들은 언제나 오른쪽만 보려는 경향을 보인다. 어떤 그림을 그려보도록 또는 베껴보도록 요청받으면, 그들은 왼쪽의 대부분 또는 모두를 빼놓고 그린다. 한 페이지의 모든 줄을 지워보라고 요청받으면, 그들은 그 중심의 왼쪽 부분을 지우지 않는다. 만약 수평 줄 하나를 둘로 나눠보라고 요청받으면, 오른쪽으로 중심을 벗어나 중심선을 긋는다. (역시 3장의 두정엽 증후군(parietal lobe symptoms)에 대한 논의를 보라.)

독창적인 실험(Biziach and Xuzzatti 1978)에서, 편측무시 환자들은 자신들이 도시에서 잘 알려진 큰 건물 앞에 서 있다고 상상하도록 한 후에, 임의의 특징적 지점에서 볼 수 있는 것을 그리도록 요청받는다. 그들의 그림에는 상상된 특징적 지점에 상대적으로 무시된 측면의 사물들이 빠져 있었다. 그들에게 그 건물의 북쪽 끝에서 서 있다고 상상하라고 요청하고 그리도록 해보았더니, 동쪽 끝 건물들을 제외시켰다. 남쪽의 특정 지점에서 같은 일을 해보라고 요청받으면, 그들은 동쪽 건물들은 포함시키며, 그들이 방금 전에 포함시켰던 서쪽 건물들 모두를 제외시켰다. 이것은 편측무시가 단지 지각을 못하는 것이 아니라, 공간적 추론의 결핍이며, 또는 어느 정도 기초 수준의 표상에 대한 결핍임을 보여준다.

또한 편측무시의 운동요소에 대한 실험도 있다. 편측무시 환자들은 신체의 왼쪽 측면의 사지를 거의 쓰지 못하거나 자연스럽게 사용하지 못한다. (물론 그중에 일부는 직접 지시를 받으면 무시된 사지를 애써 움직일 수는 있다.) 그들은 또한 왼편에서 오는 청각자극을 무시하여, 이따금 왼편에서 자신에게 말하는 누군가를 알아채지 못하기도 한다. 이러한 종류의 다중양태(polymodal), 지각운동(perceptuomotor) 등의 결핍은 두정피질 손상 때문으로 추정된다. 왜냐하면 두정피질은 다양한 양태들로부터 오는 입력들을 받아 통합하며, 지각과 활동의 조절에 관여하기 때문이다.

포겟과 세흐노브스키는 편측무시 환자들에 대해 (앞에서 설명된) 자신들의 교량대응기 가설의 예측능력을 실험하였다. 그들은 그 모델이 안구운동 입력/출력 구조와 (영역 7a가 담당하는) 응답 속성들을 갖도록 고안하고서, 뇌의 우측에 상응하는 유닛들을 제거함으로써 그 모델에 손상을 입혀보았다.[36] 그 결과 그 그물망은 우측 눈 위치와 함께/또는 우측 시야(right-visual-field) 자극에 대부분 반응하는 불균형적인 뉴런을 갖게 되었다. 그렇게 그들은 그물망에 승자독식(winner-take-all) 출력-선택 메커니즘을 가지게 하고 나서, 그 그물망을 편측무시 환자들에 이용된 것과 유사한 자극에 대해 실험해보았다.

그 그물망의 출력은 인간의 행동 결과와 충격적일 만큼 유사성을 드러냈다. 글씨로 쓴 한 줄을 지우는 과제에서, 그 그물망은 손상된 위치의 반대 측면을 지우지 못하였다. 더욱 중요한 것으로, 근거하는 표상이 단지 부드러운 경사를 가짐에도 불구하고, 지워진 영역과 그렇지 않은 영역 사이에 선은 아주 명확했다. 또한 그 그물망은 선을 나누는 과제에서도 사람의 행동과 유사했다. 손상을 주기 전에는 성공적으로 잘하던[즉, 정확히 중간을 나누었던] 과제인데, 손상 이후에는 나누는 지점이 우측으로 옮겨졌다. 다른 실험에서 그 그물망은 시각영역-중심

무시와 마찬가지로 사물-중심에 어려움을 보여주었다. 그 그물망이 머리-위치 정보를 받는 실험에서 역시, 그 그물망은 인간의 편측무시 환자에서 발견된 것과 동일하게 호기심을 자극하는 효과를 보여주었다. 머리를 우측으로 돌리는 일과 같은 좌측시야 과제에 대한 수행은 개선될 수도 있었다. 비록 이러한 현상들이 편측무시 환자에 대해 이론적으로 설명이 가능할지 문제가 제기되기는 하지만, 적어도 포겟과 세흐노브스키의 모델은, 인간 두정피질 때문에 일어날 만한 여러 반응 기능들을 수행하는 조직에서도 편측무시가 어떻게 나오는지를 설명할 수는 있다.37)

경험된 "공간의 하나임"이 환영이 아닌 만큼, 그 경험은 다음과 같은 사실에 상당히 의존한다. 모든 신호들이 **하나의** 신체 내에, **하나의** 신경계에서 만들어지며, 그 신경계가 다양한 신호자원들을 공간적으로 연결시켜 하나로 만들 것이다. (기호표상 모델에 의해 표준적으로 가정되는 종류의) 어떤 객관적 공간표상도 존재하지 않으며, 단지 지각과 행동, 자아와 세계를 근본적으로 통합하는 분산적, 다중양상의 표상이 존재할 뿐이다. 명확히 구분되는 양태들에 대해 불변의 하나로 보이기도 하므로, 그 양태들이 신체를 넘어서 영속적 세계를 표상하는 것으로 이해하는 것이 가능할 것 같으며, 또 반드시 그래야 할 것이다.38) [역자: 결국 우리가 세계를 하나로 통일하여 바라본다면, 그것마저도 신경계의 작용이라고 이해할 수 있을 것이며, 또 당연히 그래야만 할 것이다.]

분명히 우리의 공간표상의 본성에 관한 많은 의문들이 남아 있다. 특별히 의문이 생기는 질문은 이렇다. 교량대응기가 꼭 공간정보로 한정되는가? 아니면 혹시 뇌가 시간-공간 교량대응기를 갖는 것은 아닐까? 아마도 후자이어야만 할 것 같다. 그러나 그러한 가설을 풍부하게 하는 것은 후대의 과학적 발달의 몫이다. 앞으로 발전하는 실험적 연구는 포겟-세흐노브스키의 기초적 생각이 우리를 올바른 방향으로 인도해주는지 여부를 판정해줄 것이다.

11. 결론적 소견

이 장에서는 오직 표상에 대한 신경철학의 문턱에 올라섰을 뿐이다. 이러한 정도로도 우리는 저쪽 너머 모습을 적어도 열쇠 구멍을 통해 실눈으로 들여다볼 수 있다. 예를 들어, 신경망들(Neural nets)은 여기서 예로 든 단순한 그물망보다 훨씬 강력하고 다재다능할 수 있다. 그것들은 폐회로들(backloops)을 가질 수도 있다. 그리고 그것들은 유닛들과 연결을 추가시킬 수 있으며, 기호들을 다룰 수 있고, 전문화된 하부 영역을 발달시킬 수 있으며, (실제 뉴런에서 보여주는) 다양한 활동의 존 속성들과 모듈성 속성들을 구현할 수 있다(그림 7.20).[39] 또한 아직 논의되지 않은, 실제 뉴런들이 얼마나 똑똑하며 계산적 능력을 가졌는지 보여주는 놀라운 발견들이 있다. 실제 뉴런들이 어떠한지, 그리고 그 뉴런들이 뇌로 하여금 많은 풍부한 표상능력을 어떻게 갖게 하는지 등에 대한, 새로운 실험 연구 결과들 몇 개를 열거해보자. 해마와 피질 구조에 새로운 뉴런들이 추가될 수 있으며, 격리된 뉴런들이 그 뉴런 활동 수준에 따라 다시 활동할 수 있으며, 수용영역의 해석이 주의집중 영향의 결과에 따라 수정될 수 있으며, 격발 없이도 계산처리할 수 있는 뉴런들이 있으며, 시냅스가 스스로를 규제하는 수용기를 가지기도 하며, 활동의존성 유전자 표현[즉, 뉴런의 활동 정도에 따른 유전자 발현]이 있으며, 신경계는 모든 곳에서 신경모듈화(neuromodulation)되어 있다.

배경지식과 맥락이 현재 진행되는 감각과 운동의 표상에 어떻게 관여하는지에 대하여, 주의집중에 대한 메커니즘이 있는 만큼, 몇 가지 수준에서 심도 있는 연구가 진행되고 있다. (비록 여기서는 논의되지 않지만) 인과성(causality)의 표상 문제는 인지/신경과학/철학 등의 깊은 통합적 연구를 위해 무척 중요하다. 더욱 일반적으로 말해서, 추론(inference)과 유비(analogy)의 문제는 (비록 근본적 인지작용에 대한 문제임에도 불구하고) 인지과학의 중앙무대에 비교적 최근에 등장했다.[40]

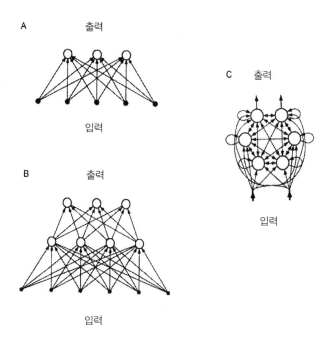

그림 7.20　세 종류의 그물망. A. (입력 유닛들이 출력 유닛들에 연결되는) 한 층의 가중치들로 구성된 전방위입력 그물망(feedforward network). B. 두 층의 가중치들과 (입력과 출력 유닛들 사이에) 한 층의 은닉 유닛들(hidden units)로 구성된 전방위입력 그물망. C. 유닛들 사이에 상호적 연결로 구성된 재귀적 그물망(recurrent network). (Churchland and Sejnowski 1992)

　　가장 뜻 깊은 최근의 새로운 발견들 중에 하나가 이따금 "상황 인지 (situated cognition)"란 이름으로 연구되고 있으며, 그 연구에 따르면 뇌가 현재 상황에 대해 **완벽한** 표상을 갖지 않으며, 가질 필요도 없다는 사실에 대한 자각이다. 그보다 뇌는 **알 필요가 있는**(need-to-know) 것으로 다가가 세계를 선별적으로 표상할 수 있으며, 세계가 (거기에 그대로 있어서) 거의 안정적이며 (두 번째 모습에서 그리고 더 가까운 모습에서도 가용하도록) 지속적이라는 사실에 의존할 수 있다.[41]

　　더구나 분산된 인지(distributed cognition)에 대한 생각은 다음과 같은 구체적인 인식에 의존한다. 사회적 동물은 인지적 노동을 나눌 수 있으며, 또한 만약 뇌가 어느 사람이 누구를 경쟁자로 여기는지 표상할 수 있다면, 그 일반적 지식은 하나의 머리로 모든 구체적 지식을 표상하는 것보다 훨씬 경제적이다. 인간에게 이러한 전략은, 예를 들어, 도구, 이야기, 책, 지식보존 기관(도서관) 등과 같은, 문화적 인공물들을 확장하게 하였다. 매우 많은 과학과 해결방법들이 우리의 환경을 딛고 서 있는 만큼, 나는 그 모든 것들을 처음부터, 또는 모든 경우에서 배울 필요가 없으며, 그 전부를 배울 필요도 없다. 나는 외과의사가 내 환부를 치료하게 할 것이며, 전기공이 내 집에 배선을 하게 할 것이고, 비행사가 비행기를 몰도록 할 수 있다. 그리고 인터넷은 지식을 담아두는 단지 가장 최근의 인공물의 사례일 뿐이다.

이 장은 카누를 띄우기 위해 우리를 카누에 앉혀 다만 밀어주기만 했다. 그 카누가 강 안쪽으로 들어서기만 하면, 실제로 흥미진진한 이야기가 시작될 것이다. 추천하는 독서목록들은 방향을 잡는 데에 도움을 줄 것이며, 또한 어떤 다른 물줄기를 따라갈 수 있는지도 안내해줄 것이다.

[선별된 독서목록]

Abbott, L., and T. J. Sejnowski, eds. 1999. *Neural Codes and Distributed Representations*. Cambridge: MIT Press.

Bechtel, W., P. Mandik, J. Mundale, and R. S. Stufflebeam, eds. 2001. *Philosophy and the Neurosciences: A Reader*. Oxford: Oxford University Press.

Bechtel, W., and A. Abrahamsen. 1991. *Connectionism and the Mind*. Oxford: Blackwells. See especially chapter 2.

Churchland, Paul M. 1995. *The Engine of Reason, the Seat of the Soul*. Cambridge: MIT Press.

Clark, Andy. 1993. *Being There*. Cambridge: MIT Press

Fauconnier, Gilles. 1997. *Mappings in Thought and Language*. Cambridge:

Cambridge University Press.

Gärdenfors, P. 2000. *Conceptual Spaces: The Geometry of Thought*. Cambridge: MIT Press.

Geutner, D., K. J. Holyoak, and B. N. Kokinov. 2001. *The Analogical Mind*. Cambridge: MIT Press.

Hutchins, E. 1995. *Cognition in the Wild*. Cambridge: MIT Press.

Katz, Paul, ed. 1999. *Beyond Neurotransmission*. Oxford: Oxford University Press.

Lakoff, George. 1987. *Women, Fire, and Dangerous Things*. Chicago: University of Chicago Press.

Pauget, A., and T. J. Sejnowski. 1997. Spatial transformations in the parietal cortex using basis functions. *Journal of Cognitive Neuroscience* 9(2): 222-237.

웹사이트

BioMedNet Magazine: http://news.bmn.com/magazine

A Brief Introduction to the Brain: http://ifcsun1.ifisiol.unam.mx/brain/

Computational Neuroscience Lab: http://www.cn1.salk.edu

Encyclopedia of Life Sciences: http://www.els.net

Living Links: http://www.emory.edu/living_links

The MIT Encyclopedia of the Cognitive Sciences: http://cognet.mit.edu/MITECS

Science: http://www.scienceonline.org.

The Whole Brain Atlas: http://www.med.harvard.edu/AANSIB/home.html

8장 뇌는 어떻게 학습하는가?

1. 무엇이 문제인가?

전통적 인식론의 중심에는 다음 두 질문이 있다. (1) 지식의 본성이 무엇인가? (2) 지식이 어디에서 오는가? 7장에서 이미 우리는 첫 질문에 대한 신경철학의 접근법을 살펴보았다. 이 장에서는 지식이 어디로부터 어떻게 오는지 문제를 다룬다. 뇌는 세계의 모습들을 어떻게 표상하며, 특히 자신을 어떻게 표상하는가? 더 일반적으로 묻자면, 우리는 어느 것에 대해 '어떻게' 아는가?

"안다"는 범주의 종류들은 마치 팔려고 내놓은 마당의 살림살이만큼이나 다양한 종류인 것 같다. 어떤 것은 '**어떻게**'에 대해 아는 것이며, 어떤 것은 '**무엇**'에 대해 아는 것이며, 어떤 것은 그 둘 모두를 포함하고, 어떤 것은 그 어느 것에도 해당되지 않는다. 예를 들어, 자동차 타이어를 어떻게 교환하는지 알려주는 설명서를 우리는 명확히 설명할 수 있다. 그렇지만 예를 들어, 우리가 기억나는 사실들을 어떻게 검색한 것인지, 또는 우리가 문제 해결을 위해서 적절한 것과 적절하지 않은 것을 어떻게 구분하는지 등과 같이 [명확히 우리가 '아는 능력이지만] 설명할 수 없는 것들도 있다. 자전거를 어떻게 타는지를 배우려면 우리는 반드시 **직접 타봐야만** 한다. 반면에, 지난번에 토한 경험이 있는 굴을 이번엔 안 먹게 되는 것은 단지 **그냥 그렇게 하는** 것이다. [컴퓨터에] 냅스터(Napster, 음악공유 프로그램)를 어떻게 설치하는지 알려면 다른 사람의 지식에 의한 문화적 인공물에 의존해야하지만, 박수를 어떻게 치는지 알기 위해 그럴 필요는 없다.

우리는 지금까지 전혀 생각해본 적이 없더라도, 돌고래가 뜨개질을 할 수 없으며, 매킨리 산(Mt. Mckinley, 알래스카의 약 6천 미터 높이의 산)이 요구르트로 만들어진 것이 아니라는 것을 안다. 아마도 그러한 것은 우리가 의문을 가질 때, **이미 알고 있는 다른 것들로부터** 그러한 믿음을 **만들어내기** 때문이다. 당신이 아는 것 중에 일부는 **논리적** 진리이며(예를 들어 '레몬은 노란색이며 **그리고** 노란색이 **아니다**'라는 말은 거짓이다), 일부는 **사실적** 진리이고(예를 들어, 곰은 집에서 기르지 않는다), 어떤 다른 것들은 둘 모두 약간씩 섞인 것이다(예를 들어, 당신은 동시에 두 장소에 있을 수 없다). 어떤 지식은 언어에 의존하며, 어떤 것은 그렇지 않다. 어떤 지식은 강한 정서를 불러일으키며, 어떤 것은 정서적으로 상당히 중립적이다. 어떤 지식은 의식적이며, 어떤 것은 그렇지 않다.

어떤 지식(예를 들어, 전자의 본성)은 상당히 추상적이며, 어떤 것(예를 들어, 우리는 저 쐐기풀에 찔리기 쉽다)은 직접적인 감각경험에 근거한다. 어떤 지식은 일반적 지성보다는 성격적 기질에 의존하는 것 같다(예를 들어, 어떻게 말을 다뤄야 하는지, 어떻게 사람들을 웃기는지, 어떻게 재미난 이야기를 할 줄 아는지). 어떤 지식은 금방 사라지지만, 어떤 것은 일생 동안 유지된다.

[위와 같이] 우리가 아는 것들은 엄청나게 다양한 차원들로 분류될 수 있다. 그러한 잡동사니 범주들은 우리의 관습적 지혜에서 존중되고 있으며, 그 범주들 중에서 어느 것이 **뇌의 관점에서도** 실제로 구분될 수 있는지는 과학적 발견을 통해 극적으로 드러날 것이다. 다시 말해서, 신경과학과 심리학이 공진화하는 상호작용(coevolutionary interaction)에 의해서 새로운 분류법들이 나타날 것이다. 지금 수준의 인지신경과학으로는 우리의 일상적 범주들 중에 어느 것이 지금처럼 계속

지속될 만한 것인지, 그리고 어느 것은 그렇지 못한 것인지 말하기 쉽지 않다. 그렇지만 내가 아래에서 제시하는 바와 같이 인지문제들을 생각해볼 때, 해부학적, 행동적, 그리고 생리학적 연구 결과 위에서 그려보는 일부 가설들은 우리의 일상적 범주 시스템의 풍광을 다시 그리기 시작했다.

2. 지식: 학습된 지식과 본유적 지식

역사적으로 인식론에 관한 많은 논의는 우리가 아는 것들이 얼마나 [우리 지식의] "본성"에 근거하며, 얼마나 "경험"에 근거하는지와 관련한다. 극단적으로 어떤 사람은 본질적으로 모든 지식이 본유적(innate)이라는 견해를 붙잡았다(이성주의자). 출생부터 발현된 지식은 본능적 지식에 분명 좋은 본보기이다. 정상 신생아 쥐는 가장 따뜻한 위치로 파고들며, 그 입으로 젖꼭지를 더듬어 찾고, 이내 빨기 시작한다. 당신이 인간 신생아의 볼을 건드리면, 그 아기는 그 접촉을 향해 머리를 돌리며, 젖꼭지 같은 것에 코를 비벼대고, 그가 찾은 젖꼭지 같은 어느 따뜻한 것을 능숙하게 빨아댄다. 고양이를 공중에 던지면 스스로 자세를 잡아 발로 땅에 내린다. 일부 이러한 초기 본능적 행동들은 출생 후 발달을 통해 지속되기도 하며, 다른 것들은 그렇지 않다. 다른 지식들은 분명히 배워야 알 수 있다. 화재는 빠른 산화작용이며, 산소는 원소이고, 어떻게 젖소의 우유를 짜는지, 또는 어떻게 토마토를 기르는지 등은 모두 본능이 아니라 학습에 의해 획득된 지식의 사례들이다.

그러한 대비가 제시하는 바에 따르면, 우리가 아는 모든 것들은 유전자이든 또는 경험이든 그 기원을 가지며, 이러한 범주들은 전적으로 구분된다. 역사적으로 그리고 지금도 그렇지만, 그 둘의 (가정되는) 구분법으로 지식을 나누는 (적절한) 기준에 관한 논의가 종종 재현되곤 한다. 만약 그 논의가 (경험 의존적 뉴런의 수정에 관한) 생물학적 진화, 신경발생학, 신경생리학 등등에 대한 과학적 이해 없이 진행된다면, 아무리 격렬하게 논의되더라도 그 논의에서 소득을 얻지 못할 것이다. 그렇지만 우리가 유전자와 발달(성장), 그리고 뇌에 대해 더 많이 알면 알수록, 우리가 상상할 수 있는 것이 무엇이고 상상할 수 없는 것은 무엇인지에 대한 사색과 직관에 덜 의존할 것이다. [즉, 우리가 과학의 실험적 성과들을 더욱 많이 알면 알수록, 단지 사색과 직관만으로 무엇은 상상할 수 없으며, 무엇은 상상할 수 있는 것인지 논의하는 일은 줄어들 것이다.]

신경 발달과 신경생물학은, [일상적으로 우리가 앎을] 너무 단순하게 나누는, **본성** 아니면 **양육** 이분법을 필히 버리게 한다. 생물학은 그러한 단순한 이분법이 함축하는 것보다 훨씬 더 복잡하다는 것을 드러내 준다. 그러한 두 상자[로 나누는] 가정은 수많은 고려에서 뒤집어진다. 그중에서도 특별히, 출생 초기 단계에서 정상 발달(성장)은 **유전자** (genes)와 **후성적**(epigenetic) 조건 **모두**에 의존한다는 사실에서 그러하다. 더구나 장기**학습**(long-term learning)의 표준적 사례들은 유전자 발현과 후성적 조건들 **모두**에 의존한다. 이러한 사실은 또한 '타고난 본성 같은 것이 전혀 존재하지 않는다'거나 '학습과 같은 것이 전혀 없다'는 것을 함의하지 않는다. 또한 이것은, 예를 들어, '젖을 빠는 반사작용과 굴을 어떻게 삼키는지 아는 것 사이에 어떤 인과적 차이도 없다'는 것을 함의하지도 않는다. 정말로 그러한 것들은 있다. 중요한 점은 그 차이가 **유전자에 의해 인과된 것**인지 아니면 **경험에 인과된 것**인지 깔끔하게 나눠지지 않는다는 사실이다. 그러한 능력의 존재 아래에는 엄청나게 많은 상호작용의 인과적 관련 요소들이 있으며, 그리고 그러한 요소들은 단순히 두-상자 가정으로 나눠지 않는다.

다음과 같이 인과적으로 관련된 구별이 있다. **출생 전 발달**(성장)과 **출생 후 발달**, **초기 발달과 후기 발달**, **기술학습**(skill learning, 프라이밍 (priming))과 **조건화**(conditioning) 등이다. [역자: 기술을 학습하는 것은 명시적으로 말할 수 있는 또는 의식할 수 있는 지식을 배우는 것과는 다른 학습이다. 우리가 말을 할 줄 아는 것도 일종의 기술을 배우는 것이라고 할 수 있는데, 그것을 어떻게 말하게 되었는지 명확히 설명할 수 없으며, 뇌의 신경세포들 연결을 통해 무의식적으로 처리되는 것이라고 보아야 한다. 이것을 '프라이밍'이라고도 한다.] 유전자 대 후성적 조건은 그러한 어느 구별에도 해당되지 않는다. 더구나 이것이 왜 그러한지 알려주는 유력한 설명이 있다. 쿼츠와 세흐노브스키(Quartz and Sejnowski 1997)의 연구 사례에 따르면, 진화가 환경에 우연적으로 규제된다는 사실은 다음을 의미한다. 게놈(genome)이 모든 것을 부호화하지 않는 것이 분명하며, 그보다 그것이 유전자 발현을 지속적으로 지배하는 어떤 외부조건에 의존할 수 있다. 만약 생물학적 진화가 한 피조물을 만들어내기 위해 환경적 정보를 활용한다면, 환경적 변화에 따른 피조물의 적응 또한 그러지 말아야 할 이유가 있는가? 대략적으로 말해서, 만약 당신이 자연의 창조자라면, 당신은 원리적으로 **본성 대 양육** 이분법을 왜 고집하겠는가?

아래 여섯 가지 중요하게 서로 관련된 발달(성장)은, 본성 대 양육 이분법이 함축하는 것처럼, 세상은 그렇게 단순하지 않다는 것을 더 명확히 이해시켜준다.

■ 유전자가 하는 일은 **단백질을 위한 부호화**(code for proteins)이다. 엄격히 말해서, '여성의 수줍음' 또는 '스코틀랜드식 검소함 또는 '토굴(hole)의 개념' 등을 위한 유전자는 그렇다 치고, 젖을 빼는 반사작용을 위한 어떤 유전자조차도 없다. 유전자는 단지 연속적인 두 줄의 띠 모양의 구조로, 그것의 순서가 정보를 담고 있으며, 그 정보는 RNA가 아미노산을 결합하여 단백질을 구성하도록 해준다. (유전자가 RNA 산물로 전사될 때 그것이 "**표현되었다**"고 말하며, 그 RNA 산물의 일부는 단백질로 번역된다.)

■ 자연선택은 특정 영역의 지식을 지원하는 특별한 유전자 서열을 **직접적으로** 선택하지 않는다. 유전자는 동물의 세포 내에 있으며, 죽거나 살아서 복제되는 것은 (자신의 지각과 운동조절 방식을 가진) 그 **전체 동물**이다. [알 수 없는] 깜깜한 운명은 제쳐두고, 그 동물이 생존할 수 있는지 여부를 결정하는 것은 **행동**이며, [발톱이나 이빨 또

는 독샘 등의 신체적] 설비, 그리고 (행동을 지원하는) 신경과 그 밖에 다른 것들이다. 만약 그 동물의 행동이 경쟁자를 속이거나 더 빠르거나 더 힘이 세다면, 생존하여 복제할 기회를 가질 것이다. [그 동물의] 표상능력은, (행동을 알려주는) 그 표상의 덩어리가 오직 그 동물을 결정적 경쟁상황에서 구제해준 것이라면, **간접적으로라도** 선택될 것이다. 그러므로 표상의 복잡성과 그 뒤엉킨 하부 구조는 오직 운동출력에 의해서만 선택되고 개선될 수 있다. 따라서 **운동조절**을 위한 (신경과 그 밖의 다른) 그 자원은 표상적 능력의 진화에 강력한 제약을 발휘한다.

■ 모든 척추동물들은 자신의 **보존**에 있어 정말로 상상도 하지 못할 만큼 놀라운 구조와 발달기관을 가지고 있으며, 기초적 세포들 역시 벌레나 거미 그리고 인간까지 거의 모든 문(phyla)을 넘어 고도의 자기보존기능을 갖는다(그림 6.4과 6.5를 보라). 인간들은 단지 약 3만 개의 유전자를 가지며, 우리는 쥐와 약 3천 개의 유전자만 다르다. 인간들과 침팬지는 약 98.5퍼센트의 유전자를 공유하는 것으로 알려져 있다. 사실상 우리는 박테리아와 110개 유전자를 공유하기도 한다. 히스톤(histones), 액틴(actin), 튜불린(tubulin) 등과 같은 단백질들은 본질적으로 모든 기관에서 동일하다. [역자: 히스톤은 진핵생물의 DNA에 결합되어 있는 단백질로 세포 내 대사활동을 조절하는 기능을 담당하며, 액틴은 근육을 구성하는 단백질이며, 튜불린은 세포 내 미세소관을 만드는 기본단위의 단백질 분자이다.] 척추동물이 나타나기 오래전에 모든 중요 단백질 초과(superfamilies)가 형성되었다. 물론 초과 내에서의 변이(variations)와 합성(elaborations)이 그 이후로 일어났지만, 온전한 기원의 단백질 초과는 인간에서 나타나지 않으며, 이것은 우리 인간과 우리의 가장 가까운 이웃사촌 침팬지 사이에, 심지어 우리와 단순한 벌레 사이에도, 단지 인지적 차이로만 설명될 뿐이다.

■ 그렇게 높은 자기보존기능을 갖는다면, 다중세포기관을 갖는 놀라운 다양성은 어떻게 가능했던 것인가? 세포생물학자들의 발견에 따르면, 일부 유전자는 다른 유전자의 발현을 통제하면서도 스스로는 그 다른 유전자에 의해 통제받는다. 결국 유전자는 뒤엉키고 상호적이며 체계적인 기관이라고 할 수 있다. 그 체계성은 궁극적으로 아주 영리한 방책을 사용하는데, 그것은 일부 유전자 발현을 국소적 단백질 환경에 따르게 하는 것이다. 그러나 유전자들은 (RNA에 의해서) 단백질을 만들며, 따라서 당신은 하나의 유전자 발현을 다른 유전자에 의해서 (단백질 생산의 민감성으로) 통제할 수 있다. 더구나 단백질들은 (세포 내부든 외부든) 서로 상호작용할 수 있어서, 조절증폭 (regulatory cascade)에 관여할 새로운 우연성을 만들어낼 수 있다. 고-보존성 발달기관의 본성과 조절유전자(regulatory genes)의 결정적 역할 모두를 보여주는 예는 소위 초파리(Drosophila)의 눈에 있는 마스터 유전자(master gene)이다. [역자: 이것은, 어떤 기관으로도 키워낼 수 있는 배아줄기세포가 신체의 특정한 기관세포로 발전되도록, 조정해주는 유전자이다.] 이 유전자는 대략 다른 200개의 유전자를 (배아 발달의 임의 시간과 장소에 존재하는 조건에서) 후성적 우연성(epigenetic contingencies)으로 조절한다. 더구나 이 유전자는 고-보전성을 갖는다. 예를 들어, 쥐 눈의 "마스터 유전자"는 본질적으로 초파리의 눈에 있는 "마스터 유전자"와 동일하다. [따라서] 쥐의 이 유전자를 초파리에 이식하면, 그 쥐의 유전자는 잘 날 수 있는 초파리의 눈을 만들어낸다. 유전자 발현을 위한 복잡하고 상호작용적인 원인-결과 양태는 매우 변종의 유기체를 만들어줄 매우 특이한 조절증폭을 일으킨다. 예를 들어, 우리 자신을 만들어낸다. 유전자에서 작은 차이는 복잡한 계층적 조절연결로 인하여, 엄청나게 다른 결과를 일으킨다.

■ 수정란에서 폴짝폴짝 뛰는 놈이 되기까지, 유기체의 발달에서 보여주는 다양한 양태들은 세포들이 **어디에서 언제** 태어나는지에 따라

달라진다. 이것은 다양한 종류의 세포들이 보여주는 세포 전문화 (specialization)와 연결 패턴을 포함한다. 뉴런(신경세포)은 선구세포 (precursor cells)가 유사분열(mitotic division)된 딸세포(daughter cell)에서 발생한다. 그러한 딸세포가 뉴런이 될지 아니면 아교세포(glial cell)가 될지는 그 **후성적**(epigenetic) 환경에 의존한다. 그 뉴런이 수백 가지 유형들의 뉴런들(예를 들어, 흥분성 피라미드 세포(excitatory pyramidal), 억제성 별세포(inhibitory steellate), 억제성 바구니세포 (inhibitory basket)) 중에 어느 것이 될지 역시 **후성적** 환경에 의존한다. 주목할 만한 것으로, 그 세포들 내부와 유전자들은 그 세포의 운명을 결정하지 않는다. 다시 말해서, 특정 유전자가 특정 세포 유형들을 산출하게 하는 필요충분조건이 되는 의미로서, 푸르키니에 세포(Purkinje cells)를 위한 또는 가시성상세포(spiny stellate cells)를 위한 어떤 유전자도 존재하지 않는다. 더구나 한 지역에서 출발한 뉴런들이 대뇌피질의 세포로 연결되는 방식은 후성적 환경에 아주 많이 의존한다. 예를 들어, 시상(thalamus)에서 출발한 뉴런들이 대뇌피질에 연결되는 방식은 시상 뉴런과 대뇌피질 뉴런의 **자발적 활동**에 매우 의존하며, 나중에는 **경험 의존성 활동**에 매우 많이 의존한다.

■ 발달과정에서 특유의 반복적, 상호활동적, 조직적 증폭이라는 성공 전략은 지속적으로 조절증폭을 유지하며, 우리가 보통 **학습**이라 부르는 출생 후 가소성을 지원한다. 글루탄산염(glutamate) 같은 신경전달물질이 하나의 뉴런으로부터 다른 뉴런으로 신호를 보내며, 뉴런 조절인자가 그 수용기 기능성을 조절한다. 활동성 연속증폭 (activity cascades), 유전자발현 연속증폭(gene-expression cascades), 그리고 되먹임 연속증폭(feedback cascades) 등은 그 조절인자를 조절하며, 그것들 자체는 다른 사건들에 의해 조절된다. 그러한 일부 연속증폭은 학습과 발달 모두에 관여한다.

예를 들어, NMDA(N-methyl-D-aspartate) 수용기, 즉 복합 막통로 단백질(complex transmembrane protein)은 연속증폭 중에 특정 형식의 학습에서 시냅스를 강화하도록 중요한 역할을 한다(510쪽 이하). 그러나 또한 바로 그 동일 단백질인 NMDA는 (아주 다르다고 말해야 할지 의문이지만) 뇌 발달에서 중요한 역할도 한다. 코리뷰(Corriveau)와 그 연구원들이 최근 증명한 바에 따르면, 초기 발달에서 NMDA는 유전자들을 통제하며, 그 유전자들은 선구세포의 증식에서부터 뉴런 분화에 이르기까지 변이를 통제한다.[1]

유전자와 범-유전적 조건(extragenetic conditions) 사이의 상호작용은 예측을 불허한다. 거북이와 같은 어떤 종에서 성별의 구분은 수정에 의해서가 아니라 부화과정의 온도에 의해서 지배된다. 예를 들어, 거북이의 성은 수정이 아니라, 그 알을 부화시키는 모래의 온도로 결정된다. 쥐의 경우 자궁의 태반에 인접한 자매의 성이 (차후의 탄생 쥐) 암수 비율이나 수명과 같은 것들에 영향을 미친다. 출생 후 학습은 유전자 발현을 유도하는 연속증폭의 계기를 만든다. 예를 들어, (이 책의 8.6에서 보게 될 것으로) 편도(amygdala)에서의 특정 세포는 그 [세포를 지닌] 동물이 어떤 음조를 들은 후에, 발의 충격을 기대하도록 조건화시킨다. 또한 우리가 이미 알고 있는바, 만약 우리가 낮 동안에 새로운 감각운동 경험을 하게 된다면, 깊은 수면주기(deep-sleep cycle) 동안에 유전자 *zif*-268이 상승되어, 당신이 낮 동안에 일어난 것을 잘 기억하도록 영향을 미친다.

더 일반적으로 말해서, 다음과 같은 생각들, 즉 뇌 진화가 해부학적으로 국소화된 기능적 하부 시스템(모듈)에서 일어나며, 다시 그 하부 시스템은 **별도로 유전될 수** 있어서 세대를 거쳐 점진적으로 확산될 것이라는 등의 생각들을 부정하는 유력한 증거들이 있다. 지금까지 우리가 아는 한에서, 자연의 창조주(자연선택)는, 예를 들어, 동사의 과거시제 변화시키기와 같은 특정 행동기질을 확산시키도록 유전자를 조정하는, 우연적 연속증폭에까지 깊게 관여할 수 없다. 그보다 선택은, 예를 들어, 선구세포증식 계획을 변화시키기와 같은 아주 일반적인 신경해부학적 변화를 통해 그것을 성취한다. 이러한 변화는 매우 제한적이다. 예를 들어, 스티브 쿼츠(Steve Quartz 2001)가 정확히 지적했듯이, 신피질(neocortex)은 모든 차원에 걸쳐 다양하지 않으며, 공통 조직의 근간(themes, 기본 틀)을 유지한다. 예를 들어, 수평으로 6층 피질구조를 가지며, 수직 원주(vertical column)가 형성되어 있고, 그 피질의 연결은, 입력이 층 4로 연결되며, 출력은 층 5와 층 6에서 나와서, 다른 피질 영역이나 피질하 부분으로 연결되는 방식 등의, 일반적 연결 패턴을 유지한다. 충격적인 것으로, [대뇌피질에서] 변화되는 것은 뉴런들 수이며, 그 변화에 따라서 피질 영역의 수와 크기도 변화한다.[2] 결과적으로, 유리하거나 해롭거나 한 기능적 변화들은 큰 뉴런 영역에 의해 드러나거나, 아니면 심지어 뇌 전체에 의해 나타날 것이다. '인간 여성은 자신에게 호감을 보이며 부양하는 이성의 짝을 선호한다'와 같은 소위 영역-특이적 행동의 사례를 비판하면서, 판크셉과 판크셉(Panksepp and Panksepp 2001a)이 주목한 바에 따르면, "일반적-목적의 인지 기술(cognitive skill)이라곤 거의 없는 정서 시스템은 아마도 진화심리학에 대한 (일부 가장 충격적인) 통속-심리학적 발견들을 쉽게 이루게 해줄 것이다."[3]

인간 뇌의 진화에 관한 일반적 의문에 대해 쿼츠는 자신의 접근법을 아래와 같이 요약하였다.

그 증거가 제시하는 바에 따르면, 인간 인지구조의 진화에 기초하는 자연선택의 힘은 매우 불안정한 측면으로 볼 필요가 있다. … 이러한 고려에 근거하여, 나는 다음과 같이 제안한다. 인류 진화의 중요한 특징은 (내가 이미 지적했듯이) 점진적 외연화(progressive externalization)의 과정이다. 그 과정을 통해서 뇌의 발달은, 마치 신경 발달의 다양한 사건들을 도모하는 변화에 의해 중재되듯이, 비-본질적 요소들에 의해 점차 더 많이 조절되어왔다. 내가 주장하는바, 이러한 과정은 유연한 전전두엽에 (특히 사회적 영역에서) 인지적 기능의 중재를 허락하였으며, 그리고 환경 불안정성을 기억할 필요만큼이나 사회구조의 빠른 변화를 유도하였다. 이러한 과정의 결과물이 기호문화이며, 이것이 인간 인지에 기반하는 구조(뇌)를 다듬는 데 중심 역할을 담당한다. (Quartz 2001)

신경 발달과 뇌 진화에 대한 많은 의문들이 아직 해소되지 않았으며, 새로운 발견들은 이러한 문제들에 대해 우리가 어떻게 생각해야 할지를 상당히 변화시킬 것이라는 점을 마음에 담아둘 필요가 있다.[4] 내가 여기에서 주장하는 바는 본성 대 양육 논란이 실질적으로 오해되어 왔다는 것을 우리가 충분히 알고 있다는 것이다. 요약하자면, 출생 후 학습과 출생 전 발달은 같은 메커니즘에 의한 것이다. 즉 출생 전 발달은 유전자 통제를 위한 후성적 조건에 의존하며, 출생은 범-유전적 조건들을 상당한 범위로 확장시켜 신경계 자체를 조직화하도록 해준다. 우리는 속이 빈 껍데기가 아니며, 본능 덩어리만도 아니다.[5] [즉, 우리는 환경에 의해서만 지배되지 않으며, 유전적 본성에 의해서만 지배되지도 않는다.]

주로 의미론과 관련해서 한 가지 더 해야 할 말이 있다. "바꾸기 어려운(hardwired)"이란 묘사는 종종 본능과 지식에 관한 논의에서 주도적 역할을 하기도 한다. 이러한 표현이 무엇을 의미하는가? 앞에서 살펴보았듯이, 소프트웨어/하드웨어 구분은 그것이 비록 제작된 컴퓨터에는 적용 가능하겠지만, 신경계를 묘사하기에 별로 깊은 사고 같아 보이지는 않는다. 따라서 만약 "바꾸기 어려운"이란 말이 "내 컴퓨터의 기판(motherboard)처럼"을 의미한다면, 그것은 신경과학의 맥락에서 무의미하다.

만약 "바꾸기 어려운"이란 말이 "뇌 연결에 의존하는 행동"을 의미한다면, 우리는 다음과 같이 물을 필요가 있다. 그 말이 무엇에 대립적인가? 지금까지 알려진 바에 따르면, 모든 행동은 뇌 연결에 의존한다. 만약 "바꾸기 어려운"이란 말이 "유전자에 인과된"을 의미한다면, 우리가 이미 살펴보았듯이, 그것은 [뇌] 발달의 복잡성에 대한 여울에서 난파되고 만[즉, 초기 논의에서 허점이 드러난] 별로 다듬어지지 않은 생각일 뿐이다. 전형적으로 이러한 용어의 사용 역시 문제가 있다. 왜냐하면, 실질적으로 모든 뇌의 기능들은 어떤 방식 또는 다른 방식으로, 즉 기대, 조건화, 약물, 그리고 내적 또는 외적 조건화에 맞춰진 적응 등에 의해서 수정 가능하기 때문이다.6) 이러한 수정은 다음의 경우, 즉 지각, 운동조절, 온도조절, 전정반사, (분노, 식욕, 수면주기 양태 등의) 다양한 "세트포인트(set points)" 등 모든 종류에서 일어난다. [역자: 우리 신체의 어떤 성향은 유전적으로 세트포인트(설정)되어 있다는 주장이 있다. 그 주장대로라면 특정 사람의 체중은 유전적으로 결정된 요소가 있어, 의식적 노력만으로 조절이 쉽지 않다고 주장될 수 있다.] 심지어 근본적으로 척수회로에서 작동되는 기초적 무릎-관절 반사가 비록 하향적 작용이라고 할지라도, 어느 정도 수정이 가능하다. 예를 들어, 발로 차는 동작(kick)의 폭이, 당신이 이를 악무는 것 같은 단순한 무엇에 의해서도, 마치 대뇌피질에서 신호를 내보내는 중간에 영향을 주는 방식으로 간섭받을 수 있다. 아마도 하부 문화에는 "바꾸기 어려운"이란 표현을 위한 일관되고, 유용하며, 애매하지 않은 역할이 있을 수도 있다. 그러나 그 표현은 그릇된 생각과 잘못된 방향을 상당히 포함하므로, 더욱 정확한 용어를 찾아보는 것이 좋을 듯하다.

현재 이야기와 같은 거대한 탐구 주제를 간략한 단원으로 다루는 것을 정당하다고 말하기 어려울 듯싶다. 그러나 나의 목표는 아주 소박하다. 우리가 학습에 대한 문제를 탐구함에 있어, 소위 '내적 지식에 관한 낡은 의견'에 대한 의존만은 뿌리 뽑아야 한다. 이러한 주장에 대한 비판에 미리 대응하건대, 나는 '학습되는 것'과 '내적인 것' 사이에 구분이 **전혀 없다**고 말하는 것이 **아니다**. 그보다 내가 말하려는 것은 그 문제가 우리가 생각하는 것보다 훨씬 복잡하다는 것이다. 왜냐하면 유전자와 후성적 요소들, 출생 전과 출생 후 모두에 상호의존적이기 때문이다.

3. 신경계의 정보 저장하기

이 장에서 핵심 쟁점은 '뇌가 사물을 어떻게 아는가'이다. 이 쟁점을 다룸에 있어 우선은 **출생 후 가소성**(postnatal plasticity)의 신경기반이 무엇인지로 이야기를 시작한 후에, 더욱 범위를 좁혀서, 그 출생 후 가소성을 (논란의 여지가 없는) **경험 의존성**에 초점을 맞춰, 그 신경기반이 무엇인지 이야기해볼 것이다. 그런 후에, 흔히 학습, 기억, 망각, 적응 등이라 불리는 것들이 무엇인지에 대해서 생각해보려 한다.

[이런 주제를 다룸에 있어] 다음과 같은 생각은 호소력이 있어 보인다. 만약 당신이 무엇을 배운다면, 예를 들어 트럭의 나사를 어떻게 조이는지 배워서 기억하게 된다면, 그 정보는 특정 장소에 기억되며, 그러므로 그런 지식은 나사를 조이기 위해 필요한 다른 지식들, 말하자면 나사의 종류들(옭매듭 나사(reef knots), 핀고정 나사(half-hitches))의 [지식이 저장된] 근처 어디쯤에 저장될 것이다. 결국 일반적인 우리 생활에서 볼 수 있듯이, 마치 우리가 특정 서랍의 특정 위치에 서류 파일을 저장하듯이 또는 컴퓨터 내부에 전자 파일을 저장하듯이, 뇌도 그러한 일반적 계획을 가질 것이다. 그러나 사실 그것은 뇌의 [기억]방식이 아니다. 이러한 사실은 1920년대에 미국 심리학자 칼 래슐리(Karl Lashley)에 의해서 처음으로 증명되었다.

래슐리는 다음과 같이 추론해보았다. 쥐에게 무엇을 학습시키고 난 후에, 만약 그 학습 내용이 쥐 뇌의 특정 위치에 저장된 후에, 뇌에서 그 위치 조직을 제거할 경우, 그 쥐는 그 기억을 상실할 것이다. 그러한 가정 아래에서 그는 쥐에게 미로를 통과하는 학습을 시켜, 그 쥐가 미로의 통과 경로를 기억하고 있는 것을 확인하였다. [그는 이런 질문에 대답하고 싶었다.] 어디가 그 [기억의] 올바른 장소일까? 래슐리는 쥐들에게 미로에 대한 훈련을 20회 시켰다. 그런 후에 각각의 쥐들로부터 서로 다른 피질 영역들을 제거하고, 그 쥐들에게 회복할 시간을 주었다. 그런 다음에 그는 그 쥐들에게 미로 실험을 다시 하였다. 그러한 실험으로 그는 어느 제거된 부위가 미로-지식을 삭제하게 했는지 알아볼 수 있으리라 기대하였다. 그런데 그가 발견한 것은 그 쥐들의 지식이 어느 단일 지역에 저장되지 않는다는 사실이었다. 그 실험된 쥐들 모두가 어느 정도 기억이 감소되었으며, 모든 쥐들이 어느 정도 기억을 가지는 것으로 보였다. 그리고 피질을 더 많이 절제할수록, 그 상실 정도가 더욱 심해지는 것으로 나타났다.

뒤따르는 실험 연구에 의해 드러난 것으로, 공간적 지식은 래슐리의 목적을 위해 특별히 좋은 실험 대상이 아니었다. 공간적 지식이 비-피질구조(즉, 해마)와도 관련이 있으며, 냄새, 시각, 촉각 등 여러 감각 양태들로도 그려낼 수 있다는 것이 밝혀졌기 때문이다. 그럼에도 불구하고, 개선된 실험계획이 계속적으로 동일한 실험 결과를 보여주었고, 따라서 결국 래슐리의 비-국소화(non-localization) 결론이 근본적으로 옳았음이 드러났다. 뇌 내부에는 따로 마련된 "기억기관"과 같은 것이 전혀 없으며, 정보는 결코 파일을 보관하는 캐비닛 같은 곳에 저장되지 않는다. 대신에 정보는 많은 뉴런들에 걸쳐 분산되어 있는 것으로 보인다. 일상적 컴퓨터의 모듈 기관, 즉 하나의 요소는 계산처리를 하고, 다른 요소는 저장을 담당하는 것은, 결코 뇌의 방식이 아니다. 정보를 계산처리하는 바로 그 동일 구조가, (또한) 수정됨으로써, 정보를 저장하기도 한다.

만약 뇌가 지식을 갖는다면, 그러한 지식은 '뉴런들'과 '그 뉴런들이 다른 뉴런들과 어떻게 연결되는지(wiring)'에 의존한다. 부연설명을 하자면, 그 올바른 뉴런들은 올바른 뉴런들과 소통해야만 한다. 만약 어떤 지식이 출생 전에 주어진다면, 무엇인가가 그 배선을 올바르게 할 수 있도록 만들어주어야만 한다. 그리고 만약 어떤 지식이 경험에 대한 응답으로 획득된다면, 현존하는 배선은 올바른 방식으로 스스로 수정되어야만 한다. 다시 말해서, 세포 수준에서 정보와 관련한 여러 변화들이 협연되어야만 하며, 그렇게 해서 그 시스템 내의 전체적 일관성이 갖춰진 수정이 성취될 것이다.[7] 근본적으로 그 문제의 핵심은, 뇌 출력(행동)의 **전체적**(global) 변화를, 개별 뉴런들의 정연한 **국소적**(local) 변화에 의해서, 설명하려는 데에 있다. 결국 국소적-전체적 문제는 명청한-요소들로부터 어떻게 영리한-장치를 얻을 수 있는지의 더욱 일반적인 문제와 부분적으로 관련된다. 다시 말해서, 전체로서의 장치는 적응적이며 지성적으로 반응할 것이지만, 그 개별적 요소들은 전체 시스템처럼 스스로 지성적이지 않다.

만약 전체적 학습이 세포의 국소적 변화에 의존한다면, 세포들은 지성의 안내 손길이 없이도 언제 변화해야 하며, 얼마나 변화해야 하는지, 그리고 어디를 변화시킬지 등을 어떻게 아는가? 인공신경망(ANN)에 관한 7장의 논의에서, 우리는 단순한 유닛들이 어떻게 변화할 수 있으며, 그럼으로써 그물망이 (유닛들 집합이 다른 유닛들 집합과 만나는) 시냅스 가중치의 패턴들에 정보를 어떻게 저장할 수 있는지를 알아보았다(그림 7.16을 다시 보라). 비록 신경생물학적으로 실제적이 아니지만, 이러한 단순한 인공신경망은 개념적으로 유용하다. 그 신경망들은 그 [적절한 연결] 문제를 해결할 기계적인 해답이 있음을 효과적으로 논증하고 있으며, 또한 어떻게 실제 신경망이 그 [회로 수정] 일을 해낼 수 있을지 일차적 설명을 제공하기 때문이다. 벌을 주고 보상하는 등과 같은 피드백이 전체적 입력(global import)에 의해서 국소적 연결을 수정하도록 촉발할 수 있다는 기초적 아이디어는 실제 신경망의 학습에서도 실험 가능한 가설들을 제안한다.

뉴런들이 변화할 수 있는 많은 가능한 방법들이 있다. 예를 들어, 수상돌기들은 [새로운] 가지를 뻗을 수 있다(그림 8.1 그리고 그림 8.2). 그리고 현존하는 가지들이 연장될 수도 있다. 현존하는 수용기들이 (예를 들어, 그 수용기를 구성하는 단백질의 하부 유닛들의 변화에 의해서) 그 구조를 수정할 수 있다. 또는 새로운 수용기 자리가 새롭게 만들어질 수도 있다. 방향을 삭감하는(curtailing direction) 중에 가지치기(pruning)가 수상돌기 또는 수상돌기의 일부를 감소시킬 수 있으며, 따라서 뉴런들 사이의 연결 수를 감소시킬 수 있다. 그리고 남아 있는 가지의 시냅스들이 동시에 폐쇄될 수도 있다. [역자: 시냅스들이 발생 초기에 아무렇게나 연결된 것들은 대응도(maps)를 형성해가면서 방향을 삭감하며, 그러한 작용을 통해서 뇌의 영역들 사이에 대응적 구조가

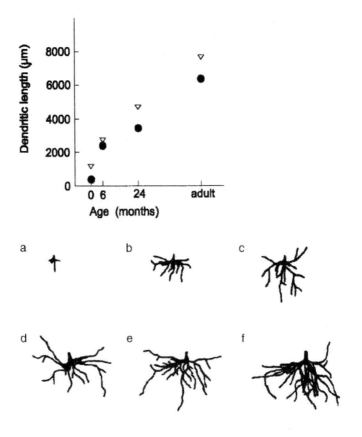

그림 8.1 층 4의 인간 피라미드 세포의 수상돌기를 카메라 육안으로 보고 그린 그림. a. 신생, b. 3개월, c. 6개월, d. 15개월, e. 24개월, f. 성체. (Schade and van Groenigen 1961)

확실히 형성된다. 좀 더 자세한 내용은 신경계의 초기 발달 과정을 살펴보라.] 게다가, 뉴런 대 뉴런 상호작용에 따라서 소듐(sodium, 나트륨) 채널이 조정되어, 축삭의 격발 형태가 수정될 수도 있다. 이러한 것들은 모두 시냅스후 수상돌기에서의 변화들이다.

물론 시냅스전 축삭의 변화도 있을 것이다. 예를 들어, 세포막의 채널들이 만들어지거나 또는 변경되는 변화가 있을 수 있으며, 새로운 축삭 가지가 형성되거나 뻗어나가는 경우도 있을 것이다. 반복된 높은

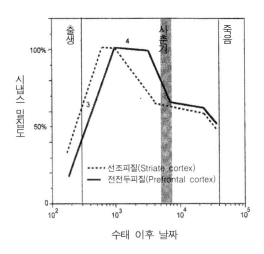

그림 8.2 수태 이후 날짜에 따른, 영장류 시각피질(점선)과 인간 뇌의 전전두피질 (실선)의 시냅스 관련 수상돌기의 변화(y-축은 log 비율로 표현됨). 선조피질(striate cortex)의 시냅스 발생(synaptogenesis)이 하강하기 시작한 후에, 그보다 앞쪽 (anterior) 영역의 시냅스 발생은 높은 수준을 계속 유지하는 것에 주목하라. (Huttenlocher and Dabholkar 1997의 데이터에 근거한 그래프로, Bourgeois 2001에 서 가져왔다.)

격발률은 신경전달물질 소낭(vesicles)을 소모시켜 [신경전달물질을] 방출하게 만들거나, 그 일시적 소모가 2-3초 내의 명령에 대한 일종의 기억을 형성할 수도 있다. 하나의 중요한 시냅스전 변화는, 극파(spike)가 뉴런의 축삭 말단에 도착하면, 신경전달물질의 소낭이 방출할 가능성을 감소시키거나 증가시키는 것을 포함한다. 극파가 축삭 말단에 도착할 때 신경전달물질 방출의 확률은 시냅스의 **신뢰도**(reliability)로 지적되기도 한다. 예를 들어, 열 개의 극파가 도착할 때마다 한 번씩 시냅스는 신경전달물질을 방출한다. 신뢰도는 수백 밀리초의 시간 단위에서 수정될 수 있다. 신뢰도를 높이는 조정과 낮추는 조정은 시냅스 연결을 효과적으로 변화시키는 빠르고 유연한 방법이다. 그 시냅스의 강도는 새로운 구조를 만들지 않고도 1초 내에 열 배로 증가될 수 있다.

다른 시냅스전 변화가 극파 대비 소낭 방출 수 변화에 의해, 또는 각 소낭이 담고 있는 신경전달물질 분자 수 변화에 의해 일어날 수 있다. 끝으로, 하나의 뉴런 전체가 죽어, 그 뉴런이 지원하던 모든 시냅스들도 따라서 사라지거나, 또는 특정 영역[해마]에서 새로운 뉴런 전체가 태어날 수도 있다. 비록 그러한 다양한 변화들이 정확히 어느 정도로 입력신호와 인과적으로 연결되는지는 아직 연구 중이며, 그리고 뉴런 집단에 걸친 변화가 어떻게 합주되는지도 여전히 깜깜하기는 하지만, 그러한 변화들 각각은 실제로 일어난다.

이러한 넓은 범위의 수정 가능성은, 가중치(또는 **시냅스**)의 수정을 단순히 지적하는 것만으로도, 지금의 논의를 편리하게 줄일(끝낼) 수 있다. 위에서 열거한 여러 연결성 수정[방식]들은 직접적이든 간접적이든 궁극적으로 시냅스의 변화를 포함하며, 적어도 그렇다고 합리적으로 설명될 수 있다.

시냅스를 수정하는 결정은 언제 그리고 어디에서 하는가? 기본적으로 그 선택은 상당히 제한적이다. 기본적으로, 바뀌라는 결정은 (넓게 흩어져) 전체적으로 일어날 수도 있으며, (특정한 시냅스를 표적으로) 국소적으로 일어날 수도 있다. 만약 그 변화가 전체적으로 일어난다면, 그 변화를 위한 신호는, 말로 표현해서, "너는 지금 스스로 변화해도 좋다"는 것을 본질적으로 허락할 것이지만, 그러나 어느 곳에서 또는 얼마나 크게 또는 어느 방향(쪽)으로 (더 강하게 또는 약하게) 변화해야 하는지를 정확히 지시하지는 않을 것이다. 만약 [그 변화가] 전체적이라면, 그 결정은 (대뇌피질 전체에 걸쳐 아주 넓게 투사하는) 피질하 신경핵과 (각성, 주의집중, 수면주기, 내적 환경, 정서상태 등등을 조절하는) 피질하 신경핵 중 하나에 의해서 중재될 것 같다.

반면에, 만약 가중치 변화가 **특이성**을 갖는다면, 그 원인과 결과 사이에, 시간적으로 그리고 공간적으로, 긴밀한 연결이 있기 때문이라고 기대된다. 다시 말해서, 원인과 결과는 시간적으로 그리고 공간적으로 긴밀한 관계를 가져야만 한다. 따라서 다음과 같은 의문이 제기된다. 만약 [여러 가중치들 변화가] 상당히 공간적으로 인접하여 발생한다면,

어떤 시간적 관계가 (가중치들의 변화에 따른) 국소적 구조를 수정하도록 촉발하며, 그리고 올바른 방향(쪽)으로 (좀 더 강하게 또는 좀 더 약하게) 변화하도록 하는가?

이러한 의문들은 심리학자 도널드 헤브(Donald Hebb)가 『행동의 기원(*The Organization of Behavior*)』(1949)이란 영향력 있는 저서에서 제기했던 중심 문제들이다. 헤브의 핵심적 통찰을 조금 재구성해보면 다음과 같다. 시냅스 전(pre-)과 후(post-) 세포의 **상호적 활동**이 시냅스 연결 강도를 **증가시킬** 것이며, **반-상호관계가** 그 연결 강도를 **감소시킬** 것이다. 느슨하게 말해서, 그런 생각을 다음과 같이 정리할 수 있다. 만약 시냅스전 세포의 활동이 시냅스후 세포 활동의 원인이 될 경우, 이것은 그 양편의 연결을 더 강하게 만드는 경향을 갖는다. 시냅스 강도를 변화시킴으로써, 당신은 시냅스전 세포의 격발에 따라서 시냅스후 세포가 격발할 가능성을 증가시킬 수 있다. 그렇지만, 단지 하나의 세포가 신경전달물질을 방출하는 것만으로는 시냅스후 세포의 격발을 유도할 것 같지는 않다. 왜냐하면 한 세포의 전달물질 방출에 의한 시냅스후 효과는 아주 적기 때문이다. 그러므로 다음을 가정해보자. 두 개의 다른 (어쩌면, 하나는 청각 시스템에서 들어오며 다른 하나는 체성감각 시스템에서 들어오는) 시냅스전 세포들이 동일한 시냅스후 세포와 연결되어 동시에 격발시킨다. 이러한 **협동적** 입력 활동은 더 큰 시냅스후 효과를 만들며, (만약 헤브가 옳다면) 그 연결을 강화시킨다. 이러한 일반적 각색은 연합된 **세계의** 사건들이 연합된 **신경의** 사건들을 모방하도록 허락한다. [즉, 이러한 시냅스 연결 강도의 변화에 따른 신경 연결의 수정 방식으로 신경계는 세계의 사건들과 환경들에 반응하는 구조를 담을 것이며, 따라서 세계에 대한 표상을 담아낼 것이다.]

그렇지만, 시냅스 가중치를 변화시키는 실제의 메커니즘이 헤브의 제안대로 규정되지는 않았는데, 그것은 당시에 아직 신경과학이 시냅스 연결을 강화시킬 수 있는 조화된 구조적 변화 목록(예를 들어, 방출되는 소낭의 수를 증가시키기, 소낭의 전달물질 양을 증가시키기, 수용기 단백질을 증가시키기 등등)을 마련하지 못했기 때문이다. 학습 메커니즘의 이론은 정보들이 저장되도록 해야만 하는 조건들을 목록으로 규정해야만 했다. 예를 들어, 시냅스후 세포의 **격발**이 필수적인지 아닌지, 또는 단지 어느 정도의 **탈분극**(depolarization)만으로 충분한지 아닌지 등이 규정될 필요가 있었다. 최근에서야 이러한 구체적 수준의 발견들이 이루어졌다.

시냅스의 가중치 변화에 대한 헤브의 원리는 다음과 같다. "하나의 세포 A의 축삭이 세포 B를 흥분시키기에 충분히 가깝다면 또는 반복적이거나 지속적으로 그 격발을 일으킨다면, 세포 B가 격발함에 따라서 세포 A의 효과도 증가되도록 모든 세포에서 어느 정도의 성장 또는 신진대사(metabolic, 물질교환)의 변화가 일어난다."(1949, p.62)

헤브 규칙의 가장 단순한 형식적 버전으로, (격발률 V_A의) 뉴런 A에서 (격발률 V_B의) 뉴런 B로의 투사 사이에 가중치 강도 W_{BA}의 변화는 $\Delta W_{BA} = \varepsilon V_B V_A$ 이다. 이 수식은 다음을 말해준다. 시냅스 변화에 따른 변수는 상호작용 활동의 수준이며, 시냅스 강도의 증가는 시냅스전 값과 시냅스후 값의 곱에 비례한다. 그 가중치 변화는 모두 양의 값인데, 격발률이 모두 양의 값이기 때문이다.

이러한 단순한 규칙이 많은 변형된 규칙들을 낳았으며, 그것들 모두는 여전히 헤브주의(Hebbian)로 인정될 수 있다. 특별히 지적하자면, 그 규칙은 강력한 **재강화 학습 알고리즘**(reinforcement-learning algorithm)을 얻도록 수정될 수 있는데, 그 알고리즘은 '지금 감지된 (꿀과 같은) 감각 보상과 '그 보상이 무엇이어야 하는지'를 예측하는 데 오류가 있을지 없을지에 대한 표상 사이의 헤브 상호관계에 따라서(함수적으로) 가중치를 갱신한다. 다음 절에서 보게 되겠지만, 이것은 (아마도 인간을 포함하여) 벌의 특정 신경망이 특정 시간에 상당한 정도의 특정한 보상을 기대하도록 학습하기 때문에 중요한 고려이다.

가중치만 변화되면 어느 것이라도 헤브주의로 볼 수 있는가? 아니다. 헤브주의로 인정되려면, 가소성(plasticity)이 다음 두 기준을 만족시켜야 한다. (1) 그것이 시냅스 전 또는 후의 활동이 일어나는 시냅스에 국한되어야 하며, (2) 그것이 시냅스 전과 후 세포 모두에서 **협동적으**

로 일어나야 하며, 다른 (연결된) 세포들의 활동에는 일어나지 말아야 한다. 헤브주의 가소성에 해당되려면 이 두 기준을 모두 만족시켜야 한다. 예를 들어, 만약 그(가중치) 수정이 (활동이 일어나는 명확한 시냅스가 아니라) 그 **세포 전체**에서 일어난다면, 그 가소성은 헤브주의가 아니라고 할 수 있다. 만약 가소성이 여러 세포들로 하여금 시냅스 연결을 상향(강화)시키도록 일반적 명령(instructions)을 제공한다면, 그러한 가소성은 헤브주의가 아니다.

얼핏 보기만 해도, [유기체의] 초기 발달은 주로 **비-헤브주의**(non-Hebbian) 가소성으로 규정되며, 헤브주의 가소성은 (**학습**의 고전적 사례들을 포함하는) 상당 부분 출생 후 가소성의 특징일 것이다.[8] 유아의 발달 단계에서는 두 종류 모두의 가소성이 아마도 중요한 역할을 할 것이다.

출생 후 뇌가 어떻게 세계의 모델을 만드는지에 대한 일부 탐구는 다른 것들보다 훨씬 결실이 있어 보일 수 있다. 그중에 하나로, 예컨대, 인간 성인이 현대 기호논리학을 어떻게 학습하여 증명을 구성해낼 수 있는지에 특별히 매료될 수도 있겠다. 그렇지만, 이것이 학습을 바라보는 신경생물학적 가설을 발달시킬 최고의 명당자리(문제)는 아닐 것이다. 그 주된 이유는 이렇다. 어느 가장 단순한 '논리적' 능력에 대해서라도 그것을 위한 동물 모델은 유용할 것 같지 않으며, 동물 모델은 본질적으로 신경 수준의 탐구이어야 하고, 신경 수준의 탐구는 학습 메커니즘을 발견하기 위해 필수적이다. 단순한 형식의 학습에서 출발하는 것이 아마도 더 빠르게 성과를 얻을 것이며, 또한 훨씬 어려운 문제들에 대한 실마리도 구할 수 있을 것이다. '정리(theorem) 증명하기'보다 훨씬 다루기 용이한 학습의 문제로는 '재강화 학습(reinforcement learning)'(조작적 조건화(operant conditioning)), '공포 조건화(fear conditioning)', '공간적 학습(spatial learning)' 등이 있다.

그러한 "단순 우선" 전략은 철학자들을 거의 설득하기 어려워 보이는데, 철학자들은 매우 단순한 형태의 학습을 "실재적" 인식론에 적절한 것으로 보지 않는 경향이 있기 때문이다. 그것은 분명히 짧은 시각이다. 진화론적 전망에서 그리고 종(species)을 넘어서 메커니즘의 보존에 관해 알려진 바에 따르면, 우리는 다음과 같이 추론할 수 있다. 비교적 화려한 학습과정들이라도 아마도 상당히 단순한 학습과정으로부터 수정되고, 개선되고, 편승된 것들이다. 예를 들어, 독서와 정리 증명하기 등의 문화적 기술(skill)에 의존하는 학습은, 시각 패턴 재인, 공간적 방향 찾기, 문제 해결하기 등과 같이 (일반적으로 연마해야 하는 기술에 필수적인) 문화 독립적 학습 메커니즘을 채용하는 것이 분명하다.

4. 재강화 학습: 한 사례

무관심한 관찰자에게는 벌들이 어찌어찌하다 보니 꿀이 있는 꽃을 방문하는 것으로 보일 수도 있다. 그러나 벌들은 [상당히] 조직적으로 탐색하는 것으로 밝혀졌다. 그것들은 어느 꽃들을 이미 방문했었는지 기억할 뿐만 아니라, 서로 다른 양의 꿀을 가진 혼합된 꽃밭에서 탐색 전략을 최대로 활용하여, 최소의 노력으로 최대의 꿀을 얻는다. 그들이 이러한 경제를 성취하기 위해서 계산기를 운영하는가? 아니다. 이러한 영리함을 위한 신경생물학적 기초는 이제 특별히 이해되었으며, 그러한 연구 결과들은 재강화 학습(reinforcement learning)이 포유류를 포함하여 넓은 범위로 적용될 것이라는 일반적 가설을 시사한다.

레슬리 리얼(Leslie Real)에 의해 고안된 실험은 이렇다. 작은 정원에 플라스틱(모조) 꽃들을 노랑과 파랑 두 세트로 들여놓았으며, 그 각각의 중앙은 정확한 양의 자당(sucrose)을 담을 수 있도록 오목하게 되어 있다.9) 그 꽃들은 밀폐된 정원 여기저기에 무작위로 분산시켜놓았으며, 다음의 규칙에 따라서 "꿀"의 양으로 유혹하였다. 모든 파란 꽃들에는 $2\mu\ell$, 노란 꽃들의 3분의 1에는 $6\mu\ell$를 나머지 3분의 2에는 아무것도 없게 하였다. 비록 노란 꽃들이 파란 꽃에 비해 훨씬 **불확실하긴** 하지만, 파란 꽃의 집단을 방문한 **평균값**은 노란 꽃의 것과 동일하였다.

임의적이며 무작위로 꽃들을 놓아두자, 그 벌들은 파란 꽃들에 85퍼센트 시간을 투자하는 탐색 패턴을 빠르게 형성하였다. 당신은 노란 꽃들의 평균값을 올려서, 예를 들어, 3분의 1의 유혹하는 노란 꽃들에 $10\mu\ell$로 자당을 증가시켜서 그들의 탐색하는 패턴을 변화시킬 수 있다. 그 벌들은 신뢰도에 대한 유순한 선호를 보여줌으로써, 그것들의 행동은 자원 유형과 그 자원 유형의 꿀의 **양**에 대한 **신뢰도**에서 일종의 선택을 보여준다. 그러나 노란 꽃의 평균값이 충분히 높을 경우에, 그들은 파란 꽃과 노란 꽃 사이에서 **동등하게** 탐색할 것이다. 이 실험은 우리 논의의 목적을 위해서 다음과 같이 흥미를 끈다. 방문한 샘플에서 획득된 보상의 양태에 따라 그 벌들은 자신들의 전략을 채택한다. 벌들이 단지 벌들일 뿐인데, 어떻게 **이러한 일**을 할 수 있는가?

신경과학자 마틴 해머(Martin Hammer)의 연구는 중요하고 당혹스러운 문제를 제기했다. 그는 벌의 뇌에서 뉴런 하나를 발견했는데, 그것이 감각 뉴런도 운동 뉴런도 아니면서, 보상에 긍정적으로 반응하였다. "VUMmx1"이라 (간단히 "붐(vum)"이라고도) 불리는 이 뉴런은 벌의 뇌에 아주 넓게 분산적으로 투사하며, 그 활동은 강화학습을 중재했다(그림 8.3). 예를 들어, 자당과 언제나 함께하는 특별한 향기는 붐의 가중치를 변화시켜서, 마침내 오로지 그 향기만 발생하여도 붐이 격발하곤 한다. 그러나 벌의 뇌가 그것을 허락하여 어떻게 하나의 샘플에 대한 자당 유형들의 평균값과 신뢰성을 학습하겠는가?

인공신경망에서 몬테규(Montague)와 연구원들은 그 이미 알려진 적절한 벌의 해부학과 행동을 모델화하였다.[10] 그들은 붐에서 작동하는 가중치-변화 알고리즘이 다양한 시냅스 입력들을 단지 합산하지 않는다는 것을 발견했다. 그보다 붐의 활동은 **예측 오류**(prediction error), 즉 **기대된 맛난 것과 지금 받은 맛난 것** 사이의 차이를 표상했다. 그것이 어떻게 작동하는지 알아보자. 세포 붐은 그 벌의 문관(proboscis, 곤충 주둥이)에서 입력을 받으며, 벌은 그 문관으로 꿀을 빨아들인다. 우리는 이것을 보상경로와 같은 것으로 느슨하게 생각할 수 있다(그림 8.6). 또한 붐은 감각 시스템, 예를 들어, 시각(색깔)과 후각(향기)으로부터도 입력을 받는다. 조금 단순화시켜 말하자면, 임의시간 t_n에서 붐

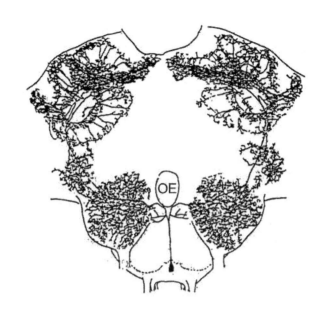

그림 8.3 벌의 뇌에 있는 단일의 분산적으로 투사하는 조절 뉴런 *VUMmx1*. 벌 뇌의 신경조절 뉴런과 인간 뇌의 도파민 투사(dopamine projections)는 이체동형의 (homologous) 역할을 한다. OE = *VUMmx1* 세포체. 인간의 도파민 시스템과 유사한, 벌의 옥토파민 시스템(octopamine system)은 **분산신경조절 시스템**(diffuse neuro-modulatory systems)이라 부른다. "분산"이라 부르는 이유는 그 뉴런의 축삭이 분산적으로 투사하며, 넓은 뇌 영역 전반에 걸쳐 시냅스 연결을 이루기 때문이다. "신경조절"이라 부르는 이유는 그 축삭에서 방출된 신경전달물질이 전체적 뇌 상태를 조절한다고 생각되었기 때문이다. 계산적 모델이 보여주는바, 이 뉴런들의 일부 신경활동은 이전의 감각 경험에 근거하여 기대되는 보상에 대한 정보를 퍼뜨린다. 벌이든 인간이든 그 분산 뉴런은 보상하는 사건들에 관한 선범주화 정보 (precategorized information)를 받아서, 이것을 감각정보와 통합하여, '기대되는 보상'의 양과 '실제 받은 양' 사이의 오류를 표상하는, 스칼라 신호(scalar signal)를 만든다. 시냅스 가중치의 장기간 변화를 조절하는 이러한 신호는 그 시스템으로 하여금 상호관계보다 예측을 학습하고 저장하게 한다. (Hammer 1993)

의 출력은, 그 시간 t_n의 보상에 대한 함수 $r(t_n)$에 감각입력의 종합된 값 $V(t_n)$을 더하고, 그러한 입력에 방금 전 t_{n-1}에 받은 값[즉 $V(t_{n-1})$]을 뺀 것으로 계산된다. 더 형식화된 수식으로 말해서, 붐의 출력 $\delta(t)$는 다음과 같이 표현된다. $\delta(t_n) = [r(t_n) + V(t_n)] - V(t_{n-1})$

대략적으로 말해서, [위의 수식에 따른 수치] 결과가 0보다 크면 "기대보다 좋은"에 상응하며, 0보다 작으면 "기대보다 못한"에 상응한다. 붐의 출력은 다양한 세포를 표적으로 하는 신경조절인자(neuromodulator)의 방출이며, 그것이 활동 선택을 담당한다. 만약 그 신경조절인자가 감각 뉴런과 붐을 연결시키는 시냅스에 활동한다면, 그 시냅스는 붐이 기대보다 못하다고(더 적은 신경조절인자) 계산하는지 아니면 기대보다 좋다고(더 많은 신경조절인자) 계산하는지에 따라서 변화될 것이다(그림 8.4). 몬테규와 연구원들이 제안한 모델의 추측이 본질적으로 옳다는 가정에서, 아주 단순한 학습 알고리즘에 따라 작동하는, 놀라울 정도로 단순한 회로가 벌의 탐색조건화 적응성을 지원한다는 것이 드러난다. (여기에 나의 설명은 많은 구체적인 것들을 다루지 못했으며, 그 주요 논점만을 보여주었다. Montague, Dayan, and Sejnowski 1993을 보라.)

분명히, 만약 벌들이 꽃의 꿀 값을 학습할 수 있다면, 그것은 (그 꿀 값이 경험에 독립적으로 규정될 경우보다) 그 벌들에게 더 큰 유연성을 제공할 것이다. [즉, 벌들이 본능에 의해 고정된 꿀 탐색 능력을 갖는다면, 환경의 변화에 제대로 적응하기 어려울 것이다. 그러므로 본능에 의해서만 꿀을 탐색하는 능력보다는 학습에 의해서 꿀을 찾는 능력을 갖는 것은 그 벌들에게 큰 혜택이 아닐 수 없다.] [예를 들어] 수년 동안 인동덩굴(Honeysuckle)이 형편없었고 그래서 꿀이 거의 없었으며, 새로운 꿀 제공 식물 종이 그 지역을 침투해오기 시작했는데, 갑자기 홍수가 난다면, 그 벌들이 새로운 탐색영역, 즉 인동덩굴과 캠피온(Campion, 석죽과 식물) 말고 인디언페인트브러시(Indian Paintbrush, 현삼과 카스틸레야속 식물)와 층층이부채꽃(Lupin) 등등이 자라는 새로운 영역을 찾아야만 한다는 것을 의미한다. 그 벌들의 신경망은 수정

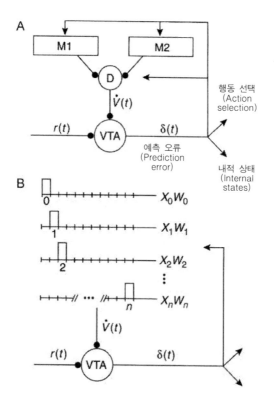

그림 8.4 예측 오류(prediction error)에 대한 구성과 이용. A. 뉴런이 매우 넓게 투
사하며 도파민을 방출하는, 복측피개영역(ventral tegmental area, VTA)의 입력과
출력의 해부학적 배열에 대한 해석. M1과 M2는 서로 다른 두 피질 양태
(modalities)를 보여주며, 그 양태의 출력은 VTA에, 현재 감각상태가 이전의 감각상
태와 다른 정도를 반영하는, 시간 이차적 (뜻밖의 신호 surprise signal) $V(t)$의 형식
으로 도착하는 것으로 추정된다. (그 위의 점은 변화율을 가리킨다.) 높은 집중의
정도는 $V(t)$가 VTA에 스칼라 신호(scalar signal)로 도착하게 한다. 보상 $r(t)$의 정
보 또한 VTA에서 마주친다. 그 VTA의 출력은 단순 선형으로 합산된다. $\delta(t)= r
(t) + V(t)$ VTA의 폭넓은 출력 연결은, 동시적으로 예측들을 구성해낼 수 있도록,
예측 오류 $\delta(t)$를 만든다. B. 감각신호의 시간적 표상. 빛과 같은 신호가 임의 시작
시간으로부터 다중지연(multiple delays) X_n에 표현되며, 각 지연은 분리하여 조정
가능한 가중치 W_n과 연합된다. 그 W_n 매개변수들은 X_n, 활동성, δ 등의 상호관
계에 따라서 조정되며, 비록 훈련 중일 경우라도 예측으로서 활동하게 된다. 이러
한 단순한 시스템은 상호관계보다는 예측을 저장한다. (Schultz, Dayan, and
Montague 1997로부터 허락을 받아, copyright, American Association for the
Advancement of Science)

가능함에 의해서 탐색을 개선할 수 있다. 재강화 학습에 의해 가능해진 새로운 패턴 재인(예를 들어, 진홍색의 꽃들에 더 많은 꿀이 있다는 학습)은 [그들에게 매우] 유용한 것이다.

벌들에게 꽃의 색깔과 꿀 보상의 상관관계는 본질적으로 **공간적**이지만, 그 상관관계가 시간적 영역에서도 일어나는 경우도 **있다**. 예를 들어, 박쥐는 특정한 연이은 음조가 맛난 모기의 신뢰할 만한 징표라는 것을 학습할 수 있으며, 개는 일련의 사건들이 [주인과 함께] 해변으로 나갈 것이고 반면에 다른 사건들은 초원으로 소풍 나갈 것을 예측하게 해준다는 것을 빨리 배울 수 있다. 많은 조건화(conditioning)는 사건들 사이의 시간적 연합에 의존한다.

여러 현상들 사이의 의존관계는, '붉은 꽃'과 '꿀이 많음'과 같은 단순한 상호관계보다 훨씬 복잡할 수 있다. 처음에 나는 계란을 떨어뜨림과 계란이 깨짐 사이의 상호관계에 주목할 수도 있다. 그런 경우에 계란을 떨어뜨림은 그것이 깨지는 원인이라고 생각할 것이다. 그런 다음에는, 만약 그것을 부드러운 베개 위에 또는 새로 내린 눈 위에 떨어뜨린다면, 떨어진 계란도 깨지지 않을 것임에 주목하게 될 것이다. 그렇게 하여, 그 의존관계는 처음 생각했던 것보다 조금 더 세련되어진다. 계속적인 탐구를 통해서, 나는 다음과 같은 인식을 갖게 된다. 부드러운 눈 위에 떨어뜨린다고 하더라도, 만약 충분히 아주 높은 곳에서 떨어뜨린다면 계란은 깨질 것이다. 나의 단순한 상호관계는 내가 세계에 관해 학습함에 따라서 더욱 복잡한 상호관계로 개선된다. 이것은 동물에게서도 참일 것 같다. 우리는 하나의 사건이 아마도 다른 사건의 발생을 뒤따르며, 그렇지만 언제나 그렇지는 않으며, 그 이유는 완전히 베일에 가려져 있다는 것 등을 배울 수 있다. 우리가 인간과 다른 동물들에게서 일부 지성이라 부를 만한 것은 점차 증가하는 복잡한 의존관계들을 이해해낼 능력이다. 이 능력은 우리가 **우연적 상호관계**(종국에도 정말 예측 가능하지 않은)와 **인과적 상호관계**(예측 가능한)를 구분하게 해준다.

미천한 벌의 재강화 학습이 우리[의 학습 시스템을 설명하는 데]에도 어느 정도 도움이 될까? 매우 그럴 것 같다. 우리 역시 보상 시스템을 가지고 있으며, 그것을 통해 우리는 세계가 어떻게 작동하는지 학습할 수 있기 때문이다. 볼프람 슐츠(Wolfram Schultz)는 원숭이 뇌간(brainstem)에서 (붐처럼) 보상에 반응하는 뉴런을 찾아냈으며, 그 세포는 보상을 **예측하는** 자극에 그 응답성을 변화시키는데, 만약 그 보상이 이전의 것과 다르다면 오류를 기록한다. 이러한 뉴런들은 그 축삭 말단에 도파민을 분출하며(따라서 **도파민계**이며), 그 도파민은 표적 뉴런의 흥분성을, 글루타민산염(glutamate) 또는 글리신(glycine)과 같은 신경전달물질에 따라 **조절하는** 것으로 알려져 있다.

슐츠는 단일 세포들을 기록하는 방식으로 다음을 확인하였다. 만약 동물(원숭이)이 (한 줄기 주스와 같은) 예측되지 않은 보상을 얻을 경우, 도파민계 뉴런은 그 보상이 수여되는 동안 격발을 증가시킨다. 주스와 함께 한 음조가 흘러나오는 실험을 반복하였더니, 원숭이는 그 음조에서 주스를 기대하도록 학습하였다. 그는 그 관련 뉴런들의 반응을 통해서, 원숭이의 학습에서 그 음조가 주스를 예보하고 있음을 추적할 수 있었다. 구체적으로 말해서, 그 **음조를 들려주면** 도파민계 뉴런은 격발률을 증가시키는데, 이것은 그 보상의 출현을 **예보한다.** 또한 기대했을 때 그 보상이 나타나지 않으면, **그 보상이 나타났어야 하는 시간**에 그 뉴런 활동이 기준 아래로 현격히 내려간다(그림 8.5를 보라).

이러한 뉴런들은 보상 시스템의 일부라고 믿어졌다. 그 뉴런들은 중뇌(midbrain)영역(복측피개영역(ventral tegmental area, VTA))과 흑질(substantia nigra)에서 발생하며, 넓은 영역으로부터 투사를 받아들인다. 아마도 그 입력은 뜻밖의 신호(surprise signal)을 표현하는 것으로 믿어지는데, 그 입력이 현재의 감각신호와 바로 이전의 감각신호 사이의 차이 정도를 반영하기 때문이다. 그 도파민계 뉴런은 매우 넓게 분산되어 뇌의 많은 영역들로 투사하며, 그 영역들은 목표-지향적 행동과 동기에 관여하는 영역들로, 선조체(striatum), 측중격핵(nucleus acumbens), **전전두피질**(prefrontal cortex) 등이 포함된다. 특히 전전두피질은 3장에서 살펴보았듯이 정서 균형(emotion valence)과 행동 선택에서 중

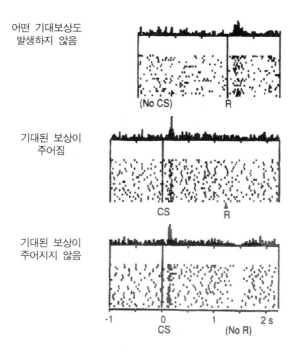

어떤 기대보상도
발생하지 않음

(No CS)　　　　R

기대된 보상이
주어짐

CS　　　　R

기대된 보상이
주어지지 않음

-1　　　　0　　　　1　　　　2 s
　　　　CS　　(No R)

그림 8.5 영장류 도파민 시스템의 예측 뉴런들. 각 패널은 과제 중에 긴장한 영장류의 개별 도파민 뉴런에서 얻은 전기적 기록을 보여준다. 그 과제에서 감각신호는 주스 보상을 전달하고 1초 후에 나타났다. 각 점들은 활동전위(action potential)의 발생이며, 각 수평 열의 점들은 감각신호와 보상에 대한 단일 표상을 표현한다. 각 패널 위의 막대그래프는 특정 '순간 동안(time bin)'의 활동전위 전체 숫자이다. **상부 패널**: 순박한 원숭이의 감각신호 표상은 활동전위 산출에서 어떤 변화도 일으키지 않는다. 그러나 주스 보상의 전달은 그 격발률에서 일시적인 증가를 일으켰다. **중간 패널**: 감각신호 표상은 극파 발생의 일시적 증가를 일으켰지만, 그 보상의 전달은 격발률에서 어떤 변화도 일으키지 못했다. **하부 패널**: 다음 사항만 제외하고 중간 패널과 마찬가지다. 그 보상이 앞의 시도로부터 계산되어 전달되어야 했지만, 만약 그 보상이 전달되지 않았다면, 그 도파민 뉴런은 격발을 멈출 것이다. 그것은 다음과 같이 해석된다. 그 뉴런은 가장 최초의 예측 감각신호에 의해 제공된 정보를 이용하여, 그 시간과 미래 보상의 크기를 예측했다. [약어] CS: 조건화된 자극(conditioned stimulus), R: 일차 보상(primary reward). (Schultz, Dayan, Montague 1997)

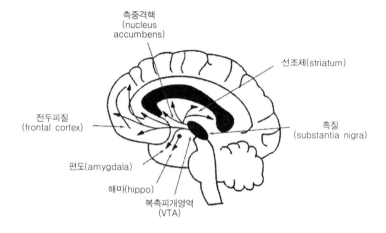

전두피질
(frontal cortex)

측중격핵
(nucleus
accumbens)

선조체(striatum)

흑질
(substantia nigra)

편도(amygdala)

해마(hippo)

복측피개영역
(VTA)

그림 8.6 인간 뇌의 주요 도파민계 경로(dopaminergic tracts)의 도식적 표현. [약어] VTA: 복측피개영역(ventral tegmental area), hippo: 해마(hippocampus).

요한 역할을 하는 것으로 알려져 있다(그림 8.6). 따라서 제안되는 가설은 이렇다. 도파민이 그러한 (전전두피질과 같은) 뉴런들의 가소성을 조절하여 행동을 결정하게 한다.

집중적 연구를 통해 드러나는바, 이러한 도파민계 뉴런들은 정말로 재강화 학습에 관여한다. 1950년대에, 칼텍(Cal Tech)의 제임스 올즈(James Olds)와 피터 밀너(Peter Milner)는 한 실험장치를 고안했는데, 자유롭게 움직이는 쥐가 레버를 눌러 뇌에 이식된 전극을 통해 작은 전압을 받을 수 있게 하였다. 전극의 위치에 따라서, 쥐들은 레버를 눌러 스스로 자극되도록 빠르게 학습하였다. 그 행동에 대한 유일한 재강화 보상은 그 뉴런의 자극에 의해 인과되는 즐거움이다. 특정한 위치, 예를 들어, 선조체, 복측피개영역 등과 같은 위치에서, 그 쥐들은 매우 즐거운 자기-자극을 발견하였으며, 그래서 음식, 짝짓기, 물 등을 외면하고 계속적으로 그 레버를 눌러댔다. 가장 최근에서야, 기능적 자기공명영상(fMRI)을 이용하여 어느 특정 영역이 재강화 학습 동안에 특별히 활동하는지 알아볼 수 있었다.11) 그 실험 결과는 중뇌 도파민 시스템의 활동이 영역마다 다르게 증가하는 것을 보여주었다. 이것은 아마, 다른 동물들의 경우와 마찬가지로, 인간 재강화 학습에서도 공통적 특징을 보일 것이라고 추정하게 한다.

추가적인 증거가 드러났는데, 복측피개영역과 흑질의 도파민 뉴런들은 보상과 즐거운 느낌을 중재하며, 그 예측 오류 신호를 [행동] 선택을 담당하는 영역으로 보낸다. 도파민 활동을 막는 물질을 주사할 경우 동물들은 재강화 학습에 장애를 보이며, 코카인(cocaine)과 암페타민(amphetamine)과 같은 중독성 물질은 도파민 수준을 증가시킨다. 또한 주목해야 할 것으로, 복측피개영역 뉴런들은 **양의**(positive) 보상에 예측/오류 양태를 보여주지만, 그 반대 자극에는 그렇지 못하다. 다음 단원에서 보게 될 것이지만, 특정 뇌 영역이 **음의**(negative) 재강화 학습을 중재하는 것으로 나타나기도 한다.

5. 공포 조건화와 편도

편도(amygdala)는 여러 자극들을 불쾌한 것으로 평가하는 일에서 중심 역할을 한다. 편도를 제거한 동물들은, 어떤 (유해하지 않은) 자극이 혐오스러운 자극을 예보하는 것을 학습할 수 없으며, 따라서 그 혐오스러운 자극을 회피하도록 학습할 수도 없다. 예를 들어, 편도제거 동물은, 어떤 음조와 같은 하나의 사건이 자신의 다리에 전기충격을 주는 것과 같은 불쾌한 사건을 예보한다는 것을 학습할 수 없다. 정상 동물과 다르게, 그러한 동물들은 그 음조 소리가 났을 때 탈출하여 그 불쾌한 사건을 피할 수 있도록 학습하지 못한다(그림 8.7).

공포 조건화를 위해서 편도 구조가 필요하다는 것은, 공포 조건화 동안에 편도에서 어떤 특정한 변화가 일어난다는 것을 시사한다. 편도에서 특정한 변화가 발견될 수 있을까? 정말 그렇다. 편도는 평범한 영역이 아니며, 수많은 특성화된 하부 영역들로 구성되어 있다(그림 8.8). 더욱 제한된 절제 연구를 통해서 다음이 드러난다. 공포 조건화에 대한 세포 수준에서의 설명과 관련된 하부 영역은 외측편도(lateral

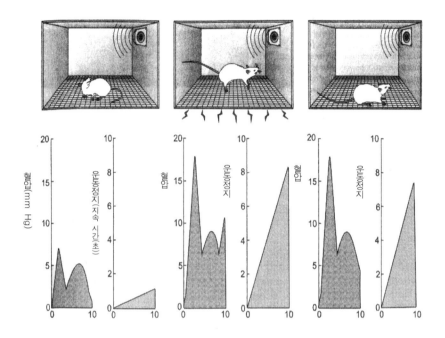

그림 8.7 고전적 공포 조건화(classical fear conditioning)는 어떤 소리를 들려주면서 동시에 쥐의 발에 약한 전기자극을 주는 방식으로 증명될 수 있다. 한 시도에서는, 쥐에게 특정 소리를 들려주면(왼쪽 패널), 상대적으로 그 동물의 혈압과 행동패턴에 거의 효과가 나타나지 않는다. 다음 시도에서는, 동일한 소리를 들려주며 발에 전기충격을 관련시킨다(가운데 패널). 그렇게 몇 번의 시도를 하면 쥐의 혈압이 상승하고 그 동물은 오싹해한다. 그 소리를 다시 들려주면 그 쥐는 소리가 나는 동안 움직이지 않는다. 그렇게 그 쥐는 공포 조건화되었다. 그 조건화를 만든 후에, 이번에는 오로지 소리만을 제공한다. 그러면 소리와 전기충격을 동시에 주었을 경우에 일어났던 것과 유사하게, 혈압이 상승하고 오싹해하는 생리학적 변화가 일어난다(오른쪽 패널). (LeDoux 1994)

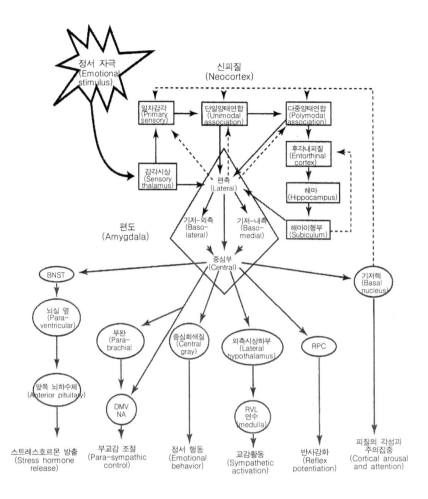

그림 8.8 조건화된 공포에 관여된 신경회로 모델. 계층적으로 들어오는 감각 정보가 편도의 외측핵(lateral nucleus)에 집중된다. 편도 내부 회로(intra-amygdala circuitry)를 통해서, 외측핵의 출력은 중심핵(central nucleus)으로 전달되며, 그곳은 정서반응 표현에 관여되는 다양한 효과적 시스템들을 활성화시킨다. 전방위입력 (feedforward) 투사는 실선으로 표시되었으며, 되먹임 투사는 점선으로 표시되었다. [약어] BNST: 선조 말단의 침상핵(bed nucleus of the stria terminalis), DMV: 미주 신경의 배측운동핵(dorsal motor nucleus of the vagus), NA: 의문핵(nucleus ambiguus), RPC: 망상체교미핵(nucleus reticularis pontis caudalis), RVL: 연수의 부리배외 측핵(medulla, rostral ventrolateral nuclei of the medulla). (LeDoux 1994)

amygdala, LA)이다. 이 외측편도 내에 작은 배측 하부 영역(dorsal sub-region)이 있으며, 그곳은 공포 조건화의 서로 다른 역할을 위한 (구분되는) 두 세포집단을 담고 있다.

집단 (A)의 세포들은 학습 초기 단계에서 시냅스 강도의 (빠르고 일시적인) 변화를 보여준다. 집단 (B)의 세포들은 그보다 느리게 변화하며, 그 수정은 더욱 지속적이다. 더 많은 조작(실험)에 따르면, 양쪽 모두의 경우에, 비록 명확한 메커니즘에 의해 중재되기는 하지만, 학습은 헤브 규칙(Hebbian)을 따른다. 유형 (A)의 세포들은, 흥분성 신경전달물질 글루타민(glutamate)이 결합하는, 여러 유형의 수용기 채널을 갖는다. 한 유형(AMPA 수용기)은 글루타민이 결합할 때마다 열리며, 따라서 한 세포로부터 다른 세포로 작은 신호를 전달하며, 수용하는 세포가 탈분극하게 만든다.

다른 단백질 채널(NMDA 수용기)은 가소성에서 중요한 역할을 한다. (우리가 485쪽에서 살펴보았듯이, 초기 발달 동안에 NMDA 또한 선구세포 스케줄(precursor-cell schedules)을 조절하는 일에 개입한다.) 이 수용기는 **전압 감응적**(voltage sensitive)이며, 이것은 다음 두 일차 조건들이 만족되지 않는다면 그 수용기가 열리지 않을 것임을 의미한다. (1) 신경전달물질 글루타민이 그 수용기에 결합하며, **그리고** (2) 그 [수용기] 막은 (전형적으로 두 번째 자원에 의해서) 항상 약간 탈분극되어 있어야만 한다. 이러한 사건들의 연합은, 유형 A 세포가 두 **명확한 입력**을 수용할 경우에, 정상적으로 일어난다. 즉, 한 재원(음조)으로부터 해롭지 않은 자극이 들어오고, 그 무렵에 다른 재원(전기충격)으로부터 오는 강한 자극을 수용할 경우이다(그림 8.12). 이러한 두 사건이 아주 짧은 시간 내에 일어날 때, "해롭지 않은 연결"에서 NMDA 채널이 열리며, 그 상태를 약 100-200밀리초 동안 유지한다. 그 열림이 실제로 마그네슘 이온을 방출하고 칼슘 이온을 그 세포 내로 끌어들이는 **단백질 모양의** 변화이다(그림 8.9).

칼슘 이온이 NMDA 수용기를 통해 일단 세포 내로 들어오면, 무해한 자극에 대한 세포의 반응을 상향조정하게 만드는 사건들이 연이어

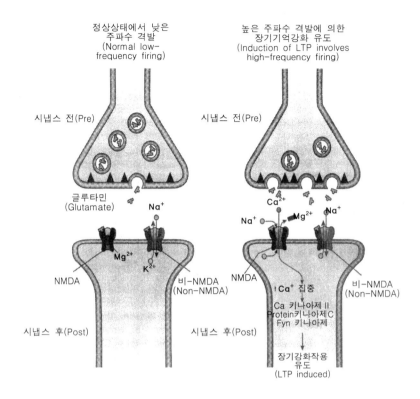

정상상태에서 낮은
주파수 격발
(Normal low-
frequency firing)

높은 주파수 격발에 의한
장기기억강화 유도
(Induction of LTP involves
high-frequency firing)

시냅스 전(Pre)

시냅스 전(Pre)

글루타민
(Glutamate)

Na^+

Ca^{2+}

Na^+ Mg^{2+} Na^+

Mg^{2+}

K^{2+}

NMDA

비-NMDA
(Non-NMDA)

NMDA

비-NMDA
(Non-NMDA)

Ca^+ 집중

Ca 키나아제 II
Protein키나아제C
Fyn 키나아제

시냅스 후(Post)

시냅스 후(Post)

장기강화작용
유도
(LTP induced)

그림 8.9 장기기억강화(long-term potentiation, LTP)로 알려진, 신경 가소성의 형
태 유도에서 NMDA 수용기의 역할. 왼쪽: 정상 상태의 시냅스 전달 과정에서, 시
냅스후 뉴런이 낮은 빈도로 격발하면, NMDA 채널이 Mg^{2+} 이온에 의해 막힌 상
태가 된다. Na^+ 이온과 K^+ 이온이 비(non)-NMDA 채널로 여전히 안으로 들어올
수 있어, 일상적 시냅스 전달을 중재한다. 오른쪽: 시냅스후 뉴런이 높은 빈도로
격발하고, 시냅스후 세포막의 NMDA 수용기 채널을 개방할 정도로 충분히 탈분극
하면, 칼슘 이온이 세포 내로 들어오도록 하여, 장기기억강화(LTP)가 유도된다.
(Squire and Kandel 1999에 근거하여)

발생한다. 따라서 차후의 경우에, 무해한 사건이 역겨운 사건 없이도 일어날 때, 집단 A 세포들은 마치 그 역겨운 자극이 일어났던 것처럼 거의 그렇게 반응한다. 시냅스를 강화하는 이러한 인과적 순서는 **장기기억강화**(long-term potentiation), 또는 LTP로 알려져 있다. 이 작용의 일반적 성격은 시냅스후 세포의 응답이 강화되는(지속되는) 것이다. 그 효과는 몇 시간 동안 지속될 수 있다. 그 작용을 일으키는 전형적 조건은 실험적으로 단일 입력 세포로부터 연속적 입력을 주거나, 또는 강한 입력을 주는 것이다. NMDA 수용기는 어떤 세포에서 장기기억강화를 중재하지만, 모든 세포에서 그러한 것은 아니다(그림 8.10).

놀랍게도, 장기기억강화(LTP)를 담당하는 중요한 요소는 **시냅스후** 부분이다. 극파가 축삭 말단에 도달하면, 시냅스후 부분은 신경전달물질이 방출될 가능성을 증가시키도록(즉, 신뢰성을 높이도록) 한다. 시냅스후 세포가 보내는 신호는, 산화질소(nitric oxide, NO)를 방출하는 방식으로, 시냅스전 세포가 신경전달물질 방출의 가능성을 상향조정하도록 한다(그림 8.11). 위에서 주목하였듯이, 그 방출 가능성의 변화는 수백 밀리초 정도에 성취될 수 있다. [쥐의 공포 조건화 실험에서] 음조가 충격과 분리되었을 때, 장기기억강화는 나타나지 않는다. (심지어 시냅스전 세포가 신호를 보내지 않았음에도 불구하고, 만약 그 시냅스후 세포가 반응한다면 그에 따라서 시냅스후 감응성(responsivity)은 낮아진다. 이러한 효과를 **장기기억약화**(long-term depression, LTD)라고 부른다.) 결국, 외측편도의 배측 영역의 유형 A 세포에서, 우리는 NMDA 수용기가 장기기억강화에 의해 중재되는 것을 본다.

유형 B 세포들은 어떠한가? 그것들이 더욱 영구적 변화를 드러내는가? 유형 A 세포의 전형적 NMDA 수용기 대신에, B 세포들은 시냅스의 강화를 촉발하도록 전압제어 칼슘 채널(voltage-gated calcium channel)을 이용한다. NMDA 수용기들과 마찬가지로, 이러한 수용기들은 가소성 과제를 수행한다. 유형 A 세포들에서처럼, 그 수용기들이 열리기 위해서는 여러 입력들의 협동이 필요하지만, 그 수용기들이 열리고 더욱 그 세포를 탈분극하면, 뚜렷한 대량폭발이 계속 일어나며, 궁극적

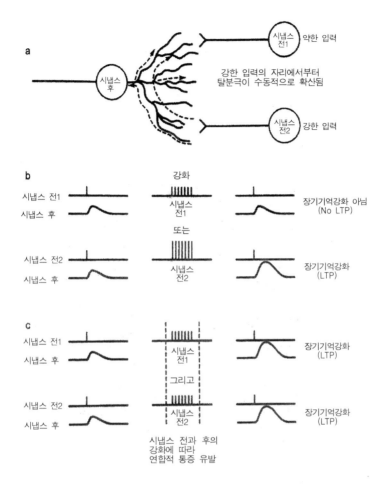

그림 8.10 연합 장기기억강화. a: 강하고 약한 시냅스 입력 사이에 공간적 관계를 묘사한 도식적 그림. b: 강한 입력 자극이 장기기억강화를 일으키지만, 약한 입력 만의 자극이 그렇게 하지는 못한다. c: 강하고 약한 입력들이 동반되면, 강한 입력에 의해 만들어진 탈분극이 약한 입력 쪽으로 퍼져나가, 장기기억강화의 유도에 기여하게 된다. (Levitan and Kaczmarek 1991)

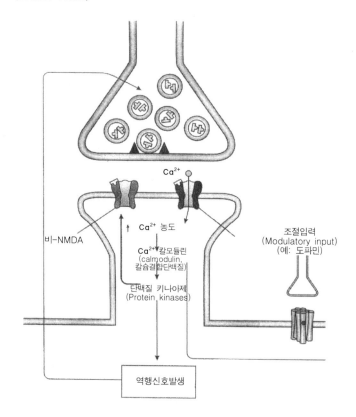

단기기억
(SHORT-TERM)

Ca²⁺

비-NMDA

↑ Ca²⁺ 농도

Ca²⁺ 칼모듈린
(calmodulin,
칼슘결합단백질)

단백질 키나아제
(Protein kinases)

조절입력
(Modulatory input)
(예: 도파민)

역행신호발생

그림 8.11 장기기억강화(LTP)의 기초 메커니즘. 충분한 탈분극이 시냅스후 세포의 NMDA 채널을 열면, Ca²⁺가 시냅스후 세포로 유입되고, 단백질 키나아제(kinases)가 활성된다. Ca²⁺ 유입이 비(non)-NMDA 수용기에 작용하여, 시냅스후 세포를 변화시키고, 또한 시냅스전 세포로 신호를 돌려보내어, 더욱 많은 전달물질을 방출하게 한다. 그러한 역행 신호들 중 하나가 산화질소(nitric oxide, NO)로 알려져 있다. (Squire and Kandel 1999에 기초하여)

으로는 유전자 표현을 건드려 단백질 합성을 유도한다. 그러므로 그 효과는 더욱 영속적이며, 그 하부의 변화는 아마도, 단지 전달물질 방출 가능성의 조정이라기보다, 구조적인 변화이다.

우리는 [하던 이야기를] 잠시 멈추고, 이러한 발견들이 어떻게 얻어졌는지 돌아볼 필요가 있다. 사람들은 공포 조건화의 가소성에 대해서 다음과 같이 정교하게 한 발씩 추적하였다. **충격을 예측하는 동물 능력의 행동 변화**에서 시작하여, 다음은 특정 뇌 **구조**(외측편도)로, 그리고 다음에는 공포 조건화에 관련된 외측편도의 아주 정교한 **하부 영역**들로, 그리고 다음에는 서로 다른 계획에 따라서 시냅스 가중치가 수정되는 뚜렷한 두 세포 **집단들**(배외측편도)로, 그리고 다음에는 그러한 두 세포 집단들을 구분하는 두 특별한 **전압감응수용기단백질**(voltage sensitive receptor proteins)로 추적했던 것이다. 그렇게 해서 한(NMDA) 유형이 단기기억을 중재한다는 것을 밝혀내고, 다른 유형(전압제어 칼슘 채널)이 장기기억강화를 위해 기억을 통합하는 과정의 일부분으로 유전자 발현을 유도한다는 것을 밝혀내었다. 이렇게 그 발견의 행보는 동물행동의 추적에서 출발하여, 마침내 특정 단백질과 분자 수준의 변화에까지 이르게 되었다.

공포 조건화 연구는 주로 쥐를 대상으로 실험되어왔다. 그러나 5장에서 주목하였듯이, 인간의 경우에 아주 드문 질병, 즉 우르바흐 비테 병(Urbach-Vitae, 편도불능증)은 양측 편도의 위축(atrophy)을 일으키며, 그 위축으로 인간에서 편도의 파괴 효과에 대한 연구가 이루어질 수 있었다. 신경과학자 조세프 르 두스(Joseph Le Doux)는 그 질병을 가진 여성을 연구했다. 편도-제거 쥐의 경우와 마찬가지로, 그 환자는 새로운 공포 조건화된 반응을 보여주지 못한다. 정상 피검자의 경우에, 만약 텔레비전 스크린에 무해한 푸른 사각형을 보여주고 몇 초 후 손에 가벼운 충격을 작용시키면, 단지 몇 번의 시도만으로도 그 피검자는 푸른 사각형을 볼 때 두려운 반응을 보여준다. 다른 고려에서도 실험을 해보았는데, 그 환자는 정상인이 보여주는 두려움의 반응을 보여주지 못했다. 그녀는 가벼운 충격 자체에 대해 정상적으로 반응했지만,

정상인들이 '푸른색/충격'을 쌍으로 경험할 때 전형적으로 보여주는, 무해 자극에 대한 조건화된 반응을 전혀 보여주지 않았다. 맥박 수가 전혀 상승하지 않았으며, 땀을 흘리지도 않았고, 무해 자극의 출현을 의식하는 어떤 느낌도 갖지 않았다. 질문을 해보았더니, 푸른 사각형을 본 후에 어떤 불쾌한 일이 일어날 것이라는 느낌이 들지 않는다고 그녀는 대답했다. 그러나 흥미롭게도, 여러 번의 실험에서 그녀는 [두려움을] 어느 정도 이해할 수 있었는데, 그것은, 어느 두려운 느낌과 무관하게, 무해한 사건과 불쾌한 사건 사이에 예측적 연결(즉, 관련성)이 있다는 지적 추론에 근거해서, 그녀가 일정 수준 이해하는 것을 보여준 것이다.

이 장은 다음 질문에 대한 대답을 찾아보는 것이다. 지식이 어디에서 오는가? 우리가 어떻게 세계를 표상하는가? 해로운 자극 발생을 예보하는 사건들을 재인하도록(recognize) 학습함으로써, 그 해로운 자극을 회피할 줄 아는 학습은 세계에 관한 학습의 중요한 부분이다. 지금까지 살펴보았듯이, 신경과학은 뇌 조직의 다양한 수준에서 일어나는 학습의 변화를 추적함으로써, 지식이 어디에서 오는지, 그리고 우리가 세계를 어떻게 표현하는지에 대한 대답 가능성을 이제 드러내기 시작했다.

다른 학습능력으로, 신경과학이 증명하고 있는 어떤 메커니즘이 있는가? 그렇다. 작업기억(working memory)은, 행동으로 옮기기에 적절한 시간이 될 때까지 정보를 유지하는 것으로, 신경 수준에서 일어나는 정보처리의 다른 능력이다(그림 8.12, 그림 8.13). 이 능력은 특별히 은밀한데, 앎(awareness)과 작업기억 사이의 연결 가능성을 드러내기 때문이다.12)

한 사람의 일생 동안의 사건들에 대한 회상은 인지신경과학이 우리의 이해를 일보 전진하도록 만든 또 다른 영역이다. 앞으로 살펴보게 될 것으로, 삶의 일화들을 회상하기 위한 능력은, 작업기억이나 공포 조건화를 지원하는 부분과는 다른, 신경구조에 의존한다.

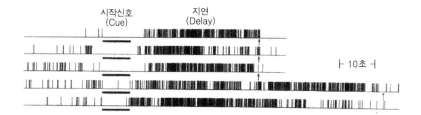

시작신호
(Cue)

지연
(Delay)

⊢ 10초 ⊣

그림 8.12 고전적 지연-반응 과제(classical delayed-response task)의 5회 시도 동안 원숭이 전전두엽 세포의 방전. 화살표는 기억화 시기(memorization period, 지연)의 끝 부분에서 원숭이 반응을 표시한다. 그 세포가 그 신호를 표상하는 동안에 억제되지만, 기억화 동안(위의 세 번 시도에서 30초, 아래 두 번 시도에서 60초) 내내 지속적으로 활성화된다는 것을 주목하라. (Fuster 1973)

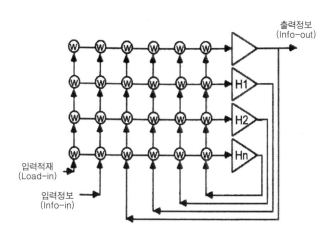

출력정보
(Info-out)

H1

H2

Hn

입력적재
(Load-in)

입력정보
(Info-in)

그림 8.13 단기활동성 기억(short-term active memory) 모델의 구조. 이상화된 각 유닛들의 세포체는 오른쪽에 삼각형으로 표현되었고, 그 입력 수상돌기는 왼쪽에 보여주며, 임의의 강도 또는 가중치(w)들이 줄지어 시냅스 접촉을 이루고 있다. 출력 유닛은 오른쪽 위의 빈 삼각형이다. 아래쪽 삼각형들(H1, H2, Hn)은 은닉 유닛들을 나타내며, 그 유닛들은 그물망 내에 변동자료들(transactions)을 중재하며, 어느 임의시간이라도 그것이 받는 입력과 앞서 성취된(앞서 훈련된) 기능적 구조(functional architecture)에 따라서 출력을 결정한다. (Zipser et al. 1993)

6. 서술적 기억과 해마 구조

우리는 자전거를 어떻게 타는지 또는 트럭의 나사를 어떻게 조이는지 등과 같은 여러 기술들을 습득할 수 있다. 그러한 기술들에 대한 기억을 절차적 기억(procedural memory)이라고 부른다. 약한 충격이 푸른 사각형 출현 이후에 뒤따를 것이라는 지식(공포 조건화)은 분명 그러한 종류의 지식이다. 이러한 지식들은, 당신이 여섯 살 생일날 자전거를 선물받았거나 또는 오늘 아침에 당신의 차를 어디에 주차했는지 등과 같이, 누군가의 일생 동안에 일어난 특정한 사건들에 대한 기억과는 대조된다.

사건들과 일화들에 대한 의식적 회상을 서술적 기억(declarative memory)이라 부른다. [역자: 이것을 '선언적 기억'이라고 번역해도 좋겠다. 그러나 "or"을 포함하는 선언문(disjunctive sentence)과 혼동을 피하기 위해 '서술적 기억'으로 번역한다.] 사람들은 과거의 경험에 관해서 무엇을 기억하는지 말할 수 있거나 또는 "서술(declare, 명확히 보고)"할 수 있다. 이것을 또한 명시적 기억(explicit memory) 또는 의식적 기억(conscious memory)이라고도 부른다. 일반적인 용어로, 이러한 능력은 사람들이 자신의 기억에 대해 말할 때 보통 일컬어진다. 회상된 사건들은 대부분 시간적으로 그리고 공간적으로 제시된다. 다시 말해서, 우리는, 예를 들어, 8학년[한국의 중학교 3학년] 스케이트 파티가 끝나고 난 후에 헛간에서 제리(Jerry)와 첫 키스한 것을 기억한다. 물론, 비록 우리가 어떤 사건을 더 오래 곰곰이 생각할수록 그것과 관련된 구체적인 것들을 더 많이 떠올릴 수는 있지만, 어떤 일화의 모든 상세한 것들을 의식적 회상으로 마음에 떠올리기는 어렵다.

개별 사건들에 대해 적절한 시간적 그리고 공간적 지칭을 하면서 회상할 수 있으려면 뇌의 여러 해마 구조들(hippocampal structures)이 있어야 한다. 이러한 구조에는, 해마(hippocampus), 후각내피질(entorhinal cortex), 후각주변피질(perirhinal cortex), 해마옆이랑(parahippocapal gyrus) 등이 포함된다(그림 8.14). 이러한 구조들이 서술적 기억을 위해

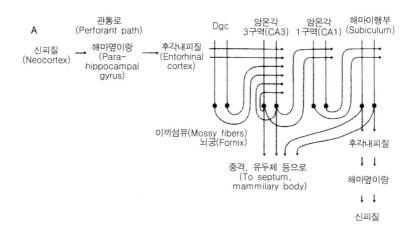

A

신피질
(Neocortex)
→
해마옆이랑
(Para-
hippocampal
gyrus)
→
후각내피질
(Entorhinal
cortex)

관통로
(Perforant path)

Dgc

암몬각
3구역(CA3)

암몬각
1구역(CA1)

해마이행부
(Subiculum)

이끼섬유(Mossy fibers)
뇌궁(Fornix)

중격, 유두체 등으로
(To septum,
mammilary body)

후각내피질

↓ ↓

해마옆이랑

↓ ↓

신피질

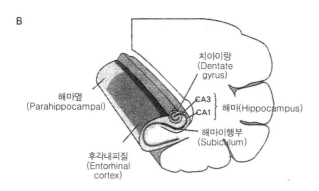

B

치아이랑
(Dentate
gyrus)

해마옆
(Parahippocampal)

CA3
CA1
} 해마(Hippocampus)

해마이행부
(Subiculum)

후각내피질
(Entorhinal
cortex)

그림 8.14   A. 해마 신경회로(hippocampal circuitry)의 도식적 설명. 신피질 (neocortex)로부터 들어오는 신호가 해마옆이랑(parahippocampal gyrus)과 후각내피 질(entorhinal cortex)을 통과하여 해마(hippocampus)에 도달하며, 해마로부터 나오는 출력은 해마옆이랑과 후각내피질을 통해서 신피질로 도달하는 것에 주목하라. 또 한 치아이랑(dentate gyrus)에서 투사되는 두 번째 입력 경로(관통로(perforant path)) 에 주목하라. 그 축삭은, 후각내축삭들(entorhinal axons)이 접촉하는 수평면 아래의, 암몬각 3구역(CA3) 뉴런들과 시냅스 접촉을 이루고 있다. 이러한 배치는 계산적 행렬(computational matrix)을 시사한다. (Rolls 1989) B. (위쪽은 부리 쪽(rostral)이 고, 아래쪽은 꼬리 쪽(caudal)으로) 두정 절단면(coronal section)에서 보이는, 뇌의 측두엽 내 해마의 위치를 보여주는 해부학적 도식적 그림. 이 그림에서 해마의 구 조들은 속을 볼 수 있기 위해 (보이는 단면(facing section)을 앞쪽(anterior)으로) 다 른 조직보다 돌출시켰다. (Kandel, Schwartz, and Jessel 2000에 근거하여)

서 중요하지만, 공포 조건화 또는 포지티브 재강화 학습(positive re-inforcement learning)을 위해서는 그렇지 않다는 것을 우리가 어떻게 알게 되었는가?

1950년대 중반에 캐나다 몬트리올 신경학 연구소(Montreal Neuro-logical Institute)의 두 학자, 브렌다 밀너와 윌리엄 스코빌(Brenda Milner and William Scoville)에 의해 획기적인 발견이 이루어졌다. 그들은 27세의 환자 H.M. 씨가 외과적 시술 이후 서술적 기억(declarative memory)을 완전히 상실한 것을 발견했다. 그럼에도 불구하고 그의 IQ는 정상이었으며, 그는 정상적으로 즉시적 기억(immediate memory)을 유지하였으며, 그의 일생에서 일어났던 사건들에 대한 (과거의) 정상적 기억을 가졌다. H.M 씨는 내측에 난치의 간질병(epilepsy)을 치료하기 위해서, 측두엽의 내측(medial aspect)에 양측 절개(bilateral surgery) 수술을 받았다. 유사한 장애의 환자 R.B. 씨가 1980년대에 다마지오 부부(the Damasios)에 의해 발견되었으며, 수십 년 동안 그들의 실험실에서 심도 있는 연구가 이루어졌다. (3장에서, 자기표상에 대한 자서전적 기억(autobiographical memory)의 중요성을 고려하면서, R.B.의 증세를 간략히 소개한 바 있다.13))

H.M. 씨는 방금 전에 일어난 사건, 예를 들어, 심지어 자신의 아버지가 죽었다는 소식을 듣는 것과 같은 충격적이며 중요한 사건일지라도 회상할 수 없었다. 이러한 능력의 상실은 **선행성 기억상실**(antero-grade amnesia)이라 부른다. 그는 수술 후에도 밀너(Milner)를 반복적으로 만났지만, 그녀를 만났다는 것을 기억할 수 없었으며, 심지어 그녀가 그 방에서 단지 몇 분 전에 나갔다는 것도 기억하지 못했다. 그는 수술에 앞서 수년 동안 사건들에 대한 **퇴행성 기억상실**(retrograde am-nesia)을 보여주기도 했지만, 그보다 먼 과거의 일들에 대해서는 잘 회상하였다. H.M. 씨의 결핍과 능력에 대한 더욱 심도 있는 실험에서, 그는 움직이는 표적을 연필로 계속 가리키거나 또는 거울로 자신의 손을 바라보면서 별자리를 찾는 등의 새로운 감각운동 기술(skill)을 배울 수 있다는 것이 드러났다. 그의 기술은 정상인 피검자들의 경우와 상

당히 유사하게 점진적으로 개선되었다. 그럼에도 불구하고, 그는 그 과제를 하였던 것과 그 기술을 배웠던 일에 대해 어떤 회상도 하지 못했다. 그는 "나는 이런 종류의 일은 원래부터 잘해요"라고 말하면서, [최근에] 새로 습득한 능력임을 부정했다.

이러한 자료의 축적은 다음 가설을 시사했다. 해마 구조는 새로운 것을 학습하는 일, 예를 들어, 새로운 집에서 화장실을 어떻게 찾을지를 위해서는 필수적이지만, 해마 구조가 온전할 경우에 굳건했던 일, 예를 들어, 당신의 옛 집에서 화장실을 어떻게 찾을지 또는 당신의 첫 키스에 대한 구체적인 사항들을 어떻게 찾아내는지와 같은, 정보검색을 위해서는 필수적이지 않다. 또한 그 구조는 기술을 습득하는 일, 예를 들어, 거울의 모습을 보며 따라 하기와 같은 일을 위해서도 필수적이지 않다. 여분의 손상되지 않은 능력들의 모습은 다음과 같은 근본적 의문들을 제기했다. 해마 구조가 정확히 무엇을 하는가? 만약 해마 구조의 세포가 경험을 기억하는 일을 중재한다면, 그러한 사실은 헤브의 가설을 위해 어떤 시험대가 될 수 있는가? 정보들이 어떻게 피질에 **영구적으로** 저장될 수 있으며, 그렇다면 기억에서 해마 구조의 역할은 무엇인가?

시스템과 행동의 수준에서부터 세포와 분자의 수준에 이르기까지, 모든 수준의 뇌 조직을 탐구하기 위해서, 연구실들은 해답을 탐색하기 시작했다. 동물 모델 개발은 매우 중요한데, 그것이 없었더라면 해부학과 생리학의 구체적 사항들은 여전히 탐색되지 못했을 것이다. 그렇지만 서술적 기억을 위한 동물 모델의 개발은 공포 조건화를 위한 모델 개발에 비해서 훨씬 어려울 수밖에 없다. 그것은 동물들에게 말로 지시할 수 없으며, 그것들은 자신들이 무엇을 기억하는지 말로 명확히 밝힐 수 없기 때문이다. 비언어적 기술들이 개발되었지만, 그것들이 서술적 기억의 실험을 위해 쓰일 수 있어야만 하며, 그러면서도 절차적 기억이나 또는 조건화와는 연루되지 않아야 했다. 그 문제를 실험적 고안에 의해 해결한다는 것은 결코 사소하게 여길 수 없는 정교함이 요구된다(그림 8.15).

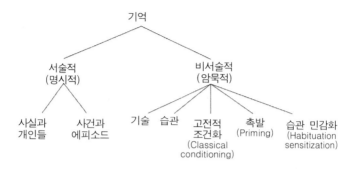

그림 8.15 기억의 분류. 서술적(명시적) 기억은 사실과 사건에 대한 의식적 회상을 가리키며, 내측 측두엽(medial temporal lobe) 피질의 통합 기능에 의존한다. 비-명시적(암묵적) 기억은 여러 능력들의 집적을 가리키며, 내측 측두엽과 무관하다. (Squire and Zola-Morgan 1991에 근거하여)

폭넓게 이용되는 실험은 에든버러(Edinburgh)의 리처드 모리스(Richard Morris)에 의해 개발된 교묘한 장치, 모리스 물-미로(Morris water maze)이다. 그 미로는 사실 혼탁한 물로 채워진 둥근 물통이며, 그 안에 작은 발판이 물에 잠겨 있다. 그 물통 안에서 쥐는 깊은 물을 피하기 위하여 물에 잠긴 작은 발판 위에 안전한 방도를 찾을 때까지 계속 수영하게 된다. 정상 쥐와 해마손상 쥐 모두 물통 안에서 출발지점이 동일하다면, 곧바로 발판을 찾아가도록 학습할 수 있다. 만약 **출발지점이 바뀌더라도**, 정상 쥐들은 발판을 바로 찾아갈 것이다. 반면에 해마손상 쥐는 매번 마치 그 과제가 전혀 새로운 것처럼 발판을 찾기 위해 물통 여기저기를 휘젓고 다닌다(그림 8.16).

만약 발판의 위치가 옮겨진다면, 정상 쥐들은 한 번의 시도로 어디로 가야 하는지 학습할 수 있지만, 해마손상 쥐들은 여러 번 시도를 해야 한다. 이렇게 위치에 대한 한 번 시도의 학습은 서술적 기억에 비유되며, 쥐에서 해마의 결손은 (비록 완벽하지는 않겠지만) 해마손상 환자들이 서술적 기억 결핍을 갖는 것에 비유된다. 게다가, 모리스 물-미로 실험의 이점은 그 결과가 계량적이라는 사실이다. 우리가 그 쥐의

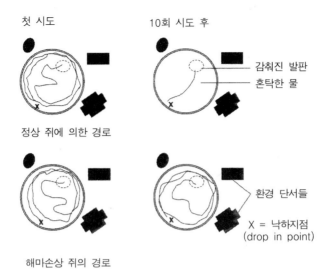

첫 시도　　　　　　　10회 시도 후

정상 쥐에 의한 경로

감춰진 발판
혼탁한 물

환경 단서들

X = 낙하지점
(drop in point)

해마손상 쥐의 경로

그림 8.16 쥐의 공간학습. A: 쥐들은 혼탁한 물로 채워진 (대략 어린아이가 놀 만한 크기와 모양의) 둥근 활동무대(모리스 물-미로)에 놓인다. 그 무대 자체는 특징들이 없지만, 주변 환경으로 창문, 방문, 조명시설 등등의 위치를 파악할 단서들이 있다. 작은 디딤 발판이 물 표면 바로 아래 놓인다. 쥐가 이 휴식 장소를 찾기 위해서 (위 그림에서 추적되듯이) 쥐들의 수영 패턴이 비디오카메라로 추적된다. 몇 번의 시도 후에 정상 쥐들은 매 시도마다 발판으로 바로 찾아간다. B: 해마가 절제되어 공간기억이 손상된 쥐들의 수영 패턴은 발판이 어디에 놓였는지 기억할 능력이 없음을 보여준다. (Purves et al. 2001에 근거하여)

탐색 경로를 비디오로 기록할 수 있으며, 따라서 대조군 쥐와 실험군 쥐 사이의 능력을 직접 비교할 수 있기 때문이다.

　극히 유용한 비공간적(nonspatial) 실험이 하버드(Harvard)의 하워드 에이켄바움(H. Eichenbaum)과 연구원들에 의해 개발되었다.[14] 그들은 모래가 담긴 여러 컵들에 버찌(cheerios)를 묻었다. 각각의 컵들은 코코아, 커피, 박하, 사과, 오렌지 등등의 서로 다른 냄새를 풍기게 하였다. 쥐들의 입장에서 냄새는 강력한 단서이다. 쥐들은 탁월하게 냄새를 구분할 수 있으며, 또한 냄새를 기억할 수 있어서, 냄새는 쥐들의 행동을 유도하게 한다. 에이켄바움이 보여준 실험 결과는 다음과 같다. 예를 들어, 커피 냄새 컵과 코코아 냄새 컵이 제공되면, 보상은 언제나 커피 냄새 컵이지만, 커피 냄새 컵과 박하 냄새 컵이 주어질 경우 보상은 언제나 박하 냄새 컵이다. 그리고 그러한 중첩된 짝의 확장 실험에서 다음을 학습했다. 박하 냄새와 오렌지 냄새의 경우 보상은 오렌지 냄새쪽이다. 쥐들은 그 보상된 컵의 모래를 파내는 것으로 자신의 지식을 보여주었다(그림 8.17).

이러한 교묘한 실험장치는 다음과 같은 흥미로운 의문에 대한 실험을 가능하게 해주었다. 쥐들이 저장된 사실적 지식들을 이용하여 새로운 상황을 처리해낼 수 있는가? 그것을 알아보기 위한 실험적 방법은 다음과 같다. 코코아/커피 쌍에서 보상이 커피 쪽이며, 커피/박하 쌍에서 보상이 박하 쪽이며, 박하/오렌지 쌍에서 보상이 오렌지 쪽이라는 것을 학습한 후에, 만약 그 쥐에게 친숙한 냄새의 **새로운 조합**, 즉 커피와 오렌지의 조합을 제공하면 어떨까? 그 쥐는 과거 지식과 함께 박하 냄새 컵을 선택하는 이행성(transitivity)의 논리를 이용할 수 있는가?[15] 정상 쥐들은 정말로 그렇게 하지만, 해마손상 쥐들은 우연적 수행을 할 뿐이다.

6.1. 해부학(아주 간단히)

신경 메커니즘으로 행동 데이터를 설명할 수 있다고 전제하는 관점에서, 일반적으로 우리는 뇌의 기초 해부학을 이해할 필요가 있으며, 특히 해마의 구조를 이해할 필요가 있다. 신경계 내 구조들을 아는 것은 메커니즘을 이해하는 기초이며, 구조에 대한 이해가 없이는 기능에 대한 깊은 이해가 불가능하다.

후각내, 후각주변, 해마옆 등의 피질들은 전두엽, 측두엽, 두정엽 등의 피질의 다중감각영역으로부터 들어오는 입력정보들을 모으는 자리이다. 해마는 이러한 영역들로부터 **입력정보**를 받으며, 주로는 후각내 피질로부터 받는다. 후각내피질은 정서와 주의집중에 관여하는 여러

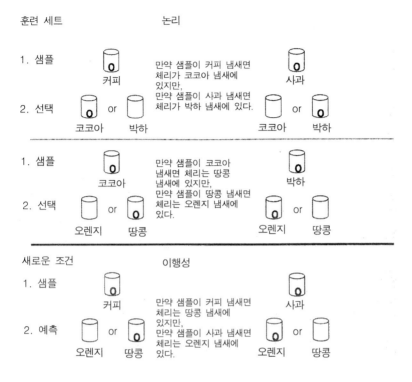

그림 8.17 해마와 그 역할에 대한 실험. 어떤 냄새가 보상을 예보하는지 추론하도록 표상을 저장한다는 가정에서 실험되었다. 이 실험에서 각 훈련 양상은 두 부분으로 나눠진다. 첫째로, 쥐에게 냄새 나는 샘플들을 제시한다. 둘째로, 체리를 추가로 얻기 위해 쥐는 다른 냄새가 나는 두 컵들 사이에서 선택해야만 하며, 그 샘플에서 어떤 냄새가 보상을 예보하는지 학습해야만 한다. 다음 단계의 훈련 양상은 새로운 예측 학습을 요구하지만, 현재 샘플의 냄새는 앞서 보상을 주었던 냄새이다. 끝으로, 과거 연합된 지식에 근거하여 어떤 냄새가 표상을 포함하는지를 쥐들이 예측할 수 있는지 아닌지 알아보는 새로운 상황으로 실험되었다. 샘플 냄새와 새로운 조건에서 보상을 예보하는 냄새 사이의 어떤 직접적 관련도 없다. 정상쥐는 이 과제를 성공하지만, 해마손상 쥐는 그렇게 하지 못했다. 이 실험은 공간적 학습의 문제를 다룬 것이 아니며, 앞선 경험으로부터 추론을 이끌어내는지의 문제를 다룬 것이다. (Bunsey and Eichenbaum 1996에 근거하여)

영역들과 상호 연결되어 있다. 해마의 출력은 해마이행부(subiculum)를 통해서 후각내피질로 다시 돌아간다. 이러한 폐쇄회로는, 그림 8.14 A에서 보여주었듯이 다음을 시사한다. 정보는 해마와 그 연합된 구조들을 통해서 반복적으로 순환되면서, 아마도 예행연습(rehearsal)에 관여하며, 아마도 정보에 대한 (정보를 다시 통과시키면서) 선택과 청소에 관여하며, 아마도 (부분적 단서에 대한 응답을 채우고 패턴을 완성하여) 재인기억(recognition memory)을 지원하는 것 같다.

후각내피질(EC)의 뉴런들은 해마의 암몬각 3구역(CA3 field)으로 매우 가지런하게 투사한다. 후각내피질은 관통로(perforant path)를 통해서 위쪽 치아 영역(dendritic region)으로 투사하며, 치아이랑(dentate gyrus, DG)을 통과하여 더 낮은 치아 영역으로 투사한다(그림 8.14를 다시 보라). 앞쪽 끝 경로 후각내피질 시냅스들은 NMDA 수용기를 가지며, 치아이랑 시냅스들은 그렇지 않다. 양자 모두는 장기기억강화(LTP)를 보여준다. 암몬각 3구역 피라미드 뉴런의 축삭들은 두 곳으로 뻗는다. (1) 그 축삭들은 스스로(재귀 측부(recurrent collaterals))에 투사하며 후각내피질과 치아이랑 연결 사이의 시냅스에도 투사한다. 또한 (2) 그 축삭들은 묶음으로 나뉘어, 한 묶음은 암몬각 1구역 뉴런의 위쪽 영역(설 수상돌기(apical dendrites))으로 투사하며, 다른 한 묶음은 아래쪽 영역(기저 수상돌기(basal dendrites))으로 투사한다. 이러한 시냅스들은 NMDA 수용기를 가지며 장기기억강화를 보여준다. 이렇게 질서정연한 신경해부학이 어떻게 서술적 기억을 가능하게 하는가? 이제 세포가 어떻게 반응하는지 알려주는 신경생리학에 대해서 이야기할 차례이다.

6.2. 신경생리학(아주 간단히)

7장에서 논의하였듯이, 어떤 쥐가 새로운 환경에 들어서면, 그 쥐가 방문하는 특정한 장소의 특정 세포들이 스스로를 귀착시켜서, 그 쥐가 선호하는 장소를 재방문할 때마다 격렬히 반응할 것이다. 어떤 세포는,

그 쥐가 그 환경에서 능동적으로 활동할 때마다, 언제나 그 선호되는 장소에 반응할 것이다. 어떤 세포는 어떤 환경 내의 특정 장소에 반응하도록 조율되어, 다른 환경의 관련 없는 [동일 특정] 장소에 반응할 것이다. 그 쥐가 다양한 환경들을 두루 여행함에 따라서, 그 세포는 자신이 있는 환경에 상대적인 선호를 보여준다. 종합하자면, 그 환경에 대한 공간적 배치는 해마 내부에 국소형태적으로 대응하지(topographically mapped) 않는다(그림 7.2를 다시 보라).

공간적 표상과 그 이상

비록 장소가 그 반응을 위한 필요조건이기는 하지만, 충분조건은 아니다. 그 쥐가 T-미로에서 (만약 먼저 시도에서 왼쪽이었다면, 이번에는 오른쪽이 되도록) 교대로 번갈아 선택하는 쪽에서 치즈 보상을 얻도록 훈련되는 경우를 가정해보자. 해마의 "장소세포(place cell)"는 그 쥐가 하나의 특정 장소와 왼쪽으로 가려는 계획을 가질 때 반응할 것이지만, 바로 그 동일한 장소임에도 오른쪽으로 가려는 계획을 가질 경우 반응하지 않을 것이다(Eichenbaum 1998). 해마의 세포는 정확히 무엇을 부호화할까? 다시 말해서, 해마의 세포가 무엇을 표상하는지를 규정하는, 그 매개변수공간의 차원들이 무엇일까? 계획과 장소일까? 계획과 시간 그리고 장소일까? 심지어 이러한 해마의 세포들이 무엇을 표상하고 있는지를 기술해줄 적절한 어휘를 우리가 가지고 있기는 할까?

학습요소: 암몬각 1구역(CA1)

유전적 기술을 이용하여, 토네가와(Tonegawa)와 그 연구원들은 해마의 특이 조직 영역의 NMDA 수용기를 선별적으로 차단하였다(Tsien et al. 1996 그리고 McHugh et al. 1996을 보라). 이러한 조치는 그 해마의 암몬각 1구역(CA1)에는 어떤 장기기억강화(LTP) 또는 장기기억약화

(LTD)도 없다는 것을 의미한다. 생쥐들의 경우에 아무리 정상이더라도, 단지 **암몬각 1구역**에 기능적 NMDA 수용기만 없으면, 그것들은 (모리스 물-미로와 같은) 공간적 과제를 학습할 수 없다.

학습요소: 암몬각 3구역(CA3)

생쥐들이 아무리 정상일지라도, 만약 암몬각 3구역(CA3) **피라미드 뉴런들**(pyramidal neurons)에 기능적 NMDA 수용기가 없다면 아주 다른 양태를 보여준다. 그것들은 공간적 과제를 **학습할 수 있다.** 그렇지만 만약 물통 주변의 하나 또는 그 이상의 시각적 단서들이 제거된다면, 그놈들의 수행이 쇠퇴한다. 그 단서들이 적으면 적을수록 그 수행은 더욱 나빠진다. 추가적으로 그 단상의 위치를 이동하고 나면, 그것들은 한 번의 시도로 새로운 디딤대의 위치를 학습할 수 없다. 정상 쥐들은 둘 모두를 쉽게 수행할 수 있다. 따라서 토네가와의 실험실에서 얻은 데이터가 시사하는 바는 이렇다. 서술적 기억은 해부학적으로 특정 영역에 의해 지원되는 여러 기능적 요소들로 세분될 수 있다. 우리가 인공신경망의 재귀(recurrence)에 관해 아는 것으로부터 다음과 같이 추정해도 될 것이다. 암몬각 3구역 피라미드 세포들의 재귀 폐회로(recurrent loops)는 아마도 패턴 완성에 기여하며, 따라서 그 세포들은 그 동물이 감소된 단서들을 가지고 디딤대의 위치에 관한 정보를 검색하기 위해 필수적이다. 암몬각 3구역 피라미드 세포들의 치아이랑(DG) 연결은 아마도 한 번 시도 학습을 위해 중요할 역할을 할 것이다.

기억강화는 시간이 걸린다.

기억상실 환자가 최근의 사건에 비해 오래된 기억들을 더 잘 회상한다는 것을 보여주는 인간 연구에 고무되어, 래리 스퀴어와 스튜어트 졸라(Larry Squire and Stuart Zola 1996)는 다음 의문을 가졌다. 만약 해마의 구조들이 새로운 사실을 학습하기 위해 필수적이라면, 기억 가능한 사실들에 노출된 이후 **얼마나 오래** 그 구조들이 (그 사실들을 기억에서 검색 가능하도록) 기능해야만 하는가? 이 물음은 해마 구조(형성체)들과 피질 구조들 사이의 기능적 관계에 대한 근본적 탐색이었으며, 매우 의미심장한 대답을 담고 있다. 원숭이의 경우에서 밝혀진 바에 따르면, 해마 구조들이 기억될 사건에 노출된 이후 7-10주 동안 그대로 방치된다면, 그 동물의 서술적 기억은 심각히 손실된다. 따라서 그것이 정상이다. 나아가서 인간의 데이터가 시사하는 바에 따르면, 정상 해마 구조들은 더 긴 기간을 위해서도 필수적일 것이다(그림 8.18 그리고 그림 8.19).

공간적 학습과 수면

매트 윌슨(Matt Wilson)과 연구원들(1994)은 다음을 보여주었다. 수면주기의 꿈꾸지 않는 국면[깊은 수면] 동안에 해마의 "위치세포들(place cells)"은, 마치 그 쥐가 깨어 있는 기간 동안에 보상을 탐색했던 미로를 실제로 달리고 있었을 때처럼, 반응한다. 비록 미심쩍은 부분이 있기는 하지만, 이러한 활동은 마치 반복연습을 시사하는 듯이 보인다. 인간에 대한 실험에서도 보여주는데, 수면 초기의 깊은 수면(deep sleep, 수면주기의 4단계)과 수면 후기의 꿈꾸는 수면(dreaming sleep)은 기술 습득(skill acquisition)을 위해 필수적이다. 더구나 학습작용이 일어나기 위해서는 깊은 수면과 꿈꾸는 수면은 훈련 후 30분 내에 일어나야만 한다. 이러한 한계를 지난 후에 다음 날의 만회 수면(catch-up sleep)은 [그것을] 보정해주지 못한다.16)

학습과 신경발생

성체(adults)에서 새로운 뉴런의 출생(신경발생(neurogenesis))은 후각 망울(olfactory bulb)과 해마에서 제한적으로 나타난다. 물론 이것도 확실히 알려진 것은 아니다. 해마에서 신경발생의 수준은 동물들이 흥

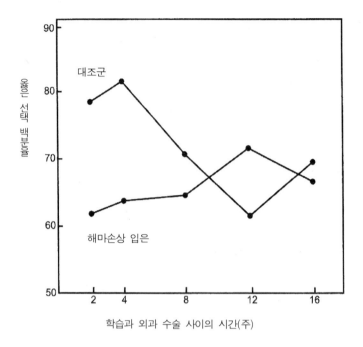

세로축: 옳은 선택 백분율

가로축 값: 2 4 8 12 16

가로축 제목: 학습과 외과 수술 사이의 시간(주)

그래프 내 레이블: 대조군, 해마손상 입은

그림 8.18 원숭이들에게 해마 제거 수술을 하고 2주일 후, 그것들은 최근 학습한 대상들을 기억하기 어려워한다. 그럼에도 여러 주일 전에 학습했던 대상에 대한 기억은 수술을 받지 않은 대조군 원숭이들의 기억처럼 정확했다. 우연적 수행도 (chance performance)는 동일하게 50퍼센트 옳았다. (Squire and Zola-Morgan 1991)

미로운 환경을 탐색할 때 증가하며, 스트레스, 지루한 환경, 우울할 때 등에서 감소한다. (새로운 세포들은 DNA 기반 티미딘(thymidine), 즉 브로모데옥시우리딘(bromodeoxyuridine)을 비유로 이름 붙여 규정될 수 있다. 그것이 세포복제 동안에 새로운 DNA와 혼합된다.) 이러한 새로운 뉴런들이 새로운 기억에서 무엇을 하는가? 엘리자베스 굴드 (Elizabeth Gould)와 연구원들(1999)이 최근에 보여준 바에 따르면, 해마에서 새로운 뉴런의 출생은 새로운 **추적 조건화**(trace conditioning), 즉 시간 간격으로 구분되는 사건들을 연상하는 학습에 중요하다. 그

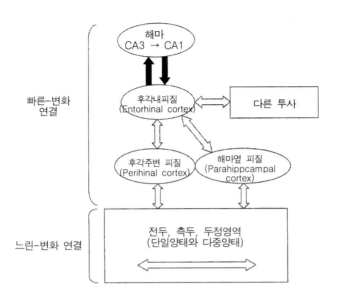

그림 8.19 정보는 해마 구조로부터 신피질 구조로 전달되어, 그곳에서 점진적으로 통합되고, 아마도 수상돌기의 성장에 의해 그 구조의 연결을 변화시킨다. 신피질과 해마 구조들 사이의 폐회로 경로는, 해마의 손실에 따라 시간적으로 달라지는 기억상실에 대한 자료와 함께, 다음을 시사한다. 해마는 지속적 입력을 제공함으로써, 그리고 (아마도 가장 중요한 것으로) 수면 중에 신피질에서 기억 통합을 안내한다.

새로운 뉴런들은 시간적으로 중첩되는(소위 지연 조건화(delay conditioning)) 사건들을 연상하는 학습에는 관련되지 않는 것으로 보인다. 지연 조건화의 연상학습은 아마도 해마가 아니라 편도에 의존하는 것 같다. 굴드 실험실은 이러한 효과들이 쥐의 해마에서 신경발생에 잘 조절된 간섭에 의해 일어난다는 것을 보여주었다.[17]

명백히 학습과 기억에 관련한 해마에 대한 이야기들이 급작스럽게 증가되고 있으며, 밀너(Milner)가 1950년대에 중반 (H.M. 씨가 수술 후에 학습할 수 있는 것이 무엇이고 학습할 수 없는 것이 무엇인지) 탐색했던 것보다, 훨씬 많은 것들이 지금 알려지고 있다. 그럼에도 불구하고, 남아 있는 의문들이 결코 적지 않다. 해마는 **정확히** 무엇을 하는가? 해마가 기억을 어떻게 강화시키는가? 어떤 메커니즘이 해마구조 외부의 신경망에서 기억의 강화를 담당하는가? 새로운 해마 뉴런들이 학습 역할을 담당하기 시작하려면 얼마나 잘 연결되어야만 하는가? 올바른 연결은 어떻게 성취되는가? 어찌하여 해마의 신경변화가 극심하게 일어나는가? 이러한 질문들은 앞으로 수십 년 내에 대답을 찾아야 할 질문들의 다만 일부에 불과하다.

7. 그물망이 어떻게 학습하는가: 간단히 살펴보기

7장에서 살펴보았듯이, 표상들은 그물망의 많은 뉴런들에 걸쳐 분산되어 있는 것으로 보인다. 코트렐 얼굴망(Cottrell's face net)과 같은 인공신경망들(ANNs)은 분산된 표상이 작동하는 하나의 보기를 제공할 도구가 되어왔으며, 따라서 뇌의 표상들이 실제 뉴런들 집단에 어떻게 분산되어야 하는지 보기를 제공하는 것이기도 하였다. 하나의 중요한 의문이 7장에서 제기되었지만 대답되지 않았는데, 그것은 다음과 같은 질문이다. 개별 시냅스 가중치들의 조정이 어떻게 뉴런 집단들에 걸쳐 적절하게 조율됨으로써, 뉴런 집단들이 지식을 내재화할 수 있는가? 예를 들어, 남성 얼굴과 여성 얼굴을 구별할 지식, 또는 윈스턴 처칠 (Winston Churchill)과 같은 얼굴을 알아볼 지식을 어떻게 가질 수 있는가? 짧게 말해서, 우리는 신경망이 어떻게 학습하는지 알고 싶은 것이다.

물론 가중치들은 뇌 내부에서 일일이 손으로 맞춰질 수는 없으며, 따라서 가중치들이 인공신경망 내에서도 일일이 맞춰질 수 없다. 관심 표상을 지원하기 위한 그 가중치들의 수가 엄청 많기 때문이다. 그러므로 우리는 자동으로 조율되는 (뇌에서 가능한) 가중치-조절 절차를 찾고 있다. 인공신경망들은 구조를 변화시킴으로써 그물망의 처리 유닛들이 의미를 갖게 하는 다양한 과정들을 창안하고, 탐색하고, 실험할 유용한 도구이다. 실제로 우리는 사실적 뉴런 집단들이 어떻게 그 가중치들을 조정하는지 알기 원하기 때문에, 인공신경망들에서 시험되는 모든 절차들은 궁극적으로 실제 신경계에서 실험되어야만 한다.

다양한 알고리즘들이 고안되어왔으며, 그 알고리즘들은 그물망의 연결가중치들을 조정하여, 자극 세트(set)의 속성들에 관한 지식을 내재화할 수 있다. 이러한 알고리즘들은, 아는 것이 없는 상태의 그물망의 가중치들을 무작위의 임의적 상태로 배열하여, 그 패턴의 연결가중치들이 정보를 내재화하도록 함으로써, 그 그물망이 입력신호들을 범주화하도록 하는데, 이것을 학습 알고리즘이라고 부른다. 자동적으로 가중치를 조정하는 학습 알고리즘은 기초적으로 두 종류, 즉 **지도 학습 알고리즘**(supervised learning algorithms)과 **비-지도 학습 알고리즘**(non-supervised learning algorithms)으로 나뉜다. 그 구분의 본질적 차이는 피드백과 관련된다. 다양한 지도 학습 알고리즘들은 그물망의 행동수행이 가중치 변화를 결정하도록 피드백을 사용하지만, 비-지도 학습 알고리즘들은 어떤 외부의 피드백도 사용하지 않는다.

지도 학습은 세 가지 요소에 의존하여 이루어진다. 입력신호, 그물망의 내부 동역학(internal dynamics), 가중치 조정 수행을 위한 평가 등이다. 비-지도 학습은 단지 두 가지에 의존하여 이루어진다. 입력신호 그리고 그물망의 내부 동역학 등이다. 그 어느 경우에도 학습 알고리즘의 핵심은 가중치 조성상태(weight configuration)이며, 그것이 세계의 무언가를 표상한다고 다음과 같은 의미에서 말할 수 있다. 어떤 가중치 조성상태가 입력벡터에 의해 활성화되면, 올바른 대답 또는 적절하게 올바른 대답이 그물망에 의해 산출된다는 의미에서 이다. 비록 비-지도 학습 알고리즘이 외부 피드백에 어떤 접촉도 하지 않지만, 그럼에도 불구하고 그것은 내부 오류를 피드백으로 활용할 수 있다. 그 피드백이 유기체의 외부에 있다면, 그 학습을 "지도(supervised)"라 말하며, 내부적으로 오류가 측정되면 그 학습을 "검토(monitored)"라 말한다 (그림 8.20).

예를 들어, 그물망이 다음 입력을 예측하도록 요청되는 경우를 가정

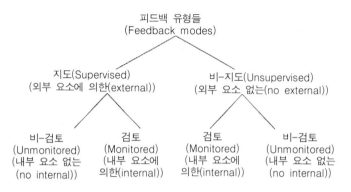

그림 8.20 피드백의 여러 전략들. (Churchland and Sejnowski 1992)

해보자. 그 그물망은 어떤 외부 피드백도 받지 않지만, 그 예측을 만들기 위해서 이전의 입력을 이용한다고 추정해보자. 다음 입력이 들어올 경우, 그 그물망은 예측된 입력과 실제 입력 사이의 불일치를 오류의 측정으로 이용할 수 있으며, 그 측정된 오류를 다음 예측 개선에 이용할 수 있다. 이것은 **비-지도이면서 검토된** 학습을 갖는 그물망의 사례이다. 더 일반적으로 말해서, 어쩌면 일관성(consistency) 또는 정합성(coherence)에 대한 내부 측정 역시 내부적으로 검토되어 내부 표상을 개선하도록 이용될 수도 있을 것이다.

 비-지도 학습을 이용하는 그물망들은, 자체의 가중치에 자극 영역들의 규칙성을 내재화하도록, 조성될 수도 있을 것이다. 예를 들어, 2층의 그물망 가중치들이 헤브 규칙에 따라 조정될 수 있으며, 따라서 점진적으로, 그 그물망은 외부 피드백 없이 그리고 오직 입력 데이터만 가지고 스스로 특징 A와 특징 B의 상관관계를 표상하도록 구조화될 수 있다. 단순한 그물망의 범위를 넘어서는 고차원의 통계적 문제들, 예를 들어 "{A, B, C, D}와 {EF, EH, GH}의 상관관계 설명"은 어떻게 가능하겠는가? 1차원 상관관계를 넘어서는 것은 상당히 바람직한데, 그것은 세계의 대응인과구조(mapping causal structure)가 고차원 통계학을 요구하기 때문이다. 고차원 문제들을 해결하기 위해서는, 단순한 2차원 구조, [즉 그물망]이 소위 **은닉 유닛**을 포함하도록 확장되어, 그 유닛이 외부 입력과 행동 출력 사이를 간섭토록 해야만 한다.

은닉 유닛 층이 고차원 정보들을 축출하도록 하는 능력은, 예를 들어, 본래적으로 입력유닛 수가 많은 감각 시스템의 경우에 특별히 가치가 있다. 입력층이 망막과 같은 2차원 배열에서, 또는 달팽이관처럼 1차원 배열에서, n개 유닛을 갖는 경우를 가정해보자. 만약 그 유닛들이 2진수(binary)를 갖는다면, 가능한 입력 패턴의 전체 수는 2^n이다. 사실상 뉴런들은 2진수가 아니라 다중 값을 가지며, 따라서 실제로 그 문제는 더 어렵다. 모든 패턴들(상태 조합들)이 동등하게 나타날 것이라 가정하고, 하나의 은닉 유닛이 정확히 하나의 패턴(예를 들어, H와 M은 상당히 상호관련이 있다)을 나타낸다고 가정해보자. 이것은 출력층의 어느 기능도 은닉 유닛들과의 적절한 연결에 의해서 표현하는 것을 가능하게 할 것이다. 문제는 (유닛의 수) n이 아주 커서, 예를 들어, 백만 개일 경우이다. 이러한 경우에 가능한 상태들의 수는 너무 커서 어떤 물리적 시스템도 그러한 모든 은닉 유닛들을 갖기 어려울 것이다. 그 문제가 부분적으로 해결될 수 있어 보이는데, 이 세계의 모든 입력 패턴들이 똑같지는 않을 것이며, 상당히 유사해 보이는 것들 중에 모든 것들이 그 동물에게 동등하게 관심거리는 아니다. 따라서 단지 모든 가능한 입력 패턴들 중에 작은 부분집합(subset, 부분적 특성)만이 은닉 유닛들에 의해 표상될 필요가 있다. [역자: 어떤 동물이라도 이 세상의 모든 특징들을 모두 표상할 필요는 없으며, 오직 자신의 관심사항들인 부분적 특성들만 표상하면 된다. 따라서 대상에 대한 모든 특징들 중에 오직 일부만 표상하기 위한 적은 입력 유닛들로 생존에 문제는 없다. 이러한 방식으로 신경계는 세계에 대한 효율성을 갖추었을 것이다. 예를 들어, 사람은 망막으로 가시광선의 특성들을 보는 것으로 충분하지만, 벌이라면 가시광선 영역보다 자외선 영역을 보는 것이 요구되며, 뱀의 소공은 단지 적외선 영역을 감지하는 기능만으로 신경계를 절약할 수 있을 것이다.]

따라서 은닉 유닛에 대한 문제는 다음과 같다. 어떤 특징들이 체계적으로 함께 작용하거나 또는 다른 방식으로 "연대되는지(cohorted)", 그리고 그러한 특징들 중에서 어느 것을 무시하고 또 어느 것을 고려하고 표상해야 하는지 등을 발견하는 일이다. 비-지도 학습의 수단(즉, 벌과 보상)에 의해서 그물망은 어떤 상관관계를 표상해야 하는지 배울 수 있다. 그 그물망이 작동함에 따라서 은닉 유닛들은 아마도 선형적 또는 비-선형적 기능 그 어느 쪽에 따른 상태에 할당될 수 있다. 만약 선형적이라면, **중요-요소 분석**(principal-component analysis)이라 불리는 긍정적 해결방안이 있다. 이러한 과정이 입력벡터집합에 최선의 선형적 접근이 되는 벡터 부분집합을 찾기 위해 이용된다. 비록 중요-요소 분석과 그 확장이 낮은 차수(order)의 통계학(lower-order statistics)을 위해 유용하긴 하지만, 세계의 많은 흥미로운 구조들은 오직 높은 차수의 통계학(high-order statistics)에 의해서만 규정될 수 있다. 결론적으로 우리는 높은 차수 특징들을 찾아줄 학습 알고리즘을 원한다. 예를 들어, 만약 명도(luminance)가 0-차수 속성으로 간주된다면, **주변경계**(boundaries)는 1-차수 속성의 사례가 될 것이며, 폐쇄(occlusion)와 3-차수 모습과 같은 주변경계의 **특징**은 높은 차수의 속성이 된다. 3차원 사물들 사이의 인과적 관계들은 더 높은 차수 속성들이라 할 것이다. 이러한 측면을 고려해보면, 적절한 가중치-조정 규칙을 찾는 일은 어려워 보인다. 단지 은닉 유닛들이 있기 때문에서가 아니라, 그 은닉 유닛들이 비-선형적이기 때문이며, 따라서 단지 시도와 오류 수정의 과정만으로는 그 목표에 이르지 못할 것이다. [그렇지만] 다행스럽게도 해결책은 있다.

독립-요소 분석(independent-component analysis, ICA)이란, 입력신호 자원이 알려지지 않았을 경우에, 그 입력신호의 독립적 자원들을 규정하기 위해 그 자체 신호들의 통계를 활용하는 하나의 기술(technique)이다. 독립-요소 분석은 원거리 소통의 많은 응용 프로그램과, EEG(뇌파검사) 기록과 같은 생의학적 자료들의 분석에 활용된다. 만약 하나의 시스템이 입력되는 신호 자원의 본성에 대해 극히 소박한 상태(naive,

미경험 상태)라면, 따라서 그 혼합된 입력신호의 매개변수 본성에 대해서도 그러하다면, 독립-요소 분석은 그 시스템이 매개변수공간의 정교한 선형적, 비-교차 축(nonorthogonal axes)을 찾게 해준다. 따라서 그 시스템은 맹목적 자원 분할을 할 수 있다. 예를 들어, 만약 당신이 전투현장의 탱크 지휘관으로서 야전에서 사격수에게 지시해야 하는 경우라면, 독립-요소 분석은 극한의 잡음 배경 소음 속에서도 목소리를 분리할 수 있다. 독립-요소 분석은 "세계"의 어떤 변수들이 통계적으로 독립적인지를 찾아내기 위해서, 1차수 통계뿐만 아니라 높은 차수의 통계를 이용한다. 대략적으로 말해서, 세계 내의 무엇이 그 정보를 일으키는 원인인지를 찾아내는 것이다. 상당히 그럴듯해 보이는 것으로, 신경계는 아마도 (다양한 발달단계에서 그리고 다양한 과제를 위해서) 독립-요소 분석 학습 알고리즘을 이용하며, 그것을 통해서 감각 말단으로부터 들어오는 쿵쾅거리고 윙윙거리는 혼란스런 소리신호들 속에서 의미를 만들어낼 것이다. 새로 태어난 동물은 아마도 하나의 시스템으로서 감각신호들의 재원에 관해 상당히 소박할 것이며, 따라서 그 시스템은 [앞으로 경험을 통해서] 매개변수공간의 축들을 찾아내야만 한다. 독립-요소 분석은 그것을 정확히 해낼 수 있다.

가중치 조정을 위한 (생물학적으로 납득될 만한) 독립-요소 분석 학습 알고리즘을 고안하는 일은 그 과제를 계산적으로 이루어내야만 한다는 것과 동시에 굉장한 도전이 아닐 수 없다. 다행스럽게 1995년 벨과 세흐노브스키는 우아하고 강력한 독립-요소 분석 학습 알고리즘을 발견하였다. 예를 들어, 그들의 학습 알고리즘은 그물망으로 하여금 얼굴-재인과 독순술(lip-reading) 문제를 해결할 수 있게 해준다. 신경생물학적 실재론의 관점에서, 그것은 상당한 성과가 아닐 수 없다. 왜냐하면, 그 학습 알고리즘은, 초기 시각피질의 안구-지배 원추세포와 같은 조직적 구조의 출현을 포함한, 실제 어느 정도의 생리학적 데이터의 근거를 가지기 때문이다.

비록 독립-요소 분석 학습 알고리즘에 대한 연구가 여전히 미숙아 상태에 있기는 하지만, 그것은 뉴런 집단의 가중치 조정(학습)이 어떤 원리에 의해서 조율되는지 의문을 밝혀줄 하나의 유력한 방책이다. 그 학습 알고리즘은 강력하지만, (다양한 이유에서) 그것이 전부는 아니다. 특별히 그 학습 알고리즘은 세계의 신호들에 대해 안정된 개연성 분산 (stable probability distribution)을 가정한다. 우리는 눈, 머리, 몸 전체 등 을 부단히 움직이기 때문에, 그 개연성 분산은 장기간 동안 안정적이 지 않다. 따라서 해야 할 연구가 아직 남아 있다. 그럼에도 불구하고, 그것들이 멈춰선 동안은 독립-요소 분석 학습 알고리즘이, 인공신경망 비관주의자들이 예측하는 것을 넘어, 우리를 상당히 먼 곳까지 안내해 줄 것이다.

지도-학습 알고리즘(supervised-learning algorithms)은, 그물망에 정보 를 제공하는 피드백의 재조정 역할(function of format) 수행의 질적 측 면에서, 다양한 모습으로 나타난다. 그 평가는 아마도 (1) "좋은 대답" 또는 "나쁜 대답"만을 말할 뿐일 수 있으며, (2) 어느 정도의 정확성만 으로 일정 정도의 오류 크기를 규정할 수도 있고, (3) 상당히 구체적으 로, 말하자면 효과적으로, "당신은 그 답이 <1, 9, 0, 3>이라고 말했지 만, 그 정답은 <4, 9, 3, 3 >입니다"라고 말할 수도 있다. (2)에서 가용 한 그 [오류] 범위가 주어지면, 이것은 평가기 연결체들을 재배열 (formats)시킬 것이다. 우리가 앞에서 벌의 먹이탐색 행동에서 보았듯 이, 복측피개영역(VTA)에서 뻗는 도파민계의 분산적 투사 시스템들은 재강화 학습(reinforcement learning)을 중재한다. 재강화 학습, 즉 환경 으로부터 피드백에 의한 학습은 인공신경 시스템과 실제 신경 시스템 모두에서 심도 있는 탐구가 이루어지고 있다. 3장에서 그루쉬 모의실 행기(Grush emulator)에 대한 논의에서 알아보았듯이, 뇌가 그 자체와 환경에 대한 내적 모델들을 갖는다면, 뇌는 (그 모델들로부터 내적 피 드백을 이용하여) 임시적 계획들을 시험해볼 수 있으며, 그 계획을 개 선할 수 있을 것이다. 내적 피드백을 갖는 내적 모델은 학습에서 엄청 난 복잡성을 참작해야 하며, 아마도 그 모델은 상당한 추론(reasoning) 과 문제 풀이(problem solving)에서 핵심[적 역할을 할 것]이다.[18]

[역자: '학습'이란 다음의 문제를 해결할 예측능력을 위한 것이다. 본

질적으로 역사를 공부하는 것은 미래에 대한 불확실성을 줄이려는 목적에서이다. 그리고 그러한 예측을 위해서 요구되는 것이 바로 과거의 경험으로부터 미래의 사건을 '추론'하는 일이며, 또한 과거의 경험적 배경에서 새로운 상황에 대한 '문제 풀이'를 성공하는 일이다. 이처럼, '학습'과 '추론' 그리고 '문제 해결'은 같은 맥락에서 연결된 과제이다. 과거 전통적 관점에서는, 이런 것들이 별개로 구분되는 우리의 능력들이라고 가정되는 경향이 있었다. 학습은 단순히 기억을 조장하는 것이며, 따라서 그것은 추론의 능력과 무관하고, 더구나 창의적 능력을 발휘할 문제 해결과는 매우 다른 기능이라고 여겨왔다. 그리고 그러한 구분에 따라 교육의 목표와 방법이 달라야 한다고 생각해왔다. 그러나 최근의 인지과학 연구에 따르면, 그러한 기능들은 하나의 연결체가 기능하는 여러 다른 모습일 뿐이다. 뇌의 기능이 다르기 때문에서가 아니라, 우리가 그 기능을 실생활에 적용하고 이해하는 시각이 다를 뿐이다.]

8. 결론으로 한마디

아마도 회의론자들은 이렇게 물을 것이다. 이러한 모든 탐색들이, 전통적으로 인식되어온, 인식론에 무슨 상관이 있기라도 한가? 첫째, 철학적 전통은 **다중**의 줄기에서 나왔다는 측면을 주목할 필요가 있다. 여기에서 추구되는 접근법은 아리스토텔레스에서 시작된 전통에 적절하다. 이러한 접근법은 자연주의적이며 실용주의적이고, 초자연주의적 또는 선험적 방법에 반대한다. 이 접근법은 또한 철학자 존 로크(John Locke, 1632-1704)에 닿아 있다. 로크는 영국의 위대한 해부학자 토머스 윌리스(Thomas Willis, 1621-1675)의 강의와 뇌해부 실습에 참여하였다. 그 접근법은 이론, 가설, 모델 등을 창안하게 하며, 동시에 증거, 데이터, 실험 등을 요구했다. 그 접근법은 잘 성립된 이론들 사이에 정합성과 일치를 추구하며, 그러면서도 그 어떤 가장 성공적 이론일지라도 수정할 여지를 남겨둔다.

신경과학, 심리학, 동물행동학, 분자생물학 등은 모두 **인식하는 자**(knowers)로서 우리 자신에 관해, 즉 알고, 학습하고, 기억하고, 잊는 등이 무엇인지에 관해 가르쳐주고 있으며, 또한 뇌가 어떻게 알며, 학습하며, 기억하고, 잊는지 등에 관해 가르쳐주고 있다(그림 8.21). 이러한 문제들은 근본적으로 인식론적 의문들이며, 실제로는 **거대한 문제들**로, 아리스토텔레스, 데카르트, 흄, 칸트, 콰인 등에게 동기를 부여했던 의문들이다. 또한 헬름홀츠, 다윈, 카할(Cajal), 윌슨(E. O. Wilson), 크릭(Crick) 등에게 동기를 주었던 의문들이기도 하다. 나는 그들을 하나부터 열까지(즉, 전체적으로) **자연화된 인식론**(naturalized epistemology)에 관련된 것으로 본다. 나는 그들이 철학과에 소속되었는지 아닌지가 크게 문제된다고 보지 않는다.

모든 인식론 학자들(epistemologists)이 그렇게 동기화되지는 않았다. 일부만 그러했는데, 그것은 대부분 인식론 학자들이 다음과 같이 믿었기 때문이다. 우리가 외부 실재라고 부르는 것은 무가치한 반면에, 비-물리적 마음에서 창조된 관념들(Ideas)은 그렇지 않다. 그리고 마음이란 그러한 관념들에 대한 성찰과 반성에 의해서만 이해될 수 있다. 이러한 전문적 의미에서의 관념론자들에게, 인지과학의 새로운 발달은 무가치한 일로 보일 것이다. 그리고 어쩌면 관념론자들이 옳을 수도 있다. 그렇지만, 선험적이며 내성적 전략을 존중하는 관념론은 지식의 본성과 기초에 관해 거의 발전[된 설명]이 없는 것 같다. 분명히 관념론의 어떤 현재의 입장도 인지과학에 대한 명확한 설명 체계를 제공할 등불을 들고 있지 못하다. 이 말은 관념론이 명확히 틀렸다는 것을 의미하지 않으며, 그보다 아마 그 입장도 시간이 좀 더 필요할 것이라고 본다. 그렇지만 관념주의자의 '내성과 성찰[에 의한 탐구] 전략은 '우리가 어떻게 세계를 아는지' 좀 더 잘 이해시켜주기를 소망하는 사람들에게 호소력이 없다.

관념론자의 접근법에서 하나 중요한 진리[를 제공하는] 요소가 있다. 칸트가 인식했듯이, 마음/뇌는 단지 실재가 그려주는 대로의 수동적 그림이 아니다. 뇌는 조직화하고, 구조화하며, 축출하고, 또한 창조한다

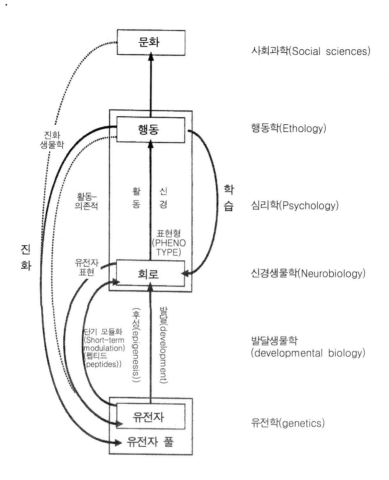

그림 8.21 인지(cognition)와 관련된 구조적 편제에서 많은 차원들 사이의 인과적 상호작용과, 수준들을 설명하는 개별 과학들과 그것들 사이의 관계. (Plotkin and Odling-Smee 1981, Huber 2000에 동의하며)

(그림 8.22). 실재는 언제나 신경망의 역학적 축적 위에 축적된 안경을 통해서 포착된다. 뇌와 (뇌가 고안하고 해석하는) 이론과 인공물에 의존하지 않고서는 결코 실재의 본성을 이해할 수 없다.

[역자: 신경망은 그 자체로서 세계를 볼 수 있는 능력을 갖는 것이 아니며, 경험적 축적을 통해 형성된 그물망을 가진 후에라야 가능하다. 그러한 신경망을 통해서, 즉 그것을 안경처럼 쓰고서야, 우리는 세상을 내다볼 수 있다. 그러한 원리는 외부 세계든 (우리의 마음에 관한) 내부 세계든 마찬가지로 적용된다. 따라서 새롭게 발전하는 과학적 배경 지식을 갖지 못한 인식론 학자로서는 그것에 의한 새로운 신경망을 형성하지 못하여, 인지과학이 어떻게 세계를 보여줄 안경이 될지 이해하지 못할 수 있다.]

그러나 이러한 사실로부터 실재가 오직 '마음이 창조한 관념일 뿐'이라는 주장이 따라나오지는 않는다. 그보다는 다음을 의미한다. 실재의 본성에 더 가까이 다가가려 노력하기 위해서, 그리고 예측의 오류를 더욱 줄이기 위해서, 우리는 계속적으로 축적해야만 한다. 개념적, 기술적, 그리고 언어적인 어떠한 가용한 장비를 이용함으로써, 우리 뇌는 실재에 관해 점차 개선되는 충족 모델들을 끌어 모으며, 그 무엇보다도 뇌는 모델화되는 실재의 부분이기도 하다. 우리는 지속적으로 의문을 던지면서, 최근의 발판 위에서 차세대 이론들을 만들어나간다. 그러한 모델이 점차 개선될 충족 모델인지 우리는 어떻게 아는가? 오로지 그 이론이 예측과 설명에서 상대적으로 더 성공적일지에 의해서이다. 우리는 결코 지각적, 개념적, 그리고 기술적 등의 모든 렌즈들을 벗을 수 없으며, 가설과 실재 사이를 직접 비교할 수도 없다. [역자: 우리는 우리가 세계를 보기 위한 안경과 같은 가설들을 버릴 수 없다. 우리가 그러한 안경들을 통해 세계를 보는 한, 안경인 가설과 그것을 통해 본 실재를 직접적으로 비교할 방법은 없다. 칸트와 콰인이 지적했듯이, 우리는 자신의 인식적 틀인 (이론들에 의한) 개념 체계를 벗고 세계를 바라볼 수 없다.]

이러한 이야기는 신경과학에 치명적 순환성이 있다는 것인가? 즉,

그림 8.22 명도환영(luminance illusion). 네 개의 수평 검은 막대가 흰 공간으로 나누어져 있다. [수직의] 회색 막대 두 쌍은 동일한 명도를 갖는다. [그렇지만] 왼쪽의 회색 막대는, 반투명으로 보이는, 오른쪽의 것에 비해 더 어두워 보인다. (Hoffman 1998)

뇌가 자신을 연구하기 위해 뇌를 이용하는 것인가? [즉, 우리가 세계를 파악하려는 안경을 통해 다시 그 안경을 바라본다는 것이 순환적이듯이, 신경과학을 신경과학에 의해 개선시키려는 노력 역시 순환적으로 문제가 있어 보이는가?] 만약 당신이 그렇게 생각한다면, 그렇지 않다고 말할 수 있다. 나는 내 눈을 연구하기 위해 눈을 이용하지만 이러한 필연성에 상당히 곤란한 결과가 따르지는 않는다. 왜냐하면, 나는 남의 눈을 연구하며, 그것을 내 자신의 경우에 (신뢰적으로) 일반화시킬 수 있기 때문이다. 내가 연구하는 뇌는 거의 내 자신의 것일 수 없으며, 대체적으로 다른 동물들 것이지만, 나는 그것을 내 자신의 경우에 (신뢰적으로) 일반화시킬 수 있다. 자연화된 인식론의 기획은 많은 뇌들을 관련시킨다. 그것들 각각을 세계를 규정하기에 어느 정도 쓰일 만하도록 교정하고, 시험하며, 모델로 만들어본다. 만약 어떤 가설이 '어떠한 새로운 뉴런도 성체 인간 뇌에서는 만들어지지 않는다'고 말한다면, 그 가설은 시험되고 반증될 수 있다. 만약 어떤 가설이 '기억은 하나부터 열까지 모두 해마에 저장된다고 말한다면, 그것 역시 시험되고 반증될 수 있다. 무엇이 사실이 아닌지 밝혀내는 일은, 그 주제가 뇌든 지구 기원에 관한 것이든, 우리를 진실에 더 가까이 데려다줄 것이다.

[지금의 시대에] 철학자를 위해 남겨진 과제가 있는가? 적어도 신경 철학자(neurophilosopher)로서 많은 것이 남아 있다고 말할 수 있다. 가득한 의문들로, 명확히 구분되는 기억 시스템들의 통합이 어떻게 이루어지는지, 신경계가 시간을 어떻게 다루는지, 연상주의자(associationist) 원리들이 우리에게 얼마나 많은 것들을 알려줄 것인지, 표상의 본성이 무엇인지, 추론과 합리성의 본성은 무엇인지, 정보가 의사결정에 어떻게 이용되는지, 정보가 어떻게 검색되는지, 어떠한 정보가 신경계에게 도움이 되는지, 수면과 꿈이 학습을 위해 왜 필수적인지 등등이다. 아주 큰 질문, 나로서는 하여튼 대단히 큰 질문들이 있다. 실험적 그리고 이론적 통찰이 [뇌의] 어디에서 도모되며, 실험적 고안과 이론적 사색의 창조성이 서로 상상도 못한 발견에 이르도록 [뇌의] 어느 영역에서 부추기는지 등의 의문이다. 이러한 의문들은 기원전 500년경 고대 그리스에 그 역사적 뿌리가 있으며, 그러한 의문들은 서양의 사상사를 통해서 여러 분파로 갈라졌다. 더구나 그러한 의문들은 심리학, 신경과학, 분자생물학 등등의 **종합**을 요구한다. 그리고 **모든** 이것이 그 분야들을 철학적 [탐구주제로] 만드는 이유이다. 적어도 나에게는 그렇게 보인다.

[선별된 독서목록]

Arthur, W. 1997. *The Origin of Animal Body Plans: A Study in Evolutionary Developmental Biology*. New York: Cambridge University Press.

Clark, A. 1997. *Being There: Putting Brain, Body, and World Together Again*. Cambridge: MIT Press.

Cowan, W. M., T. C. Südhof, and C. F. Stevens. 2000. *Synapses*.

Baltimore: Johns Hopkins University Press.

Fuster, J. M. 1995. *Memory in the Cerebral Cortex*. Cambridge: MIT Press.

Gerhadt, J., and M. Kirschner. 1997. *Cells, Embryos, and Evolution*. Oxford: Blackwells.

Grafman, J., and Y. Christen, eds. 1999. *Neuronal Plasticity: Building a Bridge from the Laboratory to the Clinic*. Berlin: Springer.

Heyes, C., and L. Huber, eds. 2000. *The Evolution of Cognition*. Cambridge: MIT Press.

Jeannerod, Marc. 1997. *The Cognitive Neuroscience of Action*. Oxford: Blackwells.

Lawrence, Peter A. 1992. *The Making of a Fly: The Genetics of Animal Design*. Cambridge, Mass.: Blackwells Science.

Le Doux, Joseph. 2002. *Synaptic Self*. New York: Viking.

Nelson, C. A., and M. Luciana, eds. 2001. *Handbook of Development Cognitive Neuroscience*. Cambridge: MIT Press.

Prince, D J., and D. J. Willshaw 2000. *Mechanisms of Cortical Development*. Oxford: Oxford University Press.

Quartz, S. R. 2001. Toward a developmental evolutionary psychology: genes, development and the evolution of the human cognitive architecture. In F. Rauscher and S. J. Scher, eds., *Evolutionary Psychology: Alternative Approaches*.

Schacter, Daniel L. 1996. *Searching for Memory: The Brain, the Mind, and the Past*. New York: Basic Books.

Squire, Larry R., and Eric R. Kandel. 1999. *Memory: From Mind to Molecules*. New York: Scientific American Library.

Sutton, R. S., and A. G. Barto. 1998. *Reinforcement Learning: An Introduction*. Cambridge: MIT Press.

웹사이트

BioMedNet Magazine: http://news.bmn.com/magazine

A Brief Introduction to the Brain: http://ifcsun1.ifisio1.unam.mx/brain/

Comparative Mammalian Brain Collections: http://brainmuseum.org

Encyclopedia of Life Sciences: http://www.els.net

The MIT Encyclopedia of the Cognitive Sciences: http://cognet.mit.edu/
  MITECS

III부　종교

9장 종교와 뇌

과학적 관점에서 보면, 거의 먹지 않아서 천국에 올라간 사람과 술을 너무 많이 마셔서 지옥에 떨어진 사람 사이에, 그다지 명확한 차이점이 없다. 그들은 각기 비정상적인 신체 상태에 있었으며, 따라서 비정상적으로 지각했을 것이다.

_버트런드 러셀(Bertrand Russell 1935)

1. 머리말

일반적으로 과학에서뿐만 아니라, 특별히 신경과학에서의 발전은, 마음의 본질, 우주의 본질, 생명의 본질 등을 포함한 다양한 전통 철학적 쟁점에 크게 영향을 미쳐왔다. 많은 사람들에게 큰 영향을 끼친 하나의 형이상학적 문제는 초자연적 존재들과 (특별히) 신(God, 유일신)의 존재에 관한 것이다. 우리는, 뇌가 영성에 관한 여러 문제들과 관련된다는, 그 무엇을 밝혀낼 수 있을까?

종교와 뇌에 관한 핵심 질문은 다음의 세 가지이다. (1) 신이 존재하는가? (2) 사후세계가 있을까? (3) 만약 신이 존재하지 않는다면, 도덕은 어떻게 되는가? 이러한 모든 질문들은 고대에서부터 있어왔으며, 최근까지도 논의되고 있는 중요한 주제들이다. 나는 여기에서 그런 문제들을 부분적으로 다뤄보려 한다. 왜냐하면, 인지신경과학의 발달이 우리가 가능한 대답들을 어떻게 형식화할 수 있는지에 영향을 주기 때문이다. 이런 질문은 형이상학적 차원과 인식론적 차원 모두와 관련되며, 나는 앞 장에서 논의된 많은 개념들을 끌어들여 이런 질문들에 대답해보려 한다. 확신컨대, 그러한 질문들은 명확히 **철학적**이며, 역사적 전통은 [그 질문에 대한] 논쟁, 답변, 재-공식화, 반박 등을 통해서 풍성하게 발전해왔다. 이런 측면에서 보면, 그 전통은 **자연철학**의 역사적 전통과 일반적으로 많이 닮았다. 자연철학의 역사적 전통은, 사람들이 '물리적 실재의 본성'과, '불, 생명, 지구, 마음 등에 관한 자신들의 믿음이 진리일지 아닐지' 등을 밝혀내기 위해서 투쟁해온 역사이기 때문이다.

세상에 관한 우리의 이해가 확장됨에 따라서, 우리의 여러 믿음들 사이에 갈등이 발생되는 것은 인지적 삶의 전형적 특징이다. 그러한 갈등 중에 어떤 것은 평범한 사안이다. (예를 들어, 달은 창고만큼 큰 것 같았지만, 실제로 달에 관한 자료에 의하면 달의 반경은 2,000마일이고, 지구로부터 24만 마일 떨어져 있다.) 어떤 것들은 좀 더 중요하다. (예를 들어, 자폐증은 부모의 냉정한 돌봄(cold mothering) 때문이라고 믿었으나, 나중에 유전적인 이유가 밝혀졌다.) 어떤 것들은 사람들에게 큰 영향을 미친다. (예를 들어, 우울증을 겪는 것이 성격적 결함이라고 믿어졌지만, 나중에 세로토닌 결핍 때문임이 밝혀졌다.)

일부 발견들은 '사후의 삶이 있다'는 믿음과 관련된다. 좀 더 구체적으로 말하자면, (a) **자아**가 신에 의해 창조되고, 비물질적(immaterial)이며 불멸한다(immortal)는 생각과, (b) 마음은 뇌의 작동에 의한 것이며, 인간 뇌는 자연선택의 결과물이고, 질병과 죽음으로 인한 뇌의 붕괴는 마음의 붕괴를 반드시 유발한다는 생각 사이에 긴장관계가 형성된다. 우리들 대부분에게, 그러한 긴장관계를 어떻게 해결해야 할지, 그리고 그러한 문제를, 경솔하거나 관념적이기보다, 지성적으로 만족스럽게 어떻게 해결해야 할지 등은 [중요한] 관심사이다.

나의 입장에서, 나의 뇌가 죽은 후에도 내가 살아 있으려면, 나는 분명 나의 뇌와 무관해야 한다. 그런 이유에서, 사후의 삶에 관한 문제는 이 장에서 발판이 되는 의문이다. 그럼에도 불구하고, 사후세계의 가능성은 절대자(Supreme Being)에 대한 믿음과 매우 긴밀한 관계가 있기 때문에, 모든 의도와 목적에서, 이 두 문제는 서로 분리되지 않는다. 그러므로 이 마지막 장에서, 우리는 형이상학과 인식론을 위해서 개발된 신경철학의 관점에서 앞의 세 가지 주요 문제를 심도 있게 살펴보려 한다. 나의 **주요 목적**은 관련된 쟁점들을 명확하게 드러내려는 것이다. 그렇게 하면 독자들은 스스로 그 쟁점들에 좀 더 생산적으로 대응하고, 불일치와 긴장관계를 최적으로 해소할 방법을 찾아낼 것이다.

2. 신이 존재하는가?

애매함과 혼란을 줄이기 위해서, 언제나 그러하듯이, 우리는 어느 정도 예비의 **의미론적** 지형도에서 논의를 시작할 필요가 있다. [즉, 앞으로 논의에 혼란을 줄이려면, 우선적으로 "신"이란 말로 우리가 무엇을 의미하는지 그 의미를 규정해야 한다.] 우리가 정확히 정의를 내리기 어렵겠지만, 개략적으로라도 "신(God, 유일신)"이 무엇을 의미하는 것인가? 이 질문이 필요한 이유는 많은 종교들이 저마다 특별히 서로 다른 의미의 절대자를 섬기기 때문이다. 대부분의 독자들은 유대교, 기독교, 이슬람교 등에 대해 어느 정도 알 것이다. 각기 다른 그 종교들은 마땅히 저마다 다른 의미에서 "절대자(Supreme Being)"란 개념을 사용한다. 반면에 일부 큰 종교들, 예를 들어, 불교와 같은 종교는 절대자에 대해서, 기독교, 유대교, 이슬람교 등과 동일한 방식의 형이상학적 지위를 실제로 지지하지 않는다. 더불어, 초기 그리스인들은 사람 같은 확장된 신들의 가족을 믿었다. 많은 북아메리카 토착민들의 문화는 동물 형태의 신들을 믿었다. 일부 **범신론자**들은, 햇빛, 물, 식물, 박테리아 등을 포함하여, 자연에 있는 모든 것들이 신이라는 관점을 가진다. 또 다른 범신론자들은 자연 전체와 **동등한** 신을 생각하고, 절대자와 같은 개념의 신을 거부한다. 종교마다 어떤 신이 **존재한다고** 믿는지, 그 믿음들 사이의 차이는 사소한 이야기이다.

중요한 것은 그러한 믿음들의 차이가 문화와 상당히 관련되는 경향이 있다는 점이다. 사회학적 사실의 문제로, 만약 어떤 사람이 종교적 믿음을 가지고 있다면, 그것은 그가 자라났던 곳 또는 그가 어렸을 때 경험했던 사건과 상당히 관련되는 경향이 있다. 어떤 사람이 어른이 되어, 모든 영역의 가능한 종교들을 개략적으로 고려한 후, 증거와 도덕적 적절성을 기반으로 종교를 결정하는 경우는 흔하지 않다. 이런 사실과, 개인들이 자기 자신의 특별한 종교만이 옳은 종교라고 확신하기 쉽다는 사실로 인하여, [자신의] 종교적 믿음에 대한 크나큰 신뢰에 주의하는 것은 지금의 논의에서 극히 중요하다.

'종교의 다양성'과 '종교적 선호의 문화적 민감성'에도 불구하고, 어느 종교가 (유일자로서) 하나의 조물주(Deity)만을 지지하는 한, 우리는 (어떤 특정 종교와 무관한 것으로) 충분히 일반적이며 강림한 자로 창조주를 규정함으로써, 지금 문제에 대한 논의를 진행할 수 있다. 논의를 위한 공통 기반을 가지려면, 우리가 논의하고 있는 것에 대해서 개략적인 합의가 중요하게 필요하다. 이런 타협점을 위하여, 우리가 말하는 "신" 또는 "조물주"가 우리의 안녕에 관심을 두며, 기도하는 사람에게 관심을 기울이며, 높은 도덕적 지위를 갖는다는 의미에서, 사람 같은 어떤 존재를 의미한다고 가정하자. 또한 종파를 넘어서는 논의를 위해서, 다음과 같이 가정하자. 조물주는 인간보다 엄청나게 강력하며, 아마도 **전능하고**(omnipotent), **전지하며**(omniscient), **대자비하다**(omni-benevolent). 그러한 신은 우주의 피조물과 법칙들 그리고 그 안의 모든 것들에 책임지는 존재이다. 조물주에 대한 이러한 세 가지 묘사들 각각은 나름 어느 정도 기준이 되므로, 이와 관련하여 "거의 비슷한" 자격을 갖춘 존재는 암묵적으로 인간이 믿어야 할 대상으로 여겨질 수도 있다.[1]

비록 [신에 대한] 이러한 규정화가 보편적으로 [즉, 예외 없이 적용되기에] 만족스럽지는 못하겠지만, 그러한 규정화는 ("신은 존재하는 모든 것"이라는 묘사에서처럼) 공허한 논의를 피하고자 한다. 반면에 종교적 기대에 따르면, 신은 우주의 절대적 창조자이며, 우주의 진행과정을 바꾸기 위해서 개입할 수 있으며, 무슨 일이 벌어질지 깊이 이해하며, 우리의 삶과 고통을 보살펴주며, 도덕적 기준의 원천이다.[2] 몇 가지 그러한 신에 대한 규정은, 예를 들어, 기도하는 자들이 기도에 응답해줄 것이라는 부차적 믿음을 유의미하게 해주기 위해 필요한 부분이기도 하다. 즉, 만약 신이 그러한 능력을 갖지 못한다면, 구원을 위해 기도할 이유가 없어지게 된다. 이러한 규정하기는 (신이 곧 **자연이다**라는) 범신론자들의 개념에 맞지 않지만, 신의 중재를 위해 기도가 필요하다는 유신론자의 확신에는 일치한다. 예를 들어, "위대한 모든 것(the Great All)" 또는 "우리보다 위대한 누군가"라는 용어로 더 추상적으로 규정하는 것은, 많은 유신론자들에게, 돌봐주시고, 동정심이 많은, **사람 같은** 신에 대한 믿음에서 나오는 위안을 경감시키는 문제가 있다. 또한 그러한 규정화는 많은 종교적 실천, 즉 예배하고 구원을 구하는 일을 불필요하게 만들며, 너무나 추상적이라서 사후에 대한 믿음에 거의 도움이 되지 않을 것 같다. 그래서 비록 세-**완전**(three-omnis)이라는 표현이 몇몇 유신론자들에게는 덜 만족스럽다고 하더라도, 그 규정화는 많은 사람들에게 최소한의 만족조건이다. 이런 기반에서, [신에 대한] 그 묘사는 신 존재에 대한 토론을 시작할 정도로 충분히 적절하다.

위에서 묘사된 조물주에 대한 믿음을 위한 근거는 무엇인가? 비록 믿는 사람들 수만큼이나 많은 다른 이유들이 있겠지만, 단순화시켜서, 세 가지 일반적 경로로 나눠볼 수 있다.[3]

경로 1. 증거와 분석 : '신이 실제로 존재한다는 가정 하에서, 신의 존재에 대한 증거가, 어떤 형태로든 분명히 있을 것이다. 그 증거는 **경험적** 지식을 제공한다.

경로 2. 계시 : 신은 특정한 사람들에게 스스로를 드러내며, 따라서 그런 사람들은 신에 대한 **직접적** 지식을 가진다.

경로 3. 신념 : 신념에 근거한 믿음은 누군가 관찰하고, 믿고, 분석한 것들과 무관하다. 계시나 분석과 무관하게, 아마도 신뢰에 의해서, 그리고 증거와 분석과는 무관하게, '누군가 믿음의 선택을 실천한다'는 의미에서, 신념은 "**선택된** 지식"으로 표현될 수도 있다.

나는 이러한 세 가지 경로들 각각을 매우 간략히 논의하려 한다.

2.1. 경로 1. 증거와 분석

조물주 존재의 증거와 관련된 논증으로 두 주요 노선이 있다. 가장 강력한 것이 설계에 의한 논증(argument from design)이고, 다음 것이 제1원인에 의한 논증(argument from first cause)이다.

설계에 의한 논증

설계에 의한 논증에 따르면, 우주의 체계와, 특히 생물학 세계의 존재와 체계는, 지적 설계를 필요로 한다. **이렇다는 것은,** 그 논증이 주장하는바, 지적 설계자(Intelligent Designer)를 요구한다. 왜 그러한가? 인간의 눈과 같은 물질적 체계와, 단백질 합성과 같은 생물학적 과정은, 그저 우연히 그리고 고도의 목적 없이 존재할 수 있다고 **상상할 수 없기** 때문이다.

이 논증이 갖는 주요 난점은, 과학이 발전함에 따라서, 그러한 (관심되는) 체계가 전적으로 자연적 수단에 의해 어떻게 나올 수 있는지 이해된다는 것이다. 다시 말하자면, 중세에 상상할 수 없어 **보였던** 것이 지금은 상당히 잘 상상 가능하다. 생물학의 영역에서, 다윈의 진화론에 따르면, 순수한 자연적 상호작용은 수백만 년을 걸쳐 복잡한 구조를 가진 다양한 생물학적 유기체가 어떻게 탄생되는지 이해된다.4) 이런 이해는 비교생리학에서 나오는데, 그 연구는 우리로 하여금 이 행성(지구)에서 인간 이전의 수백만 년 전에 나타난 유기체에, 눈과 같은, 초기의 단순한 형태의 구조를 볼 수 있게 해주었다. 외양간올빼미, 인간, 돌고래, 황소개구리 등에 현존하는, 귀와 같은 복잡한 구조의 변이는, 환경 서식지의 특정한 특성에 대한 생물학적 적응으로 (자연선택의 과정을 통해서) 잘 설명되고 있다

최근 19세기 후반에, 저명한 과학자인 루이 아가시(Louis Agassiz)는 이렇게 생각하였다. 조물주가 모든 현존하는 생명 형태들을, 일시적으로 동시에, 그리고 특별한 환경 서식지에 최적으로 기능하는 구조적

특성을 완벽히 갖춘 채로 창조하였다. 화석 기록, 멸종의 증거, 그리고 생리학적 상동기관(homologues)과 동물들 사이의 DNA 관계 등을 보여주는 최근의 발견들은 그의 관점을 매우 받아들이기 어렵게 만든다. 예를 들어, 화석 기록에서 가장 오래된 (가장 깊은) 층에서 포유류와 경골어류 등의 화석은 없지만, 삼엽충류와 같은 단순한 유기체가 발견되었다. 많은 다른 종들과 함께, 공룡은 큰 포유류가 나타나기 아주 오래 전에 멸종되었다. 일반적으로, 분자생물학5)과 진화생물학6)의 이해는 설계에 의한 논증에 대한 호소력을 상당히 축소시킨다. 이런 취약함은 신의 **비존재**를 증명하지는 못하지만, 신 존재를 **위한** (전통적으로 강력했던) 논증이 그 설득력을 상당히 상실하게 되었음을 의미한다.

그럼에도 불구하고, 설계에 의한 논증을 지지하는 자들은, 진화론적 생물학에서 아직도 설명해야 할 틈새가 있다는 점을 지적함으로써, 그 논증을 수정하고 싶어 한다. 특히 과학은, 초기의 복제 구조물, 추정컨대, RNA가 어디서 나왔는지 아직 정립하지 못하고 있다. 단백질이 어떻게 접히는지, 제주왕나비(Monarch butterfly)가 어떻게 옛 산란지역을 찾아가는지, 인간의 뇌가 다른 영장류의 뇌와 구조적으로 매우 유사함에도 어떻게 언어능력을 가질 수 있는지 등에 대한 만족할 만한 이론을 우리는 아직 갖고 있지 못하다. 확실히 시사되는바, 이런 미스터리는 초자연적 존재자의 관여를 지적하는 것 같다. 왜 그런가? 그런 구조적 복잡성은 완전히 자연적 수단에 의해 나왔다고 상상할 수 없기 때문이다. 그러므로 우리는 이렇게 묻게 된다. 그런 **논리가 어떻게 지지될 수 있을까?**

예비적으로 지적하자면, 무엇을 상상할 수 있거나 혹은 상상할 수 없다는 것은, 생각하는 사람이 이미 이해하고 믿는 것에 따라서 달라진다는, 앞선 논의를 상기해보라. 비록 그럴 수 없어 보인다고 하더라도, 상상 가능성(conceivability) 또한 어떤 사람이 이전에 흥미롭다고 발견한 것이 어떤 결론인지에 따라서 달라진다. 중요한 점은 이렇다. 나에게 상상 가능하거나 혹은 상상 가능하지 못하는 것은, 나에 관한 심리학적 사실이지, 실재의 본성에 관한 형이상학적 사실이 아니다. 활기론자들(vitalists)은, 20세기의 활기론자들조차도, **생명력의 도움 없이,** 무엇이 살아 있다는 설명에 대해서 상상 불가능성(inconceivability)을 자신 있게 주장하였다. 1910년 후반에 와서야 의사들은, 너무 작아서 보이지 않는 유기체에 의해서 질병이 발생될 수 있다는 것, 즉 상상할 수도 없었던 것을 밝혀내었다. 대륙이 움직인다는 것을 상상할 수 없다고 여기는 사람들을 찾아보는 일은 놀랄 일이 아니다. 4장과 6장에서 논의되었듯이, 상상 불가능성의 논증은, 만약 그 지지자들이 조금이라도 진보를 이루고자 한다면, 무지에 의해서가 아니라 지식에 의해서 지원받아야 한다.

물리화학, 분자생물학, 진화생물학 등이 발전되기 이전에는, 설계에 의한 논증의 가장 오래된 번안은 상상 불가능성에 기대어, 많은 사람들에 의해서 공명되었다. 그렇지만, 최근에 상상 불가능성 논증은, 현재 **설명되지 않는** 현상들에 적용한다고 하더라도, 빛을 잃어버렸다. 설명되지 않는 목록에 여전히 포함되는 항목들에서조차, **초자연적인 설명**이 필요한 항목이라기보다, 단지 아직까지 **설명되지 못한 것**으로 간주될 수 있다. 예를 들어, 레슬리 오르겔(Leslie Orgel)과 제리 조이스(Jerry Joyce) 등과 같은 여러 과학자들은, RNA의 초기 형태를 유도했던 생태학(etiology)을 이해하려고 노력 중이며, 따라서 생명의 기원을 이해하기 위한 그들의 노력이 성공할 것이며, 그 해답이 밝혀질 것임은 매우 **상상 가능하다.**[7]

오르겔과 조이스 같은 과학자들이 해답을 밝혀내지 못한다고 가정해보라. 그 실패가 초자연적인 개입을 위한 증거가 될 수 있을까? 아니다. 그것은 단지 문제가 아직 풀리지 않았음을 보여줄 뿐, **풀릴 수 없음**을 보여주지는 않는다. 만약 그 대답이 **결코** 발견되지 않는다고 하더라도, 그것은 기껏해야 우리가 알지 못하는 무엇이 있음을 보여줄 뿐이다. 이것은 매우 평범한 결론이지만, 그 전제가 지지하는 전부이다. 우리가 RNA의 기원적 원인을 알지 **못한다는** 전제로부터, 기원적 원인이 초자연적이라는 것을 우리가 **안다는** 결론을 주장할 수 있을까? 안타깝게도, 무지(ignorant)를 전제로 사용하는 것은 [논리적] 오류이다.

좀 더 엄밀히 말해서, 우리가 원인을 **알지 못한다**고 주장하는 전제로부터, 우리가 원인을 **안다**고 결론 내릴 수 없다.

설계에 의한 논증 내에 훨씬 더 말랑한 [문제]가 있다. 데이비드 흄 (David Hume)이 지적했듯이, 만약 자연세계의 유기체가 복잡하다는 것이 지적 설계자(Intelligent Designer)를 가정하는 동기가 된다면, 우리는 설명되지 않는 지적 설계자에 대해서도 동등하게 **불만족스러워해야** 하지 않을까?[8] 우리는 그러한 [즉, 지적 설계자의] 복잡성이 어디에서 나오는지 설명하고 싶어 하지 않아야 하는가? 만약 **자연적으로** 발생하는 조직적 구조의 존재가 문제**라면**, 왜 조물주에 의해 발생하는 조직적 구조의 존재는 문제가 **되지 않는가**? 만약 자연적으로 발생하는 복잡성에 대한 과학적 설명에서 연쇄적 원인의 고리를 끊는 것이 **편안하지 않다면**, 초자연적으로 발생하는 복잡성에 대해 연쇄적 설명을 **편안히** 중단하는 것은 (흄이 물었듯이) 합리적일까? 지금까지 경험적 증거에서 나오는바, 자연적 복잡성의 존재가 초자연적 복잡성의 존재보다 왜 더 많은 설명을 필요로 하는가?

제1원인에 의한 논증

흄의 반박은 제1원인 논증에 대한 반박의 단서를 포함하고 있었다. 제1원인 논증은 '우주 원인의 연쇄 고리가 무한할 수 없다'는 가설로 나아간다. 그래서 제1원인이 존재해야만 하며, 그것, 즉 근원적 원인 (Uncaused Cause)은 (본질적으로) 초자연적 존재여야만 한다. [이런 논리에 대해서] 흄은 두 가지 질문을 던졌다. 첫째, 무한히 긴 인과적 연쇄 고리가 (초자연적인 시작의) 유한한 연쇄 고리보다 왜 덜 납득되어 보이는가? 아마도, 지금까지 경험적 자료에서 살펴볼 때, 원인의 연쇄 고리는 무한하다. 둘째, 만약, 우주 사건들의 첫 원인이 있다면, 대폭발 (Big Bang)과 같은 자연적인 원인보다 초자연적인 원인이 왜 더 납득되어야 하는가? 그 논증의 어느 쪽도 경험에 근거한 만족스러운 대답은 없다. 다시 주목해야 할 것으로, 이러한 비판적 분석이 신의 **비존재**

를 증명하지는 못한다. 다만 신의 **존재를 위한 논증**에 논리적 결함이 있음을 말해줄 뿐이다.

악에 의한 논증

흄은 또한 '경험적 증거가 전능하고, 전지하며, 대자비한 조물주의 존재를 가리킨다'는 가설에 도전했다. 그의 주요 논증은 이렇다. 만약 '신이 대자비하다'는 것을 우리가 **가용한 증거로부터 추론하게** 된다면, **자연적 악의 존재는** 엄청난 문제가 아닐 수 없다. "자연적 악"이란 말로, 흄은, 끔찍한 질병을 가지고 태어나 천천히 죽어가며 그것도 고통스럽게 죽어가는 아이와 같은, 비극을 의미했다. 그는 폭풍, 가뭄, 전염병, 정신이상, 홍수 등등에 의한 참상뿐만 아니라, 동물들이 살아남기 위한 일상적인 투쟁도 포함시켰다. 지구에서 인간과 다른 동물들에게 벌어지는 삶의 참상들의 목록을 열거하자면, 아주 많고, 슬픈 일이다.

흄은 고통의 존재는, 앞서 묘사하였듯이, 조물주에 반대하는 명백한 증거라고 결론 내렸다. 이는 다음 세 가지 중 하나일 것이다. (a) 조물주가 이 세상의 참상을 알지 못하거나(그렇다면 그는 모든 것을 알지 못하며), 혹은 (b) 조물주가 그것을 알지만 막을 수는 없거나(그렇다면 그는 모든 능력을 갖지 못하며), 혹은 (c) 조물주가 그것을 알며, 막을 수는 있지만, 그렇게 하고 싶어 하지 않는다(그렇다면 그가 대자비하지 않다). 이런 논증은, '그러한 신이 결코 존재하지 않는다'는 것을 **증명하지 못하지만, 만약 누군가 가용한 증거에서 추론하려 한다면**, 그는 신이 전지, 전능, 대자비하다고, 합리적으로 추론할 수 없음을 보여준다.

흄이 예상하고 논박하려고 시도했던 (본질적인) 모든 논증들에 대해서, 많은 고전적 대응들이 있었다. 첫째 대응은 이런 식으로 제안한다. 만약 당신이 선을 실천하고 고난을 견뎌낸다면, 결국 불행보다 행복이 더 많아진다. 흄의 대답은 철저했다. 먼저, 고생 대비 행복의 추정 비율은, 말할 필요도 없이, 단지 매우 어림짐작의 추정일 뿐이다. 지구에서 불행한 사건이 발생했을 때, 그 불행이 행복보다 더 깊다고 추정하는 것이, 그 반대만큼이나 설득적이다. 정확한 추정이 어렵다는 것을 감안하더라도, 현재 불행이 존재한다는 것은, 비록 나중에 아주 매우 많은 행복으로 보상된다고 하더라도, 엄청난 불행이다. 흄은 묻는다. 그렇게 많은 불행이 왜 있어야 하는가? 진정으로 자애롭고 능력 있는 신이라면, 왜 죄 없는 사람의 많은 불행과 고통, 즉 연약하며 고결한 자에게 가해지는 불행과 공포를 경감시킬 방도를 왜 찾지 않는가? 그러므로, 불행은 전능, 전지, 대자비한 신의 존재에 대한 어떤 추론도 가로막는다. 그래서 악에 의한 논증이 묵과될 수 없다.

둘째 대응은, 인간이 자유의지를 가지고 있으며, 악한 일을 선택할 수 있기 때문에 고통이 존재한다는 제안이다. 그러므로 불행은 단지 죄에 대한 신의 처벌이다. 이에 대한 흄의 대답은 이렇다. 만약 이런 대응이 (믿기 어려운) 죄를 지은 **사람**에게 일어나는 불행을 설명할 수 있다고 하더라도, 유아와 같은 죄 없는 사람과 동물들에게 닥치는 끔찍한 고통을 설명할 수 없다.

셋째 대응은, 만약 인간들이 선악을 구분할 수 있다면, 세상에는 악이 반드시 존재한다는 제안이다. 흄의 대답은 이러하다. 글쎄, 확실히 매우 작은 악은 그 목적으로 충분하다. 더불어, 전능하다는 것은 하찮은 능력이 아니며, 그래서 만약 조물주가 전능하다면, 그는 죄 없는 사람에게 불행을 주기보다 가용한 지식을 갖도록 해줄 수 **있어야** 한다. 전지하다면, 이것을 **어떻게** 성취할지 **알았어야** 한다.

넷째 대응은, 우리가 악이라 여기는 것이 신의 관점에서 실제로 악이 아니라는 제안이다. 즉, 고통은 조물주의 관점에서 실제로 나쁜 것은 아니다. 흄에 따르면, 이런 논증은, 조물주가 진정으로 대자비하여 인간의 행복을 염려한다는 유신론자들의 주장에 대한 충격적인 거부이다. 흄은 이렇게 반문한다. 만약 조물주가 죄 없는 아이에게 발생된 말기 암을 나쁜 일로 간주하지 않는다면, 우리가 의미하는 "자애로운"이란 말로, 어떻게 '신이 자애롭다고 여길 수 있을지 이해되기 어렵다. 만약 그런 고통이 초자연적 자애로움에 의한 것이라면, 우리에게 그런 종류의 자애로움은 너무 이상하게 들려서, 그것을 악으로 인지할 것이다. 만약 신이 우리가 표준적으로 이해하는 "자애롭다"는 말에 걸맞게 진정으로 자애롭지 않다면, 흄이 제안하듯이, 신은 도덕의 권위로 받아들여지기 어렵겠다.

악에 의한 논증은, 그 명칭만큼이나, 자애로운 신이 존재하지 않는다는 것을 증명해주지는 못한다. 그러나 만약 신의 본성에 관하여 이성과 증거를 이용하여 추론하려 한다면, 전지, 전능, 대자비한 신의 존재를 추론하는 데에 명백히 문제가 있음을, 그 논증이 보여준다.

이런 이야기는 초자연적 존재자가 있는지와 관련된 논의에 대한 주요 입장들만을 아주 간략히 요약해보았다. 그렇지만, 일련의 증거가 아직 다뤄지지 않았는데, 그 증거는, 신이 오직 특별히 선택된 사람을 통해서만 자신을 계시하며, 그런 사람들은 종교적 믿음을 기반으로 다른 사람들에게 신의 계시를 전한다는 가능성과 관련된다. 이제 우리는 계시에 근거한 논증을 다루고자 한다.

2.2 경로 2. 계시

일부 사람들은 초자연적 존재자와 개인적으로 접촉한다고 주장한다. [이런 주장에 대해서] 현재의 맥락에서 다음과 같은 의문이 나온다. 그런 보고 내용을 과연 믿어야 할까? 그리고 개인적인 계시의 보고 내용에 근거하여 신 존재를 추론하는 것이 합당할까? 더구나, 이런 의문들과 관련하여 다른 의문도 제기된다. 과연 그가 정말로 그 체험(경험)을 하긴 한 것일까? 또는 그가 (단지 그 보고만으로) 그 경험에 대해서 잘 안다고 말할 수 있을까? 많은 그와 같은 보고들이 많은 다양한 이유에서 그다지 신뢰되지 않는다는 것은 아주 잘 알려져 있다. 예를 들어, 정신질환을 겪고 있는 피검자들은 [계시와는] 완벽히 독립적인(다른) 배경에서 설명되곤 한다. 만약 그렇다면, 소위 계시에 대해서, 뇌과학의 연구와 부합하는 더 솔직한 설명이 가능할 수도 있겠다. 다른 피검자들은 LSD(환각제), 페이오트(peyote, 멕시코 남부의 선인장에서 축출한 환각제), 또는 다른 환각물질 등과 같은 마약에 중독된다. 일부 피검자들의 보고에 따르면, 다른 요소, 즉 난파당한 선원들처럼 신체적 소진과 극도의 추위, 갈증, 배고픔 등의 고통을 경험하며, 근처에 구명보트가 안개 속에서 어렴풋이 보일 뿐, 확실히 보이지는 않는 등의 느낌을 반복해서 경험한다. 무산소증(anoxia, 산소결핍증)을 겪은 산악인들 또한, 항상 보이지 않는 곳에, 그러나 매우 가까이에, 어떤 사람이 뒤따라오고, 가끔은 자신을 앞으로 밀어주는 느낌을 경험한다고 말한다. [그런 경험적 보고에 대해서] 일부 피검자들은 궁극적으로 사기라고 고백하거나, 또는 이득을 갈취하기 위해 거짓말을 한 의도에서 보고한 것처럼 보이기도 한다. 일부 피검자들은 종교적 맥락에서 성적 오르가슴을 체험하며, 그것을 (합리화하여) 신과의 직접 접촉으로 잘못 해석하기도 한다.9)

어떤 조건 아래에서, 우리는 '신에 대한 직접적 지식의 보고'를 믿음의 기반으로 수락할 수 있을까? 세 번째 경로, 즉 신념[에 의한 논증]은 아직 논의의 주제가 아니기 때문에, 나는 지금의 문제를, 그런 보고들이 어느 경우에 상당히 참이라고 생각하는 것이 합당할지와 관련지어 생각해보려 한다. 결론적으로 말해서, 그 기준은 일반적으로 합당한 믿음을 위한 기준과 비교되어야 한다. 예를 들어, [이렇게 질문해볼 필요가 있다.] 무엇이 동의할 만한 증거이고, **그리고** 무엇이 반대할 만한 증거인가? 그러한 경험을 위한 혹은 그러한 경험의 보고를 위한 다른 더욱 합당한 설명이 혹시 있지는 않을까? 그 계시의 가설이 반증에 살아남을지 알아보기 위해서 어떤 다른 시험이 채용될 수 있지 않을까? 그리고 기타 등등. 만약 누군가 놀라운 무엇을 목격했다고 보고한다면, 열린 마음으로, 그러나 조심스럽게, 그 주장에 접근하는 것이 항상 현명한 태도이겠다.

그런 [즉, 계시에 의한 논증의] 경우의 바로 그 본성에 비추어볼 때, 그러한 주장들은 시험하기란 어렵다. 다시 말해서, 그러한 경험은 소수의 개인들에게 제한적으로 일어나며, 쟁점의 사건들은 규칙적으로 발생되지도 않으며, 그 [사건의] 조건들은 반복적이지도 않는 경향이 있다. 그러므로 주의와 회의가 각별히 요구된다. 예를 들어, 마크 앤서니(Mark Anthony)는 간질병으로 심하게 고통 받고 있었지만, 신을 만났다고 주장한다. 또한 간질병은, 사도 바울(St. Paul)이 개종했던 실질적 근거(이유)라는 주장이 있어왔다.

이러한 곤경에도 불구하고, 몇몇 신경학자들은, 진정한 계시의 보고로 진지하게 취급될 만한 특별한 부류의 주장들이 있다고, 최근 제안하였다. 그런 경우들은 신경적 장애, 즉 측두엽 간질(temporallobe epilepsy)을 앓는 피검자들을 포함하기 때문에, 나는 특별히 그들 [보고]의 신뢰성에 관한 논의를 이해하고 평가하려 한다. 먼저, 그 [간질] 현상이란 무엇인가?

간질(epilepsy)은 복잡한 조건에서 일어나는데, 피질 내에 큰 집단의 흥분성 뉴런들이 비정상적으로 일시에 격발한다(그림 9.1). [간질 발생이 시작되는] 간질초점(focal epilepsy)은, 해마(hippocampus) 또는 전두 피질 등과 같은 제한된 영역에서 시작되어, 인근 영역들로 퍼져나간다. 발작이 일어나는 동안에, 그 피검자는 의식을 잃거나 독특한 느낌을 경험한다. 그 발작의 효과는 간질초점의 위치에 따라서 달라진다. 예를 들어, 만약 그 초점이 일차운동피질이라면, 피검자는 비자발적으로 근육수축을 일으킨다. 만약 그 초점이 일차체성감각피질이라면, 저리거나 또는 다른 독특한 감각적 경험을 갖는다. 복합부분발작(complex partial seizures)으로 알려진 형태에서 관여되는 영역들은, 안와전두피질(orbitofrontal cortex)과 함께하는, 측두엽의 변연계 구조물이다(그림 9.2). 이런 형태의 발작을 일으키는 피검자는, 웃는 것과 같은 자동적 행동과, 바닥 쓸기와 같은 단순한 행동을 잠시 동안 할 수 있다. 그들은 발작하는 동안 발생한 사건들을 전혀 기억하지 못하는 경향이 있으므로, 발작이 지속되는 동안 그들이 어떻게 의식하는지에 대해서는 논란의 여지가 있다. 간질초점의 병인학이 종종 알려지지 않는다고 하더라도, 간질초점은 상처 조직(scar tissue)과 관련될 것이다.

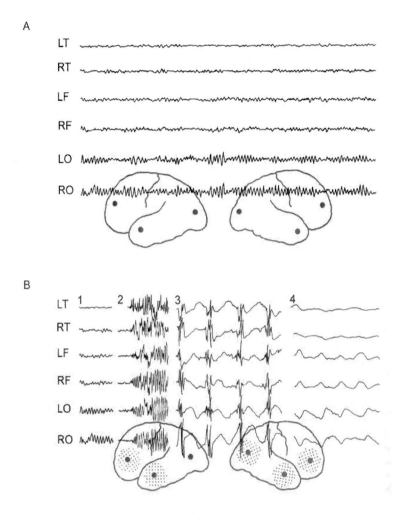

그림 9.1 서로 다른 여러 형태의 간질에서의 EEG 기록 사례들. [약어] LT: 좌측 두엽, RT: 우측두엽, LF: 좌전두엽, RF: 우전두엽, LO: 좌후두엽, RO: 우후두엽. 반구의 검은 점은 대충의 기록 영역을 가리킨다. A. 정상 성인 EEG, B. 대발작(grand mal seizure) 동안 얻어진 EEG의 짧은 발췌, 1: 발병 전의 정상 기록, 2: 발병 시작에 의해 따라 나오는, 임박한 발작의 느낌, 3: 갑작스러운 운동 또는 비명이 있는 동안에 발병의 경련 단계, 4: 혼수상태 시기. 어둡게 표시된 구역은 두피에 위치한 전극에 의해 호전된 영역을 나타낸다. (Kolb and Whishaw 1990)

표 9.1 복합부분발작의 증상

- 정서적: 공통적으로 두려움과 근심
- 자동증(automatism): 반복적, 전혀 새로운, 웃음이 터져 나오는, 눈물이 터져 나오는, 갈구하는, 그리고 다른 (겉보기에 목적이 있어 보이는) 행동
- 자기상환시(autoscopy): 자신의 모습을 외부에서 보는 것
- 인지적 해리: 예를 들어, 데자뷰, 자기객관화, 꿈속 같은 상태
- 현존감(feeling of a presence): 무엇이 자신의 근처에 있는 것 같은 느낌
- 상복부와 복부의 감각: 묘사하기 어렵지만, 외부의 정상 경험처럼 재인된다.
- 망상(hallucination)(어느 양태이든)
- 감각환영과 진행지각의 왜곡: 예를 들어, 변시증(metamorphopsia), 색깔과 그 경계, 즉 형태유지 공간적 연장 사이의 분리
- 공감각(synesthesia)
- 시간적 팽창과 수축
- 정신이상(psychosis)
- 억압된 생각하기
- 기억침입(memory intrusions): 기억회상에서 관련 없는 내용을 관련시키는 오류
- 성욕과다 또는 성욕저하
- 자율조절 곤란
- 밀쳐내는 동작(contraversive movements)
- 언어중단 그리고 발작마비(ictal aphasia)

출처: Cytowic 1996.

그림 9.2 복합부분발작(complex partial seizures)을 가진 환자가, 여러 번의 일상적 발작이 기록되는 동안, 비디오-EEG 원격 측정을 받고 있다. 이 환자는 전형적인 발작의 여러 단계를 보여주는데, 그의 묘사에 따르면, 전조증상(불결한 "유황 같은" 냄새와 맛)이 있고(A), 나중에 왼쪽 발에 간대성 뒤틀림(clonic twitching)이 일어나며, 침대에서 기어오르려는 등 이상한 행동으로 발전되고(B), 그 사건 이후로 즉각적으로 왼쪽 팔에 마비가 오는 발작 후 증상이 따른다(C). (Drs. Erik St. Louis and Mark Granner, Department of Neurology, Roy J. and Luclle A, Carver College of Medicine, University of Iowa의 양해를 얻어)

전신간질(generalized epilepsy)에서, 광범위한 동시성 활동이 일시에 일어나며, 보통 피검자는 의식을 잃는다. [전신간질은 대발작과 소발작으로 구분되는데] 대발작(grand mal seizures)에서, 피검자는 의식을 잃고, 넘어지려고 하며, 사지에 경련이 일어난다. 소발작(petit mal seizures)은 더 짧고 덜 심각한 경향을 보이며, 의식불명을 포함하지는 않는다. 환자는 소발작 동안, 짧게 멍하거나 "정신 나간" 상태를 보여준다. 전신간질의 근본적 원인은 잘 이해되지 못하고 있다.

간질초점은 동물에게 실험적으로 유발시킬 수 있는데, 피질의 억제성 뉴런(inhibitory neuron)의 활동을 막는 약물을 직접 투여함으로써 나타난다. 예를 들어, 페니실린을 피질 표면에 다량 투여하면 억제성 뉴런의 활동을 막아 발작을 유발시킬 수 있다. 초점발작(focal seizures) 또한 피질에 반복적인 전기자극을 주어 유발시킬 수 있다. 전신발작은 실험적으로 만들어지기 조금 더 어렵다. 동물에게 페니실린을 반복하여 정맥 투여하면, 전신발작을 유발시킬 수 있다. 특정 개코원숭이는 깜박거리는 불빛에 의해 전신발작이 유도될 수도 있다. 비글(beagles)과 세인트버나드(St. Bernards) 품종과 같은 개들은 특히 간질에 민감하며, 따라서 중요한 실험 모델이 된다. 간질은 보통 억제성 뉴런의 활동을 증가시키는 약물에 의해서 치료가 된다. 일반적으로 이 치료방법은 발작을 통제하는 데 효과적이다.

임상의들은 측두엽에 간질초점이 있는 낮은 비율의 피검자들이 종교에 과도하게 빠지는 경향이 있다는 것을 오랫동안 잘 알고 있었다. 이런 종류의 피검자들은 또한 성욕과다증(hypersexuality)과 필기과도증(hypergraphia, 비정상적으로 글을 많이 쓰려는 증상)을 보일 것이다. [러시아의 소설가] 도스토예프스키는 때때로 그런 경우의 사람들을 인용하였으며, 라마찬드란과 블레이크스리(Ramachandran and Blakeslee 1998)는 그런 피검자인 폴(Paul)에 대해서 논의하였다. 그 연구 보고에 따르면, 낮은 빈도의 측두엽 간질 환자들이 간질발작을 보이기 바로 직전에, 그들이 특이한 느낌을 체험한다. 예를 들어, 그들은 자신들이 엄습하는 공포와 두려움을 체험했고, 커다란 감정이 분출되는 체험을 한다고 말한다. 소수의 간질 환자들은 자신들이 상당히 말로 표현할 수 없을 정도의 체험, 즉 압도적으로 강력한 힘을 가진 존재와 연결되어 있다는 느낌을 가지며, 위대한 존재자가 자신 옆에 있다는 느낌을 가진다고 말한다. 몇몇 간질 환자들은 발작을 일으키는 동안에 보이지 않는 신과 친밀한 접촉을 했다고 말한다. 라마찬드란의 피검자는 이것을 확실히 주장했다.

지금 이런 매우 제한된 종류의 간질 환자가 발작하는 동안에, 폴이 분명히 믿듯이, 실제로 신이 자신의 존재를 그 환자에게 알려줄 **가능**

성에 대해 고려해보자. 우리는 그것을 지지하거나 또는 **반대하는** 증거를 고려해봐야 한다. 이런 가설을 지지하는 가장 강력한 증거는 물론 정직한 피검자의 믿을 만한 보고 내용이다. 만약 그렇다고 하더라도, 피검자가 간질발작을 일으키는 동안에 신과 접촉했다는 보고가, **진짜로 접촉했다는** 결론을 지지할 만한 증거로서, 얼마나 강력한 것일까?

[그 신뢰에 대한] 하나의 중요한 유보가, 신경과학자인 마이클 퍼싱거(Michael Persinger)에 의한 조사 연구에서 나온다. 그의 실험 전략은 정상 자원자들에게 측두엽 발작을 일으킬 조건을 (비록 약하지만) 모의 실험 해보는 것인데, 그 실험은 측두엽의 국소 영역을 진동하는 자기장으로 흥분시켜보는 것이었다. 그의 목표는, 특정한 종류의 측두엽 간질에서 묘사되는 체험들이 정상 피검자에게서도 나타날 수 있는지 알아보는 것이었다.10)

그 실험 결과는 흥미로웠다. 그런 활성화를 부여할 경우에, 피검자는 매우 특이한 느낌을 가졌다고 보고했다. 퍼싱거의 피검자들 중에 약 80퍼센트가, 이따금 눈에 보이지 않는 무엇인가가 바로 옆에 있는 것 같은 느낌을 가졌다고 말한다. 다른 사람들은, 그 피검자들이 무신론자일 경우에, 스스로 "우주와 일체됨"을 느꼈다고 말할 것이다. 그중에 적어도 한 사람은 천사의 출현에서 나타날, 엄청난 광채, 우렁찬 소리, 숭고한 느낌 등과 같은, 시각적 환영을 가졌다. 뉴욕의 한 정신과 의사는 자신의 그 느낌을 "이분법의 와해(resolution of binaries)"와 같은 비종교적 용어로 묘사했다.11)

퍼싱거의 자료를 고려해볼 때, 통증, 배고픔, 두려움 등이 뉴런의 효과이듯이, 그러한 경험들 역시 뉴런 활동의 특별한 종류와 분산에 의한 효과라는 결론이 지지를 받는다. 측두엽에서 발생하는 발작이 기이한 느낌을 만든다는 것은 (이미 잘 알려진) 측두엽 구조물들 사이의 연결로부터 예측해볼 수 있다. 즉, 편도체, 시상하부, 뇌간, 안와전두피질 등과 같이 정서적 경험을 담당한다고 알려진 구조물들 사이에 연결회로가 있다. 3장에서 논의했듯이, 편도체는 두려운 느낌에 관여하는 것으로 알려져 있다. 시상하부는 성욕, 배고픔, 목마름, 그리고 다른 욕망들에 관여하는 하부 영역이며, 측두엽에 일반화된 자극이 가해지면 특이한 양태로 활성화가 증가하게 된다. 만약 그런 활성화가 (발작을 일으키는 동안에 그러하듯이) 퍼져나간다면, 그 구조물들 사이의 연결 때문에, 대상피질과 안와전두피질은 비정상적 수준으로 일시에 활동하게 될 수 있다. 또한, 그러한 여러 피질 영역들의 무작위 활성화는 정서와 느낌이 특이하게 섞이게 만드는 강력한 역할을 하게 될 수 있다. 시상하부, 편도체, 뇌간, 대상피질, 안와전두피질 등에서 강화된 활동은 매우 강한 여러 느낌들을 일시에, 즉 하루하루의 삶에서 느낄 매우 특이한 것들을 통합적으로, 촉발시킬 것이다. 예를 들어, 두려움, 기쁨, 의기양양, 근심, 배고픔, 성적 충동 등 여러 느낌들이 동시적으로 느껴질 것이다. 정서적 신경회로의 병적인 활성화는, 피검자에 의해서 많은 방식으로 해석될 것이며, 그 해석은 그의 과거 경험들이 그에게 어떠했는지에 따라서 달라질 듯싶다.

우리는 이것에 대해서 어떻게 생각해야 하는가? 퍼싱거의 자료는 다음과 같이 생각해야 할 가능성에 무게를 실어준다. 우리가 정상 피검자들에게 측두엽의 뉴런활동을 변화시킴으로써 그런 효과를 유도할 수 있기 때문에, 아마도 정상인과 간질환자 모두에게 나타나는 그 효과는 모두 초자연 존재와의 접촉과는 아무런 상관이 없다. 우리가 '계시 가설'을 평가할 때 반드시 해야 할 것은, 신의 체험에 관한 더 그럴듯한 다른 설명이 유용할지 결정하는 일이다. 이런 이유 때문에, 퍼싱거의 실험은 매우 중요하다. 그 실험 결과들은 ('초자연적'과 반대인) 자연적이고, 신경학에 근거한 원인을 지지한다. 물론, 그 실험 결과들이 명백히 그 원인을 **증명해주지**는 못하지만, 지지하는 증거는 된다. 여하튼, 일반적으로 과학적 가설에서 온전히 신뢰되는 증명이란 드문 일이다.

유신론자들이 이런 회의적 염려에 대해서 어떻게 반박할 수 있을까? 이에 대한 하나의 전략은 이렇게 말하는 것이다. 퍼싱거 실험 자료가 특별한 종류의 측두엽 간질 환자의 체험과 실험 피검자인 자원자들의 체험이 본질적으로 동일한 원인임을 **입증하지** 못한다. 어쩌면 이렇게 주장할 수도 있겠다. 신이 간질 환자와는 실제로 접촉하지만, 자원자와는 접촉하지 않는다.12) 이러할 가능성이 고려될 만한 가치가 있어 보인다면, 우리는 이렇게 묻게 된다. 어느 쪽 가설이 더 그럴듯한가? 퍼싱거의 실험 결과로부터, 유신론자들은, 간질 환자와 정상인 자원자에 관한 자연적 설명이 왜 충분하지 않는지를, 증명으로 보여주어야 하는 부담을 져야 한다. 유사한 사례를 살펴보자. 다른 모든 사람들은 자연적 과정으로 치유되었다고 하더라도, 당신이 신의 도움으로 **자신**의 상처가 치유되었다고 믿는다고 가정해보자. 왜 당신의 경우는 다른지, 왜 관련된 유사한 모든 것들을 하나의 설명으로 설명할 수 없는지, 당신은 증명으로 보여주어야 하는 부담을 짊어져야한다.

퍼싱거의 실험 결과에 대응하는 다른 전략은 이렇다. **모든 체험들에** 대해서, 즉 간질 환자, 무산소증 환자, **그리고** 정상 자원자들 모두가 동일하게 신과 접촉한 것이라고 인정하는 것이다. 이것이 [논리적으로] 가능한 방법일지라도, 그것은 단지 엉뚱한 핑계를 대는 것에 불과하다. 회의론자와 신자 모두는, 신이 한 특정한 병적 상태, 즉 측두엽 발작을 통해서 스스로를 드러내려 한다고 가정하는 것은 무리수를 두는 것임을 알아볼 것이다. 신은 왜 측두엽 발작을 **조종하여** 자신을 드러내려 하는가? 신의 현시가 전자기적으로 촉발될 수 있다는 기대가 납득될 만한 것인가? 논리적으로, 퍼싱거의 실험 결과는 당연히 신의 **비존재**를 증명할 수는 없으며, 쟁점의 착각 상태조차도 증명해줄 수는 없다. 그럼에도 불구하고, 그 실험 결과는 중요한데, 신에 대한 보고를 촉발하는 경험이 진실로 '**신에 대한 체험**'이라는 가설의 **개연성**을 낮춰주기 때문이다. 우리의 의문은, 주어진 실험 자료에 기반하여 그 가설이 진실인지 아닌지를 알아보려는 것이다. 지금까지 주어진 분석과 해석을 고려해볼 때, 그 가설은 유력해 보이지 않는다.

지금 아주 다른 논증에 대해서 고려해보자. 우리가 이렇게 말한다고 가정해보자. 엄밀히 말해서, 측두엽에 대한 자극이 (거의 일어나지 않지만) 종교적으로만 설명될 수 있는 체험을 만들 수 있기 때문에, 측두엽이 **이런 목적을 위해서** 특성화되어 있다. 마치 시각피질의 자극이 시각 경험을 유발하는 것처럼, "신 모듈"에 대한 자극이 종교적 체험을 유발한다. 단지 자연선택만으로 인간의 그런 피질 특성화의 발현을 설명할 수 없기 때문에, 그렇게 주장될 수는 있겠지만, 신 존재를 위한 설명은 어떤 신성한 원인(Divine Cause)에 호소해야만 한다. 다시 말해서, 신이 이러한 신경생리학적 장치에 맞춰졌음에 틀림없고, 따라서 인간이 신을 직접적으로 알 수 있는 능력을 가질 수 있게 되었다. [이런 식의 주장을 펼쳐야만 한다.]

이에 대해서, 측두엽 간질을 가진 피검자들 중 극히 소수만이 자신들의 체험이 실제로 종교적이었다고 보고한다는 점을 다시 강조할 필요가 있다. 둘째로, 임상적 발작에 이르는 환자들은 보통은 즉각적으로 발작-조절 약물을 처방받는다. 그래서 그들이 보고하는 체험은 통상적으로 **최초의**(inaugural) 사건이지, **재발하는**(recurring) 사건은 아니다. 결론적으로 말하자면, 그 환자들이 다음 목적에서 관찰되거나 시험될 수는 없다. 즉, 그 환자들에게 다음에도 열광적 체험이 발생될지, 또는 간질 발병의 혹독함과 열광적 체험 사이에 상관관계가 있는지, 또는 피검자의 종교적 교파가 그 체험에 대한 종교적 해석과 관련되는지 등을 알아보기 위한 실험은 불가능하다. 그들은 인간 피검자이지, 실험동물이 아니며, 우리는 열광적 체험의 본성에 대한 실험 목적에서 잠재적으로 위험 상태의 [그들에 대한] 치료를 연기할 수도 없다.

더 나아가는 문제는, 전에 다루었듯이, 인식론과 관련된다. 그들의 보고에 따르면, 피검자들은 자신들의 체험에 대해서 어떤 의미를 부여하려 애쓴다. 다시 말해서, 그들은 다양한 느낌을 체험하며, 그리고 그들은 보통 그러한 느낌을 **해석하려** 든다. 퍼싱거의 실험 결과로부터 우리가 알 수 있는바, 측두엽 자극에 의해 유도된 느낌들은 묘사하기 **매우** 어렵다. 더구나, 내가 강조했듯이, 모두 각자가 그 느낌을 신에 대한 느낌으로 해석하지도 않는다. 그들에게 이상한 체험을 겪게 하였을 때, 비록 그 원인이 궁극적으로 신경생리학적이라고 하더라도, 사람들은 상당히 이상하게 설명하기를 바라는 경향이 있다. 환각, 이상한 꿈, 유체이탈 체험 등의 **이상한 경험**을, 비전형적인 신경활동에 의해서, 아주 **평범하게 설명**할 수 있다는 것을 유념할 필요가 있다. 이상한 체험은, 그 인과적 기원이 아무리 하찮은 것일지라도, 우리에게 그 의미와 징후를 말하지 않을 수 없게 만드는 **것처럼** 보이며, 그 체험이 이상하게 느껴진다고 해서, 우리가 그 체험의 **원인** 역시 마찬가지로 이상하다고 말할 수 있는 것은 아니다.

꽤 설득적 이야기로, 문화적 요소들이 측두엽 흥분성 체험을 신에 **대한**, 즉 외부의 초자연적 존재에 **의한** 것으로 해석할지, 아니면 다른 방식으로 해석할지에 영향을 끼친다. 다시 말해서, 당신이 어쩌면 (신에 의한 체험을 해석하기 위한) 특정한 종교적 믿음을 이미 갖고 있을 수 있다. 적어도 우리는 범신론자인 측두엽 간질 환자가, 침례교인 또는 이슬람교인 또는 불교 신자 또는 사탄 숭배자 또는 무신론자 등의 간질 환자들과 동일한 방식으로, 그 체험을 해석할지 알아볼(의심해볼) 필요가 있다. 또한 측두엽 구조는 기억 검색 역할을 하며, 기억 검색은 종종 현재 나타나지 않는 사건 또는 사람에 대한 표상을 포함한다. 예를 들어, 사람들은, 테러, 공포, 그리고 어린 시절에 경험했던 엄청나게 기분 나쁜 느낌과 더불어, 특별히 무서워했던 1학년 선생님을 지금 기억할 수도 있다. 그런 일의 발생이 어쩌면, 퍼싱거 형태의 측두엽 자극에 의해 만들어진 복합적 정서가, 지난날 그런 느낌을 주었던, 전설적인 1학년 때의 괴물 선생님과 같은, 개별 사람의 기억을 활성화시켜 일어날 수 있었던 것은 아닐까? 물론, 이것은 순진한 억측이지만, 그것은 실험적 시각에서의 억측이다.

끝으로, 비록 그러한 논증이 '자연선택이 종교적 느낌의 존재를 어떻게든 설명할 수 없을 것이다'라는 생각에서 나온 것이라고 하더라도, 사실 그러한 종교적 느낌들은 '사람들을 (그들이 지도자 혹은 단체에 충성심을 느끼는) 사회집단에 매이게 만들어주는 더욱 일반적인 신경생리학적 일부 장치이다'라고 매우 쉽게 상상해볼 수 있다.[13] 일반적으로 생물학에서 개별적 변이와 관련지어 생각해보자면, 마치 어떤 사람들이 다른 사람보다 수학적 능력이나 유머 감각에서 더 축복받는 경우처럼[즉, 더욱 재능을 가지는 경우가 가능하듯이], 만약 어떤 개인들이 더 종교적 소속감을 가지려는 경향을 가진다면, 그것이 그리 놀랄 만한 일은 아니다. 어떤 개인들은 아마도 위대한 지도자 앞에서 그들 스스로 겸손해하거나 그의 명령에 맹목적으로 따르도록 강한 충동적 느낌을 가질 수도 있을 것이다. [반면에] 다른 사람들은 아마도 매우 독립적이어서, 숭배와 맹목적 충성심을 납득하기 어렵다고 여길 것이다.

이러한 측면을 고려해보면, 문제의 보고가 선택된 소수의 사람들에게만 천기누설(Divine Revelation)이 부여된다는 증거라고 확신하기 어렵게 만든다. 그러한 보고가 종교적 측두엽 간질 환자의 체험이 신적인 원인일 가능성을 완전히 배제하지는 못하지만, 그러한 보고는 '어느 확신을 줄 만한 대응 논증이 전혀 없어 보인다'는 회의주의를 낳는다. [즉, 그 가능성을 회의하게 만드는 측면도 있다.]

2.3 경로 3. 신념

앞의 두 절에서, 나는 신이 존재하는지의 쟁점에 대한 탐색은 증거와 논증에 의한 접근법이어야 한다고 추정했다. 그렇지만, 그러한 나의 추정은 다음과 같이 도전받을 수도 있다. 왜냐하면, 종교적 믿음에 적절한 방법론은 증거와 논증이 아니라, 신념이라고 주장될 수 있기 때문이다. 언뜻 보기에도, 이런 주장은 (증거와 논증과는 상반된) 사적 동기에 근거하여 그 [신 존재] 가설을 채택하거나 거절해야 한다는 것을 의미한다.

그렇지만, 종교적 믿음에 관한 근거로서 증거와 논증을 포기하는 것은 사소한 일이 아니다. 한편으로, 이것은 '어떤 조물주도 존재하지 **않**는다', 또는 '존재하는 조물주는 본질적으로 악하다', 또는 '헤아릴 수 없을 정도로 많은 경쟁하는 신들이 있다', 또는 '꽤 많은 다양한 종류의 신들이 있다 등에 대해서도, 우리가 쉽게 신념을 가질 수 있음을 의미한다. 이것은 지금까지 가장 합리적인 대답을 찾기 위해 합리적 논증을 벌여온 것이 본질적으로 무익하다는 것을 의미한다. 예를 들어, 악마(Devil)와 그의 위대한 능력을 믿는 악마 숭배자들을 반대하기 위한 어떤 논증도 무용하다. 왜냐하면 논증 자체가 무용하기 때문이다.

흄은 그런 입장 선택을 고려해보았으며, 그런 선택이 탐색적 대화 자체를 하지 못하도록 막는다고 염려하였다. 그런 상황에서는 (병적이며 착취 같은) 바람직하지 않는 요소들이 나타난다. 누군가의 종교가 개인적이고 사적이며, 믿는 개인들의 삶을 넘어서 어떤 함축도 갖지 않는다면, 이것이 문제될 것은 없을 것이다. 그러나 (흄의 관점에서) 그 신자가 자신의 믿음을 다른 사람들에 대한 **도덕적** 혹은 **정치적 권위**를 부여하기 위해서 사용하는 순간, 문제가 시작된다.

만약 당신이 그 믿음을 극단으로 밀고 나간다면, 당신은 종교의 이름으로 나오는 위협과 억압에 저항할 어떤 의지도 발휘할 수 없으며, 종교적인 편협, 민중선동, 여성혐오, 혹은 학대 등에 대해서 저항할 어떤 의지력도 발휘하지 못할 것이다. 당신은 잔혹한 종교에 대해 어떤 비판의 근거도 갖지 못할 것이다. 그것은 명확히, 신념이 증거와 분석의 문제가 아니며, 논증과 비판의 문제도 아니기 때문이다. 신념은 그런 것들과 **무관한** 믿음이다. 만약 그 신념의 선택이 훌륭한 부족장을 위해서 힘을 발휘할 수 있다면, 그것은 또한 악당들을 위해서도 모든 면에서 힘을 발휘할 수 있다. 즉, 만약 신념이 종교를 위해 수락된다면, 그것이 **다른 영역에서 받아들일 수 없는 것으로** 간주되는 경우란 단지 특별한 변론에서 뿐이다. [즉, 다른 영역에서 수락될 수 없다고 말할 수 없게 된다.] 신념은 자비롭고 친절한 자들에 의해서 사용될 뿐만 아니라, 또한 자신들의 신적 권리에 대해서 불문율을 주장하면서, 그 신적 권리로 다른 부족을 멸망시키거나 여자들을 노예로 만들 수 있다고 주장하는 자들에게도 사용될 수 있다. 만약 그들이 신념을 주장하고, 그리고 오직 신념만을 자신들의 이유의 근거라고 주장한다면, 그런 사람들과 논의를 벌일 수 있겠는가? 잘 알려진 바와 같이, 그렇게 신념을 선택한 사람들은, 올바른 신념이 무엇인지, 어떤 종류의 질문들이 신념에 의해서 결정되어야 하는지, 그리고 어떤 도덕적 기준이 제시되어야 하는지 등에 대해서, 종종 충돌하곤 한다. 이것은 당연한 일인데, 왜냐하면 여러 문화들은 서로 다르며, 사적인 동기 또한 사람들마다 서로 다르기 때문이다.[14]

종교적 믿음, 좀 더 구체적으로 말해서, 조물주에 대한 믿음이 **보편적인가**? 그것이 **본유적**(innate, 선천적)인가? 종교적 믿음이 보편적이고 본유적이라는 주장은 종종 신념에 관한 논란을 불러일으키며, 특히 두 사람이 왜 동일한 신념을 갖고 있는지에 대해서 논란이 될 수 있다. 만약 그런 주장이 정말로 옳다고 하더라도, 신념에 비추어 어떤 결론이 유도되어야 할지 그다지 확실치 않다. 앞서 논의했듯이, 어떤 믿음의 본유성은 결코 그 믿음이 참임을 보증하지 못한다. 또한 어떤 믿음의 본유성은 심지어 생존에서의 유용성조차 전혀 보증해주지 않는다. 예를 들어, 믿음은 그것이 적용되는 다른 어떤 것에 무해한 결과를 줄 수도 있지만, 매우 유용한 다른 어떤 것에 약간 해로운 결과를 줄 수도 있기 때문이다. 여하튼, 아동-발달 연구를 보면, 종교적 믿음이 본유적이라고 생각할 만한 어떤 강력한 이유도 없다. 예를 들어, 일부 아이들은 조물주라는 관념에 대해서 처음 소개받고서, 놀라워하며 믿을 수 없어 하는 반응을 보인다. [역자: 종교적 믿음이 보편적으로 본유적이라는 주장은 전칭긍정명제의 성격을 지니며, 따라서 그렇지 않은 어린이가 있다는 일부 사례가 제시되기만 해도, 즉 특칭긍정명제에 의해서, 아리스토텔레스 전통 논리학의 배경에서, 그 가정은 모순적으로 부정된다.]

더구나, 많은 보통 사람들은 조물주에 대한 믿음을 가지고 있지 않다. 중국의 토속 종교와 불교는 합쳐서 약 10억 명의 신봉자들이 있지만, 기독교의 유일신 같은 존재를 위한 초물리적(supraphysical) 자리는 없다. 게다가, 범신론자, 불가지론자, 무신론자, 잡다한 무신론자 등도 1억 명을 넘는다.[15] 이것은 유신론이 보편적이지 않다는 것을 함축한다. 교묘한 속임수로, 무신론자, 불가지론자, 그리고 그와 같은 사람들 모두가, 그렇지 않은 척하지만, 실제로는 일종의 신앙인들이라는 생각에 떠밀려질 수 있다. 왜 그러한가? 조물주에 대한 믿음이 보편적이기 때문이다. 한심스럽게도, 이러한 논증은 이제 순환적이 되어버렸다. '믿음의 보편성'이 '믿음의 보편성'을 옹호하는 데 사용되기 때문이다.

조물주에 대한 믿음이 보편적이지 않다고 하더라도, 자연에 대한 의

인화는 매우 **일반적이다.** 의인화는 우리가 아래와 같은 중요한 사건들의 원인을 이해하지 못할 때, 예를 들어, 태양이 왜 일식을 하는지, 혜성이 왜 나타나는지, 겉보기에 아무것도 없는 데서 왜 토네이도가 발생하는지, 흑사병은 왜 마을 주민들을 4분의 1이나 죽이는지, 사과나무는 다른 나무와 달리 왜 1년에 한 번만 열리는지 등등의 원인을 알지 못할 때 등장하는 전형적인 반응이다. 당황스럽고, 더 나은 이론을 갖지 못할 때에, 우리는 자신들이 가진 가장 풍부하고 가장 강력한 설명의 자원으로 의지하는데, 소위 우리가 인간과 동물의 행동을 설명할 때 보통 사용하는 우리의 심적 범주 체계(framework of mental categories)로 뒷걸음친다. 다시 말해서, 우리는 우리가 갖는 마음이론(theory of mind)을 이용한다. 우리는 폭풍이 잠잠해지기를 애걸하며, 곡식이 풍성하기를 간청하고, 번성(다산)을 위해 달의 선한 후원을 기원하고, 우리 자신이 격노한 지배력에 의해서 처벌받을 수 있다고 여긴다. 우리는 분노를 달래거나 비위를 맞추기 위해서 제물을 준비한다.16)

내 논점은 그런 의인화가 바보스럽다는 것을 지적하려는 데에 있지 않다. 그러한 의인화는 우주에 대한 의미를 파악하려 노력한다는 측면에서 가치 있는 시도이며, 누군가의 성향에 비추어 최선의 설명 자원을 활용한다는 측면에서 나름 의미가 있다. 그러나 과학의 진보는, 자연현상에 대한 심리학적 설명을, 좀 더 성공적인 **자연적** 설명으로 느리게 교체해왔다. 과학은 쓰나미 또는 허리케인을 예측하고, 전염병 확산을 막고, 이른 봄에 사과나무에서 벌이 수분하는 것을 돕기 위한 기술과 도구를 만들어낸다. 대체로, 이런 조작은 동물을 제물로 바치거나 기도하는 것보다 더욱 효과적이다. 다음을 유념할 필요가 있다. 대부분의 지배적 종교들은 아주 고대에, 과학 이전의 시기에 출현하였으며, 당시에는 신에게 동물을 제물로 바치는 것이 다산, 날씨, 건강, 전쟁 경과 등에 영향을 미치는 가장 좋은 방법으로 여겨졌다.17)

많은 사람들에게 조물주에 대한 믿음은 그들의 삶에 꽤 긍정적인 측면이 있다는 인식과 관련하여 나는 모든 것을 검토하려 한다. 사람들의 신념은 그들의 슬픔, 비통, 비극 등을 다룸에 있어, 일상적으로 그들을 지탱해주는 무엇이다. 신념은 알코올 중독을 이겨내고, 우울증을 극복하고, 몹시 어려운 일을 극복할 용기를 주는 도구가 되어준다. 나는, 이런저런 종류의 신념이 사람들의 삶에 중요한 요인이 될 수 있다는 것을 의심하지 않는다. **종교적** 신념과 더불어, 자신이 승리할 것이라는 운동선수의 확신, 혹은 자신이 실수하지 않을 것이라는 무용수의 확신, 자신이 살아남을 것이라는 군인의 확신 등은, 비록 그것이 전혀 성공을 보증하지 않더라도, 그 실행을 도와준다는 측면에서 매우 효과적이다. 적군의 사기를 저하시키는 것이 승리를 위한 비법이다. 그럼에도 불구하고, **이러한** 맥락에서, 지금의 논의에서 쟁점이 되는 것은, 신념과 확신의 심리학적 역할에 관한 의문이 아니며, 신념에 의해 믿어진 것이 필시 **옳을지**, 조금 더 구체적으로 말해서, '조물주가 존재한다는 신념이 '**조물주가 존재한다는 증거**가 될 수 있을지에 관한 의문이다.

마지막으로, 그렇지만 사소하지 않은 논점을 이야기해보자. 일부 사람들, 예를 들어, 폴 데이비스(Paul Davies)와 같은 사람들은 이렇게 말한다. 과학 또한 많은 믿음에 관한 논문들을 내놓는다. 데이비스는, 과학자들이 "우주가 불합리하지 않다는 것과, 자연에서 법칙 같은 질서로서 언급되는 물리적 존재에 대한 합리적 기반이 있다는 것을, 일종의 신념적 행위로 받아들인다"고 말한다.[18] 그는 이것은 본질적으로 조물주가 존재한다는 신념과 동일하다고 생각한다.

데이비스가 종교적 신념과 과학 사이의 지적 간격을 줄이려는 그 제안은 억지스럽다. 모든 과학적 가설들이 증거와 논증의 기반에서 평가되며, 어느 것도 너무 신성시 여겨지므로 비판 혹은 조사 혹은 논박될 수 없다고 여겨질 수 없다. 어떤 도구도 신념만으로 신뢰되어야 하는 것은 아니며, 어떤 가설도 즉각적으로 그리고 오직 신념에 의해서 전적으로 채택될 수 없다. 만약 우리가 이해하는 우주에 질서가 있다고 하더라도, 우리가 이것을 믿는 것은 신념에 의해서가 아니라, 아무리 그것에 대한 시험이 설득력을 가지며 아무리 여러 번 반복된 것이라고 할지라도, 그것이 특정한 법칙들에 의해 지지받기 때문인 것이다. 어느 임의의 경우에 대해서, 우리는 보통 많은 가정을 만들지만, 그 가정은 항시 **파기될 수** 있다. 다시 말해서, 우리는 그 가정들이 틀릴 수 있으며, 다른 경우에 비추어 시험될 필요가 있음을 알고 있다. 진실로, 과학사는, 확고해 보였던 가정이 궁극적으로 뒤집어졌던 많은 사례들로 채워져 있다. 지구가 우주의 중심이고 움직이지 않는다는 이 두 가정은 논박의 여지가 없고, 안정적이며, 필연적으로 참인 것처럼 보였으며, 신성한 계획의 일부이므로 절대적 확실성을 가진 것으로 알려졌다. 그렇더라도, 갈릴레오와 코페르니쿠스는 그것들이 실제로 틀렸다는 것을 우리에게 확신시켜주었다. 신념에 관한 전반적인 논점은, 우리가 [그 신념을] 비판하지도 혹은 시험하지도 혹은 증거와 논증을 살펴보지도 **않는다는** 것이다. 과학과 과학의 과정에 관한 전반적 논점은, 우리가 그렇게 **한다는** 것이다.

끝으로, 이것은 결국 각자의 선택에 달린 문제이다. 나의 의견은 이렇다. 신의 존재에 관한 어떤 논증도 거의 신뢰가 가지 않으며, 그런 만큼, 현재 나는 신이 존재한다는 가설을 받아들이기 어렵다. 나는 이것을 신념에서 믿지 않으며, 증거와 논증에 근거하여 믿는다. 흄과 마찬가지로, 나는 신념에 의해 믿음을 선택하면 엄청난 도덕적 그리고 정치적 결과의 대가를 져야 한다는 것을 보며, 따라서 나는 그러한 도덕적 의무에서 벗어나고 싶다. 그러나 우리는 항상 새로운 것을 터득하며, 새로운 발견은 우리에게 놀라움으로 다가올 수 있다. 지금까지 우리가 확신할 수 있었던 모든 것들에 대해서, 그 신념에 의한 믿음의 가설 또는 그 어떤 수정된 가설이 언젠가 개연성을 가진 것으로 드러날지도 모른다.

3. 사후세계가 있는가?

앞 장에서 논의되었듯이, 증거의 우위는 '심적 상태가 뇌의 상태이며, 심적 과정이 뇌의 과정이다'라는 가설을 지지한다. 이런 가설에 근거하여, 뇌의 죽음 후에도 무엇이 살아서 존재할 수 있을까? 어떤 종류의 실체가 그럴 수 있으며, 그것이 살아 있을 때 뇌가 가졌던 정서, 지식, 선호, 그리고 기억 등을 어떻게 가질 수 있을까? 그것이 나를 **나**로 만들어주는 뇌 안에서의 그러한 활동들과 어떻게 관련될 수 있을까? [이런 의문들에 대한] 납득할 만한 대답은, 오직 사후의 삶이 있다는 가설이 신뢰성을 얻을 수 있어야만 가능해진다.

나의 판정에 따르면, 사후-삶 가설을 의미 있게 만들어줄 정도로 충분히 정합적인 어떤 대답도 가능하지 않다. 그 증거의 우위가 가리키는바, 뇌가 퇴화되면 심적 기능이 위태로워지며, 뇌가 죽으면 심적 기능이 멈춘다. 물론 사후에 육신 전체가 소생될 수 있다는 제안이 문제가 될 수는 있겠지만, 아직까지 그런 소생에 대한 증거는 설득적이지 않다. 오래된 무덤에는 오래된 뼈들만이 있을 뿐이며, 부패한 육체는 청소동물들(scavengers)이 먹어치워버려 [남은 것이 없기] 때문이다.

무엇인가, 우리가 알지 못하는 무엇인가가, 뇌가 죽은 후에도 살아남아 있다는 어느 긍정적 증거라도 있는가? 분명히, 확증된 증거를 제공한다고 주장하는 많은 보고들이 있다. 나는 여기에서 그 모든 것들을 다룰 수 없기에, 아래에 적절한 관찰들만을 다뤄보려 한다. 그래서 영적 중개자(psychic medium)의 중재에 근거한, 매우 많은 주장들은, 이런 주장들에 대한 일반적 의심은 '벼락부자가 되는 투자를 하게 해준다'는 말에 대한 일반적인 의심처럼 매우 신중해야 할, 사기임을 보여줄 것이다. 전생에 대한 많은 주장들은 날조되어, 지어낸 것들이거나, 혹은 뜻하지 않은 '증거 선택성'의 문제가 있다. "증거 선택성(selectivity of evidence)"이란 말로 내가 의미하는 것은 이렇다. 사람들이 어떤 사건에 관심을 두면, 자신이 앞서 선호하던 가설을 확증하기 위하여, 그 사건을, 적절한 해석을 붙여, 구성할 수 있으며, 그렇게 되면 반증될 수 있을 사건들을 알아보지 못하거나, 혹은 임시방편적으로 설명을 피해버린다.

사후와 전생과 관련된, '증거 선택성'이 무엇인지 예를 들어 설명하기 위해서 다음의 이야기를 고려해보자. 한 아이가 한 농가의 어떤 장면을 그림으로 그렸다. 마당에 사과나무, 그 나무 밑에서 잠자는 개,

기타 등등을 그렸다. 그 그림은 그의 어머니의 증조부인 스미스(Smith) 집의 모습이다. 그 꼬마 빌리(Billy)는 실제로, 빨간 곱슬머리와 급한 성격을 포함하여, 그의 증조부 스미스의 일부 신체적 특징을 닮았다. [당연히 유전적으로 그럴 수 있다.] 그 아이의 어머니가 아이에게 그의 그림에 대해서 물었고, 그런 생각이 어디에서 나왔는지 물었다. "너는 언제가 이와 같은 장소를 본 것을 기억하니?"라고 그녀가 물었다. 만약 그녀가 그를 상기시켜준다면, (심리학자들이 반복적으로 보여주었듯이) 그는 그 장소, 그 개, 기타 등등을 기억한다는 것에 동의하기 시작하게 된다.19) 훗날 그는 부모님의 대화, 가족사진, 기타 등등으로부터 얻은 상세한 모든 이러한 "기억들"을 매우 천진난만하게 각색할 것이다. 빌리는 심지어, (아마도 의식적으로 알지 못함에도 불구하고) 자신의 전생의 삶을 날조하도록 격려되고 있는 자신을 보게 되며, 그런 중에 자신이 꾸며낸 이야기는 숨겨진 기억의 **재발견**이듯이 [그의 내면에] 개념화된다.

　빌리의 "되살아난 기억" 속에서, 증조부 스미스는 간단한 사냥칼을 가지고 회색 곰을 죽였고, 눈보라 속에서 눈 집을 지었고, 메추라기 새와 코요테 등과 대화도 하였다. 누구도 이런 사건들을 기억하지 못하지만, 그것이 문제가 되지 않는 이유는 증조부가 다소 내성적이었기 때문에, [누구에게도 말하지 않았을 수 있다.] 우리가 상상컨대, 그의 어머니는 '빌리가 증조부 스미스의 환생이라는' 가설을 시험하기 위해서 진지하게 노력하지 않을 것이다. 그녀가 빌리에게 대답할 수 없는 증조부 스미스의 삶에 관해 질문할 때면, 이것은 빌리가 그의 전생에서 특별히 그 부분을 잊은 때문이라고 에둘러 설명을 피해버린다. 빌리의 엄마는 반대하는 증거들을 무시하고, 오직 확신하는 증거만을 주목하거나 기억하는 경향이 있다. 이런 경향은 그녀가 노골적으로 거짓말쟁이이기 때문이 아니다. 그 정반대이다. 그녀는 무심코 **자신을** 기만하고 있는 것이다. 그녀는 믿고 **싶어 한다**. 이런 꾸며진 이야기는 증거를 고려하는 선택성을 예로 보여주며, 우리는 모두 그렇게 되기 쉽다. 결론적으로 말해서, 우리가 두려워하는 가설이 참이라는 것에 대해서 우리가 냉혹하게 검토하듯이, 우리가 **바라는** 가설이 참인지에 대해서도, 우리는 냉혹한 마음을 갖도록 노력해야 한다.

이러한 이야기가 보여주듯이, 모든 환생에 관한 이야기들이 약점을 갖는지는 잘 알려져 있지 않지만, 지금까지 연구된 많은 그런 이야기들이 그러하기 때문에, 그리고 우리가 속임을 당하고 싶어 하지 않기 때문에, 우리는 개별 사례마다에 대해서, 조심스럽게 정밀히 검토해볼 필요가 있다. 우리는 셜리 매클레인(Shirley McLaine)의 전생의 화려했던 자신의 삶에 대한 주장을 왜 전적으로 그리고 열정적으로 믿지 않는가? 내가 생각하기에, 부분적으로 그녀의 설명은 (바로 앞서 살펴본) '증거 선택성'의 측면에서 부족해 보이기 때문이고, 부분적으로 그녀의 주장이 쉽게 시험될 수 없기 때문이며, 또한 그 주장들에 환상(fantasy)의 지워지지 않을 낙인이 찍혀 있기 때문이다. 그녀의 "전생"은 부러울 정도로 화려하다. 즉, 그 삶은 진물이 흐르고 부스럼과 굽은 허리를 가지고 땅을 일구는 가난한 소작인의 삶이 아니다. 보통 전생의 보고는 동화 같은 호소, 즉 잘생긴 영웅, 아름다운 여왕, 낭만적 행동들로 가득 채워진다. 확신컨대, 날씬한 고딕 풍의 공주보다는 많은 훨씬 배고프고 구부정한 소작인들이 있었지만, 이런 것들은 "전생"을 드러내는 경향이 아니다. 그렇지 않다면, 필시 단지 화려한 사람들만이 환생되며, 비천한 사람들은 죽은 채로 있어서인가?

최근, 거의 죽을 뻔했다 살아난 환자들에 의해 알려진 환기(이승을 보았다는) 묘사는 우리의 의문에 대한 흥미로운 자료가 된다. 저 멀리 끝에 희미하게 빛이 보이는 터널, 대단히 평화로운 느낌, 여행 중에 있는 것 같은 느낌, 그리고 경우에 따라서는, 침대 위에서 아래에 누워 있는 자신의 육체를 내려다보는 것 같은 체험 등을 포함한, 여러 시각적 경험들은 전형적으로 "임사체험(near-death experiences)"이라 불리는 체험들이다. 그런 체험들은 환자가 사후의 다른 세계를 체험한 증거로 주장되곤 한다. 늘 그러하듯이, 우리는 그 증거들을 긍정적으로도 부정적으로도 살펴보아야 하며, 좀 더 실질적 설명이 있을지 돌아보아야 한다.

여러 장애물들로 인하여 다음과 같은 주의가 요청된다. 첫째, 그러한 체험들은, 거의 죽을 뻔했으나 살아난 환자들 중에 (약 35퍼센트 정도로) 다소 특이한 경우이다. 증거 선택성으로 인하여 그런 환자들은, 소생된 환자들 중에 그런 체험을 하지 않았다는 보고가 있음에도 불구하고, 사후세계를 확신하게 되는 것처럼 보인다.

둘째, 그런 체험의 조건은 통제된 실험에서 이루어진 것이 아니며, 그 일부 환자들이, 당시에 스트레스를 받는 상황에서, 사람들이 "죽은 동안의" 체험이라고 추정하는 사건들을 "기억하도록" **격려되었는지** 알아볼 필요가 있다.

셋째, 그런 보고들은 뇌가 엄청난 스트레스를 받고 있는 환자들에 대한 것들이다. 즉, 그 환자들은 엄밀히 말해서 거의 죽음에 가까웠기 **때문에**, 그들은 산소결핍증(anoxic)과 노르에피네프린(norepinephrine) 과다 상태에 있었다. 스트레스 상황에서 뇌는 많은 비정상적 동작, 즉 무의식적 동작, 이상한 말투, 특이한 안구운동, 특이한 체험 등의 행동을 하게 만든다. 예를 들어, 익사할 때처럼, 심각한 산소결핍증은 [환자가] 극심한 공포 단계를 지나자마자, 평화로운 느낌을 갖게 만든다고 알려져 있다. 어떤 사람은 산소결핍 황홀경(anoxic ecstasy)을 유도하는 방법으로 스스로 목을 조르기도 한다. 웃음가스(laughing gas)로 불리는 산화질소(nitrous oxide)를 흡입하여 나타나는 산소결핍증은 황홀경의 느낌과 심오한 진리를 언뜻 본 느낌을 만들 수도 있다. [미국의 실용주의 철학자] 윌리엄 제임스(William James)는 자신이 산화질소에 취해 있는 동안에, "형이상학적 해명"을 경험했다고 말했으며, 그가 인정했듯이, 이러한 상태에서의 자신의 저작은 완전히 횡설수설이었다. 산화질소는 뉴런을 자극하여, 엔도르핀(뇌의 내인성 아편제)을 방출하게 만들며, 이것이 바로 그 물질이 마취를 위해 사용되는 이유이다. 내인성 엔도르핀 방출은, 몇 가지 암시성을 주는 만큼, 필시 황홀경 효과의 원인이다.[20] 그러므로, 이런 측면에서, 임사체험에서의 문제는, 발작을 일으키는 동안에 "종교적 느낌"을 체험하는, 측두엽 간질 환자의 사례에서 나오는 보고에서 보여주는 문제와 유사하다.

넷째, 3장에서 살펴보았듯이, 판단력 상실과 이인증(depersonalizing) 체험의 경우와 마찬가지로, 유체이탈 체험은, 예를 들어, 마취제 케타민(ketamine)과 환각제(LSD)에 의해서도 인위적으로 유도될 수 있다. 케타민 체험과 임사체험에 대한 신경학적 설명은 매우 유사하다고 추정될 수 있다. 더구나, 프랜시스 크릭(Francis Crick)이 대화 중에 지적했듯이, 유체이탈 주장은 다음과 같이 환자에게 물어보아 실험될 수 있다. 그 환자가 병원 창문 밖에서 떠다닌다고 말하는 곳에서, 오직 그만이 있었다고 자신이 주장하는 곳에서, 보았던 물체들이 무엇인지 직접 물어보는 방식으로 실험될 수 있다.21) 내가 아는 한, 이런 종류의 실험이 체계적으로 이루어진 적은 없다.

비록 과거와 미래의 삶에 관한 주장에 비추어 회의와 주의가 필요하긴 하겠지만, 우리는 진정으로 시험 가능한 사례가 나올 가능성에 대해 열린 마음을 가져야 한다. 만약, 명백한 경우가 나타난다면, 매우 중요하게 다음을 실천해야 한다. 그것을 조심스럽고 체계적으로 진단해보고, 우연적으로 오염된 기억을 피하고, 사기를 피하기 위해 가능한 모든 수단을 동원하고, 사실에 관해 알고 있는 것에 반대하는 주장들을 점검해보고, 다른 가능한 설명이 있을지 고려해보는 기타 등등이다. 그러한 사례들을 시험해보게 되면, 그런 사례가 정밀한 검사에서 살아남을 것이라는 낙관주의를 약하게 만들긴 하겠지만, 그럴 가능성은 완전히 배제하지는 말아야 한다.

그러나 [천국이] 사라질 거란 전망에 혹시 누군가는 동요하지 않을까? 그런 전망이 누군가에겐 실망스럽거나 뜻밖의 일이 되지는 않을까? 이런 모든 것들이 그러할 수도 있지만, 반드시 그렇지도 않을 수 있다. [즉, 저승이 없다는 이야기에 삶의 목표가 사라져 동요될 수 있으며, 실망스러울 수도 있지만, 반드시 그렇지만은 않다.] 우리는 이승의 삶을 가장 잘 영위하도록 해야 한다는 인식에서, (가족, 공동체, 광활한 자연, 음악, 그리고 기타 등등에 대한) 사랑과 일에서 훌륭한 목적을 지닌 삶을 영위할 수도 있다. 이런 주장이 있을 수 있다. 자신들이 처벌받거나 고문받을 수 있다는 혹은 자신의 기도가 무시되기도 한다는 등을 인정하기보다, 비천한 삶이 단지 현세의 삶에서일 뿐이라고 인정하는 것이 덜 고통스럽다. 또한 이런 주장도 가능하다. 정의와 심판의 문제가 여기 현세에만 관련되며, 사후의 삶에까지 연장되지 않는다고 추정하는 것이 위안을 준다. [그러나 그렇게 사후세계를 위해 기도하기보다, 지금의 세상에서] 평화로운 해답을 찾고, 잘못된 것을 바로잡고, 화해와 타협을 구하며, 사랑을 표현하고, 자신이 살아가는 매일의 [삶의] 의미를 최대화하는 이러한 것들이, 불확실한 사후에 대해 너무 큰 희망을 고정시키기보다, 더 유의미할 수 있다. 모든 것들이 말해지고 행동될 때, 그것이 아무리 냉혹한 것으로 드러날지라도, 진리가 여전히 진리일 수 있다. 만약 사후의 삶이 없다면, 그리고 그것이 진실이라면, 그렇지 않기를 소망한다고 해서 그것이 다른 것으로 바뀌지는 않는다.

4. 만약 신이 존재하지 않는다면, 도덕은 어떻게 되겠는가?

이런 문제는 실제로 도덕적 기준(standard, 규범)의 토대에 관한 것이다. 그것은 특정 행동이 왜 잘못되었다거나 또는 공정하지 않다거나 또는 처벌받아야 한다고 고려되어야 하는지, 그리고 반대로 어떤 다른 행동이 존중되거나 또는 칭찬받거나 또는 격려되는 이유가 무엇인지에 관한 문제이다. 이 문제는 매우 중요한 문제이며, 고대 이래로 많은 문화권에서 심도 있게 논의되어온 주제들 중 하나이다. 서양 철학의 전통에서, 우리는 이 문제에 관해서 기원전 4-5세기 그리스 철학자들에게 큰 빚을 지고 있는데, 그들이 그 문제에 대해서 체계적 토론을 시작했기 때문이다.

종교가 윤리 기준(규범)의 근원이라는 생각에 대해서 가장 통찰력 있고 간결한 검토는 플라톤의 초기 대화록, 『에우티프론(*Euthyphro*)』에서 발견된다. 소크라테스와 (아테네 상류층의 사제인) 에우티프론은 법정의 계단에서 만났다. 소크라테스는 젊은이들에게, 정통, 상식적 가정들, 그리고 숭배되는 권위 등 모든 것들에 대해 물음을 던지도록 용기를 주었다는 이유로 기소되어 재판을 기다리는 중이었다. 공식적으로, 그는 "아테네의 젊은이들을 타락시켰다"는 이유에서 기소되었다. 에우티프론은 자신의 아버지를 살인자로 기소하기 위하여 법정에 가려던 참이었다. 그의 아버지는 (술에 취해서) 한 노예를 죽인 자기 하인을 처벌했다. 그의 아버지는 그 하인 범법자를 결박하여 도랑에 빠뜨린 채, 그를 어떻게 처리해야 할지 조언을 구하러 집을 나섰다. 그런데 그 하인은 아버지가 돌아오기 전에 죽어버렸다. 어찌할 바를 모르는 소크라테스에 비해서, 에우티프론은 (도덕적 사안의 상식적 추세에 비추어) 자신의 도덕적 의견과 자신의 탁월함을 확신하였다. 에우티프론의 법률적 기획은 대화록의 연출을 극적으로 만들어준다. 특별히 그가 자신의 아버지에 대한 적대적 행동에 스며 있는 도덕적 애매함에 놀랄 만큼 무감각하다는 것을 드러내주기 때문이다.

그 장면에서, 소크라테스는 에우티프론에게 질문하면서 [대화법의] 방법론적 탐구를 시작한다. "그렇다면, 어떤 행동은 무엇 때문에 옳은가?" 에우티프론은 주저 없이 대답한다. "옳다는 것은 내가 지금 하고 있는 것입니다. 즉, 잘못한 자를 고소하는 것입니다." 소크라테스가 그에게 더 일반적인 대답을 하도록 재촉하자, 에우티프론은 열정적으로 대답한다. "옳다는 것은 신들로부터 칭찬받는 일입니다." 혹은 조금 더 현대적 언어로 표현하자면, 옳은 것은 신들이 옳다고 말하는 것이다. 더구나, 그는 자신이 신들에게 칭찬받을 일이 무엇인지 특별히 잘 알도록 특이한 운명을 타고났다고 솔직히 털어놓는다. 이제 이쯤에서 '종교가 도덕의 근원이라는 이론'에 대해서 논의해보자.

계속되는 대화에서, 소크라테스는 (경건한 체하는) 에우티프론으로부터 그에게 불리한 인정, 즉 아버지에 대한 자신의 적대적 법률적 행동이 **적절하다고**, 한마디로 **명료히** 대답해주기 위하여, 신들이 나타나지는 않는다는 것을 인정하게 만든다. [그의 고발 행위가] 만일 살인자를 정의에 심판하려는 것이라면, 그 행동은 아마도 신들에 의해서 (적어도 어떤 가용한 신화에 의해서 판단해보건대) 찬동될 만하다. [반면에] 만일 그 행동이 나이 들고 선의를 지닌 아버지에 대적하려는 고압적 행동이라고 볼 경우에, 그 행동은 신들이 (적어도 다른 가용한 신화에 비추어) 금지할 것이다. 신화도 신들도 이런 경우에 무엇이 옳은지와 관련하여 유일한 한 가지 대답을 해주지 못할 것 같다.

그렇게 질문하는 중에, 소크라테스는 독선적인 자기 정당화를 (그것이 무엇일지라도) 묵살시킨다. 그와 동시에, 그는 신들이 원하는 것에 관한 특별한 지식의 허세를 무너뜨리고, 특별한 지식에 대한 성직자의 주장이 어리석게도 자신의 잇속만 챙기는 것임을 우리에게 깨닫게 해준다. 나아가서, 소크라테스는 논증적으로 다음을 보여준다. 우리 모두가 암묵적으로 알고 살아왔던 것, 즉 신들에게서 나온 생각이든 아니든 간에, 거론되지 않은, 어떤 일련의 규칙에 대한 예외 조항들이 인지적으로 정당화될 수 있다. 우리가 그러한 도덕규칙에서 언제 벗어날 필요가 있을지 합당한 판단을 내리기 위하여, 우리는 규칙 자체보다는 무엇이 옳은지에 대해서 더욱 깊은 이해를 가져야 한다. 그런 규칙은 [옳음이 무엇인지에 대한] 더 깊은 이해의 (단지) 피상적 이미지일 뿐이다.

'옳다는 것은 신이 옳다고 말한 것'이라는 확신에 빠진, 에우티프론에게 혼란스러움이 있음을 보여준 후에, 소크라테스는, 에우티프론의 유명한 대답에서 나온, 아래와 같은 파국적 질문을 던진다. 소크라테스는 그의 주장이 실제로 애매하므로, 두 가지 가능한 해석 중에 어느 것이 그가 의도한 의미인지 이렇게 묻는다. (1) 신들이 어떤 것이 옳다고 말한 것은 그것이 **옳기** 때문에 그렇게 **말한** 것인가? 아니면, (2) 신들이 그렇게 말했기 **때문에** 그것이 옳은 것인가?

두 번째 대안에서, 도덕성이란 순전히 신들의 결정 혹은 포고에 달린 문제가 된다. 이 말은, 어떤 것이 옳다는 신들의 칙령이 그것을 옳은 것으로 만든다는 것을 의미한다. 예를 들어, 만약 신들이 "다른 사람을 제물로 바치는 것이 옳다"라고 말한다면, 인간이 그 사안에 대해 어떤 다른 느낌과 생각을 갖고 있느냐에 상관없이, 그것은 옳은 것이다. 다른 한편, 만약 신들이 그것은 잘못이라고 말하면, 그것은 잘못이 **된다.** 이런 해석에 따르면, 도덕성은 (변덕스럽든 혹은 그렇지 않든) 여러 신들(또는 유일신)의 선택에 의존한다. 이런 해석은, 마치 도덕성이 단지 인간의 필요에 우연적으로 연관된 것처럼, 도덕성에 단호한 임의적 성격을 부여한다. [그러나] 도덕성의 기준은 이것보다 더 많은 것을 요구한다.

그보다 이번에는, **첫 번째** 좀 더 흥미로운 해석, 즉 신들이 무언가를 옳다고 말한 것은 '그것이 옳기 때문이다'라는 입장을 고려해보자. 소크라테스에 따르면, 이 입장이 갖는 문제는, 어떤 것이 도덕적으로 적합한지 아닌지에 관해, 신들이 단순한 대변자에 불과하다는 것을 함축한다는 점이다. 다시 말해서, 어떤 행동의 옳음은 신들보다 다른 무언가로부터 유도된다. 결론적으로, 이런 대안에서, 무언가를 옳게 **만드는** 것은 신들과 **무관함**이 분명하다. 그것은 신들이 새로운 사실을 알려줄 수 있든지 없든지 간에 옳을 것이라는 관점에서이다. 만약 그렇다면, 소크라테스의 지적에 따르면, 도덕성의 기초와 관련된 질문에 대한 대답은 시작조차 하지 못한 것이다. 이런 걱정을 다른 방법으로 다뤄보자면, 우리는 그것이 옳은 행동이라고 신들이 말한 **이유**를 알고 싶어 한다. 그 설명이 무엇이든 간에, 그 **이유**는 도덕성의 기준의 본성을 탐구하면서 우리가 이해하고 싶어 하는 부분이다. 만약 우리가 그것에 대해 진척을 이루지 못한다면, 우리 자신은 어떤 속성들이 어떤 행위를 옳은 것으로, 혹은 잘못된 것으로 만드는지 이해하지 못하게 된다. 그러므로 이런 대안에 대한 실망은, 신이 도덕성의 기준의 근원이 아니라는 데에 있다. 또한, 소크라테스는 우리가 "옳은 것은 신이 말한 것이 옳다는 것이다"라는 외견상 분명한 구절의 차이를 분명히 보이는 것에 함축된 일반적 교훈을 우리가 알아볼 것을 기대한다. 단지 **반문하기와 예리한 분석**만으로 그는 그 두 가지의 가능한 해석 각각에 미치는 결점을 드러냈다.

이러한 짧은 대화는 무척 난해하다. 소크라테스는 이러했다. 그는 결코 악행에 의해 기소된 것은 아니었으며, 그보다 관습과 '권위는 의심될 수 없다'는 원리에 대해서 질문하는 습관 때문이었다. 우리는 그가 유죄판결을 받았으며 독살되는 처벌을 받았다는 것을 안다. 그는 도덕으로 가장하는, 도덕적 위선, 자기만족의 외설, 편향된 가식 등을 침착하게 그렇지만 날카롭게 인지하였다. 그러나 마찬가지로, 그는 문명화된 공동체 삶에 도덕이 지속적으로 필요하다는 것도 인지하였다. 그는 우리에게 다음과 같이 자극하였다. 비록 우리가 일상생활에서 늘 도덕적 의사결정을 하며, 자신들이 그 도덕적 확실성을 느낀다고 하더라도, 그 일상적 도덕에 우리가 안심하여, 그 도덕의 기초와 도덕적 이해의 근본을 안다고 너무 쉽게 생각하지 말아야 한다. 더 구체적으로 말해서, 우리는 자신들이 신들과 특별한 관계가 있다는 생각에서 나오는 특별한 지식에 대해서 '자기 잇속만 챙기는 합리성'으로 스스로를 기만하지 않도록 자신을 경계해야 한다.

『에우티프론』에서 소크라테스의 논증은 '조물주(Supreme Being)가 도덕성의 근원과 기반이 아니다'라고 증명하지는 못한다. [그럼에도 그 논증이] 중요한 것은 도덕성이 조물주에 근거한다는 관점을 봉쇄하는 많은 문제점들을 명확히 드러내주기 때문이다. 다시 말해서, 그 논증은 우리에게 다음을 되새기도록 해준다. (1) 신이 존재한다는 가설에 명확히 여러 문제들이 있으며, (2) 자연적 재해, 고통, 참담함 들을 고려해보면, 신의 자비심을 추론하는 것에 문제가 있으며, 그리고 (3) 신에 접근하기 어렵다는 것과 서로 상충하는 설명에 비추어, 신이 무엇을 명령 내리는 것인지 정확히 알기 어려운 문제가 있다. 『에우티프론』에서 논증의 실질적 힘은 이렇다. 그 논증이 우리에게 도덕성의 본성을 이해하는 새로운 방향을 알려준다. 그 논증이 암시해주는바, 우리는 도덕성에 대해서, 초자연적 명령보다 자연주의적인 설명을 더 받아들여야 한다. 또한 그 논증은, 그러한 설명이 무엇인지 그리고 그러한 설명이 우리의 진화론적 역사와 어떻게 관련되는지 등에 대해서 우리가 의문을 품게 해준다.

소크라테스의 도전은 플라톤과 그의 제자에 의해서, 그리고 그 이래로 많은 사상가들에 의해서 계승되었다. 특별히, 진정한 진보가 아리스토텔레스에 의해서 이루어졌는데, 그는 당시와 그 이후로도 그 누구보다 탁월했으며, 다음 핵심을 파악해냈다. 도덕규칙의 법전화는 다만 중심 원형들을 규정할 수 있을 뿐이며, 실제의 도덕적 삶에서, 우리는 그러한 규칙들이 작용할 때와 예외가 정당화될 때, 왜 그러한 규칙들이 적용되는지 이해해야 한다.22) 무엇보다도 그는 중요하게 이렇게 지적했다. 도덕규칙들에서 불명확성과 부정확성은 피할 수 없으며, 따라서 우리는 자신들의 도덕적 전망을 계속적으로 반성하여 깊게 만들어야 한다. 나아가서 아리스토텔레스는 명확히 이렇게 인식했다. 현명한 판단을 할 재량의 여지를 주지 않는, 예를 들어, 엄중-처벌 법률(zero-tolerance legislation)과 같은, 융통성 없는 법률은 종종 [공동체 전체와 그 구성원에게] 심각한 해를 입힌다.23) 그는 또한 이렇게 이해한 것 같다. 동정과 배려, 그리고 도덕적 공동체를 이루려는 등의 [우리의] 충동은, 어떻게 우리의 본성이 그렇게 되었든, 우리 **인간 본성**의 일부이다. 아리스토텔레스로부터 우리는 이렇게 생각해볼 수 있다. 도덕 공동체를 만드는 것이 어떻게 인간 본성의 일부인지를, 우리는 진화생물학에서 찾아볼 수 있다.

소크라테스의 문제로 씨름했던 전통적인 도덕 사상가들은 정말로 많았다. 아리스토텔레스는, 내가 앞서 말했듯이, 그 모든 도덕 사상가들 중에서 가장 위대한 사람이다. 또한 그러한 [즉, 도덕의 기초를 자연적으로 이해하려는] 전통에 포함되는 여러 철학자들은 아래와 같다. 흄은 정서의 기본 역할을 개괄하였고, 칸트는 이성의 권위를 이해하려 노력했으며, 존 스튜어트 밀(John Stuart Mill)은 공리주의(utilitarianism)를 체계화하였으며, 실용주의자인 존 듀이(John Dewey)와 올리버 웬델 홈즈(Oliver Wendell Holmes) 등은 진화생물학, 어떤 사람의 도덕적 전망에 대한 지역적 본성, 그리고 민주적 기관들을 위한 실용적 요건 등을 민감하게 다루었으며, 윌리엄 해밀턴(William Hamilton)과 에드워드 윌슨(Edward Wilson) 등은 우리에게 비인간의 이타적 행동에 관한 생물학적 기초에 대한 통찰을 주었다.24) 지난 수십 년 동안, 어떤 철학자들은, 분자생물학, 진화생물학, 인류학, 법사학(legal history) 등의 관점에서, 도덕성의 기초와 본성에 대한 더욱 만족할 만한 종합에 도전해왔다.25)

대단히 중요한 시도인, 이런 새로운 종합은, 우리가 실용적 상식에서 다루는 여러 분야의 과학들과 생생한 삶의 지혜를 혼합한다. 그것이 모든 장소, 모든 시간에 적용될 일련의 절대적 규칙을 만들어낼까? 아니다. 그것이, 예를 들어, 줄기세포 연구를 도덕적으로 받아들여야 할지와 같은, 특정한 도덕적 문제를 해결해줄 어느 **알고리즘**을 제공해줄까? 아니다. 그것이 무엇이 옳은지에 대해 의심할 바 없는 권위를 알려줄까? 이것 또한 아니다.

그것이 해줄 수 있는 출발은 도덕판단의 기초에 대한 자연주의적 전망을 제공하며, 그러는 중에, 그것은 우리를 도덕성에 관한 많은 신화들로부터 해방될 수 있도록 도움을 준다. 우리 자신이 신화로부터 해방된다면, 우리는 단지 규칙에 반응하거나 맹목적으로 따르기보다, 문제를 깊이 생각할 책임을 더 명확히 알게 된다. 아리스토텔레스 관점에서, 윤리학은 가장 어려운 탐구 주제이며, 그 이유는 이렇다. 삶의 긴급 상태는 '지금 내려야 할' 결정과 '지금 해야 할' 행동을 요구하기 때문이며, 또한 도덕적 지혜, 장기간의 경험과 끈질긴 반성을 통해 획득되는 이해 등이 있지만, 그러한 많은 것들이 [무엇인지] 거의 명확히 표현하기 어렵기 때문이다.

지금까지 이야기를 정리하여 지침을 말해보자면 다음과 같다. (1) 도덕성이 신에 근거 지을 수 있다는 생각에 거대한 난제가 있다. (2) 도덕성의 기반을 이해하기 위한 가장 현대의 후보는 자연주의이다. (3) 도덕성과 도덕적 이해를 위해 신의 존재는 필요치 않아 보인다.

5. 결론으로 한마디

더 나은 용어가 필요하겠지만, 우리가 **숭고함**(sublime)이라 표현할 수 있는 다양한 종류의 느낌들이 있다. 칸트는, 예를 들어, 사나운 폭풍 또는 우뚝 솟은 산 정상을 볼 때, (광야가 그런 느낌들의 유일한 원천이라고 하더라도) 우리가 가지는 그 경험들을 규정하기 위해서 "숭고함"이란 단어를 사용했다.[26] 우리는 다양한 상황에서 무엇의 방대함 혹은 복잡성 혹은 강대함 등에 의해 경외감을 느낀다. 그 일반적 사용에서, "숭고함"은 "두드러지게 영적, 지적, 도덕적 등의 가치, 즉 (보통은 고양된 질적 느낌 때문에) 경외감을 불어넣는 경향'이란 의미로 사용된다.[27] 현재의 용법에 따르면, 숭고한 느낌은 또한, 영혼의 존재에 관해 어떤 것을 포함하지 않으면서, 폭넓게 영적인 것으로 묘사될 수도 있다. 그런 느낌은, 음악, 예술, 종교, 과학, 육아, 지적 발견 등을 포함하여, 다른 것들과 결부될 수 있다. 기질에 따라서, 어떤 사람들은 교회보다 광야에서, 또는 분만실보다 오페라하우스에서 그런 느낌을 가지는 경향을 보일 수 있으며, 또는 다른 사람들은 그러한 모든 상황에서 그런 느낌을 가질 수도 있다. 그렇지만, 그런 느낌의 초자연적 해석에 대응하는 초자연적 실재가 있을지 여부는 다른 문제이며, 일반적으로, 초자연적 존재가 존재할지 꽤 의심스럽다.

여기 논의의 핵심은 '그러한 다양한 숭고한 느낌들이 비실재적이라는' 것이 아니다. 그 이유는 그런 느낌들이 뇌의 효과이기 때문에, 그런 느낌들이 무가치하다거나 불합리하기 때문에서가 아니다. 그런 느낌들은 확실히 실재적이다. 그런 느낌들은 본래적으로 그리고 그 자체만으로 가치가 있으며, 그런 느낌들이 친절과 미덕을 고무하면 할수록 더욱 가치가 있을 것이며, 그리고 그러한 느낌들이 잔인함과 공포를 고무시킬수록 덜 가치 있을 것이다. 만약 우리가 숭고한 느낌들이 뇌에 의존한다고 알게 된다면, 그 느낌들을 **경시하게 될까**? 전혀 아니다. 그것의 중요성이 뇌의 상태보다 영혼의 상태에 의존하지 않는다. 진실로, 자기-기만은 어떤 미덕도 아니며, 반성에 의해서, 우리는 자신들의 경험을 부풀려 (그것이 아무리 놀라운 것이라도) 우주적 의미를 부여하는 일의 **무가치함**을 알게 된다. 아이삭 아시모프(Isaac Asimov)는 언젠가 이렇게 지적했다. 점성술은 자기도취적으로 우리를 둘러싼 별이 총총한 우주가 실제로 우리의 삶과 관련된다고 낭만적으로 추정했다.[28] 아시모프의 간략한 말에 따르면, 점성술사의 가정은 어색할 정도로 자부심이 강해 보인다. 겸손은 우리에게 스스로를 직시하도록 만들어준다. 우리는 스스로 우주적 의미를 부여하지 말아야 한다. 진실로, 사소함과 장엄함 사이의 중간쯤에 온전히 수용 가능한 아리스토텔레스주의자들이 있다. 그곳에 겸손이 살아가며, 또한 그 겸손이 상당한 숭고함을 포함한다.

[선별된 독서목록]

Albright, C. R., and J. B. Ashbrook. 2001. *Where God Lives in the Human Brain*. Naperville, Ill.: Sourcebook.

Austin, James H. 1998. *Zen and the Brain*. Cambridge: MIT Press.

Black, I. 2000. *The Dying of Enoch Wallace: Life, Death, and the Changing Brain*. New York: McGraw-Hill.

Boyer, Pascal. 2001. *Religion Explained*. New York: Basic Books.

Brugger, P. 2001. The haunted brain. In J. Houran and R. Lange, eds., *Spirited Exchanges: Multidisciplinary Perspectives on Hauntings and Poltergeists*. Jefferson, N.C.: McFarland.

Canup, R. M., and K. Righter, eds. 2000. *Origin of the Earth and the Moon*. Tucson: University of Arizona Press.

Grady, Monica. 2001. *Search for Life*. Washington, D.C.: Natural History Museum/Smithsonian Institution Press.

Hume, David. 1779. *The Dialogues Concerning Natural Religion*. Edited by N. Kemp Smith. Oxford: Oxford University Press, 1962.

Jacob, François. 1999. *Of Flies, Mice, and Men*. Cambridge: Harvard University Press.

Johnson, M. 1993. *Moral Imagination: Implications of Cognitive Science for Ethics*. Chicago: University of Chicago Press.

Joyce, G. F., and L. E. Orgel. 1993. Prospects for understanding the origin of the RNA world. In R. F. Gersteland, T. Cech, and J. F. Atkins, eds., *The RNA World*. New York: Cold Spring Harbor Laboratory Press.

Loftus, E. 1997. Creating false memories. *Scientific American* 277: 71-75.

McCauley, R. M. 2000. The naturalness of religion and the unnaturalness of science. In F. Keil and R. Wilson, eds., *Explanation and Cognition*. Cambridge: MIT Press.

Menand, Louis. 2001. *The Metaphysical Club*. New York: Farrar, Straus & Giroux.

Orgel, L. E. 1999. The origin of life on Earth. In *Revolutions in Science*, 18-25. New York: Scientific American.

Paine, Thomas. 1794. *The Age of Reason: Being an Investigation of True and Fabulous Theology*. New York: Putnam's Sons, 1896.

Plato. 1997. Euthyphro. Trans by G. M. A. Grube. In J. M. Cooper and D. S. Hutchinson, eds., *Plato: Complete Works*, 1-16. Indianapolis: Hackett Publishing Co.

Wilson, E. O. 1998. *Consilience: The Unity of Knowledge*. New York: Knopf.

웹사이트

BioMedNet Magazine: http://news.bmn.com/magazine

Encyclopedia of Life Sciences: http://www.els.net

The MIT Encyclopedia of the Cognitive Sciences: http://cognet.mit.edu/ MITECS

주(註)

1장

1) 박사학위논문으로 파버(Ilya Farber 2000)는 "영역 통합(domain integration)"이라고 부르는 것을 쟁점으로 다루었으며, 나는 그의 용어를 이용하겠다.

2) Chomsky 1966.

3) Fodor 1974.

4) 예를 들어, Chalmers 1996을 보라.

5) Leibniz 1989.

6) 귀젤더(Güzeldere)가 주목한 바에 따르면, 설(Searle)이 "존재론적으로 말해서, 행동, 기능적 역할, 인과적 관계 등등이 의식적 심리 현상의 존재에 절절하지 않다"고 말했을 때, 그는 부수현상론(epiphenomenalism)에 위험스러울 만큼 가까이 다가갔다.

7) 나는 이것을 1982년 로티(Amélie Rorty)로부터 처음 접했다. 그녀의 가설은 A. O. Rorty 1986에서 논의된다.

8) Schleiden 1838, Schwann 1839.

9) Finger 1994를 보라.

10) Kuffler 1953, Mountcastle 1957, Hubel and Wiesel 1959.

11) 다음을 보라. Beer 2000, 출판 중; Jeannerod 1997.

12) 기능적 자기공명영상(functional magnetic-resonance imaging, fMRI)은, 산화 헤모글로빈(oxygenated hemoglobin)이 환원 헤모글로빈(deoxygenated hemoglobin)과 다른 자기적 속성을 갖는다는 사실에 의존하여 개발되었다. 이것이 (BOLD로 알려진) 혈액산소의존성 차이(blood-oxygen-dependent contrast)를 제공한다. 혈액산소 수준은 뉴런 활동의 기능에 따라 다양하다는 가정에서, 혈액산소

의존성 차이(BOLD)의 측정은 임의 시기(예를 들어, 1초) 동안 여러 영역마다 뉴런 활동의 다양한 정도를 가리킨다. 최근의 fMRI의 분석은 다음을 시사한다. 어느 곳이라도 동일한 시간 과정(time course)을 가진다고 짐작되었던, 혈액역학(hemodynamics)이 실제로는 다른 시간 과정을 갖는다. 이러한 기술이 "기능적(functional)"이라고 불리는 것은 그것이 **활동성**(activity)을 반영하기 때문이다. 반면에 MRI는 단지 **구조**(structure)만을 반영한다. 데이터 분석의 개선에 따라, 특별히 독립 요소 분석(independent component analysis, ICA)은 더욱 정확한 데이터 해석을 산출하게 해줄 것이다. (충분한 논의를 위해 다음을 참조하라. *The MIT Encyclopedia of Cognitive Science*, s.v. "Magnetic Resonance Imaging.")

13) 양자방출단층촬영(positron emission tomography)은, 방사성 표식 물(radio-actively tagged water, H_2O^{15})과 같은, 양자방출물질(positron emitter)을 이용한 활동성을 반영한다. 양자가 감지되면, 그 데이터는 특정 시간(약 40초) 동안 뇌에서 방출물질의 분포를 결정하는 데에 이용된다. 영역마다 양자의 수 차이는 영역마다 혈류의 차이와 관련되며, 따라서 서로 다른 뉴런 활동성을 간접적으로 가리킨다. (충분한 논의를 위하여 다음을 참조하라. *The MIT Encyclopedia of Cognitive Science*, s.v. "Positron Emission Tomography.")

14) 로고테티스와 연구원들(Logothetis et al. 1999)은 원숭이 fMRI 신호와 그 원숭이 단일-뉴런 데이터 사이의 관계를 연구하여, fMRI 신호의 기반을 해명하였다.

15) 영상에 대한 탁월한 소개를 다음에서 보라. Posner and Raichle 1994.

16) 더 구체적인 설명을 다음에서 보라. P. M. Churchland and P. S. Churchland 1991.

17) 논점에서 벗어나는 이야기이지만, "설명(explanation)"이란 말로, 나는 우리가 어떤 현상에 대해 '어떻게'와 '왜'를 (대략적으로 또는 구체적으로) 이해하는 것을 의미한다. 이런 의미 규정이 설명에 대한 정확한 성격을 밝혀주지는 못하지만, 현재의 목적에는 충분하다. "설명"에 대해 매우 형식적이며 정교한 정의(definitions)를 제시하려는 시도들은 일반적으로 쓸모없는 정교함 대신에 유용한 사례학습 전략(learning-by-example strategies)을 선택해왔다. 과학자들은 특별히 자신의 연구 분야에서 좋은 설명과 형편없는 설명에 대한 **원형적**(prototypical) 사례에 별로 어려움 없이 동의할 수 있다. 무엇이 설명이 되기 위한 필요충분조건 목록인지를 제시하는 것은 무엇이 점잖은 것인지에 대한 필요충분조건 목록인지를 제시하는 것과 다름없다. 과학을 배우는 중에 사람들은 제안된 설명이 대략적이거나 허약하거나 또는 과감하거나 또는 데이터에 동의되지 않는다는 것을 인식하도록 배운다. 가설이 비판되거나, 수정되거나, 거부되거나 또는 채택되는 것을 보는 것은 [그 자체가] 과학을 배우는 일부분이다. 마찬가지로, 점잖은 사회에서 행동하는 것을 배우는 중에, 사람들은 언제 빤히 쳐다보거나 손가락질하는 것이 무례한지, 언제 초대를 거절하는 것

이 점잖은지 등을 인식할 수 있게 된다.

18) *Oxford Dictionary of Physics*(1996)에서 가져왔다.

19) Rumford, 1798. 라이언스(John W. Lyons)의 저서, *Fire*(1985)에서 논의를 보라. 라이언스가 주목하는 바에 따르면, 룸포드는 포탄에 실제로 구멍을 내지는 않지만 유사하게 작동하는 마찰 장치를 만들어서 자신의 주장을 논증하였다. 그는 그 장치가 물을 끓일 수 있다는 것을 보여주었다.

20) 특별히 Fodor 1974, 1975를 보라.

21) 그 기초적 관념은 퍼트남(Hilary Putnam 1967)에 의해 처음 나왔지만, 그럼에도 불구하고 그때부터 그는 그 한계를 인식하고 있기도 했다.

22) 데닛이 이러한 유비를 변호했다. Dennett 1978, 1991을 보라.

23) 신경과학이 절절하다고 주장하지 않는, 이러한 비유의 최근 변호를 Pinker 1997을 보라.

24) 다음을 보라. P. S. Churchland 1986, P. M. Churchland 1988, Churchland and Sejnowski 1992, P. M. Churchland and P. S. Churchland 2000.

25) 다음을 보라. Churchland and Sejnowski 1992, Bell 1999.

26) Squire and Kandel 1999에서 멋지게 논의된 전체 범위를 보라.

27) 환원주의에 대한 논의로 Hooker 1995를 보라.

28) 추가적인 논의를 P. M. Churchland and P. S. Churchland 1990에서 보라.

29) P. M. Churchland 1979, 1993을 보라.

30) P. S. Churchland and Sejnowski 1992.

31) Dennett 1991.

32) 그 예로 Fodor 1975를 보라.

33) 나의 저서 *Neurophilosophy*(1986)에 대한 서평(review)으로, Corballis 1988, Kitcher 1996 등을 보라.

2장

1) 나는 이것을 지적해준 내 연구원 조지오스(Georgios Anagnostopoulos)에게 감사한다.

2) 다음 역시 참조하라. Callender 2001.

3) Glymour 1997.

4) Quine 1969.

5) Hooker 1995, G. Johnson 1995 등을 참조하라.

6) 그 사례로 Maudlin 1994, Callender and Huggett 2001를 보라.

7) Bogen and Vogel 1965, Sperry 1974. 다른 분리 증세(disconnection syndromes)에 대한 논의로 Geschwind 1965를 보라.

8) Gazzaniga and LeDoux 1978.

9) 또한 다음도 보라. Bogen 1985.

10) 용감하지만 실패하는 시도를 다음에서 보라. Puccetti 1981. 그의 기본적 논증에 따르면, 비-물리적 영혼이 나눠질 수는 없으므로, 우리는 두 영혼을 가지며, 각 반구에 하나씩 있다.

11) Eccles 1994.

12) 또한 인간 뇌 손상 환자들의 무의식 인지에 대한 많은 사례들로 다음을 보라. Weiskrantz 1997.

13) 또한 Palmer 1999, p.429를 보라.

14) Zajonc 1980, Bornstein 1992.

15) Sand and Lee 1994.

16) 여러 사례들을 다음에서 볼 수 있다. Glymour 2001; Spirtes, Glymour, and Scheines 2000; Perl 1988; Kelly 1996.

17) 과학에서 이러한 에피소드와 관련된 논의를 다음에서 보라. Thagard 1998a, 1998b 그리고 특별히 1999.

3장

1) 이 장의 상당 부분은 다음에서 가져왔다. P. S. Churchland 2002. 이러한 은유의 범위에 대해서 충분히 탐구한 학자로 레이코프와 존슨이 있다. Lakoff and Johnson 1999.

2) Flanagan 1992, Metzinger 2000, Llinás 2001, 그리고 다음 에세이 Bermúdez, Marcel, and Eilan 1995. 그리고 다음도 다시 보라. Lakoff and Johnson 1999.

3) 다음을 보라. Squire and Zola 1996, Squire and Kandel 1999.

4) 이 가설에 대한 확장된 논의를 다음에서 보라. C. Frith 1992, Stephens and Graham 2000, Flanagan 1996.

5) 다음을 보라. Hobson 2001, Sharp et al. 2001.

6) Ramachandran and Blakeslee 1998.

7) 만약 어떤 사람이, 일상생활에 어려움을 가질 정도로, 자기 모습에 이미지 결함이 있다고 편견을 가진다면, 신체착시증 장애(Body Dysmorphic Disorder)로 진단된다. 이 장애는 (비록 다른 사람들은 전혀 비정상이라고 여기지 않음에도 불구하고) 환자 자신이 스스로의 신체 일부가 극히 흉해 보인다고, 진지하고 고집스럽게 확신하는 것으로 규정된다.

8) 다음을 보라. Jeannerod 1997, Llinás 2001.

9) MacLean 1949, Damasio 1999.

10) Damasio 1994, Cytowic 1996.

11) Wolpert et al. 1995.

12) Grush 1997.

13) 이것은 문제를 과도하게 단순화시킨 설명이다. 예를 들어, 팔은 엄청 많은 문제들을 가지고 있으며, 뇌는 그 문제를 해결해낼 수 있을 뿐만 아니라, 신체 자세를 조정하는 문제, 기타 등등을 해결해내야만 한다. 그렇지만, 나는 단지 좌표 변환(coordinate transformations)이 필요하다는 일반적이며 기초적인 논점 만을 설명하려 하였다.

14) 다음을 참조하라. Wolpert et al. 1995.

15) 다음을 참조하라. Jeannerod 1997, Grush 1997.

16) 리뷰 논문으로 다음을 참조하라. Kosslyn, Ganis, and Thompson 2001.

17) 다음을 참조하라. Grush 1997.

18) 비록 모의실행기 해답이 논란이 되는 측면이 있기는 하지만, 과일을 움켜쥐는 일과 같은, 적어도 일부 구체적 문제에 대한 하나의 해답으로서, 온라인 (on-line) 오류 수정 또한 매우 쉽다는 점을 지적하고 싶다. 다음을 참조하라. 박사학위논문, Elizabeth B. Torres 2001.

19) Zigmond et al. 1999, p.1372.

20) Pouget and Sejnowski 1997.

21) 자아-표상과 공간표상의 연관성에 대한 논의를 다음에서 보라. Grush 2000. 맹인의 공간표상에 대한 논의로 다음을 보라. Millar 1994.

22) 다음을 참조하라. Anderson 1995b, Sakata and Taira 1994.

23) Heinrich 1999, 2000.

24) Heinrich 2000, p.300.

25) Blakemore and Decety 2001. 이러한 실험의 초기 번안은 래리 바이스크란츠 (Larry Weiskrantz)에 의해서 시도되었다(사적 대화에서 밝혔다).

26) 전정 시스템(vestibular system)과, 어둠 속에서 자기-동작 예측이 경사면 느낌에 인지적 효과를 미친다는, 아주 다른 사례를 다음에서 참고하라. Wertheim, Mesland, and Bles 2001.

27) Lotze, Flor, Klose, Birbaumer, and Grodd 1999.

28) Kravitz, Goldenberg, and Neyhus 1978.

29) Meltzoff and Moore 1977, 1983.

30) 다음을 참조하라. Gallese and Goldman 1998.

31) 리나스(Llinás 2001)가 이 점을 강조했다.

32) 다마지오(Damasio 1999)는, 우리가 알지 못하는 정합적 신경 패턴에 대해서 "protoself"란 용어를 사용하며, 비언어적 자기-표상에 대해서 "core self"란 용어를 구분하여 사용한다. 여기에서 내가 사용하는 용어 "원초자아(protoself)"는 다마지오의 용어에 완전히 일치하지는 않는다.

33) 다음을 참고하라. Gopnik, Meltzoff, and Kuhl 1999, Meltzoff 1995.

34) Thelen 1995, Butterworth 1995.

35) Sellars 1956. 셀라스에 대한 논의를 다음에서 보라. P. M. Churchland 1979.

36) Blakemore and Decety 2001.

37) Rizzolatti, Fogassi, and Gallese 2001, Gallese and Goldman 1998.

38) Meltzoff and Gopnik 1993. 리뷰 논문으로 Heyes 2001.

39) Allison, Puce, and McCarthy 2000.

40) Carl Jung, 1959 영어 번역본.

41) Willatts 1984, 1989; Leslie and Keeble 1987; Wellman, Hickling, and Schult 1997.

42) 다음을 보라. Povinelli 2000, Premack 1988, Tomasello and Call 1997, 그리고 다음 책의 논문들 Haug and Whalen 1999.

43) 다음을 보라. P. M. Churchland 1979, 1993, 1996b; P. S. Churchland 1986.

44) Bates 1990.

45) 다음을 보라. Tomasello 1992, Kagan 1981, Gopnik, Meltzer, and Kuhl 1999.

46) De Waal 2001.

47) 다음을 보라. Tomasello and Call 1997.

48) U. Frith 1999.

49) 리뷰 논문으로, Bauman 1999.

50) 운동 이미지를 상상하는 동안에 운동영역의 활동성에 대한 증거를 보여주는 리뷰 논문으로, Jeannerod 2001.

51) Searle 1992.

52) P. M. Churchland 1996b.

53) 특별히 다음을 보라. Damasio 1999.

54) P. M. Churchland 1995, pp.164ff.

55) 다음을 보라. Tomasello 1999, 2000; Mithen 1996.

4장

1) 다음을 참고하라. Allen and Reber 1998.

2) 다음을 참고하라. Flanagan 1992.

3) 이 부분은 다음에서 가져왔다. Farber and P. S. Churchland 1994.

4) 데넷 역시 이 논점을 갖는다. D. Dennett, *Consciousness Explained*, 1991. 또한 다음을 참고하라. P. S. Churchland 1986.

5) 또한 나의 다음 논문을 참고하라. 1983.

6) Crick 1994; Crick and Koch 1998, 2000; P. S. Churchland 1996a, 1997.

7) 양안경합(binocular rivalry)에서 쌍안정성(bistability)을 경험하려면 이곳을 보라. http://www.psy.vanderbilt.edu/faculty/blake/rivalry/waves.html.

8) Leopold and Logothetis 1999, Blake and Logothetis 2002.

9) 이 기술에 관한 논의로 다음을 보라. Purves et al. 2001.

10) 마크(Mark Churchland)가 개인적 대화에서 이 문제를 제기했다.

11) 데넷(Dennett 1978, 1998)은 오랫동안 이렇게 믿었다. 언어를 갖는 것이 의식을 위한 필요조건이며, 따라서 언어가 없는 동물들은 의식이 없거나, 혹은 적어도 내가 통증을 의식하는 방식으로 통증을 의식하지 못한다. 그의 주장에 따르면, 의식을 가지려면, 그 유기체가 문화와 언어의 출현 후에 획득한 뇌 구조를 지녀야 한다. 그는 이렇게 말한다. "다른 종들은 의심할 바 없이 **다소 유사한** 기관을 지닌다. 그러나 그 차이는 너무 커서 우리의 경우를 그들의 경우로 상상하는 거의 모든 사색적 번역은 **납득될 수 없다.**"(1998, p.347)

12) 이 책을 보라. Sue Savage-Rumbaugh and Roger Lewin's 1994 book on Kanzi, the bonobo chimp studied for many years at the Yerkes Primate Center of Georgia State University.

13) 충분한 논의를 여기에서 보라. Glymour 1997.

14) Polonsky et al. 2000.

15) Lumer, Friston, and Rees 1998.

16) Tootell et al. 1995.

17) Ffytche et al. 1998.

18) Dehaene et al. 2001.

19) 다음 역시 참조하라. Lumer and Rees 1999, McIntosh et al. 1999. fMRI의 해석적 문제에 관한 간략한 논의를 다음에서 보라. Jennings 2001. 일반적 논의로 다음을 참조하라. Purves et al. 2001.

20) Lumer, Edelman, and Tononi 1997, Edelman and Tononi 2000.

21) 다음도 참조하라. P. M. Churchland 1995, O'Brien and Opie 1999.

22) 이러한 논점은 실제로 칸트(Immanuel Kant 1797)에 의해 인식되었지만, 셀라스(Wilfrid Sellars 1956)와 콰인(W. V. O. Quine 1960)에 의해서도 인식되었다.

23) P. M. Churchland, 출판 중.

24) Pascual-Leone and Walsh 2001.

25) Crick and Koch, 출판 중, 그리고 Crick, 대화에서.

26) Meno et al. 1998.

27) 신경과 의식의 상호관계 결정과 관련된 쟁점에 대한 리뷰 논문으로, 다음을 보라. Frith, Perry, and Lumer 1999. 신경과학자들이 모든 이러한 문제들을 피상적으로 인식한다는 말을 덧붙이려 하며, 다음을 참고하라. Dehaene et al. 2001.

28) 뇌간(brainstem)과 시상 구조물(thalamic structures)의 역할에 관한 여러 가설들을 다음에서 참고하라. Damasio 1994, 1999; Bogen 1995; Purpura and Schiff 1997; Llinás and Pare 1996; Linás 2001; Lumer, Edelman, and Tononi 1997.

29) 이런 관점을 선호하는 사람으로, Merlin Donald 2001.

30) 다음을 참고하라. McConkie and Rayner 1975, Henderson 1993.

31) 만약 히브리어를 읽는다면 왼쪽이 되겠고, 만약 중국 광둥어를 읽는다면 아래쪽이 되겠다.

32) 데넷(Dennett 1978)은 그 문제를 이런 방식으로 바라보는 것이 중요하다고 여기는 첫 번째 학자이다.

33) Dennett 2001b, p.1.

34) Baars 1989, 2002; Dehaene and Nuccache 2001.

35) 혹은, 솔직하고 아주 대략적으로 말해서.

36) Dennett 1998.

37) Popper 1959.

38) 예를 들어, 그 가설은 광역 정보에 접속하는 뉴런 집단의 활동이 정합적(공조의(cynchronous)) 활동을 보여줄 것이라고 예측한다. 그런 공조의 증거가 마침내 된(가볍게 마쳐되었음에도) 동물에서 처음 발견되었으며, 따라서 신경활동과 지각적 앎 사이의 공조가 어떤 역할을 담당하는지 의문이 생긴다. 그러나 다음도 보라. Singer 2000.

39) 토머스 메트징거(Thomas Metzinger 2000, 2003)는 매우 유사한 체계를 발달시켰다. 폴 처칠랜드(Paul Churchland 1995)와 로젠탈(Rosenthal 1997) 역시 이 논제에 대한 다른 번안을 주장하기도 하였다. 이 논제의 중심 개념에 대한 초기 논의를 암스트롱(Armstrong 1981)에서 볼 수 있다.

40) 이런 관점 역시 리나스(Llinás 2001)에서 발달되었다.

41) 다음도 참조하라. Yates 1985, Flanagan 1992, Metzinger 1995.

42) 다음도 참조하라. Schore 1994, P. M. Churchland 1995, Lycan 1997, P. S. Churchland 2002.

43) 특별히 다음을 참조하라. Parvizi and Damasio 2001.

44) Fiset et al. 1999.

45) 다음을 참조하라. P. M. Churchland 1987.

46) 이 절의 이 부분은 나의 논문(1966c)에서 가져왔다.

47) McGinn 1994, p.99.

48) Vendler 1994.

49) 이 절의 이하의 부분은 다음에 근거하였다. P. S. Churchland 1998.

50) 이 점을 지적하는 흥미로운 논의와 관련 쟁점을 다음에서 보라. Dennett 2001a.

51) 이 부분의 이야기는 나와 폴의 공동 논문(P. M. Churchland and P. S. Churchland 1997)에 근거하여 구성되었으며, 또한 파머(Palmer 1999)에 상당히 근거한다.

52) 여기에 대한 비판으로 다음을 보라. P. M. Churchland 1996a, Perry 2001.

53) 색깔 부호화와 모델에 대해서 다음을 보라. Lehky and Sejnowski 1999.

54) 앞의 1장 3절을 보라.

55) Palmer 1999.

56) 다음을 참조하라. Nagel 1994.

57) 나의 염려의 뒤에 있는 구체적인 내용을 알려면, 다음을 보라. Grush and Churchland 1995, 그 응답으로, Penrose and Hameroff 1995; Putnam 1994; Smullyan 1992; Maddy 1992, 1997. 헤이즈와 포드(Pat Hayes and Ken Ford 1995)는, 펜로즈의 수학적 논증이 매우 이국적이어서, 1995년에 그에게 사이먼 뉴컴 상(Simon Newcombe Award)을 수여하였다. 그들의 설명에 따르면, 사이먼 뉴컴(Simon Newcombe, 1835-1909)은 유인 우주비행이 신체적으로 불가능하다는 것을 다양한 논문에서 주장했던 기념비적 우주인이었다.

58) 다음을 보라. Feferman 1996; Putnam 1994, 1995.

59) Franks and Lieb 1994; Bowdle, Horita, and Kharasch 1994.

60) Vendler 1994.

5장

1) 이 장의 일부 내용을 다음에서 가져왔다. P. S. Churchland 1996b.

2) 다음을 보라. Campbell 1957, Kane 1996.

3) 이 내용은 그의 익명의 출판물에서 가져왔으며, 현대에 다시 편집되었다. Selby-Bigge ed.(1888), *A Treatise on Human Nature*.

4) Hume 1739, p.411.

5) 폴 마이클 처칠랜드는 이 점을 자신의 미국철학회장(APA) 수락 연설에서 지적하였다.

6) 예를 들어, 다음을 보라. Kane 1996, Stapp 1999. 더욱 많은 논의를 다음에서 보라. Walter 2000.

7) 다음을 보라. Taylor 1992, Van Inwagen 1975.

8) 더 깊은 설명을 다음에서 보라. P. M. Churchland 1995.

9) 이러한 증후군은 무동무언증(akinetic mutism)으로 알려져 있다. 다음 리뷰 논문을 보라. Vogt, Finch, and Olson 1992.

10) Damasio and Van Hoesen 1983.

11) Ballantine et al. 1987.

12) 이 연구로 다음을 보라. Beauregard, Lévesque, and Bourgouin 2001.

13) 더 충실한 논의를 다음에서 보라. Hobson 1993.

14) 다음을 보라. Bauman and Kemper 1995.

15) 원심성 투사 시스템에 대한 리뷰 논문으로 다음을 보라. Robbins and Everitt

1995.

16) 이것은 카멘 카릴로(Carmen Carillo)가 내 수업 보고서에서 나에게 처음 지적해 주었으며, 그런 후에 네이처의 편집 글, Nature: Neuroscience, fat, and free will(2000, 3: 1057)을 가지고 논의되었다.

17) 다음을 보라. Walter 2000.

18) 다음을 보라. Kagan, Galen's Prophecy 1994.

19) 칸트는 실제로 "당신이 어떻게 할 (저자 삽입: 행복을 나눌) 수 있을지를 알기 위한 규칙과 방향"이라고 말한다. 특정 경우에 관해서 (즉 다른 사람들을 어떻게 도울지 그리고 그들에게 바라는 것을 해주어야 할지에 관해서) 선생-학생 사이의 대화 맥락에서 문제가 제기되므로, 칸트는 그 논점을 일반적이라고 의도한 것 같다. 따라서 나는 그의 표현을 더 일반적인 의미로 수정했다.

20) 혹은 마지 피어시(Marge Piercy)가 *Braided Lives*(1982)에서 천명했듯이, "자신의 정서를, 우리의 지하실에 숨어드는 혹은 쓰레기통에 출몰하는 쥐새끼처럼, 마치 포충망 속에서 으깨버려야 하고 미끼에 독을 뿌려두어야 하는 해충처럼, 다루도록 하라."

21) 다음을 보라. de Sousa 1990, p.14.

22) Damasio 1994.

23) Saver and Damasio 1991.

24) GSR 측정은 피부에 땀이 더 흐름에 따라 피부의 전도성도 변화하는 것을 보여준다. 그리고 땀이 더 흐르는 그 효과는 신경계가 정서적 공감을 하게 됨에 따라서 나타난다.

25) Bechara et al. 1994, Damasio 1994.

26) Bechara et al. 1997.

27) 벤자민 리벳(Benjamin Libet 1985)은 아주 다른 실험 방법을 통해서 유사한 결론을 이끌어내었다.

28) E.V.R. 씨가 단지 전두 보존증(frontal perseveration)만을 보여주는가? 아니다. 보존증 환자들에 비해서, 그는 위스콘신 카드-정열 과제를 정상적으로 수행하기 때문이다. 더 충분한 설명을 다음에서 보라. Damasio 1994, Raine et al. 1998, Raine, Buchsbaum, and LaCasse 1997.

29) Anderson, Bechara, H. Damasio, Tranel, and A. R. Damasion 1999.

30) 이러한 견해와 관련된 전임 가설은 폴 맥린(Paul MacLean 1949, 1952)에 의해서 제안되었다. 그는 이렇게 말한다. "작업가설로서 그것은 변연계(limbic system)가 '신체 점액질(body viscous)', 즉 들어오는 정보를 느낌에 의해서 해석하고 표현하게 하는 장기의 뇌(visceral brain)를 위한 것으로 추론될 수 있다."(1952) 또한 다음도 보라. Papez 1937; Klüver and Bucy 1937, 1939.

31) Damasio 1999, Brothers 1997.

32) 다음을 보라. Schore 1994, Schulkin 2000.

33) P. M. Churchland 1995. 다음 박사학위논문도 보라. William Casebeer 2001.

34) 부리단의 당나귀가 두 무더기의 건초 중간에 놓여 있어서, 그 둘 중에 어느 것을 먼저 먹을지 결정할 수 없었으며, 그래서 굶어죽었다는 이야기를 회상해보라.

35) Damasio 1994, p.134ff.; Le Doux 1996, 2002.

36) 또한 이러한 견해를 다음의 고전 글에서도 찾아볼 수 있다. Hobart 1934, Schlick 1939.

6장

1) 베인(Bain)은 1876년 철학 학술지 *Mind* 를 설립했다. 그것은 경험철학의 기관으로서 출발되었지만, 훗날 편집자들은 이내 그것을 아주 반대 방향으로 전환시키고 말았다.

2) 이러한 발달에 대한 보기 논의로 머리(David J. Murray)의 책, *A History of Western Psychology*(1988)를 보라.

3) 유인원류에 대한 비교 연구로 다음을 참조. Senmendefre et al. 2002, Finlay and Darlington, 1995.

4) Cooper, Bloom, and Roth 1996, 그리고 Zigmond et al. 1999, ch.8에서 신경화학물질에 대한 논의를 보라.

5) Murray 1988, p.116에서 인용되었다.

6) 이 점에 대한 판크셉과 판크셉(Panksepp and Panksepp)의 논의에 따르면, "신경과학의 전망에서 볼 때, '모듈 방식(modularity)'이란 낡은 개념이다. 마치 수십 년 전에 뇌를 연구하고 있던 과학자들에 의해 버려졌던 '중심' 개념을 닮았다."(2001a, p.3)

7) 다음을 보라. Gordon M. Shepherd in Zigmond et al. 1999, ch.13.

8) 계산규칙들을 위한 기초는 대략 800년경 우즈베키스탄에서 태어난 천재 수학자 알 흐와리즈미(Al Khwarizmi)에 의하여 설립되었다. 그는 Al-jabr wa'l mugabala 라고 불렸던 논문을 830년 출판했으며, 여기에서 알지브라(algebra, 대수학)라는 명칭이 나왔다. 용어 '알고리즘(algorithm, 계산규칙)'은 그의 이름에서 유래되었다. Crowther 1969 참조.

9) 1958년 사후 출판된 『컴퓨터와 뇌(*The Computer and the Brain*)』(second ed., 2000)에서 폰 노이만(John von Neumann)의 명확하고 간결한 강의를 보라.

10) 괴델의 정리에 대해 명확하고 납득할 만한 논의를 Detlefsen 1999에서 참조하라.

11) 1958년 사후 출판된 비트겐슈타인의 『철학적 탐구(*Philosophical Investigations*)』는 무척 난해하지만 통찰력을 주는 격언 같은 선언들로 씌어 있다. 그러한 격언들은 그가 의당 가졌음 직하며 마땅히 가졌어야 했을 최종 생각을 충실히 보

여주는 거친 표현들로 씌어 있다. 예를 들어, 이런 식이다. "누군가가 혼자 말로 말한 것이 나에게 숨겨진(hidden) 것은 '내면적으로 말하기(saying inwardly)' 개념의 일부이다. 여기서 단지 '숨겨진'이란 말은 틀린 표현이다. 왜냐하면 만약 그것이 나에게 숨겨졌다면, 그것이 그에게는 명확한 것이며, 그는 그것을 **알았어야** 했기 때문이다. 그러나 그는 그것을 '알지' 못했다. 즉 단지 나에게 있었던 의심이 그에게 없었던 것이다."(1958, 220e: 원래 문장에서 이탤릭체로 강조이다.) 통증에 대한 의식경험의 문제에 대해서 비트겐슈타인은 이렇게 말한다. "그것은 **무엇이** 아니다, 그러나 그것은 **아무것도** 아닌 것도 아니다! 이러한 결론은, 오직 아무것도 아닌 것이, 무엇인 것과 마찬가지로, 아무것도 말해질 수 없는 것에 관하여 도움이 된다는 것이다."(1958, sec. 304, p.102e) 철학에 대해서 그는 이렇게 말한다. "철학은 단순히 우리 앞에 모든 것을 놓으며, 어느 것도 설명하지 않을 뿐만 아니라 연역하지도 않는다. 모든 것이 보이도록 놓이기 때문에 설명할 것이 없다. 예를 들어, 숨겨진 것은 우리에게 어떤 관심도 끌지 못한다."(1958, sec. 126, p.50e)

12) 예를 들어, 다음을 보라. Wittgenstein 1958, Malcolm 1971, Hacker 1997. 해커는 뇌가 생각하거나 기억하거나 본다고 말하는 것은 무의미하다고 제안한다. 비트겐슈타인은 "내가 통증이 있다는 것을 내가 안다"고 말하는 것은 의미가 없으며, "내가 어디에 통증이 있는지 나는 모른다"라고 말하는 것 또한 무의미하다고 생각했다. 말콤은 사람들이 잠을 자는 동안에 꿈을 꾸는 경험을 갖는다고 말하는 것은 엄격히 무의미하다고 말한다. 데넷(Dan Dennett 1996)은 비-언어적 동물들이 의식을 갖는다는 명제는 **무의미하다**(senseless)고 누가 말할 때에 이러한 접근법에 동정심을 보여주었다. 물론 그러한 명제들은 거짓이지만, 그 명제가 어떤 의미도 갖지 않는다고 말하는 것은 좀 지나치다.

13) 사고 실험에 대한 데넷(Dan Dennett 1999)의 절묘한 공격을 보라.

14) 이것은 의미와 언어에 대한 연구에서 가장 명확히 볼 수 있다. 특별히 다음을 참조. Fodor 1987, Fodor and LePore 1992.

15) 이러한 종류의 좋은 연구 사례를 다음에서 보라. Glymour and Cooper 1999, Glymour 2001, Kelly 1996.

7장

1) 이러한 예를, Millikan 1984, Cummins 1996, Elman et al. 1996, Lakoff 1987, Deacon 1997 등에서 참조.

2) 특별히 Fodor 1974, 1994; Pylyshyn 1984 등 참조.

3) Beer 2000, Elman 1955.

4) 이 주제에 대한 일반적 논의는 Bechtel 2001 참조.

5) Allman 1999.

6) 이러한 측면에서의 발달에 대해 다음을 참조. Dayan and Abbott 2001, Beer 출

판 중.

7) Packard and Teather 1998a, 1998b.

8) Farber, Peterman, and Churchland 2001.

9) Llinás and Pare 1996, Llinás 2001

10) 주관적 움직임을 보려면, 호프만(Don Hoffman)의 웹사이트를 보라. http://aris. ss.uci.edu/cogsci/personnel/hoffman/Applets/index.html. [역자: 이 주소가 변경되었다. http://www.cogsci.uci.edu/~ddhoff/hoffman.html] 다른 훌륭한 시각적 증명 사례로 안스티스(Stuart Anstis)의 웹사이트를 보라. http://psy.ucsd.edu/ ~sanstis.

11) Deacon 1997, Fauconnier 1997.

12) Quartz 1999; Quartz and Sejnowski 1997, 출판 중.

13) Squire and Kandel 1999.

14) "상위(higher)"란 말로 내가 의미하는 것은, 그 영역의 뉴런이, V1의 뉴런들보다, 감각 말초(sensory periphery)(망막)에서 멀리 떨어져 있는 시냅스의 수가 더 많다는 것이다. "상위"에 대한 더 만족스러운 설명은 뇌 조직과 기능에 대한 더 충실한 이론에 의존할 것이다.

15) Turrigiano 1999.

16) 체성감각 시스템의 집단 부호화(population coding)에 대한 개괄은 Doetsch 2000을 보라.

17) 다음의 설명은 폴 처칠랜드(Paul Churchland)의 *The Engine of Reason, the Seat of the Soul*, 1995, pp.4-45의 표현을 거의 그대로 옮겼다.

18) 역시 주목할 만한 것으로, 그물망에 대한 다른 실험들은 인간의 "유사성 효과(familiarity effect)"를 모사하였다. 그 효과에 따르면, 아시아인들과 함께 성장한 어떤 사람은 '백인 얼굴 중에 식별하기'보다 '아시아인 얼굴 중에 식별하기'를 더 쉽게 해냈으며, 그 반대도 성립한다.

19) P. M. Churchland 1979를 보라. 데넷(Dennett)은 오래전에 *Brainstroms*, 1978 에서, 지식을 뇌에 저장된 문장들로 보는 포더의 생각에 세부적인 비판을 내놓았다. '머리-속-문장'에 대한 최근의 방어를 Fodor 1990에서 보라.

20) 예를 들어, 개인이 복잡한 음조를 들을 경우, 그것을 단일 가락(single pitch)으로 지각하는 현상을 보여준다. 자기뇌영상(magnetoencephalography)을 이용하여 페이트와 발라반(Pate and Balaban 2001)이 보여준 실험에 따르면, 서로 다른 개인들에게 서로 다른 가락을 들려줄 경우 그 활동의 공간적 분포(spatial distribution of the activity)는 아주 유사하지만, 그 활동의 시간적 패턴(temporal patterns in the activity)은 다르다.

21) 전망이 유력해 보이는 여러 돌파구가 있다. 그중에 하나는, MEG, EEG, fMRI 등의 데이터를 분석하기 위한 독립요소분석(independent component analysis, ICA)의 이용이다. Makeig et al. 1997을 보라.

22) 베이츠(Elizabeth Bates), 볼테라(Virginia Volterra), 존슨(Mark Johnson)과 그 학생들 등을 포함한 많은 신경심리학자들은 주로 유아 연구와 뇌손상 인간 연구에 근거하여 유사한 결론에 도달했다. 새로운 패러다임이 모양을 갖춰감에 따라, 그들은 또한 그들에게 쏟아지는 냉소 아래에서 계속 [그 결론을] 밝혀내어야 했다. 철학자들 중에 셀라스(Wilfrid Sellars)를 포함한 배반자들이 있었으며, 다음이 뒤를 따랐다. Paul Churchland 1979, 2001; Robert Cummins 1996; Jared O'Brien and Jonathan Opie 1999.

23) Ryle 1954.

24) Fauconnier and Turner 2002.

25) Fauconnier 1997, Coulson and Matlock 2001, Coulson 1996, Fauconnier and Turner 2002.

26) P. M. Churchland 2001 참조.

27) 예를 들어, Rosch 1973, 1978, 그리고 Lakoff 1987와 Nosfsy and Palmeri 1997 사이의 논의 참조.

28) P. M. Churchland 2001을 다시 보라.

29) 정말로 오직 이러한 영역들만이 공간적 지식에 대해 역할을 담당하는 것은 아니다. 정당하게 말해서, 상구(superior colliculus)(Groh and Sparks 1996), 소뇌(cerebellum), 기저핵(basal ganglia), 레드 핵(red nucleus), 척수(spinal cord) 등이 초보자를 위해 논의되었어야 했다. (특별히 Jeannerod 1997, Goodale and Milner 1995, Gross and Graziano 1995 등 참조.)

30) Jeannerod 1997 참조.

31) Damasio 1999, Grush 2000.

32) Pouget and Sejnowski 1997a, 1997b.

33) 다음을 보라. Andersen, Essick, and Siegel 1985; Andersen et al. 1990; Andersen 1995b; Mazzoni and Andersen 1995; Wise et al. 1997.

34) Matin, Stevens, and Picoult 1983을 보라. 이 실험에서 자신과 자신의 연구원들에게, 그는 안구후 차단(retrobulbar block)으로 알려진 조치를 취해 안구근육을 움직이지 못하게 하였다. 시각 말단에 (예를 들어 오른쪽으로) 빛을 비춰주면, 피검자는 그것을 보기 위해서 오른쪽으로 안구를 움직이려 '의도'한다. 그러나 외안근육(extraocular muscles)의 마비로 어떤 '안구 움직임'도 일어나지 않는다. 이러한 '의도'와 '근육 움직임의 수행' 사이의 불일치는 온 세상이 갑자기 오른쪽으로 옮겨가는 명확한 시각적 경험을 일으킨다. 그것은 마치 그 눈이 실제로 세상을 옮기는 것과 같은 경험이다. 그러나 세상은 여전히 같아 보이며, 따라서 세상이 그 의도를 따라 움직여야만 했던 것이다. 물론 실제로 눈동자나 세상 어느 것도 움직이지 않았다. 단지 의도된(intended) 눈동자만 움직였을 뿐이다. 이것은 그 운동명령의 피드백이 시각운동을 날조하는 것을 보여주는 아주 훌륭한 사례이다.

35) 구데일과 밀너(Goodale and Milner 1995)는 시각 환영을 이용하여 동일한 하나

606

의 원반이 다른 것보다 더 크게 보이게 하였다. 그러나 그 원반에 도달하려는 포착 구경(grasp aperture)은 올바른 크기로 맞춰졌다.

36) 반구(hemisphere) 각각의 유닛들이 대응도(maps)를 갖도록 하고, 그 대응도에서 한 축은 수평적 망막영역 위치에 대한 감각을 표현하도록 하고(수직적 위치는 고려되지 않았다), 다른 축은 눈 위치에 대한 감각을 표현하도록 하였다. 이 대응도는 뉴런의 구배(neuronal gradients)를 가지도록 구성되었으며, 그 구배로 인하여 우반구는 좌측 망막영역과 눈 위치에 반응하는 뉴런을 더 많이 가지고, 좌반구에는 그 반대로 하였다. 두정피질은 망막 위치에 대한 이러한 종류의 구배를 가지는 것으로 알려져 있다. 눈 위치 구배는 다른 영역에서 관찰되지만, 그러한 구배가 두정피질에 존재하는지는 알려지지 않았다.

37) 포겟과 세흐노브스키 이론은 연속적 기능들에 대한 선형적 조합(linear combination)에 근거하였다. 그것을 보고 그러한 모델이 (원리적으로) 튜링 머신(Turing machine)에 의해 거의 완벽한 정도로 똑같이 구현될 수 있음을 보여주는 것처럼 보일 수 있다. 그러한 가정이 참이라면, 뇌가 실제로 무엇을 하는지를 거의 정확히 포착하는 것이 어느 모델인지 전혀 알 수 없게 된다. 태양계(solar system)의 움직임 또한 튜링 머신에 의해 거의 완벽한 정도로 똑같이 구현될 수 있지만, 그렇다고 행성계 운동이 실제로 구문론적으로 규정되는 규칙들에 따른 기호 조작을 한다고 주장하는 것은 설득력이 없다. 그러한 (뇌의) 경우를 설명하기에 튜링 장치 같은 것이 부적절하다는 것은, 포겟과 세흐노브스키 모델이 아날로그의 아주 거대한 통합회로(VLSI 고집적회로)(그 회로는 비-기호적인 것을 다룬다)에 의해서 수행될 수 있다는 사실로 더 잘 드러난다.

38) 칸트의 "지각의 선험적 통일"은 돌연 (표상공간에 물리적으로 절묘하게 형성된) 다양한 감각과 운동의 좌표계에 의한 근본적 통합으로 드러난다. 칸트주의자들을 더 긍정적으로 보자면, 칸트가 『순수이성비판(*Critique of Pure Reason*)』에서 규정한 것처럼, 공간이 "직관의 형식"임이 신경생리학적 기초를 갖는 것으로 드러날 수도 있겠다.

39) 신경망의 계산적 능력에 관한 논의로 다음을 참조. Siegelmann and Sontag 1995, Bell 1999 등.

40) Gentner, Holyoak, and Kokinov 2001의 에세이들(essays) 참조.

41) 다음을 참조. Aloimonos 1993; Churchland, Ramachandran, and Sejnowski 1994; Clark 1999; O'Regan 1992.

8장

1) Sugiura, Patel, and Corriveau 2001.

2) Nieuwenhuys 1985, Finlay and Darlington 1995.

3) Panksepp and Panksepp 2001b, p.73.

4) 하나의 중요한 변화는 아마도 선택의 단위들을 고려한 곳에서 일어날 것이다.

예를 들어, 길버트와 연구원들(Gilbert et al. 1996)의 제안에 따르면, 형태학 분야(morphological field)가 바로 그러한데, 형태학적 개조는 단지 유전자만이 아니라, 진화를 중재한다.

5) 인간 뇌의 진화에 대해서, Finlay and Darlington 1995, Quartz and Sejnowski 1997, 끝으로 Darlington and Nicastro 2001을 보라.

6) Kolb and Gibb 2001, Elbert, Heim, and Rockstroh 2001을 보라.

7) P. S. Churchland and Sejnowski 1992를 보라.

8) Corriveau, 대화에서.

9) Real 1991.

10) 그들의 리뷰 논문(Montague and Dayan 1998)을 보라.

11) Berns, McClure, Pagnoni, and Montague 2001.

12) 이러한 연구에 대한 논의를 다음에서 보라. Fuster 1973, 1995; Goldman-Rakic 1988.

13) 기억상실 환자 H.M. 씨에 대한 구체적 논의를 Corkin 2002에서 보라. 래리 스퀴어(Larry Squire) 또한 이러한 유형의 많은 환자들을 연구했다. Squire and Kandel 1999.

14) Eichenbaum 1998, Bunsey and Eichenbaum 1996.

15) 이행성(transitivity)은 다음과 같다. 만약 탐(Tom)이 샐리(Sally)보다 크고, 샐리가 빌(Bill)보다 크면, 탐은 빌보다 더 크다.

16) Wilson and McNaughten 1994, Gais et al. 2000, Stickgold et al. 2000.

17) Gould et al. 1999.

18) Sutton and Barto 1998을 보라.

9장

1) 아주 구체적으로 지적하지 않더라도, 이러한 자격은, 비록 그 존재가 둥근 사각형을 만들지 못하거나, 혹은 π = 5로 만들지 못하거나, 혹은 시간을 되돌릴 수 없다거나, 혹은 자신이 할 수 있는 것보다 더 무거운 바위를 들어 올릴 수 없다고 하더라도, 신이 과연 전능한 것인지 논의 대상에 올리지 않는 경향이 있다.

2) 비교적 능력이 미흡한 신이 상상될 수도 있는데, 예를 들어, 그 힘이 제한적이며(어쩌면 아주 많이), 많은 것들을 알지만 모든 것을 알지는 못하며(혹은 아마도 그다지 알지 못하며), 선한 경향이 있지만 결점이 없지 않은 신이다. 그런 신은, 예를 들어, 제우스(Zeus)에 상당히 가까운데, 그는 모두가 호감을 갖지만, 단지 사람들보다 약간 더 숭배와 호소의 대상일 뿐이다. 지면을 고려하여, 나는 이런 종류의 조물주를 여기에서 논의하지 않겠다.

3) 다음을 보라. *Webster's New Collegiate Dictionary*.

4) Dawkins, *The Blind Watchmaker* (1985); Mayr, *What Evolution Is*(2001).

5) 다음을 보라. Ridely 2000.

6) 다음을 보라. Williams 1996, Lewis Wolpert 1991.

7) Joyce and Orgel 1993.

8) *Hume's Dialogues Concerning Natural Religion.*

9) 예를 들어, 허버트 재스퍼스(Herbert Jaspers)는 매독성 치매(syphilitic dementia)에 걸린 여섯 명의 환자들에 대해서 기록했다. 그 환자들은 자신의 근처에 있는 유령을 느낄 수 있으며, 종종 어떤 사람이 자신의 뒤에서 걸어가서 자신들이 앞으로 떠밀리는 느낌을 느낀다고 묘사한다. 이런 경향 때문에, 사람들은 그 유령이 바로 눈앞에서도 보이지 않는다고 생각하게 된다. 신경학자 러미트(Lhermitte)는 이러한 현상에 대해서 "유령 느낌"으로 불렀다. 다음을 보라. Critchely 1979.

10) Persinger 1987.

11) Mike Valpy, Science: neurotheology, *Toronto Globe and Mail*, 25 August 2001, p.F7.

12) 데이브 몰페스(Dave Molfese)가 지적했듯이, 자애로운 신이 자신을 드러내기 위해서 [사람에게] 해가 되는 발작을 이용한다는 가정은 좀 문제가 있어 보인다.

13) Ramachandran and Blakeslee 1998, Boyer 2001.

14) 신념에 대한 서로 다른 관점을 다음에서 보라. MacKay 1974.

15) 이런 수치는 다음에서 가져왔다. *World Christian Encyclopedia*, vol. 2(2001), edited by D. B. Barrett, G. T. Kurian, and T. M. Johnson. 중국의 통속종교는 유교(Confucianism), 도교(Taoism), 불교(Buddhism), 물활론(animism, 무속신앙) 등으로 묘사된다.

16) 다음 통찰력 있는 논문을 참고하라. Robert McCauley 출판 예정.

17) 인간 제물을 위한 근거와 관련하여 흥미로운 생각을 다음에서 볼 수 있다. Ehrenreich 1997. 종교 진화의 역할에 대한 논의로 다음을 보라. Boyer 2001.

18) Davies 1992.

19) Loftus 1979, Loftus and Hoffman 1989.

20) 다음을 보라. Austin 1998.

21) 누군가가 떠 있었다고 주장하는 것에 대한 유의미한 설명이 있을 것이지만, 물어보면 천장 위에서라면 매우 명확히 보았을 사물들에 대해서 묘사하지 못했다. [역자: 예를 들어, 천장에 매단 전등 위에 놓아둔 물체가 무엇인지 물어보면 대답하지 못한다.]

22) 이 부정확성의 쟁점에 대해서 다음을 보라. Anagnostopoulos 1994.

23) 엄중처벌법률(zero-tolerance legislation)의 유연하지 못한 적용의 사례로, 어느 캐나다 의사에 대해 징벌 소송이 개시되었던 경우가 있었다. 그 의사는 자신

의 환자였던 한 여성과 결혼했다. 그렇지만 그녀와 개인적으로 사귀기 시작하기 7년 전에 환자 관계가 아니었다. 엄중처벌법률은 의사와 환자 사이의 어떠한 성적 관계도 금지했다. 캐나다 고등법원 판사인 케네스 맥도날드(Kenneth MacDonald)는, 그 사건을 무혐의 처리한, 아리스토텔레스주의자였다. 그의 말에 따르면, "그 법률은 균형을 잃었으며, 다른 여러 상황들에 대한 적절한 판단을 제공할 만하지 못하다. 공적으로 그리고 유력한 정당에도 이렇게 유연하지 못한 법률은 이롭지 못하다."

24) Hamilton 1964; E. O. Wilson 1975, 1998. 확장된 논의를 다음에서 보라. Sober and Wilson 1998.

25) Sober and Wilson 1998, Casebeer 2001, Mark Johnson 1993, Solomon 1995.

26) 『판단력 비판(*The Critique of Judgment*)』 내 칸트의 미적 정서(aesthetics)에 대한 논문, 1790년의 초판.

27) *Webster's New Collegiate Dictionary*.

28) 여러 해 전에 대중매체 인터뷰에서.

참고문헌

Abbott, L., and T. J. Sejnowski, eds. 1999. *Neural Codes and Distributed Representations*. Cambridge: MIT Press.

Albright, C. R., and J. B. Ashbrook. 2001. *Where God Lives in the Human Brain*. Naperville, Ill.: Sourcebook.

Allen, R., and A. S. Reber. 1998. Unconscious intelligence. In W. Bechtel and G. Graham, eds., *A Companion to Cognitive Science*, pp.314-323. Oxford: Blackwell.

Allman, J. M. 1999. *Evolving Brains*. New York: Scientific American Library.

Aloimonos, Y. 1993. *Active Perception*. Hillsdale, N.J.: Lawrence Erlbaum & Associates.

Anagnostopoulos, G. 1994. *Aristotle on the Goals and Exactness of Ethics*. Berkeley: University of California Press.

Andersen R. 1995a. Encoding of intention and spatial location in the posterior parietal cortex. *Cerebral Cortex* 5: 457-469.

Andersen, R. 1995b. Coordinate transformations and motor planning in posterior parietal cortex. In M. Gazzaniga, ed., *The Cognitive Neurosciences*, pp.519-532. Cambridge: MIT Press.

Andersen, R., C. Asanuma, G. Essick, and R. Siegel. 1990. Corticocortical connections of anatomically and physiologically defined subdivisions within the inferior parietal lobule. *Journal of Comparative Neurology* 296:

65-113.

Andersen, R., G. Essick, and R. Siegel. 1985. Encoding of spatial location by posterior parietal neurons. *Science* 230: 456-458.

Anderson, S. W., A. Bechara, H. Damasio, D. Tranel, and A. R. Damasio. 1999. Impairment of social and moral behavior related to early damage in human prefrontal cortex. *Nature Neuroscience* 2: 1032-1037.

Aristotle. 1955. *The Nichomachean Ethics*. Translated by J. A. K. Thompson. Harmondsworth: Penguin Books.

Aristotle. 1941. *Physica*. In *The Basic Works of Aristotle*, edited by R. McKeon. New York: Random House.

Armstrong, D. 1981. *The Nature of the Mind*. Ithaca: Cornell University Press.

Arthur, W. 1997. *The Origin of Animal Body Plans: A Study in Evolutionary Developmental Biology*. New York: Cambridge University Press.

Austin, J. H. 1998. *Zen and the Brain*. Cambridge: MIT Press.

Baars, B. J. 1989. *A Cognitive Theory of Consciousness*. Cambridge: Cambridge University Press.

Baars, B. J. 2002. The conscious access hypothesis: origins and recent evidence. *Trends in Cognitive Sciences* 6: 47-52.

Bachevalier, J. 2001. Neural basis of memory development: insight from neuropsychological studies in primates. In C. A. Nelson and M. Luciana, eds., *The Handbook of Developmental Cognitive Neuroscience*. Cambridge: MIT Press.

Ballantine, H. T., Jr., A. J. Bouckoms, and E. K. Thomas. 1987. Treatment of psychiatric illness by stereotactic cingulotomy. *Biological Psychiatry* 22: 807-819.

Bar, M., and I. Biederman. 1999. Localizing the cortical region mediating visual awareness of object identity. *Proceedings of the National Academy of Sciences, USA* 96: 1790-1793.

Barondes, S. H. 1993. *Molecules and Mental Illness*. New York: Scientific American Library.

Barrett, D. B., G. T. Kurian, and T. M. Johnson. 2001. *World Christian*

Encyclopedia: A Comparative Survey of Churches and Religions in the Modern World. 2nd ed. Oxford: Oxford University Press.

Bartoshuck, L. M., and G. K. Beauchamp. 1994. Chemical senses. *Annual Review of Psychology* 45: 419-449.

Bates, E. 1990. Language about me and you: pronominal reference and the emerging concept of self. In D. Cicchetti and M. Beeghly, eds., *The Self in Transition*, pp.165-182. Chicago: University of Chicago Press.

Bates, E., I. Bretherton, and L. Snyder. 1988. *From First Words to Grammar: Individual Differences and Dissociable Mechanisms.* New York: Cambridge University Press.

Bauman, M. L., and T. L. Kemper. 1995. Neuroanatomical observations of the brain in autism. In J. Panksepp, ed., *Advances in Biological Psychiatry*, pp.1-26. New York: JAI Press.

Beauregard, M., J. Lévesque, and P. Bourgouin. 2001. Neural correlates of conscious self-regulation of emotion. *Journal of Neuroscience* 21: 1-6.

Bechara, A., A. R. Damasio, H. Damasio, and S. W. Anderson. 1994. Insensitivity to future consequences following damage to human prefrontal cortex. *Cognition* 50: 7-15.

Bechara, A., H. Damasio, D. Tranel, and A. R. Damasio. 1997. Deciding advantageously before knowing the advantageous strategy. *Science* 275: 1293-1294.

Bechtel, W. 2001. Representations: from neural systems to cognitive systems. In W. Bechtel et al., eds., *Philosophy and the Neurosciences*. Oxford: Blackwells.

Bechtel, W., and G. Graham, eds. 1998. *A Companion to Cognitive Science.* Malden, Mass.: Blackwells.

Bechtel, W., P. Mandik, J. Mundale, and R. S. Stufflebeam, eds. 2001. *Philosophy and the Neurosciences: A Reader.* Oxford: Oxford University Press.

Bechtel, W., and R. C. Richardson. 1993. *Discovering Complexity.* Princeton: Princeton University Press.

Beer, R. D. 2000. Dynamical approaches to cognitive science. *Trends in Cognitive Sciences* 4: 91-99.

Beer, R. D. In press. The dynamics of active categorical perception in an evolved model agent. *Behavioral and Brain Sciences*.

Bell, A. 1999. Levels and loops: the future of artificial intelligence and neuroscience. *Philosophical Transactions of the Royal Society of London*, B 354: 2013-2020.

Bermúdez, J. L., A. Marcel, and N. Eilan, eds. 1995. *The Body and the Self*. Cambridge: MIT Press.

Berns, G. S., S. M. McClure, G. Pagnoni, and P. R. Montague. 2001. Predictability modulates human brain response to reward. *Journal of Neuroscience* 21: 2793-2798.

Black, I. 2000. *The Dying of Enoch Wallace: Life, Death and the Changing Brain*. New York: McGraw-Hill.

Blake, R. and N. K. Logothetis. 2002. Visual competition. *Nature Reviews* 3: 13-23.

Blakemore, S.-J., and J. Decety. 2001. From the perception of action to the understanding of intention. *Nature Reviews: Neuroscience* 2: 561-567.

Bogen, J. 1985. Split-brain syndromes. In J. A. M. Frederiks, ed., *Handbook of Clinical Neurology*. Vol. 1 (45): *Clinical Neuropsychology*, pp.99-105. London: Elsevier.

Bogen, J. 1995. On the neurophysiology of consciousness. I: An overview. *Consciousness and Cognition* 4: 52-62.

Bogen, J., and P. J. Vogel. 1965. Cerebral commissurotomy in man. *Bulletin of the Los Angeles Neurological Society* 27: 169-172.

Bornstein, R. F. 1992. Subliminal mere exposure effects. In R. F. Bornstein and T. S. Pittman, eds., *Perception without Awareness: Cognitive, Clinical, and Social Perspectives*, pp.191-210. New York: Guilford.

Bourgeois, J.-P. 2001. Synaptogenesis in the neocortex of the newborn: the ultimate frontier of individuation? In C. A. Nelson and M. Luciana, eds., *Handbook of Developmental Cognitive Neuroscience*. Cambridge: MIT Press.

Bowdle, T. A., A. Horita, and E. D. Kharasch, eds. 1994. *The Pharmacologic Basis of Anesthesiology*. New York: Churchill Livingstone.

Boyer, Pascal. 2001. *Religion Explained*. New York: Basic Books.

Brazier, M. A. B. 1984. *A History of Neurophysiology in the 17th and 18th Centuries: From Concept to Experiment.* New York: Raven Press.

Brecht, B. 1939. *Galileo.* Edited by E. Bentley. Translated by C. Laughton. New York: Grove Press, 1966.

Brothers, L. 1997. *Friday's Footprint: How Society Shapes the Human Mind.* New York: Oxford University Press.

Brown, T. H., A. H. Ganong, E. W. Kariss, and C. L. Keenan. 1990. Hebbian synapses: biophysical mechanisms and algorithms. *Annual Review of Neuroscience* 13: 475-511.

Bruce, C., R. Desimone, and C. G. Gross. 1981. Visual properties of neurons in a polysensory area in superior temporal sulcus of the macaque. *Journal of Neurophysiology* 46: 369-384.

Bullock, T. H., R. Orkand, and A. Grinnell. 1977. *Introduction to Nervous Systems.* San Francisco: Freeman.

Bunsey, M., and H. Eichenbaum. 1996. Conservation of hippocampal memory function in rats and humans. *Nature* 379: 255-257.

Butterworth, G. 1995. An ecological perspective on the origins of self. In J. L. Bermúdez, A. Marcel, and N. Eilan, eds., *The Body and the Self.* Cambridge: MIT Press.

Call, J. 2001. Chimpanzee social cognition. *Trends in Cognitive Science* 5: 388-393.

Callender, C. 2001. *Introducing Time.* Crow's Nest, New South Wales, Australia: Allen and Unwin.

Callender, C., and N. Huggett, eds. 2001. *Physics Meets Philosophy at the Planck Scale: Contemporary Theories in Quantum Gravity.* Cambridge: Cambridge University Press.

Campbell, C. A. 1957. Has the self "free will"? In his *On Selfhood and Godhood*, pp.158-179. London: Allen and Unwin. New Jersey: Humanities Press.

Campbell, N. A. 1996. *Biology.* 4th ed. Menlo Park, Calif.: Benjamin/ Cummings Publishing Co.

Campbell, R., and B. Hunter, eds. 2000. *Moral Epistemology Naturalized.* Calgary, Canada: University of Calgary Press.

Canup, R. M., and K. Righter, eds. 2000. *Origin of the Earth and the*

Moon. Tuscon: University of Arizona Press.

Carey, S. 2001. Bridging the gap between cognition and developmental neuroscience: the example of number representation. In C. A. Nelson and M. Luciana, eds., *The Handbook of Developmental Cognitive Neuroscience*. Cambridge: MIT Press.

Casebeer, William. 2001. Natural ethical facts: evolution, connectionism, and moral cognition. Ph.D. dissertation, University of California at San Diego.

Chalmers, D. J. 1996. *The Conscious Mind: In Search of a Fundamental Theory*. New York: Oxford University Press.

Cheng, P. 1999. Causal reasoning. In R. A. Wilson and F. C. Keil, eds., *The MIT Encyclopedia of Cognitive Sciences*, pp.106-107. Cambridge: MIT Press.

Chomsky, N. 1966. *Cartesian Linguistics*. New York: Harper & Row.

Churchland, P. M. 1979. *Scientific Realism and the Plasticity of Mind*. Cambridge: Cambridge University Press.

Churchland, P. M. 1987. How parapsychology could become a science. *Inquiry* 30: 227-239. Reprinted in P. M. Churchland and P. S. Churchland 1998.

Churchland, P. M. 1988. *Matter and Consciousness*. 2nd ed. Cambridge: MIT Press.

Churchland, P. M. 1993. Evaluating our self-conception. *Mind and Language* 8: 211-222.

Churchland, P. M. 1995. *The Engine of Reason, the Seat of the Soul*. Cambridge: MIT Press.

Churchland, P. M. 1996a. The rediscovery of light. *Journal of Philosophy* 93: 211-228.

Churchland, P. M. 1996b. Folk psychology. In S. Guttenplan, ed., *Companion to the Mind*. Oxford: Blackwells.

Churchland, P. M. 2001. Neurosemantics: on the mapping of minds and the portrayal of world. In K. E. White, ed., *The Emergence of the Mind: Proceedings of the International Symposium*, pp.117-147. Milan: Montedison and Fondazione Carlo Erba.

Churchland, P. M. 2002. Catching consciousness in a neural net. In A.

Brook and D. Ross, eds., *Dennett's Legacy*, pp.64-82. Cambridge: Cambridge University Press.

Churchland, P. M. In press. Outer space and inner space: the new epistemology. *Proceedings and Addresses of the American Philosophical Association.*

Churchland, P. M., and P. S. Churchland. 1990. Could a machine think? Recent arguments and new prospect. *Scientific American* 262 (1): 32-37. Reprinted in H. Geirsson and M. Losonsky, eds., *Readings in Language and Mind*, pp.273-281. Cambridge, Mass.: Blackwells, 1996.

Churchland, P. M., and P. S. Churchland. 1991. Intertheoretic reduction: a neuroscientist's field guide. *Seminars in the Neurosciences* 2: 249-256.

Churchland, P. M., and P. S. Churchland. 1997. Recent work on consciousness: philosophical, theoretical, and empirical. *Seminars in Neurology* 17: 101-108. Reprinted in P. M. Churchland and P. S. Churchland 1998.

Churchland, P. M., and P. S. Churchland. 1998. *On the Contrary.* Cambridge: MIT Press.

Churchland, P. M., and P. S. Churchland. 2000. Foreword. In John von Neumann, *The Computer and the Brain*, 2nd ed. New Haven: Yale University Press.

Churchland, P. S. 1983. Consciousness: the transmutation of a concept. *Pacific Philosophical Quarterly* 64: 80-95.

Churchland, P. S. 1986. *Neurophilosophy: Towards a Unified Understanding of the Mind-Brain.* Cambridge: MIT Press.

Churchland, P. S. 1996a. Toward a neurobiology of the mind. In R. R. Llinás and P. S. Churchland, eds., *The Mind-Brain Continuum*, pp.281-303. Cambridge: MIT Press.

Churchland, P. S. 1996b. Feeling reasons. In A. R. Damasio, H. Damasio, and Y. Christen, eds., *Decision-Making and the Brain*, pp.181-199. Berlin: Springer-Verlag.

Churchland, P. S. 1996c. The hornswoggle problem. *Journal of Consciousness Studies* 3 (5-): 402-408.

Churchland, P. S. 1997. Can neurobiology teach us anything about consciousness? In N. Block, O. Flanagan, and G. Güzeldere, eds., *The*

Nature of Consciousness: Philosophical Debates, pp.127-140. Cambridge: MIT Press.

Churchland, P. S. 1998. What should we expect from a theory of consciousness? In H. H. Jasper, L. Descarries, V. F. Castellucci, and S. Rossignol, eds., *Consciousness: At the Frontiers of Neuroscience*. Philadelphia: Lippincott-Raven.

Churchland, P. S. 2002. Self-representation in nervous systems. *Science* 296: 308-310.

Churchland, P. S., V. S. Ramachandran, and T. J. Sejnowski. 1994. A critique of pure vision. In C. Koch and J. L. Davis, eds., *Large-Scale Neuronal Theories of the Brain*, pp.23-60. Cambridge: MIT Press.

Churchland, P. S., and T. J. Sejnowski. 1988. Perspectives in cognitive neuroscience. *Science* 242: 741-745.

Churchland, P. S., and T. J. Sejnowski. 1992. *The Computational Brain*. Cambridge: MIT Press.

Clark, A. 1993. *Being There: Putting Brain, Body, and World Together Again*. Cambridge: MIT Press.

Clark, A. 1999. An embodied cognitive science? *Trends in Cognitive Sciences* 3: 345-350.

Cooper, J. R., F. E. Bloom, and R. H. Roth. 1996. *The Biochemical Basis of Neuropharmacology*. 7th ed. Oxford: Oxford University Press.

Corballis, M. 1988. Review of *Neurophilosophy* by P. S. Churchland. *Biology and Philosophy* 3: 393-402.

Corkin, S. 2002. What's new with the amnesic patient H.M.? *Nature Reviews: Neuroscience* 3: 153-160.

Coulson, S. 1996. The Menendez Brothers Virus: Analogical Mapping in Blended Spaces. In Adele Goldberg, ed., *Conceptual Structure, Discourse, and Language*, pp.67-81. Palo Alto, Calif.: CSLI.

Coulson, S., and T. Matlock. 2001. Metaphor and the space structuring model. *Metaphor and Symbol* 16: 295-316.

Crick, F. 1994. *The Astonishing Hypothesis*. New York: Scribners.

Crick, F., and C. Koch. 1998. Consciousness and neuroscience. *Cerebral Cortex* 8: 97-107. Reprinted in Bechtel, Mandik, Mundale, and Stufflebeam 2001.

Crick, F., and C. Koch. 2000. The unconscious homunculus. In T. Metzinger, ed., *Neural Correlates of Consciousness*, pp.103-110. Cambridge: MIT Press.

Crick, F., and C. Koch. In press. What Are the Neural Correlates of Consciousness? In J. L. van Hemmen and T. J. Sejnowski, eds., *Problems in Systems Neuroscience*. Oxford: Oxford University Press.

Critchley, M. 1979. *The Divine Banquet of the Brain*. New York: Raven.

Crowther, J. G. 1969. *A Short History of Science*. London: Methuen.

Cummins, R. 1996. *Representation, Targets, and Attitudes*. Cambridge: MIT Press.

Cytowic, R. E. 1996. *The Neurological Side of Neuropsychology*. Cambridge: MIT Press.

Damasio, A. R. 1994. *Descartes' Error*. New York: Grossett/Putnam.

Damasio, A. R. 1999. *The Feeling of What Happens*. New York: Harcourt Brace.

Damasio, A. R. In press. *Looking for Spinoza: Joy, Sorrow, and the Human Brain*. New York: Harcourt.

Damasio, A. R., D. Tranel, and H. Damasio. 1991. Somatic markers and the guidance of behavior. In H. Levin, H. Eisenberg, and A. Benton, eds., *Frontal Lobe Function and Dysfunction*. New York: Oxford University Press.

Damasio, A. R., and G. Van Hoesen. 1983. Emotional disturbances associated with focal lesions of the limbic frontal lobe. In K. Heilman and P. Satz, eds., *Neuropsychology of Human Emotion*, pp.268-299. New York: Guilford.

Darwin, C. 1859. *The Origin of Species*. Cambridge: Harvard University Press, 1964.

Davies, P. C. W. 1992. *The Mind of God: The Scientific Basis for a Rational World*. New York: Simon and Schuster.

Dawkins, R. 1985. *The Blind Watchmaker*. New York: Norton.

Dayan, P., and L. F. Abbott. 2001. *Theoretical Neuroscience: Computational and Mathematical Modeling of Neural Systems*. Cambridge: MIT Press.

Deacon, T. W. 1997. *The Symbolic Species: The Co-evolution of Language and the Brain*. New York: Norton.

Dehaene, S., and L. Naccache. 2001. Towards a cognitive neuroscience of consciousness: basic evidence and a workspace framework. *Cognition* 79: 1-7.

Dehaene, S., L. Naccache, L. Cohen, D. L. Bihan, J.-F. Mangin, J.-B. Poline, and D. Riviere. 2001. Cerebral mechanisms of word masking and unconscious repetition priming. *Nature Neuroscience* 4: 752-758.

Dennett, D. C. 1978. *Brainstorms: Philosophical Essays on Mind and Psychology*. Cambridge: MIT Press.

Dennett, D. C. 1984. *Elbow Room: The Varieties of Free Will Worth Wanting*. Cambridge: MIT Press.

Dennett, D. C. 1991. *Consciousness Explained*. Boston: Little Brown.

Dennett, D. C. 1992. The self as a center of narrative gravity. In F. Kessel, P. Cole, and D. Johnson, eds., *Self and Consciousness: Multiple Perspectives*, pp.103-115. Hillsdale, N.J.: Lawrence Erlbaum & Associates.

Dennett, D. C. 1996. *Kinds of Minds: Towards an Understanding of Consciousness*. New York: Basic Books.

Dennett, D. C. 1998. *Brainchildren: Essays on Designing Minds*. Cambridge: MIT Press.

Dennett, D. C. 2001a. The Zombic Hunch: Extinction of an Intuition? In A. O'Hear, ed., *Philosophy at the New Millennium, Royal Institute of Philosophy*, suppl. 48, pp.27-43. Cambridge: Cambridge University Press.

Dennett, D. C. 2001b. Are we explaining consciousness yet? *Cognition* 79: 221-237.

Descartes, R. 1637. *Discourse on Method. In The Philosophical Works of Descartes*, 2 vols., translated by E. S. Haldane and G. T. R. Ross. Cambridge: Cambridge University Press, 1911-1912.

De Sousa, R. 1990. *The Rationality of Emotion*. Cambridge: MIT Press.

Detlefsen, M. 1999. Gödel's incompleteness theorem. In R. Audi, ed., *The Cambridge Dictionary of Philosophy*, 2nd ed. Cambridge: Cambridge University Press.

De Waal, F. 1996. *Good Natured*. Cambridge: Harvard University Press.

De Waal, F. 2001. Pointing primates: sharing knowledge — without language. *Chronicle of Higher Education*, January 19, 2001, B7-9.

Doetsch, G. S. 2000. Patterns in the brain: neuronal population coding in the somatosensory system. *Physiology and Behavior* 69: 187-201.

Donald, M. 2001. *A Mind So Rare: The Evolution of Human Consciousness*. New York: Norton.

Duclaux, R., and D. R. Kensahlo. 1980. Response characteristics of cutaneous warm fibres in the monkey. *Journal of Neurophysiology* 43: 1-5.

Eccles, J. C. 1953. *The Neurophysiological Basis of Mind*. New York: Oxford University Press.

Eccles, J. C. 1994. *How the Self Controls Its Brain*. Berlin: Springer-Verlag.

Edelman, G. M., and G. Tononi. 2000. Reentry and the dynamic core: neural correlates of conscious experience. In T. Metzinger, ed., *Neural Correlates of Consciousness*, pp.139-151. Cambridge: MIT Press.

Edelman, S. 2002. Constraining the neural representation of the visual world. *Trends in Cognitive Sciences* 6: 125-131.

Ehrenreich, B. 1997. *Blood Rites: Origins and History of the Passions of War*. New York: Henry Holt and Co.

Eichenbaum, H. 1996. Is the rodent hippocampus just for "place"? *Current Opinion in Neurobiology* 6: 187-195.

Eichenbaum, H. 1998. Is the rodent hippocampus just for "place"? In L. R. Squire and S. M. Kosslyn, eds., *Findings and Current Opinion in Cognitive Science*, pp.105-113. Cambridge: MIT Press.

Eichenbaum, H., and N. Cohen. 2001. *From Conditioning to Conscious Recollection*. New York: Oxford University Press.

Elbert, T., S. Heim, and B. Rockstroh. 2001. Neural plasticity and development. In C. A. Nelson and M. Luciana, eds., *The Handbook of Developmental Cognitive Neuroscience*, pp.191-202. Cambridge: MIT Press.

Elman, J. L. 1995. Language as a dynamical system. In R. Port, and T. Van Gelder, eds., *Mind as Motion: Explorations in the Dynamics of Cognition*, pp.195-226. Cambridge: MIT Press.

Elman, J., E. Bates, M. Johnson, A. Karmiloff-Smith, D. Parisi, and K. Plankter. 1996. *Rethinking Inaptness: A Connectionism Perspective on Development*. Cambridge: MIT Press.

Farber, I. 2000. Domain integration: a theory of progress in the life sciences. Doctoral dissertation, University of California at San Diego. http://reductio.com/ilya/.

Farber, I. and P. S. Churchland. 1994. Consciousness and the neurosciences: philosophical and theoretical issues. In M. Gazzaniga, ed. *The Cognitive Neurosciences*, pp.1295-1306. Cambridge: MIT Press.

Farber, I. W. Peterman, and P. S. Churchland. 2001. The view from here: the nonsymbolic structure of spatial representation. In J. Branquinho, ed., *The Future of Cognitive Science*, pp.55-76. Oxford: Oxford University Press.

Fauconnier, G. 1997. *Mappings in Thought and Language*. Cambridge: Cambridge University Press.

Fauconnier, G., and M. Turner. 2002. *The Way We Think: Conceptual Blending and the Mind's Hidden Complexities*. New York: Basic Books.

Ffytche, D. H., R. J. Howard, M. J. Brammer, A. David, P. Woodru., and S. Williams. 1998. The anatomy of conscious vision: an MRI study of visual hallucinations. *Nature Neuroscience* 1: 738-742.

Finger, S. 1994. *Origins of Neuroscience: A History of Explorations into Brain Function*. New York: Oxford University Press.

Finlay, B. L., and R. B. Darlington. 1995. Linked regularities in the development and evolution of mammalian brains. *Science* 286: 1578-1584.

Finlay, B. L., R. B. Darlington, and N. Nicastro. 2001. Developmental structure in brain evolution. *Behavioral and Brain Sciences* 24 (2): 263-278, 298-304.

Fiset, P., T. Paus, T. Daloze, G. Plourde, P. Meuret, V. Bonhomme, N. Hajj-Ali, S. B. Blackman, and A. C. Evans. 1999. Brain mechanisms of propofol-induced loss of consciousness in humans: a positron emission tomographic study. *Journal of Neuroscience* 19: 5506-5513.

Flanagan, O. 1992. *Consciousness Reconsidered*. Cambridge: MIT Press.

Flanagan, O. 1996. *Self Expressions: Mind, Morals, and the Meaning of Life*. New York: Oxford University Press.

Fodor, J. A. 1974. Special sciences, or the disunity of science as a working hypothesis. *Synthese* 28: 97-15.

Fodor, J. A. 1975. *The Language of Thought*. New York: Crowell.

Fodor, J. A. 1983. *The Modularity of Mind*. Cambridge: MIT Press.

Fodor, J. A. 1987. *Psychosemantics*. Cambridge: MIT Press.

Fodor, J. A. 1990. *A Theory of Content*. Cambridge: MIT Press.

Fodor, J. A. 1994. *The Elm and the Expert*. Cambridge: MIT Press.

Fodor, J. A. 2000. *The Mind Doesn't Work That Way: The Scope and Limits of Computational Psychology*. Cambridge: MIT Press.

Fodor, J. A., and E. LePore. 1992. *Holism: A Shopper's Guide*. Oxford: Blackwells.

Franks, N. P., and W. R. Lieb. 1994. Molecular and cellular mechanisms of general anaesthesia. *Nature* 367: 607-614.

Frith, C. D. 1992. *The Cognitive Neuropsychology of Schizophrenia*. Hillsdale, N.J.: Lawrence Erlbaum & Associates.

Frith, C. D., R. Perry, and E. Lumer. 1999. The neural correlates of conscious experience: an experimental framework. *Trends in Cognitive Sciences* 3: 105-114.

Frith, U. 1999. Autism. In R. A. Wilson, and F. Keil, eds., *The MIT Encyclopedia of the Cognitive Sciences*, pp.58-60. Cambridge: MIT Press.

Fuster, J. M. 1973. Unit activity in prefrontal cortex during delayed-response performance: neural correlates of transient memory. *Journal of Neurophysiology* 36: 61-78.

Fuster, J. M. 1995. *Memory in the Cerebral Cortex*. Cambridge: MIT Press.

Gais, S., W. Plihal, U. Wagner, and J. Born. 2000. Early sleep triggers memory for early visual discrimination skills. *Nature Neuroscience* 3: 1335-1339.

Gallese, V., and A. Goldman. 1998. Mirror neurons and the simulation theory of mindreading. *Trends in Cognitive Sciences* 2: 493-501.

Garcia, J., W. G. Hankins, and K. W. Rusiniak. 1974. Behavioral regulation of the milieu internal in man and rat. *Science* 185: 824-831.

Gärdenfors, P. 2000. *Conceptual Spaces: The Geometry of Thought*. Cambridge: MIT Press.

Gardner, E. L., and J. H. Lowinson. 1993. Drug craving and positive/negative hedonic brain states activated by addicting drugs.

Seminars in the Neurosciences 5: 359-368.

Gazzaniga, M. S., and LeDoux, J. E. 1978. *The Integrated Mind.* New York: Plenum Press.

Gentner, D., K. J. Holyoak, and B. N. Kokinov. 2001. *The Analogical Mind.* Cambridge: MIT Press.

Gerhardt, J., and M. Kirschner. 1997. *Cells, Embryos, and Evolution.* Oxford: Blackwells.

Geschwind, N. 1965. Disconnexion syndromes in animals and man. *Brain* 88: 237-294.

Gibson, R. F., Jr. 1982. *The Philosophy of W. V. Quine.* Tampa: University Presses of Florida.

Glymour, C. 1997. *Thinking Things Through.* Cambridge: MIT Press.

Glymour, C. 2001. *The Mind's Arrows: Bayes Nets and Graphical Causal Models in Psychology.* Cambridge: MIT Press.

Glymour, C., and G. F. Cooper, eds. 1999. *Computation, Causation, and Discovery.* Cambridge: MIT Press.

Goldman-Rakic, P. S. 1988. Topography of cognition: parallel distributed networks in primate association cortex. *Annual Review of Neuroscience* 11: 137-156.

Goldstein, E. B. 1999. *Sensation and Perception.* 5th ed. New York: Brooks/Cole Publishing Co.

Goodale, M. A., and A. D. Milner. 1995. *The Visual Brain in Action.* Oxford: Oxford University Press.

Gopnik, A., A. N. Meltzo., and P. K. Kuhl. 1999. *The Scientist in the Crib.* New York: Morrow.

Gould E., A. Beylin, P. Tanapat, A. Reeves, and T. J. Shors. 1999. Learning enhances adult neurogenesis in the hippocampal formation. *Nature Neuroscience* 2: 260-265.

Grady, M. 2001. *Search for Life.* Washington, D.C.: Natural History Museum/Smithsonian Institution Press.

Grafman, J., and Y. Christen, eds. 1999. *Neuronal Plasticity: Building a Bridge from the Laboratory to the Clinic.* Berlin: Springer.

Griffiths, P. E. 1997. *What Emotions Really Are.* Chicago: University of Chicago Press.

Groh, J., and D. Sparks. 1996. Saccades to somatosensory targets. 3: Eye-positiondependent somatosensory activity in the primate superior colliculus. *Journal of Neurophysiology* 75: 439-453.

Gross, C. G. 1999. *Brain, Vision, Memory: Tales in the History of Neuroscience*. Cambridge: MIT Press.

Gross, C. G., and M. S. A. Graziano. 1995. Multiple representations of space in the brain. *Neuroscientist* 1: 43-50.

Grush, R. 1997. The architecture of representation. Philosophical Psychology 10: 5-3. Reprinted in Bechtel, Mandik, Mundale, and Stufflebeam 2001.

Grush, R. 2000. Self, world, and space: the meaning and mechanisms of ego- and allocentric spatial representation. Brain and Mind 1: 59-2.

Grush, R., and P. S. Churchland. 1995. Gaps in Penrose's toilings. Journal of Consciousness Studies 2: 10-9. Reprinted in P. M. Churchland and P. S. Churchland 1998.

Hacker, P. 1987. Languages, minds, and brains. In C. Blakemore and S. Greenfield, eds., *Mindwaves*. Oxford: Blackwells.

Hacking, I. 2001. *An Introduction to Probability and Inductive Logic*. Cambridge: Cambridge University Press.

Haeckel, E. 1874. *Anthropogenie, oder Entwicklungsgeschicte des Menschen*. Leipzig: Engleman.

Hamilton, W. 1964. The genetical evolution of social behavior. *Journal of Theoretical Biology* 7: 1-2.

Hammer, M. 1993. An identified neuron mediates the unconditioned stimulus in associative olfactory learning in honeybees. *Nature* 366: 59-63.

Harvey, W. 1847. *The Works of William Harvey*. Translated from the Latin by R. Willis. London: Sydenham Society.

Haug, M., and R. E. Whalen, eds. 1999. *Animal Models of Human Emotions and Cognition*. Washington, D.C.: American Psychological Association.

Hebb, D. O. 1949. *The Organization of Behavior: A Neuropsychological Theory*. New York: Wiley.

Heeger, D. J., and D. Rees. 2002. What does fMRI tell us about neuronal activity? *Nature Reviews: Neuroscience* 3: 142-151.

Heimer, L. 1983. *The Human Brain and Spinal Cord*. New York: Springer-Verlag.

Heinrich, B. 1999. *Mind of the Raven*. New York: Harper-Collins.

Heinrich, B. 2000. Testing insight in ravens. In C. Heyes and L. Huber, ed., *The Evolution of Cognition*, pp.289-306. Cambridge: MIT Press.

Henderson, J. M. 1993. Visual attention and saccadic eye movements. In G. d'Ydewalle, and J. Van Rensbergen, eds., *Perception and Cognition*, pp.37-50. New York: North-Holland.

Heyes, C. 2001. Causes and consequences of imitation. *Trends in Cognitive Sciences* 5: 253-61.

Hobart, R. E. 1934. Free will as involving determinism and inconceivable without it. *Mind* 43: 1-7.

Hobson, J. A. 1993. Understanding persons: the role of a.ect. In S. Baron-Cohen, H. Tager-Flusberg, and D. J. Cohen, eds., *Understanding Other Minds: Perspectives From Autism*, pp.204-227. Oxford: Oxford University Press.

Hobson, J. A. 1999. *Consciousness*. New York: Scientific American Library.

Hobson, J. A. 2001. *The Dream Drugstore: Chemically Altered States of Consciousness*. Cambridge: MIT Press.

Hoffman, D. 1998. *Visual Intelligence*. New York: Norton.

Hooker, C. A. 1995. *Reason, Regulation, and Realism: Towards a Regulatory Systems Theory of Reason and Evolutionary Biology*. New York: State University of New York Press.

Hubel, D. H. 1988. *Eye, Brain, and Vision*. New York: Freeman.

Hubel, D. H., and T. N. Wiesel. 1959. Receptive fields of single neurons in the cat's striate cortex. *Journal of Physiology* 148: 574-591.

Hubel, D. H., and T. N. Wiesel. 1977. Functional architecture of macaque monkey visual cortex. *Proceedings of the Royal Society of London*, B 198: 1-9.

Huber, L. 2000. Psychophylogenesis: innovations and limitations in the evolution of cognition. In C. Heyes and L. Huber, eds., *The Evolution of Cognition*, pp.23-41. Cambridge: MIT Press.

Hume, David. 1739. *A Treatise of Human Nature*. Edited by L. A.

Selby-Bigge, 1888 and 1896. Oxford: Oxford University Press.

Hume, David. 1779. *Dialogues Concerning Natural Religion*. Edited by Norman Kemp Smith, 1962. Oxford: Oxford University Press.

Hutchins, E. 1995. *Cognition in the Wild*. Cambridge: MIT Press.

Huttenlocher, P. R., and A. S. Dabholkar 1997. Regional differences in synaptogenesis in human cerebral cortex. *Journal of Comparative Neurology* 387: 167-178.

Jacob, F. 1999. *Of Flies, Mice, and Men*. Cambridge: Harvard University Press.

James, W. 1890. *Chapter 10 of The Principles of Psychology*. Edited by Frederick Burkhardt and Fredson Bowers, 1981. Cambridge: Harvard University Press.

Jeannerod, Marc. 1997. *The Cognitive Neuroscience of Action*. Oxford: Blackwells.

Jeannerod, Marc. 2001. Neural simulation of action: a unifying mechanism for motor cognition. *NeuroImage* 14: S103-109.

Jeannerod, Marc, and Victor Frak. 1999. Mental imaging of motor activity in humans. *Current Opinion in Neurobiology* 9: 735-739.

Jennings, C. 2001. Analyzing functional imaging studies. *Nature Neuroscience* 4: 333.

Johnson, G. 1995. *Fire in the Mind: Science, Faith, and the Search for Order*. New York: Knopf.

Johnson, M. 1993. *Moral Imagination: Implications of Cognitive Science for Ethics*. Chicago: University of Chicago Press.

Johnson, M. H. 1995. The development of visual attention: a cognitive neuroscience perspective. In M. Gazzaniga, ed., *The Cognitive Neurosciences*, pp.735-747. Cambridge: MIT Press.

Johnson, M. H. 1997. *Developmental Cognitive Neuroscience: An Introduction*. Malden, Mass.: Blackwells.

Joyce, G. F., and L. E. Orgel. 1993. Prospects for understanding the origin of the RNA world. In R. F. Gersteland, T. Cech, and J. F. Atkins, eds., *The RNA World*. New York: Cold Spring Harbor Laboratory Press.

Jung, C. G. 1959. *The Archetypes and the Collective Unconscious*. Translated by R. F. C. Hull. New York: Pantheon Books.

Kagan, J. 1981. *The Second Year: The Emergence of Self-Awareness.* Cambridge: Harvard University Press.

Kagan, J. 1994. *Galen's Prophecy: Temperament in Human Nature.* New York: Basic Books.

Kandel, E. R., J. H. Schwartz, T. M. Jessell, eds. 2000. *Principles of Neural Science.* 4th ed. New York: McGraw-Hill.

Kane, R. 1996. *The Significance of Free Will.* New York: Oxford University Press.

Kant, I. 1797. Fragments of a moral catechism. In his *Metaphysical Principles of Virtue,* translated by James Ellington, pp.148-153. New York: Bobbs-Merrill, 1964.

Kant, Immanuel. 1790. *The Critique of Judgment.* Edited and translated by J. C. Meredith. Oxford: Clarendon Press, 1952.

Kanwisher, N. 2001. Neural events and perceptual awareness. *Cognition* 79: 89-113.

Katz, P., ed. 1999. *Beyond Neurotransmission.* New York: Oxford University Press.

Kelly, K. T. 1996. *The Logic of Reliable Inquiry.* New York: Oxford University Press.

Kenny, A. 1992. *The Metaphysics of Mind.* Oxford: Oxford University Press.

Kitcher, P. W. 1996. From neurophilosophy to neurocomputation: searching for the cognitive forest. In R. M. McCauley, ed., *The Churchlands and Their Critics,* pp.48-45. Cambridge, Mass.: Blackwell.

Klüver, H., and P. C. Bucy. 1937. "Psychic blindness" and other symptoms following bilateral temporal lobectomy in rhesus monkeys. *American Journal of Physiology* 119: 352-353.

Klüver, H., and P. C. Bucy. 1938. An analysis of certain e.ects of bilateral temporal lobectomy in the rhesus monkey, with special reference to "psychic blindness." *Journal of Psychology* 5: 33-54.

Kolb, B., and R. Gibb. 2001. Early brain injury, plasticity, and behavior. In C. A. Nelson and M. Luciana, eds., *The Handbook of Developmental Cognitive Neuroscience,* pp.175-190. Cambridge: MIT Press.

Kolb, B., and I. Q. Whishaw. 1990. *Fundamentals of Human Neuropsychology*. New York: W. H. Freeman.

Kosslyn, S. M., G. Ganis, and W. L. Thompson. 2001. Neural foundations of imagery. *Nature Reviews: Neuroscience* 2: 635-42.

Kravitz, H., D. Goldenberg, and C. A. Neyhus. 1978. Tactile exploration by normal human infants. *Developmental Medicine and Child Neurology* 20: 720-726.

Kreiman, G., I. Fried, and C. Koch. 2002. Single-neuron correlates of subjective vision in the human medial temporal lobe. *Proceedings of the National Academy of Science* 99: 8378-8383.

Kuffler S. W. 1953. Discharge patterns and functional organization of mammalian retina. *Journal of Neurophysiology* 16: 37-68.

Lakoff, G. 1987. *Women, Fire, and Dangerous Things*. Chicago: Chicago University Press.

Lakoff, G., and M. Johnson. 1999. *Philosophy in the Flesh*. New York: Basics Books.

Land, M. F., and D. N. Lee. 1994. Where we look when we steer. *Nature* 369: 742-744.

Lawrence, P. A. 1992. *The Making of a Fly: The Genetics of Animal Design*. Cambridge, Mass.: Blackwells Science.

Le Doux, J. 1996. *The Emotional Brain*. New York: Simon and Schuster.

Le Doux, J. 2002. *Synaptic Self*. New York: Viking Press.

Lehky, S. R., and T. J. Sejnowski. 1999. Seeing white: qualia in the context of decoding population codes. *Neural Computation* 11: 1261-1280.

Leibniz, G. W. 1989. *G. W. Leibniz: Philosophical Essays*. Translated by R. Ariew and D. Garber. Indianapolis: Hackett Publishing.

Leopold, D. A., and N. K. Logothetis. 1999. Multistable phenomena: changing views in perception. *Trends in Cognitive Sciences* 3: 154-264.

Leslie, A. M., and S. Keeble. 1987. Do sixth-month-old infants perceive causality? *Cognition* 25: 265-288.

Levitan, I. B., and L. K. Kaczmarek. 1991. *The Neuron: Cell and Molecular Biology*. Oxford: Oxford University Press.

Libet, B. 1985. Unconscious cerebral initiative and the role of conscious will in voluntary action. *Behavioral and Brain Sciences* 8: 529-566.

Llinás, R. R. 2001. *I of the Vortex*. Cambridge: MIT Press.

Llinás, R. R., and D. Pare. 1996. The brain as a closed system modulated by the sense(s). In Llinás and P. S. Churchland 1996.

Llinás, R., and P. S. Churchland. 1996. *The Mind-Brain Continuum: Sensory Processes*. Cambridge: MIT Press.

Loftus, E. F. 1979. *Eyewitness Testimony*. Cambridge: Harvard University Press.

Loftus, E. F. 1997. Creating false memories. *Scientific American* 277 (3): 71-75.

Loftus, E. F., and H. G. Hoffman. 1989. Misinformation and memory: the creation of new memories. *Journal of Experimental Psychology: General* 118: 100-104.

Loftus, E. F., and K. Ketcham. 1994. *The Myth of Repressed Memory*. New York: St. Martin's.

Logothetis, N. K., and J. Schall. 1989. Neuronal correlates of subjective visual perception. *Science* 245: 761-763.

Logothetis, N. K., H. Guggenberger, S. Peled, and J. Pauls. 1999. Functional imaging of the monkey brain. *Nature Neuroscience* 2: 555-562.

Lotto, R. B., and D. Purves. 2002. A rationale for the structure of color space. *Trends in Neurosciences* 25: 84-88.

Lotze, M., P. Montoya, M. Erb, E. Hulsmann, H. Flor, U. Klose, N. Birbaumer, and W. Grodd. 1999. Activation of cortical and cerebellar motor areas during executed and imagined hand movements: an fMRI study. *Journal of Cognitive Neuroscience* 11: 491-501.

Lumer, E. D., G. M. Edelman, and G. Tononi. 1997. Neural dynamics in the model of the thalamocortical system. 1: Layers, loops, and the emergence of fast synchronous rhythms. *Cerebral Cortex* 7: 228-236.

Lumer, E. D., K. J. Friston, and G. Rees. 1998. Neural correlates of perceptual rivalry in the human brain. *Science* 280: 1930-1934.

Lumer, E. D., and G. Rees. 1999. Covariation of activity in visual prefrontal cortex associated with subjective visual perception. *Proceedings of the National Academy of Sciences, USA* 96: 1669-1673.

Lycan, W. 1997. Consciousness as internal monitoring. In N. Block, O. Flanagan, and G. Güzeldere, eds., *The Nature of Consciousness*, pp.755-771. Cambridge: MIT Press.

Lyons, J. W. 1985. *Fire*. New York: Scientific American Library.

MacKay, D. M. 1974. *The Clockwork Image: A Christian Perspective on Science*. Downers Grove, Ill.: Intervarsity Press.

MacLean, P. D. 1949. Psychosomatic disease and the "visceral" brain: recent developments bearing on the Papez theory of emotion. *Psychosomatic Medicine* 11: 338-353.

MacLean, P. D. 1952. Some psychiatric implications of physiological studies on frontotemporal portion of limbic system visceral brain. *Electrophysiological and Clinical Neurophysiology* 4: 407-418.

Maddy, P. 1992. *Realism in Mathematics*. Oxford: Clarendon Press.

Maddy, P. 1997. *Naturalism in Mathematics*. Oxford: Clarendon Press.

Makeig, S., T.-P. Jung, A. J. Bell, D. Ghahremani, and T. J. Sejnowski. 1997. Blind separation of auditory event-related brain responses into independent components. *Proceedings of the National Academy of Sciences, USA* 94: 10979-10984.

Malcolm, N. 1971. *Problems of Mind*. Ithaca: Cornell University Press.

Marcel, A. J. 1983. Conscious and unconscious perception: experiments on visual masking and word recognition. *Cognitive Psychology* 15: 197-237.

Marshall, B. J., and J. R. Warren. 1984. Unidentified curved bacilli in the stomach of patients with gastritis and peptic ulceration. *Lancet* 1 (8390): 1311-1315.

Maudlin, T. 1994. *Quantum Non-locality and Relativity*. Oxford: Blackwells.

May, L., M. Friedman, A. Clark, eds. 1996. *Mind and Morals*. Cambridge: MIT Press.

Mayr, E. 2001. *What Evolution Is*. New York: Basic Books.

Mazzioni, P., and R. Andersen. 1995. Gaze coding in posterior parietal cortex. In M. Arbib, ed., *The Handbook of Brain Theory and Neural Networks*, pp.426-432. Cambridge: MIT Press.

McCauley, R. N., ed. 1996. *The Churchlands and Their Critics*. Oxford: Blackwells.

McCauley, R. N. 2000. The naturalness of religion and the unnaturalness of science. In F. Keil and R. Wilson, eds., *Explanation and Cognition*. Cambridge: MIT Press.

McConkie, G. W., and K. Rayner. 1975. The span of the effective stimulus during a fixation in reading. *Perception and Psychophysics* 17: 578-586.

McGinn, C. 1994. Can we solve the mind-body problem? In R. Warner and T. Szubka, eds., *The Mind-Body Problem: A Guide to the Current Debate*, pp.349-366. Oxford: Blackwells.

McHugh, T. J., K. I. Blum, J. Z. Tsien, S. Tonegawa, and M. A. Wilson. 1996. Impaired hippocampal representation of space in CA1-specific NMDAR1 knockout mice. *Cell* 87: 1339-1349.

McIntosh, A. R., M. N. Rajah, and N. J. Lobaugh. 1999. Interactions of prefrontal cortex in relation to awareness in sensory learning. *Science* 284: 1531-1533.

Medawar, P. 1984. *The Limits of Science*. Oxford: Oxford University Press.

Meltzo., A. N. 1995. Understanding the intentions of others: reenactment of intended acts by 18-month-old children. *Developmental Psychology* 31: 838-850.

Meltzo., A. N., and A. Gopnik. 1993. The role of imitation in understanding persons and developing a theory of mind. In S. Baron-Cohen, H. Tager-Flusberg, and D. J. Cohen, eds., *Understanding Other Minds*, pp.335-366. Oxford: Oxford University Press.

Meltzo., A. N., and M. K. Moore. 1977. Imitation of facial and manual gestures by human neonates. *Science* 198: 75-78.

Meltzo., A. N., and M. K. Moore 1983. Newborn infants imitate adult facial gestures. *Child Development* 54: 702-709.

Menand, L. 2001. *The Metaphysical Club*. New York: Farrar, Straus & Giroux.

Meno, D. K., A. M. Owen, E. J. Williams, P. S. Minhas, C. M. C. Allen, S. J. Boniface, J. D. Pickard, I. V. Kendall, S. P. M. J. Downer, J. C. Clark, T. A. Carpenter, and N. Antoun. 1998. Cortical processing in persistent vegetative state. *Lancet* 352: 800.

Menon, R. S., and S.-G. Kim. 1999. Spatial and temporal limits in cognitive neuroimaging with fMRI. *Trends in Cognitive Sciences* 3: 207-216.

Metzinger, T. 2000. The subjectivity of subjective experience: A representationalist analysis of the first-person perspective. In T. Metzinger, ed., *Neural Correlates of Consciousness*, pp.285-306. Cambridge: MIT Press.

Metzinger, T. 2003. *Being No One: The Self-Model Theory of Subjectivity.* Cambridge: MIT Press.

Millar, S. 1994. *Understanding and Representing Space: Theory and Evidence from Studies with Blind and Sighted Children.* Oxford: Oxford University Press.

Millikan, R. 1984. *Language, Thought, and Other Biological Categories.* Cambridge: MIT Press.

Mithen, S. 1996. *The Prehistory of the Mind.* London: Thames and Hudson.

Montague, P. R., and P. Dayan. 1998. Neurobiological modeling. In W. Bechtel and G. Graham, eds., *A Companion to Cognitive Science*, pp.526-541. Oxford: Blackwells.

Montague, P. R., P. Dayan, and T. J. Sejnowski. 1993. Foraging in an uncertain environment using predictive Hebbian learning. In J. D. Cowan, G. Tesauro, and J. Alspector, eds., *Advances in Neural Information Processing Systems*, 6. San Mateo, Calif.: Morgan Kaufman Publishers.

Montague, P. R., and S. R. Quartz. 1999. Computational approaches to neural reward and development. *Mental Retardation and Developmental Disabilities Research Reviews* 5: 1-4.

Moser, P. K., and J. D. Trout, eds. 1995. *Contemporary Materialism: A Reader.* London: Routledge.

Mountcastle, V. B. 1957. Modality and topographic properties of single neurons of cat's somatic sensory cortex. *Journal of Neurophysiology* 20: 408-434.

Murray, D. S. 1988. *A History of Western Psychology.* 2nd ed. Englewood Cliffs, N.J.: Prentice-Hall.

Nagel, T. 1994. Consciousness and objective reality. In R. Warner and T. Szubka, eds., *The Mind-Body Problem: A Guide to the Current Debate*, pp.63-68. Oxford: Blackwells.

Necker, L. A. 1832. Observations on some remarkable phenomena seen in Switzerland: an optical phenomenon which occurs on viewing of a crystal or geometrical solid. *Philosophical Magazine* 3: 329-337.

Nelson, C. A., and M. Luciana, eds. 2001. *The Handbook of Developmental Cognitive Neuroscience*. Cambridge: MIT Press.

Nieder, A., and H. Wagner. 1999. Perception and neuronal coding of subjective contours in the owl. *Nature Neuroscience* 2: 660-663.

Nieuwenhuys, R. 1985. *Chemoarchitecture of the Brain*. New York: Springer-Verlag.

Nieuwenhuys, R., J. Voogd, and C. van Huijzen. 1981. *The Human Central Nervous System: A Synopsis and Atlas*. New York: Springer-Verlag.

Northcutt, R. G. 1977. Nervous system (vertebrate). In *McGraw-Hill Encyclopedia of Science and Technology*, vol. 9, pp.90-96.

Nosofsky, R. M., and T. J. Palmeri. 1997. An exemplar-based random walk model of speeded classification. *Psychological Review* 104: 266-300.

O'Brien, G., and J. Opie. 1999. A connectionist theory of phenomenal experience. *Behavioral and Brain Sciences* 22: 127-148.

O'Keefe, J., and J. Dostrovsky. 1971. The hippocampus as a spatial map. Preliminary evidence from unit activity in the freely moving rat. *Experimental Brain Research* 34: 171-175.

O'Regan, J. K. 1992. Solving the "real" mysteries of visual perception: the world as an outside memory. *Canadian Journal of Psychology* 46: 461-488.

Orgel, L. E. 1999. The origin of life on Earth. In *Revolutions in Science*, pp.18-25. New York: Scientific American.

Osherson, D., ed. 1990. *Invitation to Cognitive Science*. Vols. 1-3. Cambridge: MIT Press.

Oxford Dictionary of Physics. 1996. Oxford: Oxford University Press.

Packard, M., and L. Teather. 1998a. Amygdala modulation of multiple memory systems: hippocampus and caudate-putamen. *Neurobiology of*

Learning and Memory 69: 163-203.

Packard, M., and L. Teather. 1998b. Double dissociation of hippocampal and dorsalstriatal memory systems by post-training intra-cerebral injections of 2-amino-phosphopentanoic acid. *Behavioral Neuroscience* 111: 543-551.

Paine, T. 1794. *The Age of Reason: Being an Investigation of True and Fabulous Theology.* New York: Putnam's Sons, 1896.

Palmer, S. E. 1999. *Vision Science: Photons to Phenomenology.* Cambridge: MIT Press.

Panksepp, Jaak. 1998. *Affective Neuroscience.* New York: Oxford University Press.

Panksepp, Jaak, and Jules B. Panksepp. 2000. The seven sins of evolutionary psychology. *Evolution and Cognition* 6: 108-131.

Panksepp, Jaak, and Jules B. Panksepp. 2001a. A synopsis of "The seven sins of evolutionary psychology." *Evolution and Cognition* 7: 2-5.

Panksepp, Jaak, and Jules B. Panksepp. 2001b. A continuing critique of evolutionary psychology. *Evolution and Cognition* 7: 56-80.

Papez, J. W. 1937. A proposed mechanism of emotion. *Archives of Neurology and Psychiatry* 38: 725-744.

Parvizi, J., and A. R. Damasio. 2001. Consciousness and the brainstem. *Cognition* 79: 135-159.

Pascual-Leone, A., and V. Walsh. 2001. *Science* 292: 510-512.

Patel, A. D., and E. Balaban. 2001. Human pitch perception is reflected in the timing of stimulus-related cortical activity. *Nature Neuroscience* 4: 839-844.

Pearl, J. 1988. *Probabilistic Reasoning in Intelligent Systems: Networks of Plausible Inference.* San Mateao: Morgan Kaufman.

Penrose, R. 1994. *Shadows of the Mind.* Oxford: Oxford University Press.

Penrose, R., and S. Hamero. 1995. What "gaps"? Reply to Grush and Churchland. *Journal of Consciousness Studies* 2: 99-112.

Perry, J. 2001. *Knowledge, Possibility, and Consciousness.* Cambridge: MIT Press.

Persinger, Michael A. 1987. *Neuropsychological Bases of God Beliefs.* New York: Praeger.

Peterhans, E., and R. von der Heydt. 1991. Subjective contours — bridging the gap between psychophysics and physiology. *Trends in Neurosciences* 14: 112-119.

Pinker, S. 1997. *How the Mind Works*. New York: Norton.

Plato. 1997. Euthyphro. Trans by G. M. A. Grube. In J. M. Cooper, and D. S. Hutchinson, eds., *Plato: Complete Works*, pp.1-16. Indianapolis: Hackett Publishing Co.

Plotkin, H. C., and F. J. Odling-Smee. 1981. A multiple-level model of evolution and its implications for sociobiology. *Behavioral and Brain Sciences* 4: 225-268.

Poeck, K. 1969. Pathophysiology of emotional disorders associated with brain damage. In P. J. Vinken and G. W. Bruyn, eds., *Handbook of Clinical Neurology*, vol. 3. Amsterdam: North-Holland Publishing Co.

Polonsky, A., R. Blake, J. Braun, and D. Heeger. 2000. Neuronal activity in human primary visual cortex correlates with perception during binocular rivalry. *Nature Neuroscience* 3: 1153-1159.

Popper, K. R. 1959. *The Logic of Scientific Discovery*. New York: Harper & Row.

Posner, M. I. 1995. Attention in cognitive neuroscience: an overview. In M. Gazzaniga, ed., *The Cognitive Neurosciences*, pp.615-624. Cambridge: MIT Press.

Posner, M. I., and M. E. Raichle. 1994. *Images of Mind*. New York: Scientific American Library.

Pouget, A., and T. J. Sejnowski. 1997a. Spatial transformations in the parietal cortex using basis functions. *Journal of Cognitive Neuroscience* 9 (2): 222-237.

Pouget, A., and T. J. Sejnowski. 1997b. Lesion in a basis function model of parietal cortex: comparison with hemineglect. In P. Thier and H.-O. Karnath, eds., *Parietal Contributions to Orientation in 3D Space*, pp.521-538. Heidelberg: Springer-Verlag.

Povinell, D. 2000. *Folk Physics for Apes: The Chimpanzee Theory of How the World Works*. Oxford: Oxford University Press.

Premack, D. 1988. "Does the chimpanzee have a theory of mind" revisited. In R. W. Byrne and A. Whiten, eds., *Machiavellian Intelligence,*

Social Expertise, and the Evolution of Intellect in Monkeys, Apes, and Humans, pp.160-179. Oxford: Oxford University Press.

Puccetti, R. 1981. The case for mental duality: evidence from split-brain data and other considerations. *Behavioral and Brain Sciences* 4: 93-123.

Purpura, K. P., and N. D. Schiff. 1997. The thalamic intralaminar nuclei: a role in visual awareness. *Neuroscientist* 3: 314-321.

Purves, D., G. J. Augustine, D. Fitzpatrick, L. C. Katz, A.-S. LaMantia, J. O. Mc-Namara, and S. M. Williams. 2001. *Neuroscience*. 2nd ed. Sunderland, Mass.: Sinauer Associates.

Putnam, H. 1967. Psychological predicates. In W. H. Capitan and D. D. Merrill, eds., *Art, Mind, and Religion*, pp.37-48. Pittsburgh: University of Pittsburgh Press.

Putnam, H. 1994. The best of all possible brains? Review of Shadows of the Mind, by R. Penrose. *New York Times Book Review*, November.

Pylyshyn, Z. 1984. *Computation and Cognition*. Cambridge: MIT Press.

Quartz, S. R. 1999. The constructivist brain. *Trends in Cognitive Sciences* 3 (2): 48-57.

Quartz, S. R. In press. Toward a developmental evolutionary psychology: genes, development, and the evolution of the human cognitive architecture. In S. J. Scher and F. Rauscher, eds., *Evolutionary Psychology: Alternative Approaches*. Boston: Kluwer Press.

Quartz, S. R., and T. J. Sejnowski. 1997. The neural basis of cognitive development: a constructivist manifesto. *Behavioral and Brain Sciences* 3: 48-57.

Quartz, S. R., and T. J. Sejnowski. 2002. *Liars, Lovers, and Heroes: What the New Brain Science Reveals about How We Become Who We Are*. New York: Harper-Collins.

Quine, W. V. O. 1960. *Word and Object*. Cambridge: MIT Press.

Quine, W. V. O. 1969. Epistemology naturalized. In his *Ontological Relativity and Other Essays*, pp.69-90. New York: Columbia University Press.

Raine, A., J. R. Meloy, S. Bihrle, J. Stoddard, L. LaCasse, and M. S. Buchsbaum. 1998. Reduced prefrontal and increased subcortical brain functioning assessed using positron emission tomography in predatory and a.ective murderers. *Behavioral Sciences and the Law* 16: 319-332.

Raine, A., M. S. Buchsbaum, and L. LaCasse. 1997. Brain abnormalities in murderers indicated by positron emission tomography. *Biological Psychiatry* 42: 495-508.

Ramachandran, V. S., and S. Blakeslee. 1998. *Phantoms in the Brain: Probing the Mysteries of the Human Mind.* New York: Morrow.

Real, Leslie. 1991. Animal choice behavior and the evolution of cognitive architecture. *Science* 253: 980-986.

Rennie, J. ed. 1999. *Revolutions in Science.* New York: Scientific American.

Ridley, M. 1999. *Genome: The Autobiography of a Species in 23 Chapters.* New York: Harper Collins.

Rizzolatti, G., L. Fogassi, and V. Gallese. 2001. Neurophysiological mechanisms underlying the understanding and imitation of action. *Nature Reviews: Neuroscience* 2: 661-670.

Robbins, T. W., and B. J. Everitt. 1995. Arousal systems and attention. In M. Gazzaniga, ed., *The Cognitive Neurosciences*, pp.703-720. Cambridge: MIT Press.

Rock, I. 1975. *An Introduction to Perception.* New York: Macmillan.

Rodman, H. 1999. Temporal cortex. In G. Adelman and B. H. Smith, eds., *Encyclopedia of Neuroscience*, pp.2022-2025. New York: Elsevier.

Rolls, E. T. 1989. Parallel distributed processing in the brain: implications of the functional architecture of neuronal networks in the hippocampus. In R. G. M. Morris, ed., *Parallel Distributed Processing: Implications for Psychology and Neuroscience*, pp.286-308. Oxford: Oxford University Press.

Rorty, A. O. 1986. *Essays on Descartes' Meditations.* Berkeley: University of California Press.

Rorty, R., ed. 1967. *The Linguistic Turn: Recent Essays in Philosophical Method.* Chicago: University of Chicago Press.

Rosch, E. (Eleanor Heider). 1973. Natural categories. *Cognitive Psychology* 4: 328-350.

Rosch, E. 1978. Principles of categorization. In E. Rosch and B. Lloyd, eds., *Cognition and Categorization*, pp.27-48. Hillsdale, N.J.: Lawrence Erlbaum & Associates.

Rosenthal, D. M. 1997. A theory of consciousness. In N. Block, O. Flanagan, and G. Güzeldere, eds., *The Nature of Consciousness*, pp.729-754. Cambridge: MIT Press.

Rumford, T. 1798. Heat is a form of motion: an experiment in boring cannon. *Philosophical Transactions* 88.

Ruse, M. 1991. Evolutionary ethics and the search for predecessors: Kant, Hume, and all the way back to Aristotle? *Society for Philosophy and Politics* 8: 59-85.

Russell, B. 1935. *Religion and Science*. London: Oxford University Press.

Ryle, G. 1954. *Dilemmas*. Cambridge: Cambridge University Press.

Sakata, H., and M. Taira. 1994. Parietal control of hand action. *Current Opinion in Neurobiology* 4: 847-856. Reprinted in Squire and Kosslyn 1998.

Savage-Rumbaugh, S., and R. Lewin. 1994. *Kanzi: The Ape at the Brink of the Human Mind*. New York: John Wiley and Sons.

Saver, J. L., and A. R. Damasio. 1991. Preserved access and processing of social knowledge in a patient with acquired sociopathy due to ventromedial frontal damage. *Neuropsychologia* 29: 1241-1249.

Schaal, S. 1999. Is imitation learning the route to humanoid robots? *Trends in Cognitive Sciences* 3: 233-242.

Schacter, D. L. 1996. *Searching for Memory: The Brain, the Mind, and the Past*. New York: Basic Books.

Schleiden, M. J. 1838. *Beiträge zur Phytogenesis*. Arch. Anat. Physiol. Wiss. Med., 137-176.

Schlick, M. 1939. When is a man responsible? In his *Problems of Ethics*, pp.143-156. New York: Prentice-Hall.

Schore, A. N. 1994. *Affect Regulation and the Origin of the Self*. Hillsdale, N.J.: Lawrence Erlbaum & Associates.

Schulkin, J. 2000. *Roots of Social Sensibility and Neural Function*. Cambridge: MIT Press.

Schultz, W., P. Dayan, and P. R. Montague. 1997. A neural substrate of prediction and reward. *Science* 275: 1593-1599.

Schwann, T. 1839. *Mikroskopische Untersuchungen über die Übereinstimmung in der Structur und dem Wachsthum der Thiere und Pflanzen*. Berlin: G. E.

Reimer, Sandersche Buchh.

Searle, J. 1992. *The Rediscovery of the Mind*. Cambridge: MIT Press.

Sekuler, R., and R. Blake. 1994. *Perception*. 3rd ed. New York: McGraw-Hill.

Sellars, W. 1956. Empiricism and the philosophy of mind. In H. Fiegl and M. Scriven, eds., *The Foundations of Science and the Concepts of Psychology and Psychoanalysis, Minnesota Studies in the Philosophy of Science*, no. 1, pp.253-329. Minneapolis: University of Minnesota Press. Reprinted in W. Sellars, *Science, Perception, and Reality*. New York: Routledge and Kegan Paul, 1963.

Semendeferi, K., A. Lu, N. Schenker, and H. Damasio. 2002. Humans and great apes share a large frontal cortex. *Nature Neuroscience* 5: 272-276.

Sharp, F. R., M. Tomitaka, M. Bernaudin, and S. Tomitaka 2001. Psychosis: pathological activation of limbic thalamocortical circuits by psychomimetics and schizophrenia? *Trends in Neurosciences* 6: 330-334.

Sheinberg, D. L., and N. K. Logothetis. 1997. The role of temporal cortical areas in perceptual organization. *Proceedings of the National Academy of Sciences, USA* 94: 3408-3414.

Shepherd, G. M. 1979. The Synaptic Organization of the Brain. 2nd ed. Oxford: Oxford University Press.

Siegelmann, H. T., and E. D. Sontag. 1995. On the computational power of neural nets. *Journal of Computer and System Sciences* 50: 132-150.

Singer, W. 2000. Phenomenal awareness and consciousness from a neurobiological perspective. In T. Metzinger, ed., *Neural Correlates of Consciousness*, pp.121-137. Cambridge: MIT Press.

Skyrms, B. 1966. *Choice and Chance: An Introduction to Inductive Logic*. Belmont, Calif.: Dickenson.

Smullyan, R. 1992. *Gödel's Incompleteness Theorems*. Oxford: Oxford University Press.

Sober, E., and D. Wilson. 1998. *Unto Others: The Evolution and Psychology of Unselfish Behavior*. Cambridge: Harvard University Press.

Solomon, R. 1995. Living well: the virtues and the good life. In his

Handbook for Ethics. New York: Harcourt Brace and Jovanovich.

Sperry, R. W. 1974. Lateral specialization in the surgically separated hemispheres. In F. O. Schmitt and F. G. Worden, eds., *The Neurosciences: Third Study Program*, pp.5-19. Cambridge: MIT Press.

Spirtes, P., C. Glymour, and R. Scheines. 2000. *Causation, Prediction, and Search.* 2nd, rev. ed. Cambridge: MIT Press.

Squire, L. R., and P. Alvarez. 1995. Retrograde amnesia and memory consolidation: a neurobiological perspective. *Current Opinion in Neurobiology* 5: 169-177. Reprinted in L. R. Squire and S. M. Kosslyn, eds., *Findings and Current Opinion in Cognitive Neuroscience*, pp.75-83. Cambridge: MIT Press, 1998.

Squire, L. R., and B. H. Knowlton. 1995. Memory, hippocampus, and brain systems. In M. S. Gazzaniga, ed., *The Cognitive Neurosciences.* Cambridge: MIT Press.

Squire, L. R., and E. R. Kandel. 1999. *Memory: From Mind to Molecules.* New York: Scientific American Library.

Squire, L. R., and S. M. Kosslyn, eds. 1998. *Findings and Current Opinion in Cognitive Neuroscience.* Cambridge: MIT Press.

Squire, L. R., and S. M. Zola. 1996. Ischemic brain damage and memory impairment: a commentary. *Hippocampus* 6: 546-552.

Squire, L. R., and S. Zola-Morgan. 1991. The medial temporal lobe memory system. *Science* 253: 1380-1386.

Stapp, H. P. 1999. Attention, intention, and will in quantum physics. In B. Libet, A. Freeman, and K. Sutherland, eds., *The Volitional Brain: Towards a Neuroscience of Free Will*, pp.143-164. New York: Academic Press.

Stephens, G. L., and G. Graham. 2000. *When Self-Consciousness Breaks: Alien Voices and Inserted Thoughts.* Cambridge: MIT Press.

Stevens, J. K., R. C. Emerson, G. L. Gerstein, T. Kallos, G. R. Neufeld, C. W. Nichols, and A. C. Rosenquist. 1976. Paralysis of the awake human: visual perception. *Vision Research* 16: 93-98.

Stickgold, R., A. James, and J. A. Hobson. 2000. Visual discrimination learning requires sleep after training. *Nature Neuroscience* 3: 1237-1238.

Stiles, J. 2001. Spatial cognitive development. In C. A. Nelson and M.

Luciana, eds., *The Handbook of Developmental Cognitive Neuroscience*, pp.399-414. Cambridge: MIT Press.

Sugiura, N., R. G. Patel, and R. A. Corriveau. 2001. NMDA receptors regulate a group of transiently expressed genes in the developing brain. *Journal of Biological Chemistry* 276: 14257-14263.

Suri, R. E. 2001. Anticipatory responses of dopamine neurons and cortical neurons reproduced by internal model. *Experimental Brain Research* 140: 234-240.

Sutton, R. S., and A. G. Barto. 1998. *Reinforcement Learning: An Introduction*. Cambridge: MIT Press.

Swinburne, R. 1994. Body and soul. In R. Warner and T. Szubka, eds., *The Mind-Body Problem: A Guide to the Current Debate*, pp.311-316. Oxford: Blackwells.

Taylor, R. 1992. *Metaphysics*. 4th ed. Englewood Cliffs, N.J.: Prentice-Hall.

Thagard, P. 1998a. Ulcers and bacteria. I: Discovery and acceptance. *Studies in History and Philosophy of Science. Part C: Studies in History and Philosophy of Biological and Biomedical Sciences* 29: 107-136.

Thagard, P. 1998b. Ulcers and bacteria. II: Instruments, experiments, and social interactions. *Studies in History and Philosophy of Science. Part C: Studies in History and Philosophy of Biological and Biomedical Sciences* 29: 317-342.

Thagard, P. 1999. *How Scientists Explain Disease*. Princeton: Princeton University Press.

Thelen, E. 1995. Time-scale dynamics and the development of an embodied cognition. In R. Port and T. van Gelder. *Mind as Motion: Explorations in the Dynamics of Cognition*, pp.69-100. Cambridge: MIT Press.

Tomasello, M. 1992. *First Verbs: A Case Study of Early Grammatical Development*. Cambridge: Cambridge University Press.

Tomasello, M. 1999. The cultural ecology of children's interactions with objects and artifacts. In E. Winograd, R. Fivush, and W. Hirst, eds., *Ecological Approaches to Cognition: Essays in Honor of Ulrich Neisser*. Hillsdale, N.J.: Lawrence Erlbaum & Associates.

Tomasello, M. 2000. *The Cultures and Origins of Human Cognition.* Cambridge: Harvard University Press.

Tomasello, M., and J. Call. 1997. *Primate Cognition.* New York: Oxford University Press.

Tononi, G., G. M. Edelman, and O. Sporns. 1998. Complexity and coherency: integrating information in the brain. *Trends in Cognitive Sciences* 12: 474-484.

Tootell, R. B. H., J. B. Reppas, A. M. Dale, R. B. Look, and M. I. Sereno. 1995. Visual motion aftereffect in human cortical area MT revealed by functional magnetic resonance imaging. *Nature* 375: 139.

Torres, E. B. 2001. Theoretical framework for the study of sensory-motor integration. Ph.D. dissertation, University of California at San Diego.

Torres, E., and D. Zipser. 1999. Constraint satisfaction and error correction in multijoint arm reaching movements. *Annual Society for Neuroscience Meeting Abstracts*, abstract no. 760.9.

Tsien, J. Z., P. T. Huerta, and S. Tonegawa. 1996. The essential role of hippocampal CA1 NMDA receptor-dependent synaptic plasticity in spatial memory. *Cell* 87: 1327-1338.

Turrigiano, G. 1999. Homeostatic plasticity in neuronal networks: the more things change, the more they stay the same. *Trends in Neurosciences* 22: 221-227.

Van Inwagen, P. 1975. The incompatibility of free will and determinism. Philosophical Studies 27: 185-199. Reprinted in G. Watson, ed., *Free Will*, pp.46-58. Oxford: Oxford University Press, 1982.

Vendler, Z. 1994. The ineffable soul. In R. Warner and T. Szubka, eds., *The Mind-Body Problem: A Guide to the Current Debate*, pp.317-328. Oxford: Blackwells.

Vogt, B. A., D. M. Finch, and C. R. Olson. 1992. Functional heterogeneity in the cingulate cortex: the anterior executive and the posterior evaluative regions. *Cerebral Cortex* 2: 435-443.

Von Neumann, J. 2000. *The Computer and the Brain.* 2nd ed. Foreword by P. M. Churchland and P. S. Churchland. New Haven: Yale University Press.

Walsh, V., and A. Cowey. 2000. Transcranial magnetic stimulation and cognitive neuroscience. *Nature Reviews: Neuroscience* 1: 73-80.

Walter, H. 2000. *Neurophilosophy of Free Will: From Libertarian Illusions to a Concept of Natural Autonomy.* Cambridge: MIT Press.

Wann, J., and M. Land. 2000. Steering with or without the flow: is retrieval of heading necessary? *Trends in Cognitive Sciences* 4: 319-324.

Warner, R. 1994. In defense of a dualism. In R. Warner and T. Szubka, eds., *The Mind-Body Problem: A Guide to the Current Debate*, pp.343-354. Oxford: Blackwells.

Webster's New Collegiate Dictionary. 1981. Toronto: Allen and Son. 448 References

Wegner, D. M. 2002. *The Illusion of Conscious Will.* Cambridge: MIT Press.

Weiskrantz, L. 1997. *Consciousness Lost and Found: A Neuropsychological Exploration.* Oxford: Oxford University Press.

Wellman, H. M., A. K. Hickling, and C. A. Schult. 1997. Young children's psychological, physical, and biological explanations. In H. M. Wellman and K. Inagaki, eds., *The Emergence of Core Domains of Thought: Children's Reasoning about Physical, Psychological and Biological Phenomena*, pp.7-25. San Francisco: Jossey-Bass.

Wertheim, A. H., B. S. Mesland, and W. Bles. 2001. Cognitive suppression of tilt sensations during linear self-motion in the dark. *Perception* 30: 733-741.

Willatts, P. 1984. The stage-IV infant's solution to problems requiring the use of supports. *Infant Behavior and Development* 7: 125-134.

Willatts, P. 1989. Development of problem-solving in infancy. In A. Slater and G. Bremmer, eds., *Infant Development*, pp.143-182. Hillsdale, N.J.: Lawrence Erlbaum & Associates.

Williams, G. C. 1996. *Plan and Purpose in Nature.* London: Weidenfeld and Nicolson.

Wilson, E. O. 1975. *Sociobiology: The New Synthesis.* Cambridge: Harvard University Press.

Wilson, E. O. 1998. *Consilience: The Unity of Knowledge.* New York: Knopf.

Wilson, M. A., and B. L. McNaughton. 1994. Reactivation of hippocampal ensemble memories during sleep. *Science* 265: 676-79.

Wilson, R. A., and F. Keil, eds. 1999. *The MIT Encyclopedia of the Cognitive Sciences*. Cambridge: MIT Press.

Wittgenstein, L. 1958. *Philosophical Investigations*. Translated by G. E. M. Anscombe. Oxford: Blackwells.

Wolpert, D. M., Z. Ghahramani, and M. I. Jordan. 1995. An internal model for sensorimotor integration. *Science* 269: 1880-1882.

Wolpert, L. 1991. *The Triumph of the Embryo*. Oxford: Oxford University Press.

Wundt, W. 1862. Beiträge zur Theorie der Sinneswahrnehmung (Contributions to the theory of sense-perception). The introduction, entitled "On the methods of psychology," is translated in T. Shipley, ed., *Classics in Psychology*. New York: Philosophical Library, 1961.

Yarbus, A. L. 1967. *Eye Movements and Vision*. Translated by L. A. Riggs. New York: Plenum.

Yates, J. 1985. The content of consciousness is a model of the world. *Psychological Review* 92: 249-284.

Young, R. M. 1970. *Mind, Brain, and Adaptation in the Nineteenth Century*. New York: Oxford University Press.

Zajonc, R. 1980. Feeling and thinking: preferences need no inferences. *American Psychologist* 35: 151-175.

Zhang, K., I. Ginzburg, B. L. McNaughten, and T. J. Sejnowski. 1998. Interpreting neuronal population activity by reconstruction: unified framework with application to hippocampal place cells. *Journal of Neurophysiology* 79: 1017-1044.

Zigmond, M. J., F. E. Bloom, S. C. Landis, J. L. Roberts, L. R. Squire. 1999. *Fundamental Neuroscience*. San Diego: Academic Press.

Zipser, D., B. Kehoe, G. Littlewort, and J. Fuster. 1993. A spiking network model of short-term active memory. *Journal of Neuroscience* 13: 3406-3420.

웹사이트

BioMedNet Magazine: http://news.bmn.com/magazine [역자: 2004년 3월 폐쇄되었다.]

Encyclopedia of Life Sciences: http://www.els.net

The MIT Encyclopedia of the Cognitive Sciences: http://cognet.mit.edu/MITECS

Moon illusion: http://www.uwsp.edu/acad/psych/sh/moon.htm [역자: 현재 접속되지 않는다. 다음을 참조하는 것이 좋겠다. http://en.wikipedia.org/wiki/Moon_illusion]

찾아보기

[한글 찾아보기]

ㄱ.

가설 공간(hypothesis space) 237
가소성(plasticity) 45, 496, 497
가중치공간(weight space) 448
간질(epilepsy) 69, 562, 566
갈까마귀(raven) 146, 147, 173, 458
갈렌(Galen) 388
갈릴레오(Galileo) 41
감각 시스템(sensory system) 42, 152, 235
감각-운동 전환(sensory-to-motor transition) 133
감각입력(sensory input) 35, 433
강박장애(obsessive-compulsive disorder, OCD) 322
강박 행동(compulsive behavior) 68
거울 뉴런(mirror neurons) 165, 175
골지(Camillo Golgi) 38
공리(axioms) 394, 397

공진화(coevolution) 11, 51, 52, 57
공진화(coevolving) 27, 411
광역접속(global access) 248, 254
괴델(Kurt Gödel) 303, 397
괴델의 불완전성 결과(Gödel Incompleteness Result) 303
교감신경계(sympathetic system) 167, 168
교량대응기(archmapper) 462, 464, 472
구심성(afferent) 149
국소 기능 대응도(topographic maps) 45
국소부호화(local coding) 432-436
그루쉬(Rick Grush) 133
그루쉬 모의실행기(Grush emulator) 187, 255, 347, 538
글루코오스(glucose) 50, 113
기능 국소화(localization of function) 51
기능적 자기공명영상(functional magnetic resonance imaging, fMRI) 48, 149, 506
기능주의(functionalism) 34, 59, 61
기억(memory) 27, 45
기저핵(basal ganglia) 143, 249, 253

기회원인론자(occasionalist) 37
깊은 수면(deep sleep) 204, 529
까마귀(crow) 146

ㄴ.

내성(introspection) 77, 322
내장 시스템(visceral system) 153, 166
네커 입방체(Necker cube) 421
노르에피네프린(norepinephrine) 330,
　581
노이즈 시각자극(noisy visual stimulus)
　230
노출 효과(exposure effect) 93
논리적 경험주의(logical empiricism)
　394, 397
뇌 사건(brain events) 37, 317, 357
뇌 활동(brain activity) 66
뇌간(brainstem) 86, 128, 381
뇌기능 이론(theory of brain function)
　245
뇌섬엽(insula) 154, 328
뉴턴(I. Newton) 41, 209, 370
『니코마코스 윤리학(The Nicomachean
　Ethics)』 326

ㄷ.

다마지오(Antonio Damasio) 18, 128,
　255, 355
다마지오(Hanna Damasio) 18, 107
다윈(C. Darwin) 373, 374, 376
단백질 채널(protein channels) 64, 430
단속운동(saccades) 94, 143
대응도(maps) 53, 459, 491
데넷(Dennett) 248
데모크리토스(Democritus) 76, 390
데카르트(R. Descartes) 33-38, 109
데카르트주의 좌표 시스템(Cartesian

coordinate system) 37
도덕철학(moral philosophy) 31
도스트로브스키(J. Dostrovsky) 417
도식(scheme) 174
도파민(dopamine) 247, 330
도파민 보상 시스템(dopamine reward
　system) 69
돌턴(Dalton) 54, 391
동역학(dynamics) 134
동역학적 시스템(dynamic system) 317
되먹임 연속증폭(feedback cascades) 484
드 발(Frans de Waal) 183
드엔(S. Dehaene) 232

ㄹ.

라마찬드란(Ramachandran) 120, 121,
　566
라몬 이 카할(Santiago Ramón y Cajal)
　38, 540
라부아지에(A. L. Lavoisier) 243, 370,
　391
라이프니츠(G. W. Leibniz) 36, 37
레빈(Joseph Levine) 274
레이코프(George Lakoff) 453
로고테티스(Nikos Logothetis) 219, 225,
　228
룸포드(Count Rumford Benjamin
　Thompson) 54, 55
리졸라티(Rizzolatti) 165, 175

ㅁ.

마르셀(Anthony Marcel) 230
마샬(Barry Marshall) 99
마음맹인(mind-blindness) 186
마이스너 소체(Meissner's corpuscles)
　156
말브랑슈(Nicolas Malebranche) 37

망상-강박 장애(obsessive-compulsive disorder) 45
망상체(reticular formation) 248
매개변수(parameters) 132, 318
매개변수공간(parameter space) 328, 356, 359, 436, 455, 537
맥긴(Colin McGinn) 268
맥스웰의 설명 방정식(Maxwell's explanatory equations) 63
맹인지불능(blindness unawareness) 195
메르켈 원판(Merkel disks) 156
메타피직스(metaphysics) 75
멘탈리제(Mentalese) 452
멜트조프(Andrew Meltzoff) 164
모의실행기(emulators) 19, 133, 137-140, 144-148, 175
목성(Jupiter) 41
무교배종(noninterbreedable species) 376
무식욕증(anorexia)123, 124
무운동효과(nonmotor effects) 151
무지에 호소하는 논증(argumentum ad ignorantiam) 269
무축삭세포(amacrine cell) 189
문제풀이(problem-solving) 15
문화진화(culture evolution) 79
물리주의(physicalism) 89
미각(gustatory) 381
미소전극(microelectrode) 218

ㅂ.

바르(Baars) 248
반구(hemisphere) 86
반규관(semicircular canals) 162
반례(counterexample) 192
반성(reflection) 77
반증하는 시험(falsifying test) 255, 262
배비지(Charles Babbage) 393
베르나르(Claude Bernard) 127

베살리우스(Vesalius) 388
베이츠(Elizabeth Bates) 181, 426, 453
베인(Alexander Bain) 372
벡터-대-벡터 변환(vector-to-vector transformations) 442
벡터부호화(vector coding) 433-436
벤들러(Zeno Vendler) 268, 307, 308
변이(mutation) 81
보겐(Joseph Bogen) 86
보상경로(reward pathways) 334
보조운동영역(supplementary motor area, SMA) 149
본유적(innate) 302, 479, 574
본유적 지식(innate knowledge) 367, 384, 479
부교감신경계(parasympathetic system) 167
부수현상론(epiphenomenalism) 37
부신수질(adrenal medulla) 128
분리-뇌(split-brain) 86, 122, 197
분리효과(dissection effect) 89
분산된 인지(distributed cognition) 474
분석문장(analytic sentences) 395, 401
분석철학(analytic philosophy) 395, 407
분트(Wilhelm Wundt) 371-373, 398
불완전성 결과(Incompleteness Result) 397
블랙모어(Sarah Blakemore) 148
비시아크(Eduardo Bisiach) 121

ㅅ.

사고언어(language of thought) 452
사지거부증(limb denial) 120, 121
색깔경합세포(color opponent cells) 293, 301
생기(vital spirit) 266, 387, 388
샬(Jeffrey Schall) 225
선행성 기억상실(anterograde amnesia)

117, 520

선험적 지식(a priori knowledge) 373, 395

설크 연구소(Salk Institute) 317

성 아우구스티누스(St. Augustine) 32

성 토마스 아퀴나스(St. Tomas Aquinas) 32

성찰(meditation) 77

세레노(Marty Sereno) 20

세로토닌(serotonin) 58, 330

세차운동(precession) 277

세포체(sell bodies) 39

세흐노브스키(Terry Sejnowski) 20, 461

셀라스(Wilfrid Sellars) 174, 180

셰인버그(D. L. Sheinberg) 226

소뇌(cerebellum) 86, 143, 249

손가락 실인증(finger agnosia) 124

송과선(pineal gland) 37

수직 원주(vertical column) 486

순수이성(pure reason) 77

순차처리 기계(serial machines) 427

순차처리 컴퓨터(serial computer) 454

스미스(Brian Smith) 15

스퀴어(Larry Squire) 528

『스타트렉(Star Trek)』 340

스티븐스(John Stevens) 145, 469

스페리(Roger Sperry) 86

스펙트럼 분석(spectral analysis) 286

시각 패턴 재인(visual-pattern recognition) 91

신경그물망(neural network) 167, 338, 412

신경성 무식욕증(anorexia nervosa) 123, 124

신경인식론(neuroepistemology) 407-409

『신경철학(Neurophilosophy)』 13

신체착시증(body dysmorphias) 124

신-칸트주의자(neo-Kantians) 396

실용주의자(pragmatists) 78, 204

실재(reality) 62, 76, 83, 367

실체이원론(substance dualism) 59

실험심리학(experimental psychology) 13, 59, 66, 180

심리물리학(psychophysics) 66

심리학적 병행론(psychological parallelism) 37

심신의 문제(mind-body problem) 84

심적 사건(mental events) 37

심적 활동(mental activity) 66

ㅇ.

아세틸콜린(acetylcholine) 247, 330

아원자 입자(subatomic particles) 78, 299

안드로니코스(Andronicus) 75

안와전두피질(orbital frontal cortex) 167, 562, 568

안톤 증후군(Anton's syndrome) 195, 196

알츠하이머병(Alzheimer's) 86, 122

앙페르(A.-M. Ampere) 42

애누비 비비원숭이(anubis baboons) 312

양립 가능주의(compatibilism) 321

양안경합(binocular rivalry) 216, 218, 225

양자 미결정성(quantum indeterminacy) 319, 356

양자방출단층촬영(positron emission tomography, PET) 48

양자역학(quantum mechanics) 58, 83, 319

언어적 존재(linguistic entity) 412

얼굴 재인(face recognition) 90, 302, 439

에델만(Gerald Edelman) 233

NMDA 수용기(N-methyl-D-aspartate receptor) 485, 510, 512, 526

엘만(Jeffrey Ellman) 453

역모델(inverse model) 135

연결가중치(connection weights)
442-444, 533
열(heat) 57
영(Tomas Young) 372
오케프(J. O'Keefe) 417
와우(cochlea) 372
외부인-손 증후군(alien-hand syndrome)
329
운동 시스템(motor system) 42, 133, 464
운동량(monentum) 57
운동성 함묵증(akinetic mutism) 124
운동출력(motor output) 35, 433
워렌(Robin Warren) 99
원심성 복사(efference copy) 144, 145
원자(atoms) 52, 78, 403
원초적 관찰문장(primitive observation
sentences) 395
원형(prototypes) 326, 412, 451
원형 공간(prototype space) 212, 239
원형색깔공간 모델(original color space
model) 284
원형이론(prototheory) 113, 239
월퍼트(Daniel Wolpert) 132
위치부호화(place coding) 434
유리 겔러(Uri Geller) 85
유아(infant) 27
융(Carl Jung) 179
은닉 유닛(hidden units) 444, 535, 536
은유(metaphor) 451
의사결정(decision-making) 96, 312
의식(consciousness) 205
이론 이원론(theory dualism) 61
이론의 이론(theory of theory) 180
이인증 효과(depersonalization effect)
119
인공신경망(artificial neural network)
140, 439, 443, 491
인공의미론(artificial semantics) 451
인과성(causality) 19, 34, 76, 96, 316,

473
인식론(epistemology) 30, 367
인지과학(cognitive science) 27, 540
인지신경과학(cognitive neuroscience) 7,
97, 196, 411
인지의미론(cognitive semantics) 453,
454
일차운동영역(primary motor area) 149
임사(near death) 120

ㅈ.

자기자극감응(proprioception) 154, 161,
162, 465
자기-지식(self-knowledge) 35
자아(egos) 68
자아(self) 109
자아-표상(self-representation) 18, 187
자아현상(self phenomena) 111
자연선택이론(theory of natural selection)
373
자연적 접근법(naturalistic approach) 368
자연주의자(naturalists) 369
자연철학(natural philosophy) 31
자유의지(free will) 34, 312
자유지상주의(libertarianism) 314
자율신경계(autonomic system) 152, 167,
170
자폐증(Autism) 186, 329
작업가설(working assumption) 225, 411
작업기억(working memory) 215, 516
장기학습(long-term learning) 480
적응효과(adaptive effects) 162
전-과학 단계(prescientific phase) 80
전도(conduction) 53
전운동피질(premotor cortex, PMC) 149,
175, 250
전자기방사선(electromagnetic radiation,
EMR) 56, 63

전두피질(frontal cortex) 462
전전두피질(prefrontal cortex) 118, 504
전정 시스템(vestibular system) 121, 261
정리(theorems) 497
정상과학(normal science) 80
정신 병인학(ethereal etiology) 194
정합성(coherence) 46, 393, 534
제1철학(first philosophy) 10, 77
제거적 유물론(eliminative materialism)
   63
제멜바이스(Semmelweis) 370
조건화(conditioning) 480, 503
『종의 기원(The Origin of Species)』 374
종합문장(synthetic sentences) 395, 402
좌표 변환(coordinate-transformation)
   134, 463
주관적 윤곽선(subjective contour) 46,
   420
주의집중(attention) 27, 215, 245-247
준-칸트주의(semi-Kantian) 104
중간 뉴런(interneuron) 273
지각(perception) 27
지상의(sublunary) 영역 209
지운세(Robert Zajonc) 93
직관(intuition) 70
질병거부증(anosognosia) 120, 121

ㅊ.

차단효과 자극(masking stimulus) 230
찰머스(David Chalmers) 274
창발적(emergent) 58
처칠랜드(Paul Churchland) 18, 280
천동설(geocentrism) 41, 254
천상의(superlunary) 영역 209
청각(auditory) 381
체성감각(somatosensory) 140, 371, 381,
   469
체성감각 시스템(somatic sensory system)

152, 153, 170
체성감각피질(somatosensory cortex) 149,
   430
초자아(superegos) 68, 112
촘스키(Chomsky) 34
추론(reasoning) 27, 538
추진력(impetus) 57, 68, 266
축삭소구(axon hillock) 428
치매(dementia) 32, 90, 122

ㅋ.

카니자(Georg Kaniza) 420
카르납(Carnap) 394
칼로리 이론(caloric theory) 53, 254
케타민(ketamine) 119, 120, 190, 582
코르사코프 증후군(Korsakoff syndrome)
   196
코페르니쿠스(Copernicus) 41, 577
코흐(Christof Koch) 238
콰인(W. V. O. Quine) 10, 79, 179,
   401-405
쿤(Thomas Kuhn) 10, 80
퀄리아(qualia) 273
크로이츠펠트-야콥 병(Creuztfeldt-Jakob)
   123
크릭(Francis Crick) 15, 582
크립케(Saul Kripke) 274
클라인펠터 증후군(Klinefelter's
   syndrome) 331

ㅌ.

타르스키(Alfred Tarski) 451
탈분극(depolarize) 159, 429
태만조건(default condition) 326
통속이론(folk theories) 174
투렛 증후군(Tourette's syndrome) 323,
   325

투텔(Roger Tootell) 228
튜링(Alan Turing) 394

ㅍ.

파우코니어(Gilles Fauconnier) 20, 453
파킨슨병(Parkinson's disease) 45
판크셉(Panksepp) 486
패러데이(Michael Faraday) 42, 57
패턴 재인(pattern recognition) 350, 360,
  376
퍼스(Charles Sanders Peirce) 17, 78
페스트(bubonic plague) 67
펜시클리딘(phencyclidine, PCP) 120
편측무시(hemineglect) 470-472
폐회로(backloops) 473
포더(Jerry Fodor) 34, 59, 452
포스너(Michael Posner) 50
포퍼(Karl Popper) 254
폭포 착시(waterfall illusion) 228-230
폰 노이만(John von Neumann) 394
폴리야나(Pollyanna) 118
표상(representation) 114, 415, 452
표상적 실재(representational reality) 408
푸르키니에(Purkynê) 39
프로이트(S. Freud) 68, 179
프로작(Prozac) 322
프리스(Uta Frith) 186
프톨레마이오스(Ptolemy) 80
플라즈마(plasmas) 53
플라톤(Plato) 32, 304, 367-369
플라톤의 천국(Plato's Heaven) 368, 394
플래너건(O. Flanagan) 204
피지카(physica) 76
피타고라스(Pythagoras) 76

ㅎ.

하드 드라이브(hard drive) 426

하비(William Harvey) 387
하인리히(Bernd Heinrich) 146, 147
하향식(top-down) 196, 259
항상성(homeostasis) 127, 465
항생제(antibiotics) 100
해밀턴(William Hamilton) 372, 588
헌팅턴병(Huntington disease) 321
헤겔주의자(Hegelians) 396
헬름홀츠(Helmholtz) 144, 372
헬리코박터 플리오리(Helicobacter
  plyori) 99-102
형식구문론(formal syntax) 451
형식논리학(formal logic) 451-453
형이상학(metaphysics) 30, 76
혼수상태(comma) 205, 241
화용론(pragmatics) 452, 453
환상지(phantom arm) 65
환원주의(reductionism) 30
환청(auditory hallucination) 119
활기론(vitalism) 266, 267
활동 전위(action potential) 386
후각(olfactory) 381
후두정피질(posterior parietal cortex) 140
후성적(epigenetic) 조건 480
후험적 지식(a posteriori knowledge) 395
흄(David Hume) 101, 109, 110,
  314-316, 340, 557-560
히스테리성 발작(hysterical paralysis) 69
히포크라테스(Hippocrates) 32, 39
형식의미론(formal semantics) 451, 453

[영문 찾아보기]

a posteriori knowledge(후험적 지식) 395

a priori knowledge(선험적 지식) 373, 395

acetylcholine(아세틸콜린) 247, 330

action potential(활동 전위) 386

adaptive effects(적응효과) 162

adrenal medulla(부신수질) 128

afferent(구심성) 149

akinetic mutism(운동성 함묵증) 124

alien-hand syndrome(외부인-손 증후군) 329

Alzheimer's(알츠하이머병) 86, 122

amacrine cell(무축삭세포) 189

Ampere, A.-M.(앙페르) 42

analytic philosophy(분석철학) 395, 407

analytic sentences(분석문장) 395, 401

Andronicus(안드로니코스) 75

anorexia nervosa(신경성 무식욕증) 123, 124

anorexia(무식욕증) 123, 124

anosognosia(질병거부증) 120, 121

anterograde amnesia(선행성 기억상실) 117, 520

antibiotics(항생제) 100

Anton's syndrome(안톤 증후군) 195, 196

anubis baboons(애누비 비비원숭이) 312

archmapper(교량대응기) 462, 464, 472

argumentum ad ignorantiam(무지에 호소하는 논증) 269

artificial neural network(인공신경망) 140, 439, 443, 491

artificial semantics(인공의미론) 451

atoms(원자) 52, 78, 403

attention(주의집중) 27, 215, 245-247

auditory hallucination(환청) 119

auditory(청각) 381

Autism(자폐증) 186, 329

autonomic system(자율신경계) 152, 167, 170

axioms(공리) 394, 397

axon hillock(축삭소구) 428

Baars(바르) 248

Babbage, Charles(배비지) 393

backloops(폐회로) 473

Bain, Alexander(베인) 372

basal ganglia(기저핵) 143, 249, 253

Bates, Elizabeth(베이츠) 181, 426, 453

Bernard, Claude(베르나르) 127

binocular rivalry(양안경합) 216, 218, 225

Bisiach, Eduardo(비시아크) 121

Blakemore, Sarah(블랙모어) 148

blindness unawareness(맹인지불능) 195

body dysmorphias(신체착시증) 124

Bogen, Joseph(보겐) 86

brain activity(뇌 활동) 66

brain events(뇌 사건) 37, 317, 357

brainstem(뇌간) 86, 128, 381

bubonic plague(페스트) 67

caloric theory(칼로리 이론) 53, 254

Carnap(카르납) 394

Cartesian coordinate system (데카르트주의 좌표 시스템) 37

causality(인과성) 19, 34, 76, 96, 316, 473

cerebellum(소뇌) 86, 143, 249

Chalmers, David(찰머스) 274

Chomsky(촘스키) 34

Churchland, Paul(처칠랜드) 18, 280

cochlea(와우) 372

coevolution(공진화) 11, 51, 52, 57

coevolving(공진화) 27, 411

cognitive neuroscience(인지신경과학) 7, 97, 196, 411

cognitive science(인지과학) 27, 540

cognitive semantics(인지의미론) 453, 454

coherence(정합성) 46, 393, 534

color opponent cells(색깔경합세포) 293, 301

comma(혼수상태) 205, 241

compatibilism(양립 가능주의) 321

compulsive behavior(강박 행동) 68

conditioning(조건화) 480, 503

conduction(전도) 53

connection weights(연결가중치) 442-444, 533

consciousness(의식) 205

coordinate-transformation(좌표 변환) 134, 463

Copernicus(코페르니쿠스) 41, 577

Count Rumford Benjamin Thompson (룸포드) 54, 55

counterexample(반례) 192

Creuztfeldt-Jakob(크로이츠펠트-야콥 병) 123

Crick, Francis(크릭) 15, 582

crow(까마귀) 146

culture evolution(문화진화) 79

Dalton(돌턴) 54, 391

Damasio, Antonio(다마지오) 18, 128, 255, 355

Damasio, Hanna(다마지오) 18, 107

Darwin, C.(다윈) 373, 374, 376

de Waal, Frans(드 발) 183

decision-making(의사결정) 96, 312

deep sleep(깊은 수면) 204, 529

default condition(태만조건) 326

Dehaene, S.(드엔) 232

dementia(치매) 32, 90, 122

Democritus(데모크리토스) 76, 390

Dennett(데넷) 248

depersonalization effect(이인증 효과) 119

depolarize(탈분극) 159, 429

Descartes, R.(데카르트) 33-38, 109

dissection effect(분리효과) 89

distributed cognition(분산된 인지) 474

dopamine reward system(도파민 보상 시스템) 69

dopamine(도파민) 247, 330

Dostrovsky, J.(도스트로브스키) 417

dynamic system(동역학적 시스템) 317

dynamics(동역학) 134

Edelman, Gerald(에델만) 233

efference copy(원심성 복사) 144, 145

egos(자아) 68

electromagnetic radiation(EMR) (전자기방사선) 56, 63

eliminative materialism(제거적 유물론) 63

Ellman, Jeffrey(엘만) 453

emergent(창발적) 58

emulators(모의실행기) 19, 133, 137-140, 144-148, 175

epigenetic(후성적) 480

epilepsy(간질) 69, 562, 566

epiphenomenalism(부수현상론) 37

epistemology(인식론) 30, 367

ethereal etiology(정신 병인학) 194

experimental psychology(실험심리학) 13, 59, 66, 180

exposure effect(노출 효과) 93

face recognition(얼굴 재인) 90, 302, 439

falsifying test(반증하는 시험) 255, 262

Faraday, Michael(패러데이) 42, 57

Fauconnier, Gilles(파우코니어) 20, 453

feedback cascades(되먹임 연속증폭) 484

finger agnosia(손가락 실인증) 124

first philosophy(제1철학) 10, 77

Flanagan, O.(플래너건) 204

Fodor, Jerry(포더) 34, 59, 452

folk theories(통속이론) 174
formal logic(형식논리학) 451-453
formal syntax(형식구문론) 451
free will(자유의지) 34, 312
Freud, S.(프로이트) 68, 179
Frith, Uta(프리스) 186
frontal cortex(전두피질) 462
functional magnetic resonance imaging
  (fMRI)(기능적 자기공명영상) 48,
  149, 506
functionalism(기능주의) 34, 59, 61
Galen(갈렌) 388
Galileo(갈릴레오) 41
geocentrism(천동설) 41, 254
global access(광역접속) 248, 254
glucose(글루코오스) 50, 113
Gödel, Kurt(괴델) 303, 397
Gödel Incompleteness Result(괴델의
  불완전성 결과) 303
Golgi, Camillo(골지) 38
Grush, Rick(그루쉬) 133
Grush emulator(그루쉬 모의실행기)
  187, 255, 347, 538
gustatory(미각) 381
Hamilton, William(해밀턴) 372, 588
hard drive(하드 드라이브) 426
Harvey, William(하비) 387
heat(열) 57
Hegelians(헤겔주의자) 396
Heinrich, Bernd(하인리히) 146, 147
Helicobacter plyori(헬리코박터
  플리오리) 99-102
Helmholtz(헬름홀츠) 144, 372
hemineglect(편측무시) 470-472
hemisphere(반구) 86
hidden units(은닉 유닛) 444, 535, 536
Hippocrates(히포크라테스) 32, 39
formal semantics(형식의미론) 451, 453
homeostasis(항상성) 127, 465

Hume, David(흄) 101, 109, 110,
  314-316, 340, 557-560
Huntington disease(헌팅턴병) 321
hypothesis space(가설 공간) 237
hysterical paralysis(히스테리성 발작) 69
impetus(추진력) 57, 68, 266
Incompleteness Result(불완전성 결과)
  397
infant(유아) 27
innate(본유적) 302, 479, 574
innate knowledge(본유적 지식) 367,
  384, 479
insula(뇌섬엽) 154, 328
interneuron(중간 뉴런) 273
introspection(내성) 77, 322
intuition(직관) 70
inverse model(역모델) 135
Jung, Carl(융) 179
Jupiter(목성) 41
Kaniza, Georg(카니자) 420
ketamine(케타민) 119, 120, 190, 582
Klinefelter's syndrome(클라인펠터
  증후군) 331
Koch, Christof(코흐) 238
Korsakoff syndrome(코르사코프 증후군)
  196
Kripke, Saul(크립케) 274
Kuhn, Thomas(쿤) 10, 80
Lakoff, George(레이코프) 453
language of thought(사고언어) 452
Lavoisier, A. L.(라부아지에) 243, 370,
  391
Leibniz, G. W.(라이프니츠) 36, 37
Levine, Joseph(레빈) 274
libertarianism(자유지상주의) 314
limb denial(사지거부증) 120, 121
linguistic entity(언어적 존재) 412
local coding(국소부호화) 432-436
localization of function(기능 국소화) 51

logical empiricism(논리적 경험주의) 394, 397

Logothetis, Nikos(로고테티스) 219, 225, 228

long-term learning(장기학습) 480

Malebranche, Nicolas(말브랑슈) 37

maps(대응도) 53, 459, 491

Marcel, Anthony(마르셀) 230

Marshall, Barry(마샬) 99

masking stimulus(차단효과 자극) 230

Maxwell's explanatory equations (맥스웰의 설명 방정식) 63

McGinn, Colin(맥긴) 268

meditation(성찰) 77

Meissner's corpuscles(마이스너 소체) 156

Meltzoff, Andrew(멜트조프) 164

memory(기억) 27, 45

mental activity(심적 활동) 66

mental events(심적 사건) 37

Mentalese(멘탈리제) 452

Merkel disks(메르켈 원판) 156

metaphor(은유) 451

metaphysics(메타피직스) 75

metaphysics(형이상학) 30, 76

microelectrode(미소전극) 218

mind-blindness(마음맹인) 186

mind-body problem(심신의 문제) 84

mirror neurons(거울 뉴런) 165, 175

momentum(운동량) 57

moral philosophy(도덕철학) 31

motor output(운동출력) 35, 433

motor system(운동 시스템) 42, 133, 464

mutation(변이) 81

natural philosophy(자연철학) 31

naturalistic approach(자연적 접근법) 368

naturalists(자연주의자) 369

near death(임사) 120

Necker cube(네커 입방체) 421

neo-Kantians(신-칸트주의자) 396

neural network(신경그물망) 167, 338, 412

neuroepistemology(신경인식론) 407-409

Neurophilosophy(『신경철학』) 13

Newton, I.(뉴턴) 41, 209, 370

N-methyl-D-aspartate receptor (NMDA 수용기) 485, 510, 512, 526

noisy visual stimulus(노이즈 시각자극) 230

noninterbreedable species(무교배종) 376

nonmotor effects(무운동효과) 151

norepinephrine(노르에피네프린) 330, 581

normal science(정상과학) 80

O'Keefe, J.(오케프) 417

obsessive-compulsive disorder(OCD) (강박장애) 322

obsessive-compulsive disorder(망상-강박 장애) 45

occasionalist(기회원인론자) 37

olfactory(후각) 381

orbital frontal cortex(안와전두피질) 167, 562, 568

original color space model(원형색깔공간 모델) 284

Panksepp(판크셉) 486

parameters(매개변수) 132, 318

parameter space(매개변수공간) 328, 356, 359, 436, 455, 537

parasympathetic system(부교감신경계) 167

Parkinson's disease(파킨슨병) 45

pattern recognition(패턴 재인) 350, 360, 376

Peirce, Charles Sanders(퍼스) 17, 78

perception(지각) 27

phantom arm(환상지) 65

phencyclidine(PCP)(펜시클리딘) 120

physica(피지카) 76
physicalism(물리주의) 89
pineal gland(송과선) 37
place coding(위치부호화) 434
plasmas(플라즈마) 53
plasticity(가소성) 45, 496, 497
Plato(플라톤) 32, 304, 367-369
Plato's Heaven(플라톤의 천국) 368, 394
Pollyanna(폴리야나) 118
Popper, Karl(포퍼) 254
positron emission tomography(PET)
  (양자방출단층촬영) 48
Posner, Michael(포스너) 50
posterior parietal cortex(후두정피질) 140
pragmatics(화용론) 452, 453
pragmatists(실용주의자) 78, 204
precession(세차운동) 277
prefrontal cortex(전전두피질) 118, 504
premotor cortex(PMC)(전운동피질) 149,
  175, 250
prescientific phase(전-과학 단계) 80
primary motor area(일차운동영역) 149
primitive observation sentences(원초적
  관찰문장) 395
problem-solving(문제풀이) 15
proprioception(자기자극감응) 154, 161,
  162, 465
protein channels(단백질 채널) 64, 430
prototheory(원형이론) 113, 239
prototypes(원형) 326, 412, 451
prototype space(원형 공간) 212, 239
Prozac(프로작) 322
psychological parallelism(심리학적
  병행론) 37
psychophysics(심리물리학) 66
Ptolemy(프톨레마이오스) 80
pure reason(순수이성) 77
Purkyně(푸르키니에) 39
Pythagoras(피타고라스) 76

qualia(퀄리아) 273
quantum indeterminacy(양자 미결정성)
  319, 356
quantum mechanics(양자역학) 58, 83,
  319
Quine, W. V. O.(콰인) 10, 79, 179,
  401-405
Ramachandran(라마찬드란) 120, 121,
  566
Ramón y Cajal, Santiago(라몬 이 카할)
  38, 540
raven(갈까마귀) 146, 147, 173, 458
reality(실재) 62, 76, 83, 367
reasoning(추론) 27, 538
reductionism(환원주의) 30
reflection(반성) 77
representation(표상) 114, 415, 452
representational reality(표상적 실재) 408
reticular formation(망상체) 248
reward pathways(보상경로) 334
Rizzolatti(리졸라티) 165, 175
saccades(단속운동) 94, 143
Salk Institute(설크 연구소) 317
Schall, Jeffrey(샬) 225
scheme(도식) 174
Sejnowski, Terry(세흐노브스키) 20, 461
self(자아) 109
self phenomena(자아현상) 111
self-knowledge(자기-지식) 35
self-representation(자아-표상) 18, 187
sell bodies(세포체) 39
Sellars, Wilfrid(셀라스) 174, 180
semicircular canals(반규관) 162
semi-Kantian(준-칸트주의) 104
Semmelweis(제멜바이스) 370
sensory input(감각입력) 35, 433
sensory system(감각 시스템) 42, 152,
  235
sensory-to-motor transition(감각-운동

전환) 133

Sereno, Marty(세레노) 20

serial computer(순차처리 컴퓨터) 454

serial machines(순차처리 기계) 427

serotonin(세로토닌) 58, 330

Sheinberg, D. L.(셰인버그) 226

Smith, Brian(스미스) 15

somatosensory(체성감각) 140, 371, 381, 469

somatic sensory system(체성감각 시스템) 152, 153, 170

somatosensory cortex(체성감각피질) 149, 430

spectral analysis(스펙트럼 분석) 286

Sperry, Roger(스페리) 86

split-brain(분리-뇌) 86, 122, 197

Squire, Larry(스퀴어) 528

St. Augustine(성 아우구스티누스) 32

St. Tomas Aquinas(성 토마스 아퀴나스) 32

Star Trek(『스타트렉』) 340

Stevens, John(스티븐스) 145, 469

subatomic particles(아원자 입자) 78, 299

subjective contour(주관적 윤곽선) 46, 420

sublunary(지상의) 209

substance dualism(실체이원론) 59

superegos(초자아) 68, 112

superlunary(천상의) 209

supplementary motor area(SMA) (보조운동영역) 149

sympathetic system(교감신경계) 167, 168

synthetic sentences(종합문장) 395, 402

Tarski, Alfred(타르스키) 451

The Nicomachean Ethics(『니코마코스 윤리학』) 326

The Origin of Species(『종의 기원』) 374

theorems(정리) 497

theory dualism(이론 이원론) 61

theory of brain function(뇌기능 이론) 245

theory of natural selection(자연선택이론) 373

theory of theory(이론의 이론) 180

Tootell, Roger(투텔) 228

top-down(하향식) 196, 259

topographic maps(국소 기능 대응도) 45

Tourette's syndrome(투렛 증후군) 323, 325

Turing, Alan(튜링) 394

Uri Geller(유리 겔라) 85

vector coding(벡터부호화) 433-436

vector-to-vector transformations (벡터-대-벡터 변환) 442

Vendler, Zeno(벤들러) 268, 307, 308

vertical column(수직 원주) 486

Vesalius(베살리우스) 388

vestibular system(전정 시스템) 121, 261

visceral system(내장 시스템) 153, 166

visual-pattern recognition(시각 패턴 재인) 91

vital spirit(생기) 266, 387, 388

vitalism(활기론) 266, 267

von Neumann, John(폰 노이만) 394

Warren, Robin(워렌) 99

waterfall illusion(폭포 착시) 228-230

weight space(가중치공간) 448

Wolpert, Daniel(월퍼트) 132

working assumption(작업가설) 225, 411

working memory(작업기억) 215, 516

Wundt, Wilhelm(분트) 371-373, 398

Young, Tomas(영) 372

Zajonc, Robert(지은세) 93

지은이 : 패트리샤 처칠랜드

캘리포니아 주립대학교 샌디에이고(UCSD)의 철학과 명예교수이다. 미국철학협회, 철학과 심리학 학회 등의 학회장을 역임하였으며 신경철학(Neurophilosophy)을 개척한 공로로 맥아더학회상(MacArthur Fellowship)을 수상하였다. 샌디에이고에서 살고 있다. 주요 저서로 『신경철학(*Neurophilosophy: Towards a Unified Understanding of the Mind-Brain*)』(MIT Press, 1986), 『신경 건드려보기(*Touching a Nerve: The Self as Brain*)』(2013), 『반대편에서(*On the Contrary*)』(공저, MIT Press, 1998), 『계산 뇌(*The Computational Brain*)』(공저, MIT Press, 1992) 등이 있다.

옮긴이 : 박제윤

현재 인천국립대학교 기초교육원 객원교수이다. 처칠랜드 부부의 신경철학을 주로 연구하며, 앞서 패트리샤 처칠랜드의 저서 『신경철학(*Neurophilosophy*)』(1986)을 『뇌과학과 철학』(철학과현실사, 2006)으로 번역하였고, 『신경 건드려보기(*Touching a Nerve*)』(2013, 철학과현실사, 2014)를 번역하였다. 주요 논문으로 「처칠랜드의 표상 이론과 의미론적 유사성」(인지과학회, 2012), 「창의적 과학방법으로서 철학의 비판적 사고: 신경철학적 해명」(과학교육학회, 2013) 등이 있다.

옮긴이 : 김두환

현재 인천국립대학교 물리학과 객원교수이다. 아시아미래변화예측연구소 소장이며, 경제학 박사과정 중이다. 이론핵물리를 전공하여 하이퍼핵에서의 비중간자 붕괴에 대한 연구를 수행하였으며, 한국원자력연구소와 인하대학교에서 연구하였다. 현재 경제/사회 물리학인 복잡계 물리학을 연구하며, 시스템다이내믹스 전문가로서 x-이벤트를 연구하고 있다. 그 외 다양한 계량적이고 정량적인 미래예측을 연구하고 가르친다. 미래정책, 뇌과학, 신경경제학 등에 관심이 있다. 또한 일간 신문에 "괴짜 물리학자의 미래 엿보기"라는 칼럼을 쓰고 있다.

뇌처럼 현명하게

1판 1쇄 인쇄   2015년 1월 10일
1판 1쇄 발행   2015년 1월 15일

지은이   패트리샤 처칠랜드
옮긴이   박제윤 · 김두환
발행인   전 춘 호
발행처   철학과현실사

등록번호   제1-583호
등록일자   1987년 12월 15일

서울특별시 종로구 동숭동 1-45
전화번호 579-5908
팩시밀리 572-2830

ISBN 978-89-7775-780-6   93470
값 35,000원